第二版

張啓陽

Electromagnetics

電磁學

東華書局

國家圖書館出版品預行編目資料

電磁學 / 張啓陽著 . -- 2 版 . -- 臺北市 : 臺灣東華,
2019.07

568 面 ; 19x26 公分

ISBN 978-957-483-971-1 (平裝)

1. 電磁學

338.1　　108010853

電磁學

著　　者	張啓陽
發 行 人	陳錦煌
出 版 者	臺灣東華書局股份有限公司
地　　址	臺北市重慶南路一段一四七號三樓
電　　話	(02) 2311-4027
傳　　眞	(02) 2311-6615
劃撥帳號	00064813
網　　址	www.tunghua.com.tw
讀者服務	service@tunghua.com.tw
門　　市	臺北市重慶南路一段一四七號一樓
電　　話	(02) 2371-9320
出版日期	2019 年 8 月 2 版 1 刷

ISBN　978-957-483-971-1

編輯大意

這是一本以通俗科學風格編寫的電磁學教科書。通俗科學讀物 (即所謂的「科普」讀物) 所設定的讀者群，是一般的學生及社會大眾；他們不一定具有相當程度的數學與物理學的基礎，也不一定從事與科學有密切相關的工作，但是他們對大自然的奧秘具有高度的興趣，也想獲得正確的知識來了解周遭的世界。

電磁學是在敘述大自然中很普遍、很重要的一種物理現象，叫做電磁場。日常生活中，除了重力場產生的重力作用之外，其他所有的巨觀現象都是電磁場呈現出來的表象，或是電磁場與各種物質相互作用的結果。同時，現代文明絕大部分的科技產品都是建立在電磁作用的運作原理上。可見身為現代人無論其知識背景如何，都應該對自己周遭的這個自然現象，以及各種科技產品所依據的電磁原理有基本的了解。

人類自古就已經發現了自然界中若干電磁現象，例如雷電、磁石等；但是數千年來對電磁原理的認識卻鮮有重大進展。因此，儘管在其他許多工藝技術上，人類都有長足的進步，唯獨在電磁原理的利用上，幾乎是停滯不前。直到 1865 年，蘇格蘭物理學家馬克士威經由數學的推導，發現了電磁理論的最後一塊拼圖，人類對電磁現象才有了完整的了解。

今天，被稱為「馬克士威方程組」的四條方程式已然成了古典電磁學的理論基礎；大自然中所有巨觀的電磁現象，以及現代科技必須用到的所有的電磁原理，都可以由這四條方程式找到答案。有了這「馬克士威方程組」，才有現代的 3C 產品，造就了目前的科技文明，以及科技文明未來的演化。

因此，一本典型的古典電磁學課本，其主題厥為介紹這「馬克士威方程組」。本書既然定位為一本以通俗科學風格編寫的教科書，在講述「馬克士威方程組」時，設定的對象是一群科學的新鮮人；也就是說，他們只具備最基本的物理學和微積分的知識。因此在本書中，每一個物理觀念和每一個微積分公式都是從最基本的 ABC 講起。而且在講述的時候，盡量避免一般教科書制式窠臼的敘述法，而是以最通俗易懂的方式，從最容易理解的角度切入。

其次，本書特別為科學新鮮人們預備了三章的入門知識 (約法三章)：

第一章「緒論」介紹物理學的基本「規」與「矩」；有規有矩，學習起來才能中規中矩，達到事半功倍的效果。其中我們特別強調「簡易原則」，亦即愛因斯坦所揭櫫的：「凡事要力求簡易，而且要達到最簡易。」這「簡易原則」是科學發展方向的最佳指南，也是本書自始至終一貫的基調。

第二章「向量代數」介紹一個簡易的數學工具——向量。唯有使用向量，才能以最簡易的方式了解所有的電磁原理。而在使用向量時，選用適當的座標系統可以大大簡化數學計算。在電磁理論中最常用的座標系統有三，即：笛卡兒座標系、圓柱座標系、以及球座標系。這三個座標系統之間的相互轉換，最簡易的方法就是利用「矩陣」來計算；本書的附錄一「矩陣入門」可供新鮮人們參考。

第三章「向量微積分」介紹三個積分運算——線積分、面積分和體積分，並由此衍生出三個向量微分運算，即：梯度、旋度、和散度。本書特別為新鮮人們詳細解說這三個運算所代表的涵義；我們將會發現「馬克士威方程組」利用它們來敘述所有電磁現象，是最合乎「簡易原則」的選擇。

由許多巨觀的實驗結果得知，「靜態」的電場和磁場可以獨立存在；因此，第四章「靜電場解析」和第五章「靜磁場解析」可以分開講述，成了學習電磁學的最佳切入點。這兩章簡單回顧了馬克士威之前的科學家們所建立的電磁學。當時所認知的「靜態」大致上是因循牛頓力學的概念；也就是說，「靜」就是「不動」。

第六章「電磁感應與電磁輻射」是古典電磁學的完結篇，也是「馬克士威方程組」最完整的呈現。這個方程組告訴我們，動態的電場會感應出磁場，動態的磁場也會感應出電場；亦即，動態的電場與磁場是相倚相生而無法分割的。而且，這個動態的電磁場會以「波」的形式向外輻射。

讀完最後這一章，才算真正讀完電磁學。

這是不是精彩無比的電磁學故事的圓滿結局呢？大致上可以說「是」。唯獨在討論法拉第感應定律的時候 (詳見第 6-3 節)，諾貝爾獎得主物理學家費曼曾意有所指地說：「一個定律 (法拉第感應定律) 可以用來解釋兩個完全不同的物理現象，這是物理學上絕無僅有的。」乍看之下，這似乎只是整個完美電磁理論中的一個微不足道的小插曲；但是它顯然不符合科學上奉為圭臬的「簡易原則」。也就是說，那「兩個完全不同的物理現象 (即：由運動產生電動勢，與由磁通量變化產生電動勢)」必須在同一個定律之下整合在一起才可以。

在牛頓力學的架構之下，這項整合工作是個不可能的任務。直到 1905 年，愛因斯坦在他發表的《論運動物體的電動力學》論文中才將這個問題解決，成了《狹義相對論》的濫觴。另外，電磁輻射的研究 (例如黑體輻射、光電效應等) 也促成了「量子論」的誕生。相對論和量子論是「近代物理學」的兩大支柱；因此從某種意義上來說，古典電磁學是「近代物理學」的催生者。

職是之故，閱讀具有如此龐大邊際效益的一本書——《電磁學》，是一項獲益巨大的投資；科學的新鮮人們、同好們，盍興乎來！

馬克士威 (James Clerk Maxwell, 1831-1879)
蘇格蘭物理學家，古典電磁學奠基者
(圖片來源：https://en.wikipedia.org/wiki/James_Clerk_Maxwell)

目錄

第一章　緒論　1

第二章　向量代數　41

第四章 靜電場解析 159

第五章 靜磁場解析 309

第一章

緒論

規所以畫圓，矩所以畫方；有規有矩，則事半而功倍。

1-1 引言

電磁學是物理學的一個分支，主要研究電荷與電荷之間的相互作用。

電荷是所有物質的基本物理性質之一；我們稱它為一個物理量。電荷之間的相互作用力係由**電磁場**來傳遞；也就是說，一電荷會在周圍空間建立電磁場，此電磁場接觸到其他電荷時，其他電荷就會受到**電磁力**的作用。

我們知道，所有物質都是由帶有電荷的原子或分子構成，因此都會受到電磁場的影響而產生各式各樣的反應；因此電磁學研究的範圍也包括電磁場與各種物質之間的相互作用。

人類很早就發現若干電磁現象，但是他們對這些現象的了解都是粗淺的、表面的。例如中國的古籍《埤雅》記載：「其光為電，其聲為雷」；也就是說，「電」就是打雷時看到的閃電。另外，《說文》有云：「磁，石名，可以引鍼」；意思就是說，「磁」是一種可以吸引鐵針的石頭。

古希臘人則發現，用綢布摩擦琥珀之後，琥珀會吸引細微的碎屑。這是一種靜電現象；因此，英文的 electricity (電) 就是源於希臘字 *ēlektron* (琥珀)。另外，相傳他們在麥尼西亞地方發現了一種會吸鐵的石頭，稱為「麥尼西亞之石」(*Magnētis lithos*)，這就是英文 magnetism (磁) 的字源。

東漢 鄭玄在著作《易論》中說：「《易經》之『易』，一名而含三義：簡易一也；變易二也；不易三也。」姑不論他真正的意思是什麼，至少從字面上看，「簡易」、「變易」、「不易」三者跟電磁學的基本觀念頗有相通之處。

1. 「不易」就是不變；電磁學裡有一些常數是不變的，例如真空中的光速 c。電磁學常數的討論詳見第 1-10 節。

2. 「變易」就是變化，相當於電磁學的各種會變的物理量；物理量的討論詳見第 1-3 節。
3. 「簡易」是科學的基本原則，在電磁學裡當然也要遵守。詳見第 1-2 節。

1-2 簡易原則

「**簡易**」兩個字是科學的基本原則，也是指引科學之內容與發展方向的重要指南。文藝復興時期的奇才達文西曾說：「簡易，才是王道。」

愛因斯坦也認為：「凡事要力求簡易，而且要達到最簡易。」

在科學的發展史上，每當一議題成功地化繁為簡，都是科學獲得突破性進展的里程碑；最有名的例子是太陽系模型由地球居中變為太陽居中的一段歷史。

自古人類根據直覺，認為地球是宇宙的中心，太陽、月球、及眾星辰都繞著地球轉。但為了解釋他們觀察到的行星們的若干不規則運動，他們認為行星們不但作圓周運動，同時還在圓周上作更小的圓周運動，如圖 1-1 所示。這樣的模型不但非常複雜，而且精確度很差。其結果是歷經了 1500 多年，物理學幾乎毫無進展。

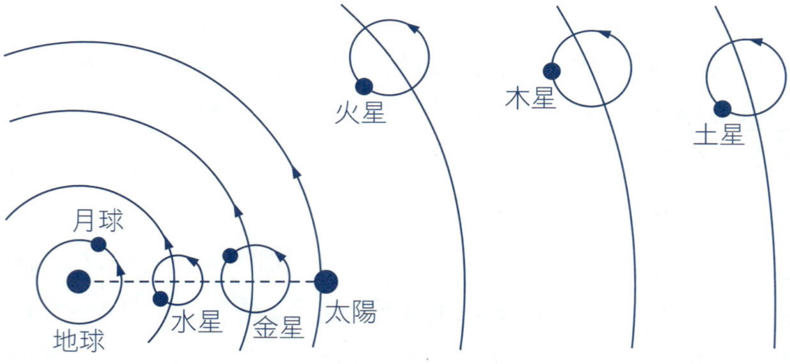

▲圖 1-1　太陽系的地球居中模型

直到 16 世紀中，哥白尼提出了太陽居中的觀念，經刻卜勒加以修正之後，變成了一個簡化的模型 (如圖 1-2 所示)。1687 年，牛頓利用這個簡化的模型，配合數學 (微積分) 的計算，終於寫出鉅著《自然哲學的數學原理》，奠定了古典物理學的基礎。

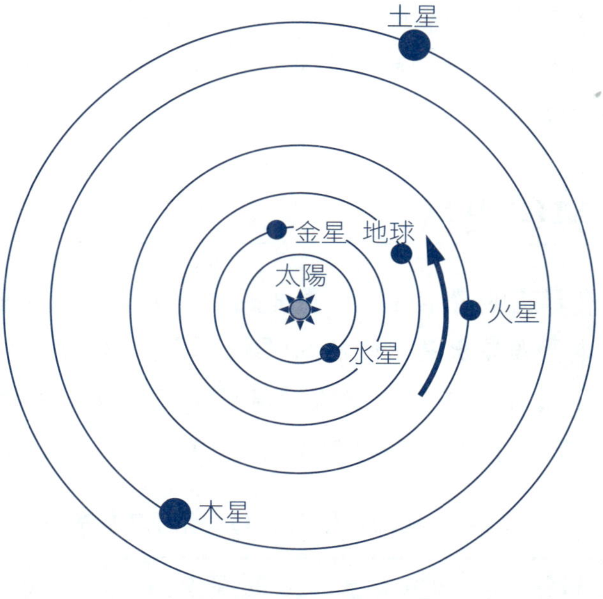

▲圖 1-2 **太陽系的太陽居中模型**

從第 1-1 節裡所敘述的歷史，我們看到無論東西方，古人都認為電和磁是兩種互不相干的自然現象。如果後來沒有發現電和磁是同一作用力 (即電磁力) 在不同情況下的兩種表象，也就是說，如果沒有後來成功的「化繁為簡」，將兩者合而為一，那麼就沒有電磁學的進展，也沒有今天電磁應用所帶來的文明。

最初，在 1820 年，丹麥物理學家奧斯特無意中發現，當他把一條電線中的電流開或關的瞬間，旁邊的磁針會跟著偏轉。事實上，只要電線中有電流，就會產生磁場。這是人類第一次發現電與磁有相互關係的直接證據。

到了 1831 年，英國科學家法拉第發現了「電磁感應」現象。他用兩個線圈做實驗；當其中一個線圈的電流開或關時，另外一個線圈裡就會產生短暫的感應電流。這個實驗證明了**動態的磁場會產生電場**。

最後，在 1865 年，蘇格蘭物理學家馬克士威出版了《電磁場的動態理論》，證明了**動態的電場會產生磁場**；至此，電磁理論完全確立——電與磁由最初「毫不相干」的兩個現象變成了「完全合一」的一個現象。這是電磁學發展過程中成功的一次「化繁為簡」。

同時，在《電磁場的動態理論》一書中，馬克士威也證明了**光是電磁波**；如此一來又將本來互不相干的光學和電磁學整合起來——這又是一次成功的「化繁為簡」，也是科學上又一次的大進展。

以上所述印證了達文西所說的：「簡易，才是王道。」以及愛因斯坦所揭櫫的「凡事都要力求簡易，而且要達到最簡易」。本書講述電磁學時，也時時強調「簡易原則」的實際運用。

1-3 基本量與導出量

物理世界中所有具有明確定義且可量測的量，都稱為**物理量**。

物理量分為**基本量**與**導出量**。依照 SI 系統 (國際單位系統) 的規定，基本量共有七個，即：長度、質量、時間、電流、絕對溫度、物質之量、及亮度 (詳見表 1-1)。其餘的物理量都可由基本量來導出，稱為導出量。

▼表 1-1 國際單位系統 (SI) 所訂之基本量

物理量	單位符號	英文	中文
長度	m	metre	米
質量	kg	kilogram	仟克
時間	s	second	秒
電流	A	Ampère	安培
絕對溫度	K	Kelvin	凱氏
物質之量	mol	mole	莫耳
亮度	cd	candela	燭光

無論是基本量還是導出量，其符號使用都有一定的規範。根據國際標準 ISO 31 的規定，物理量必須由**單一個**拉丁字母 (主要是英文字母) 或希臘字母 (詳見表 1-2) 來表示，並且必須使用**斜體字**。例如，電阻可用 R 為符號 (但不可用正體字 R)；電容可用 C 為符號 (但不可用 C)；磁通量可用 Φ 為符號 (但不可用 Φ) 等等。

請注意：務要避免使用兩個或兩個以上的字母來表示一個物理量；也應避免使用拉丁字母或希臘字母以外的文字來代表任何物理量。

SI 系統又規定，所有物理量均由**數量**及**單位**兩部分組成。例如，某物之質量為 $m = 9.11$ kg，則 9.11 為數量，而 kg (仟克) 則為單位。

▼表 1-2 希臘字母表

大寫	Α	Β	Γ	Δ	Ε	Ζ	Η	Θ
小寫	α	β	γ	δ	ε	ζ	η	θ
讀音	alpha	beta	gamma	delta	epsilon	zeta	eta	theta
大寫	Ι	Κ	Λ	Μ	Ν	Ξ	Ο	Π
小寫	ι	κ	λ	μ	ν	ξ	ο	π
讀音	iota	kappa	lambda	mu	nu	xi	omicron	pi
大寫	Ρ	Σ	Τ	Υ	Φ	Χ	Ψ	Ω
小寫	ρ	σ	τ	υ	φ	χ	ψ	ω
讀音	rho	sigma	tau	upsilon	phi	chi	psi	omega

根據國際標準 ISO 31 的規定，**單位必須寫在數量的後面，與數量之間要空一格；而且必須使用正體字。** 例如，某物體的質量為 $m = 9.11\ \mathrm{kg}$，不可寫成 $m = 9.11\mathrm{kg}$ (數量與單位之間沒有空一格)，或 $m = 9.11\ kg$ (單位誤寫成斜體字)。

同理，假如某電容為 $C = 3.00\ \mu\mathrm{F}$，不可寫成 $C = 3.00\mu\mathrm{F}$ (數量與單位之間沒有空一格)，或 $C = 3.00\ \mu F$ (單位誤寫成斜體字)。

所有的基本量 (詳見表 1-1) 都是**純量**；也就是說，它們只用一個數量來表示即可。導出量種類繁多，有些是純量，有些則必須用三個**有序純量** (對應於三維空間) 才能表達清楚，稱為**向量**。

向量在電磁學裡可視為具有**大小**及**方向**的量。若一物理量為向量，則必須用**附有箭頭的斜體字**來表示；例如，電場強度通常以 $\vec{E}$ 來表示，磁場強度以 $\vec{H}$ 來表示等等。其中，使用斜體字象徵該向量有「大小」，而上方的箭號則象徵它有「方向」。

向量的計算及應用，詳見本書第二章「向量代數」及第三章「向量微積分」。

SI 系統 (國際單位系統) 中所訂定的七個基本量如下：

1. **長度**：單位「米 (m)」。最初是以通過巴黎之子午線由北極至赤道之長度的 10 000 000 分之一為 1 m；目前則以光在真空中於 299 792 458 分之一秒之時間所行的距離為 1 m。

2. **質量**：單位「仟克 (kg)」。最初是以 1 cm^3 之 0 °C 的純水質量為 1 g；目前則以國際標準仟克原型的質量為 1 kg。
3. **時間**：單位「秒 (s)」。最初是以 1 天的 86 400 分之一為 1 s；目前則以銫原子鐘的計時為準。
4. **電流**：單位「安培 (A)」。真空中相距 1 m 的兩平行直導線通以等量的穩定直流電流，若每單位長度之相互作用磁力為 2×10^{-7} N，則該穩定直流電流訂為 1 A。
5. **絕對溫度**：單位「凱氏 (K)」。目前以純水的三相點的絕對溫度的 1/273.16 訂為 1 K。
6. **物質之量**：單位「莫耳 (mol)」。質量 12 g 的同位素碳-12 所含的原子數訂為 1 mol；1 mol 相當於「亞佛加德羅常數」，即：

   $$1 \text{ mol} = 6.022\,141\,293 \times 10^{23} \text{ 個質點}$$

   任何一群此數目的基本質點，均稱為 1 mol。
7. **亮度**：單位「燭光 (cd)」。發光頻率為 540×10^{12} Hz 之點光源在每 1 sr (立體弳度) 發出的光強度為 1/683 W，則該點光源的亮度訂為 1 cd。

請注意：以上所有物理量的單位，都必須寫成正體字。另外，電流的單位 (A) 和絕對溫度的單位 (K) 都是以科學家的名字來命名，故均應為大寫。

特別注意：絕對 (凱氏) 溫度的單位是 K，而不是 °K —— 雖然攝氏溫度的單位寫成 °C，華氏溫度的單位寫成 °F。

除了上述七個基本量之外，其餘所有物理量都是導出量。表 1-3 所列的是電磁學常用的部分導出量。

導出量的導出，都必須有明確的公式為依據；這些公式包括**定義**、**定律**、及**定理**。例如，我們定義電流 I 為電荷 Q 的流動，數學式子寫成：

$$I = \frac{dQ}{dt} \tag{1-1}$$

利用此式我們就可以由基本量 I (電流) 與 t (時間) 導出電荷 Q。同時，我們由此也得到相關單位之間的關係。由於 I 與 Q 的單位分別為 A (安培) 及 C (庫倫)，時間 t 的單位為 s (秒)，由 (1-1) 式即知這些單位之間的關係：

$$\text{A} = \text{C/s} \tag{1-2}$$

▼表 1-3 電磁學中的導出量 (部分)

物理量	符號	單位	物理量	符號	單位
電荷	Q, q	C (庫倫)	電感	L	H (亨利)
電磁力	$\vec{F}$	N (牛頓)	電場強度	$\vec{E}$	V/m (伏特/米)
電位、電壓	$V, \Delta V$	V (伏特)	電通密度	$\vec{D}$	C/m^2 (庫倫/米^2)
向量磁位	$\vec{A}$	Wb/m (韋伯/米)	磁場強度	$\vec{H}$	A/m (安培/米)
電阻、阻抗	R, Z	Ω (歐姆)	磁通密度	$\vec{B}$	Wb/m^2 (韋伯/米^2)
電導、導納	G, Y	S (西門)	電通量	Φ_e	C (庫倫)
電容	C	F (法拉)	磁通量	Φ_m	Wb (韋伯)

或 C = A · s；也就是說，單位「庫倫」等於「安培」與「秒」的乘積。

又如我們定義電容 C 為一電容器正板之電荷 Q 與兩板之間的電壓 V 的比值，即：

$$C = \frac{Q}{V} \tag{1-3}$$

利用此式我們就可以由導出量 Q 與 V 進一步導出電容 C。由於電荷 Q 與電壓 V 的單位分別為 C (庫倫) 及 V (伏特)，電容 C 的單位為 F (法拉)，由 (1-3) 式即知：

$$\mathrm{F} = \mathrm{C/V} \tag{1-4}$$

也就是說，單位「法拉」等於「庫倫」與「伏特」相除。

在此再次特別強調，字母的正體字與斜體字務要嚴格區分的重要性。同樣的字母，(1-2) 式中的正體字 C (庫倫) 及 (1-3) 式中的斜體字 C (電容)，意思完全不一樣。同樣地，(1-4) 式中的正體字 V (伏特) 及 (1-3) 式中的斜體字 V (電壓)，意思也完全不一樣。如果不注意區分，將會引起混淆而造成極大的錯誤，不可不慎！

例題 1-1 在天文學上，1 光年 (ly) 的定義是光在真空中 1 年所行的距離。已知真空中的光速為 $c = 299\ 792\ 458$ m/s，試求 1 ly 等於多少 m。

解： 此處之 1 年定義為 $t = 365.25$ 天，故

$$1\text{ ly} = ct = (299\ 792\ 458\text{ m/s})\ (365.25 \times 86\ 400\text{ s})$$
$$= 9\ 460\ 730\ 472\ 580\ 800\text{ m}$$
$$\approx 9.461\text{ Pm}$$

(此處的 P 代表數量級 10^{15}，詳見表 1-4。)

例題 1-2 在計算原子尺度的問題上，1 *原子質量單位* (u) 的定義是一個碳-12 原子質量的 1/12。試計算 1 u 等於多少 kg。

解： $1\text{ u} = \dfrac{1\text{ g}}{1\text{ mol}} = \dfrac{10^{-3}\text{ kg}}{6.0221 \times 10^{23}} = 1.660 \times 10^{-27}\text{ kg}$

此質量大約等於一個質子的質量 $m_p = 1.673 \times 10^{-27}$ kg，

或一個中子的質量 $m_n = 1.675 \times 10^{-27}$ kg。

例題 1-3 試以基本單位來表示「力」的單位 N (牛頓)。

解： 茲考慮牛頓第二運動定律 $\vec{F} = m\vec{a}$；因質量 m 的單位為 kg，加速度 $\vec{a}$ 的單位為 m/s^2，故「力」的單位 N 可表示為：

$\text{N} = \text{kg} \cdot \text{m/s}^2$

任何導出量的單位化為全部以基本單位來表示時，我們稱此表示式為該導出量的「**因次**」。例如由例題 1-3 的結果，我們就說「力」的因次為「$\text{kg} \cdot \text{m/s}^2$」。

1-4 定律與定理

所謂**定律**是人類以科學方法觀察自然現象或做實驗的結果，歸納成一個意思明確的敘述 (通常利用數學式)。電磁學裡最常見的定律之一是歐姆定律：

$$V = IR \tag{1-5}$$

其中 R 為電阻，單位是 Ω (歐姆)。由 (1-5) 式可知，

$$\mathrm{V} = \mathrm{A} \cdot \Omega \tag{1-6}$$

即，Ω = V/A；單位「歐姆」等於「伏特」與「安培」相除。

在分析一般直流電路或訊號頻率不太高的電路時，我們常使用的**克希荷夫電壓律及電流律**，也是屬於定律。

然而在電磁學裡最重要的定律厥為**馬克士威方程組**；這個方程組包含四條定律，即：

1. 電場的高斯定律
2. 磁場的高斯定律
3. 法拉第感應定律
4. 安培－馬克士威定律

這四條定律構成了電磁理論的骨幹；自然界所有的電磁現象，都歸納在這四個定律裡。學習電磁學的重點就是了解並熟悉這四個定律，並且學習如何利用它們來解決自然界及工程上所有的電磁問題。

是故，介紹馬克士威方程組成了本書的主題 (詳見本書第四章至第六章)。

在了解電磁學諸定律以及利用它們來解決工程問題時，為了落實「簡易」的原則，通常必須借助於適當的**定理**。所謂定理是根據相關的數學**公設**經由邏輯推理演繹出來的結果，通常是個數學式子。

最有名、最常見的定理是**畢氏定理**，也就是「直角三角形斜邊的平方等於兩直角邊的平方和」：

$$c^2 = a^2 + b^2 \tag{1-7}$$

另外，一般所謂的微積分公式，其實也都是定理。例如微分公式：

$$(x^n)' = nx^{n-1} \tag{1-8a}$$

$$(e^{ax})' = ae^{ax} \tag{1-8b}$$

$$(\ln x)' = 1/x \tag{1-8c}$$

以及其反運算 (積分)：

$$\int x^n \, dx = x^{n+1}/(n+1) + c \tag{1-9a}$$

$$\int e^{ax}\,dx = e^{ax}/a + c \tag{1-9b}$$

$$\int (1/x)\,dx = \ln x + c \tag{1-9c}$$

等等 (c 為**積分常數**)。

在電磁學裡還用到兩個非常重要的定理，即：

1. 高斯散度定理
2. 史多克斯定理

利用這兩個定理，我們可以將許多電磁學定律由積分形式變成微分形式，或者將微分形式變成積分形式，如此可使公式的詮釋與應用更加簡化。本書對這兩個定理將會有詳細的介紹 (詳見第三章)。

例題 1-4　試求積分：$\int dx/(1-x)$。

解：將 (1-9c) 式中的 x 換成 u，c 換成 $-\ln c$：

$$\int (1/u)\,du = \ln u - \ln c$$

令 $u = 1 - x$，則 $du = -dx$，代入上式得：

$$\int -dx/(1-x) = \ln(1-x) - \ln c$$

故 $\int dx/(1-x) = -\ln(1-x) + \ln c = \ln \dfrac{c}{1-x}$

例題 1-5　試求積分：$\int dx/\sqrt{1+x}$。

解：將 (1-9a) 式中的 x 換成 u，並令 $n = -1/2$：

$$\int u^{-1/2}\,du = u^{1/2}/(1/2) + c = 2\,u^{1/2} + c$$

令 $u = 1 + x$，則 $du = dx$，代入上式得：

$$\int (1+x)^{-1/2}\,dx = 2\,(1+x)^{1/2} + c$$

即 $\int dx/\sqrt{1+x} = 2\sqrt{1+x} + c$

1-5 數量級

自然界中的諸多物理量以 SI 單位制來表示時，有的數值很大；例如：

電磁波在真空中的速率 $c = 299\ 792\ 458$ m/s (1-10a)

但有的數值很小；例如：

氫原子基態時的半徑 $r_1 = 0.000\ 000\ 000\ 052\ 917\ 721$ m (1-11a)

有時如果只為了粗估，我們可將上述兩個物理量寫成：

$$c \approx 3.00 \times 10^8 \text{ m/s} \quad (1\text{-}10b)$$

$$r_1 \approx 5.29 \times 10^{-11} \text{ m} \quad (1\text{-}11b)$$

也就是說，我們可將任何數值寫成 $M \times 10^n$ (n 為整數) 的形式。

大致而言，如果 M 的絕對值介於 1 與 $\sqrt{10}$ (≈ 3.162) 之間，則我們稱該物理量的數量級等於 n；若 M 的絕對值介於 $\sqrt{10}$ 與 10 之間，則該物理量的數量級等於 $n+1$。例如，(1-10a) 式中 c 的數量級為 8；而 (1-11b) 式中 r_1 的數量級則為 -10。

為了化繁為簡，SI 系統 (國際單位系統) 訂定了一套代碼，每逢 n 等於 3 的倍數時，10^n 都有一個專屬的字母來作為代碼，詳見表 1-4。

▼表 1-4 SI 系統訂定 10^n 的代碼一覽表

10 的次方	符號	讀法	10 的次方	符號	讀法
10^{-24}	y	yocto	10^{3}	k	kilo
10^{-21}	z	zepto	10^{6}	M	mega
10^{-18}	a	atto	10^{9}	G	giga
10^{-15}	f	femto	10^{12}	T	tera
10^{-12}	p	pico	10^{15}	P	peta
10^{-9}	n	nano	10^{18}	E	exa
10^{-6}	μ	micro	10^{21}	Z	zetta
10^{-3}	m	milli	10^{24}	Y	yotta

這些代碼均為正體字，而且必須置於物理量的單位前面，且與這單位連在一起才有意義 (正因為如此，這些代號被稱為「前綴字母」或「字首」)。例如，(1-11b) 式可寫成：

$$r_1 \approx 5.29 \times 10^{-11}\ \text{m} = 52.9 \times 10^{-12}\ \text{m} = 52.9\ \text{pm} \quad \text{(1-11c)}$$

請注意：字首 p 必須與單位 m 連用；單獨一個 p 在這裡是沒有意義的。

例題 1-6 試解釋下列單位的意義：(a) kK；(b) nN；(c) aA。

解： (a) K (凱氏) 為絕對溫度的單位，kK 為 10^3 K。

(b) N (牛頓) 為力的單位，nN 為 10^{-9} N。

(c) A (安培) 為電流的單位，aA 為 10^{-18} A。

1-6 有效數字

當初將英文「science」翻譯成「**科學**」時，是根據古籍《說文》的一段解釋：「科，从禾从斗；斗者，量也。」顯然譯者認為「科學」就是「量測之學」。姑不論這種翻譯恰當與否，**科學離不開量測**是事實。

量測需用工具或儀器，而工具或儀器的**精密度**都有其極限。因此在量測時，如何讀取有效的數據，是一件很重要的事。例如我們在量測一物體的長度時，通常用直尺來作量測的工具，如圖 1-3 所示。

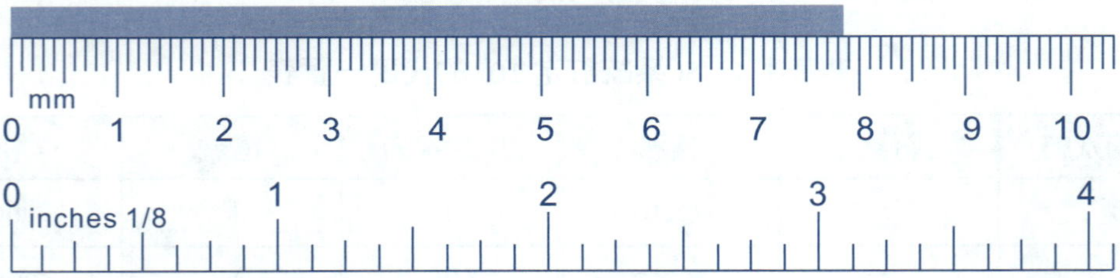

▲圖 1-3 利用直尺量測物體的長度

一般直尺的最小刻度是 1 mm，因此小於 1 mm 的數據讀取就沒有刻度可循，只能儘量作合理的估計。我們規定，估計數字只能取一位；也就是說，**合理的有效數字是：所有有刻度可循的數字後面附加一位估計數字**。

例如圖 1-3 的長度量測，有刻度可循的數據是 7.8 cm；若加入一位估計數字，可能就變成 7.84 cm，這就是我們所讀取的有效數字 —— 7.84 cm。

有時為了強調估計數字的存在，我們可在其下方畫一條短橫線。例如上述的有效數字可寫成 $7.8\underline{4}$ cm。

隨著量測儀器精密度的日新月異，我們能夠讀取的有效數字的位數 (簡稱為「**有效位數**」) 也不斷增加。例如最初量測的電子質量為 $m_e = 9.1\underline{1} \times 10^{-31}$ kg；但目前已經精確到 10 位有效位數：

$$\text{電子質量 } m_e = 9.109\,382\,91\underline{4} \times 10^{-31}\text{ kg} \tag{1-12}$$

又如最初量測的電子帶電量為 $q_e = -1.6\underline{0} \times 10^{-19}$ C；但目前已經精確到 11 位有效位數：

$$\text{電子電量 } q_e = -\,1.602\,176\,565\,\underline{3} \times 10^{-19}\text{ C} \tag{1-13}$$

有些情況下，量測出來的「估計數字」有可能是 0。例如在圖 1-4 中，所測得的長度為 10.20 cm。

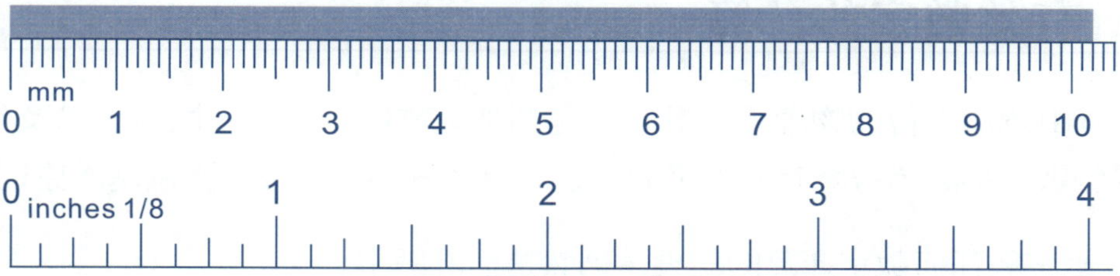

▲圖 1-4　估計數字為 0 的情況

請注意：最後面的那個估計數字 0，依定義屬於有效數字，不可任意刪除；也就是說，10.20 cm = $10.2\underline{0}$ cm，為四位有效數字。

當一個物理量換算成較小或較大的單位時，其有效位數並不受影響。例如：

$$10.2\underline{0}\text{ mm} = 10\,2\underline{0}0\ \mu\text{m} \tag{1-14}$$

當單位由 mm 換成較小的 μm 時，物理量的數值會變大，但有效位數保持不變 (都是四位)。

特別注意：由上述之物理量 $10\,2\underline{0}0$ μm 可以看到，整數 $10\,2\underline{0}0$ 最後面的兩個零意思是不一樣的：第一個 $\underline{0}$ 是有效數字，第二個 0 是無效的數字。

相反地，當單位由 mm 換成較大的 km 時，物理量的數值會變小，但有效位數照樣保持不變 (都是四位)：

$$10.2\underline{0}\text{ mm} = 0.000\,010\,2\underline{0}\text{ km} \tag{1-15}$$

從 (1-14) 式的等號右邊的整數 $10\,2\underline{0}0$，若無標示估計數字的位置，我們光看 10 200 這個整數是看不出它的有效位數是幾位──有可能是四位 ($10\,2\underline{0}0$)，也有可

能是五位 (10 20$\underline{0}$)。在此情況下，改以數量級來表示可以解決這個歧義。例如，

$$10\,2\underline{0}0 = 1.020 \times 10^3$$

$$10\,20\underline{0} = 1.0200 \times 10^4$$

從 (1-15) 式右邊的數字 0.000 010 2$\underline{0}$，我們可以歸納出四個重點：

1. 小數點前面的那個 0 **不是**有效數字；
2. 跟在小數點後面一連串的 0 也都**不是**有效數字；
3. 小數點後面之非零數字，以及非零數字之間的 0 都**是**有效數字；
4. 小數點後面結尾的不管幾個 0，也都**是**有效數字。

1-7 有效數字的計算

所有由量測而得的物理量的計算，包括加減乘除、乘方、開方，以及代入所有數學函數，都必須考慮有效數字的問題。有效數字的計算有兩個基本原則：

1. 估計數字與任何數字運算的結果，仍然是估計數字。
2. 計算後的結果必須只保留一位估計數字。如果計算的結果裡面有多於一位的估計數字，這些數字便都是多餘的、沒有意義的，必須刪除。

例如有效數字相加時：

$$\begin{array}{rr} & 12.\underline{3} \\ + & 4.1\underline{2} \\ \hline & 16.\underline{4}\,\underline{2} \end{array}$$

結果有兩位估計數字；此時必須利用四捨五入，只保留一位估計數字：

$$12.\underline{3} + 4.1\underline{2} = 16.\underline{4}\,\underline{2} \approx 16.\underline{4} \tag{1-16}$$

又如有效數字相乘時：

$$\begin{array}{rr} & 1.2\,\underline{3} \\ \times & 2.\underline{1} \\ \hline & \underline{1}\,\underline{2}\,\underline{3} \\ & 2\,4\,\underline{6} \\ \hline & 2.\underline{5}\,\underline{8}\,\underline{3} \end{array}$$

結果有 3 位估計數字；同理，我們只能保留一位估計數字：

$$1.2\underline{3} \times 2.\underline{1} = 2.\ \underline{5}\ \underline{8}\ \underline{3} \approx 2.\underline{6} \quad (1\text{-}17)$$

從 (1-16) 式和 (1-17) 式，我們得到一個簡單的規則：

計算後的有效位數不得多於計算前的有效位數。

例如在 (1-16) 式中，計算前的兩個數字都是三位有效數字；相加之後的結果也是三位有效數字，不可能多於三位。相減時亦同。

又如在 (1-17) 式中，計算前有一個數字 ($2.\underline{1}$) 是兩位有效數字；相乘的結果 ($2.\underline{6}$) 就不可能多於兩位有效數字。相除時亦同。

這個簡單規則所代表的意義是：

所有物理量經過數學計算之後，其精密度不會增加。

例題 1-7 試求：(a) $3.145 \div 1.3\underline{1}$；(b) $3.141\underline{6}^2$；(c) $\sqrt{3.141\underline{6}}$。

解： 一般計算規則：計算後的有效位數不得多於計算前的有效位數。故：

(a) $3.14\underline{5} \div 1.3\underline{1} = 2.4\underline{0}$

(b) $3.141\underline{6}^2 = 9.869\underline{6}$

(c) $\sqrt{3.141\underline{6}} = 1.772\underline{5}$

有些數字不是利用有刻度的測量儀器量測而得的，它們就沒有「有效位數」的問題；例如：

例題 1-8 雞兔同籠，共有 5 頭，14 隻腳。試問雞、兔各幾頭？

解： 設雞有 x 頭，兔有 y 頭，則

$$\begin{cases} x + y = 5 \\ 2x + 4y = 14 \end{cases}$$

解之得：$x = 3$，$y = 2$；即：雞 3 頭，兔 2 頭。

請注意：此處 $x = 3$，$y = 2$ 都是精確數字，沒有估計數字的問題，也因此沒有「有效位數」的問題。

利用有刻度的測量儀器量測而得的物理量，才有「有效位數」的問題。

下列計算中，有些數字沒有「有效位數」的問題：

1. 求 x 的倒數 $y = 1/x$ 時，分子的 1 沒有「有效位數」的問題；因此 y 的有效位數與 x 相同。例如：設 $x = 2.3\underline{1}$，則

$$y = 1/x = 1/2.3\underline{1} = 0.43\underline{3}$$

2. 求 x 的倍數 $y = nx$ 時，n 沒有「有效位數」的問題；因此 y 的有效位數與 x 相同。例如：設 $x = 3.01\underline{2}$，則

$$y = 2x = 2 \times 3.01\underline{2} = 6.02\underline{4}$$

3. 求 x 的因數 $y = x/n$ 時，n 沒有「有效位數」的問題；因此 y 的有效位數與 x 相同。例如：設 $x = 7.4\underline{1}$，則

$$y = x/5 = 7.4\underline{1}/5 = 1.4\underline{8}$$

4. 求 x 的乘方 $y = x^n$ 時， n 沒有「有效位數」的問題 ；因此 y 的有效位數與 x 相同。例如：設 $x = 2.4\underline{5}$，$n = 2$，則

$$y = 2.4\underline{5}^2 = 6.0\underline{0}$$

5. 求 x 的開方 $y = \sqrt[n]{x}$ 時，n 沒有「有效位數」的問題；因此 y 的有效位數與 x 相同。例如：設 $x = 8.0\underline{0}$，則

$$y = \sqrt[3]{8.0\underline{0}} = 2.0\underline{0}$$

有效數字的規定及計算規則至此大致已經說明；從現在開始，除非特別註明，本書中所有物理量均不再標示其有效位數，而由讀者自行判斷。

例題 1-9 設一質點質量為 $m = 0.00100$ kg，速度為 $u = 2.56$ m/s，試求其動能。

解：依牛頓力學，物體的動能為：

$$E_k = mu^2/2 = (0.00100 \text{ kg}) \times (2.56 \text{ m/s})^2/2 = 3.28 \times 10^{-3} \text{ J}$$
$$= 3.28 \text{ mJ}$$

請注意：計算結果是 3 位有效數字。

1-8 圓周率 π

圓周率是個數學常數，為一圓之周長與其直徑的比值；自 18 世紀中開始，數學上採用希臘字母 π 來代表它。它是個無理數；也就是說，它無法用兩個整數相

除來表示，也無法用有限小數來表示，而是一個**具有無限多位的非循環小數**。截至 2014 年，數學家已經算出 π 的數值精確至小數點後第 13.3 兆位數字！其最前面的 50 位數字為：

$$\pi = 3.14159\ 26535\ 89793\ 23846\ 26433\ 83279\ 50288\ 41971\ 69399\ 37510\ldots$$

其實在實用上，我們並不需用到那麼多位。在一般場合，通常使用近似值

$$\pi \approx 3.1416 \tag{1-18}$$

就夠了。

例題 1-10 古人曾經用下列分數來作 π 的近似值，試求其精確之位數：(a) 22/7；(b) 333/106。

解： (a) 22/7 = 3.142 857... 精確位數 3 位

(b) 333/106 = 3.141 509... 精確位數 5 位

圓周率 π 常出現在幾何學的公式上；例如：

$$\text{半徑 } r \text{ 的圓周長} = 2\pi r \tag{1-19}$$

$$\text{半徑 } r \text{ 的圓面積} = \pi r^2 \tag{1-20}$$

$$\text{半徑 } R \text{ 的球表面積} = 4\pi R^2 \tag{1-21}$$

$$\text{半徑 } R \text{ 的球體積} = (4\pi/3)R^3 \tag{1-22}$$

圓周率 π 也常出現在三角函數的計算上。在理論上，所有三角函數的角變數都必須以**弳度**來量度。一周角 360° 相當於 2π 弳度；依此類推，180° 相當於 π 弳度，90° 相當於 π/2 弳度等等。假設一個角以「度 (°)」來量度時記為 $\theta°$，以弳度來量度時記為 θ，則：

$$\theta = \frac{\pi}{180} \times \theta° \tag{1-23}$$

當初人們訂定一周角為 360° 是任意的，沒有數學意義上的考量；因此，除了最低階的計算 (求三角函數值) 之外，其餘的都必須使用弳度，不可使用度 (°)，否則會產生極大的錯誤。

只求三角函數值時，我們可以用度 (°)，也可以用弳度；例如，

$$\tan 45° = \tan(\pi/4) = 1$$

但除此之外，**其他的計算則一律是用弳度**；例如我們假設有一函數：

$$f(x) = \sin(\cos x) \tag{1-24}$$

則

$$f(0) = \sin(\cos 0) = \sin(1)$$

請注意：這裡的 1 不是 1°，而是 1 弳度。利用計算器可知 $\sin(1) = 0.841\ 470\ \ 984\ldots$，因此，

$$f(0) = \sin(\cos 0) = \sin(1) \approx 0.841$$

又如假設另一函數：

$$g(x) = \cos(x^2) \tag{1-25}$$

則

$$g(2) = \cos(2^2) = \cos(4) \approx -0.654$$

弳度的另一個重要用途，是用來求圓弧的**弧長**。設在一半弳 r 的圓上擷取一段圓弧，其長度為 s，如圖 1-5 所示，則該段圓弧所對應的圓心角 θ 的弳度為：

$$\theta = s/r \tag{1-26}$$

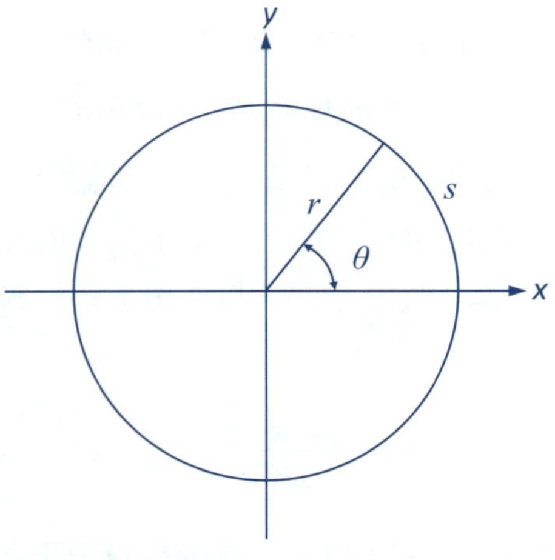

▲**圖 1-5　弳度的定義**，$\theta = s/r$

所以圓弧長 s 可由下式計算出來：

$$s = r\theta \quad \text{(圓弧長 = 圓半徑 × 弳度圓心角)} \tag{1-27}$$

由 (1-26) 式可以看出，角 θ 是個無因次的量；也就是說，它用弳度來量度時，是不用附單位的，但必要時可附「rad」字樣來強調。「rad」是英文「radians」(弳度) 的簡寫。例如假設有一半徑為 2.54 m 的圓，則長度 5.36 m 的圓弧所對應的圓心角為：

$$\theta = s/r = 5.36\ \mathrm{m}/2.54\ \mathrm{m} = 2.11\ (\mathrm{rad})$$

1-9 下標的使用

所謂「**下標**」是指在一個物理量右下方加註的**數字、字母、文字或符號**；例如：

1. 電壓 V_i 右下方的 i (斜體字，代表 $i = 1$、2、3 等等)。
2. 電荷 Q_1 右下方的 1。
3. 輸入電流 I_{i} 右下方的 i (正體字，i 代表 in)。
4. 截止頻率 f_{cutoff} 右下方的 cutoff (正體字)。
5. 太陽質量 $M_{\odot}$ 右下方的 $\odot$ (代表太陽)。

從上述的幾個例子，我們看到「下標」分成兩種：

1. 若下標為**斜體字** (如上述的電壓 V_i)，則代表一系列屬性相同的物理量 ($V_i = V_1$、V_2、V_3、…)。
2. 若下標為**正體字或其他符號**，則為該物理量的**加註說明**。

例題 1-11 (a) 一電路的輸入電壓與輸入電流應分別寫做 V_{i} 與 I_{i}，不可寫做 V_i 與 I_i。同理，輸出電壓與輸出電流應分別寫做 V_{o} 與 I_{o}，不可寫做 V_o 與 I_o。
(b) 戴維寧電壓與諾頓電流應分別寫成 V_{Th} 與 I_{N}，不可寫成 V_{Th} 與 I_N。

或許最常見的下標是 0 (零) 了。它常用來表示：

1. 物理量的初值，如：初位置 x_0，初速度 u_0。
2. 「真空」中的物理量，如「真空」中的容電係數 ε_0，「真空」中的波長 λ_0。
3. 如弦波 $V = V_0 \cos \omega t$ 中的峯值 V_0。

4. 如向量 $\vec{H} = \hat{\mathbf{x}} H_0$ 中的定值 H_0。

真空中的光速一般以 c 為符號；但有時為強調「真空」，就寫成 c_0。

例題 1-12 (a) 弦波 $V = V_0 \cos \omega t$ 的峯值 $V_{\text{peak}} = V_0$，其中的 peak (峯值) 應為正體字。

(b) 弦波 $V = V_0 \cos \omega t$ 在一週期之**平均值**寫做 V_{av}，其中的 av 係 average (平均) 的簡寫，應為正體字。

$$V_{\text{av}} = \frac{1}{T}\int_0^T V_0 \cos \omega t \, dt = 0$$

(c) 弦波 $V = V_0 \cos \omega t$ 在一週期之**有效值**寫做 V_{eff}，其中的 eff 係 effective (有效) 的簡寫，應為正體字。

$$V_{\text{eff}} = \sqrt{\frac{1}{T}\int_0^T (V_0 \cos \omega t)^2 dt} = \frac{V_0}{\sqrt{2}}$$

有效值 V_{eff} 又稱為「**均方根值**」V_{rms}，其中 rms 為「root (根) -mean (均) -square (方)」三個英文字的字首。

正如台語的「0」有時不讀做「零」而讀如「控」(例如 0800 常讀如「控捌控控」)；同樣地，下標「0」英語不讀做「zero」而讀做「naught」；也就是說，x_0 讀做「x -naught」，u_0 讀做「u-naught」，依此類推。

1-10　自由空間 (真空)

自古希臘時期開始，「真空」就是一個哲學上爭論的話題；一般認為「真空」就是空無一物的空間。爭論歸爭論，卻沒有人去實際研究；直到 1643 年才有義大利人托里切利首度在實驗室裡產生「真空」。圖 1-6 所示者是他所用的儀器；長度大約 1 m 的玻璃管裝滿水銀，然後垂直倒栽在一個水銀槽裡。由於大氣壓力不足以支撐 1 m 高的水銀柱的重量 (只夠支撐約 0.76 m)，因此水銀柱高度下降至 C，$\overline{CB} \approx 0.76$ m，其上方出現了一小段真空 $\overline{AC}$，史稱「**托里切利真空**」。

其實「托里切利真空」並非空無一物，裡面有許多當時還不知道的東西，例如：汞蒸氣、時時穿進穿出的光 (電磁輻射)、宇宙射線等等，當然還有無所不在的重力場。也就是說，「托里切利真空」並非理想的真空。

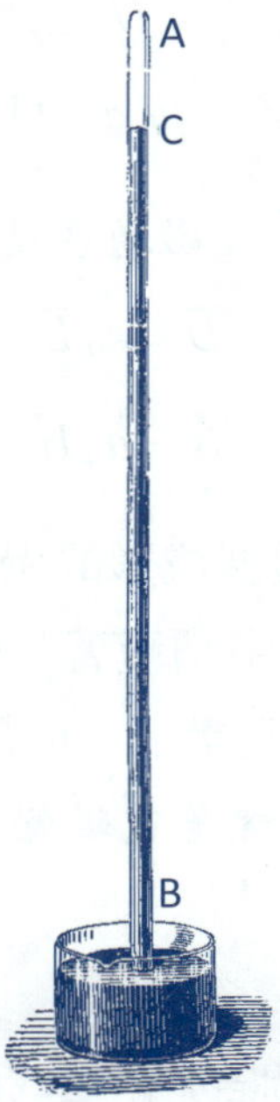

▲圖 1-6 **托里切利實驗，$\overline{AC}$ 段稱為托里切利真空**

隨著技術的進步，目前的「超高真空系統」可以產生大氣壓力一兆分之一的真空度，每 cm^3 只有大約 100 個質點在裡面。

外太空 (星際空間) 的真空度更高，每 m^3 中僅有少數幾個氫原子。但是這離理想的真空還是有點距離，因為星際空間到處有微重力、暗物質，而且隨時都有宇宙射線、微中子等穿梭其間，並非空無一物。

不過在古典電磁學 (也就是本書所敘述的電磁學) 裡，我們暫時忽略這些不理想的因素，而假設真空 (或稱「自由空間」) 真的是空無一物。

在此假設之下，古典電磁學的真空具有如下的特性：

1. 電磁輻射在真空中的傳播速度為一定值 c；在 SI 單位制中，

$$c = 299\ 792\ 458 \text{ m/s} \tag{1-28}$$

2. 在真空中，電磁場適用「疊加原理」。
3. 在真空中，所有電磁現象由兩個基本常數 ε_0 及 μ_0 來規範，即：

$$\text{真空的容電係數 } \varepsilon_0 = 8.854\ 187\ 817\ 620 \times 10^{-12} \text{ F/m} \tag{1-29}$$

$$\text{真空的導磁係數 } \mu_0 = 4\pi \times 10^{-7} \text{ H/m} \tag{1-30}$$

4. 在真空中，電磁輻射的電場 E 與磁場 H 之比為一定值 Z_0，稱為「本性阻抗」：

$$\text{真空的本性阻抗 } Z_0 = \mu_0\, c = (119.916\,983\,2)\pi\ \Omega \tag{1-31}$$

5. 在真空中，我們定義電通密度 $\vec{D}$ 及磁通密度 $\vec{B}$ 如下：

$$\vec{D} = \varepsilon_0\, \vec{E} \tag{1-32}$$

$$\vec{B} = \mu_0\, \vec{H} \tag{1-33}$$

在 19 世紀，古典電磁學正在發展成形的過程當中，科學家們曾經認為電磁輻射能夠在真空中傳播，是因為真空中瀰漫著一種非常稀薄又非常堅硬的介質，稱為「乙太」，也就是所謂的「第五元素」。但是 1887 年的麥克生 - 莫雷實驗證明「乙太」根本不存在——**真空本身就是電磁輻射的介質**；這個介質本身具有上述各項特性。

例題 1-13 疊加原理。在同一空間若有兩個或兩個以上的場 (無論是純量場或向量場) 同時存在，則其總效應是各個場的代數和或向量和，而無其他相互作用的衍生。

例如，在空間同一點同時有兩個電位 V_1 及 V_2 存在，則該點的總電位 V 為 V_1 及 V_2 的代數和 ($V = V_1 + V_2$)。

若在空間同一點同時有兩個電場 $\vec{E}_1$ 及 $\vec{E}_2$ 存在，則該點的總電場 $\vec{E}$ 為 $\vec{E}_1$ 及 $\vec{E}_2$ 的向量和 ($\vec{E} = \vec{E}_1 + \vec{E}_2$)。

1-11 歐氏空間

學過平面幾何的人都了解二維的歐幾里得空間 (簡稱歐氏空間)。如果採用笛卡兒座標系統 (簡稱卡氏座標系)，我們可以定義互相垂直的兩個座標軸，即 x 軸和 y 軸，如圖 1-7(a) 所示。平面上任一點 P 都可以用座標 (x, y) 來表示。

如圖 1-7(b) 所示，設平面上有兩點 $P_1(x_1, y_1)$ 及 $P_2(x_2, y_2)$，則依歐氏幾何的規範，可得下列兩個公式：

1. P_1 與 P_2 之間的距離 $d = \sqrt{(x_2 - x_1)^2 + (y_2 - y_1)^2}$ (1-34)

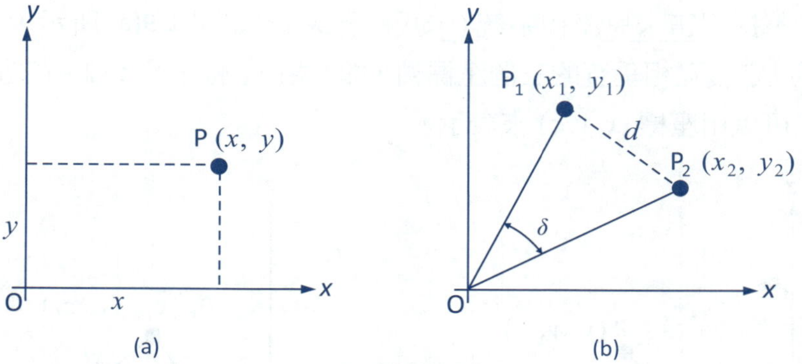

▲圖 1-7　二維笛卡兒座標系統

2. $\overline{OP_1}$ 與 $\overline{OP_2}$ 之間的夾角 $\delta = \cos^{-1}\dfrac{x_1x_2 + y_1y_2}{\sqrt{(x_1^2 + y_1^2)(x_2^2 + y_2^2)}}$ (1-35)

例題 1-14　如圖 1-8，試證：

$$\cos^2\alpha + \cos^2\beta = 1 \tag{1-36}$$

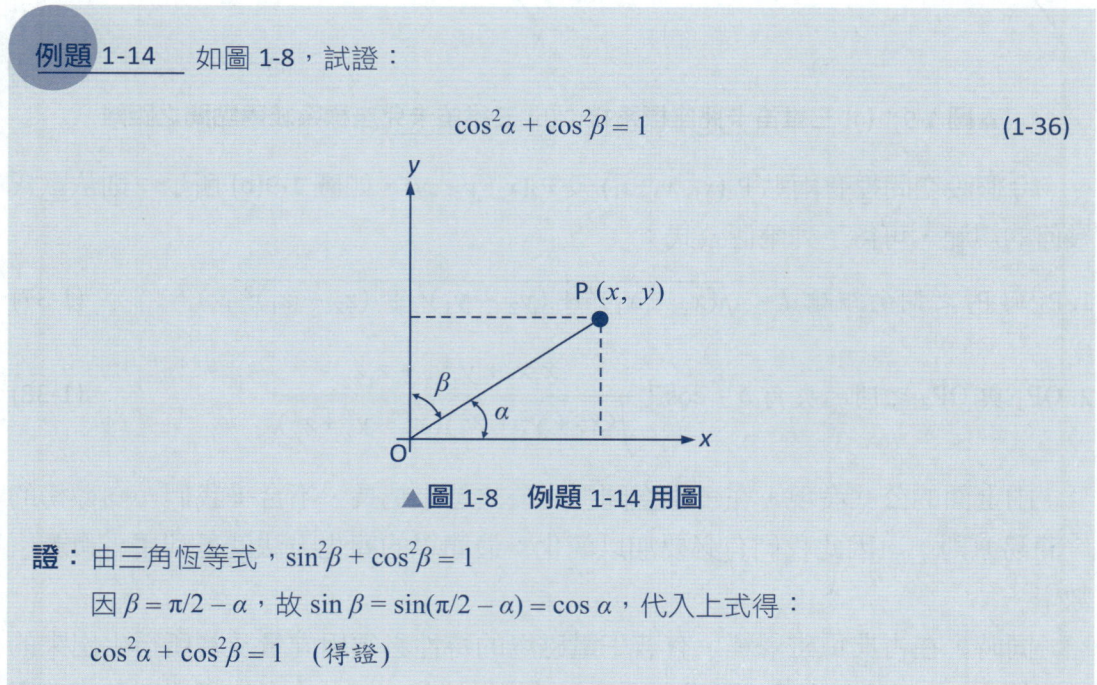

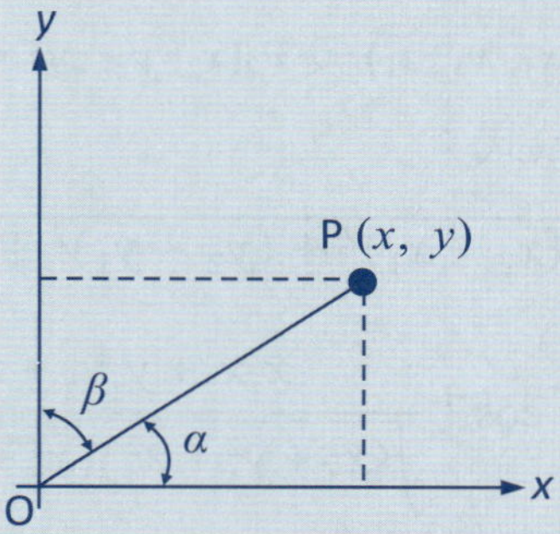

▲圖 1-8　例題 1-14 用圖

證： 由三角恆等式，$\sin^2\beta + \cos^2\beta = 1$

因 $\beta = \pi/2 - \alpha$，故 $\sin\beta = \sin(\pi/2 - \alpha) = \cos\alpha$，代入上式得：

$\cos^2\alpha + \cos^2\beta = 1$　(得證)

古典電磁學的電磁場都存在於三維的歐幾里得空間 (歐氏空間)。因此我們有必要把上述觀念推廣到三維空間。

我們仍舊採用笛卡兒座標系統 (卡氏座標系)。如圖 1-9(a) 所示，在三維空間裡，我們可以定義互相垂直的三個座標軸，即 x 軸、y 軸、及 z 軸。在這個空間裡，任一點 P 都可以用座標 (x, y, z) 來表示。

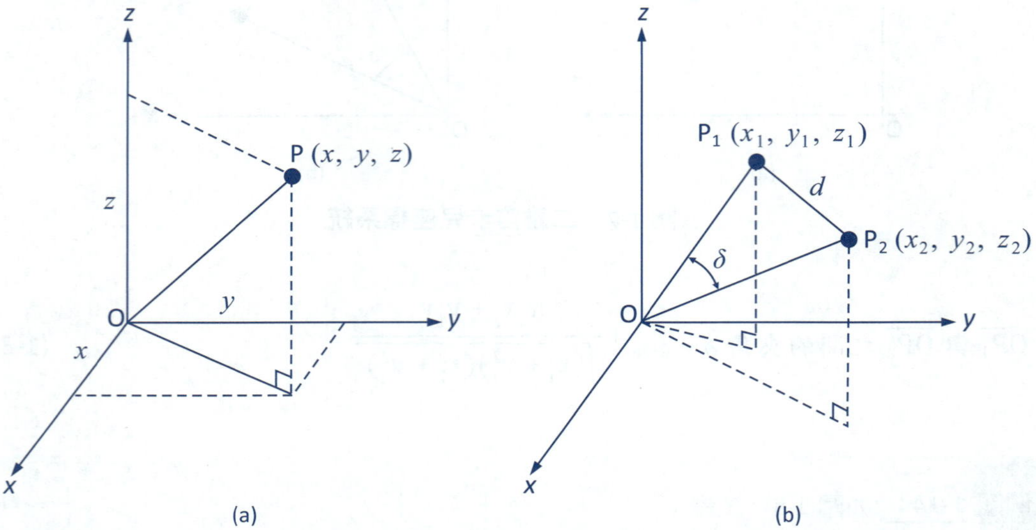

▲圖 1-9 (a) 三維笛卡兒座標系統；(b) 三維笛卡兒座標系統兩點間之距離

今假設空間裡有兩點 $P_1(x_1, y_1, z_1)$ 及 $P_2(x_2, y_2, z_2)$，如圖 1-9(b) 所示；則依歐氏幾何的規範，可得下列兩個公式：

1. P_1 與 P_2 之間的距離 $d = \sqrt{(x_2 - x_1)^2 + (y_2 - y_1)^2 + (z_2 - z_1)^2}$ (1-37)

2. $\overline{OP_1}$ 與 $\overline{OP_2}$ 之間的夾角 $\delta = \cos^{-1} \dfrac{x_1x_2 + y_1y_2 + z_1z_2}{\sqrt{(x_1^2 + y_1^2 + z_1^2)(x_2^2 + y_2^2 + z_2^2)}}$ (1-38)

由上面的公式發現，在三維空間裡，公式越來越長，不合乎我們一向標榜的「簡易原則」。因此我們有必要加以簡化；最簡單的簡化方法就是利用「**向量**」數學。

同時，在古典電磁學裡，有若干電磁場的特性必須用向量及其所衍生出來的數學觀念 (如**梯度**、**散度**、**旋度**等等) 才解釋得清楚；因此向量數學是討論古典電磁學必要的工具，也是最合乎簡易原則的工具。

本書將在第二章介紹向量代數，在第三章介紹向量微積分。

例題 1-15 如圖 1-10，試證：

$$\cos^2\alpha + \cos^2\beta + \cos^2\gamma = 1 \tag{1-39}$$

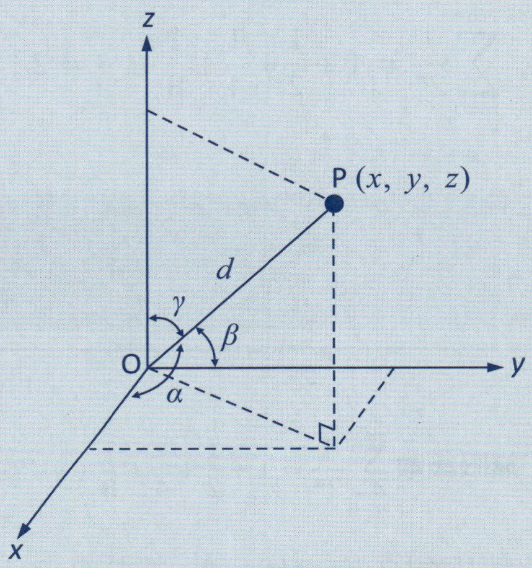

▲圖 1-10 例題 1-15 用圖

證： 由 (1-37) 式，設 $P_1 = O(0, 0, 0)$，$P_2 = P(x, y, z)$，則

$$d = \sqrt{x^2 + y^2 + z^2}$$

因 $\cos\alpha = x/d$，$\cos\beta = y/d$，$\cos\gamma = z/d$，故：

$$\begin{aligned}\cos^2\alpha + \cos^2\beta + \cos^2\gamma &= (x/d)^2 + (y/d)^2 + (z/d)^2 \\ &= (x^2 + y^2 + z^2)/d^2 \\ &= 1 \quad (\text{得證})\end{aligned}$$

1-12 無限級數

所謂**無限級數**就是將一個無限數列 $(a_0, a_1, a_2, a_3, \ldots)$ 的每一項相加的數學式，可以寫成：

$$\sum_{n=0}^{\infty} a_n = a_0 + a_1 + a_2 + a_3 + \cdots$$

其中的每一項通常都是依照某一個規則所寫出來的；例如我們可以令 $a_n = 1/2^n$，則上式就變成：

$$\sum_{n=0}^{\infty}\frac{1}{2^n}=1+\frac{1}{2}+\frac{1}{4}+\frac{1}{8}+\cdots$$

這個級數有一個確定的答案，很容易猜得出來 (詳見圖 1-11)，即：

$$\sum_{n=0}^{\infty}\frac{1}{2^n}=1+\frac{1}{2}+\frac{1}{4}+\frac{1}{8}+\cdots=2$$

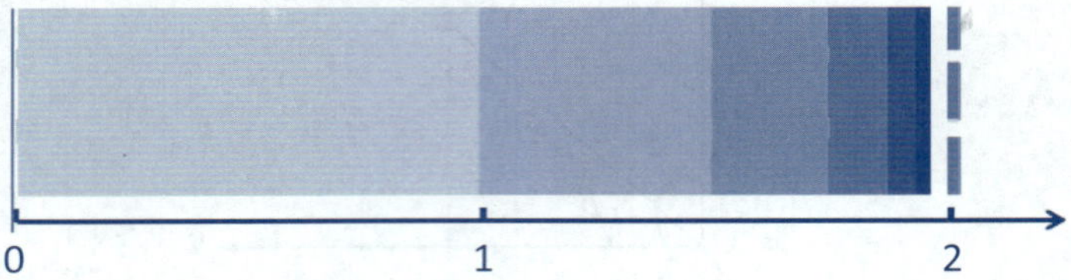

▲圖 1-11　**無限級數** $\sum_{n=0}^{\infty}\frac{1}{2^n}=1+\frac{1}{2}+\frac{1}{4}+\frac{1}{8}+\cdots=2$ **的思考圖**

雖然猜對了，但從數學的角度來說，我們需要證明。這個證明要從函數 $g(x)=1/(1-x)$ 開始。利用所謂的「長除法」：

$$\begin{array}{r|l} & 1+x+x^2+x^3+\cdots \\ 1-x & 1 \\ & \underline{1-x} \\ & \quad x \\ & \quad \underline{x-x^2} \\ & \qquad x^2 \\ & \qquad \underline{x^2-x^3} \\ & \qquad\quad x^3 \\ & \qquad\quad \cdots\cdots\cdots \end{array}$$

我們得到一個無限級數：

$$g(x)=\frac{1}{1-x}=1+x+x^2+x^3+\cdots \tag{1-40}$$

稱為「**幾何級數**」或「**無限等比級數**」(x 稱為「**公比**」)。令 $x=1/2$ 可得：

$$g(½)=1+\frac{1}{2}+\frac{1}{4}+\frac{1}{8}+\cdots=\frac{1}{1-(1/2)}=2$$

前面我們在圖 1-11 中的猜測由此得到證明。

由 (1-40) 式我們也可以得到許多無限等比級數的值；例如：

$$g(⅓) = 1 + \frac{1}{3} + \frac{1}{9} + \frac{1}{27} + \cdots = \frac{1}{1-(1/3)} = \frac{3}{2}$$

等等，不勝枚舉。

但是要注意，(1-40) 式中的 x 其絕對值必須小於 1，即 $|x| < 1$，才有確定的答案 [例如上述的 $g(½) = 2$ 及 $g(1/3) = 3/2$]，此時我們稱級數 $g(x)$ 為「**收斂**」。若 $|x| \geqq 1$，級數 $g(x)$ 就沒有確定的答案 (趨於 ∞)；此時我們稱該級數為「**發散**」。

1715 年，英格蘭數學家布魯克．泰勒證明：若一函數 $f(x)$ 的任意階導函數在 $x = a$ 的值 $f^{(n)}(a)$ 均存在 $(n = 0, 1, 2, 3, \ldots)$，則函數 $f(x)$ 可以展開成一個無限級數：

$$f(x) = \sum_{n=0}^{\infty} \frac{f^{(n)}(a)}{n!}(x-a)^n$$

即：

$$\begin{aligned} f(x) &= \sum_{n=0}^{\infty} \frac{f^{(n)}(a)}{n!}(x-a)^n \\ &= f(a) + \frac{f'(a)}{1!}(x-a) + \frac{f''(a)}{2!}(x-a)^2 + \frac{f'''(a)}{3!}(x-a)^3 + \cdots \end{aligned} \tag{1-41}$$

稱為**泰勒級數**。

在 18 世紀時，蘇格蘭數學家柯林．麥勞林曾利用泰勒級數解決很多數學問題。他經常令 (1-41) 式中的 $a = 0$；於是 (1-41) 式變成：

$$f(x) = f(0) + \frac{f'(0)}{1!}x + \frac{f''(0)}{2!}x^2 + \frac{f'''(0)}{3!}x^3 + \cdots \tag{1-42}$$

因此，(1-42) 式常被稱為**麥勞林級數**。

麥勞林級數是泰勒級數的一個特例。在科學的領域裡，使用麥勞林級數的機會比較多，最重要的一個例子是**指數函數** e^x (或寫做 $\exp x$) 的麥勞林級數。根據定義，

$$e^x = \sum_{n=0}^{\infty} \frac{x^n}{n!} = 1 + \frac{x}{1!} + \frac{x^2}{2!} + \frac{x^3}{3!} + \cdots \tag{1-43}$$

指數函數 e^x 有兩個最基本的特性：

1. 指數函數的導函數等於它本身，即：

$$(e^x)' = e^x \tag{1-44}$$

在所有數學函數當中，只有指數函數 e^x 具有此一特性。

2. 對所有的 x 值 $(-\infty < x < \infty)$，指數函數 e^x 均為收斂。

在 (1-43) 式中令 $x = 1$，可得：

$$e = \sum_{n=0}^{\infty} \frac{1}{n!} = 1 + \frac{1}{1!} + \frac{1}{2!} + \frac{1}{3!} + \cdots = 2.718\,281\,828\ldots$$

這是個無理數，稱為「**歐勒數**」或「**自然對數底**」。

在科學上，三角函數 $\sin x$ 及 $\cos x$ 的麥勞林級數非常重要。首先我們令 $f(x) = \sin x$，其中的 x 必須以弳度表示，則因：

$$f(0) = \sin 0 = 0$$

$$f'(0) = (\sin x)'|_{x=0} = \cos 0 = 1$$

$$f''(0) = (\sin x)''|_{x=0} = -\sin 0 = 0$$

$$f'''(0) = (\sin x)'''|_{x=0} = -\cos 0 = -1$$

$$\cdots\ \cdots\ \cdots$$

故由 (1-42) 式可得：

$$\sin x = x - \frac{x^3}{3!} + \frac{x^5}{5!} - \frac{x^7}{7!} + \cdots \qquad (-\infty < x < \infty) \tag{1-45}$$

將此式逐項微分，即得 $\cos x$ 的麥勞林級數：

$$\cos x = 1 - \frac{x^2}{2!} + \frac{x^4}{4!} - \frac{x^6}{6!} + \cdots \qquad (-\infty < x < \infty) \tag{1-46}$$

我們看到 (1-45) 式中，$\sin x$ 的展開式是由 x 的奇數次方所組成，因此我們稱 $\sin x$ 為一「**奇函數**」。相反地，(1-46) 式中的 $\cos x$ 係由 x 的偶數次方所組成，因此我們稱 $\cos x$ 為一「**偶函數**」。而 (1-43) 式所示的指數函數 e^x，裡面有 x 的奇數次方，又有 x 的偶數次方，因此它既不是奇函數也不是偶函數。

在數學上，奇函數和偶函數有簡單明瞭的定義：

$$\text{若 } f(-x) = -f(x)\text{，則 } f(x) \text{ 為奇函數；}$$
$$\text{若 } f(-x) = f(x)\text{，則 } f(x) \text{ 為偶函數。}$$

例如：

$$\sin(-x) = -\sin x\text{；}\quad \cos(-x) = \cos x$$

例題 1-16　試以麥勞林級數展開函數 $f(x) = \sqrt{1+x}$。

解： $f(0) = 1$；

$f'(0) = 1/2\sqrt{1+x}\ |_{x=0} = 1/2$；

$f''(0) = -1/4(1+x)^{3/2}\ |_{x=0} = -1/4$；

$f'''(0) = 3/8(1+x)^{5/2}\ |_{x=0} = 3/8$；

……………

代入 (1-42) 式得：

$$f(x) = \sqrt{1+x} = 1 + \frac{1}{2}x - \frac{1}{8}x^2 + \frac{1}{16}x^3 - \cdots \qquad (|x| < 1) \tag{1-47}$$

此級數只有在 $|x| < 1$ 時才收斂。

例題 1-17　試以麥勞林級數展開函數 $f(x) = 1/\sqrt{1+x}$。

解： $f(0) = 1$；

$f'(0) = -1/2(1+x)^{3/2}\ |_{x=0} = -1/2$；

$f''(0) = 3/4(1+x)^{5/2}\ |_{x=0} = 3/4$；

$f'''(0) = -15/8(1+x)^{7/2}\ |_{x=0} = -15/8$；

……………

代入 (1-42) 式得：

$$f(x) = 1/\sqrt{1+x} = 1 - \frac{1}{2}x + \frac{3}{8}x^2 - \frac{5}{16}x^3 + \cdots \qquad (|x| < 1) \tag{1-48}$$

此級數只有在 $|x| < 1$ 時才收斂。

1-13　近似值

如上所述，無限級數有確定答案者稱為「收斂」，無確定答案者稱為「發散」。

例如下面這個被稱為「**諧和級數**」的級數：

$$\sum_{n=1}^{\infty}\frac{1}{n}=\frac{1}{1}+\frac{1}{2}+\frac{1}{3}+\cdots$$

便是一個發散級數，因為它沒有確定的答案，級數值趨於 ∞。

在科學應用上，發散的級數沒有什麼意義。

那麼，什麼樣的級數才會收斂呢？簡言之，**相鄰兩項相比較，後項一定要比前項小，而且要「夠小」**。上述的「諧和級數」裡雖然後項都比前項小，但不夠小，因此該級數沒有收斂。至於怎樣才算「夠小」，數學上有各種測試方法，在此不贅述。

(1-41) 式所示的泰勒級數可以寫成：

$$f(x)=\sum_{n=0}^{\infty}a_n x^n = a_0+a_1x+a_2x^2+a_3x^3+\cdots \tag{1-49}$$

假設此一級數為收斂，則每一個後項一定要比前項小，而且要「夠小」。這時其中的 x 就扮演很重要的角色：**x 越小，級數收斂得越快**。從實用觀點來看，若 x 夠小，則我們只要採用級數的最前面少數幾項即已夠用。

問題是：我們該採用到第幾項呢？

如果只採用第一項 a_0：

$$f(x)\approx a_0 \qquad \text{(第 0 階近似)}$$

稱為第 0 階近似，所得到的精確度最差；而且沒有把 x 包含在內，實用意義不大。

其次，如果 $x \ll 1$，我們通常採用到第二項：

$$f(x)\approx a_0+a_1x \qquad \text{(第 1 階近似)}$$

稱為第 1 階近似。若無特別聲明，條件 $x \ll 1$ 可依照慣例解釋為 $x < 0.1$；亦即比 1 小一個數量級。例如 $x = 0.05$ 即符合 $x \ll 1$ 之條件。此時由 (1-43) 式可得指數函數 e^x 在 $x = 0.05$ 之第 1 階近似值為：

$$e^x \approx 1+x=1+0.05=1.05$$

這個數值與精確值 $e^{0.05} = 1.051\,271...$ 相較，已經精確到小數點後第二位。

如果這樣的精確度不夠用，我們可以進一步採用第 2 階近似：

$$f(x)\approx a_0+a_1x+a_2x^2 \qquad \text{(第 2 階近似)}$$

即得：

$$e^x \approx 1 + x + \frac{x^2}{2} = 1 + 0.05 + \frac{0.05^2}{2} = 1.051\ 25$$

這個結果與精確值 $e^{0.05} = 1.051\ 271...$ 相較，精確度更達到小數點後第四位。

依此類推，若有必要，我們可以採用到「第 n 階近似」：

$$f(x) \approx a_0 + a_1 x + \cdots + a_n x^n \qquad (\text{第 } n \text{ 階近似})$$

例題 1-18 試求 $\sin x$ 在 $x = 0.06$ 之第 1 階與第 3 階近似值。

解：請注意：此處的 $x = 0.06$ 係指徑度。由 (1-45) 式可知 $\sin x$ 的第 1 階近似值為：

$\sin x \approx x = 0.06$

與精確值 $\sin(0.06) = 0.059\ 964\ 006...$ 相較，誤差僅為 0.000 036；亦即，精確至小數點後第四位。

同理，由 (1-45) 式可知 $\sin x$ 的第 3 階近似值為：

$$\sin x \approx x - \frac{x^3}{6} = 0.06 - \frac{0.06^3}{6} = 0.059\ 964$$

與精確值 $\sin(0.06) = 0.059\ 964\ 006...$ 相較，此近似值精確至小數點後第六位。

在牛頓力學裡，質量 m 的質點以速度 u 運動時，其動能為 $\frac{1}{2}mu^2$。當時所觀察到的運動物體，速度 u 都遠小於光速 c，即 $u \ll c$；以當時的量測技術和精密度，看不出這個公式有什麼不妥。然而到了 19 世紀末，古典電磁學理論建立完成之後，科學家赫然發現牛頓力學與馬克士威的電磁理論有扞格之處。

1905 年，愛因斯坦發表了一篇名為〈論運動物體的電動力學〉的論文，指出牛頓力學與馬克士威電磁學之矛盾，問題在於牛頓力學。他認為牛頓力學對「質量」的定義模糊，其「運動第二定律」$\vec{F} = m\vec{a}$ 也有問題 (尤其當運動速度 u 接近光速 c 時)。這篇論文導致了「**狹義相對論**」的提出。

在狹義相對論中，愛因斯坦提出一個嶄新的觀念，就是「質量」其實是能量的一種形式，他稱之為「**質能**」。若一物體靜止時的質量為 m_0，則其質能為：

$$E_0 = m_0 c^2 \qquad (1\text{-}50)$$

稱為「**靜止質能**」。若該物體開始運動，則其質能會隨著增加；當運動速度為 u 時，其質能會增加成為：

$$E = mc^2 \tag{1-51}$$

也就是說，物體因運動而產生能量的增加，完全反映在它的質量的增加上；設物體之運動速度為 u，則其質量為：

$$m = m_0/\sqrt{1 - u^2/c^2} \tag{1-52}$$

故物體的動能即為：

$$E_\mathrm{k} = E - E_0 = mc^2 - m_0c^2$$

將 (1-52) 式代入，可得：

$$E_\mathrm{k} = m_0c^2\left(1/\sqrt{1 - u^2/c^2} - 1\right) \tag{1-53}$$

這個動能公式適用於任何速度 u 之運動物體，當然包括 $u \ll c$ 的場合；也就是說，(1-53) 式在 $u \ll c$ 的條件下，應該可以化為牛頓力學的動能公式 $\frac{1}{2}mu^2$。

我們可以用本節所述的近似計算來證明這一點。由 (1-48) 式，採用第 1 階近似值：

$$1/\sqrt{1 + x} \approx 1 - \frac{1}{2}x \tag{1-54}$$

令 $x = -u^2/c^2$，代入 (1-54) 式：

$$1/\sqrt{1 - u^2/c^2} \approx 1 + u^2/2c^2$$

再代入 (1-53) 式，可得：

$$E_\mathrm{k} \approx m_0c^2(1 + u^2/2c^2 - 1) = \frac{1}{2}m_0u^2$$

因牛頓力學中的質量 $m \approx m_0$，故得動能公式 $E_\mathrm{k} \approx \frac{1}{2}mu^2$。

例題 1-19 設二極體的特性可用下式表示：

$$i_\mathrm{D} = I_\mathrm{s}\, e^{v_\mathrm{D}/V_\mathrm{T}} \tag{1-55}$$

其中 $v_\mathrm{D} = V_\mathrm{D} + v_\mathrm{d}$ = 直流偏壓 + 信號電壓；

$i_\mathrm{D} = I_\mathrm{D} + i_\mathrm{d}$ = 偏壓電流 + 信號電流；

I_s 為「逆向飽和電流」，在此視為定值；

V_T 為「熱電壓」，在此亦視為定值。

試證：此二極體的「**小信號電阻**」為 $r_d \equiv v_d/i_d = V_T/I_D$。

證：若只加偏壓而未加信號，則由 (1-55) 式可得：

$$I_D = I_s\, e^{V_D/V_T} \tag{1-56}$$

若加了「**小信號**」電壓 v_d，即 $v_D = V_D + v_d$，則 (1-55) 式變為：

$$i_D = I_s\, e^{(V_D+v_d)/V_T} = (\,I_s\ e^{V_D/V_T})\ e^{v_d/V_T} = I_D\ e^{v_d/V_T} \tag{1-57}$$

其中最後一步係根據 (1-56) 式。

若小信號被定義為 $v_d \ll V_T$，即 $v_d/V_T \ll 1$，則根據第 1 階近似公式 $e^x \approx 1 + x$，(1-57) 式可化為：

$$i_D = I_D\ e^{v_d/V_T}\ \approx\ I_D\,(1 + v_d/V_T) = I_D + I_D\, v_d/V_T\ \equiv\ I_D + i_d \tag{1-58}$$

$\therefore\ I_D\, v_d/V_T = i_d$

故得此二極體的小信號電阻為 $r_d \equiv v_d/i_d = V_T/I_D$。（得證）

1-14 歐勒公式

在 (1-43) 式中，我們已經知道指數函數的麥勞林級數為

$$e^x = \sum_{n=0}^{\infty} \frac{x^n}{n!} = 1 + \frac{x}{1!} + \frac{x^2}{2!} + \frac{x^3}{3!} + \frac{x^4}{4!} + \frac{x^5}{5!} + \cdots \tag{1-59}$$

假如我們將其中的 x 換成 $i\,x$，$i = \sqrt{-1}$ 稱為**虛數單位**，則得：

$$\begin{aligned} e^{ix} &= \sum_{n=0}^{\infty} \frac{(ix)^n}{n!} = 1 + \frac{ix}{1!} + \frac{(ix)^2}{2!} + \frac{(ix)^3}{3!} + \frac{(ix)^4}{4!} + \frac{ix^5}{5!} + \cdots \\ &= 1 + i\frac{x}{1!} + i^2\frac{x^2}{2!} + i^3\frac{x^3}{3!} + i^4\frac{x^4}{4!} + i^5\frac{x^5}{5!} + \cdots \end{aligned} \tag{1-60}$$

因 $i = \sqrt{-1}$，故 $i^2 = -1$， $i^3 = -\,i$，$i^4 = 1$，$i^5 = i$ 等等；(1-60) 式變成：

$$\begin{aligned} e^{ix} &= 1 + i\frac{x}{1!} + i^2\frac{x^2}{2!} + i^3\frac{x^3}{3!} + i^4\frac{x^4}{4!} + i^5\frac{x^5}{5!} + \cdots \\ &= 1 + i\frac{x}{1!} - \frac{x^2}{2!} - i\frac{x^3}{3!} + \frac{x^4}{4!} + i\frac{x^5}{5!} + \cdots \\ &= \left(1 - \frac{x^2}{2!} + \frac{x^4}{4!} - \cdots\right) + i\left(x - \frac{x^3}{3!} + \frac{x^5}{5!} - \cdots\right) \end{aligned}$$

由 (1-45) 式及 (1-46) 式代入，可得：

$$e^{ix} = \cos x + i \sin x \tag{1-61}$$

這就是有名的**歐勒公式**。

例題 1-20　試求：(a) $e^{i\pi/2}$；(b) $e^{i\pi}$。

解：(a) 由 (1-61) 式，

$$e^{i\pi/2} = \cos \pi/2 + i \sin \pi/2 = 0 + i\,1 = i$$

(b) 同理，

$$e^{i\pi} = \cos \pi + i \sin \pi = -1 + i\,0 = -1$$

歐勒公式的用途非常廣，例如：將 (1-61) 式微分：

$$\begin{aligned}(e^{ix})' &= (\cos x)' + i(\sin x)' \\ &= i\,e^{ix} = i(\cos x + i \sin x) \\ &= i \cos x + i^2 \sin x \\ &= -\sin x + i \cos x\end{aligned}$$

由此可得微分公式：

$$(\cos x)' = -\sin x \tag{1-62}$$

$$(\sin x)' = \cos x \tag{1-63}$$

又如將 (1-61) 式兩邊所有 x 都換成 nx，其中 n 為整數，則

$$e^{inx} = \cos nx + i \sin nx$$

而

$$e^{inx} = (e^{ix})^n = (\cos x + i \sin x)^n$$

兩式比較即得：

$$(\cos x + i \sin x)^n = \cos nx + i \sin nx \quad (n = \text{整數}) \tag{1-64}$$

稱為「**棣莫弗 (De Moivre) 定理**」。

利用棣莫弗定理可以導出許多有用的數學公式；例如在 (1-64) 式中令 $n = 2$ 可得

$$(\cos x + i \sin x)^2 = \cos 2x + i \sin 2x$$

等號左邊可展開成：

$$\cos^2 x + 2i \sin x \cos x + i^2 \sin^2 x = \cos^2 x + i\,(2 \sin x \cos x) - \sin^2 x$$
$$= (\cos^2 x - \sin^2 x) + i\,(2 \sin x \cos x)$$

則由上面兩式等號右邊互相比較，可得「兩倍角公式」：

$$\cos 2x = \cos^2 x - \sin^2 x \qquad (1\text{-}65)$$

$$\sin 2x = 2 \sin x \cos x \qquad (1\text{-}66)$$

例題 1-21 試證：$\cos 2x = 2 \cos^2 x - 1 = 1 - 2 \sin^2 x$ (1-67)

證：由恆等式 $\sin^2 x + \cos^2 x = 1$ 知 $\sin^2 x = 1 - \cos^2 x$，代入 (1-65) 式得：

$\cos 2x = \cos^2 x - (1 - \cos^2 x) = 2 \cos^2 x - 1$

同理，由 $\sin^2 x + \cos^2 x = 1$ 知 $\cos^2 x = 1 - \sin^2 x$，代入 (1-65) 式得：

$\cos 2x = (1 - \sin^2 x) - \sin^2 x = 1 - 2 \sin^2 x$

(得證)

同樣地，假如我們在 (1-64) 式中令 $n = 3$：

$$(\cos x + i \sin x)^3 = \cos 3x + i \sin 3x$$

等號左邊可展開成：

$$\cos^3 x + 3\,(\cos^2 x)(i \sin x) + 3\,(\cos x)(i^2 \sin^2 x) + (i \sin x)^3$$
$$= \cos^3 x + 3\,i\,(\cos^2 x)(\sin x) - 3 \cos x \sin^2 x - i \sin^3 x$$
$$= (\cos^3 x - 3 \cos x \sin^2 x) + i\,(3 \sin x \cos^2 x - \sin^3 x)$$

則由上面兩式等號右邊互相比較，可得「三倍角公式」：

$$\cos 3x = \cos^3 x - 3 \cos x \sin^2 x = 4 \cos^3 x - 3 \cos x \qquad (1\text{-}68)$$

$$\sin 3x = 3 \sin x \cos^2 x - \sin^3 x = 3 \sin x - 4 \sin^3 x \qquad (1\text{-}69)$$

例題 1-22 試利用歐勒公式求積分：

$$\int \cos^2 x\, dx$$

解： 在歐勒公式 $e^{ix} = \cos x + i \sin x$ 中，令 $x \to -x$ 可得 $e^{-ix} = \cos x - i \sin x$；兩式相加除以 2，即得：

$\cos x = (e^{ix} + e^{-ix})/2$

故

$\cos^2 x = (e^{ix} + e^{-ix})^2/4 = (e^{i2x} + 2 + e^{-i2x})/4$

$$\int \cos^2 x\, dx = \frac{1}{4}\int (e^{2ix} + 2 + e^{-2ix})\, dx$$

$$= \frac{1}{4}\left(\frac{e^{2ix}}{2i} + 2x - \frac{e^{-2ix}}{2i}\right) + c$$

$$= \frac{1}{4}(2x + \sin 2x) + c$$

例題 1-23 試利用歐勒公式求積分：

$$\int e^x \cos x\ dx$$

解： 由歐勒公式 $e^{ix} = \cos x + i \sin x$ 知，$\cos x$ 為 e^{ix} 的實數部分；故 $e^x \cos x$ 為 $e^x e^{ix}$ 的實數部分。我們求出 $e^x e^{ix}$ 的積分之後，取其實數部分，即為所求。

$$\int e^x e^{ix}\, dx = \int e^{(1+i)x}\, dx$$

$$= \frac{e^{(1+i)x}}{1+i} + c = \frac{1-i}{2} e^{(1+i)x} + c$$

$$= \frac{e^x}{2}(1-i)e^{ix} + c$$

因 $(1-i)\, e^{ix} = (1-i)\,(\cos x + i \sin x) = (\cos x + \sin x) + i\,(\sin x - \cos x)$，我們只取其實數部分 $(\cos x + \sin x)$，故所求積分為：

$$\int e^x \cos x\ dx = \frac{e^x}{2}(\cos x + \sin x) + c$$

習題

（若無特別註明，本書各章習題之物理量的有效位數請自行判斷。）

1-3 基本量與導出量

1.1 在天文學上，1 天文單位 (AU) 大約是地球與太陽之間的距離，定義為 1 AU = 149 597 870 700 m。試求太陽光抵達地球所需時間。

1.2 除太陽之外，位於半人馬座的「比鄰星」是離地球最近的恆星，距離地球約 4.22 ly。試求這個距離等於多少 AU。

1.3 根據聯合國的統計，2015 年世界人口總數約為 73.24 億。假設每一個人都當作一個質點看待，那麼這個總人口數相當於多少 mol？

1.4 已知水 (H_2O) 的分子量為 18.02，試求：(a) 1 mol 水的質量為多少 g？(b) 1 kg 的水所含的 mol 數。

1.5 根據牛頓力學，能量的單位 J (焦耳) 等於 N · m；而在電學裡，電能 (單位 J) 等於電量 (單位 C) 乘電壓 (單位 V)。試據此求電壓的因次。

1.6 根據定義，電容 (單位 F) 等於電量 (單位 C) 除以電壓 (單位 V)。試據此求電容的因次。

1-4 定律與定理

1.7 試求積分 $\int \frac{dx}{(1+x)^{3/2}}$。

1.8 試求積分 $\int \cos^3 x\, dx$。

1.9 試求積分 $\int \tan^2 x\, dx$。

1.10 試求積分 $\int \ln x\, dx$。

1.11 試求積分 $\int x e^x\, dx$。

1-5 數量級

1.12 試求下列各物理量的數量級：(a) 宇宙的年齡：1.380×10^{10} 年；(b) 地球質量：5.972×10^{24} kg；(c) 太陽半徑：6.963×10^{8} m。

1.13 試求下列各物理量的數量級：(a) 質子質量：1.673×10^{-27} kg；(b) 水分子的 O-H 鍵長度：9.584×10^{-11} m；(c) 同位素 B-16 之半衰期：1.90×10^{-11} s。

1.14 試解釋下列單位之意義：(a) mm 與 Mm；(b) ps 與 Ps；(c) zg 與 Zg。

1-6 有效數字

1.15 設一量尺之最小刻度為 1 mm，則身高 170 cm 左右的人用它來量身高時，可讀取有效數字幾位？

1.16 試述下列數字的有效位數：(a) 0.007492；(b) 1.007492；(c) 0.0010001；(d) 0.00100。

1.17 試述下列數字的有效位數：(a) 0.5050×10^{3}；(b) 9.0000×10^{-4}；(c) $24500\underline{0}$。

1-7 有效數字的計算

1.18 設 $x = 2.71\underline{8}$，試求：(a) $2/x$；(b) x^{3}；(c) $\sqrt[3]{x}$。

1.19 設一圓直徑為 $2.5\underline{0}$ m，試求：(a) 周長；(b) 面積。

1.20 設某一弦波的頻率為 $79.\underline{1}$ kHz，試求：(a) 波長；(b) 角頻率。

1.21 雞兔同籠，共有 88 頭，250 隻腳。試問雞、兔各幾頭？

1.22 試計算：(a) $2.54\underline{3} + 0.3\underline{3}$；(b) $2.54\underline{3} - 0.3\underline{3}$。

1.23 試計算：(a) $2.54\underline{3} \times 0.3\underline{3}$；(b) $2.54\underline{3} \div 0.3\underline{3}$。

1.24 設一小球質量為 $m = 25\underline{0}$ g，速度為 $u = 32\underline{0}$ cm/s，試求其動能。

1-8 圓周率 π

1.25 如果用下列分數來作 π 的近似值，試求其精確之位數：(a) 355/113；(b) 52163/16604。

1.26 設一函數 $f(x) = \sin(1 + x)$，試求 $f(1)$。

1.27 設一函數 $f(x) = \cos(e^{x})$，試求 $f(1)$。

1.28 設一函數 $g(x) = 2 - \cos^{-1} x$，試求 $g(0)$。

1.29 設一函數 $g(x) = 1 + \tan^{-1} x$，試求 $g(1)$。

1.30 角度 1° 等於 60′，1′ 等於 60″；「′」與「″」分別稱為「*分*」與「*秒*」。試問角度 1 秒 (1″) 等於多少弳度？

1.31 在天文學上，遠處恆星與地球之間的距離常用「*秒差*」(parsec) 來表示。在數學上，以半徑 r 畫一小段圓弧 s，若圓心角 $\theta = 1''$ 時，圓弧長 $s = 1$ AU (AU 的定義參見習題 1.1)，則恆星與地球之間的距離 r 就是 1 秒差 (1 parsec)。(a) 試根據 (1-26) 式，求 1 parsec 等於多少 m？(b) 又，1 parsec 等於多少 ly (光年)？

1-9 下標的使用

1.32 試求正弦波 $V = V_0 \sin \omega t$ 在一週期之：(a) 平均值 V_{av}；(b) 有效值 V_{eff}。

1.33 試求正弦波 $V = V_0 \sin \omega t$ 在半週期之：(a) 平均值 V_{av}；(b) 有效值 V_{eff}；(c) 均方根值 V_{rms}。

1.34 *克希荷夫電壓律*：任一迴路中，所有電壓升和電壓降的代數和等於零，即

$$\sum_{i=1}^{n} V_i = 0$$

請問：上式中電壓如何寫才正確—— V_{i} 或 V_i？

1.35 克希荷夫電流律：任一節點中，所有流入電流和流出電流的代數和等於零，即

$$\sum_{i=1}^{n} I_i = 0$$

請問：上式中電流如何寫才正確—— I_{i} 或 I_i？

1-11 歐氏空間

1.36 如圖 1-7(b) 所示，設平面上有兩點 $P_1(9, 2)$ 及 $P_2(4, -10)$，試求：(a) P_1 與 P_2 之間的距離；(b) $\overline{OP_1}$ 與 $\overline{OP_2}$ 之間的夾角。

1.37 如圖 1-9(b) 所示，設空間有兩點 $P_1(3, 4, 5)$ 及 $P_2(7, 4, 2)$，試求：(a) P_1 與 P_2 之間的距離；(b) $\overline{OP_1}$ 與 $\overline{OP_2}$ 之間的夾角。

1.38 如圖 1-10 所示，若 $\alpha = \beta = \gamma$，試求 α。

1-12 無限級數

1.39 試由 (1-40) 式求公比為 $x = 1/6$ 之無限等比級數值。

1.40 由階乘的定義可推知 $n! = n(n-1)!$，試由此證明：$0! = 1$。

1.41 試求函數 $f(x) = 1/(1+x)^2$ 的麥勞林級數。

1.42 試求函數 $g(x) = \ln(1+x)$ 的麥勞林級數。

1.43 (a) 試求函數 $f(x) = 1/(1+x^2)$ 的麥勞林級數；

(b) 試利用 (a) 小題之結果積分，求 $\tan^{-1}x$ 的麥勞林級數；

(c) 試利用 (b) 小題之結果，求無限級數 $1 - 1/3 + 1/5 - 1/7 + 1/9 - \cdots$ 之值。

1.44 我們定義「雙曲正弦函數」及「雙曲餘弦函數」如下：

$\sinh x = (e^x - e^{-x})/2$

$\cosh x = (e^x + e^{-x})/2$

試問：何者為奇函數？何者為偶函數？

1-13 近似值

1.45 試求 $\cos x$ 在 $x = 0.06$ 之：(a) 第 0 階近似值；(b) 第 2 階近似值。

1.46 試求 e^{-x} 在 $x = 0.09$ 之：(a) 第 1 階近似值；(b) 第 2 階近似值。

1.47 在牛頓力學裡，質量 m 的質點以速度 u 運動時，其動能為 $\frac{1}{2}mu^2$；這是第 1 階近似公式。(a) 試求第 2 階近似公式；(b) 為何牛頓力學裡沒用到第 2 階近似公式？

1-14 歐勒公式

1.48 試求：(a) $e^{i\pi}$；(b) $e^{i\pi/2}$。

1.49 試求：(a) e^{i}；(b) e^{-2i}。

1.50 試證「半角公式」：(a) $\sin\frac{x}{2}=\sqrt{\frac{1-\cos x}{2}}$；(b) $\sin\frac{x}{2}=\sqrt{\frac{1+\cos x}{2}}$。

1.51 試利用歐勒公式求積分：

$$\int \sin^2 x\, dx$$

1.52 試利用歐勒公式求積分：

$$\int e^x \sin x\ dx$$

第二章

向量代數

向量 (vector) 原是個「搬移者」，可將你搬離平面思考。

2-1 引言

學習電磁學一定要用到**向量**嗎？

討論電磁現象非要用到**向量**不可嗎？

答案是絕對肯定的！

主要的原因是：電磁現象都是**三維空間**的問題。

同樣是古典物理學的一支，牛頓力學不一定非用向量不可，因為許多力學問題可以簡化為一維或二維空間度，用純量來解決就足夠了。

電磁學可不行！

大多數人對一、二維空間都很熟悉；但很少初學者會想到，在電磁學裡區區增加一維空間度，由二維變成三維時，會衍生多少問題——這些問題用純量方式來解釋是很難說得清楚的；別的不談，諸如電磁場的**梯度**、**旋度**及**散度**等等，就非用向量數學來表達不可。

在三維問題上使用向量數學的另一個理由是，它符合科學的核心價值——**簡易原則**。此處所謂的「簡易」是指向量數學體系的建立，不必另起爐灶，完全利用現成的純量數學體系即可，只需另外作極少的擴充。

例如在純量數學裡，加法有「**交換律**」和「**結合律**」；設 a, b, c 為三個純量，則下列兩式恆成立：

$$a + b = b + a \qquad \text{(交換律)}$$

$$a + (b + c) = (a + b) + c \qquad \text{(結合律)}$$

而在向量數學裡，也有相對應的「交換律」和「結合律」；設 $\vec{A}, \vec{B}, \vec{C}$ 為三個向量，則下列兩式亦恆成立：

$$\vec{A} + \vec{B} = \vec{B} + \vec{A} \qquad \text{(交換律)}$$

$$\vec{A} + (\vec{B} + \vec{C}) = (\vec{A} + \vec{B}) + \vec{C} \qquad \text{(結合律)}$$

又如在純量數學裡，有乘法對加法的「分配律」：

$$a\,(b + c) = a\,b + a\,c \qquad \text{(分配律)}$$

而在向量數學裡，也有相對應的乘法對加法的「分配律」；唯一不同的是，純量數學裡只有一種乘法，而在向量數學裡則訂了兩種乘法，即「點乘積」$\vec{A} \cdot \vec{B}$ 與「叉乘積」$\vec{A} \times \vec{B}$ (詳見第 2-6 節及第 2-9 節)。

為落實「簡易原則」，這樣的擴充一定要非常少，而且要少得不能再少。

綜上所述，既然使用向量數學是學習電磁學的最佳選擇，也是最簡易的途徑，我們就下定決心把它學好吧！

Let's go!

2-2 基本定義

在三維的歐幾里德空間 (簡稱歐氏空間) 裡，任何向量 $\vec{A}$ 都是由三個**有序純量**所組成：

$$\vec{A} = (A_1, A_2, A_3) \tag{2-1}$$

這些純量必須是實數，可以為正，也可以為負。由這三個實數，我們可計算出向量 $\vec{A}$ 的**大小**及**方向**。

向量 $\vec{A}$ 的大小可以寫做 $|\vec{A}|$，也可以寫做 A；而其方向可以用一個「**單位向量**」$\hat{\mathbf{a}}$ 來表示。單位向量 $\hat{\mathbf{a}}$ 是大小等於 1 的向量：

$$|\hat{\mathbf{a}}| = 1 \tag{2-2}$$

其方向與 $\vec{A}$ 相同，如圖 2-1 所示；因此我們可以說：

$$\hat{\mathbf{a}} = \vec{A}/A \tag{2-3}$$

即：

$$\vec{A} = \hat{\mathbf{a}}\,A \tag{2-4}$$

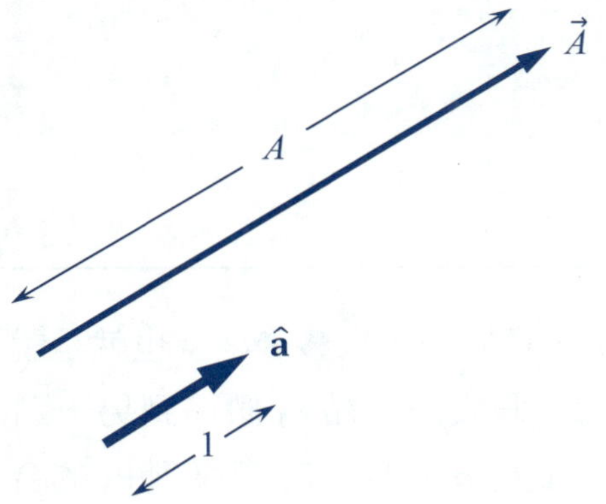

▲圖 2-1　向量的圖示

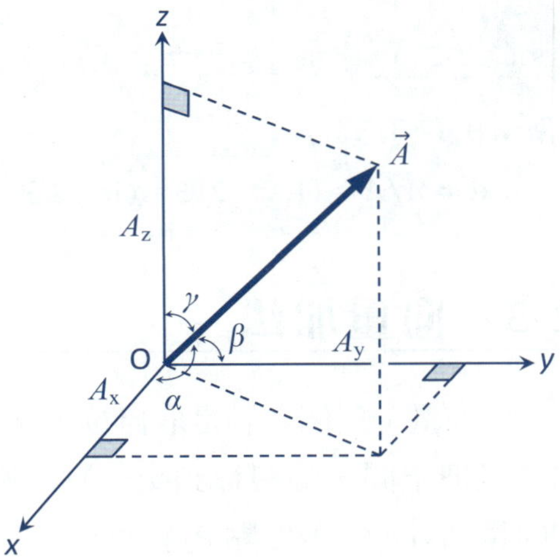

▲圖 2-2　向量的分量

假設我們將向量 $\vec{A}$ 放在歐氏空間的笛卡兒座標系裡，如圖 2-2 所示，則 (2-1) 式可以寫成：

$$\vec{A} = (A_x, A_y, A_z) \tag{2-5}$$

其中，$A_x, A_y,$ 及 A_z 分別稱為向量 $\vec{A}$ 在 x 軸、y 軸、及 z 軸方向的**分量**。由 (2-5) 式，我們就可算出向量 $\vec{A}$ 的大小及方向：

$$|\vec{A}| = A = \sqrt{A_x^2 + A_y^2 + A_z^2} \quad \text{(大小)} \tag{2-6}$$

$$\alpha = \cos^{-1}(A_x/A)，\quad \beta = \cos^{-1}(A_y/A)，\quad \gamma = \cos^{-1}(A_z/A) \quad \text{(方向)} \tag{2-7}$$

其中，α、β、γ 分別為向量 $\vec{A}$ 與 x 軸、y 軸、及 z 軸之正方向的夾角，稱為 $\vec{A}$ 的「**方向角**」。

例題 2-1　試求笛卡兒座標系裡的向量 $\vec{A} = (1, 2, -2)$ 之大小及方向角。

解： 由 (2-6) 式，$\vec{A}$ 的大小為：

$A = \sqrt{1^2 + 2^2 + (-2)^2} = 3$

由 (2-7) 式，$\vec{A}$ 的三個方向角為：

$\alpha = \cos^{-1}(1/3) = 70.5°$

$\beta = \cos^{-1}(2/3) = 48.2°$

$\gamma = \cos^{-1}(-2/3) = 132°$

例題 2-2 試求上題之向量 $\vec{A} = (1, 2, -2)$ 之方向的單位向量 $\hat{\mathbf{a}}$。

解：由 (2-3) 式：

$$\hat{\mathbf{a}} = \vec{A}/A = (1, 2, -2)/3 = (1/3, 2/3, -2/3)$$

2-3 向量加法

「向量」這個名詞是取自拉丁文「vector」，意思是「**搬移者**」；也就是說，向量是把空間一點搬移到另一點的數學運作者。假設由一點 P_1 搬移到另一點 P_2 的向量為 $\vec{A}$，接著由點 P_2 搬移到第三點 P_3 的向量為 $\vec{B}$，則由 P_1 搬移到 P_3 的合成向量 $\vec{C}$ 稱為 $\vec{A}$ 與 $\vec{B}$ 的「**向量和**」：

$$\vec{C} = \vec{A} + \vec{B} \tag{2-8}$$

如圖 2-3 所示。假如我們把這些向量放在笛卡兒座標系中，則由 (2-5) 式可得：

$$\vec{A} = (A_x, A_y, A_z)，\quad \vec{B} = (B_x, B_y, B_z)，\quad \vec{C} = (C_x, C_y, C_z)$$

那麼 (2-8) 式可以寫成：

$$\vec{C} = \vec{A} + \vec{B} = (A_x,\ A_y,\ A_z) + (B_x,\ B_y,\ B_z) \tag{2-9}$$

在圖 2-4 中很明顯看得出，$C_x = A_x + B_x$、$C_y = A_y + B_y$、及 $C_z = A_z + B_z$，故 (2-9) 式即可變成：

$$\vec{C} = (C_x, C_y, C_z) = (A_x + B_x,\ A_y + B_y,\ A_z + B_z)$$

即：

$$\vec{A} + \vec{B} = (A_x + B_x,\ A_y + B_y,\ A_z + B_z) \tag{2-10}$$

向量加法服從「**交換律**」及「**結合律**」：

$$\vec{A} + \vec{B} = \vec{B} + \vec{A} \qquad \text{(交換律)}$$

$$\vec{A} + (\vec{B} + \vec{C}) = (\vec{A} + \vec{B}) + \vec{C} \qquad \text{(結合律)}$$

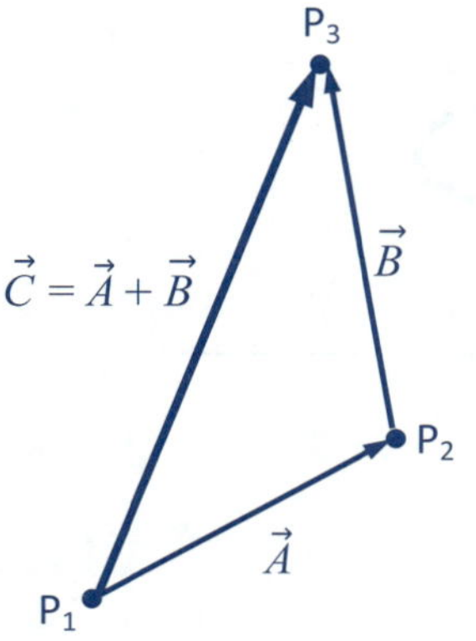

▲圖 2-3 向量的加法圖解

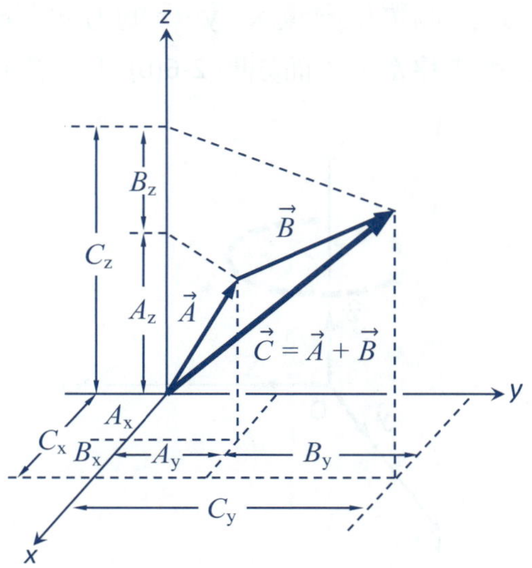

▲圖 2-4 向量加法的計算

例題 2-3 設笛卡兒座標系中向量 $\vec{A} = (1, -2, 0)$，$\vec{B} = (-5, 2, -2)$，試求 $\vec{A} + \vec{B}$。

解： 由 (2-10) 式可得：

$\vec{A} + \vec{B} = (1, -2, 0) + (-5, 2, -2) = (-4, 0, -2)$。

笛卡兒座標系屬於「**正交座標系**」，也就是在這個座標系統中，有三個互相**正交** (垂直) 的單位向量 $\hat{\mathbf{x}}$、$\hat{\mathbf{y}}$、$\hat{\mathbf{z}}$ 分別指向 x 軸、y 軸、及 z 軸的正方向，如圖 2-5 所示；這組單位向量即構成了這個座標系統的「**標準基底**」。

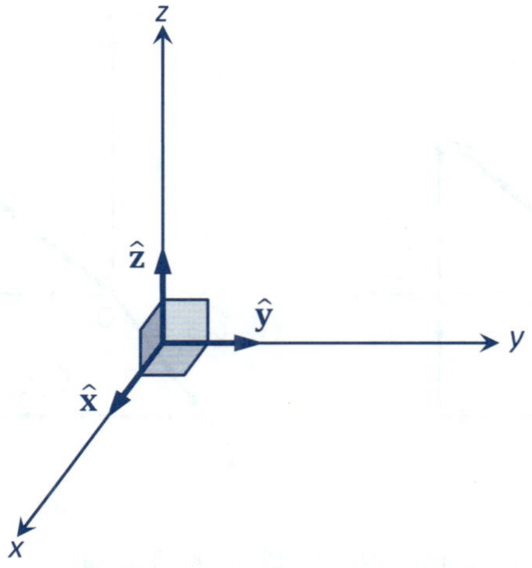

▲圖 2-5 笛卡兒座標系的標準基底

這三個單位向量 $\hat{\mathbf{x}}$、$\hat{\mathbf{y}}$、$\hat{\mathbf{z}}$ 的方向有兩種不同的配置，如圖 2-6(a) 所示者稱為「**左手座標系**」；而如圖 2-6(b) 所示者則稱為「**右手座標系**」。

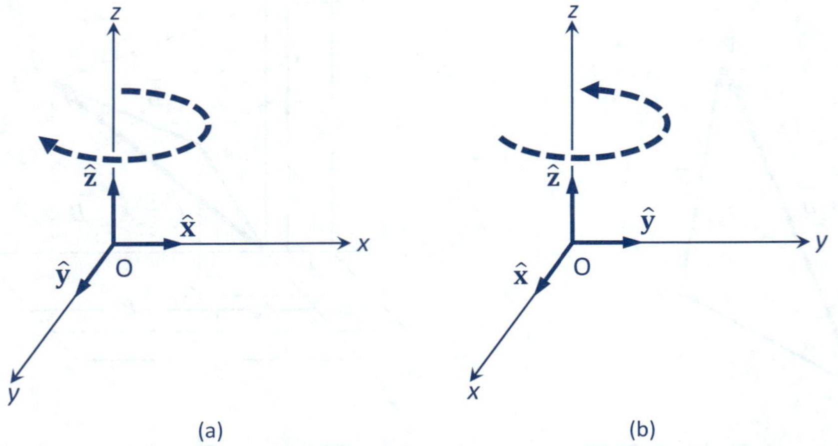

▲圖 2-6　(a) 左手座標系；(b) 右手座標系

若無特別聲明，本書一律使用右手座標系。圖 2-5 及先前所使用者皆為右手座標系。

任一向量 $\vec{A} = (A_x, A_y, A_z)$ 的三個分量 A_x, A_y, A_z 可以分別與對應的單位向量 $\hat{\mathbf{x}}$、$\hat{\mathbf{y}}$、$\hat{\mathbf{z}}$ 相乘，而得到三個「**分向量**」：

$$\vec{A}_x = \hat{\mathbf{x}} A_x, \quad \vec{A}_y = \hat{\mathbf{y}} A_y, \quad \vec{A}_z = \hat{\mathbf{z}} A_z \tag{2-11}$$

如圖 2-7 所示，這三個分向量的向量和就是向量 $\vec{A}$。因此，我們可以說：

$$\vec{A} = (A_x, A_y, A_z) = \vec{A}_x + \vec{A}_y + \vec{A}_z \tag{2-12}$$

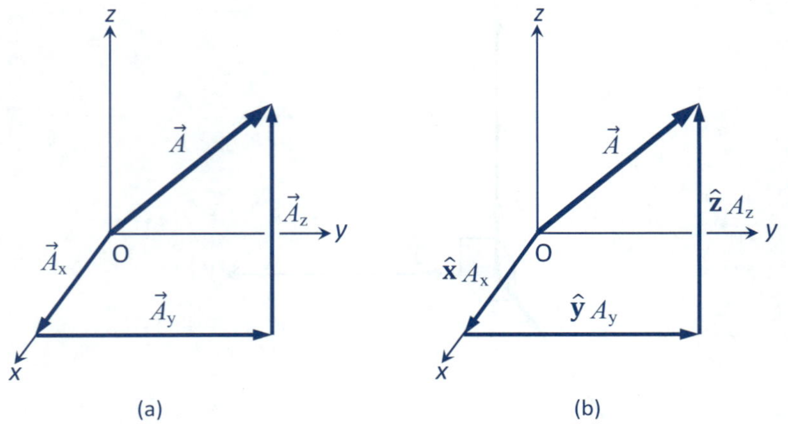

▲圖 2-7　向量 $\vec{A}$ 的分向量

由 (2-11) 式代入 (2-12) 式：

$$\vec{A} = \hat{\mathbf{x}} A_x + \hat{\mathbf{y}} A_y + \hat{\mathbf{z}} A_z \tag{2-13}$$

同理，向量 $\vec{B}$ 也可以寫成：

$$\vec{B} = \hat{\mathbf{x}} B_x + \hat{\mathbf{y}} B_y + \hat{\mathbf{z}} B_z \tag{2-14}$$

故向量和可以寫成：

$$\vec{A} + \vec{B} = \hat{\mathbf{x}} (A_x + B_x) + \hat{\mathbf{y}} (A_y + B_y) + \hat{\mathbf{z}} (A_z + B_z) \tag{2-15}$$

在向量代數裡，兩向量的**相減** $\vec{A} - \vec{B}$ 係以 $\vec{A} + (-\vec{B})$ 來定義；其中 $-\vec{B}$ 是一個與 $\vec{B}$ 大小相等但方向相反的向量。若 $\vec{B}$ 如 (2-14) 式所示，則

$$-\vec{B} = \hat{\mathbf{x}} (-B_x) + \hat{\mathbf{y}} (-B_y) + \hat{\mathbf{z}} (-B_z)$$

故：

$$\vec{A} - \vec{B} = \hat{\mathbf{x}} (A_x - B_x) + \hat{\mathbf{y}} (A_y - B_y) + \hat{\mathbf{z}} (A_z - B_z) \tag{2-16}$$

例題 2-4 已知 $\vec{A} = \hat{\mathbf{x}} - \hat{\mathbf{y}} 3 + \hat{\mathbf{z}} 2$，$\vec{B} = -\hat{\mathbf{x}} - \hat{\mathbf{z}} 4$，試求：(a) $\vec{A} + \vec{B}$；(b) $-\vec{B}$；(c) $\vec{A} - \vec{B}$。

解： (a) $\vec{A} + \vec{B} = -\hat{\mathbf{y}} 3 - \hat{\mathbf{z}} 2$

(b) $-\vec{B} = \hat{\mathbf{x}} + \hat{\mathbf{z}} 4$

(c) $\vec{A} - \vec{B} = \hat{\mathbf{x}} 2 - \hat{\mathbf{y}} 3 + \hat{\mathbf{z}} 6$

2-4 位置向量

向量在笛卡兒座標系裡寫成 (2-13) 式或 (2-14) 式的形式之後，第一個應用就是用它來表示座標系統裡任何一點的位置；這種向量我們稱它為「**位置向量**」，通常以 $\vec{R}$ 為符號。如圖 2-8 所示，用來表示點 P(x, y, z) 的位置向量為：

$$\vec{R} = \hat{\mathbf{x}} x + \hat{\mathbf{y}} y + \hat{\mathbf{z}} z \tag{2-17}$$

(2-17) 式所定義的位置向量 $\vec{R}$，有如下之要點：

1. 位置向量 $\vec{R}$ 的起點必須在座標系原點 O$(0, 0, 0)$；

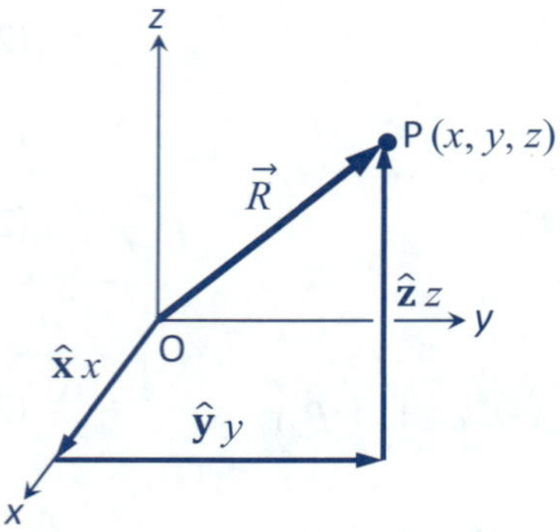

▲圖 2-8　**位置向量** $\vec{R}$

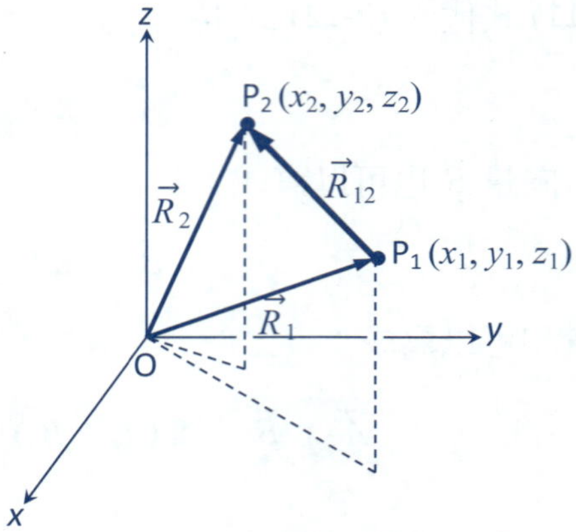

▲圖 2-9　**位移向量** $\vec{R}_{12}$

2. 位置向量 $\vec{R}$ 的三個分量依序就是點 P 的座標 (x, y, z)；
3. 在應用上，位置向量 $\vec{R}$ 的因次是長度；若無特別聲明，均以 m (米) 為單位。

我們可以說，位置向量就是由原點 O 搬移至任一點 P 的運作者。

接著，在圖 2-9 中，設有兩點 $P_1(x_1, y_1, z_1)$ 與 $P_2(x_2, y_2, z_2)$，其對應的位置向量分別為：

$$\vec{R}_1 = \hat{\mathbf{x}}\, x_1 + \hat{\mathbf{y}}\, y_1 + \hat{\mathbf{z}}\, z_1$$

$$\vec{R}_2 = \hat{\mathbf{x}}\, x_2 + \hat{\mathbf{y}}\, y_2 + \hat{\mathbf{z}}\, z_2$$

則由 P_1 搬移至 P_2 的運作者 $\vec{R}_{12}$ 稱為「**位移向量**」。由圖 2-9 可知，

$$\vec{R}_{12} = \vec{R}_2 - \vec{R}_1 \tag{2-18}$$

即：

$$\vec{R}_{12} = \hat{\mathbf{x}}\,(x_2 - x_1) + \hat{\mathbf{y}}\,(y_2 - y_1) + \hat{\mathbf{z}}\,(z_2 - z_1)$$

(2-18) 式所定義的位移向量 $\vec{R}_{12}$，有如下之要點：

1. 位移向量 $\vec{R}_{12}$ 僅標示搬移前與搬移後的位置，並無標示其間之搬移路徑；
2. 在應用上，位移向量 $\vec{R}_{12}$ 的因次為長度；若無特別聲明，均以 m (米) 為單位；
3. 位移向量的大小 $|\vec{R}_{12}|$ 為搬移前、後位置之間的**直線距離**：

$$|\vec{R}_{12}| = \sqrt{(x_2 - x_1)^2 + (y_2 - y_1)^2 + (z_2 - z_1)^2}$$

例題 2-5 (a) 求點 $P_1(3, 2, 2)$ 之位置向量 $\vec{R}_1$；(b) 設 P_1 被位移向量 $\vec{R}_{12} = \hat{\mathbf{x}}(-2) + \hat{\mathbf{y}} + \hat{\mathbf{z}}3$ 搬移至點 P_2，試求 P_2 的座標。

解：(a) $\vec{R}_1 = \hat{\mathbf{x}}3 + \hat{\mathbf{y}}2 + \hat{\mathbf{z}}2$

(b) 由 (2-18) 式知，點 P_2 之位置向量為：

$$\vec{R}_2 = \vec{R}_1 + \vec{R}_{12} = (\hat{\mathbf{x}}3 + \hat{\mathbf{y}}2 + \hat{\mathbf{z}}2) + (-\hat{\mathbf{x}}2 + \hat{\mathbf{y}} + \hat{\mathbf{z}}3)$$
$$= \hat{\mathbf{x}} + \hat{\mathbf{y}}3 + \hat{\mathbf{z}}5$$

故知 P_2 之座標為 (1, 3, 5)。

在牛頓力學的應用上，若欲得知一物體的**運動路徑**，我們可以引入時間 t 當作參數，將位置向量 (2-17) 式寫成：

$$\vec{R}(t) = \hat{\mathbf{x}}\,x(t) + \hat{\mathbf{y}}\,y(t) + \hat{\mathbf{z}}\,z(t) \tag{2-19}$$

位置向量 $\vec{R}(t)$ 對 t 微分，所得的一階導數稱為該物體的**速度** $\vec{u} = \vec{u}(t)$：

$$\vec{u}(t) = \frac{d\vec{R}(t)}{dt} = \hat{\mathbf{x}}\frac{dx(t)}{dt} + \hat{\mathbf{y}}\frac{dy(t)}{dt} + \hat{\mathbf{z}}\frac{dz(t)}{dt} \tag{2-20}$$

(2-20) 式所定義的速度 $\vec{u}$，有如下之要點：

1. 速度 $\vec{u}$ 是個向量，其大小 $|\vec{u}|$ 稱為「**速率**」；
2. 速度 $\vec{u}$ 的方向恆與物體運動路徑**相切**；
3. 在 SI 單位系統中，速度及速率的單位均為 m/s (米/秒)。

例題 2-6 (**水平拋射運動**) 設一運動物體的初位置為 $\vec{R}(0) = \hat{\mathbf{x}}x_0 + \hat{\mathbf{y}}y_0 + \hat{\mathbf{z}}$，初速度為 $\vec{u}(0) = \hat{\mathbf{x}}u_0$；在時間 t 之位置向量為：

$$\vec{R}(t) = \hat{\mathbf{x}}(x_0 + u_0 t) + \hat{\mathbf{y}}(y_0 - gt^2/2) + \hat{\mathbf{z}} \tag{2-21}$$

其中之 x_0, y_0, u_0, 及 g 均為定值。試求：

(a) 物體之運動路徑方程式 $y = y(x)$；

(b) 物體在時間 t 之速度 $\vec{u}(t)$。

解：(a) (2-21) 式與 (2-17) 式比較可得：

$$x = x_0 + u_0 t \tag{2-22}$$

$$y = y_0 - gt^2/2 \tag{2-23}$$

$$z = 1$$

由 (2-22) 式，$t = (x - x_0)/u_0$

代入 (2-23) 式，$y = y_0 - gt^2/2 = y_0 - g\,(x - x_0)^2/2u_0^2$

整理之，即得物體之運動路徑方程式：

$$y = y_0 - (g/2u_0^2)(x - x_0)^2 \tag{2-24}$$

此方程式代表**一拋物線**。

(b) 將 (2-21) 式對 t 微分即得速度為：

$$\vec{u}(t) = \frac{d\vec{R}(t)}{dt} = \hat{\mathbf{x}}\,u_0 - \hat{\mathbf{y}}\,gt$$

2-5 力與運動

牛頓第二運動定律說：質量 m 的物體受力 $\vec{F}$ 作用時，必產生**加速度** $\vec{a} = \vec{F}/m$。根據定義，這個 $\vec{a} = \vec{a}(t)$ 是速度 $\vec{u}(t)$ 的一階導數，也就是位置向量 $\vec{R}(t)$ 的二階導數：

$$\vec{a}(t) = \frac{d\vec{u}(t)}{dt} = \frac{d^2\vec{R}(t)}{dt^2} \tag{2-25}$$

關於加速度 $\vec{a}(t)$ 有下列幾個要點：

1. 若一物體不受力的作用，或所受各力的向量和等於零，則物體就沒有加速度；即 $\vec{a}(t) = 0$。此時由 (2-25) 式可得 $d\vec{u}/dt = 0$；積分得 $\vec{u} =$ 定值 (大小及方向均不變)，也就是該物體必作**等速直線運動**。這就是牛頓的第一運動定律。
2. 加速度的方向與物體受力的方向一致，而不一定與物體運動方向一致。
3. 在 SI 單位系統中，加速度的單位為 m/s^2 (米/秒^2)。

例題 2-7　(**水平拋射運動**) 設一物體在均勻重力場中以水平方向拋出，則在其後之運動當中的加速度 $\vec{a}$，就是重力加速度 g (≈ 9.8 m/s^2)，方向向下 ($-\hat{\mathbf{y}}$ 方向)：

$$\vec{a} = -\hat{\mathbf{y}}\,g \tag{2-26}$$

設其初速度之大小為 u_0，在水平方向 ($\hat{\mathbf{x}}$ 方向)：

$\vec{u}(0) = \hat{\mathbf{x}} u_0$

試求該物體在任何時刻 t 之速度 $\vec{u}(t)$。

解： 由 (2-25) 式及 (2-26) 式可知：

$d\vec{u}(t) = \vec{a}\ dt = -\hat{\mathbf{y}}\, g\, dt$

積分得：

$$\vec{u}(t) = \int -\hat{\mathbf{y}}\, g\, dt + \vec{c}$$

$$= -\hat{\mathbf{y}}\, gt + \vec{c} \tag{2-27}$$

將已知之初始條件 $\vec{u}(0) = \hat{\mathbf{x}} u_0$ 代入 (2-27) 式中，得：

$\vec{c} = \hat{\mathbf{x}} u_0$

故所求之速度為：

$$\vec{u}(t) = \hat{\mathbf{x}} u_0 - \hat{\mathbf{y}}\, gt \tag{2-28}$$

例題 2-8 **(等速率圓周運動)** 一物體以等速率作半徑 R 之圓周運動；設其圓心在座標原點 O，則其位置向量為：

$$\vec{R}(t) = \hat{\mathbf{x}}\,(R\cos\omega t) + \hat{\mathbf{y}}\,(R\sin\omega t) \tag{2-29}$$

其中 $\omega = 2\pi f$ 為圓周運動之角頻率，設為定值。試求：

(a) 物體在任何時刻 t 之速度 $\vec{u}(t)$ 與速率 $|\vec{u}(t)|$；

(b) 物體在任何時刻 t 之加速度 $\vec{a}(t)$。

解： (a) 由 (2-20) 式：

$$\vec{u}(t) = \frac{d\vec{R}(t)}{dt} = -\hat{\mathbf{x}}\,(\omega R\sin\omega t) + \hat{\mathbf{y}}\,(\omega R\cos\omega t) \tag{2-30}$$

速率 $|\vec{u}(t)| = \sqrt{(-\omega R\sin\omega t)^2 + (\omega R\cos\omega t)^2} = \omega R$

(b) 由 (2-25) 式：

$$\vec{a}(t) = \frac{d\vec{u}(t)}{dt} = -\hat{\mathbf{x}}\,(\omega^2 R\cos\omega t) - \hat{\mathbf{y}}\,(\omega^2 R\sin\omega t)$$

$$= -\omega^2 \vec{R}(t) \tag{2-31}$$

上面最後一步係根據 (2-29) 式。這個加速度 $\vec{a}(t)$ 與位置向量 $\vec{R}(t)$ 方向相反，表示它指向圓周運動的圓心，因此稱為「**向心加速度**」。向心加速度與物體質量 m 的乘積稱為「**向心力**」。

2-6 向量的點乘積

已知兩個向量 $\vec{A}$ 與 $\vec{B}$，兩者之間的夾角為 θ，則「**點乘積**」定義為：

$$\vec{A}\cdot\vec{B} = AB\cos\theta \tag{2-32}$$

「$\vec{A}\cdot\vec{B}$」唸做「A dot B」，由上式之定義可知，$\vec{A}\cdot\vec{B}$ 為一純量，故又稱為「**純量積**」。

在幾何上，(2-32) 式有兩種解釋：

1. 因 $\vec{A}\cdot\vec{B} = AB\cos\theta = A(B\cos\theta)$，故可解釋為 $\vec{A}$ 的大小 A 與 $\vec{B}$ 在 $\vec{A}$ 方向的分量 $(B\cos\theta)$ 的乘積；
2. 因 $\vec{A}\cdot\vec{B} = AB\cos\theta = B(A\cos\theta)$，故可解釋為 $\vec{B}$ 的大小 B 與 $\vec{A}$ 在 $\vec{B}$ 方向的分量 $(A\cos\theta)$ 的乘積。

我們由 (2-32) 式可知，兩個向量 $\vec{A}$ 與 $\vec{B}$ 的點乘積運算服從「**交換律**」：

$$\vec{A}\cdot\vec{B} = \vec{B}\cdot\vec{A} \tag{2-33}$$

我們也可以利用 (2-32) 式求出 $\vec{A}$ 與 $\vec{B}$ 之間的夾角：

$$\theta = \cos^{-1}\frac{\vec{A}\cdot\vec{B}}{AB} \tag{2-34}$$

所求出之 θ 值的範圍為：

$$0 \leqq \theta \leqq \pi \qquad (0^\circ \leqq \theta \leqq 180^\circ) \tag{2-35}$$

例題 2-9 設 $\vec{A}$ 與 $\vec{B}$ 兩個向量：(a) 同方向平行；(b) 互相垂直；(c) 反方向平行；試求 $\vec{A}\cdot\vec{B}$。

解：(a) 因 $\theta = 0^\circ$，故：

$\vec{A} \cdot \vec{B} = AB\cos 0° = AB$

(b) 因 $\theta = 90°$，故：

$\vec{A} \cdot \vec{B} = AB\cos 90° = 0$

(c) 因 $\theta = 180°$，故：

$\vec{A} \cdot \vec{B} = AB\cos 180° = -AB$

在笛卡兒座標系統中，三個單位向量的點乘積必有如下的結果：

$$\hat{\mathbf{x}} \cdot \hat{\mathbf{x}} = \hat{\mathbf{y}} \cdot \hat{\mathbf{y}} = \hat{\mathbf{z}} \cdot \hat{\mathbf{z}} = 1 \tag{2-36}$$

$$\hat{\mathbf{x}} \cdot \hat{\mathbf{y}} = \hat{\mathbf{y}} \cdot \hat{\mathbf{z}} = \hat{\mathbf{z}} \cdot \hat{\mathbf{x}} = 0 \tag{2-37}$$

今若將向量 $\vec{A}$ 與 $\vec{B}$ 放在笛卡兒座標系統裡，我們可以寫：

$$\vec{A} = \hat{\mathbf{x}} A_x + \hat{\mathbf{y}} A_y + \hat{\mathbf{z}} A_z$$

$$\vec{B} = \hat{\mathbf{x}} B_x + \hat{\mathbf{y}} B_y + \hat{\mathbf{z}} B_z$$

則：

$$\vec{A} \cdot \vec{B} = (\hat{\mathbf{x}} A_x + \hat{\mathbf{y}} A_y + \hat{\mathbf{z}} A_z) \cdot (\hat{\mathbf{x}} B_x + \hat{\mathbf{y}} B_y + \hat{\mathbf{z}} B_z)$$

利用 (2-36) 式及 (2-37) 式，可得：

$$\vec{A} \cdot \vec{B} = A_x B_x + A_y B_y + A_z B_z \tag{2-38}$$

另外，假設 $\vec{A} = \vec{B}$，則 (2-38) 式變成：

$$\vec{A} \cdot \vec{A} = A_x^2 + A_y^2 + A_z^2 \tag{2-39}$$

由於 $\vec{A} \cdot \vec{A} = A^2 \cos 0° = A^2$，故得：

$$A^2 = \vec{A} \cdot \vec{A}$$

或：

$$A = \sqrt{\vec{A} \cdot \vec{A}} \tag{2-40}$$

由 (2-39) 式可知 (2-40) 式與 (2-6) 式是一致的。

在向量代數體系中，點乘積對加法的分配律成立：

$$\vec{A} \cdot (\vec{B} + \vec{C}) = \vec{A} \cdot \vec{B} + \vec{A} \cdot \vec{C} \quad \text{(點乘積對加法的分配律)}$$

例題 2-10 設 $\vec{A} = \hat{\mathbf{x}}2 - \hat{\mathbf{y}}2 + \hat{\mathbf{z}}$，$\vec{B} = \hat{\mathbf{x}}2 + \hat{\mathbf{y}} + \hat{\mathbf{z}}2$，試求此二向量之夾角。

解：由已知，$A = \sqrt{2^2 + (-2)^2 + 1^2} = 3$，$B = \sqrt{2^2 + (1)^2 + 2^2} = 3$，

$\vec{A} \cdot \vec{B} = (2)(2) + (-2)(1) + (1)(2) = 4$，故由 (2-34) 式得：

$$\theta = \cos^{-1} \frac{\vec{A} \cdot \vec{B}}{AB} = \cos^{-1} \frac{4}{(3)(3)} = \cos^{-1} \frac{4}{9} \approx 63.6°$$

2-7 功與能

一**定值力** $\vec{F}$ 作用於一物體，若物體產生**直線位移** $\vec{L}$，如圖 2-10 所示，則我們定義力 $\vec{F}$ 對該物體所作的「**功**」為：

$$W = \vec{F} \cdot \vec{L} \tag{2-41}$$

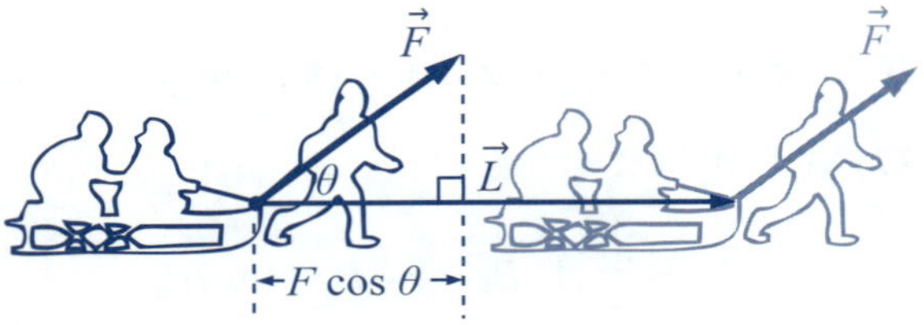

▲圖 2-10 功的定義

與這個定義相關的觀念概述如下：

1. 並非全部的力 $\vec{F}$ 都在作功。因 $W = \vec{F} \cdot \vec{L} = FL \cos \theta = (F \cos \theta) L$，故只有與位移 $\vec{L}$ 平行的分量 $(F \cos \theta)$ 才是「**有效力**」；而與位移 $\vec{L}$ 垂直的分量 $(F \sin \theta)$ 是無效的。
2. 由功的定義 $W = FL \cos \theta$，因 $\cos \theta$ 之值可正可負，故功之值也可正可負。若力 $\vec{F}$ 所作的功為正，則物體的能量會增加；若為負，則能量會減少。
3. 在 SI 單位系統中，功和能的單位都是 J (焦耳)。因 $\vec{F}$ 的單位是 N (牛頓)，$\vec{L}$ 的單位是 m (米)，故由 (2-41) 式知，功的單位的因次為：

$$\mathrm{J} = \mathrm{N} \cdot \mathrm{m} = (\mathrm{kg} \cdot \mathrm{m/s^2}) \cdot \mathrm{m} = \mathrm{kg} \cdot \mathrm{m^2/s^2}$$

4. 特別注意：(2-41) 式所示的公式僅適用於 $\vec{F}$ 為**定值力**，以及 $\vec{L}$ 為**直線位移**；否則必須用「**線積分**」來處理 (詳見本書第 3-2 節)。

例題 2-11　設一力 $\vec{F} = \hat{\mathbf{x}}6 + \hat{\mathbf{y}}2 - \hat{\mathbf{z}}4\,\text{N}$ 作用於一物體，產生位移 $\vec{L} = \hat{\mathbf{x}} - \hat{\mathbf{y}}2 + \hat{\mathbf{z}}2\,\text{m}$，試求 $\vec{F}$ 對該物體所作的功。

解：由 (2-41) 式：

$$W = \vec{F} \cdot \vec{L} = (\hat{\mathbf{x}}6 + \hat{\mathbf{y}}2 - \hat{\mathbf{z}}4\,\text{N}) \cdot (\hat{\mathbf{x}} - \hat{\mathbf{y}}2 + \hat{\mathbf{z}}2\,\text{m})$$
$$= -6\,\text{J}$$

此負號表示物體的能量會減少。

2-8　通量與通量密度

在電磁學裡的若干物理量，如電流、電通量、磁通量等等，都是通過某一平面或曲面的量；我們通稱它們為「**通量**」。雖然所有通量都有流動的方向，例如電流係由電源的正端流向負端，但卻是個**純量**。

如圖 2-11(a) 所示，設電流 I 為穩定直流，則流過導線一截面時的密度是均匀的。但假如電流是時變的 (尤其是高頻的交流電)，那麼由於「**集膚效應**」，電流會往導線表面集中，此時流過導線截面時的密度就不是均匀的，如圖 2-11(b) 所示——在截面中心的電流密度最小；越往表面，電流密度越大。由此可以看出我們有訂定「**電流密度**」這個物理量的必要。

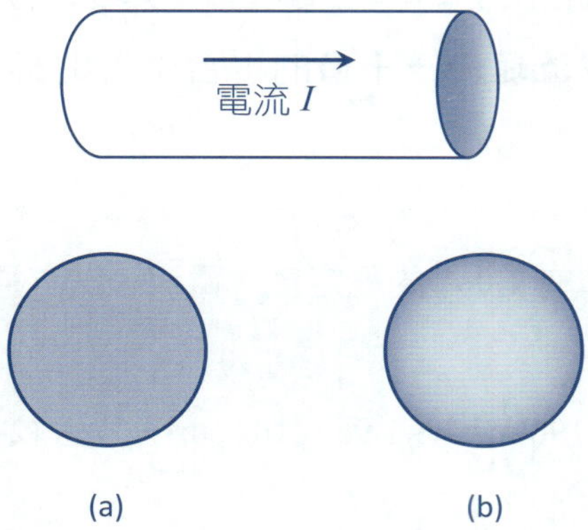

▲圖 2-11　(a) 均匀電流；(b) 不均匀電流

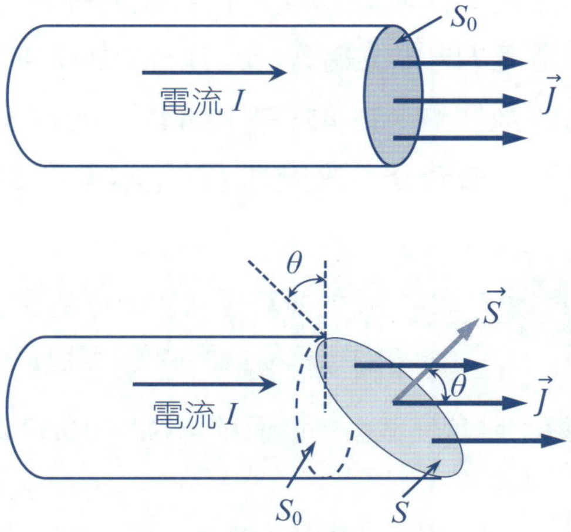

▲圖 2-12　電流與電流密度

當我們在訂定嚴密的「電流密度」的定義時，我們希望作最廣義的考量；也就是說，上述之電流流過的截面不限定為橫截面 (如圖 2-11 所示)，而是可以任意形狀的截面，例如圖 2-12 所示的斜截面。若此斜截面的面積為 S，則橫截面的面積為 $S_0 = S\cos\theta$。假設電流為穩定直流，我們規定電流密度 J 為**垂直穿過一平面**之電流 I 除以該平面的面積 (如圖 2-12 中的 S_0)：

$$J = \frac{I}{S_0} \tag{2-42}$$

則

$$I = JS_0 = JS\cos\theta \tag{2-43}$$

此式中的 $\cos\theta$ 提供我們一個暗示：假若我們令電流密度為一向量 $\vec{J}$，同時也令面積為一向量 $\vec{S}$，則 (2-43) 式即可寫成點乘積的形式：

$$I = \vec{J}\cdot\vec{S} \tag{2-44}$$

其中 $\vec{J}$ 的方向為導線中正電荷流動的方向；而 $\vec{S}$ 的方向為導線任意截面的**法線**方向。

電流密度 $\vec{J}$ 屬於一種「**通量密度**」，與屬於「**通量**」的電流 I 在觀念上有所不同：

1. 通量是一物理量通過一平面或曲面的總量，為一純量；而通量密度為一向量，其大小代表該物理量在各點的疏密程度，其方向為在各點的流動方向。
2. 電流 I 的單位為 A (安培)，故由 (2-44) 式知電流密度 $\vec{J}$ 的單位為 A/m^2 (安培/米^2)。
3. 特別注意，(2-42) 至 (2-44) 式僅適用於**均勻電流通過一平面**的場合；否則必須用「**面積分**」來處理 (詳見本書第 3-8 節)。

例題 2-12　設截面直徑 0.50 mm 的長直導線中載有 1.0 A 的穩定直流電流，試求通過導線橫截面的電流密度。

解： 導線橫截面的截面積為 $S_0 = \pi(0.50/2\ \text{mm})^2 = 0.196\ \text{mm}^2 = 1.96\times10^{-7}\ \text{m}^2$，故由 (2-42) 式得：

$$J = \frac{1.0\ \text{A}}{1.96\times10^{-7}\ \text{m}^2} = 5.1\times10^6\ \text{A/m}^2$$

令導線之軸向單位向量為 $\hat{\mathbf{z}}$，則所求電流密度向量為：

$$\vec{J} = \hat{\mathbf{z}}\,5.1\times10^6\ \text{A/m}^2$$

2-9 向量的叉乘積

如圖 2-13 所示，一平行四邊形的兩邊長度分別為 A 和 B，夾角為 θ，則其高為 $h = B\sin\theta$；故面積為：

$$S = Ah = A(B\sin\theta) = AB\sin\theta \tag{2-45}$$

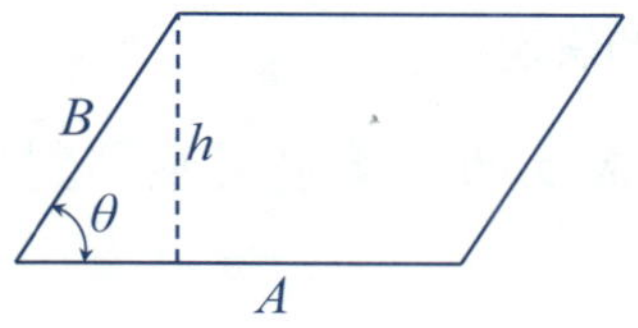

▲圖 2-13　**平行四邊形的面積** $S = AB\sin\theta$

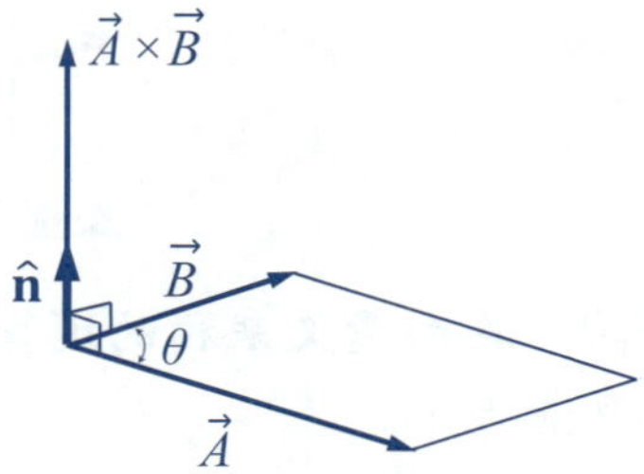

▲圖 2-14　**面積的向量表示法**

在數學上或實際應用上，將面積視為向量是必然的作法——例如 (2-44) 式中的向量 $\vec{S}$，其方向為該平面的法線方向。因此我們訂定向量的「**叉乘積**」如下：

令平行四邊形的兩邊以向量 $\vec{A}$ 及 $\vec{B}$ 來表示，如圖 2-14 所示；則配合 (2-45) 式我們定義向量 $\vec{A}$ 及 $\vec{B}$ 之叉乘積為：

$$\vec{A}\times\vec{B} = \hat{\mathbf{n}}\,AB\sin\theta \tag{2-46}$$

($\vec{A}\times\vec{B}$ 讀做 A cross B)，又稱為「**向量積**」；其中 $\hat{\mathbf{n}}$ 為平行四邊形的法線方向的單位向量，稱為「**單位法線向量**」。

綜上所述，我們可以說，若一平行四邊形的兩邊以向量 $\vec{A}$ 及 $\vec{B}$ 來表示，則其面積向量為：

$$\vec{S} = \vec{A}\times\vec{B} \tag{2-47}$$

不過我們發現，若 $\hat{\mathbf{n}}$ 為單位法線方向，那麼 $-\hat{\mathbf{n}}$ 也是單位法線方向；我們只能選擇其一。由於我們係採用右手座標系統，參見圖 2-6(b)；因此在這裡我們也要用「右手定則」來決定 $\hat{\mathbf{n}}$ 的方向。

如圖 2-15 所示，以右手四個指頭由 $\vec{A}$ 掃到 $\vec{B}$，若掃過的角度小於 180°，則拇指所指的方向即為 $\hat{\mathbf{n}}$ 的方向。相反地，當我們用同一方式由 $\vec{B}$ 掃到 $\vec{A}$ 時，拇指卻指向 $\hat{\mathbf{n}}$ 的反方向，也就是 $-\hat{\mathbf{n}}$ 方向。因此我們可得：

$$\vec{B}\times\vec{A} = -\vec{A}\times\vec{B} \tag{2-48}$$

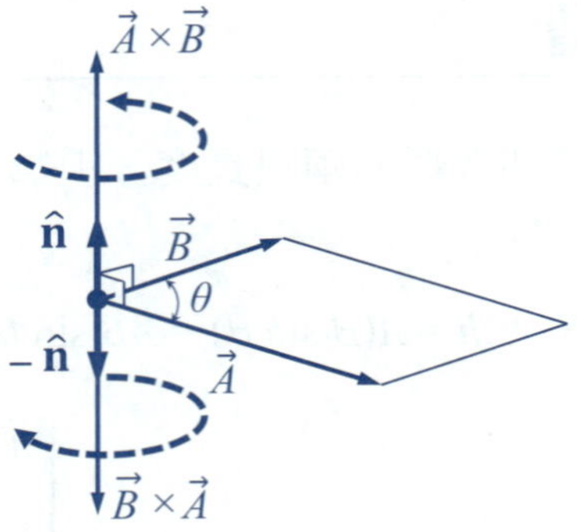

▲圖 2-15　叉乘積方向的決定

也就是說，**在向量叉乘積的運算中，交換律是不成立的**。但是叉乘積對加法的分配律仍然成立：

$$\vec{A}\times(\vec{B}+\vec{C})=\vec{A}\times\vec{B}+\vec{A}\times\vec{C}\quad\text{(叉乘積對加法的分配律)}$$

例題 2-13　設一平行四邊形的兩邊為向量 $\vec{A}$ 與 $\vec{B}$，

(a) 試證此平行四邊形的面積為：

$$S=\sqrt{(AB)^2-(\vec{A}\cdot\vec{B})^2} \tag{2-49}$$

(b) 若 $\vec{A}=\hat{\mathbf{x}}2+\hat{\mathbf{y}}2-\hat{\mathbf{z}}$，$\vec{B}=\hat{\mathbf{y}}4+\hat{\mathbf{z}}3$，試求面積 S。

解：(a) 由 (2-45) 式：

$$S=AB\sin\theta=AB\sqrt{1-\cos^2\theta}$$

由 (2-32) 式：$\cos\theta=\dfrac{\vec{A}\cdot\vec{B}}{AB}$，代入上式：

$$S=AB\sqrt{1-\cos^2\theta}=AB\sqrt{1-\frac{(\vec{A}\cdot\vec{B})^2}{(AB)^2}}$$

$$=\sqrt{(AB)^2-(\vec{A}\cdot\vec{B})^2}\quad\text{(得證)}$$

(b) 因 $A=3$，$B=5$，$\vec{A}\cdot\vec{B}=5$，代入 (2-49) 式得：

$$S=\sqrt{(3\times5)^2-5^2}=\sqrt{200}=10\sqrt{2}$$

例題 2-14 設一三角形 ΔABC 之三個頂點為：A(1, 1, 1)，B(3, –1, 2)，C(2, 3, 3)；試求其面積。

解： 因 $\vec{R}_{AB} = \hat{\mathbf{x}}2 - \hat{\mathbf{y}}2 + \hat{\mathbf{z}}$，$\vec{R}_{AC} = \hat{\mathbf{x}} + \hat{\mathbf{y}}2 + \hat{\mathbf{z}}2$，

故：$R_{AB} = 3$，$R_{AC} = 3$，$\vec{R}_{AB} \cdot \vec{R}_{AC} = 0$；

因三角形面積為 (2-49) 式平行四邊形面積之半，故得：

$$S_\Delta = \frac{1}{2}\sqrt{(3 \times 3)^2 - 0^2} = \frac{9}{2}$$

2-10 叉乘積與行列式

由上一節我們已經知道，兩向量 $\vec{A}$ 與 $\vec{B}$ 之叉乘積是個向量：

$$\vec{A} \times \vec{B} = \hat{\mathbf{n}}\,AB\sin\theta$$

今假設 $\vec{A} = \vec{B}$，則因 $\theta = 0$，故得：

$$\vec{A} \times \vec{A} = \hat{\mathbf{n}}\,A^2\sin 0 = \hat{\mathbf{n}}0 = \vec{0}$$

其中向量 $\hat{\mathbf{n}}0 = \vec{0}$ 之大小為零，稱為「**零向量**」。不過一個大小為零的向量沒有方向可言，故零向量 $\vec{0}$ 亦可寫成一個 0。本書中之零向量都寫成 0；例如：

$$\vec{A} \times \vec{A} = 0 \tag{2-50}$$

利用 (2-50) 式，我們馬上知道在笛卡兒座標系中：

$$\hat{\mathbf{x}} \times \hat{\mathbf{x}} = 0,\quad \hat{\mathbf{y}} \times \hat{\mathbf{y}} = 0,\quad \hat{\mathbf{z}} \times \hat{\mathbf{z}} = 0 \tag{2-51}$$

另外，由叉乘積的「右手定則」，我們可以得到如下的關係：

$$\hat{\mathbf{x}} \times \hat{\mathbf{y}} = \hat{\mathbf{z}},\quad \hat{\mathbf{y}} \times \hat{\mathbf{z}} = \hat{\mathbf{x}},\quad \hat{\mathbf{z}} \times \hat{\mathbf{x}} = \hat{\mathbf{y}} \tag{2-52}$$

又由 (2-48) 式：

$$\hat{\mathbf{y}} \times \hat{\mathbf{x}} = -\hat{\mathbf{z}},\quad \hat{\mathbf{z}} \times \hat{\mathbf{y}} = -\hat{\mathbf{x}},\quad \hat{\mathbf{x}} \times \hat{\mathbf{z}} = -\hat{\mathbf{y}} \tag{2-53}$$

今假設將兩向量 $\vec{A}$ 與 $\vec{B}$ 置於笛卡兒座標系中：

$$\vec{A} = \hat{\mathbf{x}}A_x + \hat{\mathbf{y}}A_y + \hat{\mathbf{z}}A_z$$
$$\vec{B} = \hat{\mathbf{x}}B_x + \hat{\mathbf{y}}B_y + \hat{\mathbf{z}}B_z$$

則兩者之叉乘積為：

$$\vec{A} \times \vec{B} = (\hat{\mathbf{x}} A_x + \hat{\mathbf{y}} A_y + \hat{\mathbf{z}} A_z) \times (\hat{\mathbf{x}} B_x + \hat{\mathbf{y}} B_y + \hat{\mathbf{z}} B_z)$$

將此式等號右邊展開，並利用 (2-51) 至 (2-53) 三式，可得：

$$\vec{A} \times \vec{B} = \hat{\mathbf{x}}(A_y B_z - A_z B_y) + \hat{\mathbf{y}}(A_z B_x - A_x B_z) + \hat{\mathbf{z}}(A_x B_y - A_y B_x) \qquad (2\text{-}54)$$

此式可整理成**二階行列式**的形式：

$$\vec{A} \times \vec{B} = \hat{\mathbf{x}}\begin{vmatrix} A_y & A_z \\ B_y & B_z \end{vmatrix} + \hat{\mathbf{y}}\begin{vmatrix} A_z & A_x \\ B_z & B_x \end{vmatrix} + \hat{\mathbf{z}}\begin{vmatrix} A_x & A_y \\ B_x & B_y \end{vmatrix} \qquad (2\text{-}55)$$

或**三階行列式**的形式：

$$\vec{A} \times \vec{B} = \begin{vmatrix} \hat{\mathbf{x}} & \hat{\mathbf{y}} & \hat{\mathbf{z}} \\ A_x & A_y & A_z \\ B_x & B_y & B_z \end{vmatrix} \qquad (2\text{-}56)$$

本書將採用三階行列式的形式。

例題 2-15　設一三角形 ΔABC 之三個頂點為：A(1, 1, 1)，B(3, –1, 2)，C(2, 3, 3)；試求其面積向量 $\vec{S}_\Delta$。

解：$\vec{R}_{AB} = \hat{\mathbf{x}}2 - \hat{\mathbf{y}}2 + \hat{\mathbf{z}}$，$\vec{R}_{AC} = \hat{\mathbf{x}} + \hat{\mathbf{y}}2 + \hat{\mathbf{z}}2$，

因三角形面積為 (2-56) 式平行四邊形面積之半，故得：

$$\vec{S}_\Delta = \frac{1}{2}\begin{vmatrix} \hat{\mathbf{x}} & \hat{\mathbf{y}} & \hat{\mathbf{z}} \\ 2 & -2 & 1 \\ 1 & 2 & 2 \end{vmatrix} = \frac{1}{2}(-\hat{\mathbf{x}}6 + \hat{\mathbf{y}}3 + \hat{\mathbf{z}}6)$$

其大小為 $|\vec{S}_\Delta| = \frac{1}{2}\sqrt{(-6)^2 + 3^2 + 6^2} = \frac{9}{2}$

其方向以單位法線向量表示：

$$\hat{\mathbf{n}} = \frac{\vec{S}_\Delta}{|\vec{S}_\Delta|} = \frac{1}{9}(-\hat{\mathbf{x}}6 + \hat{\mathbf{y}}3 + \hat{\mathbf{z}}6) = -\hat{\mathbf{x}}(2/3) + \hat{\mathbf{y}}(1/3) + \hat{\mathbf{z}}(2/3)$$

2-11 叉乘積與力矩

向量的叉乘積可用在「**力矩**」的計算上。根據古籍《玉篇》的解釋：「圓曰規，方曰矩」；方，意指 90° 或垂直；可知力矩的「矩」含有「垂直」的意思。

一個可繞著轉軸旋轉的物體若受到力的作用，則會產生力矩，使物體的旋轉狀態(包括角速度、角動量等)發生改變。

如圖 2-16 所示，假設有一力 $\vec{F}$ 施於可繞著轉軸旋轉之質點 P，則由轉軸上一點 O 至施力點 P 所作的與轉軸**垂直**的位移向量 $\vec{r}$ 稱為「**力臂**」。由實驗得知，若 $\vec{F}$ 的方向與力臂 $\vec{r}$ 平行，則物體的旋轉狀態並不會改變。因此，欲使物體的旋轉狀態有所改變，所施之力 $\vec{F}$ 必須與力臂 $\vec{r}$ 垂直，或者有個與 $\vec{r}$ 垂直的分量——這就是上述命名「矩」字的由來。

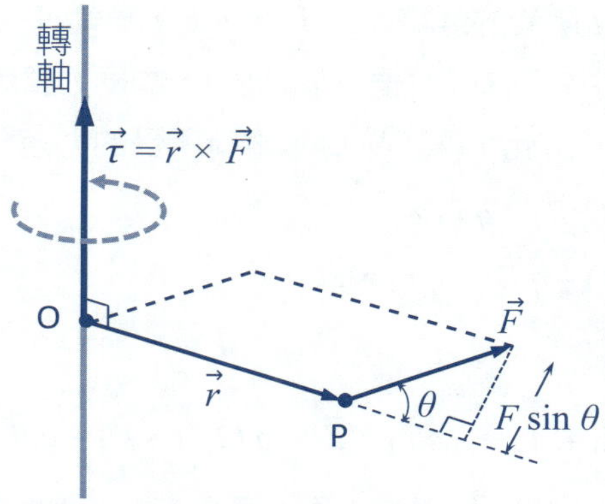

▲圖 2-16　力矩的計算

如圖 2-16 所示，若力 $\vec{F}$ 與力臂 $\vec{r}$ 的夾角為 θ，則 $\vec{F}$ 垂直於 $\vec{r}$ 的分量為 $F\sin\theta$。我們稱此力 $\vec{F}$ 所產生的力矩大小等於力臂長度 r 與有效力 $F\sin\theta$ 之乘積，即 $r\,(F\sin\theta) = r\,F\sin\theta$；這讓我們想到叉乘積 $\vec{r} \times \vec{F}$，因此我們定義力矩為一向量，以希臘字母 $\vec{\tau}$ 表示：

$$\vec{\tau} = \vec{r} \times \vec{F} \tag{2-57}$$

在 SI 單位系統中，力矩的單位是 N · m (牛頓 · 米)，而不是 m · N (米 · 牛頓) ——雖然兩者看起來似乎是相通的。

另外，力矩的單位 N · m 與功的單位 J 的因次雖然相同，都是「$\mathrm{kg \cdot m^2/s^2}$」，但意義完全不同，千萬不可混淆。

例題 2-16　**電偶極**。電偶極是由一對等量的正、負電荷相距一定距離所組成的結構，如圖 2-17 所示。設一電偶極之一對電荷 $+q$ 及 $-q$ 相距 d，置於均勻電場 $\vec{E}$ 中，試求電場的靜電力對它所施之總力矩。

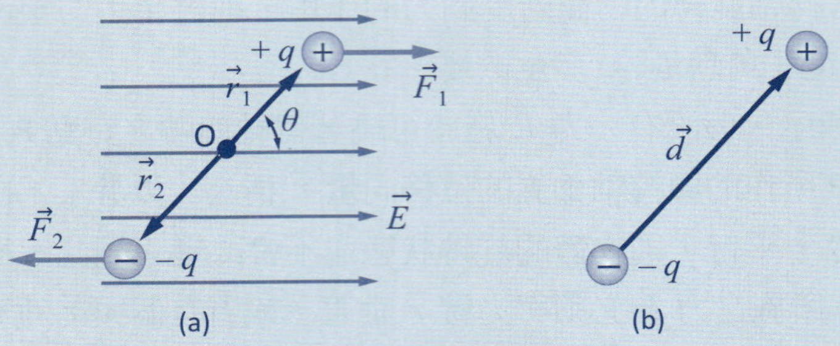

▲圖 2-17　**在電場中的電偶極**

解： 電場 $\vec{E}$ 中之正電荷 q 所受的靜電力為 $\vec{F}_1 = q\,\vec{E}$，負電荷 $-q$ 所受的靜電力為 $\vec{F}_2 = -q\,\vec{E}$。因轉軸通過中央點 O (並垂直於紙面)，故兩力臂大小相等但方向相反：$r_1 = r_2 = d/2$；$\vec{r}_2 = -\vec{r}_1$。由此可得正、負兩電荷所受的力矩分別為：

$$\vec{\tau}_1 = \vec{r}_1 \times \vec{F}_1 = \vec{r}_1 \times (q\,\vec{E}) = q\,\vec{r}_1 \times \vec{E}$$

$$\vec{\tau}_2 = \vec{r}_2 \times \vec{F}_2 = -\vec{r}_1 \times (-q\,\vec{E}) = q\,\vec{r}_1 \times \vec{E}$$

故總力矩為：

$$\vec{\tau} = \vec{\tau}_1 + \vec{\tau}_2 = 2\,q\,\vec{r}_1 \times \vec{E} = q\,(2\,\vec{r}_1 \times \vec{E}) = q\,\vec{d} \times \vec{E} \tag{2-58}$$

其中 $\vec{d} = 2\vec{r}_1$，故其方向與 $\vec{r}_1$ 相同，係**由負電荷 $-q$ 指向正電荷 $+q$**。

又，$q\vec{d}$ 稱為該電偶極的「**電偶極矩**」，以符號 $\vec{p}$ 表示：

$$\vec{p} = q\,\vec{d} \tag{2-59}$$

單位為 C · m (庫倫 · 米)。將 (2-59) 式代入 (2-58) 式得：

$$\vec{\tau} = \vec{p} \times \vec{E} \tag{2-60}$$

例題 2-17　**槓桿原理**。如圖 2-18 所示，一直桿橫放在支點 O 上，支點兩側距離為 r_1 及 r_2 處分別有力 F_1 及 F_2 垂直作用於桿上。試證桿子平衡之條件為：

$$r_1 F_1 = r_2 F_2 \tag{2-61}$$

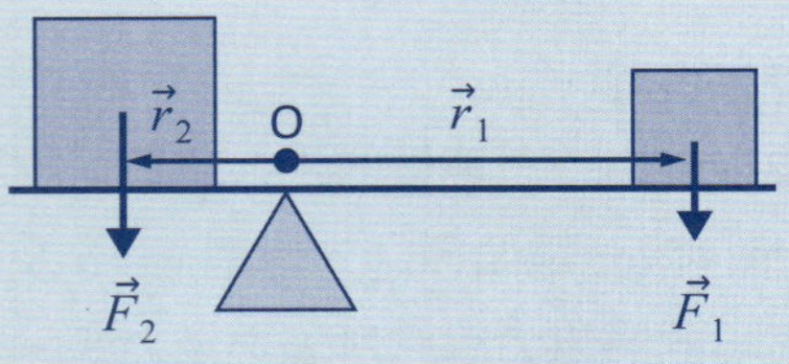

▲圖 2-18　**槓桿原理**

證：若桿子為平衡，則所受的總力矩應等於零。我們將整個系統放在笛卡兒座標系中，正 x 軸向右，正 y 軸向上，正 z 軸垂直於紙面向外，則：

$\vec{\tau}_1 = \vec{r}_1 \times \vec{F}_1 = (\hat{\mathbf{x}}\, r_1) \times (-\hat{\mathbf{y}}\, F_1) = -\hat{\mathbf{z}}\, r_1 F_1$

$\vec{\tau}_2 = \vec{r}_2 \times \vec{F}_2 = (-\hat{\mathbf{x}}\, r_2) \times (-\hat{\mathbf{y}}\, F_2) = \hat{\mathbf{z}}\, r_2 F_2$

故桿所受總力矩為：

$\vec{\tau}_1 + \vec{\tau}_2 = (-\hat{\mathbf{z}}\, r_1 F_1) + (\hat{\mathbf{z}}\, r_2 F_2) = 0$

$\hat{\mathbf{z}}\, r_1 F_1 = \hat{\mathbf{z}}\, r_2 F_2$

$\therefore\ r_1 F_1 = r_2 F_2$ (得證)

2-12 向量三乘積

所謂「**向量三乘積**」是指三個向量以向量乘法 (包括點乘積和叉乘積) 來相乘的計算。但要注意有些相乘組合是無意義的，例如 $\vec{A} \cdot (\vec{B} \cdot \vec{C})$ 或 $\vec{A} \times (\vec{B} \cdot \vec{C})$ 都是無意義的，因為 $(\vec{B} \cdot \vec{C})$ 是個純量，無法跟其他向量 $(\vec{A})$ 作點乘積或叉乘積的計算。

有意義的「向量三乘積」有兩種，一是結果為純量的三乘積 $\vec{A} \cdot (\vec{B} \times \vec{C})$，二是結果為向量的三乘積 $\vec{A} \times (\vec{B} \times \vec{C})$。

先介紹**結果為純量的三乘積** $\vec{A} \cdot (\vec{B} \times \vec{C})$。

如圖 2-19 所示，假設以向量 $\vec{A}$、$\vec{B}$、及 $\vec{C}$ 為三邊作一平行六面體，則由 $\vec{B}$ 和 $\vec{C}$ 所形成的平行四邊形面積為 $\vec{S} = \vec{B} \times \vec{C}$，其方向為平行四邊形的法線方向。若 $\vec{S}$ 與 $\vec{A}$ 之夾角為 θ，則平行六面體的高為 $h = A\cos\theta$；那麼此**平行六面體的體積**為 $\mathcal{V} = Sh = S(A\cos\theta) = \vec{A} \cdot \vec{S}$；即：

$$\mathcal{V} = \vec{A} \cdot (\vec{B} \times \vec{C}) \tag{2-62}$$

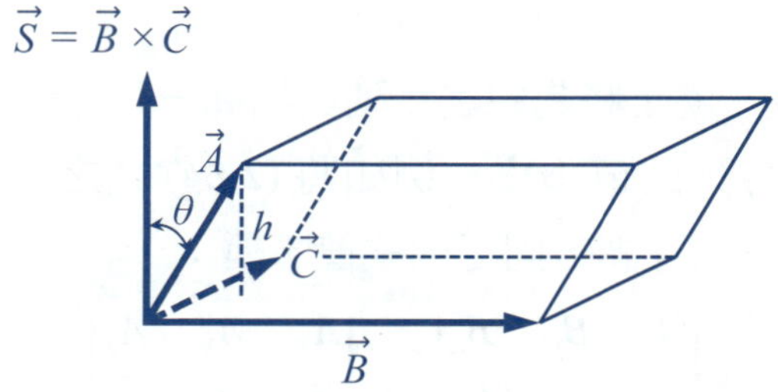

▲圖 2-19 平行六面體體積

今將向量 $\vec{A}$、$\vec{B}$、及 $\vec{C}$ 放在笛卡兒座標系中：

$$\vec{A} = \hat{\mathbf{x}}A_x + \hat{\mathbf{y}}A_y + \hat{\mathbf{z}}A_z$$
$$\vec{B} = \hat{\mathbf{x}}B_x + \hat{\mathbf{y}}B_y + \hat{\mathbf{z}}B_z$$
$$\vec{C} = \hat{\mathbf{x}}C_x + \hat{\mathbf{y}}C_y + \hat{\mathbf{z}}C_z$$

則參考 (2-55) 式可知：

$$\vec{B}\times\vec{C} = \hat{\mathbf{x}}\begin{vmatrix} B_y & B_z \\ C_y & C_z \end{vmatrix} + \hat{\mathbf{y}}\begin{vmatrix} B_z & B_x \\ C_z & C_x \end{vmatrix} + \hat{\mathbf{z}}\begin{vmatrix} B_x & B_y \\ C_x & C_y \end{vmatrix}$$

再由點乘積之定義得：

$$\vec{A}\cdot(\vec{B}\times\vec{C}) = A_x\begin{vmatrix} B_y & B_z \\ C_y & C_z \end{vmatrix} + A_y\begin{vmatrix} B_z & B_x \\ C_z & C_x \end{vmatrix} + A_z\begin{vmatrix} B_x & B_y \\ C_x & C_y \end{vmatrix} \tag{2-63}$$

這剛好是下示行列式的展開，即：

$$\vec{A}\cdot(\vec{B}\times\vec{C}) = \begin{vmatrix} A_x & A_y & A_z \\ B_x & B_y & B_z \\ C_x & C_y & C_z \end{vmatrix} \tag{2-64}$$

例題 2-18 以向量 $\vec{A}$、$\vec{B}$、及 $\vec{C}$ 為三邊作一平行六面體，試求其體積。設：

$$\vec{A} = \hat{\mathbf{x}}4 + \hat{\mathbf{y}}9 - \hat{\mathbf{z}}$$
$$\vec{B} = \hat{\mathbf{x}}2 + \hat{\mathbf{y}}6$$
$$\vec{C} = \hat{\mathbf{x}}5 - \hat{\mathbf{y}}4 + \hat{\mathbf{z}}2$$

解： 由 (2-62) 式及 (2-64) 式可知體積為：

$$\mathcal{V} = \vec{A}\cdot(\vec{B}\times\vec{C}) = \begin{vmatrix} 4 & 9 & -1 \\ 2 & 6 & 0 \\ 5 & -4 & 2 \end{vmatrix} = 50$$

行列式有一個特性，就是將其中之一列與相鄰一列互調，則行列式值會變號；若連續互調兩次，則行列式值不變。例如將 (2-64) 式之行列式的第一列 (A_x A_y A_z) 連續與第二列及第三列互調，則行列式值不變：

$$\begin{vmatrix} B_x & B_y & B_z \\ C_x & C_y & C_z \\ A_x & A_y & A_z \end{vmatrix} = \begin{vmatrix} A_x & A_y & A_z \\ B_x & B_y & B_z \\ C_x & C_y & C_z \end{vmatrix}$$

同理，若將 (2-64) 式之行列式的第三列 $(C_x \quad C_y \quad C_z)$ 連續與第二列及第一列互調，則行列式值也不變：

$$\begin{vmatrix} C_x & C_y & C_z \\ A_x & A_y & A_z \\ B_x & B_y & B_z \end{vmatrix} = \begin{vmatrix} A_x & A_y & A_z \\ B_x & B_y & B_z \\ C_x & C_y & C_z \end{vmatrix}$$

因此，我們可以說：

$$\vec{A}\cdot(\vec{B}\times\vec{C}) = \vec{B}\cdot(\vec{C}\times\vec{A}) = \vec{C}\cdot(\vec{A}\times\vec{B}) \tag{2-65}$$

例題 2-19　以向量 $\vec{A}$、$\vec{B}$、及 $\vec{C}$ 為三邊作一**四面體**，如圖 2-20 所示；已知此四面體之體積為對應之平行六面體 (詳見圖 2-19) 體積的 1/6。試參考 (2-65) 式，利用公式 $\mathcal{V}' = \dfrac{1}{6}\vec{B}\cdot(\vec{C}\times\vec{A})$ 求其體積。若：

$\vec{A} = \hat{\mathbf{y}}6 + \hat{\mathbf{z}}2$

$\vec{B} = \hat{\mathbf{x}}2 + \hat{\mathbf{z}}3$

$\vec{C} = \hat{\mathbf{x}}3 + \hat{\mathbf{y}}3$

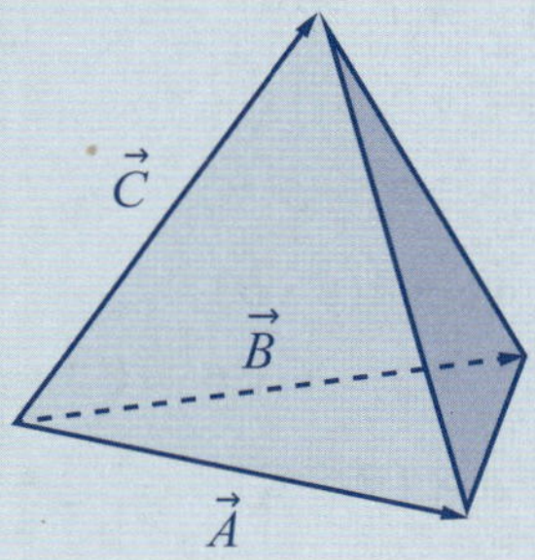

▲圖 2-20　**四面體體積**

解：$\mathcal{V}' = \dfrac{1}{6}\vec{B}\cdot(\vec{C}\times\vec{A}) = \dfrac{1}{6}\begin{vmatrix} 2 & 0 & 3 \\ 3 & 3 & 0 \\ 0 & 6 & 2 \end{vmatrix} = \dfrac{66}{6} = 11$

下面介紹第二種的向量三乘積，即**結果為向量的三乘積** $\vec{A}\times(\vec{B}\times\vec{C})$。首先數學上可以證明：

$$\vec{A}\times(\vec{B}\times\vec{C}) = \vec{B}(\vec{A}\cdot\vec{C}) - \vec{C}(\vec{A}\cdot\vec{B}) \tag{2-66a}$$

此式等號之右邊 $\vec{B}(\vec{A}\cdot\vec{C}) - \vec{C}(\vec{A}\cdot\vec{B})$ 發音酷似英語的「back-cab」(**倒駛汽車**)；了解這點，可以幫助我們記憶這個公式。

另外，我們也可以證明：

$$(\vec{A}\times\vec{B})\times\vec{C} = \vec{B}(\vec{C}\cdot\vec{A}) - \vec{A}(\vec{C}\cdot\vec{B}) \tag{2-66b}$$

由 (2-66a) 式及 (2-66b) 式我們看到，向量三乘積不服從結合律，即：

$$(\vec{A}\times\vec{B})\times\vec{C} \neq \vec{A}\times(\vec{B}\times\vec{C})$$

例題 2-20 已知三個向量：

$$\vec{A} = \hat{\mathbf{y}}6 + \hat{\mathbf{z}}2$$

$$\vec{B} = \hat{\mathbf{x}}2 + \hat{\mathbf{z}}3$$

$$\vec{C} = \hat{\mathbf{x}}3 + \hat{\mathbf{y}}3$$

試利用 (2-66) 式求：(a) $\vec{A}\times(\vec{B}\times\vec{C})$；(b) $(\vec{A}\times\vec{B})\times\vec{C}$。

解：(a) $\vec{A}\cdot\vec{C} = (\hat{\mathbf{y}}6 + \hat{\mathbf{z}}2)\cdot(\hat{\mathbf{x}}3 + \hat{\mathbf{y}}3) = 18$

$\vec{A}\cdot\vec{B} = (\hat{\mathbf{y}}6 + \hat{\mathbf{z}}2)\cdot(\hat{\mathbf{x}}2 + \hat{\mathbf{z}}3) = 6$

$\therefore\ \vec{A}\times(\vec{B}\times\vec{C}) = 18(\hat{\mathbf{x}}2 + \hat{\mathbf{z}}3) - 6(\hat{\mathbf{x}}3 + \hat{\mathbf{y}}3) = \hat{\mathbf{x}}18 - \hat{\mathbf{y}}18 + \hat{\mathbf{z}}54$

(b) $(\vec{A}\times\vec{B})\times\vec{C} = \vec{B}(\vec{C}\cdot\vec{A}) - \vec{A}(\vec{C}\cdot\vec{B})$

$\vec{C}\cdot\vec{A} = (\hat{\mathbf{x}}3 + \hat{\mathbf{y}}3)\cdot(\hat{\mathbf{y}}6 + \hat{\mathbf{z}}2) = 18$

$\vec{C}\cdot\vec{B} = (\hat{\mathbf{x}}3 + \hat{\mathbf{y}}3)\cdot(\hat{\mathbf{x}}2 + \hat{\mathbf{z}}3) = 6$

$\therefore\ (\vec{A}\times\vec{B})\times\vec{C} = \vec{B}(\vec{C}\cdot\vec{A}) - \vec{A}(\vec{C}\cdot\vec{B})$

$= 18(\hat{\mathbf{x}}2 + \hat{\mathbf{z}}3) - 6(\hat{\mathbf{y}}6 + \hat{\mathbf{z}}2) = \hat{\mathbf{x}}36 - \hat{\mathbf{y}}36 + \hat{\mathbf{z}}42$

本題印證了 $(\vec{A}\times\vec{B})\times\vec{C} \neq \vec{A}\times(\vec{B}\times\vec{C})$。

2-13 圓柱座標系 (一)

在電磁學裡，我們經常會遇到幾何形狀為圓柱形的問題；例如一根長的直導線、**同軸電纜**，或者是**線形天線**等等。在計算這類形狀的問題時，如果我們仍然採用笛卡兒座標系，公式往往會變得很複雜，計算也會變得很困難，不合乎我們一貫主張的「簡易」原則。

茲舉一例。假設有一根置於笛卡兒座標系之 z 軸的長直導線載有電流 I，則在導線周圍會產生磁場 H；根據安培定律或比歐 - 沙瓦定律 (詳見第 5-3 節)，在導線周圍任一點 P(x, y, z) 的磁場強度為：

$$H=\frac{I}{2\pi\sqrt{x^2+y^2}} \tag{2-67}$$

其中不但有平方，還有開平方，假如要對它作微分或積分的計算，絕對不是簡單的事情。但如果我們改用本節要介紹的「**圓柱座標系**」的話，那就簡易多了：

$$H=\frac{I}{2\pi r} \tag{2-68}$$

這還只是磁場的「大小」，如果再加入「方向」的部分，則兩者之難易差距就更大了 (詳見[例題 2-24])。因此在學習電磁學的過程當中，圓柱座標系的使用是不可或缺的一環。

顧名思義，圓柱座標系就是以圓柱形為基本思考架構的座標系。如圖 2-21 所示，在圓柱座標系裡，空間任一點 P 的座標定義為 (r, ϕ, z)；其中，r 為與 z 軸垂直而向外輻射的距離；ϕ 為由 x 軸的正方向算起的方位角 (希臘字母 ϕ 亦可寫為 φ)；而 z 則與笛卡兒座標系的 z 座標完全一致。

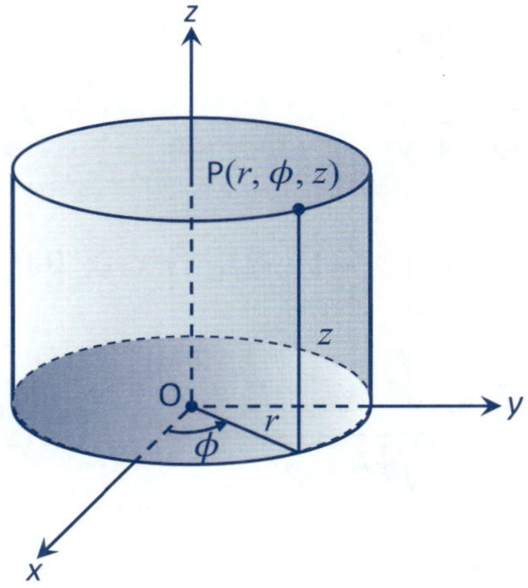

▲圖 2-21　圓柱座標系

利用這個座標系來表示圓柱形裡的三個**基本面**，方程式都非常簡潔 (如圖 2-22 所示)：

1. $r=r_0$ 代表半徑為 r_0 的**圓柱面**，r 的範圍為 $0 \leqq r < \infty$；
2. $\phi=\phi_0$ 代表方位角為 ϕ_0 的**縱切半平面**，ϕ 的範圍為 $0 \leqq \phi < 2\pi$ (或任何 2π 之區間)；
3. $z=z_0$ 代表位於 z_0 的**橫切面**，z 的範圍為 $-\infty < z < \infty$。

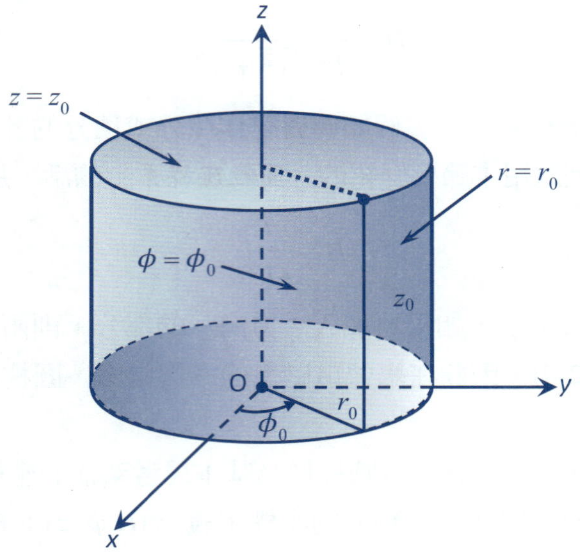

▲圖 2-22 **圓柱座標系中之三個基本面**

圓柱座標 (r, ϕ, z) 與笛卡兒座標 (x, y, z) 有如下的互換關係。

1. 由笛卡兒座標轉換為圓柱座標：

$$r=\sqrt{x^2+y^2}\;;\quad \phi=\tan^{-1}\frac{y}{x}\;;\quad z=z \tag{2-69}$$

特別注意 (2-69) 式中的 $\phi=\tan^{-1}\dfrac{y}{x}$ 僅適用於 $x \geqq 0$ 的場合；若 $x<0$，則在計算上常採用如下之公式：

$$\phi=-\sin^{-1}\frac{y}{\sqrt{x^2+y^2}}+\pi \qquad (x<0) \tag{2-70}$$

2. 由圓柱座標轉換為笛卡兒座標：

$$x=r\cos\phi\;;\quad y=r\sin\phi\;;\quad z=z \tag{2-71}$$

例題 2-21 **三維空間的線與面**。在三維空間中，每條方程式都代表一個**面** (平面或曲面)。如果將兩條方程式聯立起來，則代表一條**線** (直線或曲線)，也就是兩個面的**交集**。試描述下示聯立方程式所代表的曲線：

$$\begin{cases} r=1 \\ z=2 \end{cases}$$

解： 由圖 2-22 可知，上式代表一圓柱面 $r=1$ 與一平面 $z=2$ 的交集，也就是一個半徑為 1，圓心在 (0, 0, 2) 的圓。

例題 2-22 (a) 試將圓柱座標 (2, 1, 2) 轉換成笛卡兒座標 (x, y, z)；

(b) 試將笛卡兒座標 (2, 1, 2) 轉換成圓柱座標 (r, ϕ, z)。

解：(a) 由題意，$r=2$，$\phi=1$ (rad)，$z=2$；代入 (2-71) 式：

$x=r\cos\phi=2\cos 1=1.08$

$y=r\sin\phi=2\sin 1=1.68$

$z=2$

故 $(x, y, z)=(1.08, 1.68, 2)$。

(b) 由題意，$x=2$，$y=1$，$z=2$；代入 (2-69) 式：

$$r=\sqrt{x^2+y^2}=\sqrt{2^2+1^2}=\sqrt{5}$$

$$\phi=\tan^{-1}\frac{y}{x}=\tan^{-1}\frac{1}{2}=0.464\ (\text{rad})=26.6°$$

$z=2$

故 $(r, \phi, z)=(\sqrt{5}, 0.464, 2)=(\sqrt{5}, 26.6°, 2)$

2-14 圓柱座標系 (二)

圓柱座標系屬於**正交座標系**的一種，因此我們可以定義一組互相正交 (垂直) 的單位向量，作為此座標系的「**標準基底**」。這組標準基底的三個單位向量，$\hat{\mathbf{r}}$、$\hat{\boldsymbol{\phi}}$、及 $\hat{\mathbf{z}}$，係對應於三個座標 r、ϕ、及 z 所訂出來的，如圖 2-23 所示：

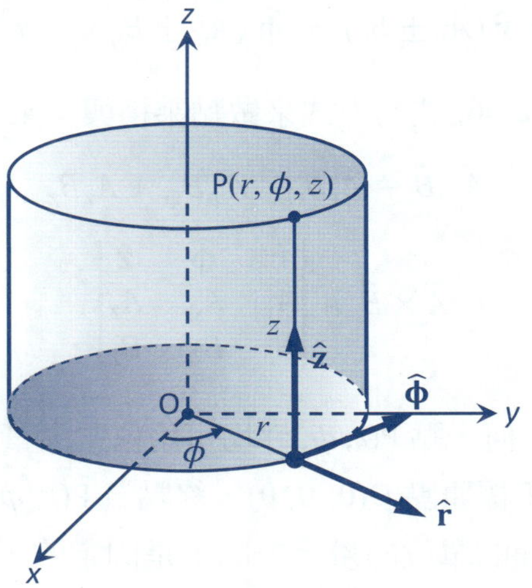

▲圖 2-23 圓柱座標系的標準基底

1. $\hat{\mathbf{r}}$ 為座標 r 增加的方向，也就是由中心軸 (z 軸) 向外輻射的方向；
2. $\hat{\boldsymbol{\phi}}$ 為座標 ϕ 增加的方向，也就是繞中心軸 (z 軸) 之圓周的切線方向；
3. $\hat{\mathbf{z}}$ 為座標 z 增加的方向，也就是沿著中心軸 (z 軸) 的正方向。

我們注意到，這三個單位向量都跟「中心軸」有關；因此我們可以說，一個問題只要有明顯的中心軸存在，我們就可選用圓柱座標系。

這三個單位向量，$\hat{\mathbf{r}}$、$\hat{\boldsymbol{\phi}}$、及 $\hat{\mathbf{z}}$，大小都等於 1：

$$|\hat{\mathbf{r}}| = |\hat{\boldsymbol{\phi}}| = |\hat{\mathbf{z}}| = 1 \quad 或 \quad \hat{\mathbf{r}}\cdot\hat{\mathbf{r}} = \hat{\boldsymbol{\phi}}\cdot\hat{\boldsymbol{\phi}} = \hat{\mathbf{z}}\cdot\hat{\mathbf{z}} = 1 \tag{2-72}$$

方向都互相垂直：

$$\hat{\mathbf{r}}\cdot\hat{\boldsymbol{\phi}} = \hat{\boldsymbol{\phi}}\cdot\hat{\mathbf{z}} = \hat{\mathbf{z}}\cdot\hat{\mathbf{r}} = 0 \tag{2-73}$$

並且合乎「右手定則」的順序：

$$\hat{\mathbf{r}}\times\hat{\boldsymbol{\phi}} = \hat{\mathbf{z}}, \quad \hat{\boldsymbol{\phi}}\times\hat{\mathbf{z}} = \hat{\mathbf{r}}, \quad \hat{\mathbf{z}}\times\hat{\mathbf{r}} = \hat{\boldsymbol{\phi}} \tag{2-74}$$

在圓柱座標系中，任何向量 $\vec{A}$ 或 $\vec{B}$ 都可以寫成如下的形式：

$$\vec{A} = \hat{\mathbf{r}}\,A_{\mathrm{r}} + \hat{\boldsymbol{\phi}}\,A_{\phi} + \hat{\mathbf{z}}\,A_{\mathrm{z}} \tag{2-75}$$

$$\vec{B} = \hat{\mathbf{r}}\,B_{\mathrm{r}} + \hat{\boldsymbol{\phi}}\,B_{\phi} + \hat{\mathbf{z}}\,B_{\mathrm{z}} \tag{2-76}$$

但值得注意的是：千萬不可比照笛卡兒座標系的 (2-15) 式及 (2-16) 式的方式來做加減的計算，即：

$$\vec{A} \pm \vec{B} \neq \hat{\mathbf{r}}\,(A_{\mathrm{r}} \pm B_{\mathrm{r}}) + \hat{\boldsymbol{\phi}}\,(A_{\phi} \pm B_{\phi}) + \hat{\mathbf{z}}\,(A_{\mathrm{z}} \pm B_{\mathrm{z}}) \tag{2-77}$$

也不可比照 (2-38) 式及 (2-56) 式的方式來做點乘積與叉乘積之計算：

$$\vec{A}\cdot\vec{B} \neq A_{\mathrm{r}}B_{\mathrm{r}} + A_{\phi}B_{\phi} + A_{\mathrm{z}}B_{\mathrm{z}} \tag{2-78}$$

$$\vec{A}\times\vec{B} \neq \begin{vmatrix} \hat{\mathbf{r}} & \hat{\boldsymbol{\phi}} & \hat{\mathbf{z}} \\ A_{\mathrm{r}} & A_{\phi} & A_{\mathrm{z}} \\ B_{\mathrm{r}} & B_{\phi} & B_{\mathrm{z}} \end{vmatrix} \tag{2-79}$$

在圓柱座標系中，任何一點 P(r, ϕ, z) 均可用位置向量 $\vec{R}$ 來表示。如圖 2-24 所示，位置向量的起點為座標原點 O(0, 0, 0)，終點為 P(r, ϕ, z)。但與笛卡兒座標系不同的是，圓柱座標系裡的單位向量 $\hat{\mathbf{r}}$ 方向不是固定的，而是方位角 ϕ 的函數，即 $\hat{\mathbf{r}} = \hat{\mathbf{r}}(\phi)$；而且 $\vec{R}$ 沒有 $\hat{\boldsymbol{\phi}}$ 分量，因此位置向量 $\vec{R}$ 必須寫成：

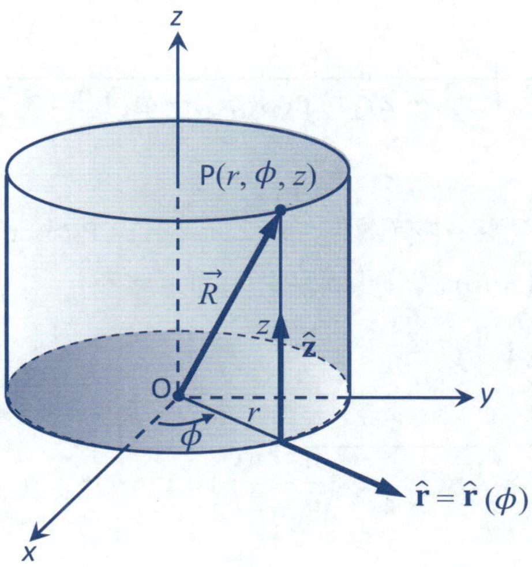

▲圖 2-24 圓柱座標系的位置向量

$$\vec{R} = \hat{\mathbf{r}}(\phi)\, r + \hat{\mathbf{z}}\, z \tag{2-80}$$

今假設在圓柱座標系裡有兩點 $P_1(r_1, \phi_1, z_1)$ 及 $P_2(r_2, \phi_2, z_2)$，如圖 2-25 所示，

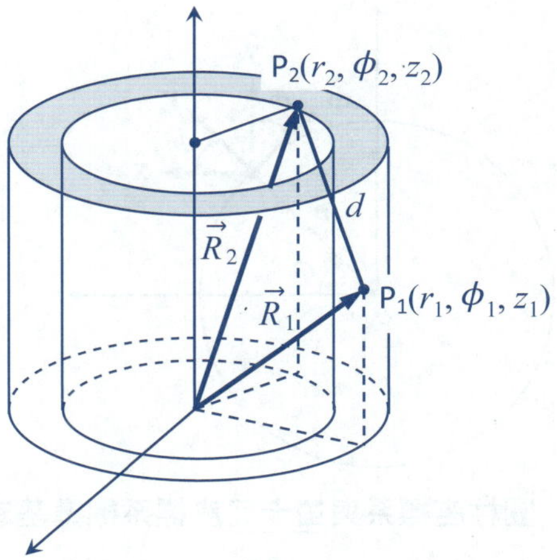

▲圖 2-25 圓柱座標系兩點之距離 d

其位置向量分別為：

$$\vec{R}_1 = \hat{\mathbf{r}}(\phi_1)\, r_1 + \hat{\mathbf{z}}\, z_1$$
$$\vec{R}_2 = \hat{\mathbf{r}}(\phi_2)\, r_2 + \hat{\mathbf{z}}\, z_2$$

則兩點之間的距離為：

$$d = \sqrt{r_1^2 + r_2^2 - 2r_1 r_2 \cos(\phi_2 - \phi_1) + (z_2 - z_1)^2} \quad (2\text{-}81)$$

例題 2-23 設在圓柱座標系中有兩點：$P_1(2, \pi/2, 4)$，$P_2(3, \pi/6, 1)$。(a) 試寫出此兩點的位置向量；(b) 試求此兩點之間的距離。

解： (a) $\vec{R}_1 = \hat{\mathbf{r}}(\pi/2)\,2 + \hat{\mathbf{z}}4$

$\vec{R}_2 = \hat{\mathbf{r}}(\pi/6)\,3 + \hat{\mathbf{z}}$

(b) $d = \sqrt{2^2 + 3^2 - 2 \times 2 \times 3 \times \cos\left(\frac{\pi}{6} - \frac{\pi}{2}\right) + (1-4)^2} = 4$

2-15 圓柱座標系 (三)

圓柱座標系與笛卡兒座標系的標準基底可以互相轉換。由圖 2-26 可知：

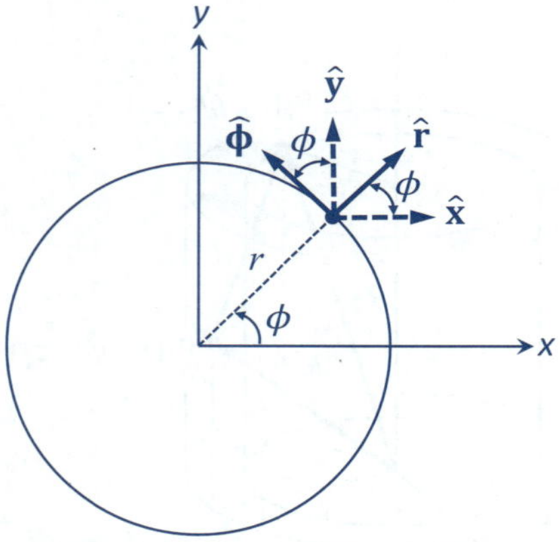

▲圖 2-26 圓柱座標系與笛卡兒座標系標準基底之轉換

$$\hat{\mathbf{r}} \cdot \hat{\mathbf{x}} = \cos\phi, \quad \hat{\mathbf{r}} \cdot \hat{\mathbf{y}} = \sin\phi$$

故：

$$\hat{\mathbf{r}} = \hat{\mathbf{x}}\cos\phi + \hat{\mathbf{y}}\sin\phi \quad (2\text{-}82)$$

同理，由圖 2-26 亦可得：

$$\hat{\boldsymbol{\phi}} \cdot \hat{\mathbf{x}} = -\sin\phi, \quad \hat{\boldsymbol{\phi}} \cdot \hat{\mathbf{y}} = \cos\phi$$

故：

$$\hat{\boldsymbol{\phi}} = -\,\hat{\mathbf{x}}\sin\phi + \hat{\mathbf{y}}\cos\phi \tag{2-83}$$

而第三個單位向量 $\hat{\mathbf{z}}$ 在兩個座標系統是共通的：

$$\hat{\mathbf{z}} = \hat{\mathbf{z}} \tag{2-84}$$

表 2-1 之右欄列出了 (2-82) 式、(2-83) 式、及 (2-84) 式，即標準基底由笛卡兒座標系轉換成圓柱座標系的轉換公式。

相反地，我們也可以將圓柱座標系的標準基底轉換成笛卡兒座標系。將 (2-82) 式及 (2-83) 式聯立，解出 $\hat{\mathbf{x}}$ 和 $\hat{\mathbf{y}}$ 即得：

$$\hat{\mathbf{x}} = \hat{\mathbf{r}}\cos\phi - \hat{\boldsymbol{\phi}}\sin\phi \tag{2-85}$$

及：

$$\hat{\mathbf{y}} = \hat{\mathbf{r}}\sin\phi + \hat{\boldsymbol{\phi}}\cos\phi \tag{2-86}$$

此二式連同兩座標系共用的單位向量 $\hat{\mathbf{z}}$，一起列於表 2-1 之左欄。

▼**表 2-1　圓柱座標系與笛卡兒座標系標準基底之互換公式**

圓柱座標系轉換成笛卡兒座標系	笛卡兒座標系轉換成圓柱座標系
$\hat{\mathbf{x}} = \hat{\mathbf{r}}\cos\phi - \hat{\boldsymbol{\phi}}\sin\phi$ $\hat{\mathbf{y}} = \hat{\mathbf{r}}\sin\phi + \hat{\boldsymbol{\phi}}\cos\phi$ $\hat{\mathbf{z}} = \hat{\mathbf{z}}$	$\hat{\mathbf{r}} = \hat{\mathbf{x}}\cos\phi + \hat{\mathbf{y}}\sin\phi$ $\hat{\boldsymbol{\phi}} = -\,\hat{\mathbf{x}}\sin\phi + \hat{\mathbf{y}}\cos\phi$ $\hat{\mathbf{z}} = \hat{\mathbf{z}}$

例題 2-24　已知一條長直導線中載有電流 I 時，導線周圍的磁場強度以圓柱座標系表示為：

$$\vec{H} = \hat{\boldsymbol{\phi}}\frac{I}{2\pi r} \tag{2-87}$$

試改以笛卡兒座標系來表示。

解： 由 (2-69) 式知：$r = \sqrt{x^2 + y^2}$，代入 (2-71) 式：

$$\cos\phi = \frac{x}{r} = \frac{x}{\sqrt{x^2 + y^2}}, \quad \sin\phi = \frac{y}{r} = \frac{y}{\sqrt{x^2 + y^2}}$$

(2-83) 式即變成：

$$\hat{\boldsymbol{\phi}} = \frac{-\hat{\mathbf{x}}\,y + \hat{\mathbf{y}}\,x}{\sqrt{x^2 + y^2}}$$

代入 (2-87) 式即得：

$$\vec{H} = (-\hat{\mathbf{x}}\,y + \hat{\mathbf{y}}\,x)\frac{I}{2\pi(x^2 + y^2)} \tag{2-88}$$

比較 (2-87) 式及 (2-88) 式可以看出，長直導線 (具有明顯的中心軸) 的問題以圓柱座標系來表示比較合乎「簡易原則」。

利用 (2-82) 式至 (2-84) 式，我們可以將任何向量由圓柱座標轉換成笛卡兒座標。設有一向量 $\vec{A}$ 在圓柱座標系中寫成：

$$\vec{A} = \hat{\mathbf{r}}\,A_r + \hat{\boldsymbol{\phi}}\,A_\phi + \hat{\mathbf{z}}\,A_z$$

將 (2-82) 式至 (2-84) 式代入，可得：

$$\begin{aligned}\vec{A} &= \hat{\mathbf{r}}\,A_r + \hat{\boldsymbol{\phi}}\,A_\phi + \hat{\mathbf{z}}\,A_z\\ &= (\hat{\mathbf{x}}\cos\phi + \hat{\mathbf{y}}\sin\phi)\,A_r + (-\,\hat{\mathbf{x}}\sin\phi + \hat{\mathbf{y}}\cos\phi)\,A_\phi + \hat{\mathbf{z}}\,A_z\\ &= \hat{\mathbf{x}}\,(A_r\cos\phi - A_\phi\sin\phi) + \hat{\mathbf{y}}\,(A_r\sin\phi + A_\phi\cos\phi) + \hat{\mathbf{z}}\,A_z\end{aligned}$$

與笛卡兒座標系中的寫法比較：

$$\vec{A} = \hat{\mathbf{x}}\,A_x + \hat{\mathbf{y}}\,A_y + \hat{\mathbf{z}}\,A_z$$

可得：

$$A_x = A_r\cos\phi - A_\phi\sin\phi \tag{2-89}$$

$$A_y = A_r\sin\phi + A_\phi\cos\phi \tag{2-90}$$

$$A_z = A_z \tag{2-91}$$

此三條式子列於表 2-2 之左欄。

相反地，我們也可以將任何向量 $\vec{A}$ 由笛卡兒座標轉換成圓柱座標，參見表 2-2 右欄。

▼表 2-2　圓柱座標系與笛卡兒座標系向量分量之互換公式

圓柱座標系轉換成笛卡兒座標系	笛卡兒座標系轉換成圓柱座標系
$A_x = A_r\cos\phi - A_\phi\sin\phi$	$A_r = A_x\cos\phi + A_y\sin\phi$
$A_y = A_r\sin\phi + A_\phi\cos\phi$	$A_\phi = -A_x\sin\phi + A_y\cos\phi$
$A_z = A_z$	$A_z = A_z$

例題 2-25 已知在圓柱座標系中，點 P(3, 2π/3, 2) 有一向量 $\vec{A} = \hat{\mathbf{r}}2 - \hat{\boldsymbol{\phi}}2 + \hat{\mathbf{z}}3$；試將 $\vec{A}$ 轉換為笛卡兒座標。

解： 由已知，$\phi = 2\pi/3$，故 $\cos\phi = -1/2$，$\sin\phi = \sqrt{3}/2$，由 (2-89) 式至 (2-91) 式可得：

$$A_x = A_r\cos\phi - A_\phi\sin\phi = 2\times(-1/2) - (-2)\times(\sqrt{3}/2) = -1 + \sqrt{3}$$

$$A_y = A_r\sin\phi + A_\phi\cos\phi = 2\times(\sqrt{3}/2) + (-2)\times(-1/2) = \sqrt{3} + 1$$

$$A_z = 3$$

∴ 轉換成笛卡兒座標：

$$\vec{A} = \hat{\mathbf{x}}(\sqrt{3}-1) + \hat{\mathbf{y}}(\sqrt{3}+1) + \hat{\mathbf{z}}3$$

2-16 球座標系 (一)

古早古早的時候，人類視大地為一平面，因此接受了古希臘人歐幾里德所提出的「平面幾何」，也就是所謂的「歐氏幾何」。為了在大地上辨清方位，人類訂出了東、西、南、北的方向，並且以北方為起點，以逆時針方向定出了「**方位角**」，如圖 2-27 所示。方位角 (符號 ϕ) 以北方為 0°，繞經西方 (90°)、南方 (180°)、東方 (270°)，然後回到北方，共計 360°。

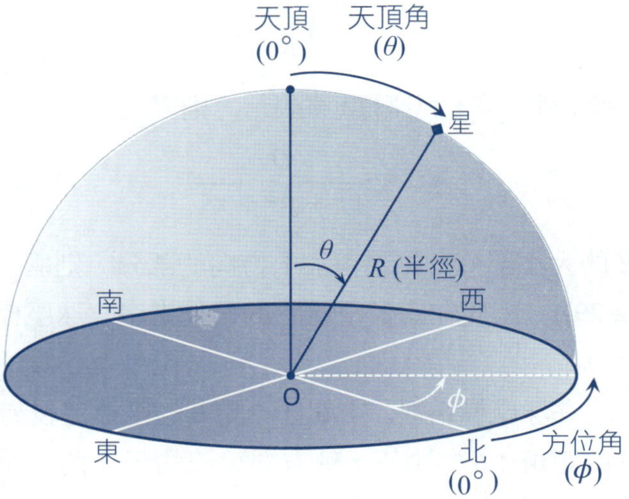

▲圖 2-27 古代的世界觀，天頂角和方位角

當時的人類仰望天空時，由於眼睛視力的極限，看到天空呈有限半徑的球形；雖然他們不確定這個半徑 R 是多少，但是一口咬定「天」是球狀的。他們稱這個

球為「**天球**」，除了日、月、及太陽系各行星之外，所有的星辰都固定在這個球面上，一起繞地面旋轉。

一位觀星者站在圖 2-27 的點 O 時，總覺得他就位於天球的球心上 (從這點可以看出，所謂「天球」是人類主觀的想法，而非客觀的事實)；他頭頂的正上方是天球的最高點，稱為「**天頂**」。當他要標定某一顆星的位置時，光用一個「方位角」ϕ 是不夠的；於是他以天頂為起點，訂出了另一個角，稱為「**天頂角**」(符號 θ)。天頂角以天頂為 0°，沿著天球球面往下算，抵達地面為 90°，而抵達天球最低點 (在地面下，與天頂相對) 時為 180°。

上述古人的世界觀容或是錯誤的，但是他們訂定的三個觀念——球半徑 R、天頂角 θ、及方位角 ϕ ——卻成了後來「**球座標**」的濫觴。

在古典電磁學裡，「**點電荷**」是所有論述的起點。我們可以將「點」想像為半徑等於零的球；因此，點電荷所產生的各種物理現象，都具有「**球形對稱**」的特性。球形對稱的物理量用球座標來表達，是最合理、最合乎「簡易原則」的作法。

例如點電荷所產生的電場 $\vec{E}$ 是個向量，其大小 E 以球座標來表示時，是個非常簡潔的形式：

$$E = k\frac{Q}{R^2} \tag{2-92}$$

但如果用其他的座標 (例如笛卡兒座標) 來表示，則變成：

$$E = k\frac{Q}{x^2 + y^2 + z^2} \tag{2-93}$$

這還僅僅是電場 $\vec{E}$ 的大小部分，如果再加上方向的部分，則兩者難易之差距就更大了 (詳見 [例題 2-29])。因此在學習電磁學的過程當中，球座標系的使用是必然的、不可或缺的。

如圖 2-28 所示，在球座標系裡，空間任一點 P 的座標定義為 (R, θ, ϕ)；其中，R 為點 P 與球心 O 的距離；θ 為由正 z 軸方向算起的天頂角；而 ϕ 則為由正 x 軸算起沿逆時針方向遞增的方位角。

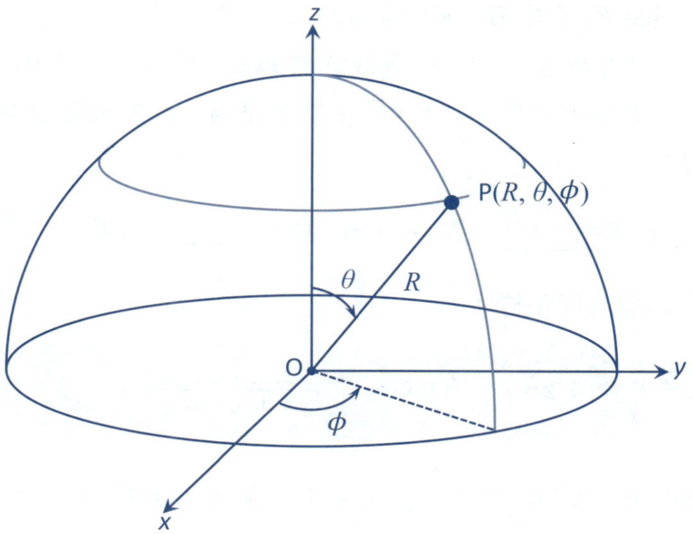

▲圖 2-28　球座標系

利用這個座標系來表示球形裡的三個**基本面**，方程式都非常簡單 (如圖 2-29 所示)：

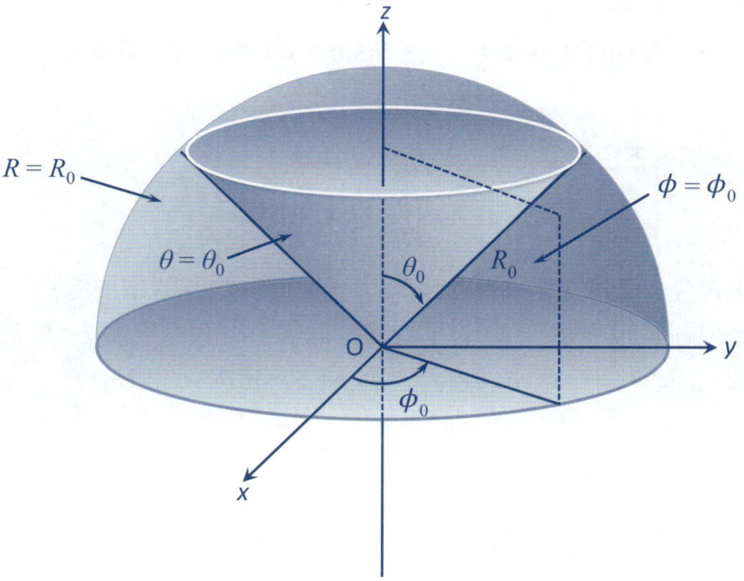

▲圖 2-29　球座標系的三個基本面

1. $R = R_0$ 代表半徑為 R_0 的**球面**，R 的範圍為 $0 \leqq R < \infty$；
2. $\theta = \theta_0$ 代表以天頂角 θ_0 繞 z 軸一周形成的**圓錐面**，θ 的範圍為 $0 \leqq \theta \leqq \pi$；
3. $\phi = \phi_0$ 代表由 z 軸沿方位角 ϕ_0 延伸出來的**半平面**，ϕ 的範圍為 $0 \leqq \phi < 2\pi$ (或任何 2π 之區間)。

球座標 (R, θ, ϕ) 與笛卡兒座標 (x, y, z) 有如下的互換關係。

1. 由笛卡兒座標轉換為球座標：

$$R = \sqrt{x^2 + y^2 + z^2}\ ; \quad \theta = \cos^{-1}\frac{z}{\sqrt{x^2 + y^2 + z^2}}\ ; \quad \phi = \tan^{-1}\frac{y}{x} \tag{2-94}$$

特別注意 (2-94) 式中的 $\phi = \tan^{-1}\dfrac{y}{x}$ 僅適用於 $x \geqq 0$ 的場合；若 $x < 0$，則在計算上常採用如下之公式：

$$\phi = -\sin^{-1}\frac{y}{\sqrt{x^2 + y^2}} + \pi \qquad (x<0) \tag{2-95}$$

2. 由球座標轉換為笛卡兒座標：

$$x = R\sin\theta\cos\phi\ ; \quad y = R\sin\theta\sin\phi\ ; \quad z = R\cos\theta \tag{2-96}$$

例題 2-26 試描述下示聯立方程式所代表的曲線：

$$\begin{cases} R = R_0 \\ \theta = \theta_0 \end{cases} \tag{2-97}$$

解： 在三維空間中，兩條方程式聯立起來，代表一條線 (直線或曲線)，也就是兩個面的**交集**。如圖 2-30 所示，(2-97) 式代表球面 $R = R_0$ 與圓錐面 $\theta = \theta_0$ 的交集，也就是一個圓，圓心在 $z = R_0\cos\theta_0$，半徑為 $r = R_0\sin\theta_0$。

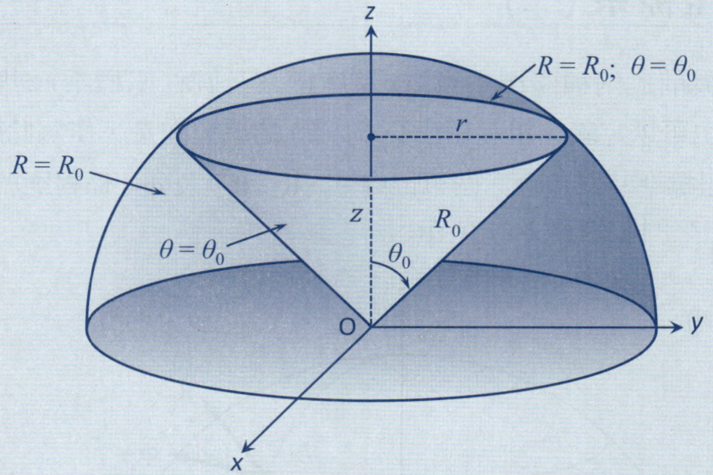

▲圖 2-30 例題 2-26 用圖

例題 2-27 (a) 試將球座標 (2, 1, –2) 轉換成笛卡兒座標 (x, y, z)；
(b) 試將笛卡兒座標 (–2, 1, 2) 轉換成球座標 (R, θ, ϕ)。

解：(a) 由已知，$R=2$，$\theta=1$ (rad)，$\phi=-2$ (rad)；故由 (2-96) 式：

$$x=R\sin\theta\cos\phi=2\sin 1\cos(-2)=-0.700$$

$$y=R\sin\theta\sin\phi=2\sin 1\sin(-2)=-1.53$$

$$z=R\cos\theta=2\cos 1=1.08$$

$$\therefore\ (x, y, z)=(-0.700, -1.53, 1.08)$$

(b) 由已知，$x=-2$，$y=1$，$z=2$，故由 (2-94) 式及 (2-95) 式：

$$R=\sqrt{x^2+y^2+z^2}=\sqrt{(-2)^2+1^2+2^2}=3$$

$$\theta=\cos^{-1}\frac{z}{\sqrt{x^2+y^2+z^2}}=\cos^{-1}\frac{2}{\sqrt{(-2)^2+1^2+2^2}}=0.841\text{ rad}$$

$$\phi=-\sin^{-1}\frac{y}{\sqrt{x^2+y^2}}+\pi=-\sin^{-1}\frac{1}{\sqrt{(-2)^2+1^2}}+\pi=2.68\text{ rad}$$

$$\therefore\ (R, \theta, \phi)=(3, 0.841, 2.68)$$

2-17 球座標系 (二)

球座標系與前述兩種座標系 (笛卡兒座標系及圓柱座標系) 均屬於**正交座標系**，因此我們也可以定義一組互相正交 (垂直) 的單位向量，作為此座標系的「**標準基底**」。這組標準基底包含三個單位向量，$\hat{\mathbf{R}}$、$\hat{\boldsymbol{\theta}}$、及 $\hat{\boldsymbol{\phi}}$，係對應於三個座標 R、θ、及 ϕ 所訂出來的，如圖 2-31 所示：

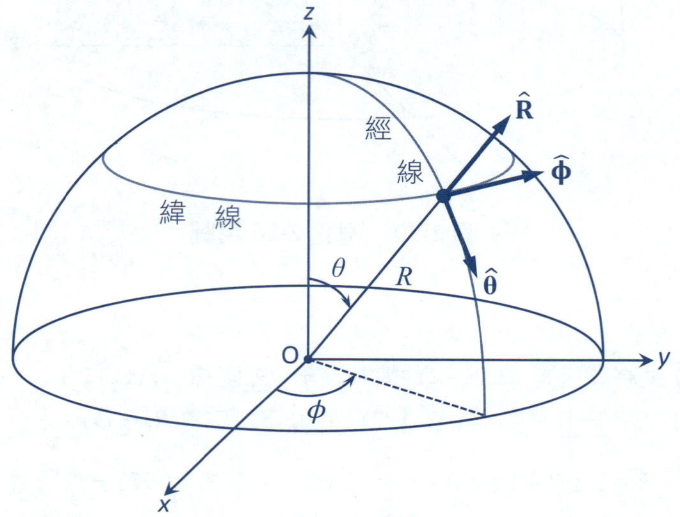

▲圖 2-31 球座標系的標準基底

1. $\hat{\mathbf{R}}$ 為座標 R 增加的方向，也就是由**中心點** (球心) 向各方輻射的方向；
2. $\hat{\boldsymbol{\theta}}$ 為座標 θ 增加的方向，相當於地球之**經線**向南的切線方向；
3. $\hat{\boldsymbol{\phi}}$ 為座標 ϕ 增加的方向，相當於地球之**緯線**向東的切線方向。

這三個單位向量，$\hat{\mathbf{R}}$、$\hat{\boldsymbol{\theta}}$、及 $\hat{\boldsymbol{\phi}}$，大小都等於 1：

$$|\hat{\mathbf{R}}| = |\hat{\boldsymbol{\theta}}| = |\hat{\boldsymbol{\phi}}| = 1 \quad \text{或} \quad \hat{\mathbf{R}} \cdot \hat{\mathbf{R}} = \hat{\boldsymbol{\theta}} \cdot \hat{\boldsymbol{\theta}} = \hat{\boldsymbol{\phi}} \cdot \hat{\boldsymbol{\phi}} = 1 \tag{2-98}$$

它們的方向都互相垂直：

$$\hat{\mathbf{R}} \cdot \hat{\boldsymbol{\theta}} = \hat{\boldsymbol{\theta}} \cdot \hat{\boldsymbol{\phi}} = \hat{\boldsymbol{\phi}} \cdot \hat{\mathbf{R}} = 0 \tag{2-99}$$

而且合乎「右手定則」的順序：

$$\hat{\mathbf{R}} \times \hat{\boldsymbol{\theta}} = \hat{\boldsymbol{\phi}}, \quad \hat{\boldsymbol{\theta}} \times \hat{\boldsymbol{\phi}} = \hat{\mathbf{R}}, \quad \hat{\boldsymbol{\phi}} \times \hat{\mathbf{R}} = \hat{\boldsymbol{\theta}} \tag{2-100}$$

有了標準基底，球座標系中任何向量 $\vec{A}$ 或 $\vec{B}$ 都可以寫成如下的形式：

$$\vec{A} = \hat{\mathbf{R}}\,A_{\mathrm{R}} + \hat{\boldsymbol{\theta}}\,A_{\theta} + \hat{\boldsymbol{\phi}}\,A_{\phi} \tag{2-101}$$

$$\vec{B} = \hat{\mathbf{R}}\,B_{\mathrm{R}} + \hat{\boldsymbol{\theta}}\,B_{\theta} + \hat{\boldsymbol{\phi}}\,B_{\phi} \tag{2-102}$$

但值得注意的是：千萬不可比照笛卡兒座標系的 (2-15) 式及 (2-16) 式的方式來做加減的計算，即：

$$\vec{A} \pm \vec{B} \neq \hat{\mathbf{R}}\,(A_{\mathrm{R}} \pm B_{\mathrm{R}}) + \hat{\boldsymbol{\theta}}\,(A_{\theta} \pm B_{\theta}) + \hat{\boldsymbol{\phi}}\,(A_{\phi} \pm B_{\phi}) \tag{2-103}$$

也不可比照 (2-38) 式及 (2-56) 式的方式來做點乘積與叉乘積之計算：

$$\vec{A} \cdot \vec{B} \neq A_{\mathrm{R}}B_{\mathrm{R}} + A_{\theta}B_{\theta} + A_{\phi}B_{\phi} \tag{2-104}$$

$$\vec{A} \times \vec{B} \neq \begin{vmatrix} \hat{\mathbf{R}} & \hat{\boldsymbol{\theta}} & \hat{\boldsymbol{\phi}} \\ A_{\mathrm{R}} & A_{\theta} & A_{\phi} \\ B_{\mathrm{R}} & B_{\theta} & B_{\phi} \end{vmatrix} \tag{2-105}$$

在球座標系中，任何一點 P(R, θ, ϕ) 均可用位置向量 $\vec{R}$ 來表示。如圖 2-32 所示，位置向量的起點為座標原點 O$(0, 0, 0)$，終點為 P(R, θ, ϕ)。但球座標系裡的單位向量 $\hat{\mathbf{R}}$ 方向不是固定的，而是天頂角 θ 與方位角 ϕ 的函數，即 $\hat{\mathbf{R}} = \hat{\mathbf{R}}(\theta, \phi)$；而且 $\vec{R}$ 沒有 $\hat{\boldsymbol{\theta}}$ 及 $\hat{\boldsymbol{\phi}}$ 方向的分量，因此位置向量 $\vec{R}$ 變成：

$$\vec{R} = \hat{\mathbf{R}}(\theta, \phi)\,R \tag{2-106}$$

今假設在球座標系裡有兩點 P$_1(R_1, \theta_1, \phi_1)$ 及 P$_2(R_2, \theta_2, \phi_2)$，其位置向量分別為：

$$\vec{R}_1 = \hat{\mathbf{R}}(\theta_1,\ \phi_1)\,R_1$$
$$\vec{R}_2 = \hat{\mathbf{R}}(\theta_2,\ \phi_2)\,R_2$$

則兩點之間的距離為：

$$d = \sqrt{R_1^2 + R_2^2 - 2R_1R_2\,[\cos\theta_1\cos\theta_2 + \sin\theta_1\sin\theta_2\cos(\phi_2 - \phi_1)]} \tag{2-107}$$

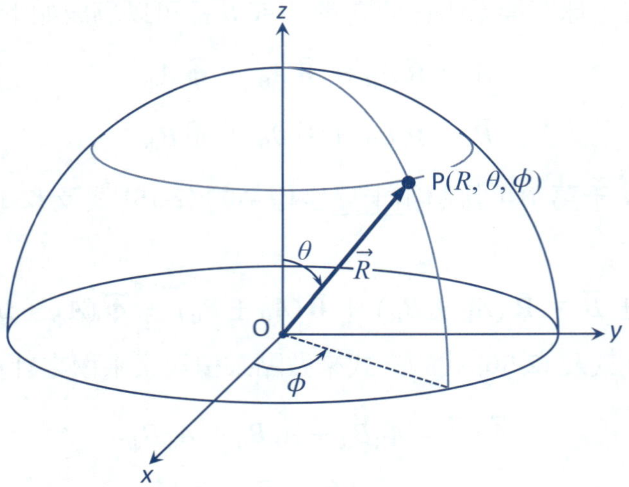

▲圖 2-32　球座標系中之位置向量

例題 2-28　設在球座標系中有兩點：P₁(3, π/2, π/4)，P₂(2, π/6, −π/12)。(a) 試寫出此兩點的位置向量；(b) 試求此兩點之間的距離。

解：(a) $\vec{R}_1 = \hat{\mathbf{R}}\left(\frac{\pi}{2}, \frac{\pi}{4}\right) 3$

$\vec{R}_2 = \hat{\mathbf{R}}\left(\frac{\pi}{6}, -\frac{\pi}{12}\right) 2$

(b) 由 (2-107) 式：

$$d = \sqrt{3^2 + 2^2 - 2(3)(2)\left[\cos\left(\frac{\pi}{2}\right)\cos\left(\frac{\pi}{6}\right) + \sin\left(\frac{\pi}{2}\right)\sin\left(\frac{\pi}{6}\right)\cos\left(-\frac{\pi}{12} - \frac{\pi}{4}\right)\right]}$$

$$= \sqrt{10}$$

2-18　球座標系 (三)

球座標系與笛卡兒座標系的標準基底可以互相轉換。由圖 2-33 可得：

$$\hat{\mathbf{R}} \cdot \hat{\mathbf{r}} = \sin\theta，\quad \hat{\mathbf{R}} \cdot \hat{\mathbf{z}} = \cos\theta$$

又由 (2-82) 式：

$$\hat{\mathbf{r}} = \hat{\mathbf{x}}\cos\phi + \hat{\mathbf{y}}\sin\phi \qquad (2\text{-}108)$$

故得：

$$\hat{\mathbf{R}} = \hat{\mathbf{x}} \sin\theta\cos\phi + \hat{\mathbf{y}} \sin\theta\sin\phi + \hat{\mathbf{z}} \cos\theta \tag{2-109}$$

同理：

$$\hat{\boldsymbol{\theta}} = \hat{\mathbf{x}} \cos\theta\cos\phi + \hat{\mathbf{y}} \cos\theta\sin\phi - \hat{\mathbf{z}} \sin\theta \tag{2-110}$$

$$\hat{\boldsymbol{\phi}} = -\hat{\mathbf{x}} \sin\phi + \hat{\mathbf{y}} \cos\phi \tag{2-111}$$

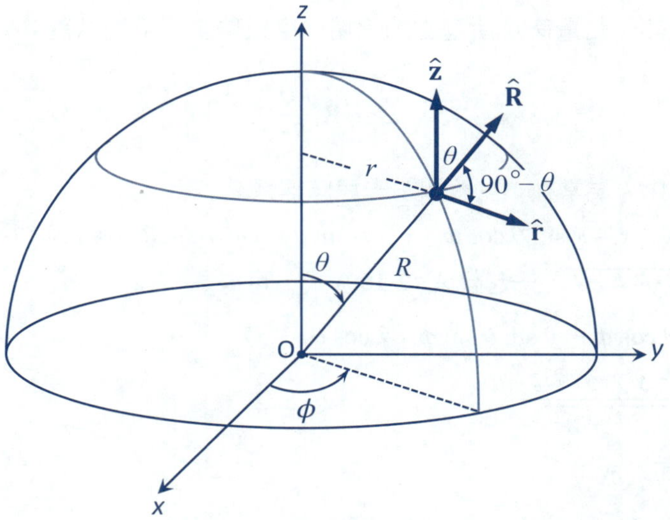

▲圖 2-33　**球座標系與笛卡兒座標系標準基底之轉換**

表 2-3 之右欄列出了 (2-109) 式、(2-110) 式、及 (2-111) 式，即標準基底由笛卡兒座標系轉換成球座標系的轉換公式。

相反地，我們也可以將球座標系的標準基底轉換成笛卡兒座標系。將 (2-109) 式至 (2-111) 式聯立，解出 $\hat{\mathbf{x}}$、$\hat{\mathbf{y}}$、及 $\hat{\mathbf{z}}$ 即得：

$$\hat{\mathbf{x}} = \hat{\mathbf{R}} \sin\theta\cos\phi + \hat{\boldsymbol{\theta}} \cos\theta\cos\phi - \hat{\boldsymbol{\phi}} \sin\phi \tag{2-112}$$

$$\hat{\mathbf{y}} = \hat{\mathbf{R}} \sin\theta\sin\phi + \hat{\boldsymbol{\theta}} \cos\theta\sin\phi + \hat{\boldsymbol{\phi}} \cos\phi \tag{2-113}$$

$$\hat{\mathbf{z}} = \hat{\mathbf{R}} \cos\theta - \hat{\boldsymbol{\theta}} \sin\theta \tag{2-114}$$

此三式列於表 2-3 之左欄。

▼表 2-3　球座標系與笛卡兒座標系標準基底之互換公式

球座標系轉換成笛卡兒座標系	笛卡兒座標系轉換成球座標系
$\hat{\mathbf{x}} = \hat{\mathbf{R}}\sin\theta\cos\phi + \hat{\boldsymbol{\theta}}\cos\theta\cos\phi - \hat{\boldsymbol{\phi}}\sin\phi$ $\hat{\mathbf{y}} = \hat{\mathbf{R}}\sin\theta\sin\phi + \hat{\boldsymbol{\theta}}\cos\theta\sin\phi + \hat{\boldsymbol{\phi}}\cos\phi$ $\hat{\mathbf{z}} = \hat{\mathbf{R}}\cos\theta - \hat{\boldsymbol{\theta}}\sin\theta$	$\hat{\mathbf{R}} = \hat{\mathbf{x}}\sin\theta\cos\phi + \hat{\mathbf{y}}\sin\theta\sin\phi + \hat{\mathbf{z}}\cos\theta$ $\hat{\boldsymbol{\theta}} = \hat{\mathbf{x}}\cos\theta\cos\phi + \hat{\mathbf{y}}\cos\theta\sin\phi - \hat{\mathbf{z}}\sin\theta$ $\hat{\boldsymbol{\phi}} = -\hat{\mathbf{x}}\sin\phi + \hat{\mathbf{y}}\cos\phi$

例題 2-29　已知一點電荷 Q 所建立的電場強度以球座標系表示為：

$$\vec{E} = \hat{\mathbf{R}}\frac{kQ}{R^2} \tag{2-115}$$

其中 k 為常數；試改以笛卡兒座標系來表示。

解： 由 (2-96) 式：$x = R\sin\theta\cos\phi$；$y = R\sin\theta\sin\phi$；$z = R\cos\theta$ 及 (2-94) 式中的 $R = \sqrt{x^2+y^2+z^2}$，一起代入 (2-109) 式，可得：

$$\hat{\mathbf{R}} = \hat{\mathbf{x}}\sin\theta\cos\phi + \hat{\mathbf{y}}\sin\theta\sin\phi + \hat{\mathbf{z}}\cos\theta = \frac{\hat{\mathbf{x}}x + \hat{\mathbf{y}}y + \hat{\mathbf{z}}z}{\sqrt{x^2+y^2+z^2}}$$

(2-115) 式即變成：

$$\vec{E} = \hat{\mathbf{R}}\frac{kQ}{R^2} = \frac{kQ}{(x^2+y^2+z^2)^{3/2}}(\hat{\mathbf{x}}x + \hat{\mathbf{y}}y + \hat{\mathbf{z}}z) \tag{2-116}$$

比較 (2-115) 式及 (2-116) 式可以看出，點電荷 (具有明顯的球形對稱) 的問題以球座標系來表示最合乎「簡易原則」。

利用 (2-109) 式至 (2-111) 式，我們可以將任何向量由球座標轉換成笛卡兒座標。設有一向量 $\vec{A}$ 在球座標系中寫成：

$$\vec{A} = \hat{\mathbf{R}}A_R + \hat{\boldsymbol{\theta}}A_\theta + \hat{\boldsymbol{\phi}}A_\phi$$

將 (2-109) 式至 (2-111) 式代入，可得：

$$\begin{aligned}\vec{A} &= \hat{\mathbf{R}}A_R + \hat{\boldsymbol{\theta}}A_\theta + \hat{\boldsymbol{\phi}}A_\phi \\ &= (\hat{\mathbf{x}}\sin\theta\cos\phi + \hat{\mathbf{y}}\sin\theta\sin\phi + \hat{\mathbf{z}}\cos\theta)A_R + (\hat{\mathbf{x}}\cos\theta\cos\phi + \hat{\mathbf{y}}\cos\theta\sin\phi \\ &\quad - \hat{\mathbf{z}}\sin\theta)A_\theta + (-\hat{\mathbf{x}}\sin\phi + \hat{\mathbf{y}}\cos\phi)A_\phi \\ &= \hat{\mathbf{x}}(A_R\sin\theta\cos\phi + A_\theta\cos\theta\cos\phi - A_\phi\sin\phi) + \hat{\mathbf{y}}(A_R\sin\theta\sin\phi + A_\theta\cos\theta \\ &\quad \sin\phi + A_\phi\cos\phi) + \hat{\mathbf{z}}(A_R\cos\theta - A_\theta\sin\theta)\end{aligned}$$

與笛卡兒座標系中的寫法比較：

$$\vec{A} = \hat{\mathbf{x}} A_x + \hat{\mathbf{y}} A_y + \hat{\mathbf{z}} A_z$$

可得：

$$A_x = A_R \sin\theta\cos\phi + A_\theta \cos\theta\cos\phi - A_\phi \sin\phi \quad (2\text{-}117)$$

$$A_y = A_R \sin\theta\sin\phi + A_\theta \cos\theta\sin\phi + A_\phi \cos\phi \quad (2\text{-}118)$$

$$A_z = A_R \cos\theta - A_\theta \sin\theta \quad (2\text{-}119)$$

此三個式子列於表 2-4 之左欄。

相反地，我們也可以將任何向量 $\vec{A}$ 由笛卡兒座標轉換成球座標，詳見表 2-4 右欄。

▼表 2-4　球座標系與笛卡兒座標系向量分量之互換公式

球座標系轉換成笛卡兒座標系	笛卡兒座標系轉換成球座標系
$A_x = A_R \sin\theta\cos\phi + A_\theta\cos\theta\cos\phi - A_\phi\sin\phi$ $A_y = A_R\sin\theta\sin\phi + A_\theta\cos\theta\sin\phi + A_\phi\cos\phi$ $A_z = A_R\cos\theta - A_\theta\sin\theta$	$A_R = A_x\sin\theta\cos\phi + A_y\sin\theta\sin\phi + A_z\cos\theta$ $A_\theta = A_x\cos\theta\cos\phi + A_y\cos\theta\sin\phi - A_z\sin\theta$ $A_\phi = -A_x\sin\phi + A_y\cos\phi$

例題 2-30　已知在球座標系中，點 P(2, π/3, π/2) 有一向量 $\vec{A} = \hat{\mathbf{R}}2 - \hat{\boldsymbol{\theta}}4 + \hat{\boldsymbol{\phi}}2$；試將 $\vec{A}$ 轉換為笛卡兒座標。

解： 由 (2-117) 式至 (2-119) 式可得：

$$A_x = A_R \sin\theta\cos\phi + A_\theta\cos\theta\cos\phi - A_\phi\sin\phi$$
$$= 2\sin(\pi/3)\cos(\pi/2) - 4\cos(\pi/3)\cos(\pi/2) - 2\sin(\pi/2) = -2$$

$$A_y = A_R\sin\theta\sin\phi + A_\theta\cos\theta\sin\phi + A_\phi\cos\phi$$
$$= 2\sin(\pi/3)\sin(\pi/2) - 4\cos(\pi/3)\sin(\pi/2) + 2\cos(\pi/2) = \sqrt{3} - 2$$

$$A_z = A_R\cos\theta - A_\theta\sin\theta$$
$$= 2\cos(\pi/3) + 4\sin(\pi/3) = 1 + 2\sqrt{3}$$

∴ 轉換成笛卡兒座標為：

$$\vec{A} = \hat{\mathbf{x}}(-2) + \hat{\mathbf{y}}(\sqrt{3} - 2) + \hat{\mathbf{z}}(1 + 2\sqrt{3})$$

習題

2-2 基本定義

2.1 試求向量 $\vec{A}=(5, 0, -12)$ 之大小 $|\vec{A}|$ 及同方向的單位向量 $\hat{\mathbf{a}}$。

2.2 試求向量 $\vec{A}=(5, 0, -12)$ 之方向角 α、β、及 γ。

2.3 試求向量 $\vec{B}=(4, 5, 2\sqrt{2})$ 之大小 B 及同方向的單位向量 $\hat{\mathbf{b}}$。

2.4 試求向量 $\vec{B}=(4, 5, 2\sqrt{2})$ 之方向角 α、β、及 γ。

2.5 設向量 $\vec{A}$ 之方向角為 α、β、及 γ，試證其同方向的單位向量為：

$\hat{\mathbf{a}}=(\cos\alpha, \cos\beta, \cos\gamma)$。

2-3 向量加法

2.6 已知 $\vec{A}=\hat{\mathbf{x}}2+\hat{\mathbf{y}}3-\hat{\mathbf{z}}2$，$\vec{B}=\hat{\mathbf{x}}-\hat{\mathbf{y}}+\hat{\mathbf{z}}3$，試求：(a) $\vec{A}+\vec{B}$；(b) $\vec{A}-\vec{B}$；(c) $3\vec{A}-2\vec{B}$。

2.7 已知 $\vec{A}=\hat{\mathbf{x}}3+\hat{\mathbf{y}}2+\hat{\mathbf{z}}$，$\vec{B}=-\hat{\mathbf{x}}2+\hat{\mathbf{y}}4+\hat{\mathbf{z}}$，試求向量 $\vec{C}$ 使得 $\vec{A}+\vec{B}+\vec{C}=0$。

2.8 如圖 E2-1 所示，以兩向量 $\vec{A}$ 及 $\vec{B}$ 構成一平行四邊形；試證兩對角線互相平分。

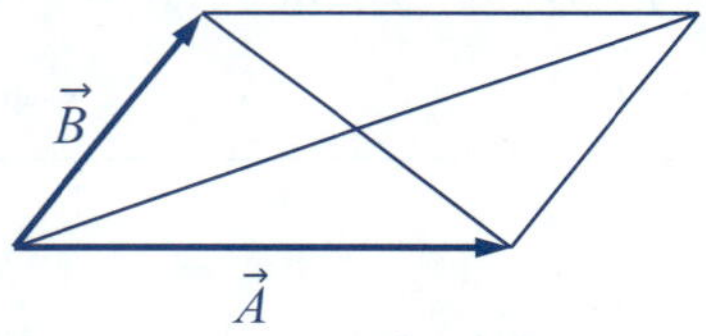

▲圖 E2-1 習題 2.8 用圖

2.9 設 $\vec{A}=-\hat{\mathbf{x}}4+\hat{\mathbf{y}}4+\hat{\mathbf{z}}2$，$\vec{B}=\hat{\mathbf{x}}2-\hat{\mathbf{y}}2-\hat{\mathbf{z}}$，試求：(a) $|\vec{A}+\vec{B}|$；(b) $|\vec{A}|+|\vec{B}|$。

2.10 設 $\vec{A}=-\hat{\mathbf{x}}4+\hat{\mathbf{y}}4+\hat{\mathbf{z}}2$，$\vec{B}=\hat{\mathbf{x}}2-\hat{\mathbf{y}}2-\hat{\mathbf{z}}$，試求：(a) $|\vec{A}-\vec{B}|$；(b) $|\vec{A}|-|\vec{B}|$。

2-4 位置向量

2.11 (a) 設點 $P_1(-3, -8, 1)$ 被位移向量 $\vec{R}_{12}=\hat{\mathbf{x}}3+\hat{\mathbf{y}}8-\hat{\mathbf{z}}$ 搬移至點 P_2，試求 P_2 的座標；(b) 試求 P_1 與 P_2 之間的距離。

2.12 如圖 E2-2 所示，一平行四邊形之三個頂點座標分別為 $O(0, 0, 0)$，$P_1(3, 2, 1)$，$P_2(1, 2, 3)$；試求：(a) 第四個頂點 P_3 的座標；(b) 對角線 $\overline{OP_3}$ 的長度；(c) 對角線 $\overline{P_1P_2}$ 的長度。

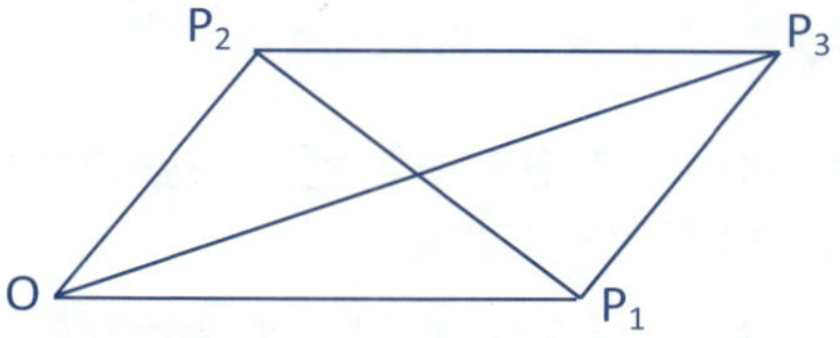

▲圖 E2-2　習題 2.12 用圖

2.13　承上題，試求兩對角線交點的座標。

2-5　力與運動

2.14　設一運動物體在任何時刻 t 之位置向量為：

$\vec{R}(t) = \hat{\mathbf{x}}\, t + \hat{\mathbf{y}}\, t^2/2$

試求：(a) 其運動路徑方程式 $y = y(x)$；(b) 在時刻 t 之速度 $\vec{u}(t)$；(c) 在時刻 t 之加速度 $\vec{a}(t)$。

2.15　設一運動物體在任何時刻 t 之位置向量為：

$\vec{R}(t) = \hat{\mathbf{x}}\,(a \cos \omega t) + \hat{\mathbf{y}}\,(b \sin \omega t)$

其中，a、b、及 ω 均為常數。試求：(a) 其運動路徑方程式；(b) 在時刻 t 之速度 $\vec{u}(t)$；(c) 在時刻 t 之加速度 $\vec{a}(t)$。

2-6　向量的點乘積

2.16　設 $\vec{A} = \hat{\mathbf{x}}2 - \hat{\mathbf{y}}3 + \hat{\mathbf{z}}$，$\vec{B} = \hat{\mathbf{x}}4 + \hat{\mathbf{y}}2 - \hat{\mathbf{z}}2$，$\vec{C} = \hat{\mathbf{x}}2 - \hat{\mathbf{y}} + \hat{\mathbf{z}}3$；試問：哪兩個向量不互相垂直？

2.17　設 $\vec{A} = \hat{\mathbf{x}}2 + \hat{\mathbf{y}}2 + \hat{\mathbf{z}}A_z$，$\vec{B} = \hat{\mathbf{x}}2 - \hat{\mathbf{y}}4 + \hat{\mathbf{z}}$。若 $\vec{A}$ 與 $\vec{B}$ 垂直，試求 A_z。

2.18　設 $\vec{A} = \hat{\mathbf{x}} + \hat{\mathbf{y}}2 - \hat{\mathbf{z}}2$，$\vec{B} = -\hat{\mathbf{x}}3 + \hat{\mathbf{y}}4$。試求： (a) $\vec{A}$ 在 $\vec{B}$ 方向的分量；(b) $\vec{B}$ 在 $\vec{A}$ 方向的分量。

2.19　**<u>許瓦茨</u>不等式**。設 $\vec{A}$ 與 $\vec{B}$ 為任意向量；試證：$\vec{A} \cdot \vec{B} \leqq |\vec{A}||\vec{B}|$。

2.20　**三角不等式**。設 $\vec{A}$ 與 $\vec{B}$ 為任意向量；試證：$|\vec{A}+\vec{B}| \leqq |\vec{A}| + |\vec{B}|$。

2.21　**平行四邊形恆等式**。設 $\vec{A}$ 與 $\vec{B}$ 為任意向量；試證：$|\vec{A}+\vec{B}|^2 + |\vec{A}-\vec{B}|^2 = 2(|\vec{A}|^2 + |\vec{B}|^2)$。

2.22　設 $\vec{A} = \hat{\mathbf{x}} + \hat{\mathbf{y}}$，$\vec{B} = \hat{\mathbf{x}}3 + \hat{\mathbf{y}}2 + \hat{\mathbf{z}}$；試求兩者之間的夾角。

2.23　設 $\triangle$ABC 的三個頂點座標分別為：A(0, 0, 0)，B(4, 2, 1)，C(1, 2, 4)；試求其三個內角 $\angle$ A、$\angle$ B、$\angle$ C。

2.24　設平行四邊形 ABCD 的四個頂點座標分別為：A(1, 2, 3)，B(3, 5, 7)，C(2, 0, 9)，D(4, 3, 13)；試求其兩個內角 $\angle$ A、$\angle$ B。

2-7 功與能

2.25 設一力 $\vec{F} = \hat{\mathbf{x}}2 + \hat{\mathbf{y}}6 + \hat{\mathbf{z}}6$ N 作用於一物體，將該物體由點 (3, 4, 0) m 沿直線移至 (5, 8, 0) m，試求 $\vec{F}$ 對該物體所作的功。

2.26 設一力 $\vec{F} = \hat{\mathbf{x}} + \hat{\mathbf{y}} + \hat{\mathbf{z}}$ N 作用於一物體，將該物體由點 (2, 2, 2) m 沿直線移至 (4, 0, 2) m，試求 $\vec{F}$ 對該物體所作的功。

2-8 通量與通量密度

2.27 如圖 E2-3 所示，在 yz 平面上有一正方形，其範圍為 $-a \leqq y \leqq a$，$-a \leqq z \leqq a$，試求其面積向量 $\vec{A}$。

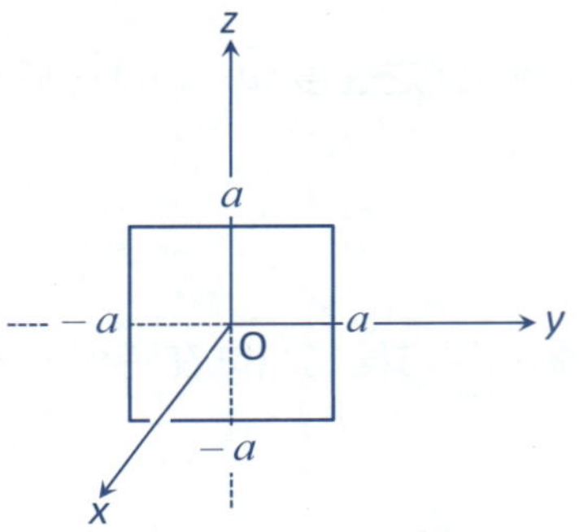

▲圖 E2-3 習題 2.27 及 2.28 用圖

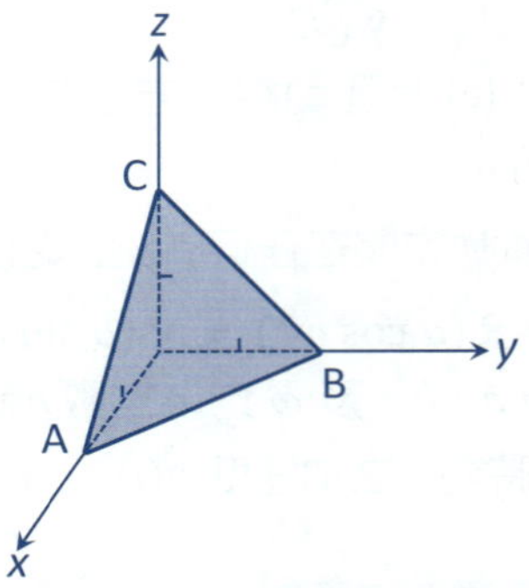

▲圖 E2-4 習題 2.29 及 2.30 用圖

2.28 假設圖 E2-3 中有電流流動。若電流密度為 $\vec{J}$ =：(a) $\hat{\mathbf{x}}J_0$；(b) $\hat{\mathbf{y}}J_0$；(c) $\hat{\mathbf{z}}J_0$ (J_0 為定值)；試求流過正方形區域內的電流。

2.29 設一三角形 ΔABC 的三個頂點座標分別為：A(2, 0, 0)，B(0, 2, 0)，C(0, 0, 2)；試求其面積向量 $\vec{A}$。

2.30 設電流密度 $\vec{J} = \hat{\mathbf{x}}(5 \times 10^6)$ A/m^2，流過圖 E2-4 所示之三角形面積，若圖中之座標軸刻度為 1 mm；試求流過之電流 I。

2-9 向量的叉乘積 & 2-10 叉乘積與行列式

2.31 設向量 $\vec{A} = \hat{\mathbf{x}}4 - \hat{\mathbf{z}}$，$\vec{B} = -\hat{\mathbf{x}}2 + \hat{\mathbf{y}} + \hat{\mathbf{z}}3$，試求 $\vec{A} \times \vec{B}$。

2.32 設向量 $\vec{A} = \hat{\mathbf{x}} + \hat{\mathbf{y}}2$，$\vec{B} = -\hat{\mathbf{x}}3 + \hat{\mathbf{y}}2$，$\vec{C} = \hat{\mathbf{x}}2 + \hat{\mathbf{y}}3 + \hat{\mathbf{z}}4$，試求：(a) $\vec{A} \times \vec{B}$；(b) $\vec{B} \times \vec{C}$。

2.33 已知同上題，試求：(a) $(\vec{A} \cdot \vec{B})\vec{C}$；(b) $\vec{A} \times \vec{C}$。

2.34 設一平行四邊形 ABCD 的四個頂點座標分別為：A(1, 1, 1)，B(4, 4, 4)，C(8, –3, 14)，D(11, 0, 17)；試求其面積。

2.35 設一三角形的三個頂點座標分別為：A(1, 3, 2)，B(3, –4, 2)，C(5, 0, –5)；試求其面積。

2-11 叉乘積與力矩

2.36 一力 $\vec{F} = \hat{\mathbf{x}}\,10$ N 施於位於點 P(2, 2, 0) 之質點，若轉軸為 z 軸，試求 $\vec{F}$ 所產生的力矩。

2.37 一力 $\vec{F} = \hat{\mathbf{y}}\,3 - \hat{\mathbf{z}}\,6$ N 施於位於點 P(0, –1, 4) 之質點；若轉軸為 x 軸，試求 $\vec{F}$ 所產生的力矩。

2.38 圖 E2-5 示一水分子 (H_2O) 之模型；其總電偶極矩 $\vec{p}$ 係兩個分量的向量和，即 $\vec{p} = \vec{p}_1 + \vec{p}_2$。設 $|\vec{p}_1| = |\vec{p}_2| = p_0$，$\vec{p}_1$ 與 $\vec{p}_2$ 之夾角為 $\alpha = 104.45°$；(a) 試證：$|\vec{p}| = 1.225\,p_0$；(b) 已知 $|\vec{p}| = 6.171 \times 10^{-30}$ C · m，試求 p_0；(c) 已知 O-H 鍵的長度為 $d = 95.84$ pm，試求 O-H 鍵的等效電荷 q (即：$q = p_0/d$)。

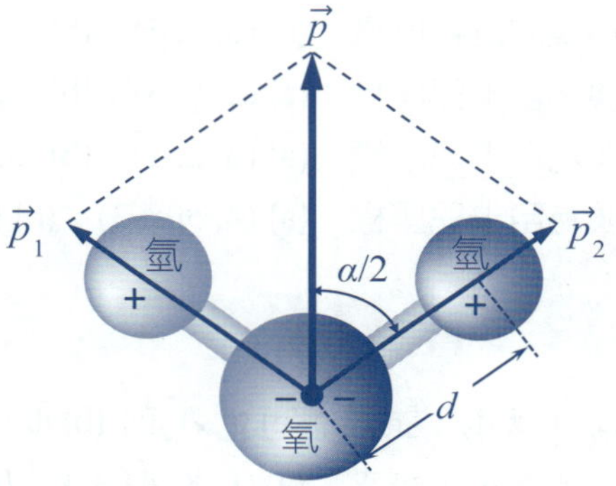

▲圖 E2-5　習題 2.38 用圖

2.39 如圖 E2-6 所示，電偶極矩為 $\vec{p}$ 的水分子置於電場 $\vec{E}$ 中，試求 (a) 至 (d) 各情況下，水分子所受的力矩 $\vec{\tau}$。

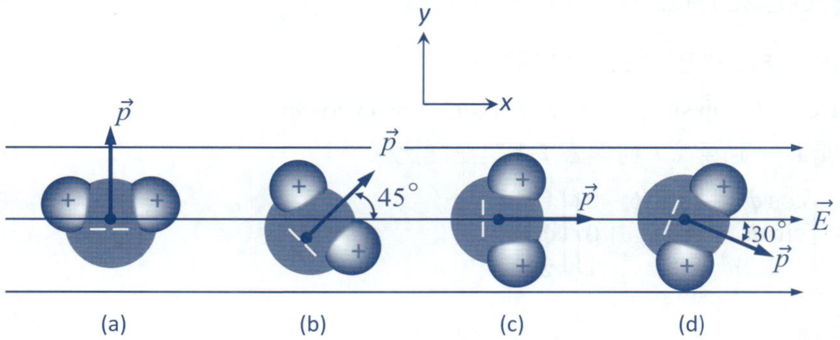

▲圖 E2-6　習題 2.39 用圖

2-12 向量三乘積

2.40 試求：(a) $\hat{\mathbf{x}} \times (\hat{\mathbf{y}} \times \hat{\mathbf{x}})$；(b) $(\hat{\mathbf{x}} \times \hat{\mathbf{y}}) \times \hat{\mathbf{x}}$。

2.41 試求：(a) $\hat{\mathbf{x}} \cdot (\hat{\mathbf{y}} \times \hat{\mathbf{z}})$；(b) $(\hat{\mathbf{x}} \times \hat{\mathbf{y}}) \cdot \hat{\mathbf{z}}$。

2.42 設向量 $\vec{A} = \hat{\mathbf{x}} + \hat{\mathbf{y}}\,2$，$\vec{B} = -\hat{\mathbf{x}}\,3 + \hat{\mathbf{y}}\,2$，$\vec{C} = \hat{\mathbf{x}}\,2 + \hat{\mathbf{y}}\,3 + \hat{\mathbf{z}}\,4$，試求：
(a) $(\vec{A} \times \vec{B}) \times \vec{C}$；(b) $\vec{A} \times (\vec{B} \times \vec{C})$。

2.43 已知一平行六面體係由三向量 $\vec{A} = \hat{\mathbf{x}}\,4 + \hat{\mathbf{y}}\,9 - \hat{\mathbf{z}}$，$\vec{B} = \hat{\mathbf{x}}\,2 + \hat{\mathbf{y}}\,6$，$\vec{C} = \hat{\mathbf{x}}\,5 - \hat{\mathbf{y}}\,4 + \hat{\mathbf{z}}\,2$ 為三邊所構成，如圖 2-19 所示，試求其體積。

2.44 設一四面體之四個頂點座標為：(1, 1, 1)，(5, –7, 3)，(7, 4, 8)，(10, 7, 4)；試求其體積。

2.45 試依 (2-66) 式之形式化簡 $\vec{B} \times (\vec{C} \times \vec{A})$。

2-13 圓柱座標系 (一)

2.46 試將下列笛卡兒座標轉換為圓柱座標：(a) (2, 0, 1)；(b) (–2, 0, 1)；(c) (–2, 0, –1)。

2.47 試將下列笛卡兒座標轉換為圓柱座標：(a) (3, 4, 3)；(b) (–3, 4, –3)。

2.48 試將下列圓柱座標轉換為笛卡兒座標：(a) (2, 0, 3)；(b) (2, 0, –3)。

2.49 試將下列圓柱座標轉換為笛卡兒座標：(a) (3, 2, 2)；(b) (3, –2, –2)。

2.50 試將下列圓柱座標轉換為笛卡兒座標：(a) (4, 50°, 3)；(b) (4, –50°, –3)。

2-14 圓柱座標系 (二)

2.51 已知 $\vec{A} = \hat{\mathbf{r}}\,A_r + \hat{\boldsymbol{\phi}}\,A_\phi + \hat{\mathbf{z}}\,A_z$，試求：(a) $\hat{\mathbf{r}} \times \vec{A}$；(b) $\hat{\boldsymbol{\phi}} \times \vec{A}$；(c) $\hat{\mathbf{z}} \times \vec{A}$。

2.52 已知 $\vec{A} = \hat{\mathbf{r}}\,A_r + \hat{\boldsymbol{\phi}}\,A_\phi + \hat{\mathbf{z}}\,A_z$，試求：(a) $(\hat{\mathbf{r}} \times \vec{A}) \times \hat{\mathbf{r}}$；(b) $(\hat{\boldsymbol{\phi}} \times \vec{A}) \times \hat{\boldsymbol{\phi}}$；
(c) $(\hat{\mathbf{z}} \times \vec{A}) \times \hat{\mathbf{z}}$。

2.53 設在圓柱座標系中有兩點：$P_1(3, 80°, -5)$，$P_2(2, 20°, -2)$。(a) 試寫出此兩點的位置向量；(b) 試求此兩點之間的距離。

2-15 圓柱座標系 (三)

2.54 試利用 (2-82) 式及 (2-83) 式證明：

$$\hat{\mathbf{x}} = \hat{\mathbf{r}}\cos\phi - \hat{\boldsymbol{\phi}}\sin\phi\,, \quad \hat{\mathbf{y}} = \hat{\mathbf{r}}\sin\phi + \hat{\boldsymbol{\phi}}\cos\phi$$

2.55 試展開下一矩陣式，並與表 2-1 之左欄比較：

$$\begin{bmatrix}\hat{\mathbf{x}}\\ \hat{\mathbf{y}}\\ \hat{\mathbf{z}}\end{bmatrix} = \begin{bmatrix}\cos\phi & -\sin\phi & 0\\ \sin\phi & \cos\phi & 0\\ 0 & 0 & 1\end{bmatrix}\begin{bmatrix}\hat{\mathbf{r}}\\ \hat{\boldsymbol{\phi}}\\ \hat{\mathbf{z}}\end{bmatrix}$$

2.56　試展開下一矩陣式，並與表 2-1 之右欄比較：

$$\begin{bmatrix}\hat{\mathbf{r}}\\ \hat{\boldsymbol{\phi}}\\ \hat{\mathbf{z}}\end{bmatrix}=\begin{bmatrix}\cos\phi & \sin\phi & 0\\ -\sin\phi & \cos\phi & 0\\ 0 & 0 & 1\end{bmatrix}\begin{bmatrix}\hat{\mathbf{x}}\\ \hat{\mathbf{y}}\\ \hat{\mathbf{z}}\end{bmatrix}$$

2.57　將矩陣 $\begin{bmatrix}\cos\phi & -\sin\phi & 0\\ \sin\phi & \cos\phi & 0\\ 0 & 0 & 1\end{bmatrix}$ 之第一列、第二列、及第三列分別寫成向量：

$\vec{T}_1=(\cos\phi,-\sin\phi,0)$，　$\vec{T}_2=(\sin\phi,\cos\phi,0)$，　$\vec{T}_3=(0,0,1)$；

試證：(a) 此三個向量均為單位向量；(b) 此三個向量互相正交 (垂直)；(c) 上述矩陣之行列式值等於 1，即：

$$\begin{vmatrix}\cos\phi & -\sin\phi & 0\\ \sin\phi & \cos\phi & 0\\ 0 & 0 & 1\end{vmatrix}=1$$

【註】具有 (a) 至 (c) 之特性的矩陣稱為「**么正矩陣**」。

2.58　試證矩陣 $\begin{bmatrix}\cos\phi & \sin\phi & 0\\ -\sin\phi & \cos\phi & 0\\ 0 & 0 & 1\end{bmatrix}$ 為么正矩陣。

2.59　試證矩陣 $\begin{bmatrix}\cos\phi & -\sin\phi & 0\\ \sin\phi & \cos\phi & 0\\ 0 & 0 & 1\end{bmatrix}$ 與 $\begin{bmatrix}\cos\phi & \sin\phi & 0\\ -\sin\phi & \cos\phi & 0\\ 0 & 0 & 1\end{bmatrix}$ 互為「**反矩陣**」；即：

$$\begin{bmatrix}\cos\phi & -\sin\phi & 0\\ \sin\phi & \cos\phi & 0\\ 0 & 0 & 1\end{bmatrix}\begin{bmatrix}\cos\phi & \sin\phi & 0\\ -\sin\phi & \cos\phi & 0\\ 0 & 0 & 1\end{bmatrix}=\begin{bmatrix}1 & 0 & 0\\ 0 & 1 & 0\\ 0 & 0 & 1\end{bmatrix}$$

兩矩陣相乘次序顛倒亦同。

2.60　已知在笛卡兒座標系中，點 P(3, – 4, 3) 有一向量 $\vec{A}=\hat{\mathbf{x}}\,2-\hat{\mathbf{y}}\,3+\hat{\mathbf{z}}\,4$；試將 $\vec{A}$ 轉換為圓柱座標。

2-16　球座標系 (一)

2.61　試將下列笛卡兒座標轉換為球座標：(a) (2, 1, 2)；(b) (2, 4, –4)；(c) (–2, –2, 1)。

2.62　試將下列球座標轉換為笛卡兒座標：(a) (4, 3π/4, –π/4)；(b) (2, π/3, π)；(c) (4, π/4, 2π/3)。

2.63　試將下列球座標轉換為笛卡兒座標：(a) (6, 60°, 150°)；(b) (4, 120°, 225°)；(c) (2, 90°, 90°)。

2-17　球座標系 (二)

2.64　已知 $\vec{A}=\hat{\mathbf{R}}A_R+\hat{\boldsymbol{\theta}}A_\theta+\hat{\boldsymbol{\phi}}A_\phi$，試求：(a) $\vec{A}\times\hat{\mathbf{R}}$；(b) $\vec{A}\times\hat{\boldsymbol{\theta}}$；(c) $\vec{A}\times\hat{\boldsymbol{\phi}}$。

2.65 已知 $\vec{A} = \hat{\mathbf{R}} A_R + \hat{\boldsymbol{\theta}} A_\theta + \hat{\boldsymbol{\phi}} A_\phi$，試求：(a) $(\vec{A} \times \hat{\mathbf{R}}) \times \hat{\mathbf{R}}$；(b) $(\vec{A} \times \hat{\boldsymbol{\theta}}) \times \hat{\boldsymbol{\theta}}$；(c) $(\vec{A} \times \hat{\boldsymbol{\phi}}) \times \hat{\boldsymbol{\phi}}$。

2.66 設在球座標系中有兩點：$P_1(4, 30°, 60°)$，$P_2(3, 120°, 90°)$。(a) 試寫出此兩點的位置向量；(b) 試求此兩點之間的距離。

2-18 球座標系 (三)

2.67 試利用 (2-109) 式至 (2-111) 式證明：

$$\hat{\mathbf{x}} = \hat{\mathbf{R}} \sin\theta\cos\phi + \hat{\boldsymbol{\theta}} \cos\theta\cos\phi - \hat{\boldsymbol{\phi}} \sin\phi$$

$$\hat{\mathbf{y}} = \hat{\mathbf{R}} \sin\theta\sin\phi + \hat{\boldsymbol{\theta}} \cos\theta\sin\phi + \hat{\boldsymbol{\phi}} \cos\phi$$

$$\hat{\mathbf{z}} = \hat{\mathbf{R}} \cos\theta - \hat{\boldsymbol{\theta}} \sin\theta$$

2.68 試展開下一矩陣式，並與表 2-3 之左欄比較：

$$\begin{bmatrix} \hat{\mathbf{x}} \\ \hat{\mathbf{y}} \\ \hat{\mathbf{z}} \end{bmatrix} = \begin{bmatrix} \sin\theta\cos\phi & \cos\theta\cos\phi & -\sin\phi \\ \sin\theta\sin\phi & \cos\theta\sin\phi & \cos\phi \\ \cos\theta & -\sin\theta & 0 \end{bmatrix} \begin{bmatrix} \hat{\mathbf{R}} \\ \hat{\boldsymbol{\theta}} \\ \hat{\boldsymbol{\phi}} \end{bmatrix}$$

2.69 試展開下一矩陣式，並與表 2-3 之右欄比較：

$$\begin{bmatrix} \hat{\mathbf{R}} \\ \hat{\boldsymbol{\theta}} \\ \hat{\boldsymbol{\phi}} \end{bmatrix} = \begin{bmatrix} \sin\theta\cos\phi & \sin\theta\sin\phi & \cos\theta \\ \cos\theta\cos\phi & \cos\theta\sin\phi & -\sin\theta \\ -\sin\phi & \cos\phi & 0 \end{bmatrix} \begin{bmatrix} \hat{\mathbf{x}} \\ \hat{\mathbf{y}} \\ \hat{\mathbf{z}} \end{bmatrix}$$

2.70 試證矩陣 $\begin{bmatrix} \sin\theta\cos\phi & \cos\theta\cos\phi & -\sin\phi \\ \sin\theta\sin\phi & \cos\theta\sin\phi & \cos\phi \\ \cos\theta & -\sin\theta & 0 \end{bmatrix}$ 為么正矩陣。

么正矩陣之定義詳見習題 2.57。

2.71 試證矩陣 $\begin{bmatrix} \sin\theta\cos\phi & \sin\theta\sin\phi & \cos\theta \\ \cos\theta\cos\phi & \cos\theta\sin\phi & -\sin\theta \\ -\sin\phi & \cos\phi & 0 \end{bmatrix}$ 為么正矩陣。

么正矩陣之定義詳見習題 2.57。

2.72 試證習題 2.70 與 2.71 中之兩矩陣互為反矩陣。

反矩陣的定義詳見習題 2.59。

2.73 已知在笛卡兒座標系中，點 P(–2, 1, 2) 有一向量 $\vec{A} = \hat{\mathbf{x}}\,2 + \hat{\mathbf{y}}\,3 + \hat{\mathbf{z}}$；試將 $\vec{A}$ 轉換為球座標。

第三章

向量微積分

從一粒沙看到三千個大千世界。

3-1 引言

學過向量代數之後，我們發現它在實際應用時有先天上的限制。比如說，當我們利用 (2-41) 式：

$$W=\vec{F}\cdot\vec{L} \tag{3-1}$$

來計算力 $\vec{F}$ 對一物體所作的功時，力 $\vec{F}$ 與位移向量 $\vec{L}$ 都必須是**定值向量**；也就是說，它們的大小和方向都必須保持不變，如圖 3-1(a) 所示。位移向量 $\vec{L}$ 是定值向量表示物體的運動路徑是一直線。

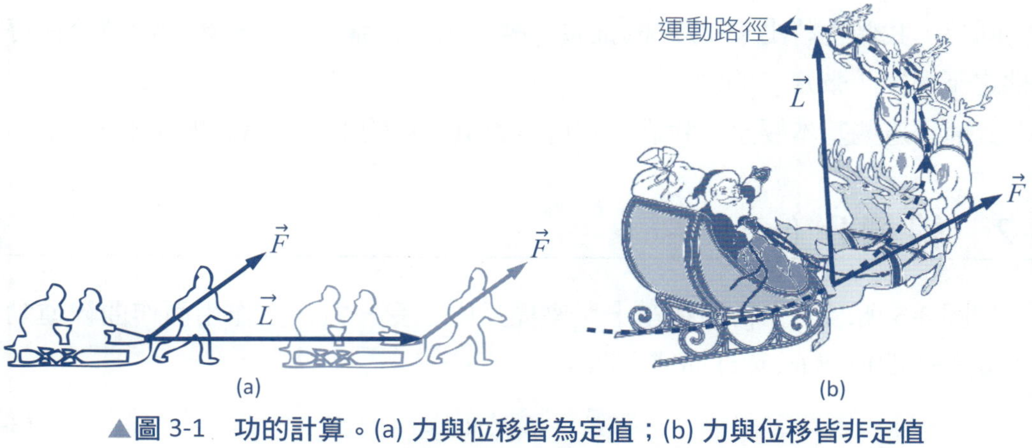

▲圖 3-1　**功的計算。(a) 力與位移皆為定值；(b) 力與位移皆非定值**

但實際的情況往往是：$\vec{F}$ 不一定是定值力，物體的移動路徑也不一定是直線，如圖 3-1(b) 所示——我們看到圖中的位移向量 $\vec{L}$ 與運動路徑是不吻合的；用這樣的位移向量 $\vec{L}$ 去做計算，是沒有意義的。在此情況下，顯然 (3-1) 式不再適用，而必須作適當的修正和推廣，才能符合實際的需要。

又如，當我們利用 (2-44) 式：

$$I = \vec{J} \cdot \vec{S} \tag{3-2}$$

來計算電流 I 時，除了電流密度 $\vec{J}$ 必須為定值向量之外，面積向量 $\vec{S}$ 也必須是個定值；也就是說，它必須是個平面，如圖 3-2(a) 所示。

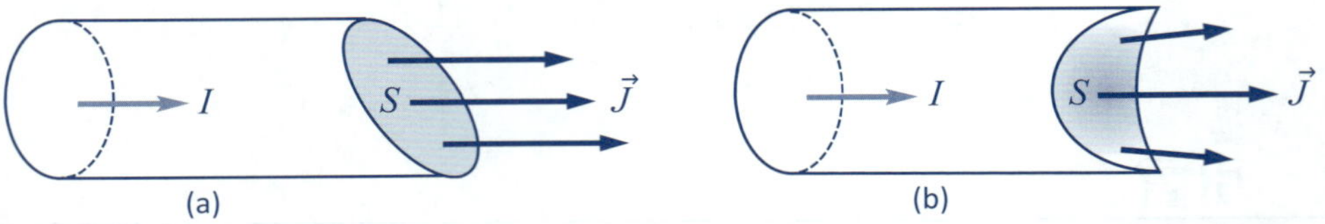

▲圖 3-2 **通量的計算。(a) 通量密度與面積向量皆為定值；(b) 通量密度與面積向量皆非定值**

但在實際上，$\vec{J}$ 不一定是個定值向量 (例如有集膚效應)，它所通過的也不一定是個平面，而可能是個曲面，如圖 3-2(b) 所示。遇到這種情況，(3-2) 式即不再適用，而必須予以修正和推廣。

上述兩個例子所必需的修正，最簡易的方法就是利用**微積分**數學。在本章中，我們將由 (3-1) 式的推廣，發展出「**線積分**」；再由線積分在特定條件之下導出「**梯度**」和「**旋度**」的觀念。

同時，我們也將由 (3-2) 式的推廣，發展出「**面積分**」；然後由面積分在特定條件之下導出「**散度**」的觀念。

具備了這些基本觀念，我們才有可能對電磁場的本質作真正的了解。

3-2 線積分 (一)

如圖 3-3 所示，一物體在笛卡兒座標系中，受一力 $\vec{F}$ 之作用而作曲線運動。設 $\vec{F}$ 隨著空間位置 (x, y, z) 而變，即：

$$\vec{F} = \vec{F}(x, y, z) \tag{3-3}$$

則當物體由 (x, y, z) 移動一**微量**距離至 $(x + dx, y + dy, z + dz)$ 時，$\vec{F}$ 的微量變化可以忽略不計；也就是說，$\vec{F}$ 可視為一個定值。而且，此時物體的**微量**位移：

$$d\vec{L} = \hat{\mathbf{x}}\,dx + \hat{\mathbf{y}}\,dy + \hat{\mathbf{z}}\,dz \tag{3-4}$$

▲圖 3-3　**物體受變力作曲線運動：線積分**

與其運動路徑幾乎完全吻合。

綜上所述，儘管 $\vec{F}$ 不是定值力，運動路徑也不是直線，但只要將 $\vec{L}$ 換成 (3-4) 式所示的 $d\vec{L}$ ，(3-1) 式仍然是適用的；因此我們可以將 (3-1) 式修改寫成：

$$dW = \vec{F} \cdot d\vec{L} \tag{3-5}$$

這個 dW 是在微量位移 $d\vec{L}$ 當中，力 $\vec{F}$ 對物體所作**微量**的功；將 dW 沿著運動路徑 C 積分，即得總功 W：

$$W = \int_{\text{C}} \vec{F} \cdot d\vec{L} \tag{3-6}$$

在數學上，這樣的積分叫做「**線積分**」，其相關要點如下：

1. 顧名思義，線積分是將向量 $\vec{F}$ 沿著**積分路徑** C 所做的積分，因此在其積分符號下方都有標示字母「C」，如 (3-6) 式所示。這個「C」是來自「Contour」的字首。
2. 線積分有方向性，也就是有「起點」、有「終點」；起點必須置於積分的下限，而終點則置於積分的上限。若將起點與終點互調，則積分結果會變號。
3. 積分式中的 $d\vec{L}$ 稱為「**線元素**」，是積分路徑上任一點的微量位移。在笛卡兒座標系中，其表示式如 (3-4) 式所示；此式與圓柱座標系、球座標系之表示式一起列於表 3-1。

▼表 3-1　三個座標系之線元素表示式

座標系	線元素表示式
笛卡兒座標系	$d\vec{L} = \hat{\mathbf{x}}\,dx + \hat{\mathbf{y}}\,dy + \hat{\mathbf{z}}\,dz$
圓柱座標系	$d\vec{L} = \hat{\mathbf{r}}\,dr + \hat{\boldsymbol{\phi}}\,r\,d\phi + \hat{\mathbf{z}}\,dz$
球座標系	$d\vec{L} = \hat{\mathbf{R}}\,dR + \hat{\boldsymbol{\theta}}\,R\,d\theta + \hat{\boldsymbol{\phi}}\,R\sin\theta\,d\phi$

線積分之計算的標準操作程序 (SOP) 如下：

1. 寫出積分路徑 C 之方程式；
2. 將路徑方程式代入 $\vec{F}$ 及 $d\vec{L}$ 中；
3. 利用一般積分公式計算積分值；
4. 如果積分路徑 C 係由若干段組成，則先分別求出各段之積分值，然後相加。

例題 3-1　如圖 3-4 所示，設 $\vec{F} = \hat{\mathbf{y}}(2-y) + \hat{\mathbf{z}}(yz-x)$，試求沿路徑 C 之線積分。

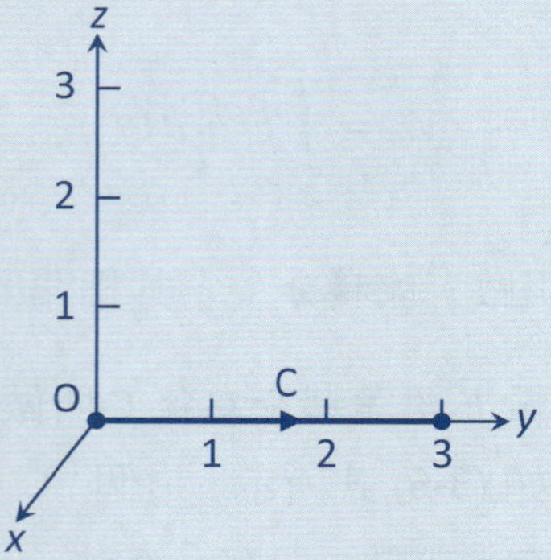

▲圖 3-4　例題 3-1 用圖

解：(a) 寫出積分路徑 C 之方程式：$x = 0$ 與 $z = 0$ 聯立；

(b) 將路徑方程式代入 $\vec{F}$ 及 $d\vec{L}$ 中：

$\vec{F} = \hat{\mathbf{y}}(2-y) + \hat{\mathbf{z}}(yz-x) = \hat{\mathbf{y}}(2-y) + \hat{\mathbf{z}}(0) = \hat{\mathbf{y}}(2-y)$

由積分路徑 C 之方程式微分：$dx = 0$，$dz = 0$，故：

$d\vec{L} = \hat{\mathbf{x}}\,dx + \hat{\mathbf{y}}\,dy + \hat{\mathbf{z}}\,dz = \hat{\mathbf{y}}\,dy$

(c) 利用一般積分公式計算積分值：

因 $\vec{F} \cdot d\vec{L} = \hat{\mathbf{y}}\,(2-y) \cdot \hat{\mathbf{y}}\,dy = (2-y)\,dy$，故得：

$$\int_C \vec{F} \cdot d\vec{L} = \int_0^3 (2-y)dy = \frac{3}{2}$$

例題 3-2　如圖 3-5 所示，設 $\vec{F} = \hat{\mathbf{y}}\,(2-y) + \hat{\mathbf{z}}\,(y\,z-x)$，試求沿路徑 $C = C_1 + C_2$ 之線積分。

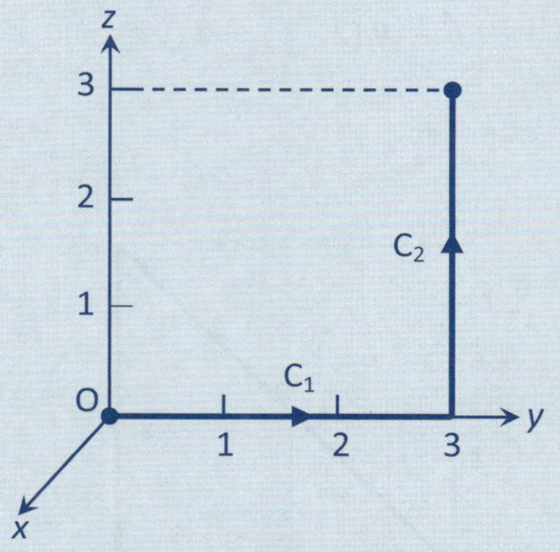

▲圖 3-5　例題 3-2 用圖

解：積分路徑 C 係由兩段構成：$C = C_1 + C_2$；路徑 C_1 的積分值為 (詳見 [例題 3-1])：

$$\int_{C_1} \vec{F} \cdot d\vec{L} = \frac{3}{2}$$

路徑 C_2 的積分值計算如下：

(a) 寫出積分路徑 C_2 之方程式：$x = 0$ 與 $y = 3$ 聯立；

(b) 將路徑方程式代入 $\vec{F}$ 及 $d\vec{L}$ 中：

$\vec{F} = \hat{\mathbf{y}}\,(2-y) + \hat{\mathbf{z}}\,(y\,z-x) = -\hat{\mathbf{y}} + \hat{\mathbf{z}}\,3z$

由積分路徑 C 之方程式微分：$dx = 0$，$dy = 0$，故：

$d\vec{L} = \hat{\mathbf{x}}\,dx + \hat{\mathbf{y}}\,dy + \hat{\mathbf{z}}\,dz = \hat{\mathbf{z}}\,dz$

(c) 利用一般積分公式計算積分值：

因 $\vec{F} \cdot d\vec{L} = (-\hat{\mathbf{y}} + \hat{\mathbf{z}}\,3z) \cdot \hat{\mathbf{z}}\,dz = 3z\,dz$，故得：

$$\int_{C_2} \vec{F} \cdot d\vec{L} = \int_0^3 3z\,dz = \frac{27}{2}$$

(d) 總積分值為上面兩積分值之和：

$$\int_{C} \vec{F} \cdot d\vec{L} = \int_{C_1} \vec{F} \cdot d\vec{L} + \int_{C_2} \vec{F} \cdot d\vec{L} = \frac{3}{2} + \frac{27}{2} = 15$$

例題 3-3 如圖 3-6 所示，設 $\vec{F} = \hat{\mathbf{y}}(2-y) + \hat{\mathbf{z}}(yz-x)$，試求沿路徑 $C = C_1 + C_2 + C_3$ 之線積分。

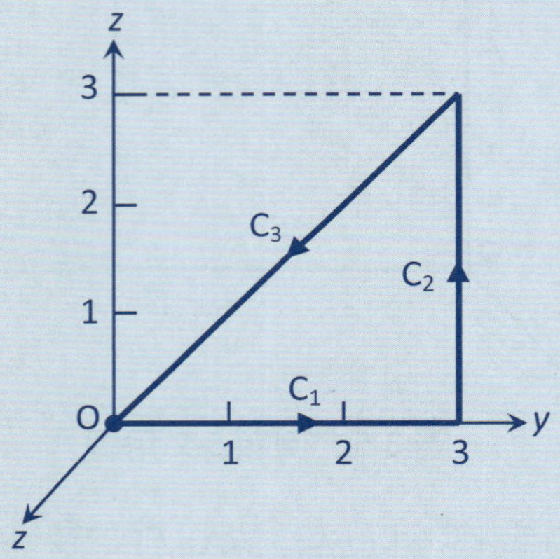

▲圖 3-6 例題 3-3 用圖

解： 積分路徑 C 係由三段構成：$C = C_1 + C_2 + C_3$；路徑 $C_1 + C_2$ 積分值為 (詳見 [例題 3-2])：

$$\int_{C_1+C_2} \vec{F} \cdot d\vec{L} = 15$$

路徑 C_3 的積分值計算如下：

(a) 寫出積分路徑 C_3 之方程式：$x = 0$ 與 $y = z$ 聯立；

(b) 將路徑方程式代入 $\vec{F}$ 及 $d\vec{L}$ 中：

$$\vec{F} = \hat{\mathbf{y}}(2-y) + \hat{\mathbf{z}}(yz-x) = \hat{\mathbf{y}}(2-y) + \hat{\mathbf{z}}\,y^2$$

由積分路徑 C 之方程式微分：$dx = 0$，$dy = dz$，故：

$$d\vec{L} = \hat{\mathbf{x}}\,dx + \hat{\mathbf{y}}\,dy + \hat{\mathbf{z}}\,dz = \hat{\mathbf{y}}\,dy + \hat{\mathbf{z}}\,dy$$

(c) 利用一般積分公式計算積分值：

因 $\vec{F}\cdot d\vec{L} = [\,\hat{\mathbf{y}}\,(2-y) + \hat{\mathbf{z}}\,y^2] \cdot (\hat{\mathbf{y}}\,dy + \hat{\mathbf{z}}\,dy) = (2-y+y^2)\,dy$，

故得：

$$\int_{C_3} \vec{F}\cdot d\vec{L} = \int_3^0 (2-y+y^2)dy = -\frac{21}{2}$$

(d) 總積分值為上面兩積分值之和：

$$\oint_C \vec{F}\cdot d\vec{L} = \int_{C_1+C_2} \vec{F}\cdot d\vec{L} + \int_{C_3} \vec{F}\cdot d\vec{L} = 15 - \frac{21}{2} = \frac{9}{2}$$

[例題 3-3] 的積分路徑 $C = C_1 + C_2 + C_3$ 恰好構成一個「**封閉路徑**」。這種封閉路徑的線積分在向量微積分裡有特殊的意涵 (見後)，在電磁學裡也必須利用它來解釋電磁場的本性；因此我們特別給它一個特殊的積分符號：

$$\oint_C \vec{F}\cdot d\vec{L} \qquad (3\text{-}7)$$

其中之積分符號上的小圓圈就是「封閉路徑」的意思。

沿一封閉路徑的線積分稱為「**環量**」，如 (3-7) 式所示。

3-3 線積分 (二)

通常，向量函數 $\vec{F}$ 的線積分，其結果會隨著積分路徑的不同而不同；兩個不同的路徑即使有相同的起點與終點，其線積分值通常是不一樣的。請見下例：

例題 3-4 設 $\vec{F} = \hat{\mathbf{x}}\,5z + \hat{\mathbf{y}}\,xy + \hat{\mathbf{z}}\,x^2z$，試求由 A(0, 0, 0) 至 B(1, 1, 1) 之線積分；若積分路徑為：

(a) 由 A 至 B 的直線段 C_1：$y = x$ 與 $z = x$ 聯立；

(b) 由 A 至 B 的拋物線 C_2：$y = x$ 與 $z = x^2$ 聯立；

如圖 3-7 所示。

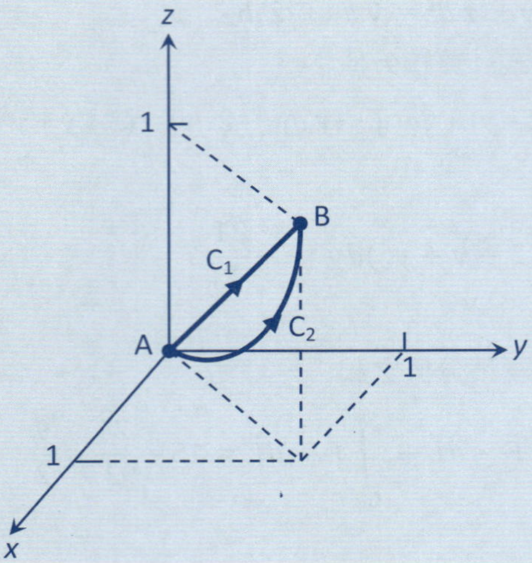

▲圖 3-7　例題 3-4 及例題 3-5 用圖

解： (a) 由路徑方程式 $y=x$，$z=x$ 及其微分 $dy=dx$，$dz=dx$ 得：

$$\vec{F}=\hat{\mathbf{x}}\,5z+\hat{\mathbf{y}}\,xy+\hat{\mathbf{z}}\,x^2z=\hat{\mathbf{x}}\,5x+\hat{\mathbf{y}}\,x^2+\hat{\mathbf{z}}\,x^3$$

$$d\vec{L}=\hat{\mathbf{x}}\,dx+\hat{\mathbf{y}}\,dy+\hat{\mathbf{z}}\,dz=\hat{\mathbf{x}}\,dx+\hat{\mathbf{y}}\,dx+\hat{\mathbf{z}}\,dx$$

$$\vec{F}\cdot d\vec{L}=(\hat{\mathbf{x}}\,5x+\hat{\mathbf{y}}\,x^2+\hat{\mathbf{z}}\,x^3)\cdot(\hat{\mathbf{x}}\,dx+\hat{\mathbf{y}}\,dx+\hat{\mathbf{z}}\,dx)$$
$$=(5x+x^2+x^3)\,dx$$

故：

$$\int_{C_1}\vec{F}\cdot d\vec{L}=\int_0^1(5x+x^2+x^3)dx=\frac{37}{12}$$

(b) 由路徑方程式 $y=x$，$z=x^2$ 及其微分 $dy=dx$，$dz=2x\,dx$ 得：

$$\vec{F}=\hat{\mathbf{x}}\,5z+\hat{\mathbf{y}}\,xy+\hat{\mathbf{z}}\,x^2z=\hat{\mathbf{x}}\,5x^2+\hat{\mathbf{y}}\,x^2+\hat{\mathbf{z}}\,x^4$$

$$d\vec{L}=\hat{\mathbf{x}}\,dx+\hat{\mathbf{y}}\,dy+\hat{\mathbf{z}}\,dz=\hat{\mathbf{x}}\,dx+\hat{\mathbf{y}}\,dx+\hat{\mathbf{z}}\,2x\,dx$$

$$\vec{F}\cdot d\vec{L}=(\hat{\mathbf{x}}\,5x^2+\hat{\mathbf{y}}\,x^2+\hat{\mathbf{z}}\,x^4)\cdot(\hat{\mathbf{x}}\,dx+\hat{\mathbf{y}}\,dx+\hat{\mathbf{z}}\,2x\,dx)$$
$$=(6x^2+2x^5)\,dx$$

故：

$$\int_{C_2}\vec{F}\cdot d\vec{L}=\int_0^1(6x^2+2x^5)dx=\frac{7}{3}$$

由 [例題 3-4] 可見，即使 C_1 與 C_2 具有相同的起點和終點，但積分結果是不同的；一般而言：

$$\int_{C_1} \vec{F} \cdot d\vec{L} \neq \int_{C_2} \vec{F} \cdot d\vec{L}$$

但凡事常有例外；假如 $\vec{F} = \hat{\mathbf{x}} F_x + \hat{\mathbf{y}} F_y + \hat{\mathbf{z}} F_z$ 的三個分量 F_x、F_y、及 F_z 之間有某種特殊的關聯，則其線積分值將會與積分路徑**無關**。請見下例：

例題 3-5 設 $\vec{F} = \hat{\mathbf{x}}\,2x + \hat{\mathbf{y}}\,2y + \hat{\mathbf{z}}\,4z$，試求由 A(0, 0, 0) 至 B(1, 1, 1) 之線積分；若積分路徑為：

(a) 由 A 至 B 的直線段 C_1：$y = x$ 與 $z = x$ 聯立；

(b) 由 A 至 B 的拋物線 C_2：$y = x$ 與 $z = x^2$ 聯立；

如圖 3-7 所示。

解：(a) 由路徑方程式 $y = x$，$z = x$ 及其微分 $dy = dx$，$dz = dx$ 得：

$$\vec{F} = \hat{\mathbf{x}}\,2x + \hat{\mathbf{y}}\,2y + \hat{\mathbf{z}}\,4z = \hat{\mathbf{x}}\,2x + \hat{\mathbf{y}}\,2x + \hat{\mathbf{z}}\,4x$$

$$d\vec{L} = \hat{\mathbf{x}}\,dx + \hat{\mathbf{y}}\,dy + \hat{\mathbf{z}}\,dz = \hat{\mathbf{x}}\,dx + \hat{\mathbf{y}}\,dx + \hat{\mathbf{z}}\,dx$$

$$\vec{F} \cdot d\vec{L} = (\hat{\mathbf{x}}\,2x + \hat{\mathbf{y}}\,2x + \hat{\mathbf{z}}\,4x) \cdot (\hat{\mathbf{x}}\,dx + \hat{\mathbf{y}}\,dx + \hat{\mathbf{z}}\,dx)$$

$$= 8x\,dx$$

故：

$$\int_{C_1} \vec{F} \cdot d\vec{L} = \int_0^1 (8x)\,dx = 4$$

(b) 由路徑方程式 $y = x$，$z = x^2$ 及其微分 $dy = dx$，$dz = 2x\,dx$ 得：

$$\vec{F} = \hat{\mathbf{x}}\,2x + \hat{\mathbf{y}}\,2y + \hat{\mathbf{z}}\,4z = \hat{\mathbf{x}}\,2x + \hat{\mathbf{y}}\,2x + \hat{\mathbf{z}}\,4x^2$$

$$d\vec{L} = \hat{\mathbf{x}}\,dx + \hat{\mathbf{y}}\,dy + \hat{\mathbf{z}}\,dz = \hat{\mathbf{x}}\,dx + \hat{\mathbf{y}}\,dx + \hat{\mathbf{z}}\,2x\,dx$$

$$\vec{F} \cdot d\vec{L} = (\hat{\mathbf{x}}\,2x + \hat{\mathbf{y}}\,2x + \hat{\mathbf{z}}\,4x^2) \cdot (\hat{\mathbf{x}}\,dx + \hat{\mathbf{y}}\,dx + \hat{\mathbf{z}}\,2x\,dx)$$

$$= (4x + 8x^3)\,dx$$

故：

$$\int_{C_2} \vec{F} \cdot d\vec{L} = \int_0^1 (4x + 8x^3)dx = 4$$

由 [例題 3-5] 可見，若 $\vec{F} = \hat{\mathbf{x}}\,2x + \hat{\mathbf{y}}\,2y + \hat{\mathbf{z}}\,4z$，則沿著不同路徑 C_1 與 C_2 之積分值是相同的 (雖然計算過程還是不同)；故在某情況下：

$$\int_{C_1} \vec{F} \cdot d\vec{L} = \int_{C_2} \vec{F} \cdot d\vec{L}$$

3-4 線積分 (三)

從上一節裡我們看到，有些線積分的值與積分路徑有關，有些則與積分路徑無關。本節要討論的是，究竟什麼樣的 $\vec{F}$ 會使積分結果與路徑**無關**呢？

首先，我們將 $\vec{F} = \hat{\mathbf{x}}\,F_x + \hat{\mathbf{y}}\,F_y + \hat{\mathbf{z}}\,F_z$ 與線元素 $d\vec{L} = \hat{\mathbf{x}}\,dx + \hat{\mathbf{y}}\,dy + \hat{\mathbf{z}}\,dz$ 以點乘積相乘：

$$\begin{aligned} \vec{F} \cdot d\vec{L} &= (\hat{\mathbf{x}}\,F_x + \hat{\mathbf{y}}\,F_y + \hat{\mathbf{z}}\,F_z) \cdot (\hat{\mathbf{x}}\,dx + \hat{\mathbf{y}}\,dy + \hat{\mathbf{z}}\,dz) \\ &= F_x\,dx + F_y\,dy + F_z\,dz \end{aligned} \tag{3-8}$$

今想像有一純量函數 $f = f(x, y, z)$；根據微積分公式將它作**全微分**可得：

$$df = \frac{\partial f}{\partial x}dx + \frac{\partial f}{\partial y}dy + \frac{\partial f}{\partial z}dz \tag{3-9}$$

假如我們令：

$$F_x = \frac{\partial f}{\partial x}, \quad F_y = \frac{\partial f}{\partial y}, \quad F_z = \frac{\partial f}{\partial z} \tag{3-10}$$

則 (3-8) 式與 (3-9) 式剛好相等：

$$\vec{F} \cdot d\vec{L} = df$$

將此式兩邊分別求線積分可得：

$$\int_{C} \vec{F} \cdot d\vec{L} = \int_{C} df$$

但是我們發現等號右邊其實是個普通積分；設積分之起點為 A，終點為 B，則我們馬上可以求出積分值，不需用到積分路徑：

$$\int_C df = \int_A^B df = f(B) - f(A)$$

我們看到，只要我們能找到一個純量函數 $f = f(x, y, z)$，其三個偏微分**恰好等於**(數學上叫做「**正合**」) $\vec{F}$ 的三個分量，如 (3-10) 式所示，則 $\vec{F}$ 的線積分即可化為普通積分，而與積分路徑**無關**：

$$\int_C \vec{F} \cdot d\vec{L} = \int_A^B df = f(B) - f(A) \tag{3-11}$$

上述的純量函數 $f = f(x, y, z)$ 有時稱為「**位勢**」函數，相當於靜電場中的「**電位**」，詳見第四章。

例題 3-6 設 $\vec{F} = \hat{\mathbf{x}}\,2x + \hat{\mathbf{y}}\,2y + \hat{\mathbf{z}}\,4z$，試求由 A(0, 0, 0) 至 B(1, 1, 1) 之線積分。

解： 由觀察，我們找到一個純量函數：

$f(x, y, z) = x^2 + y^2 + 2z^2$

其三個偏微分：

$$\frac{\partial f}{\partial x} = 2x, \quad \frac{\partial f}{\partial y} = 2y, \quad \frac{\partial f}{\partial z} = 4z$$

恰好分別等於 $\vec{F} = \hat{\mathbf{x}}\,2x + \hat{\mathbf{y}}\,2y + \hat{\mathbf{z}}\,4z$ 的三個分量；因此我們可以根據 (3-11) 式得：

$$\begin{aligned}\int_C \vec{F} \cdot d\vec{L} &= \int_{(0,0,0)}^{(1,1,1)} d(x^2 + y^2 + 2z^2) \\ &= x^2 + y^2 + 2z^2 \Big|_{(0,0,0)}^{(1,1,1)} \\ &= 4\end{aligned}$$

在 [例題 3-6] 中，我們是利用所謂的「觀察法」來找函數 f；事實上，求 f 有一定的標準操作程序 (SOP)，請見下例：

例題 3-7 設 $\vec{F} = \hat{\mathbf{x}}\,3x^2 + \hat{\mathbf{y}}\,2yz + \hat{\mathbf{z}}\,y^2$，試求此向量場中的位勢函數 $f(x, y, z)$。

解： 將 $\vec{F}$ 與 (3-10) 式對照可知：

$$\frac{\partial f}{\partial x}=3x^2\text{，}\quad \frac{\partial f}{\partial y}=2yz\text{，}\quad \frac{\partial f}{\partial z}=y^2$$

依照上列三條式子由左至右的順序作一連串的積分 ⇒ 微分 ⇒ 積分 ⇒ 微分 ⇒ 積分：

$$f=x^3+g(y,z)\quad\Rightarrow\quad \frac{\partial f}{\partial y}=\frac{\partial g}{\partial y}=2yz\quad\Rightarrow\quad g=y^2z+h(z)$$

$$\Rightarrow\quad \frac{\partial f}{\partial z}=y^2+\frac{dh}{dz}=y^2\quad\Rightarrow\quad \frac{dh}{dz}=0\quad\Rightarrow\quad h=c\ (\text{常數})$$

即得位勢函數：

$$f(x,y,z)=x^3+y^2z+c$$

數學上有一個定理：若一向量函數 $\vec{F}$ 的線積分值與路徑無關，則它沿著任何封閉路徑 C 的線積分值 (即「環量」) 均恆等於零，即：

$$\oint_C \vec{F}\cdot d\vec{L}=0 \tag{3-12}$$

這個定理很容易證明。如圖 3-8(a) 所示，設兩路徑 C_1 與 C_2 有共同的起點 A 與共同的終點 B，而且沿這兩條路徑之線積分值相等：

$$\int_{C_1}\vec{F}\cdot d\vec{L}=\int_{C_2}\vec{F}\cdot d\vec{L}$$

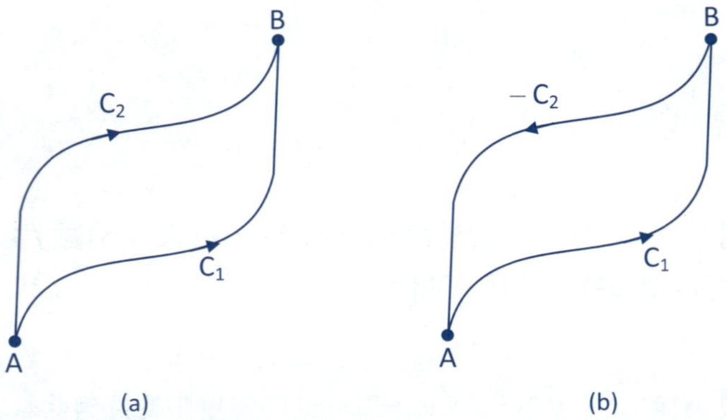

▲圖 3-8　**(a) 具有相同起點與終點的兩個路徑 C_1 及 C_2；(b) 路徑 C_2 反向，與 C_1 合成一個封閉路徑**

則移項得：

$$\int_{C_1} \vec{F} \cdot d\vec{L} - \int_{C_2} \vec{F} \cdot d\vec{L} = 0$$

今將路徑 C_2 反向 (以 $-C_2$ 表示)，則積分值會變號，上式變成：

$$\int_{C_1} \vec{F} \cdot d\vec{L} + \int_{-C_2} \vec{F} \cdot d\vec{L} = 0$$

我們看到路徑 C_1 與路徑 ($-C_2$) 剛好湊成一個**封閉路徑** C，如圖 3-8(b) 所示，因此上式即可寫成：

$$\oint_{C} \vec{F} \cdot d\vec{L} = 0$$

得證。

假如 (3-12) 式的線積分所計算的是力 $\vec{F}$ 所作的功 W，則該式的意思是：當物體環繞一周回到原出發點時，力 $\vec{F}$ 所作的功 $W = 0$；也就是說，物體的能量完全沒有改變。我們稱此一現象為「**能量保守**」；而 $\vec{F}$ 則稱為「**保守力**」。

推廣而言，若 $\vec{F}$ 代表任何向量場，則當它合乎 (3-12) 式的要求時，我們稱它為「**保守場**」。

在電磁學裡，只有靜電場是保守場；而磁場無論是靜態的或動態的，都不是保守場，我們稱之為「**非保守場**」。非保守場不合乎 (3-12) 式的要求。

3-5 方向導數及梯度

從上一節的敘述，我們知道若 $\vec{F}(x, y, z)$ 為一保守場，則必有一稱為「位勢」的純量場 $f(x, y, z)$ 與它對應。為了了解這個位勢的分布情況，我們常常需要繪出「**等位面**」來作參考。所謂等位面是指位勢相等的點所集合而成的平面或曲面；其方程式為：

$$f(x, y, z) = c \tag{3-13}$$

其中 c 為任意常數。每一特定的 c 值即代表一個等位面；因此 (3-13) 式代表一群等位面。

例題 3-8 設位勢函數為 $f(x, y, z) = x + y + z$，試描述 $c = 1, 2, 3$ 所代表的等位面。

解： 由 (3-13) 式知等位面方程式為：

$$x + y + z = c$$

此式代表一組**平面**；常數 $c = 1, 2, 3$ 代表其中三個平面，如圖 3-9 所示。

注意圖中僅顯示三個平面在第一卦限的部分。

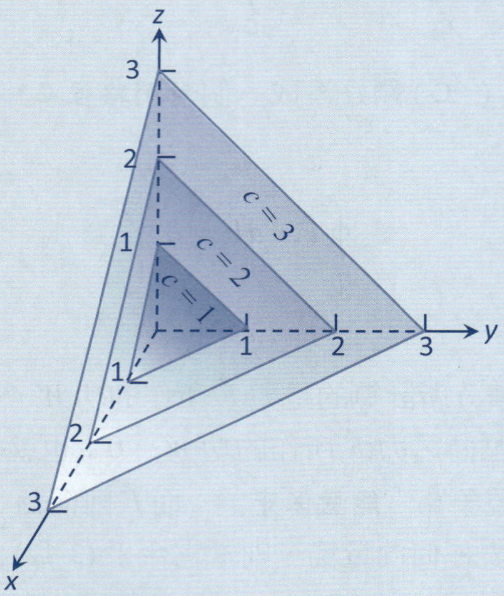

▲圖 3-9　例題 3-8 用圖

例題 3-9 設位勢函數為 $f(x, y, z) = x^2 + y^2 + z^2$，試描述 $c = 1, 4, 9$ 所代表的等位面。

解： 由 (3-13) 式知等位面方程式為：

$$x^2 + y^2 + z^2 = c$$

此式代表一組**球面**；常數 $c = 1, 4, 9$ 代表其中的三個球面，半徑分別為 1, 2, 3，如圖 3-10 所示。注意圖中僅顯示球面 $z \geqq 0$ 的部分。

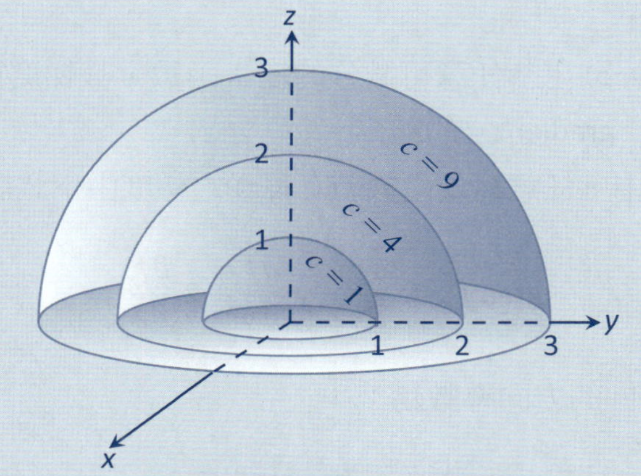

▲圖 3-10 例題 3-9 用圖

當我們從一個等位面逐漸移動至另一個等位面時，位勢函數的值也不斷變化；其**變化率**係隨方向而定，如圖 3-11 所示；我們稱此變化率為位勢函數 f 的「**方向導數**」(記得在普通微積分裡，「導數」可代表一函數對距離的變化率)。

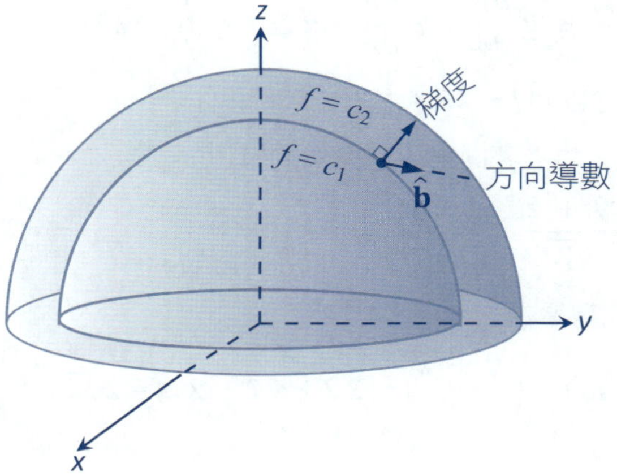

▲圖 3-11 梯度與方向導數；圖中 $c_2 > c_1$

當我們移動的方向與等位面垂直時，等位面之間的距離為最小，因而在這個方向的變化率為最大；我們稱此最大變化率為位勢函數 f 的「**梯度**」。

綜上所述，我們可以說：

位勢函數 f 的**梯度**是個**向量**，其方向恆與等位面**垂直**，並指向 f 值**遞增**的方向；而其大小等於在此方向 f 值對距離的**變化率**，這個變化率是所有方向導數中**最大**的。

在數學上，$f(x, y, z)$ 可為任意可微分的純量函數，其梯度寫成「grad f」；其中之「grad」係英文「gradient」的縮寫。

在笛卡兒座標系中，任意純量函數 $f(x, y, z)$ 之梯度由下式計算：

$$\text{grad}\, f = \hat{\mathbf{x}}\frac{\partial f}{\partial x} + \hat{\mathbf{y}}\frac{\partial f}{\partial y} + \hat{\mathbf{z}}\frac{\partial f}{\partial z} \tag{3-14}$$

而在**單位向量** $\hat{\mathbf{b}}$ 之方向的方向導數為：

$$D_{\hat{\mathbf{b}}} f = \hat{\mathbf{b}} \cdot \text{grad}\, f \tag{3-15}$$

詳見圖 3-11。

例題 3-10 設一純量函數為 $f(x, y, z) = x^2 + y^2 + z^2$，試求：(a) grad f；(b) 在點 (1, 1, 1) 沿著向量 $\vec{B} = \hat{\mathbf{y}} + \hat{\mathbf{z}}$ 之方向的方向導數。

解：(a) $\text{grad}\, f = \hat{\mathbf{x}}\dfrac{\partial f}{\partial x} + \hat{\mathbf{y}}\dfrac{\partial f}{\partial y} + \hat{\mathbf{z}}\dfrac{\partial f}{\partial z} = \hat{\mathbf{x}}\, 2x + \hat{\mathbf{y}}\, 2y + \hat{\mathbf{z}}\, 2z$

(b) 在點 (1, 1, 1)，grad $f = \hat{\mathbf{x}}\, 2 + \hat{\mathbf{y}}\, 2 + \hat{\mathbf{z}}\, 2$

因 $|\vec{B}| = \sqrt{2}$，故沿著向量 $\vec{B}$ 之方向的單位向量為：

$$\hat{\mathbf{b}} = \frac{\vec{B}}{|\vec{B}|} = \frac{\hat{\mathbf{y}} + \hat{\mathbf{z}}}{\sqrt{2}}$$

故所求之方向導數為：

$$D_{\hat{\mathbf{b}}} f = \hat{\mathbf{b}} \cdot \text{grad}\, f = \left(\frac{\hat{\mathbf{y}} + \hat{\mathbf{z}}}{\sqrt{2}}\right) \cdot (\hat{\mathbf{x}}\, 2 + \hat{\mathbf{y}}\, 2 + \hat{\mathbf{z}}\, 2) = 2\sqrt{2}$$

在形式上，(3-14) 式所示的梯度公式可以寫成：

$$\text{grad}\, f = \left(\hat{\mathbf{x}}\frac{\partial}{\partial x} + \hat{\mathbf{y}}\frac{\partial}{\partial y} + \hat{\mathbf{z}}\frac{\partial}{\partial z}\right) f$$

從現在開始，我們將上式括弧中的式子以一個倒寫的三角形「$\vec{\nabla}$」來表示；即：

$$\vec{\nabla} = \hat{\mathbf{x}}\frac{\partial}{\partial x} + \hat{\mathbf{y}}\frac{\partial}{\partial y} + \hat{\mathbf{z}}\frac{\partial}{\partial z} \tag{3-16}$$

這個符號唸作「del」，因為它是希臘字母 Δ(delta) 的顛倒字；而有時唸作「nabla」，因為它的形狀酷似一種名叫「nabla」的希伯來豎琴，如圖 3-12 所示。

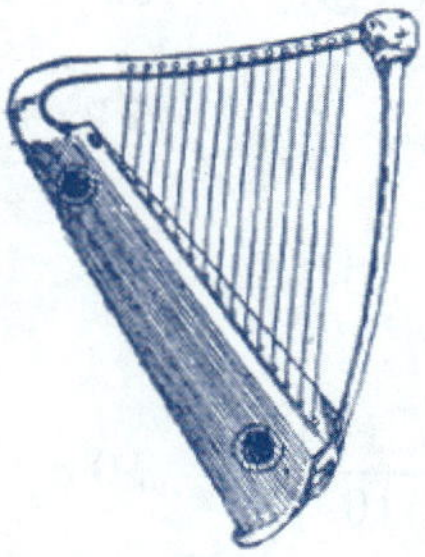

▲圖 3-12 希伯來豎琴 nabla

由 (3-16) 式，梯度就有一個新的寫法：

$$\text{grad}\, f = \vec{\nabla} f \tag{3-17}$$

以後我們一律採用這個新的寫法：

$$\vec{\nabla} f = \hat{\mathbf{x}} \frac{\partial f}{\partial x} + \hat{\mathbf{y}} \frac{\partial f}{\partial y} + \hat{\mathbf{z}} \frac{\partial f}{\partial z} \tag{3-18}$$

綜上所述，任何保守場 $\vec{F}$ 均可寫成一純量函數 f 的梯度：

$$\vec{F} = \vec{\nabla} f \tag{3-19}$$

除了笛卡兒座標系之外，圓柱座標系及球座標系也有各自的梯度公式，詳見表 3-2。

▼表 3-2 三個座標系之梯度公式

座標系名稱	梯度公式
笛卡兒座標系	$\vec{\nabla} f = \hat{\mathbf{x}} \frac{\partial f}{\partial x} + \hat{\mathbf{y}} \frac{\partial f}{\partial y} + \hat{\mathbf{z}} \frac{\partial f}{\partial z}$
圓柱座標系	$\vec{\nabla} f = \hat{\mathbf{r}} \frac{\partial f}{\partial r} + \hat{\boldsymbol{\phi}} \frac{1}{r} \frac{\partial f}{\partial \phi} + \hat{\mathbf{z}} \frac{\partial f}{\partial z}$
球座標系	$\vec{\nabla} f = \hat{\mathbf{R}} \frac{\partial f}{\partial R} + \hat{\boldsymbol{\theta}} \frac{1}{R} \frac{\partial f}{\partial \theta} + \hat{\boldsymbol{\phi}} \frac{1}{R \sin \theta} \frac{\partial f}{\partial \phi}$

例題 3-11 試求曲面 $x^2 + y^2 = 25$ 在點 P(3, 4, 0) 之單位法線向量。

解：由已知曲面 (圓柱面) 寫出純量函數 $f(x, y, z) = x^2 + y^2 - 25 = 0$

其梯度為：$\vec{\nabla} f = \hat{\mathbf{x}}\dfrac{\partial f}{\partial x} + \hat{\mathbf{y}}\dfrac{\partial f}{\partial y} + \hat{\mathbf{z}}\dfrac{\partial f}{\partial z} = \hat{\mathbf{x}}\,2x + \hat{\mathbf{y}}\,2y$

$\vec{\nabla} f\,|_{(3,4,0)} = \hat{\mathbf{x}}\,6 + \hat{\mathbf{y}}\,8$

故所求單位法線向量為：

$$\hat{\mathbf{n}} = \frac{\vec{\nabla} f}{|\vec{\nabla} f|} = \frac{\hat{\mathbf{x}}\,6 + \hat{\mathbf{y}}\,8}{\sqrt{6^2 + 8^2}} = \frac{\hat{\mathbf{x}}\,6 + \hat{\mathbf{y}}\,8}{10} = \hat{\mathbf{x}}\,0.6 + \hat{\mathbf{y}}\,0.8$$

3-6 旋度

從以上幾節我們已經知道，向量場 $\vec{F}$ 的線積分有的與路徑有關，稱為「非保守場」；有的與路徑無關，稱為「保守場」。而且我們也知道，非保守場沿封閉路徑的線積分值 (即「環量」) 不等於零，而保守場沿任何封閉路徑的線積分值則恆等於零：

$$\oint_C \vec{F} \cdot d\vec{L} \begin{cases} \neq 0 & (\text{與路徑有關，非保守場}) \\ = 0 & (\text{與路徑無關，保守場}) \end{cases}$$

然而從技術層面來說，在微積分裡，積分通常比微分麻煩；也就是說，用此一積分形式來表達，顯然不合乎我們一向標榜的「簡易原則」。因此，我們有必要改以微分形式來表達。

這個微分形式就是所謂的「**旋度**」。向量場 $\vec{F}$ 的旋度通常寫成「curl $\vec{F}$」；這個「curl」在英文裡是「捲曲」的意思。在笛卡兒座標系中，向量場 $\vec{F} = \hat{\mathbf{x}}\,F_x + \hat{\mathbf{y}}\,F_y + \hat{\mathbf{z}}\,F_z$ 之旋度的數學式為：

$$\text{curl}\,\vec{F} = \begin{vmatrix} \hat{\mathbf{x}} & \hat{\mathbf{y}} & \hat{\mathbf{z}} \\ \dfrac{\partial}{\partial x} & \dfrac{\partial}{\partial y} & \dfrac{\partial}{\partial z} \\ F_x & F_y & F_z \end{vmatrix} \tag{3-20}$$

根據叉乘積的定義，即 (2-56) 式，此一行列式顯然是 (3-16) 式的 $\vec{\nabla}$ 與向量場 $\vec{F}$ 的叉乘積，即：

$$\text{curl}\,\vec{F} = \vec{\nabla}\times\vec{F} \tag{3-21}$$

故 (3-20) 式可寫成：

$$\vec{\nabla}\times\vec{F} = \begin{vmatrix} \hat{\mathbf{x}} & \hat{\mathbf{y}} & \hat{\mathbf{z}} \\ \dfrac{\partial}{\partial x} & \dfrac{\partial}{\partial y} & \dfrac{\partial}{\partial z} \\ F_{\mathrm{x}} & F_{\mathrm{y}} & F_{\mathrm{z}} \end{vmatrix} \tag{3-22}$$

之後本書中一律以 (3-22) 式的寫法為準。

例題 3-12　已知向量 $\vec{F} = \hat{\mathbf{x}}\,yz + \hat{\mathbf{y}}\,3zx + \hat{\mathbf{z}}\,z$，試求 $\vec{\nabla}\times\vec{F}$。

解：將已知向量 $\vec{F}$ 代入 (3-22) 式，即得：

$$\vec{\nabla}\times\vec{F} = \begin{vmatrix} \hat{\mathbf{x}} & \hat{\mathbf{y}} & \hat{\mathbf{z}} \\ \dfrac{\partial}{\partial x} & \dfrac{\partial}{\partial y} & \dfrac{\partial}{\partial z} \\ yz & 3zx & z \end{vmatrix} = \hat{\mathbf{x}}\,(-3x) + \hat{\mathbf{y}}\,y + \hat{\mathbf{z}}\,2z$$

例題 3-13　已知向量 $\vec{F} = \hat{\mathbf{x}}\,3x^2 + \hat{\mathbf{y}}\,2yz + \hat{\mathbf{z}}\,y^2$，試求 $\vec{\nabla}\times\vec{F}$。

解：將已知向量 $\vec{F}$ 代入 (3-22) 式，即得：

$$\vec{\nabla}\times\vec{F} = \begin{vmatrix} \hat{\mathbf{x}} & \hat{\mathbf{y}} & \hat{\mathbf{z}} \\ \dfrac{\partial}{\partial x} & \dfrac{\partial}{\partial y} & \dfrac{\partial}{\partial z} \\ 3x^2 & 2yz & y^2 \end{vmatrix} = \hat{\mathbf{x}}\,0 + \hat{\mathbf{y}}\,0 + \hat{\mathbf{z}}\,0 = 0$$

由於**保守場**必然合乎 (3-10) 式或 (3-19) 式所示的條件，即：

$$\vec{F} = \vec{\nabla}f = \hat{\mathbf{x}}\frac{\partial f}{\partial x} + \hat{\mathbf{y}}\frac{\partial f}{\partial y} + \hat{\mathbf{z}}\frac{\partial f}{\partial z} \tag{3-23}$$

代入 (3-22) 式得：

$$\vec{\nabla}\times\vec{F}=\begin{vmatrix}\hat{\mathbf{x}} & \hat{\mathbf{y}} & \hat{\mathbf{z}}\\ \dfrac{\partial}{\partial x} & \dfrac{\partial}{\partial y} & \dfrac{\partial}{\partial z}\\ \dfrac{\partial f}{\partial x} & \dfrac{\partial f}{\partial y} & \dfrac{\partial f}{\partial z}\end{vmatrix}=\hat{\mathbf{x}}\left(\frac{\partial^2 f}{\partial y\,\partial z}-\frac{\partial^2 f}{\partial z\,\partial y}\right)+\hat{\mathbf{y}}\left(\frac{\partial^2 f}{\partial z\,\partial x}-\frac{\partial^2 f}{\partial x\,\partial z}\right)+\hat{\mathbf{z}}\left(\frac{\partial^2 f}{\partial x\,\partial y}-\frac{\partial^2 f}{\partial y\,\partial x}\right)$$

$$=0 \tag{3-24}$$

這是 $\vec{F}$ 是否為保守場的判斷準則：

$$\vec{\nabla}\times\vec{F}\begin{cases}=0 & (\text{保守場})\\ \neq 0 & (\text{非保守場})\end{cases} \tag{3-25}$$

由此可以很簡易地判斷出來：[例題 3-12] 裡的 $\vec{F}$ 為非保守場，而 [例題 3-13] 裡的 $\vec{F}$ 為保守場。

將 (3-23) 式代入 (3-24) 式，我們可以得到向量恆等式：

$$\vec{\nabla}\times\vec{\nabla}f=0 \tag{3-26}$$

此恆等式對任何可連續兩次微分的純量函數 f 均適用。

例題 3-14 已知一純量函數 $f=\dfrac{1}{\sqrt{x^2+y^2+z^2}}$，試求：(a) $\vec{\nabla}f$；(b) $\vec{\nabla}\times\vec{\nabla}f$。

解： (a) 由 (3-23) 式：

$$\vec{\nabla}f=\hat{\mathbf{x}}\frac{\partial f}{\partial x}+\hat{\mathbf{y}}\frac{\partial f}{\partial y}+\hat{\mathbf{z}}\frac{\partial f}{\partial z}$$

$$=-\frac{\hat{\mathbf{x}}\,x+\hat{\mathbf{y}}\,y+\hat{\mathbf{z}}\,z}{(x^2+y^2+z^2)^{3/2}}$$

(b) 由 (3-26) 式：

$$\vec{\nabla}\times\vec{\nabla}f=0$$

(3-22) 式為笛卡兒座標系裡的旋度公式；而圓柱座標系和球座標系也都有各自的旋度公式，如表 3-3 所示。

▼表 3-3　三個座標系之旋度公式

笛卡兒座標系	圓柱座標系	球座標系
$\vec{\nabla}\times\vec{F}=\begin{vmatrix}\hat{\mathbf{x}} & \hat{\mathbf{y}} & \hat{\mathbf{z}}\\ \dfrac{\partial}{\partial x} & \dfrac{\partial}{\partial y} & \dfrac{\partial}{\partial z}\\ F_x & F_y & F_z\end{vmatrix}$	$\vec{\nabla}\times\vec{F}=\dfrac{1}{r}\begin{vmatrix}\hat{\mathbf{r}} & \hat{\boldsymbol{\phi}}\,r & \hat{\mathbf{z}}\\ \dfrac{\partial}{\partial r} & \dfrac{\partial}{\partial \phi} & \dfrac{\partial}{\partial z}\\ F_r & F_\phi r & F_z\end{vmatrix}$	$\vec{\nabla}\times\vec{F}=\dfrac{1}{R^2\sin\theta}\begin{vmatrix}\hat{\mathbf{R}} & \hat{\boldsymbol{\theta}}R & \hat{\boldsymbol{\phi}}\,R\sin\theta\\ \dfrac{\partial}{\partial R} & \dfrac{\partial}{\partial \theta} & \dfrac{\partial}{\partial \phi}\\ F_R & F_\theta R & F_\phi R\sin\theta\end{vmatrix}$

例題 3-15　已知球座標系中之向量場 $\vec{F}=\dfrac{k}{R^3}(\hat{\mathbf{R}}\,2\cos\theta+\hat{\boldsymbol{\theta}}\sin\theta)$，其中 k 為常數；試求 $\vec{\nabla}\times\vec{F}$。

解： 由表 3-3 之最右欄可得：

$$\vec{\nabla}\times\vec{F}=\frac{k}{R^2\sin\theta}\begin{vmatrix}\hat{\mathbf{R}} & \hat{\boldsymbol{\theta}}R & \hat{\boldsymbol{\phi}}\,R\sin\theta\\ \dfrac{\partial}{\partial R} & \dfrac{\partial}{\partial \theta} & \dfrac{\partial}{\partial \phi}\\ F_R & F_\theta R & F_\phi R\sin\theta\end{vmatrix}$$

$$=\frac{k}{R^2\sin\theta}\begin{vmatrix}\hat{\mathbf{R}} & \hat{\boldsymbol{\theta}}R & \hat{\boldsymbol{\phi}}\,R\sin\theta\\ \dfrac{\partial}{\partial R} & \dfrac{\partial}{\partial \theta} & \dfrac{\partial}{\partial \phi}\\ \dfrac{2\cos\theta}{R^3} & \dfrac{\sin\theta}{R^2} & 0\end{vmatrix}$$

$$=\frac{k}{R^2\sin\theta}\hat{\boldsymbol{\phi}}\,R\sin\theta\left[\frac{\partial}{\partial R}\left(\frac{\sin\theta}{R^2}\right)-\frac{\partial}{\partial\theta}\left(\frac{2\cos\theta}{R^3}\right)\right]$$

$$=\frac{k}{R^2\sin\theta}\hat{\boldsymbol{\phi}}\,R\sin\theta\left[-\frac{2\sin\theta}{R^3}+\frac{2\sin\theta}{R^3}\right]$$

$$=0$$

3-7　二重積分

本節要複習一下普通微積分裡的「**二重積分**」，作為下一節講述「**面積分**」的準備。二重積分通常寫成如下的形式：

$$\iint_{R} f(x,y)\,dx\,dy \quad 或 \quad \iint_{R} f(x,y)\,dS \tag{3-27}$$

其中，R 為積分範圍。在笛卡兒座標系中，積分範圍 R 有兩種表示法：

1. R：$a \leqq x \leqq b$，$g(x) \leqq y \leqq h(x)$，如圖 3-13 所示：

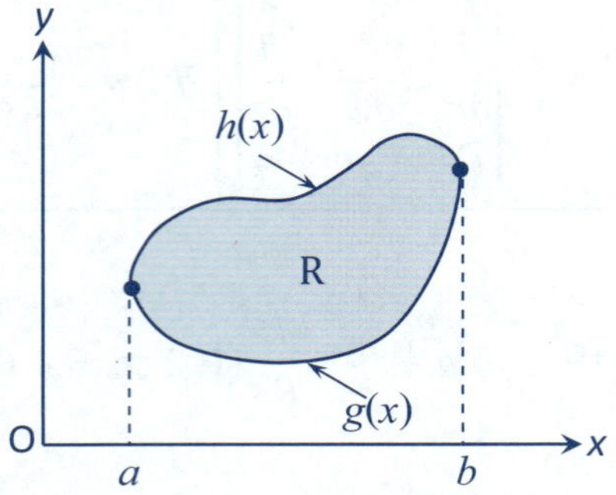

▲圖 3-13　二重積分的積分範圍 (一)

此時 (3-27) 式之計算方式為：

$$\iint_{R} f(x,y)\,dx\,dy = \int_a^b \left[\int_{g(x)}^{h(x)} f(x,y)dy\right] dx \tag{3-28}$$

注意先計算中括弧裡的積分 (**計算時，x 必須視為定值**)；然後再計算第二重的積分。

2. R：$c \leqq y \leqq d$，$p(y) \leqq x \leqq q(y)$，如圖 3-14 所示：

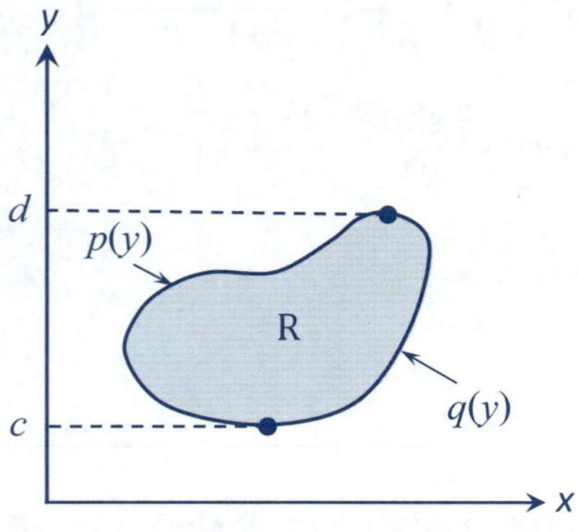

▲圖 3-14　二重積分的積分範圍 (二)

此時 (3-27) 式之計算方式為：

$$\iint_R f(x,y)\,dx\,dy = \int_c^d \left[\int_{p(y)}^{q(y)} f(x,y)dx\right] dy \tag{3-29}$$

注意先計算中括弧裡的積分 (**計算時，y 必須視為定值**)；然後再計算第二重的積分。

另外，若 R 由兩個範圍 R_1 及 R_2 組成，則

$$\iint_R f(x,y)\,dx\,dy = \iint_{R_1} f(x,y)\,dx\,dy + \iint_{R_2} f(x,y)\,dx\,dy \tag{3-30}$$

例題 3-16 **面積**。若 $f(x, y) = 1$，則 (3-27) 式代表範圍 R 之面積。試求拋物線 $y = x^2$ 與 x 軸之間由 $x = 0$ 至 $x = 2$ 的面積，如圖 3-15 所示。

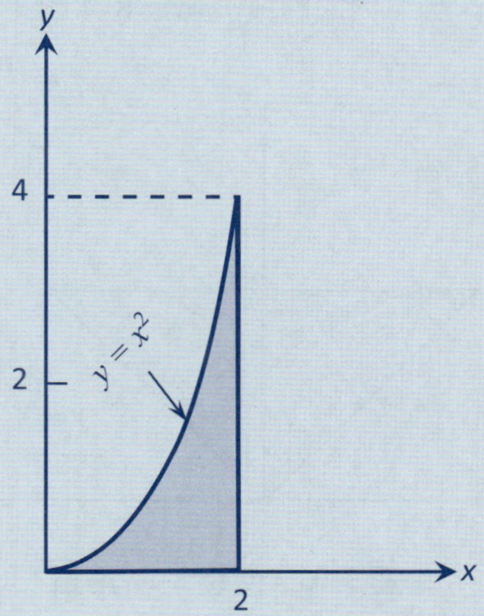

▲**圖 3-15　例題 3-16 用圖**

解：在 (3-27) 式中令 $f(x, y) = 1$，我們分別用兩個方式來計算面積：

(a) 利用 (3-28) 式。積分範圍為：$0 \leqq x \leqq 2$，$0 \leqq y \leqq x^2$；

$$S=\iint\limits_{R} dx\,dy=\int_0^2\left[\int_0^{x^2} dy\right]dx=\int_0^2 x^2\,dx$$
$$=8/3$$

(b) 利用 (3-29) 式。積分範圍為：$0 \leqq y \leqq 4$，$0 \leqq x \leqq 2-\sqrt{y}$；

$$S=\iint\limits_{R} dx\,dy=\int_0^4\left[\int_0^{2-\sqrt{y}} dx\right]dy=\int_0^4\left(2-\sqrt{y}\right)dy$$
$$=8/3$$

注意上面兩個方式所得到的結果是一樣的，但計算難易有別；根據「簡易原則」，我們應選用簡易者為上策。

例題 3-17 **體積**。若在 xy 平面上方 ($z>0$) 有一曲面，其方程式為 $z=f(x,y)$，則 (3-27) 式代表該曲面與 xy 平面之間在範圍 R 內之體積。

已知曲面方程式為 $z=x^2+y^2$，試求此曲面與 xy 平面之間在範圍 R：$0 \leqq y \leqq 3$，$-y \leqq x \leqq y$ 內之體積，範圍 R 如圖 3-16 所示：

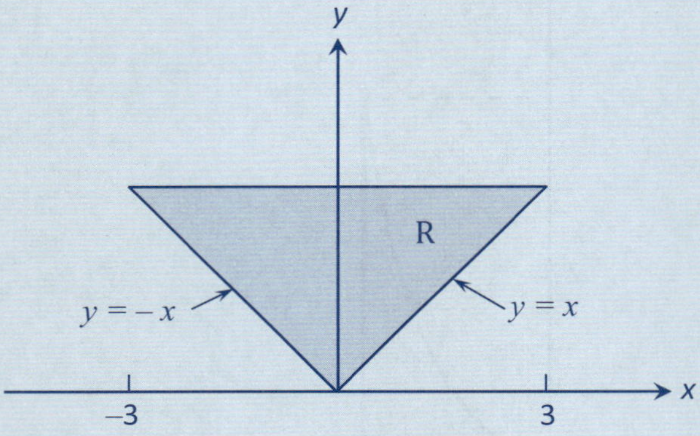

▲圖 3-16　例題 3-17 用圖

解：我們選用 (3-29) 式。令 $f(x,y)=x^2+y^2$，積分範圍為 R：$0 \leqq y \leqq 3$，$-y \leqq x \leqq y$；所求體積為：

$$V=\iint\limits_{R}(x^2+y^2)\,dx\,dy=\int_0^3\left[\int_{-y}^{y}(x^2+y^2)\,dx\right]dy$$

$$= \int_0^3 [x^3/3 + xy^2] \mid_{-y}^{y} dy$$

$$= \int_0^3 \left[\frac{8y^3}{3}\right] dy = 54$$

【註】本題也可利用 (3-28) 式來計算：

$$V = \iint_R (x^2 + y^2)\, dx\, dy = \int_0^3 \left[2\int_x^3 (x^2 + y^2)\, dy\right] dx = 54$$

若積分範圍 R 與**圓**有關，則使用笛卡兒座標通常不符「簡易原則」，宜採用極座標。此時我們作下列之代換：

$$x = r\cos\theta，\quad y = r\sin\theta，\quad dx\, dy = r\, dr\, d\theta \tag{3-31}$$

故 (3-27) 式變成：

$$\iint_R f(x,y)\, dx\, dy = \iint_{R^*} f(r\cos\theta, r\sin\theta)\; r\, dr\, d\theta \tag{3-32}$$

其中 R* 代表 rθ 平面上的積分範圍，對應於 xy 平面上的積分範圍 R。

例題 3-18　**極座標**。試求範圍 R：$0 \leqq y \leqq \sqrt{1-x^2}$，$0 \leqq x \leqq 1$(如圖 3-17 所示) 之面積。

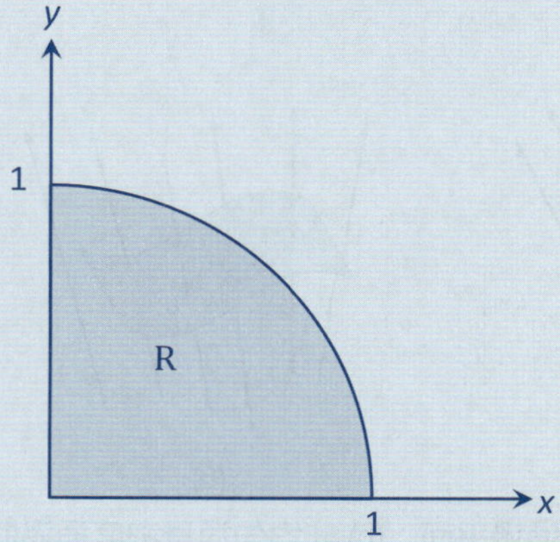

▲**圖 3-17　例題 3-18 用圖**

解：令 (3-32) 式中之 $f(x, y) = 1$，則所求面積為：

$$S = \iint_{R} dx\,dy = \iint_{R^*} r\,dr\,d\theta = \int_0^1 r\,dr \int_0^{\pi/2} d\theta$$

$$= \frac{\pi}{4}$$

例題 3-19　**極座標**。試求積分：

$$\iint_{R} y^2\,dx\,dy = ?$$

設積分範圍 R：$0 \leqq y \leqq \sqrt{1-x^2}$，$0 \leqq x \leqq 1$(如圖 3-17 所示)。

解：令 (3-32) 式中之 $f(x, y) = y^2$，則所求積分為：

$$\iint_{R} y^2\,dx\,dy = \int_0^{\pi/2}\int_0^1 r^2\sin^2\theta\, r\,dr\,d\theta = \int_0^{\pi/2} \sin^2\theta\,d\theta \int_0^1 r^3 dr$$

$$= \frac{\pi}{16}$$

3-8　面積分 (一)

如圖 3-18(a) 所示，當一均勻的通量密度 $\vec{F}$ 通過一個面積為 S 之平面時，總通量 Φ 仿照 (3-2) 式可以寫成：

$$\Phi = \vec{F} \cdot \vec{S} \tag{3-33}$$

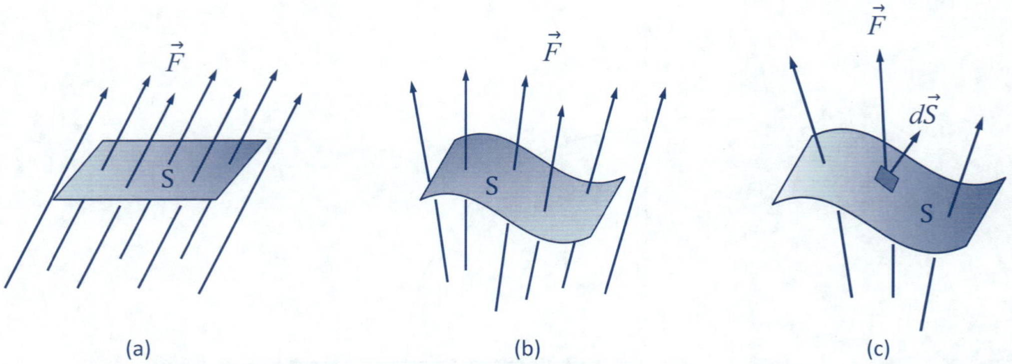

▲圖 3-18　(a) 均勻通量密度通過平面；(b) 非均勻通量密度通過曲面；(c) 通量之計算：面積分

其中 $\vec{S}$ 的大小等於平面的面積 S，方向為平面的法線方向。

但一般而言，通量密度 $\vec{F}$ 不一定是均勻的，它通過的面也不一定是個平面，如圖 3-18(b) 所示。在此情況下，我們必須將 (3-33) 式轉化為積分形式來處理。

首先，如圖 3-18(c) 所示，我們將曲面 S 細分成許多微量面積 $d\vec{S}$，每個微量面積均可視為平面，而且通過它的通量密度 $\vec{F}$ 幾乎是個定值；因此 (3-33) 式在此情況下是適用的，也就是說，通過微量面積 $d\vec{S}$ 的微量通量為：

$$d\Phi = \vec{F} \cdot d\vec{S}$$

將此式在曲面 S 上積分，即得總通量：

$$\Phi = \iint_S \vec{F} \cdot d\vec{S} \tag{3-34}$$

在數學上，這樣的積分叫做「**面積分**」，其相關要點如下：

1. 顧名思義，面積分是將一向量場 (如通量密度) $\vec{F}$ 在曲面 S 上所做的積分，因此在其積分符號下方都有標示字母「S」，如 (3-34) 式所示。這個「S」是來自「Surface」的字首。
2. 積分式中的 $d\vec{S}$ 稱為「**面元素**」，是曲面 S 上任一個微量面積向量。笛卡兒座標系、圓柱座標系、及球座標系之面元素公式一起列於表 3-4 中。

▼表 3-4　三個座標系之面元素表示式

座標系	面元素表示式
笛卡兒座標系	$d\vec{S} = \hat{\mathbf{x}}\, dy\, dz + \hat{\mathbf{y}}\, dz\, dx + \hat{\mathbf{z}}\, dx\, dy$
圓柱座標系	$d\vec{S} = \hat{\mathbf{r}}\, r\, d\phi\, dz + \hat{\boldsymbol{\phi}}\, dr\, dz + \hat{\mathbf{z}}\, r\, dr\, d\phi$
球座標系	$d\vec{S} = \hat{\mathbf{R}}\, R^2 \sin\theta\, d\theta\, d\phi + \hat{\boldsymbol{\theta}}\, R \sin\theta\, dR\, d\phi + \hat{\boldsymbol{\phi}}\, R\, dR\, d\theta$

表 3-4 所列的面元素 $d\vec{S}$ 公式事實上是由表 3-1 所列的線元素 $d\vec{L}$ 導出來的。根據 (2-47) 式並詳見圖 2-14，若一平行四邊形的兩邊以向量 $\vec{A}$ 及 $\vec{B}$ 來表示，則其面積向量為 $\vec{A}$ 與 $\vec{B}$ 的叉乘積：

$$\vec{S} = \vec{A} \times \vec{B}$$

同理，面元素 $d\vec{S}$ 公式的每一個分量也都是由線元素 $d\vec{L}$ 的對應分量經由叉乘積導出來的。茲分述如下：

1. 笛卡兒座標系的線元素為：

$$d\vec{L} = \hat{\mathbf{x}}\,dx + \hat{\mathbf{y}}\,dy + \hat{\mathbf{z}}\,dz$$

如圖 3-19 所示，面元素 $d\vec{S}$ 可寫成：

$$d\vec{S} = d\vec{S}_x + d\vec{S}_y + d\vec{S}_z$$

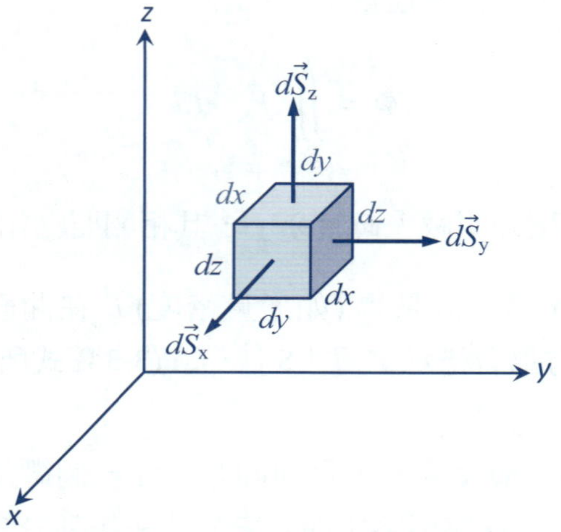

▲圖 3-19 笛卡兒座標系之面元素

其中，

$$d\vec{S}_x = \hat{\mathbf{y}}\,dy \times \hat{\mathbf{z}}\,dz = \hat{\mathbf{x}}\,dy\,dz$$
$$d\vec{S}_y = \hat{\mathbf{z}}\,dz \times \hat{\mathbf{x}}\,dx = \hat{\mathbf{y}}\,dz\,dx$$
$$d\vec{S}_z = \hat{\mathbf{x}}\,dx \times \hat{\mathbf{y}}\,dy = \hat{\mathbf{z}}\,dx\,dy$$

故得面元素：

$$d\vec{S} = \hat{\mathbf{x}}\,dy\,dz + \hat{\mathbf{y}}\,dz\,dx + \hat{\mathbf{z}}\,dx\,dy \tag{3-35}$$

2. 圓柱座標系的線元素為：

$$d\vec{L} = \hat{\mathbf{r}}\,dr + \hat{\boldsymbol{\phi}}\,r\,d\phi + \hat{\mathbf{z}}\,dz$$

其面元素 $d\vec{S}$ 可寫成：

$$d\vec{S} = d\vec{S}_r + d\vec{S}_\phi + d\vec{S}_z$$

其中，

$$d\vec{S}_r = \hat{\boldsymbol{\phi}}\, r\, d\phi \times \hat{\mathbf{z}}\, dz = \hat{\mathbf{r}}\, r\, d\phi\, dz$$
$$d\vec{S}_\phi = \hat{\mathbf{z}}\, dz \times \hat{\mathbf{r}}\, dr = \hat{\boldsymbol{\phi}}\, dz\, dr$$
$$d\vec{S}_z = \hat{\mathbf{r}}\, dr \times \hat{\boldsymbol{\phi}}\, r\, d\phi = \hat{\mathbf{z}}\, r\, dr\, d\phi$$

故得面元素：

$$d\vec{S} = \hat{\mathbf{r}}\, r\, d\phi\, dz + \hat{\boldsymbol{\phi}}\, dr\, dz + \hat{\mathbf{z}}\, r\, dr\, d\phi \tag{3-36}$$

3. **球座標系**的線元素為：

$$d\vec{L} = \hat{\mathbf{R}}\, dR + \hat{\boldsymbol{\theta}}\, R\, d\theta + \hat{\boldsymbol{\phi}}\, R \sin\theta\, d\phi$$

其面元素 $d\vec{S}$ 可寫成：

$$d\vec{S} = d\vec{S}_R + d\vec{S}_\theta + d\vec{S}_\phi$$

其中，

$$d\vec{S}_R = \hat{\boldsymbol{\theta}}\, R\, d\theta \times \hat{\boldsymbol{\phi}}\, R \sin\theta\, d\phi = \hat{\mathbf{R}}\, R^2 \sin\theta\, d\theta\, d\phi$$
$$d\vec{S}_\theta = \hat{\boldsymbol{\phi}}\, \mathrm{R} \sin\theta\, d\phi \times \hat{\mathbf{R}}\, dR = \hat{\boldsymbol{\theta}}\, R \sin\theta\, dR\, d\phi$$
$$d\vec{S}_\phi = \hat{\mathbf{R}}\, dR \times \hat{\boldsymbol{\theta}}\, R\, d\theta = \hat{\boldsymbol{\phi}}\, R\, dR\, d\theta$$

故得面元素：

$$d\vec{S} = \hat{\mathbf{R}}\, R^2 \sin\theta\, d\theta\, d\phi + \hat{\boldsymbol{\theta}}\, R \sin\theta\, dR\, d\phi + \hat{\boldsymbol{\phi}}\, R\, dR\, d\theta \tag{3-37}$$

例題 3-20　試由圓柱座標系之面元素積分，求半徑 a 之圓的面積。

解：選擇面元素 $d\vec{S}_z = \hat{\mathbf{z}}\, r\, dr\, d\phi$；積分範圍為 R：$0 \leqq r \leqq a$，$0 \leqq \phi \leqq 2\pi$；故所求之圓面積為：

$$\iint_{\mathrm{R}} r\, dr\, d\phi = \int_0^a r\, dr \int_0^{2\pi} d\phi = \pi a^2$$

例題 3-21 地球北緯 66.5° 的緯線稱為「北極圈」；試求北極圈內的北極地區佔地球總面積的百分比。

解： 設地球半徑為 a，選擇球座標系的面元素：

$d\vec{S}_R = \hat{\mathbf{R}}\, R^2 \sin\theta\, d\theta\, d\phi = \hat{\mathbf{R}}\, a^2 \sin\theta\, d\theta\, d\phi$

故地球總面積為：

$$S = \iint_R a^2 \sin\theta\, d\theta\, d\phi = a^2 \int_0^{\pi} \sin\theta\, d\theta \int_0^{2\pi} d\phi = 4\pi a^2$$

緯度 66.5° 相當於 $\theta = 90° - 66.5° = 23.5°$，故北極地區的面積為：

$$S^* = \iint_{R^*} a^2 \sin\theta\, d\theta\, d\phi = a^2 \int_0^{23.5°} \sin\theta\, d\theta \int_0^{2\pi} d\phi$$
$$= 2\pi a^2 (1 - \cos 23.5°) = 2\pi a^2\,(0.0829)$$

所佔百分比為：

$$\frac{S^*}{S} = \frac{2\pi a^2 (0.0829)}{4\pi a^2} = 0.0415 = 4.15\ \%$$

3-9 面積分 (二)

通常面積分的計算有一定的標準操作程序 (SOP)：

1. 寫出曲面 S 之方程式；
2. 將曲面方程式代入通量密度 $\vec{F}$ 及面元素 $d\vec{S}$ 中；
3. 依普通二重積分，計算積分值；
4. 若曲面 S 係由兩個曲面 S_1 及 S_2 組成，則分別求積分值後相加。

例題 3-22　設通量密度 $\vec{F} = \hat{\mathbf{x}}(x-y) + \hat{\mathbf{y}}(x+y) + \hat{\mathbf{z}}$，試求通過圖 3-20 之平面 S 的通量。

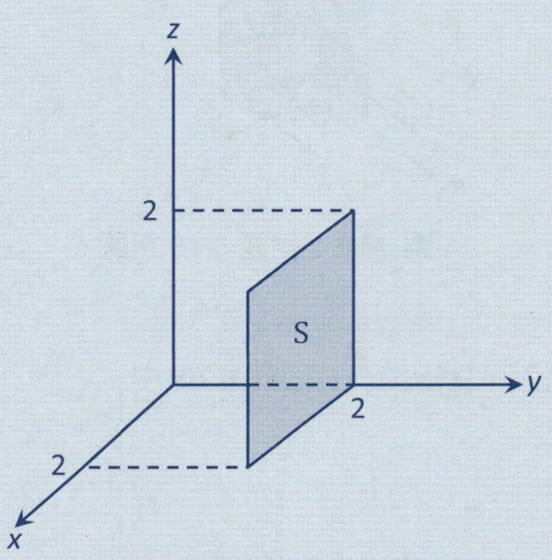

▲圖 3-20　**例題 3-22 用圖**

解： (a) 寫出平面 S 之方程式：$y = 2$；$\therefore dy = 0$

(b) 將平面方程式代入通量密度 $\vec{F}$ 及面元素 $d\vec{S}$ 中：

$$\vec{F} = \hat{\mathbf{x}}(x-y) + \hat{\mathbf{y}}(x+y) + \hat{\mathbf{z}} = \hat{\mathbf{x}}(x-2) + \hat{\mathbf{y}}(x+2) + \hat{\mathbf{z}}$$

$$d\vec{S} = \hat{\mathbf{x}}\,dy\,dz + \hat{\mathbf{y}}\,dz\,dx + \hat{\mathbf{z}}\,dx\,dy = \hat{\mathbf{y}}\,dx\,dz$$

(c) 依普通二重積分，計算積分值：

$$\vec{F} \cdot d\vec{S} = [\hat{\mathbf{x}}(x-2) + \hat{\mathbf{y}}(x+2) + \hat{\mathbf{z}}] \cdot [\hat{\mathbf{y}}\,dx\,dz] = (x+2)\,dx\,dz$$

$$\iint_S \vec{F} \cdot d\vec{S} = \int_0^2 \left[\int_0^2 (x+2)dx\right] dz = 6\int_0^2 dz = 12$$

例題 3-23　設通量密度 $\vec{F} = \hat{\mathbf{x}} F_0$，$F_0$ 為定值。試求通過圓柱面 $r = r_0$；$0 \leqq \phi \leqq \pi/2$，$0 \leqq z \leqq h$ (如圖 3-21 所示) 的通量。

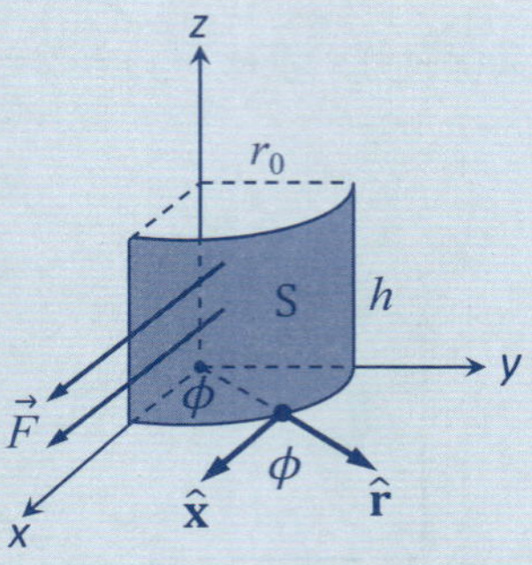

▲圖 3-21　例題 3-23 用圖

解： (a) 寫出曲面 S 之方程式：$r = r_0$；$\therefore dr = 0$

(b) 將曲面方程式代入通量密度 $\vec{F}$ 及面元素 $d\vec{S}$ 中：

$$\vec{F} = \hat{\mathbf{x}} F_0$$

$$d\vec{S} = \hat{\mathbf{r}}\, r_0\, d\phi\, dz$$

(c) 依普通二重積分，計算積分值：

$\vec{F} \cdot d\vec{S} = [\hat{\mathbf{x}} F_0] \cdot [\hat{\mathbf{r}}\, r_0\, d\phi\, dz] = \hat{\mathbf{x}} \cdot \hat{\mathbf{r}}\ F_0 r_0\, d\phi\, dz$

其中，$\hat{\mathbf{x}} \cdot \hat{\mathbf{r}} = \cos\phi$

$\therefore \vec{F} \cdot d\vec{S} = F_0 r_0 \cos\phi\, d\phi\, dz$

$$\iint_S \vec{F} \cdot d\vec{S} = F_0 r_0 \int_0^h \left[\int_0^{\pi/2} \cos\phi\, d\phi\right] dz = F_0 r_0 \int_0^h dz = F_0 r_0 h$$

例題 3-24　設通量密度 $\vec{F} = \hat{\mathbf{z}} F_0$，$F_0$ 為定值。試求通過半球面 $R = R_0$；$0 \leqq \theta \leqq \pi/2$，$0 \leqq \phi \leqq 2\pi$（如圖 3-22 所示）的通量。

解： (a) 寫出曲面 S 之方程式：$R = R_0$；$\therefore dR = 0$

(b) 將曲面方程式代入通量密度 $\vec{F}$ 及面元素 $d\vec{S}$ 中：

$$\vec{F} = \hat{\mathbf{z}} F_0$$

$$d\vec{S} = \hat{\mathbf{R}}\, R^2 \sin\theta\, d\theta\, d\phi + \hat{\boldsymbol{\theta}}\, R \sin\theta\, dR\, d\phi + \hat{\boldsymbol{\phi}}\, R\, dR\, d\theta = \hat{\mathbf{R}}\, R_0^2 \sin\theta\, d\theta\, d\phi$$

(c) 依普通二重積分，計算積分值：

$$\vec{F} \cdot d\vec{S} = [\hat{\mathbf{z}} F_0] \cdot [\hat{\mathbf{R}}\, R_0^2 \sin\theta\, d\theta\, d\phi] = \hat{\mathbf{z}} \cdot \hat{\mathbf{R}}\ F_0\, R_0^2 \sin\theta\, d\theta\, d\phi$$

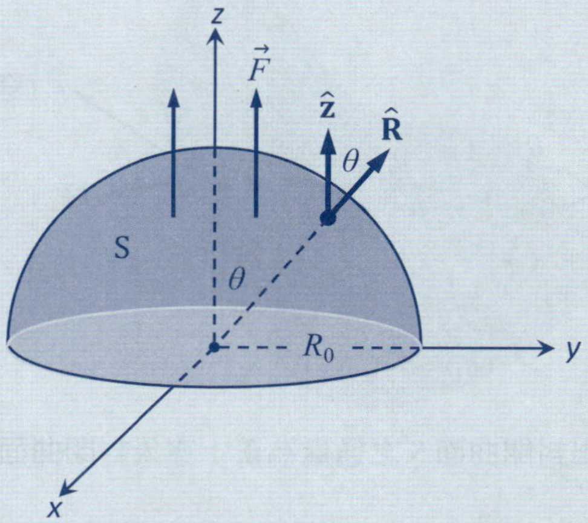

▲圖 3-22　例題 3-24 用圖

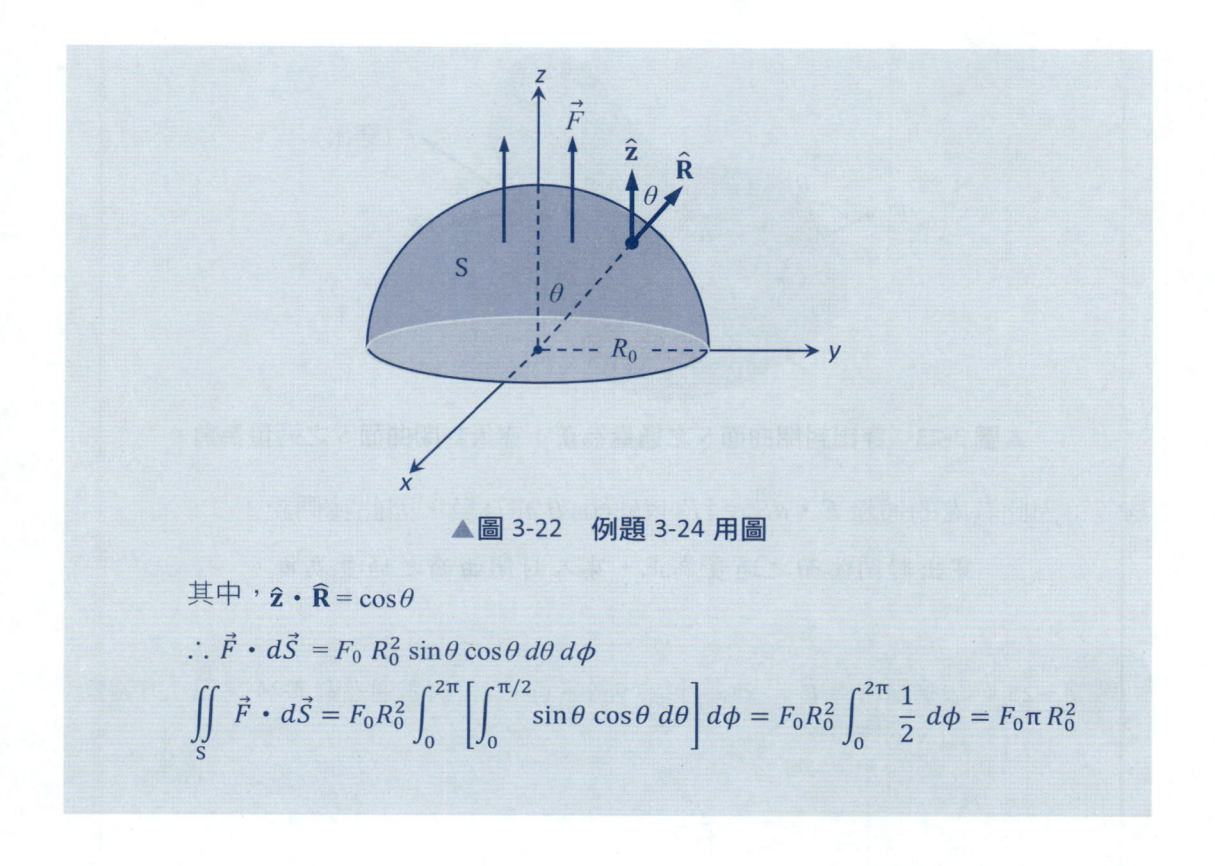

其中，$\hat{\mathbf{z}} \cdot \hat{\mathbf{R}} = \cos\theta$

$$\therefore \vec{F} \cdot d\vec{S} = F_0\, R_0^2 \sin\theta \cos\theta\, d\theta\, d\phi$$

$$\iint_S \vec{F} \cdot d\vec{S} = F_0 R_0^2 \int_0^{2\pi} \left[\int_0^{\pi/2} \sin\theta \cos\theta\, d\theta \right] d\phi = F_0 R_0^2 \int_0^{2\pi} \frac{1}{2}\, d\phi = F_0 \pi R_0^2$$

3-10　面積分 (三)

在數學上，計算面積分時之曲面，有的是開放的，如 [例題 3-22] 的平面、[例題 3-23] 的部分圓柱面、及 [例題 3-24] 的半球面均屬之。但有時曲面是封閉的，即所謂的「**封閉曲面**」。例如一個完整的球面就是封閉曲面；一個立體的所有表面合起來，也是一個封閉曲面。

封閉曲面與開放的曲面最主要的不同是，封閉曲面有「內」、「外」之分。基於清楚辨識此「內」、「外」之分的需要，我們規定：

封閉曲面上各點的面元素以向外為正方向。

如圖 3-23 所示，當通量密度 $\vec{F}$ 穿出一封閉曲面 S 時，與該處之面元素 $d\vec{S}$ 的夾角 θ 恆小於 90°，$\cos\theta$ 為正；因此該處的通量 $\vec{F} \cdot d\vec{S} = |\vec{F}|\,|d\vec{S}| \cos\theta$ 亦為正。相反地，當通量密度 $\vec{F}$ 穿入時，與該處之面元素 $d\vec{S}$ 的夾角 θ 恆大於 90°，$\cos\theta$

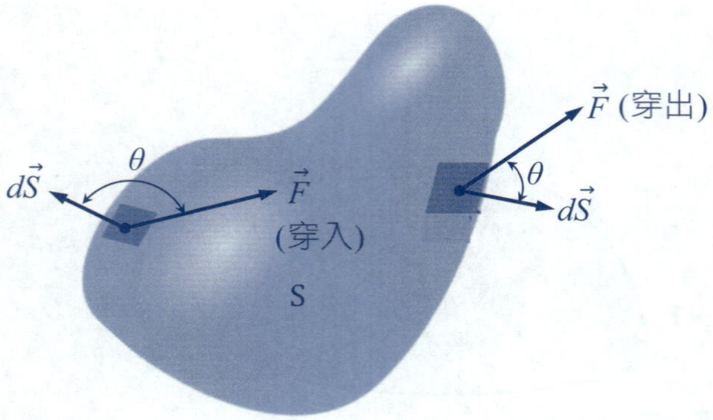

▲圖 3-23　**穿出封閉曲面 S 之通量為正；穿入封閉曲面 S 之通量為負**

為負；因此該處的通量 $\vec{F}\cdot d\vec{S}=|\vec{F}|\,|d\vec{S}|\cos\theta$ 亦為負。因此我們說：

穿出封閉曲面之通量為正，穿入封閉曲面之通量為負。

例題 3-25　設通量密度 $\vec{F}=\hat{\mathbf{x}}(x-y)+\hat{\mathbf{y}}(x+y)+\hat{\mathbf{z}}$，試求通過圖 3-24 之正立方體表面 S 的通量。

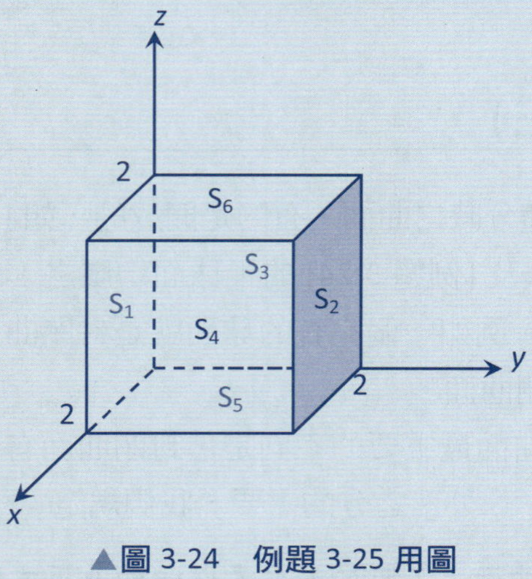

▲圖 3-24　**例題 3-25 用圖**

解： 正立方體共有六個面，全部合起來就是個封閉曲面；但每個面的方程式各不相同。

(a) 左面 (S_1)：$y=0$；∴ $dy=0$

$$\vec{F}=\hat{\mathbf{x}}(x-y)+\hat{\mathbf{y}}(x+y)+\hat{\mathbf{z}}=\hat{\mathbf{x}}x+\hat{\mathbf{y}}x+\hat{\mathbf{z}}$$

$d\vec{S} = -\ \hat{\mathbf{y}}\, dx\, dz$ (負號表示**向外**)

$\vec{F} \cdot d\vec{S} = -x\, dx\, dz$

$$\iint_{S_1} \vec{F} \cdot d\vec{S} = -\int_0^2 \left[\int_0^2 x\, dx\right] dz = -2\int_0^2 dz = -4$$

(b) 右面 (S_2)：$y = 2$；∴ $dy = 0$

$\vec{F} = \hat{\mathbf{x}}(x - y) + \hat{\mathbf{y}}(x + y) + \hat{\mathbf{z}} = \hat{\mathbf{x}}(x - 2) + \hat{\mathbf{y}}(x + 2) + \hat{\mathbf{z}}$

$d\vec{S} = \hat{\mathbf{y}}\, dx\, dz$

$\vec{F} \cdot d\vec{S} = [\hat{\mathbf{x}}(x - 2) + \hat{\mathbf{y}}(x + 2) + \hat{\mathbf{z}}] \cdot [\hat{\mathbf{y}}\, dx\, dz] = (x + 2)\, dx\, dz$

$$\iint_{S_2} \vec{F} \cdot d\vec{S} = \int_0^2 \left[\int_0^2 (x + 2) dx\right] dz = 6\int_0^2 dz = 12$$

(c) 後面 (S_3)：$x = 0$；∴ $dx = 0$

$\vec{F} = \hat{\mathbf{x}}(-y) + \hat{\mathbf{y}}\, y + \hat{\mathbf{z}}$

$d\vec{S} = -\ \hat{\mathbf{x}}\, dy\, dz$ (負號表示**向外**)

$\vec{F} \cdot d\vec{S} = [\hat{\mathbf{x}}(-y) + \hat{\mathbf{y}}\, y + \hat{\mathbf{z}}] \cdot [-\hat{\mathbf{x}}\, dy\, dz] = y\, dy\, dz$

$$\iint_{S_3} \vec{F} \cdot d\vec{S} = \int_0^2 \left[\int_0^2 y\, dy\right] dz = 2\int_0^2 dz = 4$$

(d) 前面 (S_4)：$x = 2$；∴ $dx = 0$

$\vec{F} = \hat{\mathbf{x}}(2 - y) + \hat{\mathbf{y}}(2 + y) + \hat{\mathbf{z}}$

$d\vec{S} = \hat{\mathbf{x}}\, dy\, dz$

$\vec{F} \cdot d\vec{S} = [\hat{\mathbf{x}}(2 - y) + \hat{\mathbf{y}}(2 + y) + \hat{\mathbf{z}}] \cdot [\hat{\mathbf{x}}\, dy\, dz] = (2 - y)\, dy\, dz$

$$\iint_{S_4} \vec{F} \cdot d\vec{S} = \int_0^2 \left[\int_0^2 (2 - y) dy\right] dz = 2\int_0^2 dz = 4$$

(e) 下面 (S_5)：$z = 0$；∴ $dz = 0$

$\vec{F} = \hat{\mathbf{x}}(x - y) + \hat{\mathbf{y}}(x + y) + \hat{\mathbf{z}}$

$d\vec{S} = -\hat{\mathbf{z}}\, dx\, dy$ (負號表示向外)

$\vec{F} \cdot d\vec{S} = [\hat{\mathbf{x}}(x - 2) + \hat{\mathbf{y}}(x + 2) + \hat{\mathbf{z}}] \cdot [-\hat{\mathbf{z}}\, dx\, dy] = -\, dx\, dy$

$$\iint_{S_5} \vec{F} \cdot d\vec{S} = \int_0^2 \left[\int_0^2 (-1) dx\right] dy = (-2)\int_0^2 dy = -4$$

(f) 上面 (S_6)：$z = 2$；$\therefore dz = 0$

$$\vec{F} = \hat{\mathbf{x}}\,(x-y) + \hat{\mathbf{y}}\,(x+y) + \hat{\mathbf{z}}$$

$$d\vec{S} = \hat{\mathbf{z}}\,dx\,dy$$

$$\vec{F} \cdot d\vec{S} = [\hat{\mathbf{x}}\,(x-2) + \hat{\mathbf{y}}\,(x+2) + \hat{\mathbf{z}}] \cdot [\,\hat{\mathbf{z}}\,dx\,dy] = dx\,dy$$

$$\iint_{S_6} \vec{F} \cdot d\vec{S} = \int_0^2 \left[\int_0^2 dx\right] dy = 2\int_0^2 dy = 4$$

將上述六個結果相加，即得總通量：

$$\oiint_S \vec{F} \cdot d\vec{S} = (-4) + 12 + 4 + 4 + (-4) + 4 = 16$$

在 [例題 3-25] 的最後一條式子裡，雙積分符號中的小圈圈代表這是在**封閉曲面** S 上的面積分。

原則上，面積分需使用雙積分符號：

$$\iint_S \vec{F} \cdot d\vec{S}$$

封閉曲面上的面積分也是一樣，需使用雙積分符號：

$$\oiint_S \vec{F} \cdot d\vec{S}$$

但是由於它們的下方已經有一個 S 註明，足以顯示是面積分，因此有時可以簡化，僅用單一個積分符號來代表：

$$\int_S \vec{F} \cdot d\vec{S} \equiv \iint_S \vec{F} \cdot d\vec{S}$$

$$\oint_S \vec{F} \cdot d\vec{S} \equiv \oiint_S \vec{F} \cdot d\vec{S}$$

例題 3-26 設通量密度 $\vec{F} = \hat{\mathbf{z}} F_0$，$F_0$ 為一常數；試求通過圖 3-25 之封閉曲面 S 的通量。(此封閉曲面 S 係由半球面 S_1 與「底平面」S_2 合成。)

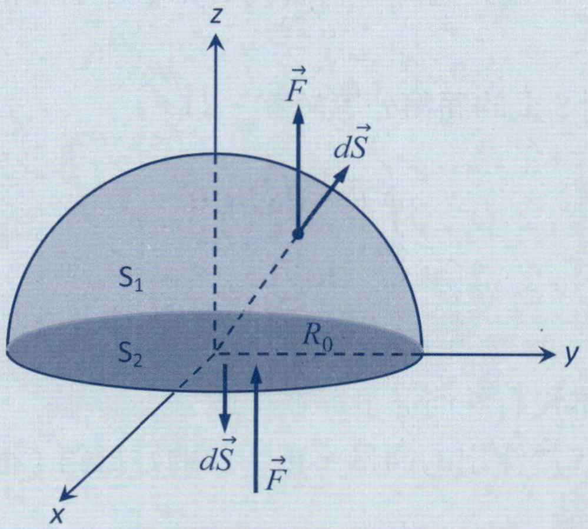

▲圖 3-25 例題 3-26 用圖

解：(a) 通過半球面 S_1 的通量 (詳見 [例題 3-24]) 為：

$$\iint_{S_1} \vec{F} \cdot d\vec{S} = +F_0 \pi R_0^2$$

注意此通量為**穿出**封閉曲面 S，故取正值。

(b) 通過「底平面」S_2 的通量計算如下。我們使用圓柱座標系的面元素：

$d\vec{S} = -\hat{\mathbf{z}}\, r\, dr\, d\phi$ (負號表示**向外**)

$$\vec{F} \cdot d\vec{S} = [\hat{\mathbf{z}} F_0] \cdot [-\hat{\mathbf{z}}\, r\, dr\, d\phi] = F_0(-r\, dr\, d\phi) = -F_0 r\, dr\, d\phi$$

$$\iint_{S_2} \vec{F} \cdot d\vec{S} = -F_0 \iint_{S_2} r\, dr\, d\phi = -F_0 \int_0^{R_0} r\, dr \int_0^{2\pi} d\phi = -F_0 \pi R_0^2$$

注意此通量為**穿入**封閉曲面 S，故為負值。

由以上兩個結果可得總通量為：

$$\oiint_{S} \vec{F} \cdot d\vec{S} = +F_0 \pi R_0^2 + (-F_0 \pi R_0^2) = 0$$

3-11 散度

從上一節的 [例題 3-25] 及 [例題 3-26]，我們看到在**封閉曲面**上的面積分有的等於零，有的不等於零；這究竟有什麼涵義？在電磁學裡，這又具有什麼物理意義呢？

假如在一封閉曲面 S 上的面積分等於零，即：

$$\oint_S \vec{F} \cdot d\vec{S} = 0 \tag{3-38}$$

則代表的涵義是：

1. 在封閉曲面 S 上根本沒有任何通量存在；或
2. 穿入 S 的通量剛好等於穿出的通量，正、負剛好抵銷；而這個狀況又有兩種可能：
   (1) 在封閉曲面 S 內，所有通量密度都是「**連續**」的，如圖 3-26(a) 所示；
   (2) 在封閉曲面 S 內，有些通量密度沒有連續——有的突然中斷消失，有的突然中途冒出，如圖 3-26(b) 所示。若中斷消失的恰好等於中途冒出的，則通過封閉曲面 S 的總通量仍然保持為零。

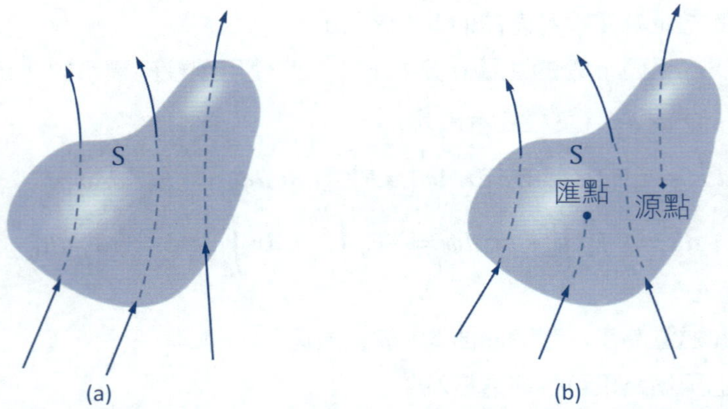

▲圖 3-26 **通過封閉曲面 S 之總通量為零，但：(a) 封閉曲面內通量密度皆為連續；(b) 封閉曲面內有源點、匯點**

上述通量密度在中途突然冒出的點稱為「**源點**」；而突然中斷消失的點稱為「**匯點**」。在靜電場裡，正電荷是電場的源點，而負電荷是電場的匯點。

通量密度在源點冒出的現象稱為「**發散**」;而在匯點消失的現象稱為「**匯聚**」。在數學上,匯聚現象可視為「反發散」。

另一方面,假如在一封閉曲面 S 上的面積分不等於零,即:

$$\oint_S \vec{F} \cdot d\vec{S} \neq 0 \tag{3-39}$$

則代表在封閉曲面 S 內,必有通量密度的「**不連續**」現象存在;也就是說,在封閉曲面 S 內,必有不等量的源點、匯點存在,使得穿入與穿出封閉曲面 S 的通量正、負無法互相抵銷的緣故,如圖 3-26(c)、(d) 所示。

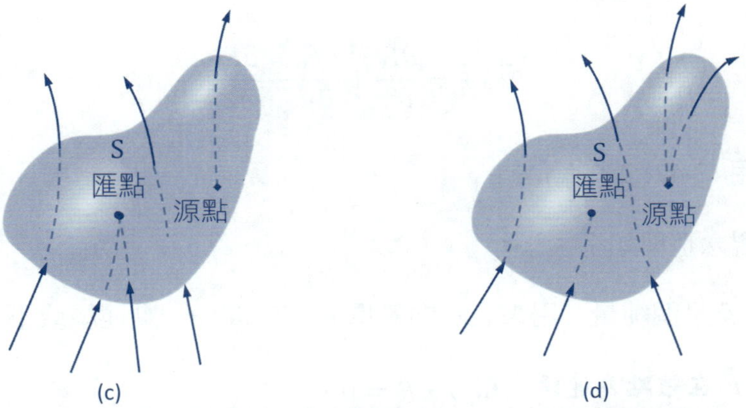

▲圖 3-26 (續) (c) **通過封閉曲面 S 之總通量為負**;(d) **通過封閉曲面 S 之總通量為正**

讓我們回到 (3-38) 式。我們只由該式之積分結果為零,根本無法得知在封閉曲面 S 內究竟是上述的狀況 (1) 還是狀況 (2);也就是說,我們無法知悉封閉曲面 S 內所有通量究竟都是連續的,還是有源點和匯點存在。

欲知這些細節,我們必須用到「**散度**」的觀念和公式。

在笛卡兒座標系中,任何向量場 $\vec{F} = \hat{\mathbf{x}} F_x + \hat{\mathbf{y}} F_y + \hat{\mathbf{z}} F_z$ 之散度的公式為:

$$\text{div}\,\vec{F} = \frac{\partial F_x}{\partial x} + \frac{\partial F_y}{\partial y} + \frac{\partial F_z}{\partial z} \tag{3-40}$$

其中,「div」為英文「divergence」的縮寫。

我們記得運算符 $\vec{\nabla}$ 的定義為：

$$\vec{\nabla} = \hat{\mathbf{x}}\frac{\partial}{\partial x} + \hat{\mathbf{y}}\frac{\partial}{\partial y} + \hat{\mathbf{z}}\frac{\partial}{\partial z} \quad \text{(詳見 3-16)}$$

兩向量之點乘積的計算公式為：

$$\vec{A}\cdot\vec{B} = A_x B_x + A_y B_y + A_z B_z \quad \text{(詳見 2-38)}$$

因此 (3-40) 式所示之散度公式可視為 $\vec{\nabla}$ 與 $\vec{F}$ 的點乘積，即：

$$\text{div}\,\vec{F} = \vec{\nabla}\cdot\vec{F} \tag{3-41}$$

也就是說，(3-40) 式可以寫成：

$$\vec{\nabla}\cdot\vec{F} = \frac{\partial F_x}{\partial x} + \frac{\partial F_y}{\partial y} + \frac{\partial F_z}{\partial z} \tag{3-42}$$

本書一律採用 (3-42) 式的寫法。

散度的觀念整理如下：

散度 $\vec{\nabla}\cdot\vec{F}$ 是個純量，用來表示向量場 $\vec{F}$ 在空間任一點連續或不連續的狀況：

1. **若向量場 $\vec{F}$ 在該點為連續，則 $\vec{\nabla}\cdot\vec{F} = 0$；**
2. **若向量場 $\vec{F}$ 在該點為發散，則 $\vec{\nabla}\cdot\vec{F} > 0$，該點稱為「源點」；**
3. **若向量場 $\vec{F}$ 在該點為匯聚，則 $\vec{\nabla}\cdot\vec{F} < 0$，該點稱為「匯點」。**

例題 3-27　設通量密度 $\vec{F} = \hat{\mathbf{x}}(x-y) + \hat{\mathbf{y}}(x+y) + \hat{\mathbf{z}}$，詳見 [例題 3-25]；試求 $\vec{\nabla}\cdot\vec{F}$。

解：由已知：$F_x = x - y$，$F_y = x + y$，$F_z = 1$

$$\therefore\ \vec{\nabla}\cdot\vec{F} = \frac{\partial F_x}{\partial x} + \frac{\partial F_y}{\partial y} + \frac{\partial F_z}{\partial z} = 1 + 1 + 0 = +2$$

此散度為正值，而且為常數 2，表示這個空間每一點都是源點，且發散 (冒出) 的通量都相同。這些冒出來的通量都會穿出封閉曲面 S (圖 3-24 中之立方體表面)，由 [例題 3-25] 之計算，其總通量即為 $\oiint_S \vec{F}\cdot d\vec{S} = 16$。

例題 3-28 設一向量場 $\vec{F}=-\hat{\mathbf{x}}\,xy^2+\hat{\mathbf{y}}\,x^2y+\hat{\mathbf{z}}\,2$，試求下列各點的 $\vec{\nabla}\cdot\vec{F}$：
(a) $P_1(0,0,0)$；(b) $P_2(2,1,1)$；(c) $P_3(1,-2,2)$。

解：由已知：$F_x=-xy^2$，$F_y=x^2y$，$F_z=2$

$$\therefore\ \vec{\nabla}\cdot\vec{F}=\frac{\partial F_x}{\partial x}+\frac{\partial F_y}{\partial y}+\frac{\partial F_z}{\partial z}=-y^2+x^2$$

(a) 在點 $P_1(0,0,0)$：$\vec{\nabla}\cdot\vec{F}=-y^2+x^2\,|_{(0,0,0)}=0$（**連續**）

(b) 在點 $P_2(2,1,1)$：$\vec{\nabla}\cdot\vec{F}=-y^2+x^2\,|_{(2,1,1)}=+3$（**源點**）

(c) 在點 $P_3(1,-2,2)$：$\vec{\nabla}\cdot\vec{F}=-y^2+x^2\,|_{(1,-2,2)}=-3$（**匯點**）

笛卡兒座標系的散度公式如 (3-42) 式所示；圓柱座標系與球座標系也有各自的散度公式，均列於表 3-5。

▼**表 3-5　三個座標系之散度公式**

座標系名稱	散度公式
笛卡兒座標系	$\vec{\nabla}\cdot\vec{F}=\dfrac{\partial F_x}{\partial x}+\dfrac{\partial F_y}{\partial y}+\dfrac{\partial F_z}{\partial z}$
圓柱座標系	$\vec{\nabla}\cdot\vec{F}=\dfrac{1}{r}\dfrac{\partial}{\partial r}(rF_r)+\dfrac{1}{r}\dfrac{\partial F_\phi}{\partial\phi}+\dfrac{\partial F_z}{\partial z}$
球座標系	$\vec{\nabla}\cdot\vec{F}=\dfrac{1}{R^2}\dfrac{\partial}{\partial R}(R^2F_R)+\dfrac{1}{R\sin\theta}\dfrac{\partial}{\partial\theta}(\sin\theta\,F_\theta)+\dfrac{1}{R\sin\theta}\dfrac{\partial F_\phi}{\partial\phi}$

3-12　三重積分

本節要複習普通微積分裡的「**三重積分**」。三重積分通常寫成如下的形式：

$$\iiint_D f(x,y,z)dV$$

其中，積分符號下方的字母「D」代表積分範圍，係英文「Domain」的縮寫；dV 稱為「**體元素**」，代表積分範圍 D 裡的微量體積。

由於用體元素來積分，因此三重積分也可稱為「**體積分**」，與「線積分」、「面積分」並列。

從 (2-62) 式我們知道，若一平行六面體以向量 $\vec{A}$、$\vec{B}$、及 $\vec{C}$ 為三邊構成，則其體積為：

$$\mathcal{V} = \vec{A} \cdot (\vec{B} \times \vec{C}) \qquad \text{(詳見 2-62)}$$

微量體積 dV 亦然；在笛卡兒座標系中，線元素為：

$$d\vec{L} = \hat{\mathbf{x}}\, dx + \hat{\mathbf{y}}\, dy + \hat{\mathbf{z}}\, dz$$

微量體積 dV 係以 $\hat{\mathbf{x}}\, dx$、$\hat{\mathbf{y}}\, dy$、及 $\hat{\mathbf{z}}\, dz$ 為三邊構成，故其體元素為：

$$dV = \hat{\mathbf{x}}\, dx \cdot (\hat{\mathbf{y}}\, dy \times \hat{\mathbf{z}}\, dz) = dx\, dy\, dz \qquad (3\text{-}43)$$

同理，在圓柱座標系中，線元素為：

$$d\vec{L} = \hat{\mathbf{r}}\, dr + \hat{\boldsymbol{\phi}}\, r\, d\phi + \hat{\mathbf{z}}\, dz$$

故其體元素為：

$$dV = \hat{\mathbf{r}}\, dr \cdot (\hat{\boldsymbol{\phi}}\, r\, d\phi \times \hat{\mathbf{z}}\, dz) = r\, dr\, d\phi\, dz \qquad (3\text{-}44)$$

同樣地，在球座標系中，線元素為：

$$d\vec{L} = \hat{\mathbf{R}}\, dR + \hat{\boldsymbol{\theta}}\, R\, d\theta + \hat{\boldsymbol{\phi}}\, R \sin\theta\, d\phi$$

故其體元素為：

$$dV = \hat{\mathbf{R}}\, dR \cdot (\hat{\boldsymbol{\theta}}\, R\, d\theta \times \hat{\boldsymbol{\phi}}\, R \sin\theta\, d\phi) = R^2 \sin\theta\, dR\, d\theta\, d\phi \qquad (3\text{-}45)$$

表 3-6 列出笛卡兒座標系、圓柱座標系、及球座標系的體元素公式。

▼表 3-6　三個座標系之體元素公式

座標系名稱	體元素公式
笛卡兒座標系	$dV = dx\, dy\, dz$
圓柱座標系	$dV = r\, dr\, d\phi\, dz$
球座標系	$dV = R^2 \sin\theta\, dR\, d\theta\, d\phi$

例題 3-29　**體積**。試求：(a) 半徑 r_0 高度 h 之圓柱形的體積；(b) 半徑 R_0 之球形的體積。

解：(a) 由圓柱座標系之體元素積分即得：

$$V = \iiint_D r\,dr\,d\phi\,dz = \int_0^{r_0} r\,dr \int_0^{2\pi} d\phi \int_0^h dz = \pi r_0^2 h$$

(b) 由球座標系之體元素積分即得：

$$V = \iiint_D R^2 \sin\theta\,dR\,d\theta\,d\phi = \int_0^{R_0} R^2\,dR \int_0^{\pi} \sin\theta\,d\theta \int_0^{2\pi} d\phi = \frac{4\pi}{3} R_0^3$$

古希臘數學家阿基米德發現，半徑 r、高度 $h = 2r$ 之圓柱形與半徑 r 的球形體積之比恰好為 3：2；從本例題可以得到印證。後來又有人發現，若再加入底面半徑 r、高度 $h = 2r$ 之**圓錐形**，三者體積之比恰好是 3：2：1！如圖 3-27 所示。

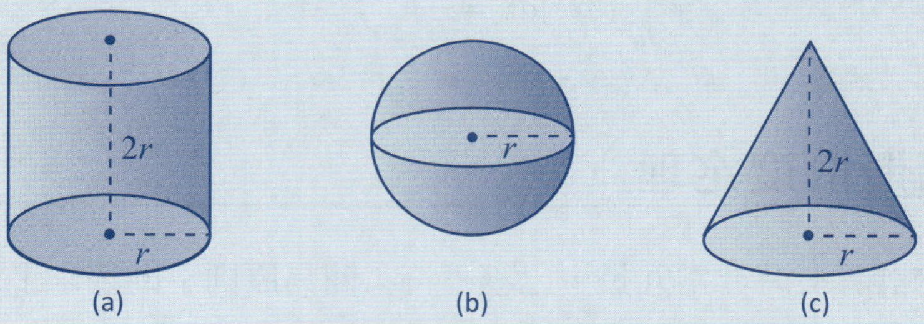

▲**圖 3-27**　(a) **圓柱形**；(b) **球形**；(c) **圓錐形**

三重積分的計算，除了多一重積分之外，其餘均與二重積分相仿。例如在對 x 積分時，y 與 z 均須視為定值，依此類推。

例題 3-30　試求函數 $f(x, y, z) = x + y + z$ 在範圍 $0 \leqq x \leqq 1$，$0 \leqq y \leqq 1$，$0 \leqq z \leqq 1$ 之積分。

解：本題顯然是三重積分；故：

$$\iiint_D f(x,y,z)\,dx\,dy\,dz = \int_0^1 \int_0^1 \int_0^1 (x+y+z)dx\,dy\,dz$$

$$= \int_0^1 \int_0^1 \left(\frac{1}{2} + y + z\right) dy\, dz$$

$$= \int_0^1 (1+z) dz = \frac{3}{2}$$

例題 3-31　試求函數 $f(x, y, z) = 2/yz$ 在範圍 $0 \leqq x \leqq 2$，$e^{-x} \leqq y \leqq 1$，$e^{-x} \leqq z \leqq 1$ 之積分。

解：$$\iiint_D f(x,y,z)\, dx\, dy\, dz = \int_0^2 \left[\int_1^{e^{-x}} \left(\int_1^{e^{-x}} \frac{2}{yz} dy\right) dz\right] dx$$

$$= \int_0^2 \left[\int_1^{e^{-x}} \left(-\frac{2x}{z}\right) dz\right] dx$$

$$= \int_0^2 [2x^2] dx = \frac{16}{3}$$

3-13　高斯散度定理

面積分的計算有時非常冗長，已經不符「簡易原則」的要求了；[例題 3-25] 就是一個明顯的例子。在數學上遇到這種情況，通常是找出適當的**定理**來應付。既然我們已經學過散度 (第 3-11 節)，也複習了三重積分 (第 3-12 節)，我們就可以來介紹一個很適用的定理，即「**高斯散度定理**」。

在第 3-11 節裡，我們知道一向量場 $\vec{F}$ 的散度 $\vec{\nabla} \cdot \vec{F}$ 是用來表示 $\vec{F}$ 在空間任一點為連續或不連續的狀況；若 $\vec{F}$ 在一封閉曲面 S 內有不連續的狀況，也就是有源點或匯點存在，則從各個源點冒出來的通量，以及消失在各個匯點的通量，最終都會反應在封閉曲面 S 上。用數學式子表示之，即為：

$$\iiint_D \vec{\nabla} \cdot \vec{F}\, dV = \oiint_S \vec{F} \cdot d\vec{S} \tag{3-46}$$

這就是所謂的「高斯散度定理」，或簡稱為「**散度定理**」。這個式子等號的左邊代表封閉曲面 S 之**內部**區域 D 所有從各個源點冒出來的通量和消失在各個匯點的通量的代數和；而等號的右邊則代表最終穿過封閉曲面 S 的總通量。

由於 (3-46) 式中的三重積分符號下方已經有標示積分範圍 D，面積分符號下方也有標示封閉曲面 S，故均可簡化為單一個積分符號：

$$\int_{D} \vec{\nabla} \cdot \vec{F}\, dV = \oint_{S} \vec{F} \cdot d\vec{S} \tag{3-47}$$

假設通量密度 $\vec{F}$ 為定值，例如 $\vec{F} = \hat{\mathbf{x}}\,a + \hat{\mathbf{y}}\,b + \hat{\mathbf{z}}\,c$，$a$、$b$、及 c 為常數；則其散度 $\vec{\nabla} \cdot \vec{F} = 0$。由散度定理 (3-46) 式知，通過**任何封閉曲面**的總通量恆等於零：

$$\oiint_{S} \vec{F} \cdot d\vec{S} \equiv 0 \qquad\qquad (\vec{F} = \text{定值})$$

例題 3-32 設通量密度 $\vec{F} = \hat{\mathbf{x}}\,(x-y) + \hat{\mathbf{y}}\,(x+y) + \hat{\mathbf{z}}$，試利用散度定理求通過圖 3-24 之正立方體表面 S 的通量。

解：因散度 $\vec{\nabla} \cdot \vec{F} = 2$（詳見 [例題 3-27]），故由散度定理知所求通量為：

$$\oiint_{S} \vec{F} \cdot d\vec{S} = \iiint_{D} \vec{\nabla} \cdot \vec{F}\, dV = \int_0^2 \int_0^2 \int_0^2 2\, dx\, dy\, dz = 16$$

本題與計算冗長的 [例題 3-25] 相比，很顯然較符合簡易原則。

例題 3-33 設通量密度 $\vec{F} = \hat{\mathbf{x}}\, x^3 + \hat{\mathbf{y}}\, 2x^2y + \hat{\mathbf{z}}\, x^2z$，試利用散度定理求通過圖 3-28 之圓柱體表面 S 的通量。$S = S_1 + S_2 + S_3$：

S_1：$x^2 + y^2 = 1$，$0 \leqq z \leqq 2$；

S_2：$z = 0$，$x^2 + y^2 \leqq 1$；

S_3：$z = 2$，$x^2 + y^2 \leqq 1$

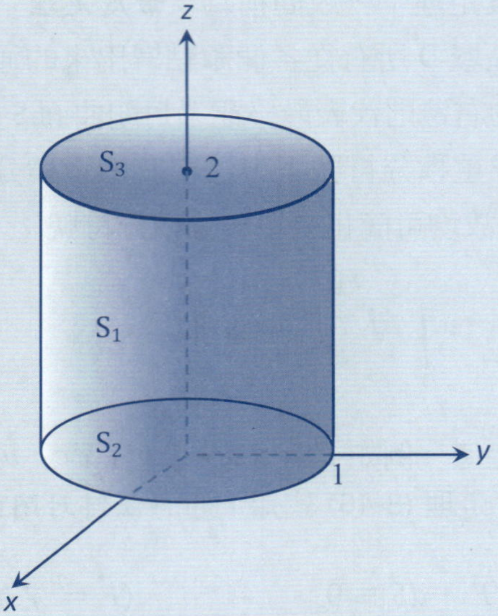

▲圖 3-28 例題 3-33 用圖

解：因散度 $\vec{\nabla}\cdot\vec{F}=6x^2$，故由散度定理知所求通量為：

$$\oiint_S \vec{F}\cdot d\vec{S}=\iiint_D \vec{\nabla}\cdot\vec{F}\,dV=\iiint_D 6x^2\,dV$$

因積分範圍 D 為圓柱體，故此三重積分宜採用圓柱座標：

$$6x^2=6(r\cos\phi)^2=6r^2\cos^2\phi\text{；}\quad dV=r\,dr\,d\phi\,dz$$

$$\iiint_D 6x^2\,dV=6\int_0^2\int_0^{2\pi}\int_0^1 r^3\cos^2\phi\,dr\,d\phi\,dz=3\pi$$

例題 3-34 設通量密度 $\vec{F}=\hat{\mathbf{x}}\,7x-\hat{\mathbf{z}}\,z$，試在球面 S：$x^2+y^2+z^2=4$ 及其內部 D 驗證高斯散度定理。

證：(a) 在球面 S 上做面積分：利用球座標，$x=2\sin\theta\cos\phi$，$z=2\sin\phi$，

則 $\vec{F}=\hat{\mathbf{x}}\,14\sin\theta\cos\phi-\hat{\mathbf{z}}\,2\cos\theta$，$d\vec{S}=\hat{\mathbf{R}}\,4\sin\theta\,d\theta\,d\phi$

$$\therefore\ \vec{F}\cdot d\vec{S}=[\hat{\mathbf{x}}\,14\sin\theta\cos\phi-\hat{\mathbf{z}}\,2\cos\theta]\cdot[\hat{\mathbf{R}}\,4\sin\theta\,d\theta\,d\phi]$$

$$=[\hat{\mathbf{x}}\cdot\hat{\mathbf{R}}\,(56\sin^2\theta\cos\phi)-\hat{\mathbf{z}}\cdot\hat{\mathbf{R}}\,(8\sin\theta\cos\theta)]\,d\theta\,d\phi$$

$$=[56\sin^3\theta\cos^2\phi-8\sin\theta\cos^2\theta]\,d\theta\,d\phi$$

$$\oiint_S \vec{F}\cdot d\vec{S}=\int_0^{2\pi}\int_0^{\pi}[56\sin^3\theta\cos^2\phi-8\sin\theta\cos^2\theta]\,d\theta\,d\phi=64\pi$$

(b) 在球面內部 D 做積分：

因散度 $\vec{\nabla}\cdot\vec{F}=6$，故：

$$\iiint_D \vec{\nabla}\cdot\vec{F}\,dV = 6\iiint_D dV = 6\left(\frac{32\pi}{3}\right) = 64\pi$$

∴ 得證。

此例題再度顯示利用散度定理計算較符合簡易原則。

3-14 史多克斯定理

在上一節中，我們看到**封閉曲面**上的面積分可以利用高斯散度定理來簡化計算。同樣地，沿著**封閉路徑** C 的線積分——即所謂的「**環量**」，詳見 (3-7) 式：

$$\oint_C \vec{F}\cdot d\vec{L} \tag{3-48}$$

也可以利用一個定理來簡化計算；這個定理就是本節要介紹的「**史多克斯定理**」。

要了解史多克斯定理，我們必須先在封閉積分路徑 C 內部的曲面 S 上選取一個面元素 $d\vec{S}$；在這個面元素四周的封閉路徑上 (我們以小寫字母 c 來稱呼它) 計算的環量即變成「微環量」，如圖 3-29(a) 所示。

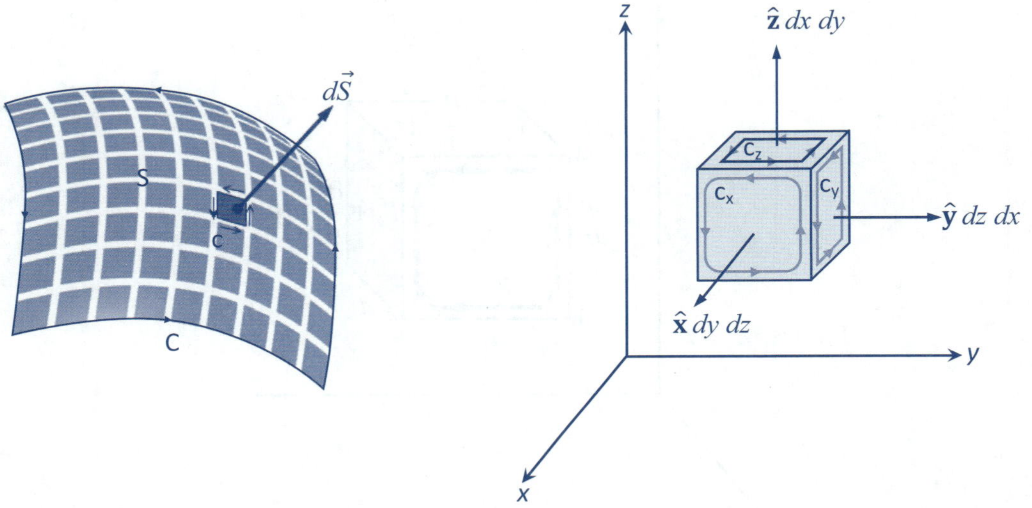

▲圖 3-29 (a) 在封閉路徑 C 之內部曲面 S 上取一面元素 $d\vec{S}$；
(b) 面元素四周的微路徑 c 分解成三個分量 c_x、c_y、及 c_z

在笛卡兒座標系中的面元素公式為：

$$d\vec{S} = \hat{\mathbf{x}}\,dy\,dz + \hat{\mathbf{y}}\,dz\,dx + \hat{\mathbf{z}}\,dx\,dy \tag{3-49}$$

如圖 3-29(b) 所示，我們令環繞 $\hat{\mathbf{x}}\,dy\,dz$ 的微封閉路徑為 c_x；環繞 $\hat{\mathbf{y}}\,dz\,dx$ 的微封閉路徑為 c_y；環繞 $\hat{\mathbf{z}}\,dx\,dy$ 的微封閉路徑為 c_z；那麼，向量場 $\vec{F}$ 在微封閉路徑 c 之環量即等於 $\vec{F}$ 在三個分路徑 c_x、c_y、及 c_z 之環量的總和：

$$\oint_{c}\vec{F}\cdot d\vec{L} = \oint_{c_x}\vec{F}\cdot d\vec{L} + \oint_{c_y}\vec{F}\cdot d\vec{L} + \oint_{c_z}\vec{F}\cdot d\vec{L} \tag{3-50}$$

此處，我們用小小的積分符號 $\oint$ 來代表沿**微封閉路徑**的微環量計算。

我們首先計算向量場 $\vec{F}$ 在微封閉路徑 c_x 之環量，如圖 3-30 所示。環量之計算必須遵照「右手定則」；即：以右手拇指指著 $\hat{\mathbf{x}}\,dy\,dz$ 的方向，其餘四指彎曲的方向就是計算環量的方向——從圖 3-30 看，就是逆時針的方向 $1 \to 2 \to 3 \to 4 \to 1$：

路徑 $1 \to 2$：$\vec{F}\cdot d\vec{L} = F_y\,dy$

路徑 $2 \to 3$：$\vec{F}\cdot d\vec{L} = \left(F_z + \dfrac{\partial F_z}{\partial y}dy\right)dz$

路徑 $3 \to 4$：$\vec{F}\cdot d\vec{L} = -\left(F_y + \dfrac{\partial F_y}{\partial z}dz\right)dy$

路徑 $4 \to 1$：$\vec{F}\cdot d\vec{L} = -F_z\,dz$

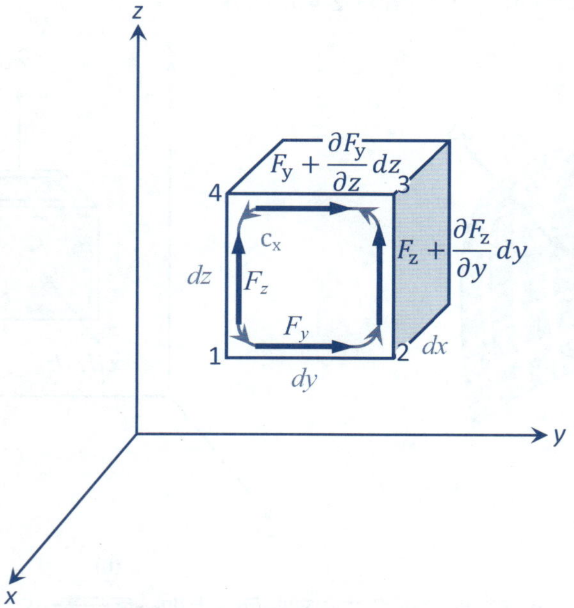

▲圖 3-30　沿微路徑 c_x 之環量計算

此四項相加即得：

$$\oint_{c_x} \vec{F} \cdot d\vec{L} = F_y\,dy + \left(F_z + \frac{\partial F_z}{\partial y}dy\right)dz - \left(F_y + \frac{\partial F_y}{\partial z}dz\right)dy - F_z\,dz$$

$$= \left(\frac{\partial F_z}{\partial y} - \frac{\partial F_y}{\partial z}\right)dy\,dz \qquad (3\text{-}51)$$

同理，在微封閉路徑 c_y 及 c_z 之微環量分別為：

$$\oint_{c_y} \vec{F} \cdot d\vec{L} = \left(\frac{\partial F_x}{\partial z} - \frac{\partial F_z}{\partial x}\right)dz\,dx \qquad (3\text{-}52)$$

$$\oint_{c_z} \vec{F} \cdot d\vec{L} = \left(\frac{\partial F_y}{\partial x} - \frac{\partial F_x}{\partial y}\right)dx\,dy \qquad (3\text{-}53)$$

將 (3-51) 式至 (3-53) 式代入 (3-50) 式即得：

$$\oint_{c} \vec{F} \cdot d\vec{L} = \left(\frac{\partial F_z}{\partial y} - \frac{\partial F_y}{\partial z}\right)dy\,dz + \left(\frac{\partial F_x}{\partial z} - \frac{\partial F_z}{\partial x}\right)dz\,dx + \left(\frac{\partial F_y}{\partial x} - \frac{\partial F_x}{\partial y}\right)dx\,dy \qquad (3\text{-}54)$$

由 (3-22) 式知，

$$\vec{\nabla} \times \vec{F} = \begin{vmatrix} \hat{\mathbf{x}} & \hat{\mathbf{y}} & \hat{\mathbf{z}} \\ \dfrac{\partial}{\partial x} & \dfrac{\partial}{\partial y} & \dfrac{\partial}{\partial z} \\ F_x & F_y & F_z \end{vmatrix} = \hat{\mathbf{x}}\left(\frac{\partial F_z}{\partial y} - \frac{\partial F_y}{\partial z}\right) + \hat{\mathbf{y}}\left(\frac{\partial F_x}{\partial z} - \frac{\partial F_z}{\partial x}\right) + \hat{\mathbf{z}}\left(\frac{\partial F_y}{\partial x} - \frac{\partial F_x}{\partial y}\right) \qquad (3\text{-}55)$$

故 (3-54) 式之等號右邊可視為 $\vec{\nabla} \times \vec{F}$ 與 $d\vec{S}$ 之點乘積；即：

$$\oint_{c} \vec{F} \cdot d\vec{L} = (\vec{\nabla} \times \vec{F}) \cdot d\vec{S} \qquad (3\text{-}56)$$

這是沿一個微封閉路徑 c 之環量。假如兩個這樣的環量合在一起結算，如圖 3-31(a) 所示，其結果是兩者相鄰邊界上的值相互抵銷，只剩四周一圈的值。同理，假如有四個這樣的環量合在一起結算，如圖 3-31(b) 所示，其結果是所有相鄰邊界上的值都相互抵銷，只剩四周一圈的值。依此類推，假如在一個曲面 S 上的無數個環量合在一起結算，則其結果是所有相鄰邊界上的值通通相互抵銷，只剩曲面 S 四周一圈——也就是其邊緣一圈 C 的值，如圖 3-31(c) 所示。以上敘述用數學式子表達出來，就是在 (3-57) 式的等號右邊沿曲面 S 上做面積分，而在等號左邊沿封閉曲線 C 做線積分 (即環量之計算)：

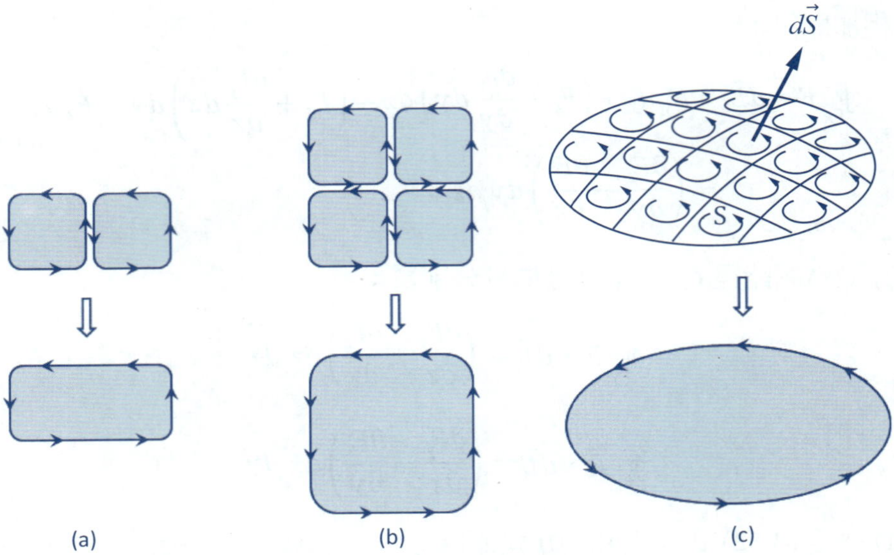

▲圖 3-31 史多克斯定理示意圖

$$\oint_C \vec{F}\cdot d\vec{L} = \iint_S (\vec{\nabla}\times\vec{F})\cdot d\vec{S} \tag{3-57}$$

這個式子就是史多克斯定理。在運用這個定理的時候，務必遵守前述的「右手定則」，也就是以右手拇指指向面元素 $d\vec{S}$ 的方向時，其餘四指彎曲的方向就是沿邊緣路徑 C 計算環量的方向。

例題 3-35 設向量場 $\vec{F} = \hat{\mathbf{x}}\, z^2 + \hat{\mathbf{y}}\ 5x$；試利用史多克斯定理在平面 S：$z=1$；$0 \leqq x \leqq 1$，$0 \leqq y \leqq 1$ 之四周求 $\vec{F}$ 之環量。

解：$\vec{\nabla}\times\vec{F} = \begin{vmatrix} \hat{\mathbf{x}} & \hat{\mathbf{y}} & \hat{\mathbf{z}} \\ \dfrac{\partial}{\partial x} & \dfrac{\partial}{\partial y} & \dfrac{\partial}{\partial z} \\ z^2 & 5x & 0 \end{vmatrix} = \hat{\mathbf{y}}\ 2z + \hat{\mathbf{z}}\ 5$

$\because\ z=1 \qquad \therefore\ dz=0$

$(\vec{\nabla}\times\vec{F})\cdot d\vec{S} = [\hat{\mathbf{y}}\ 2 + \hat{\mathbf{z}}\ 5]\cdot[\hat{\mathbf{z}}\ dx\,dy] = 5\,dx\,dy$

$$\oint_C \vec{F}\cdot d\vec{L} = \iint_S (\vec{\nabla}\times\vec{F})\cdot d\vec{S} = \int_0^1\int_0^1 5\,dx\,dy = 5$$

例題 3-36　如圖 3-6 所示，設 $\vec{F} = \hat{\mathbf{y}}(2-y) + \hat{\mathbf{z}}(yz-x)$，試利用史多克斯定理求 $\vec{F}$ 沿路徑 C 之環量。

解：$\vec{\nabla} \times \vec{F} = \begin{vmatrix} \hat{\mathbf{x}} & \hat{\mathbf{y}} & \hat{\mathbf{z}} \\ \dfrac{\partial}{\partial x} & \dfrac{\partial}{\partial y} & \dfrac{\partial}{\partial z} \\ 0 & 2-y & yz-x \end{vmatrix} = \hat{\mathbf{x}} z + \hat{\mathbf{y}}$

$\because\ x = 0 \qquad \therefore\ dx = 0$

$(\vec{\nabla} \times \vec{F}) \cdot d\vec{S} = [\hat{\mathbf{x}} z + \hat{\mathbf{y}}] \cdot [\hat{\mathbf{x}}\ dy\, dz] = z\, dy\, dz$

$$\oint_C \vec{F} \cdot d\vec{L} = \iint_S (\vec{\nabla} \times \vec{F}) \cdot d\vec{S} = \int_0^3 \int_0^y z\, dz\, dy = \frac{9}{2}$$

此題與 [例題 3-3] 比較，即可看出史多克斯定理化繁為簡的功能。

3-15　運算符 $\vec{\nabla}$

我們在第 3-5 節中曾經介紹過一個運算符，稱為「del」或「nabla」：

$$\vec{\nabla} = \hat{\mathbf{x}} \frac{\partial}{\partial x} + \hat{\mathbf{y}} \frac{\partial}{\partial y} + \hat{\mathbf{z}} \frac{\partial}{\partial z} \qquad \text{(詳見 3-16)}$$

如果用它來運算純量函數 $f(x, y, z)$，則可產生一個被稱為「梯度」的向量：

$$\vec{\nabla} f = \hat{\mathbf{x}} \frac{\partial f}{\partial x} + \hat{\mathbf{y}} \frac{\partial f}{\partial y} + \hat{\mathbf{z}} \frac{\partial f}{\partial z} \qquad \text{(詳見 3-18)}$$

如果用它來運算向量函數 $\vec{F}(x, y, z)$，則可產生一個被稱為「旋度」的向量：

$$\vec{\nabla} \times \vec{F} = \begin{vmatrix} \hat{\mathbf{x}} & \hat{\mathbf{y}} & \hat{\mathbf{z}} \\ \dfrac{\partial}{\partial x} & \dfrac{\partial}{\partial y} & \dfrac{\partial}{\partial z} \\ F_x & F_y & F_z \end{vmatrix} \qquad \text{(詳見 3-22)}$$

以及一個被稱為「散度」的純量：

$$\vec{\nabla} \cdot \vec{F} = \frac{\partial F_x}{\partial x} + \frac{\partial F_y}{\partial y} + \frac{\partial F_z}{\partial z} \qquad \text{(詳見 3-42)}$$

例題 3-37 設一純量函數 $f=f(x,y,z)$ 及一向量函數 $\vec{A}=\hat{\mathbf{x}}A_x+\hat{\mathbf{y}}A_y+\hat{\mathbf{z}}A_z$，試證：

$$\vec{\nabla}\cdot(f\vec{A})=f\vec{\nabla}\cdot\vec{A}+\vec{A}\cdot\vec{\nabla}f \tag{3-58}$$

證：

$$\vec{\nabla}\cdot(f\vec{A})=\frac{\partial}{\partial x}(fA_x)+\frac{\partial}{\partial y}(fA_y)+\frac{\partial}{\partial z}(fA_z)$$

$$=f\frac{\partial A_x}{\partial x}+A_x\frac{\partial f}{\partial x}+f\frac{\partial A_y}{\partial y}+A_y\frac{\partial f}{\partial y}+f\frac{\partial A_z}{\partial z}+A_z\frac{\partial f}{\partial z}$$

$$=\left(f\frac{\partial A_x}{\partial x}+f\frac{\partial A_y}{\partial y}+f\frac{\partial A_z}{\partial z}\right)+\left(A_x\frac{\partial f}{\partial x}+A_y\frac{\partial f}{\partial y}+A_z\frac{\partial f}{\partial z}\right) \tag{3-59}$$

$$f\vec{\nabla}\cdot\vec{A}=f\frac{\partial A_x}{\partial x}+f\frac{\partial A_y}{\partial y}+f\frac{\partial A_z}{\partial z} \tag{3-60}$$

$$\vec{A}\cdot\vec{\nabla}f=[\hat{\mathbf{x}}A_x+\hat{\mathbf{y}}A_y+\hat{\mathbf{z}}A_z]\cdot[\hat{\mathbf{x}}\frac{\partial f}{\partial x}+\hat{\mathbf{y}}\frac{\partial f}{\partial y}+\hat{\mathbf{z}}\frac{\partial f}{\partial z}]$$

$$=A_x\frac{\partial f}{\partial x}+A_y\frac{\partial f}{\partial y}+A_z\frac{\partial f}{\partial z} \tag{3-61}$$

將 (3-60) 式及 (3-61) 式代入 (3-59) 式中即得證。

與 (3-58) 式相似的另一個公式是：

$$\vec{\nabla}\times(f\vec{A})=f\vec{\nabla}\times\vec{A}+\vec{\nabla}f\times\vec{A} \tag{3-62}$$

除此之外，運算符 $\vec{\nabla}$ 還可以連續運用，產生一些重要的結果；例如：

$$\vec{\nabla}\times\vec{\nabla}f=0 \qquad \text{(詳見 3-26)}$$

以及

$$\vec{\nabla}\cdot(\vec{\nabla}\times\vec{F})=0 \tag{3-63}$$

這個恆等式的證明很簡單；根據向量三乘積公式：

$$\vec{A}\cdot(\vec{B}\times\vec{C})=\begin{vmatrix}A_x & A_y & A_z\\ B_x & B_y & B_z\\ C_x & C_y & C_z\end{vmatrix} \qquad \text{(詳見 2-63)}$$

將 $\vec{A}$ 與 $\vec{B}$ 都換成 $\vec{\nabla}$，而 $\vec{C}$ 換成 $\vec{F}$，則：

$$\vec{\nabla} \cdot (\vec{\nabla} \times \vec{F}) = \begin{vmatrix} \frac{\partial}{\partial x} & \frac{\partial}{\partial y} & \frac{\partial}{\partial z} \\ \frac{\partial}{\partial x} & \frac{\partial}{\partial y} & \frac{\partial}{\partial z} \\ F_x & F_y & F_z \end{vmatrix} \equiv 0$$

這個行列式恆等於零，因為第一列與第二列完全相同。故 (3-63) 式得證。

在電磁波的理論推導過程當中，有兩個公式也非常重要：

$$\vec{\nabla} \cdot (\vec{A} \times \vec{B}) = \vec{B} \cdot (\vec{\nabla} \times \vec{A}) - \vec{A} \cdot (\vec{\nabla} \times \vec{B}) \tag{3-64}$$

$$\vec{\nabla} \times (\vec{\nabla} \times \vec{A}) = \vec{\nabla}(\vec{\nabla} \cdot \vec{A}) - (\vec{\nabla} \cdot \vec{\nabla})\vec{A} \tag{3-65}$$

例題 3-38 設 $\vec{A} = \hat{\mathbf{x}} A_x$，試驗證 (3-65) 式。

證： 由已知：

$$\vec{\nabla} \times \vec{A} = \begin{vmatrix} \hat{\mathbf{x}} & \hat{\mathbf{y}} & \hat{\mathbf{z}} \\ \frac{\partial}{\partial x} & \frac{\partial}{\partial y} & \frac{\partial}{\partial z} \\ A_x & 0 & 0 \end{vmatrix} = \hat{\mathbf{y}} \frac{\partial A_x}{\partial z} - \hat{\mathbf{z}} \frac{\partial A_x}{\partial y}$$

$$\vec{\nabla} \times (\vec{\nabla} \times \vec{A}) = \begin{vmatrix} \hat{\mathbf{x}} & \hat{\mathbf{y}} & \hat{\mathbf{z}} \\ \frac{\partial}{\partial x} & \frac{\partial}{\partial y} & \frac{\partial}{\partial z} \\ 0 & \frac{\partial A_x}{\partial z} & -\frac{\partial A_x}{\partial y} \end{vmatrix} = -\hat{\mathbf{x}} \left(\frac{\partial^2 A_x}{\partial y^2} + \frac{\partial^2 A_x}{\partial z^2} \right) + \hat{\mathbf{y}} \frac{\partial^2 A_x}{\partial x \partial y} + \hat{\mathbf{z}} \frac{\partial^2 A_x}{\partial x \partial z} \tag{3-66}$$

$$\vec{\nabla} \cdot \vec{A} = \frac{\partial A_x}{\partial x}，\quad \vec{\nabla}(\vec{\nabla} \cdot \vec{A}) = \hat{\mathbf{x}} \frac{\partial^2 A_x}{\partial x^2} + \hat{\mathbf{y}} \frac{\partial^2 A_x}{\partial x \partial y} + \hat{\mathbf{z}} \frac{\partial^2 A_x}{\partial x \partial z}$$

$$(\vec{\nabla} \cdot \vec{\nabla})\vec{A} = \hat{\mathbf{x}} \left(\frac{\partial^2 A_x}{\partial x^2} + \frac{\partial^2 A_x}{\partial y^2} + \frac{\partial^2 A_x}{\partial z^2} \right)$$

$$\vec{\nabla}(\vec{\nabla} \cdot \vec{A}) - (\vec{\nabla} \cdot \vec{\nabla})\vec{A} = -\hat{\mathbf{x}} \left(\frac{\partial^2 A_x}{\partial y^2} + \frac{\partial^2 A_x}{\partial z^2} \right) + \hat{\mathbf{y}} \frac{\partial^2 A_x}{\partial x \partial y} + \hat{\mathbf{z}} \frac{\partial^2 A_x}{\partial x \partial z} \tag{3-67}$$

由 (3-66) 式及 (3-67) 式知，(3-65) 式得證。

上述由運算符 $\vec{\nabla}$ 產生的常用向量公式列於表 3-7。

▼表 3-7　由運算符 $\vec{\nabla}$ 產生的常用向量公式

1	$\vec{\nabla}\cdot(f\vec{A})=f\vec{\nabla}\cdot\vec{A}+\vec{A}\cdot\vec{\nabla}f$	2	$\vec{\nabla}\times(f\vec{A})=f\vec{\nabla}\times\vec{A}+\vec{\nabla}f\times\vec{A}$
3	$\vec{\nabla}\times\vec{\nabla}f=0$	4	$\vec{\nabla}\cdot(\vec{\nabla}\times\vec{F})=0$
5	$\vec{\nabla}\cdot(\vec{A}\times\vec{B})=\vec{B}\cdot(\vec{\nabla}\times\vec{A})-\vec{A}\cdot(\vec{\nabla}\times\vec{B})$	6	$\vec{\nabla}\times(\vec{\nabla}\times\vec{A})=\vec{\nabla}(\vec{\nabla}\cdot\vec{A})-(\vec{\nabla}\cdot\vec{\nabla})\vec{A}$

3-16　拉卜拉斯方程式

這一節我們要討論的是**保守場**。根據 (3-19) 式，一個保守場 $\vec{F}$ 可以對應一個「**位勢函數**」$f=f(x,y,z)$，使得：

$$\vec{F}=\vec{\nabla}f \qquad \text{(詳見 3-19)}$$

假設此一保守場 $\vec{F}$ 在某空間各點均為「**連續**」，則：

$$\vec{\nabla}\cdot\vec{F}=0 \qquad \text{(詳見 3-25)}$$

由此二式可得：

$$\vec{\nabla}\cdot(\vec{\nabla}f)=(\vec{\nabla}\cdot\vec{\nabla})f=\nabla^2 f=0$$

故

$$\nabla^2 f=0 \tag{3-68}$$

其中

$$\nabla^2=\vec{\nabla}\cdot\vec{\nabla}=\frac{\partial^2}{\partial x^2}+\frac{\partial^2}{\partial y^2}+\frac{\partial^2}{\partial z^2} \tag{3-69}$$

稱為「**拉卜拉斯運算符**」；而 (3-68) 式：

$$\nabla^2 f=\frac{\partial^2 f}{\partial x^2}+\frac{\partial^2 f}{\partial y^2}+\frac{\partial^2 f}{\partial z^2}=0 \tag{3-70}$$

則稱為「**拉卜拉斯方程式**」。

若位勢函數 f 僅與 x、y 有關，即 $f=f(x,y)$，則 (3-70) 式簡化為：

$$\nabla^2 f = \frac{\partial^2 f}{\partial x^2} + \frac{\partial^2 f}{\partial y^2} = 0 \tag{3-71}$$

稱為「**二維拉卜拉斯方程式**」。

拉卜拉斯方程式是個二階偏微分方程式；通常偏微分方程式的解都有很大的彈性，例如：

$$f = x^3 - 3xy^2\text{；}\quad f = e^x \cos y\text{；}\quad f = \sin x \cosh y \tag{3-72}$$

等等，都是 (3-71) 式之解。唯有在完整的「邊界條件」限制之下，才能求得**唯一解**。

求解拉卜拉斯方程式的數學理論，稱為「**位勢理論**」；所求得之解通稱為「**諧和函數**」。(3-72) 式中所列舉的三個函數都是諧和函數。

例題 3-39　試驗證 $f = x^3 - 3x\,y^2$ 為二維拉卜拉斯方程式 (3-71) 式之一解。

證： $\dfrac{\partial^2 f}{\partial x^2} + \dfrac{\partial^2 f}{\partial y^2} = 6x - 6x = 0$

∴ 得證。

(3-70) 式是以笛卡兒座標表示的拉卜拉斯方程式；圓柱座標系及球座標系中也有各自的表示式，均列於表 3-8 中。

▼表 3-8　三個座標系中之拉卜拉斯方程式

座標系名稱	拉卜拉斯方程式
笛卡兒座標系	$\nabla^2 f = \frac{\partial^2 f}{\partial x^2} + \frac{\partial^2 f}{\partial y^2} + \frac{\partial^2 f}{\partial z^2} = 0$
圓柱座標系	$\nabla^2 f = \frac{1}{r}\frac{\partial}{\partial r}\left(r\frac{\partial f}{\partial r}\right) + \frac{1}{r^2}\frac{\partial^2 f}{\partial \phi^2} + \frac{\partial^2 f}{\partial z^2} = 0$
球座標系	$\nabla^2 f = \frac{1}{R^2}\left[\frac{\partial}{\partial R}\left(R^2\frac{\partial f}{\partial R}\right) + \frac{1}{\sin\theta}\frac{\partial}{\partial \theta}\left(\sin\theta\frac{\partial f}{\partial \theta}\right) + \frac{1}{\sin^2\theta}\frac{\partial^2 f}{\partial \phi^2}\right] = 0$

例題 3-40 設在球座標系中，f 僅與座標 R 有關，即：

$$f = f(R)$$

試求解拉卜拉斯方程式。

解：因 $f = f(R)$，故拉卜拉斯方程式變成**常微分方程式**：

$$\frac{1}{R^2}\left[\frac{d}{dR}\left(R^2\frac{df}{dR}\right)\right] = 0$$

$$\frac{d}{dR}\left(R^2\frac{df}{dR}\right) = 0 \qquad (R \neq 0)$$

積分：$R^2\dfrac{df}{dR} = \tilde{c}$ （$\tilde{c}$ 為積分常數）

$$\frac{df}{dR} = \frac{\tilde{c}}{R^2}$$

再積分：$f = -\dfrac{\tilde{c}}{R} + c$ （c 為積分常數）

$$\therefore\ f = f(R) = \frac{k}{R} + c \qquad (k = -\tilde{c})$$

在球座標系中，若一純量函數 f 僅與座標 R 有關，而與天頂角 θ、方位角 ϕ 無關，即 $f = f(R)$，如 [例題 3-40] 所述，我們稱此函數具有「**球形對稱**」。在電磁學裡，點電荷所產生的電位函數 $V = V(R)$ 即具有球形對稱，並且合乎拉卜拉斯方程式，因此由 [例題 3-40] 可知點電荷的電位必為如下之形式：

$$V = V(R) = \frac{k}{R}$$

(為配合「簡易原則」，我們令積分常數 $c = 0$)；詳見第 4-9 節。

電荷是所有電磁現象的起源，而**點電荷**則是電磁學所有論述的起點；現在我們就從這個起點出發，向電磁學的殿堂邁進！

習題

(若無特別註明，本書各章習題之物理量的有效位數請自行判斷。)

3-2 線積分 (一)

3.1 設 $\vec{F}=\hat{\mathbf{x}}\,y^2-\hat{\mathbf{y}}\,x^2+\hat{\mathbf{z}}\,z^2$，試求沿路徑 C_1 之線積分；C_1：由 (0, 0, 0) 至 (1, 4, 0) 之直線段 (詳見圖 E3-1)。

3.2 設 $\vec{F}=\hat{\mathbf{x}}\,y^2-\hat{\mathbf{y}}\,x^2+\hat{\mathbf{z}}\,z^2$，試求沿路徑 C_2 之線積分；C_2：由 (1, 4, 0) 至 (1, 4, 3) 之直線段 (詳見圖 E3-1)。

3.3 設 $\vec{F}=\hat{\mathbf{x}}\,y^2-\hat{\mathbf{y}}\,x^2+\hat{\mathbf{z}}\,z^2$，試求沿路徑 C_3 之線積分；C_3：由 (1, 4, 3) 至 (0, 0, 0) 之直線段 (詳見圖 E3-1)。

3.4 設 $\vec{F}=\hat{\mathbf{x}}\,y^2-\hat{\mathbf{y}}\,x^2+\hat{\mathbf{z}}\,z^2$，試求沿路徑 C 之線積分；C：上述 $C_1+C_2+C_3$ (封閉路徑) (詳見圖 E3-1)。

3.5 設 $\vec{F}=\hat{\mathbf{x}}\,(x-y)^2+\hat{\mathbf{y}}\,(y-x)^2$，試求沿路徑 C 之線積分；C：$xy=1$，$z=0$；$1\leqq x\leqq 4$ (詳見圖 E3-2)。

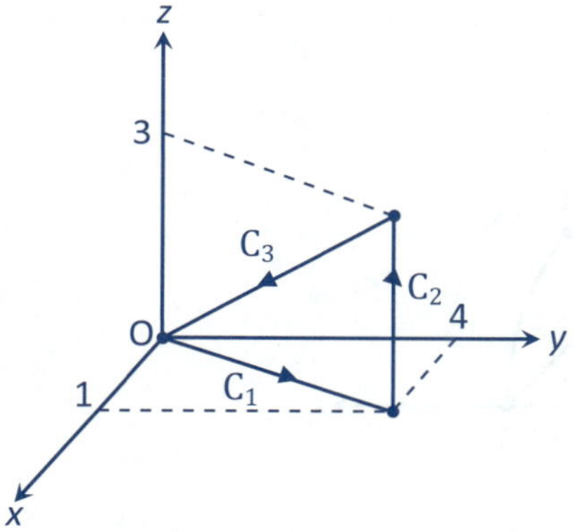

▲圖 E3-1　習題 3.1 至 3.4 用圖

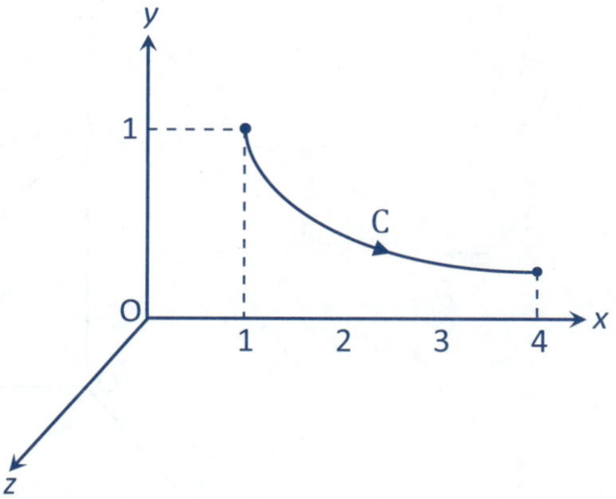

▲圖 E3-2　習題 3.5 用圖

3-3 線積分 (二)

3.6 設 $\vec{F}=\hat{\mathbf{x}}\,y-\hat{\mathbf{y}}\,x$，試求：(a) 沿路徑 C_1 之線積分；C_1：$y=\sqrt{x}$，$0\leqq x\leqq 1$；(b) 沿路徑 C_2 之線積分；C_2：$y=x^2$，$0\leqq x\leqq 1$；詳見圖 E3-3；(c) 將 C_2 反向與 C_1 合成一封閉路徑，試求 $\vec{F}$ 沿此封閉路徑之環量。

3.7 設 $\vec{F}=\hat{\mathbf{x}}\,x^2y+\hat{\mathbf{y}}\,xy^2$，試求：(a) 沿路徑 C_1 之線積分；(b) 沿路徑 C_2 之線積分；詳見圖 E3-4；(c) 將 C_2 反向與 C_1 合成一封閉路徑，試求 $\vec{F}$ 沿此封閉路徑之環量。

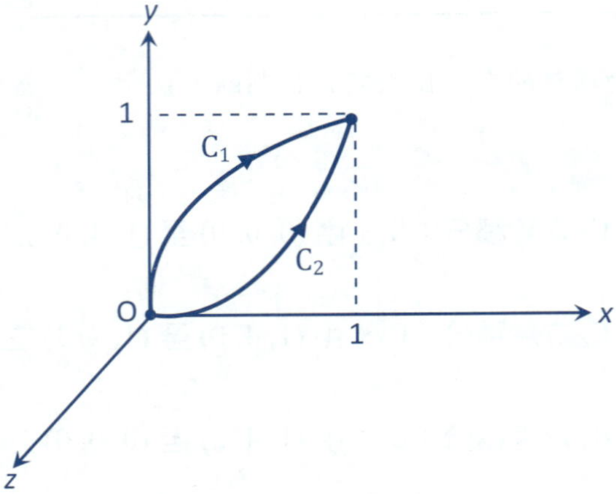

▲圖 E3-3　習題 3.6 用圖

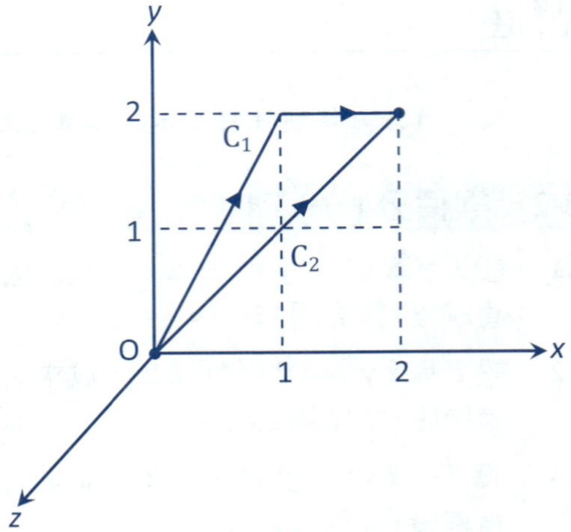

▲圖 E3-4　習題 3.7 用圖

3.8　設 $\vec{F}=-\hat{\mathbf{x}}\,y+\hat{\mathbf{y}}\,x+\hat{\mathbf{z}}\,z^2$，試求：(a) 沿路徑 C_1 之線積分。C_1：$z=0$；$y=1-x$，$0\leqq x\leqq 1$；(b) 沿路徑 C_2 之線積分；C_2：$z=0$；$y=\sqrt{1-x^2}$，$0\leqq x\leqq 1$；詳見圖 E3-5；(c) 將 C_1 反向與 C_2 合成一封閉路徑，$\vec{F}$ 沿此封閉路徑之環量。

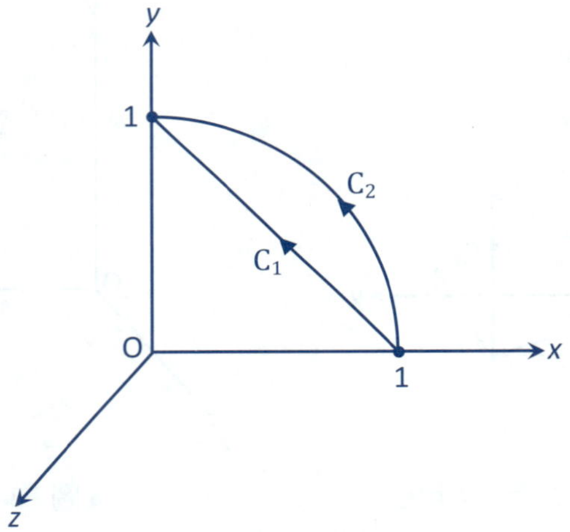

▲圖 E3-5　習題 3.8 用圖

3-4　線積分 (三)

3.9　設 $\vec{F}=\hat{\mathbf{x}}\,2xy^2+\hat{\mathbf{y}}\,2x^2y+\hat{\mathbf{z}}$；試求：(a) 位勢函數 $f(x, y, z)$；(b) 由 A(0, 0, 0) 至 B(1, 2, 3) 之線積分。

3.10　設 $\vec{F}=\hat{\mathbf{x}}\cos(x+yz)+\hat{\mathbf{y}}\,z\cos(x+yz)+\hat{\mathbf{z}}\,y\cos(x+yz)$；試求：(a) 位勢函數 $f(x, y, z)$；(b) 由 A(0, 0, 0) 至 B(1, 1, 1) 之線積分。

3.11 設 $\vec{F}=\hat{\mathbf{x}}\,e^{z}+\hat{\mathbf{y}}\,2y+\hat{\mathbf{z}}\,xe^{z}$；試求：(a) 位勢函數 $f(x, y, z)$；(b) 由 A(0, 0, 0) 至 B(1, –2, 2) 之線積分。

3.12 設 $\vec{F}=\hat{\mathbf{x}}\,yz\sinh xz+\hat{\mathbf{y}}\cosh xz+\hat{\mathbf{z}}\,xy\sinh xz$；試求：(a) 位勢函數 $f(x, y, z)$；(b) 由 A(0, 2, 3) 至 B(1, 1, 1) 之線積分。

3-5 方向導數及梯度

3.13 設一純量函數為 $f(x, y, z)=x\,y\,z$，試求：(a) $\vec{\nabla}f$；(b) 在點 (–1, 1, 3) 的 $\vec{\nabla}f$；(c) 在點 (–1, 1, 3) 沿著向量 $\vec{B}=\hat{\mathbf{x}}-\hat{\mathbf{y}}\,2+\hat{\mathbf{z}}\,2$ 之方向的方向導數。

3.14 設一純量函數為 $f(x, y, z)=e^{x}\cos y$，試求：(a) $\vec{\nabla}f$；(b) 在點 (2, π, 0) 的 $\vec{\nabla}f$；(c) 在點 (2, π, 0) 沿著向量 $\vec{B}=\hat{\mathbf{x}}\,4+\hat{\mathbf{y}}\,3$ 之方向的方向導數。

3.15 設一純量函數為 $f(x, y, z)=1/\sqrt{x^2+y^2+z^2}$，試求：(a) $\vec{\nabla}f$；(b) 在點 (3, 0, 4) 的 $\vec{\nabla}f$；(c) 在點 (3, 0, 4) 沿著向量 $\vec{B}=\hat{\mathbf{x}}+\hat{\mathbf{y}}+\hat{\mathbf{z}}$ 之方向的方向導數。

3.16 試求曲面 $y=4x/3-2/3$ 在點 P(2, 2, 2) 之單位法線向量。

3.17 試求曲面 $z=\sqrt{x^2+y^2}$ 在點 P(6, 8, 10) 之單位法線向量。

3-6 旋度

3.18 設 $\vec{F}=\hat{\mathbf{x}}\,yz+\hat{\mathbf{y}}\,3zx+\hat{\mathbf{z}}\,z$；試求：(a) $\vec{\nabla}\times\vec{F}$；(b) 點 (1, 1, 1) 之 $\vec{\nabla}\times\vec{F}$。

3.19 設 $\vec{F}=(\hat{\mathbf{x}}\,x+\hat{\mathbf{y}}\,y+\hat{\mathbf{z}}\,z)/(x^2+y^2+z^2)^{3/2}$；試求 $\vec{\nabla}\times\vec{F}$。

3.20 設 $\vec{F}=xyz(\hat{\mathbf{x}}\,x+\hat{\mathbf{y}}\,y+\hat{\mathbf{z}}\,z)$；試求：(a) $\vec{\nabla}\times\vec{F}$；(b) 點 (1, 2, 3) 之 $\vec{\nabla}\times\vec{F}$。

3.21 設 $\vec{F}=\hat{\mathbf{r}}\,5e^{-r}\cos\phi-\hat{\mathbf{z}}\,5\cos\phi$；試求：(a) $\vec{\nabla}\times\vec{F}$；(b) 點 (2, 3π/2, 1) 之 $\vec{\nabla}\times\vec{F}$。

3.22 設 $\vec{F}=\hat{\boldsymbol{\theta}}\,10\sin\theta$；試求：(a) $\vec{\nabla}\times\vec{F}$；(b) 點 (2, π/2, 0) 之 $\vec{\nabla}\times\vec{F}$。

3-7 二重積分

3.23 試在圖 E3-6 所示之範圍 R 求積分：

$$\iint_{R} x\,dx\,dy$$

3.24 試在圖 E3-6 所示之範圍 R 求積分：

$$\iint_{R} y^2\,dx\,dy$$

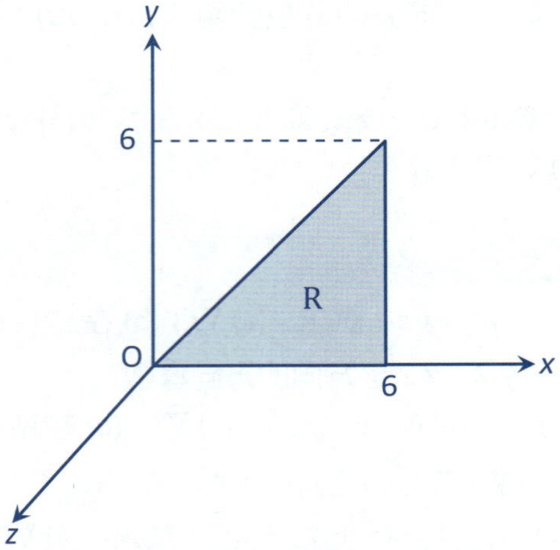

▲圖 E3-6　習題 3.23 至 3.24 用圖

3.25　試在圖 E3-7 所示之範圍 R 求積分：

$$\iint_R y\,dx\,dy$$

3.26　試在圖 E3-7 所示之範圍 R 求積分：

$$\iint_R x^2 dx\,dy$$

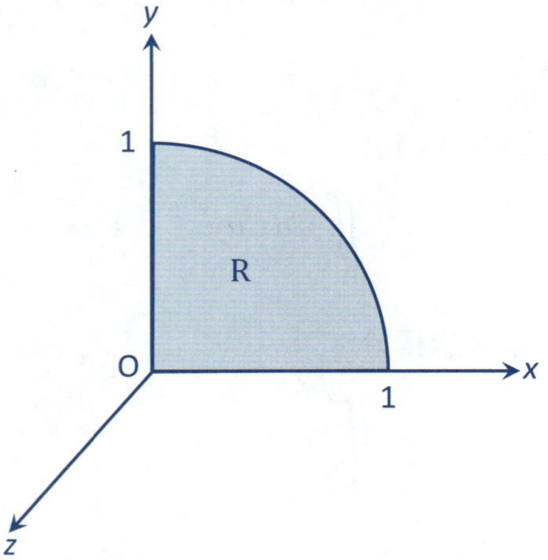

▲圖 E3-7　習題 3.25 至 3.26 用圖

3.27 試求二重積分：

$$\iint_{R} f(x,y)\,dx\,dy = \int_0^2 \int_0^y \sinh(x+y)\,dx\,dy$$

3.28 試求二重積分：

$$\iint_{R} f(x,y)\,dx\,dy = \int_1^5 \int_0^{x^2} (1+2x)e^{x+y}\,dy\,dx$$

3.29 試利用二重積分求平面 $x+y+z=1$ 與三座標平面 $x=0$、$y=0$、及 $z=0$ 所圍成的區域 (如圖 E3-8 所示) 的體積。

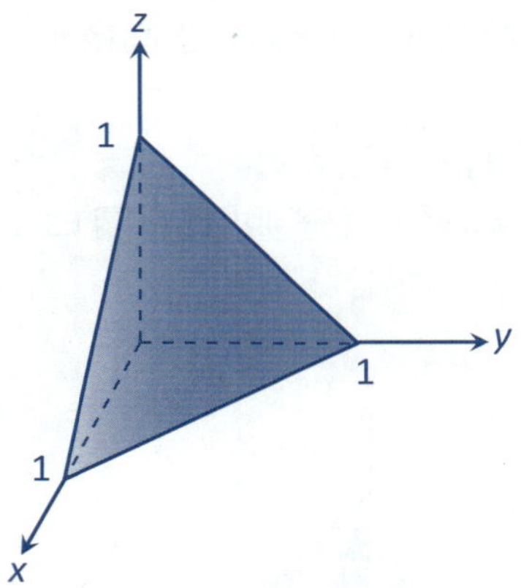

▲圖 E3-8　**習題 3.29 用圖**

3.30 試利用二重積分求圓柱面 $x^2+z^2=a^2$ 與三個平面 $y=0$、$z=0$、及 $x=y$ 所圍成的區域的體積。

3-8 面積分 (一)

3.31 地球北緯 23.44° 的緯線與南緯 23.44° 的緯線之間的地區稱為「熱帶」；試求熱帶地區佔地球總面積的百分比。

3.32 美國的懷俄明州係由北緯 41° 線、北緯 45° 線、西經 104° 線、及西經 111° 線所圍成，如圖 E3-9 所示；已知該位置之地球半徑為 6600 km，試求該州的面積。

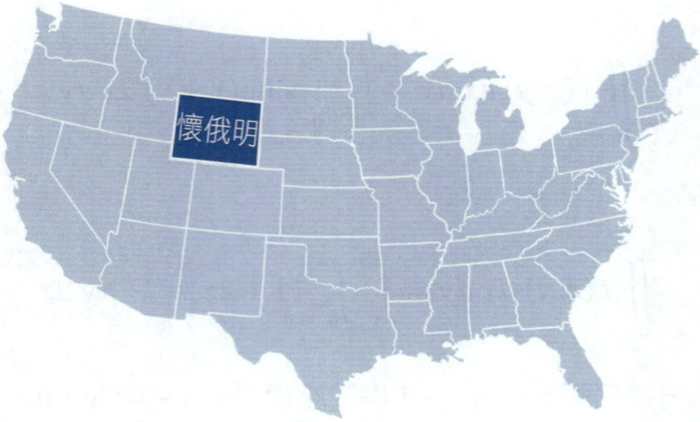

▲圖 E3-9　**習題 3.32 用圖**

3.33　一圓錐形底面半徑為 a，高為 h，試求其總表面積。

3-9　面積分 (二)

3.34　設通量密度為 $\vec{F} = \hat{\mathbf{x}}\, x^2 + \hat{\mathbf{z}}\, 3y^2$，試分別求通過圖 E3-10 所示各平面：(a) S_1；(b) S_2；(c) S_3 之通量。

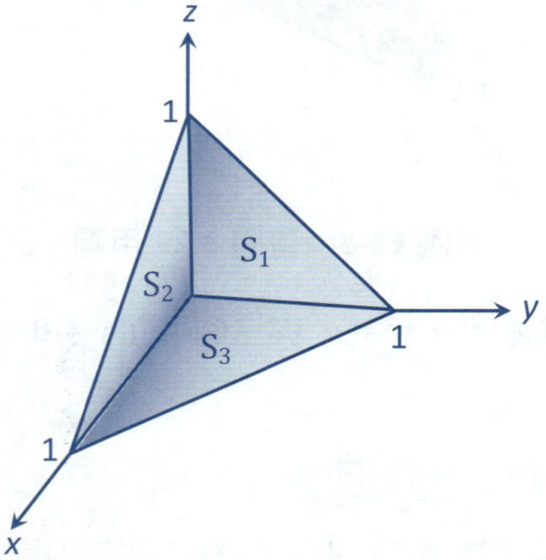

▲圖 E3-10　**習題 3.34 用圖**

3.35　設一向量場為 $\vec{F} = \hat{\mathbf{x}}\, e^{2y} + \hat{\mathbf{y}}\, e^{-2x} + \hat{\mathbf{z}}\, e^{2z}$，試求在圓柱面 S 上之面積分；S：$x^2 + y^2 = 9$；$x \geqq 0$，$y \geqq 0$，$0 \leqq z \leqq 2$。

3.36　設一向量場為 $\vec{F} = \hat{\mathbf{y}}\, x$，試求在球面 S 上之面積分；S：$x^2 + y^2 + z^2 = 1$；$x \geqq 0$，$y \geqq 0$，$z \geqq 0$。

3-10 面積分 (三)

3.37 設通量密度為 $\vec{F} = \hat{\mathbf{x}}\, x^2 + \hat{\mathbf{z}}\, z^2$，試求通過一長方體 $|x| \leqq 1$，$|y| \leqq 3$，$|z| \leqq 2$ 之表面 S 的總通量。

3.38 設通量密度為 $\vec{F} = \hat{\mathbf{x}}\cos y + \hat{\mathbf{y}}\sin x + \hat{\mathbf{z}}\cos z$，試求通過一圓柱體 $x^2 + y^2 \leqq 4$，$|z| \leqq 2$ 之表面 S 的總通量。

3.39 設通量密度為 $\vec{F} = \hat{\mathbf{x}}\, x^3 + \hat{\mathbf{y}}\, y^3 + \hat{\mathbf{z}}\, z^3$，試求通過一球面 S：$x^2 + y^2 + z^2 = 9$ 的總通量。

3-11 散度

3.40 試求位置向量 $\vec{R} = \hat{\mathbf{x}}\, x + \hat{\mathbf{y}}\, y + \hat{\mathbf{z}}\, z$ 的散度。

3.41 試求向量場 $\vec{F} = \hat{\mathbf{x}}\, e^x \cos y + \hat{\mathbf{y}}\, e^x \sin y$ 在下列各點的散度：(a) $P_1(0, 0, 0)$；(b) $P_2(2, \pi/2, 1)$；(c) $P_3(0, \pi, 0)$。

3.42 試求向量場 $\vec{F} = (-\hat{\mathbf{x}}\, y + \hat{\mathbf{y}}\, x)/(x^2 + y^2)$ 的散度。

3.43 試求向量場 $\vec{F} = \hat{\mathbf{x}}\, e^x + \hat{\mathbf{y}}\, ye^{-x} + \hat{\mathbf{z}}\, 2z \sinh x$ 的散度。

3.44 試求向量場 $\vec{F} = \hat{\mathbf{r}}\,(r + r^2)$ 的散度。

3.45 試求向量場 $\vec{F} = (\hat{\mathbf{R}}\, 2\cos\theta + \hat{\boldsymbol{\theta}}\sin\theta)/R^3$ 的散度。

3-12 三重積分

3.46~3.50 試求三重積分：

$$\iiint_{D} f(x, y, z)\, dV$$

3.46 設 $f(x, y, z) = x^2 + y^2 + z^2$；D：$|x| \leqq 1$，$|y| \leqq 3$，$|z| \leqq 2$。

3.47 設 $f(x, y, z) = \sin \pi x \cos \pi y + 2$；D：$0 \leqq x \leqq 1$，$0 \leqq y \leqq 1/2$，$|z| \leqq 2$。

3.48 設 $f(x, y, z) = 120\, xy$；D：頂點為 (0, 0, 0), (1, 0, 0), (0, 1, 0), (0, 0, 1) 之四面體。

3.49 設 $f(r, \phi, z) = 3rz$；D：$r \leqq 1$，$0 \leqq \phi \leqq 2\pi$，$0 \leqq z \leqq 1$。

3.50 設 $f(R, \theta, \phi) = 8R\sin\theta$；D：$R \leqq 1$，$0 \leqq \theta \leqq \pi$，$0 \leqq \phi \leqq 2\pi$。

3-13 高斯散度定理

3.51 設一向量場為 $\vec{F} = \hat{\mathbf{x}}\, xz - \hat{\mathbf{y}}\, yz^2 - \hat{\mathbf{z}}\, xy$，試在一正方體 D：$|x| \leqq 2$，$|y| \leqq 2$，$|z| \leqq 2$ 及其表面 S 驗證高斯散度定理。

3.52 設一向量場為 $\vec{F} = \hat{\mathbf{x}}\, x^2 + \hat{\mathbf{z}}\, z^2$，試在一長方體 D：$|x| \leqq 1$，$|y| \leqq 3$，$|z| \leqq 2$ 及其表面 S 驗證高斯散度定理。

3.53 設一向量場為 $\vec{F} = \hat{\mathbf{r}}\; 10e^{-r} - \hat{\mathbf{z}}\, 3z$，試在一圓柱體 D：$x^2 + y^2 \leqq 4$，$0 \leqq z \leqq 4$ 及其表面 S 驗證高斯散度定理。

3.54 設一向量場為 $\vec{F} = \hat{\mathbf{x}}\cos y + \hat{\mathbf{y}}\sin x + \hat{\mathbf{z}}\cos z$，試在一圓柱體 D：$x^2 + y^2 \leqq 4$，$|z| \leqq 2$ 及其表面 S 驗證高斯散度定理。

3.55 設一向量場為 $\vec{F} = \hat{\mathbf{x}}x^3 + \hat{\mathbf{y}}y^3 + \hat{\mathbf{z}}z^3$，試在一球體 D：$x^2 + y^2 + z^2 \leqq 9$ 及其表面 S 驗證高斯散度定理。

3-14 史多克斯定理

3.56 設 $\vec{F} = \hat{\mathbf{x}}y - \hat{\mathbf{y}}x$，試在圖 E3-11 所示之封閉路徑 C 及其內部之平面 S 驗證史多克斯定理。

3.57 設 $\vec{F} = -\hat{\mathbf{x}}y + \hat{\mathbf{y}}x + \hat{\mathbf{z}}z^2$，試在圖 E3-12 所示之封閉路徑 C 及其內部之平面 S 驗證史多克斯定理。

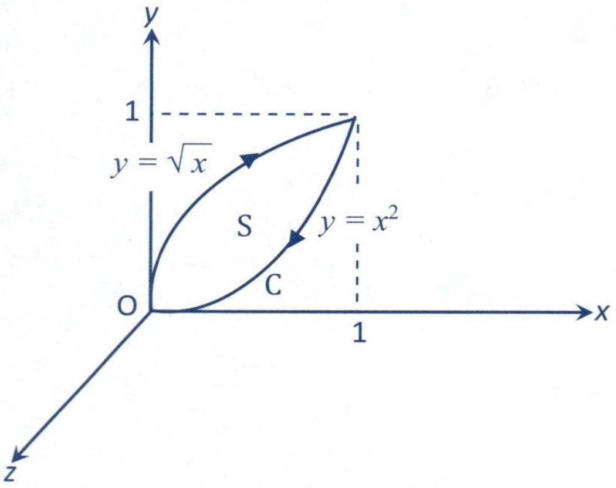

▲圖 E3-11 習題 3.56 用圖

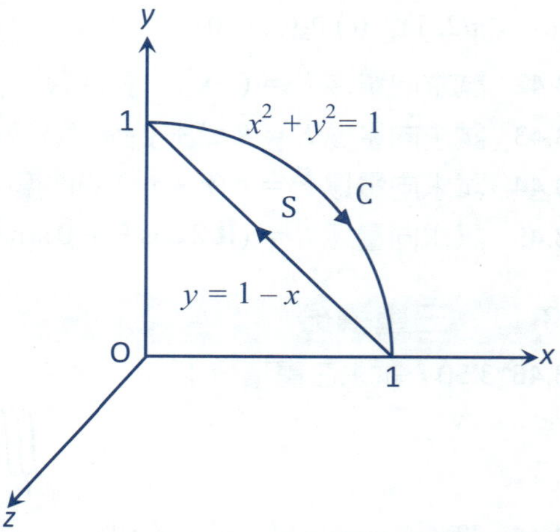

▲圖 E3-12 習題 3.57 用圖

3.58 設 $\vec{F} = -\hat{\mathbf{x}}y + \hat{\mathbf{y}}x + \hat{\mathbf{z}}z^2$，試在圖 E3-13 所示之封閉路徑 C 及其內部之平面 S 驗證史多克斯定理。

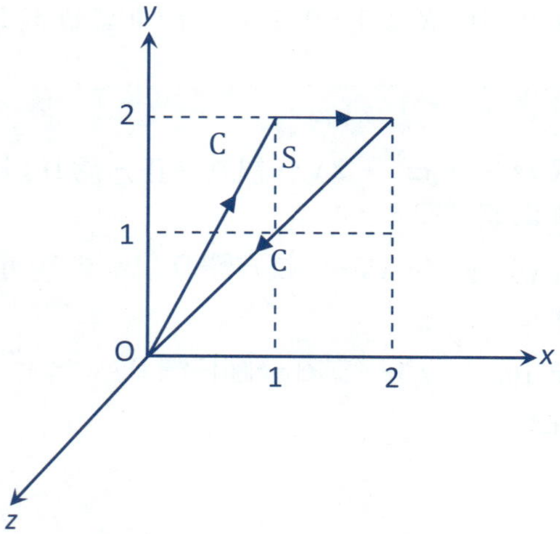

▲圖 E3-13 習題 3.58 用圖

3.59　設 $\vec{F}=\hat{\boldsymbol{\phi}}\, r\cos^2\phi$，試在圖 E3-14 所示之封閉路徑 C 及其內部之平面 S 驗證史多克斯定理。C：$x^2+y^2=1$；$z=0$。

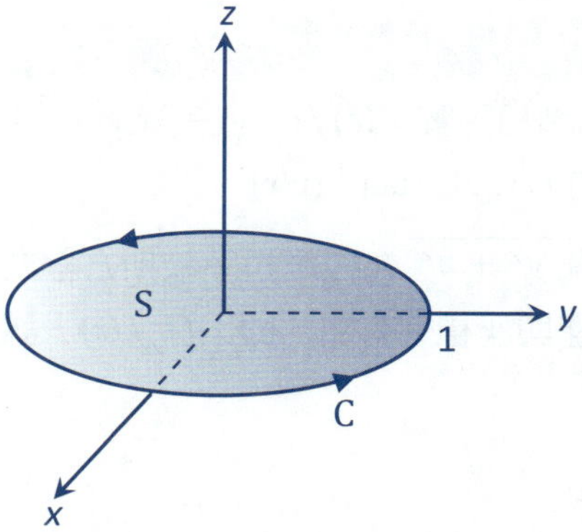

▲圖 E3-14　習題 3.59 用圖

3.60　設 $\vec{F}=\hat{\boldsymbol{\theta}}\, R+\hat{\boldsymbol{\phi}}\sin\theta$，試在圖 E3-15 所示之封閉路徑 C 及其內部之球面 S 驗證史多克斯定理。

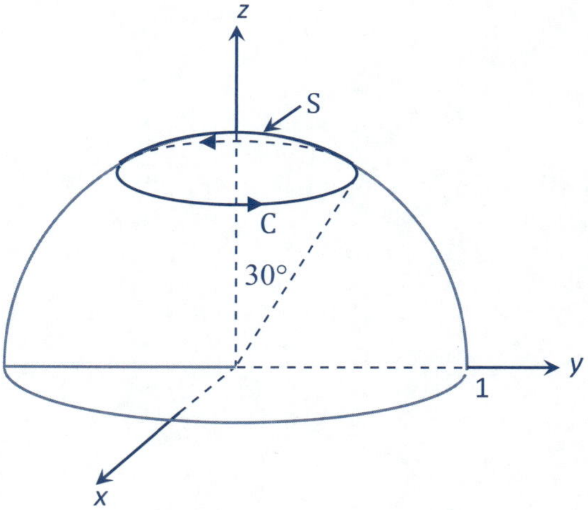

▲圖 E3-15　習題 3.60 用圖

3-15　運算符 $\vec{\nabla}$

3.61　設一純量函數 $f=f(x,y,z)$ 及一向量函數 $\vec{A}=\hat{\mathbf{x}}A_x$；試證 (3-62) 式，即：

$$\vec{\nabla}\times\left(f\vec{A}\right)=f\,\vec{\nabla}\times\vec{A}+\vec{\nabla}f\times\vec{A}$$

3.62 設 $\vec{A} = \hat{\mathbf{x}} A_x + \hat{\mathbf{y}} A_y + \hat{\mathbf{z}} A_z$，$\vec{B} = \hat{\mathbf{x}} B_x + \hat{\mathbf{y}} B_y + \hat{\mathbf{z}} B_z$，試證 (3-64) 式，即：

$$\vec{\nabla} \cdot (\vec{A} \times \vec{B}) = \vec{B} \cdot (\vec{\nabla} \times \vec{A}) - \vec{A} \cdot (\vec{\nabla} \times \vec{B})$$

3-16 拉卜拉斯方程式

3.63 試判別下列函數是否為諧和函數：(a) $f(x, y) = 3x^2y - y^3$；(b) $f(x, y) = \cos x \cosh y$；(c) $f(x, y) = \sin x \sinh y$；(d) $f(x, y) = \tan^{-1}(y/x)$。

3.64 試證 $f(x, y, z) = 1/\sqrt{x^2 + y^2 + z^2}$ 為三維拉卜拉斯方程式 (3-70) 式之一解。

3.65 設在圓柱座標系中，f 僅與座標 r 有關，即：$f = f(r)$，試求解拉卜拉斯方程式。

第四章

靜電場解析

靜，動之對也；至靜而德方。

4-1 引言

本章講述靜態電場的本質，以及靜態電場與各種物質的相互作用。在大自然中，或在大多數的電器及電子儀器裡，真正的靜態電場比較少見；但是我們將靜態電場作為講述電磁學的一個起點，其原因有二：

第一，在理論上，根據馬克士威方程組，靜態電場可以與磁場分離而獨立存在；因此在數學解析上及物理詮釋上都非常簡單，這就是科學上奉為圭臬的「簡易原則」。

第二，在實際應用上，即使是非靜態的電場，假如其時變的變率不大，例如頻率為 60 Hz 的家用交流電，或者頻率在數個 kHz 以下的低頻電子電路，我們都可以用靜態電場的理論來處理，而不會產生可察覺的誤差。最有名的例子是分析直流或低頻電路所用的克希荷夫定律──包括所謂的「**克希荷夫電壓律**」及「**克希荷夫電流律**」，其實都是靜態電場理論的直接結果。

克希荷夫電壓律通常寫成：

$$\sum_{i=1}^{N} V_i = 0$$

這是來自表示「靜態電場 $\vec{E}$ 為**保守場**」的線積分公式：

$$\oint_C \vec{E} \cdot d\vec{L} = 0 \qquad \text{(詳見 3-12)}$$

又，克希荷夫電流律通常寫成：

$$\sum_{i=1}^{N} I_i = 0$$

這是來自表示「電荷守恆」的面積分公式：

$$\oint_S \vec{J} \cdot d\vec{S} = 0 \qquad \text{(詳見 4-13)}$$

綜上所述，了解靜態電場不但是學習電磁學最佳的起點，而且有其實用的價值；因此我們就從它開始吧！

4-2 電荷與電荷密度

「**電荷**」是所有電磁現象的起源。靜止的電荷會產生電場；運動的電荷不但會產生電場，還會產生磁場；而具有加速度的電荷則會輻射電磁波。

從古典物理學來說，宇宙中所有電荷都是由「**基本電荷**」e 所集合而成的：

$$e = 1.602\ 176\ 565 \times 10^{-19}\ \text{C}$$

也就是說，電荷是個「**量子化**」的物理量；宇宙中所有電荷 q 都是這個基本電荷的整數倍：

$$q = ne \qquad (4\text{-}1)$$

(其中之 n 為整數)。在近代物理學裡，雖然發現有更小的、更基本的電荷【註1】，但在本書所講述的古典電磁學裡，我們仍然視 e 為基本電荷。

古人發現用綢布摩擦玻璃棒時，綢布和玻璃棒都會帶電；他們就任意指定玻璃棒上所帶的為正電荷，而綢布上所帶的為負電荷。此一慣例一直延續下來，於是後來發現質子所帶的電荷便為正 $(+e)$，而電子所帶的電荷便為負 $(-e)$。這項電荷的正、負使用慣例沿用至今。今天我們知道電荷就只有正、負兩種；由實驗我們也知道，同性電荷會互相排斥，而異性電荷會互相吸引。

註1　在近代物理學裡，原來被視為「基本粒子」的質子和中子事實上是由更小的粒子所構成，這些粒子被稱為「夸克」。夸克一共有六種，其中有三種帶正電 $(+2e/3)$，另外三種帶負電 $(-e/3)$。

靜止電荷之間互相吸引或排斥的力稱為「**靜電力**」。

電荷的單位為 C (庫倫)，以紀念法國物理學家庫倫；他所發現的「庫倫定律」是古典電磁理論的開端。庫倫定律說，兩個「**點電荷**」之間的靜電力係與兩者之間距離的平方成反比，而且靜電力不論是吸引力或排斥力，其方向都在兩點電荷的連線上。

在歐氏幾何裡，「點」只有位置，沒有長、寬、高，是為「**零維空間**」。點的連續集合可以形成「**一維空間**」的線、「**二維空間**」的面、及「**三維空間**」的體。在物理世界裡也有類似的情況：點電荷可以集合成一維分布的「**線電荷**」，或二維分布的「**面電荷**」，或三維分布的「**體電荷**」。

當然，古典物理世界裡的「點」電荷與幾何上的「點」並不完全相同；幾何上的點沒有長、寬、高，但電荷再小都有長、寬、高，不過假如其長、寬、高均小到可以忽略，我們就可稱之為「點電荷」。

同理，由點電荷所集合而成的線電荷、面電荷、體電荷，跟幾何上的線、面、體也不完全相同。幾何上的線、面、體是點的「連續」集合；但物理世界的電荷是量子化的，集合時不可能是連續的。不過，假如這些差異均小到可以忽略，我們就可以利用幾何上的線、面、體來處理線電荷、面電荷、體電荷的問題。

首先，我們要處理的是線電荷。廣義而言，帶有電荷的線 C 可為任何曲線，所帶的電荷也不必是均勻的，如圖 4-1 所示。我們在線 C 上取一微量長度 dL，$dL = |d\vec{L}|$；若其中之微量電荷為 dq，則我們定義「**線電荷密度**」為：

$$\rho_L = \frac{dq}{dL} \tag{4-2}$$

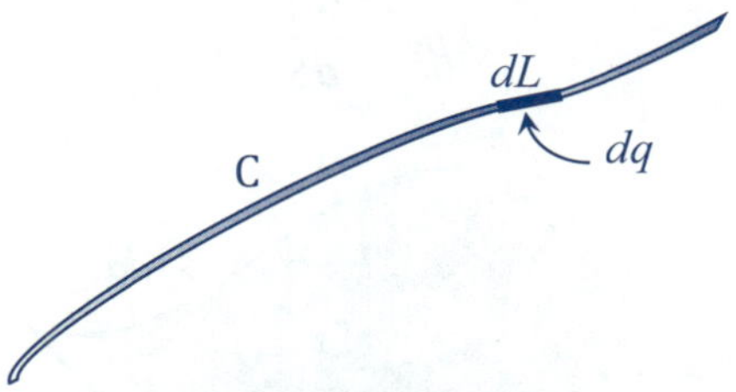

▲圖 4-1　線電荷示意圖

其單位為「庫倫/米」(C/m)。將 (4-2) 式沿著 C 積分，即得該線電荷的總電量：

$$q = \int_{C} \rho_L \, dL \tag{4-3}$$

例題 4-1 設一直線電荷的電荷密度為：$\rho_L = k\,|x|$，其中 k 為定值；試求在範圍 $-a \leqq x \leqq a$ 之總電量 q。

解： 由題意，電荷分布具有對稱性，故總電量 q 為範圍 $0 \leqq x \leqq a$ 之兩倍；在此範圍中，$\rho_L = kx$，$dL = dx$，故由 (4-3) 式：

$$q = 2\int_0^a kx\,dx = ka^2$$

例題 4-2 設一半徑 a 之圓形線電荷的電荷密度為：$\rho_L = \rho_0 \sin\phi$，其中 ρ_0 為定值；試求在範圍 $0 \leqq \phi \leqq \pi$ 之總電量 q。

解： 由題意，$dL = a\,d\phi$，故由 (4-3) 式：

$$q = \int_0^{\pi} (\rho_0 \sin\phi) a\,d\phi = 2\rho_0 a$$

其次，我們要處理的是面電荷。一般而言，帶有電荷的面 S 可為任何曲面，所帶的電荷也不一定是均勻的，如圖 4-2 所示。我們在曲面 S 上取一微量面積 dS，$dS = |d\vec{S}|$；設其上所帶的微量電荷為 dq，則我們定義「**面電荷密度**」為：

$$\rho_S = \frac{dq}{dS} \tag{4-4}$$

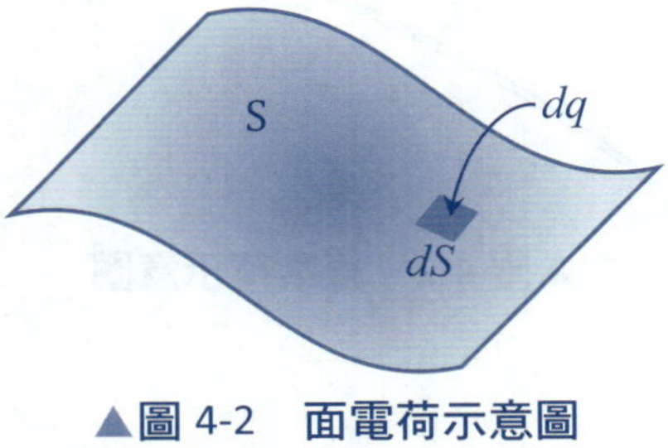

▲圖 4-2　面電荷示意圖

其單位為「庫倫/米^2」(C/m^2)。將 (4-4) 式在 S 上積分，即得該面電荷的總電量：

$$q = \iint_S \rho_S \, dS \tag{4-5}$$

例題 4-3 如圖 4-3 所示，設在平面 S 上之面電荷密度為 $\rho_S = 4xy$，試求 S 上之總電量 q。S：$z = 0$；$0 \leqq x \leqq 1$，$0 \leqq y \leqq 2$。

解： 由已知，$z = 0$；故 $dz = 0$，$dS = dx\,dy$，故由 (4-5) 式：

$$q = \int_0^2 \int_0^1 4xy \, dx \, dy = \int_0^2 2y \, dy = 4$$

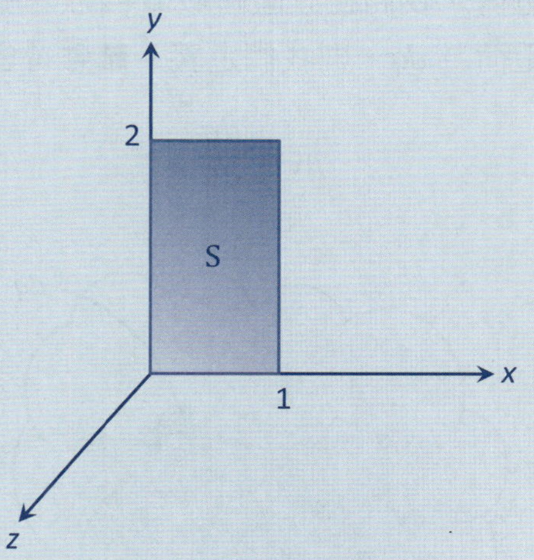

▲圖 4-3 例題 4-3 用圖

例題 4-4 如圖 4-4 所示，設在半徑 a 之半球面 S 上之面電荷密度為 $\rho_S = \rho_{S0} \cos^2\phi$，其中 ρ_{S0} 為定值；試求在 S 上之總電量 q。

解： 由已知，$dS = a^2 \sin\theta \, d\theta \, d\phi$；故由 (4-5) 式：

$$q = \int_0^{2\pi} \int_0^{\pi/2} \rho_{S0} \, a^2 \sin\theta \, \cos^2\phi \, d\theta \, d\phi = \int_0^{2\pi} \rho_{S0} a^2 \cos^2\phi \, d\phi = \rho_{S0} \pi a^2$$

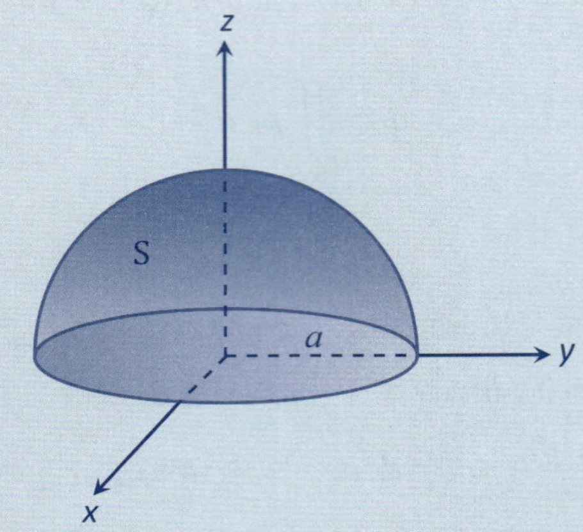

▲圖 4-4　例題 4-4 用圖

最後要處理的是體電荷。我們在立體區域 D 內取一微量體積 dV，如圖 4-5 所示。設其內所帶的微量電荷為 dq，則我們定義「**體電荷密度**」為：

$$\rho_V = \frac{dq}{dV} \tag{4-6}$$

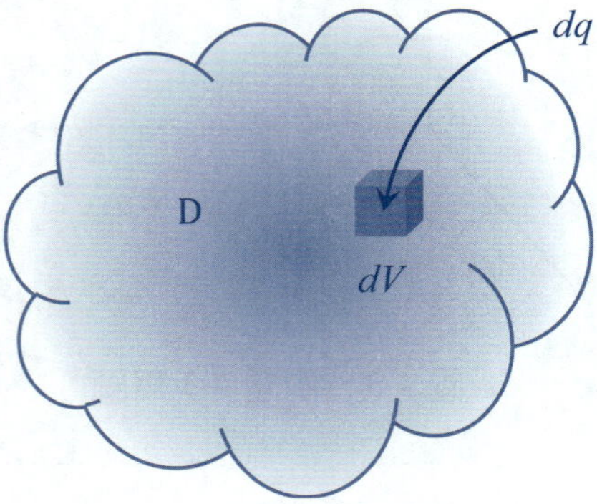

▲圖 4-5　體電荷示意圖

其單位為「庫倫/米^3」(C/m^3)。將 (4-6) 式在 D 內部積分，即得該體電荷的總電量：

$$q = \iiint_D \rho_V \, dV \tag{4-7}$$

例題 4-5 設在圖 4-6 所示之四面體 D 內之電荷密度為 $\rho v = 2ky$，其中 k 為定值；試求總電量 q。

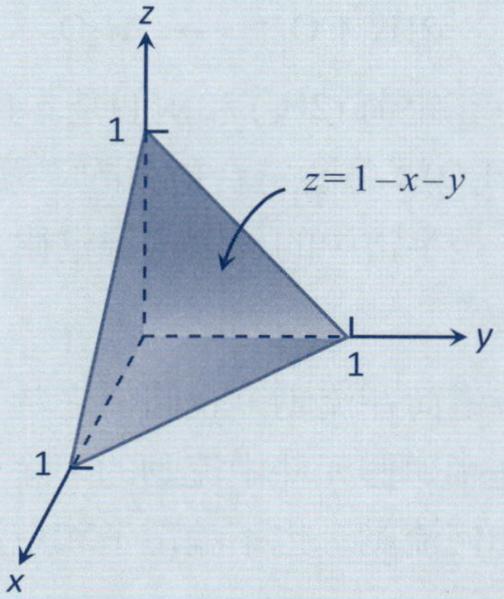

▲圖 4-6　例題 4-5 用圖

解：由 (4-7) 式：

$$q = \int_0^1 \int_0^{1-x} \int_0^{1-x-y} 2ky\,dz\,dy\,dx = 2k \int_0^1 \int_0^{1-x} [(1-x)y - y^2]dy\,dx$$

$$= k \int_0^1 \frac{1}{3}(1-x)^3 dx = \frac{k}{12}$$

4-3　電荷之守恆

我們已經知道，宇宙中的電荷有兩種，即正電荷與負電荷。我們也知道，同性電荷會互相排斥，而異性電荷會互相吸引。當等量的正、負電荷互相吸引時，會相遇而互相「**中和**」；所謂中和就是原先的正、負電性完全消失。例如一個帶負電的電子 e^- 和一個帶等量正電的正子 e^+ 相遇時，就會互相湮滅而化成兩個 γ 光子：【註 2】

$$e^- + e^+ \rightarrow 2\gamma \tag{4-8}$$

註2　根據量子理論，能量很高的電磁波 (例如 γ 射線) 具有明顯的「粒子性」，稱為「光子」。光子具有動量；為符合動量守恆定律，在 (4-8) 式所示的反應當中，必須有兩個互為反方向的光子產生。

我們看到在這個反應前、後的總電量均保持恆定 (皆等於零)，這就是「電荷守恆」。

又如在氫、氧離子化合成水分子的反應中，

$$2H^{+} + O^{-2} \rightarrow H_2O \tag{4-9}$$

我們看到反應前有兩個基本正電荷 ($2H^{+}$) 和兩個基本負電荷 (O^{-2})；反應之後互相中和而變成中性的水分子 (H_2O)；這也符合電荷的守恆。

這個「**電荷守恆定律**」是宇宙中的一個普遍定律，在任何物理或化學反應之前後，總電量都必須保持恆定。

在所有電路當中，都有電荷在流動，我們稱之為「電流」。在金屬導體中流動的是帶負電的電子；而在半導體元件中流動的，除了電子之外，還有帶正電的「電洞」。然而不論它們如何流動，也不論電子和電洞如何生生滅滅，所有過程都必須遵守電荷守恆定律。

為符合「簡易原則」，我們要用一個簡單的模型導出的數學式來表示電荷的守恆。如圖 4-7 所示，想像一個封閉曲面 S。有一群正電荷在到處流動；正電荷流動的方向被稱為電流的「**傳統方向**」。這群電荷有的會穿入 S，有的會穿出 S；設電流密度為 $\vec{J}$，則穿過 S 的總電流為：

$$I = \oiint_S \vec{J} \cdot d\vec{S} \tag{4-10}$$

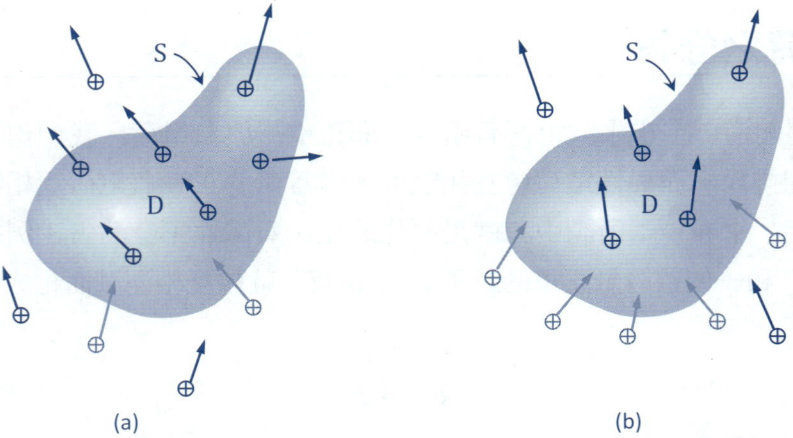

▲圖 4-7　電荷守恆基本觀念之舉例。(a) 在 dt 時間內，有 4 個電荷穿出封閉曲面 S，有 2 個穿入，因此其內部 D 少了 2 個電荷；(b) 在 dt 時間內，有 2 個電荷穿出封閉曲面 S，有 5 個穿入，因此其內部 D 多了 3 個電荷

根據封閉曲面的規定，穿入者取負號，穿出者取正號 (詳見第 3-10 節)。假設在 dt 時間中，穿出者大於穿入者，如圖 4-7(a) 所示，則上式之 I 為正值；若穿入者大於穿出者，如圖 4-7(b) 所示，則 I 為負值。

而同時，S 內部區域 D 的電荷 q 必相對等量減少 (或增加)，其減少率 (或增加率) dq/dt 可由 (4-7) 式微分而得：

$$\frac{dq}{dt} = \frac{d}{dt}\iiint_{\mathrm{D}} \rho_{\mathrm{V}}\, dV = \iiint_{\mathrm{D}} \frac{\partial \rho_{\mathrm{V}}}{\partial t} dV \tag{4-11}$$

若 q 為減少，則 dq/dt 為負值；若 q 為增加，則 dq/dt 為正值。

綜上所述，(4-10) 及 (4-11) 兩式一正一負之代數和恰好等於零：

$$\oiint_{\mathrm{S}} \vec{J}\cdot d\vec{S} + \iiint_{\mathrm{D}} \frac{\partial \rho_{\mathrm{V}}}{\partial t} dV = 0 \tag{4-12}$$

此式以積分方式表達了電荷守恆的觀念，稱為「**積分形式的連續方程式**」。

注意：在連續方程式 (4-12) 式中，體積分的積分範圍 D 是在封閉曲面 S 之**內部**為限。由於在三重積分符號下方已經標示了 D 字樣，在雙重積分符號下方也標示了 S 字樣，因此都可以用單一個積分符號來簡化，而不致引起混淆；也就是說，(4-12) 式可簡寫為：

$$\oint_{\mathrm{S}} \vec{J}\cdot d\vec{S} + \int_{\mathrm{D}} \frac{\partial \rho_{\mathrm{V}}}{\partial t} dV = 0 \tag{4-12*}$$

在直流電路中，$\dfrac{\partial \rho_{\mathrm{V}}}{\partial t} = 0$，故 (4-12*) 式化簡為：

$$\oint_{\mathrm{S}} \vec{J}\cdot d\vec{S} = 0 \tag{4-13}$$

由於電路中的電流都集中在導線或元件裡，如圖 4-8(a) 所示，因此 (4-13) 式的積分事實上是流入及流出電路中某一節點或元件之所有電流的代數和：

$$\sum_{i=1}^{N} I_i = 0 \tag{4-14}$$

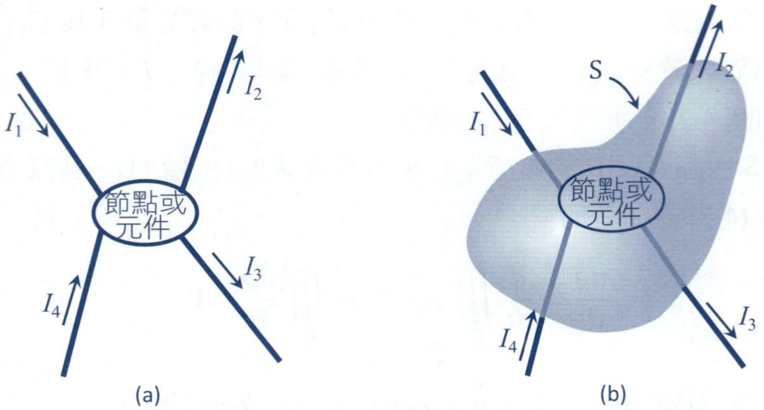

▲圖 4-8　克希荷夫電流律示意圖

如圖 4-8(b) 所示，假想電路某一節點或元件被一封閉曲面 S 包圍；則依規定，穿入 S 之電流應取負號，穿出 S 者應取正號；在此規範下，(4-14) 式被稱為「**克希荷夫電流律**」。根據這個定律，圖 4-8 中的四個電流應該有如下的關係：

$$-I_1+I_2+I_3-I_4=0$$

例題 4-6　圖 4-9 所示者為一在「活性區」工作的 npn 電晶體，$I_C=\beta I_B$。已知 $\beta=75$，$I_E=5.71$ mA；試求 I_B 及 I_C。

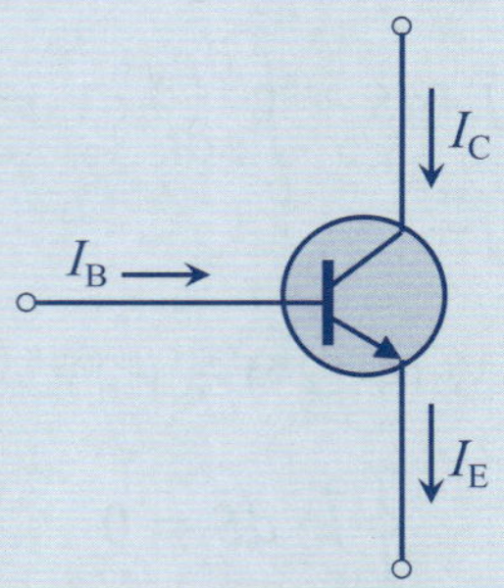

▲圖 4-9　例題 4-6 用圖

解： 由克希荷夫電流律：

$$I_E=I_B+I_C=I_B+\beta I_B=(1+\beta)\,I_B$$

$$\therefore\ I_B=\frac{I_E}{1+\beta}=\frac{5.71\text{ mA}}{1+75}=75.1\ \mu\text{A}$$

$$I_C=\beta I_B=75\times 75.1\ \mu\text{A}=5.63\text{ mA}$$

在頻率不高的電路中，雖然 $\frac{\partial \rho_V}{\partial t} \neq 0$，但若 $\frac{\partial \rho_V}{\partial t} \approx 0$，那麼我們也可以使用克希荷夫電流律 (4-14) 式，而不會產生可察覺的誤差。不過，如果電路的訊號頻率逐漸升高，誤差逐漸顯現，那麼克希荷夫電流律就必須停止使用。

利用高斯散度定理，我們可以將 (4-12*) 式化為微分形式。由 (3-47) 式——將 $\vec{F}$ 換成 $\vec{J}$：

$$\oint_S \vec{J} \cdot d\vec{S} = \int_D \vec{\nabla} \cdot \vec{J}\, dV$$

代入 (4-12*) 式：

$$\int_D \vec{\nabla} \cdot \vec{J}\, dV + \int_D \frac{\partial \rho_V}{\partial t} dV = \int_D \left(\vec{\nabla} \cdot \vec{J} + \frac{\partial \rho_V}{\partial t} \right) dV = 0$$

即得：

$$\vec{\nabla} \cdot \vec{J} + \frac{\partial \rho_V}{\partial t} = 0 \tag{4-15}$$

稱為「**微分形式的連續方程式**」。

4-4 庫倫定律

1784 年，法國科學家庫倫根據實驗發現了「**庫倫定律**」。庫倫定律敘述兩個靜止的點電荷之間有「**靜電力**」相互作用：

1. 靜電力的大小與兩點電荷的乘積成正比，而與兩者之間的距離平方成反比；
2. 靜電力的方向皆在兩點電荷的連線上；同性電荷互相排斥，異性電荷互相吸引，如圖 4-10 所示。

設兩點電荷分別為 q_1 及 q_2，其間的距離為 R，則兩者之相互作用的靜電力大小為：

$$F_e = k_e \frac{q_1 q_2}{R^2} \tag{4-16}$$

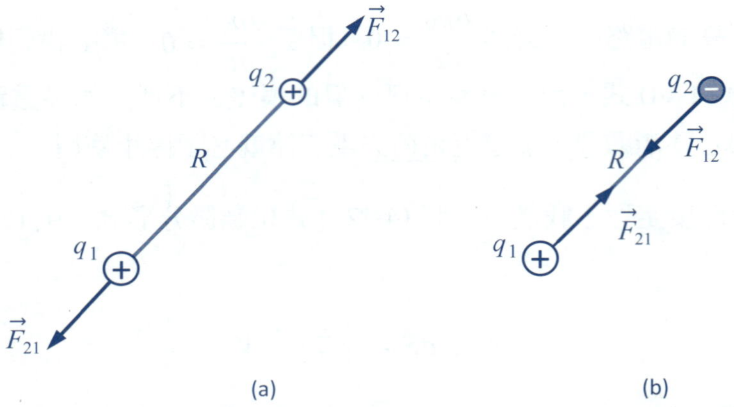

▲圖 4-10　(a) 同性電荷相斥；(b) 異性電荷相吸

其中 k_e 稱為「**庫倫常數**」，其數值依所用之單位制而定。在 SI 單位制中，q_1 及 q_2 的單位為 C (庫倫)，R 的單位為 m (米)，F_e 的單位為 N (牛頓)，則在真空中之庫倫常數為：

$$k_e = 8.987\ 551\ 787 \times 10^9 \ \ \mathrm{N \cdot m^2/C^2} \tag{4-17}$$

在有效數字三位以下的計算，我們可以使用近似值 $k_e \approx 9.00 \times 10^9\ \mathrm{N \cdot m^2/C^2}$。

例題 4-7　在原子尺度的微觀世界裡，庫倫定律仍然適用。氫原子的原子核是一個帶正電荷的質子，被一個軌道電子環繞。假設在基態時，電子的軌道半徑為 $R = 0.529 \times 10^{-10}$ m；試求軌道電子所受的向心力。

解：軌道電子所受的向心力來自與原子核之間的靜電力；故由 (4-16) 式：

$$F_e = k_e \frac{q_1 q_2}{R^2} = (9.00 \times 10^9\ \mathrm{N \cdot m^2/C^2}) \times \frac{(+1.60 \times 10^{-19}\ \mathrm{C})(-1.60 \times 10^{-19}\ \mathrm{C})}{(0.529 \times 10^{-10}\ \mathrm{m})^2}$$
$$= -8.23 \times 10^{-8}\ \mathrm{N}$$

其中的負號代表此靜電力為引力。

例題 4-8 如圖 4-11(a) 所示，兩個小球分別以長度 l 的細線懸起，並帶等量的同性電荷；在平衡狀態下，兩細線與垂直方向的夾角均為 θ。設兩球質量均為 m，試求各球所帶的電量 q。

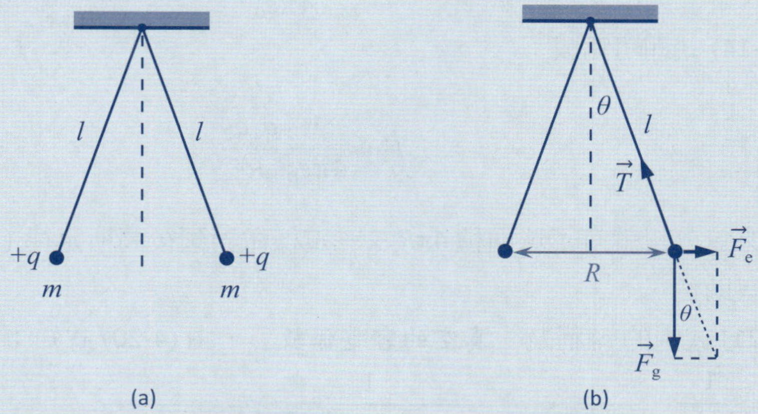

▲圖 4-11 例題 4-8 用圖：(a) 示意圖；(b) 三個力的平衡

解： 如圖 4-11(b) 所示，在平衡狀態下，各球所受的靜電力 $\vec{F}_e$、重力 $\vec{F}_g$、及張力 $\vec{T}$ 之向量和必等於零，即：

$$\vec{F}_e + \vec{F}_g + \vec{T} = 0 \qquad \therefore |\vec{F}_e| = |\vec{F}_g| \tan\theta \tag{4-18}$$

$$\because |\vec{F}_e| = k_e \frac{q^2}{R^2}, \quad |\vec{F}_g| = mg$$

故 (4-18) 式可寫成：

$$k_e \frac{q^2}{R^2} = mg \tan\theta \tag{4-19}$$

由圖上可知兩球之距離為 $R = 2l\sin\theta$，代入 (4-19) 式並整理，可得：

$$q^2 = [(2l\sin\theta)^2\, mg\tan\theta]/k_e$$

$$\therefore q = 2l\sin\theta \sqrt{\frac{mg\tan\theta}{k_e}}$$

庫倫定律與牛頓的重力定律非常類似，其大小都是與距離的平方成反比；這絕非偶然。無論是庫倫定律裡的點電荷，或是牛頓的重力定律裡的質點，既然都牽涉到「點」，必都具有「球形對稱」的特性。記得半徑 R 的球形表面積為 $4\pi R^2$；因此在這兩個定律的分母都有 R^2 出現，正是「球形對稱」的表徵。

為了更彰顯球形表面積 $4\pi R^2$ 的角色，我們將庫倫常數改寫為：

$$k_e = \frac{1}{4\pi\varepsilon_0} \tag{4-20}$$

那麼 (4-14) 式即可寫成：

$$F_e = \frac{1}{4\pi\varepsilon_0}\frac{q_1 q_2}{R^2} \tag{4-21}$$

如此一來，分母就有了球面積 $4\pi R^2$——這樣做對爾後高斯定律 (詳見第 4-7 節) 的形成很有助益。

(4-21) 式中的 ε_0 稱為「**真空的容電係數**」，由 (4-20) 式知：

$$\varepsilon_0 = \frac{1}{4\pi k_e} = \frac{1}{4\pi \times \left(8.987\,551\,787\ \times\ 10^9\ \text{N}\cdot\text{m}^2/\text{C}^2\right)}$$
$$= 8.854\,187\,818 \times 10^{-12}\ \text{F/m}$$

在有效數字四位以下的計算，我們可以使用近似值 $\varepsilon_0 \approx 8.854 \times 10^{-12}$ F/m。

靜電力為向量；根據上述庫倫定律，其方向在兩點電荷的連線上；同性電荷互相排斥，異性電荷互相吸引，如圖 4-10 所示。因此，除了用 (4-21) 式計算其大小之外，我們還必須標示其方向。

如圖 4-12 所示，設在笛卡兒座標系中，電荷 q_1 的座標為 (x_1, y_1, z_1)，q_2 的座標為 (x_2, y_2, z_2)，則由 q_1 至 q_2 的位移向量為：

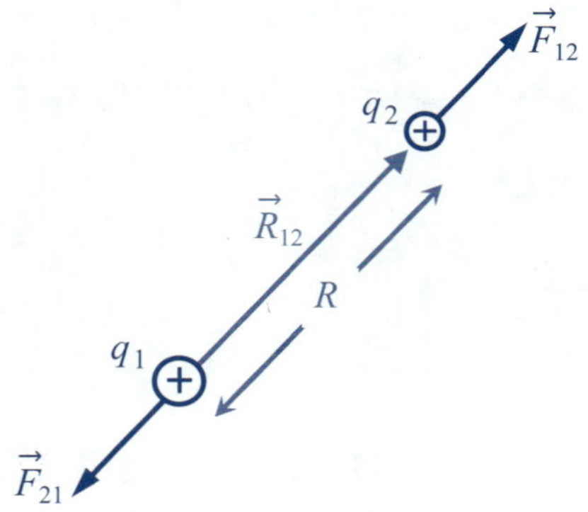

▲圖 4-12　靜電力的計算示意圖

$$\vec{R}_{12} = \hat{\mathbf{x}}(x_2 - x_1) + \hat{\mathbf{y}}(y_2 - y_1) + \hat{\mathbf{z}}(z_2 - z_1) \qquad \text{(詳見 2-18)}$$

故兩電荷之間的距離為：

$$R = |\vec{R}_{12}| = \sqrt{(x_2 - x_1)^2 + (y_2 - y_1)^2 + (z_2 - z_1)^2}$$

由 q_1 指向 q_2 的單位向量為：

$$\hat{\mathbf{R}}_{12} = \frac{\vec{R}_{12}}{|\vec{R}_{12}|} \equiv \frac{\vec{R}_{12}}{R}$$

故由圖 4-12 及 (4-21) 式知 q_1 作用於 q_2 的靜電力為：

$$\vec{F}_{12} = F_e \hat{\mathbf{R}}_{12} = \frac{1}{4\pi\varepsilon_0} \frac{q_1 q_2}{R^2} \frac{\vec{R}_{12}}{R}$$

即：

$$\vec{F}_{12} = \frac{q_1 q_2}{4\pi\varepsilon_0} \frac{\vec{R}_{12}}{R^3} \qquad (4\text{-}22)$$

而 q_2 作用於 q_1 的靜電力為：

$$\vec{F}_{21} = -\vec{F}_{12} \qquad (4\text{-}23)$$

例題 4-9 兩點電荷 $q_1 = 20\ \mu\text{C}$ 及 $q_2 = -300\ \mu\text{C}$ 分別置於 (0, 1, 2) 及 (2, 0, 0)，座標值以 m 為單位。試求兩者之間相互作用的靜電力。

解： 由已知：

$$\vec{R}_{12} = \hat{\mathbf{x}}2 - \hat{\mathbf{y}} - \hat{\mathbf{z}}2 \text{；} \qquad R = |\vec{R}_{12}| = \sqrt{2^2 + (-1)^2 + (-2)^2} = 3$$

故由 (4-22) 式得 q_1 作用於 q_2 的靜電力為：

$$\vec{F}_{12} = \frac{q_1 q_2}{4\pi\varepsilon_0} \frac{\vec{R}_{12}}{R^3}$$

$$= (9.00 \times 10^9\ \text{N} \cdot \text{m}^2/\text{C}^2)(20\ \mu\text{C})(-300\ \mu\text{C}) \frac{(\hat{\mathbf{x}}2 - \hat{\mathbf{y}} - \hat{\mathbf{z}}2)\ \text{m}}{(3\ \text{m})^3}$$

$$= -\hat{\mathbf{x}}4 + \hat{\mathbf{y}}2 + \hat{\mathbf{z}}4\ \text{N}$$

而 q_2 作用於 q_1 的靜電力為：

$$\vec{F}_{21} = -\vec{F}_{12} = \hat{\mathbf{x}}4 - \hat{\mathbf{y}}2 - \hat{\mathbf{z}}4\ \text{N}$$

例題 4-10 如圖 4-13 所示，四個點電荷均為 20 μC，分別置於笛卡兒座標系之四點：$P_1(4, 0, 0)$，$P_2(-4, 0, 0)$，$P_3(0, 4, 0)$，$P_4(0, -4, 0)$，座標值以 m 為單位。試求位於點 P(0, 0, 3) 之 100 μC 點電荷所受的靜電力。

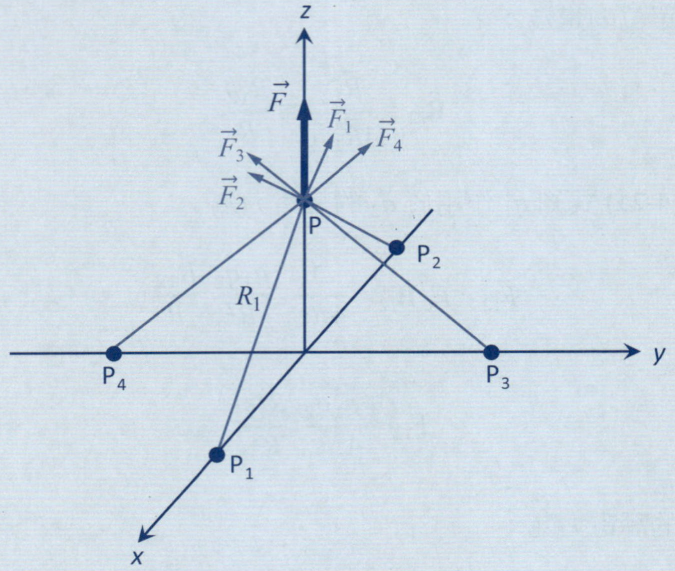

▲圖 4-13　例題 4-10 用圖

解： 先求點電荷 P_1 作用於點電荷 P 之靜電力：

$\vec{R}_1 = -\hat{\mathbf{x}}\,4 + \hat{\mathbf{z}}\,3$；　　$R_1 = 5$

故由 (4-22) 式得：

$$\vec{F}_1 = \frac{q_1 q_2}{4\pi\varepsilon_0}\frac{\vec{R}_1}{R_1^3}$$
$$= (9.00\times10^9\ \mathrm{N\cdot m^2/C^2})(20\ \mu\mathrm{C})(100\ \mu\mathrm{C})\frac{(-\hat{\mathbf{x}}4+\hat{\mathbf{z}}3)\ \mathrm{m}}{(5\ \mathrm{m})^3}$$
$$= \frac{18}{125}(-\hat{\mathbf{x}}4+\hat{\mathbf{z}}3)\ \mathrm{N}$$

同理可得點電荷 P_2、P_3、P_4 作用於點電荷 P 之靜電力分別為：

$$\vec{F}_2 = \frac{18}{125}(\hat{\mathbf{x}}4+\hat{\mathbf{z}}3)\ \mathrm{N}$$
$$\vec{F}_3 = \frac{18}{125}(-\hat{\mathbf{y}}4+\hat{\mathbf{z}}3)\ \mathrm{N}$$
$$\vec{F}_4 = \frac{18}{125}(\hat{\mathbf{y}}4+\hat{\mathbf{z}}3)\ \mathrm{N}$$

故點電荷 P 所受的總靜電力為：

$$\vec{F} = \vec{F}_1 + \vec{F}_2 + \vec{F}_3 + \vec{F}_4 = \hat{\mathbf{z}}\,\frac{216}{125}\ \mathrm{N}$$

[例題 4-10] 是一個具有簡單而明顯的「**對稱性**」的例子；利用直接的觀察就知道電荷 P 受力的方向——即對稱軸 (z 軸) 方向。洞悉一個問題的對稱性，可以簡化許多數學計算，符合「簡易原則」的精神。在爾後許多電場和磁場的計算上，都會利用到對稱性所帶來的便利。

4-5 靜電場與電場強度

古人根據日常生活的經驗，認為力的傳遞必須靠施力者與受力者的直接接觸；例如馬拉車，或人用手推車，都是如此。因此當他們發現電荷之間不須直接接觸就可傳遞靜電力，都覺得很難想像。所以他們將力分成所謂的「**接觸力**」與「**超距力**」兩類；一般力學上的力屬於接觸力，而靜電力和重力則屬於超距力。

然而從現在的角度來看，將力硬性分成這兩類並無必要。事實上，靜電力並非憑空傳遞，而是有一種稱為「**電場**」的物理狀態，來作為傳遞力的媒介。如圖 4-14(a) 所示，一電荷 Q 會在其四周空間建立一個電場。這個電場具有能量；當另一個點電荷 q 出現在此電場時，就會受到它的作用而產生靜電力 $\vec{F}_e$，如圖 4-14(b) 所示。為簡化後續的解釋，我們規定 q 須為**正電荷**。

▲圖 4-14 (a) 靜電場示意圖；(b) 電場強度的定義

在電磁學裡，我們用物理量「**電場強度**」$\vec{E}$ 來描述電場。電場強度的定義為：

$$\vec{E} = \frac{\vec{F}_e}{q} \tag{4-24}$$

有關電場強度 $\vec{E}$ 的基本要點如下：

1. 電場強度為一**向量**，其大小等於帶有單位電量 (1 C) 的**正點電荷**在電場中所受的靜電力；其方向為該靜電力的方向。
2. 電場強度的單位為 N/C (牛頓/庫倫)，也可以換算成 V/m (伏特/米)。
3. 電場強度適用「**疊加原理**」；也就是說，若有兩個電荷 Q_1 及 Q_2 在空間一點 P 分別產生電場強度 $\vec{E}_1$ 及 $\vec{E}_2$，則在該點 P 之總電場強度為 $\vec{E} = \vec{E}_1 + \vec{E}_2$。
4. 由 (4-24) 式知，在任何電場中，點電荷 q 所受的靜電力為：

$$\vec{F}_e = q\,\vec{E} \tag{4-25}$$

若 q 非為點電荷，則必須另以積分計算處理。

如圖 4-14(b) 所示，若產生電場的電荷 Q 為點電荷，則由庫倫定律知：

$$\vec{F}_e = \frac{Qq}{4\pi\varepsilon_0}\frac{\vec{R}}{R^3}$$

故由 (4-24) 式得電場強度為：

$$\vec{E} = \frac{Q}{4\pi\varepsilon_0}\frac{\vec{R}}{R^3} \tag{4-26}$$

其中 $\vec{R}$ 為由 Q 至點 P 的位移向量，如圖 4-15(a) 所示。

若 Q 為負電荷，則點 P 的電場必須反向，如圖 4-15(b) 所示。

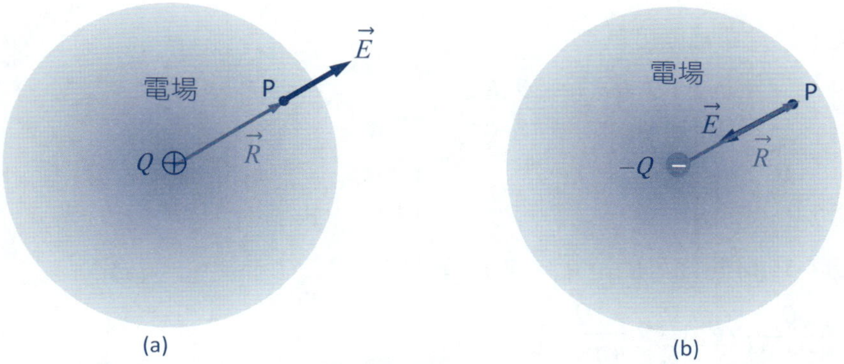

▲圖 4-15 **點電荷產生之電場的方向：(a) 正電荷；(b) 負電荷**

例題 4-11 如圖 4-16(a) 所示，邊長 a 之正三角形的兩個頂點分別有一正點電荷 $+Q$ 及一負電荷 $-Q$；試求第三個頂點 P 的電場強度。

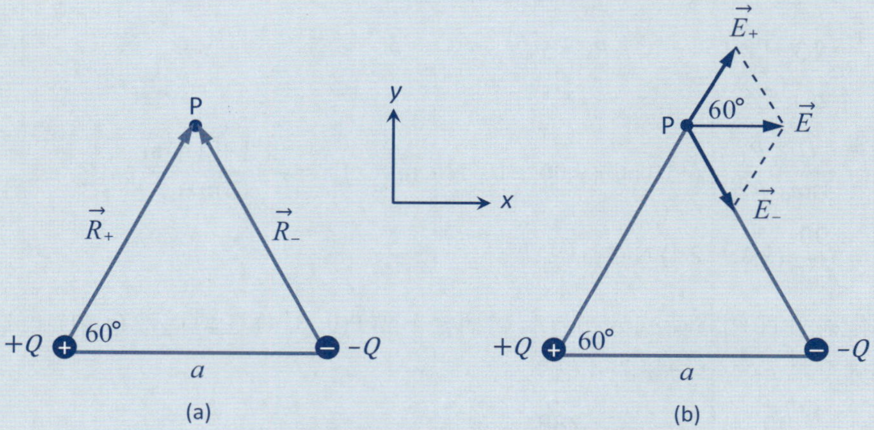

▲圖 4-16 **例題 4-11 用圖**

解： 由 (4-26) 式，點電荷 $+Q$ 與 $-Q$ 在點 P 產生的電場強度分別為：

$$\vec{E}_+ = \frac{+Q}{4\pi\varepsilon_0}\frac{\vec{R}_+}{a^3}$$

$$\vec{E}_- = \frac{-Q}{4\pi\varepsilon_0}\frac{\vec{R}_-}{a^3}$$

故點 P 之總電場強度為：

$$\vec{E} = \vec{E}_{+} + \vec{E}_{-} = \frac{+Q}{4\pi\varepsilon_0}\frac{\vec{R}_{+}}{a^3} + \frac{-Q}{4\pi\varepsilon_0}\frac{\vec{R}_{-}}{a^3}$$

$$= \frac{Q}{4\pi\varepsilon_0 a^3}(\vec{R}_{+} - \vec{R}_{-})$$

由圖 4-16(b) 可知，$\vec{R}_{+} - \vec{R}_{-} = \hat{\mathbf{x}}\,a$；故得：

$$\vec{E} = \frac{Q}{4\pi\varepsilon_0 a^3}(\hat{\mathbf{x}}\,a) = \hat{\mathbf{x}}\,\frac{Q}{4\pi\varepsilon_0 a^2}$$

例題 4-12 四個 +10 nC 的點電荷分別置於笛卡兒座標 (–3, 0, 0), (3, 0, 0), (0, –3, 0), (0, 3, 0) 等四點上，座標值均以 m 為單位；試求點 P(0, 0, 4) 之電場強度。

解： 先計算位於座標 (–3, 0, 0) 之點電荷所產生的電場 $\vec{E}_1$：

$\vec{R}_1 = \hat{\mathbf{x}}\,3 + \hat{\mathbf{z}}\,4$，　$\therefore\ R_1 = 5$

由 (4-26) 式，

$$\vec{E}_1 = \frac{Q}{4\pi\varepsilon_0}\frac{\vec{R}_1}{R^3} = (+10\ \text{nC})(9.00\times10^9\ \text{N}\cdot\text{m}^2/\text{C}^2)\times = \frac{(\hat{\mathbf{x}}\,3+\hat{\mathbf{z}}\,4)\text{m}}{(5\text{m})^3}$$

$$= \frac{90}{125}(\hat{\mathbf{x}}\,3 + \hat{\mathbf{z}}\,4)\ \text{N/C}$$

由題意知四個電荷的分布具有對稱性，點 P(0, 0, 4) 在對稱軸 (z 軸) 上；故總電場強度為 $\vec{E}_1$ 之 z 分量的 4 倍：

$$\vec{E} = 4\times\frac{90}{125}(\hat{\mathbf{z}}\,4)\ \text{N/C} = \hat{\mathbf{z}}\,\frac{288}{25}\ \text{N/C}$$

4-6 電場強度之計算

在許多情況下，電荷係以線電荷、面電荷、或體電荷的形式存在 (詳見第 4-2 節)，此時點電荷的電場公式 (4-26) 式不能直接使用，而必須進一步以積分來處理。

(一) 線電荷產生的電場

如圖 4-17 所示，假設一線電荷之電荷密度為 ρ_L，則在線元素 dL 中所帶的微量電荷為 $dq = \rho_L\, dL$。這個 dq 非常微小，可視為點電荷；因此我們可以用 (4-26) 式來計算它在任意點 P 所產生的微量電場：

$$d\vec{E} = \frac{dq}{4\pi\varepsilon_0}\frac{\vec{R}}{R^3} = \frac{\rho_L dL}{4\pi\varepsilon_0}\frac{\vec{R}}{R^3} \tag{4-27}$$

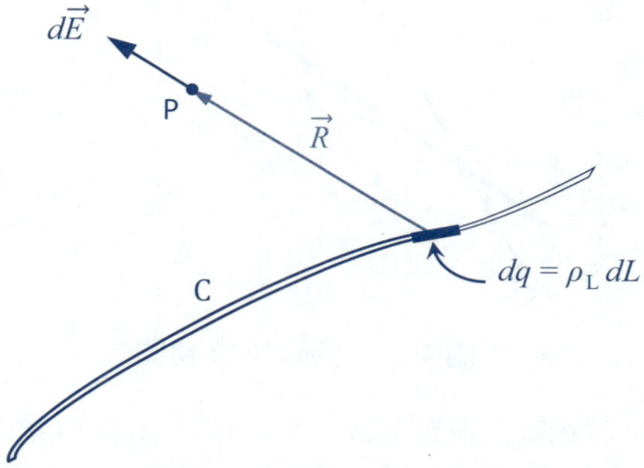

▲圖 4-17　線電荷產生的電場

其中 $\vec{R}$ 為由 dq 指向點 P 的位移向量。將此式沿著線電荷積分，即得點 P 的電場強度：

$$\vec{E} = \int_C \frac{\rho_L}{4\pi\varepsilon_0}\frac{\vec{R}}{R^3}\, dL \tag{4-28}$$

例題 4-13　設有一均勻線電荷，其電荷密度為 ρ_L，置於 x 軸上，$-a \leqq x \leqq a$，如圖 4-18 所示；試求在點 P(0, 0, z) 之電場強度 (z 視為定值)。

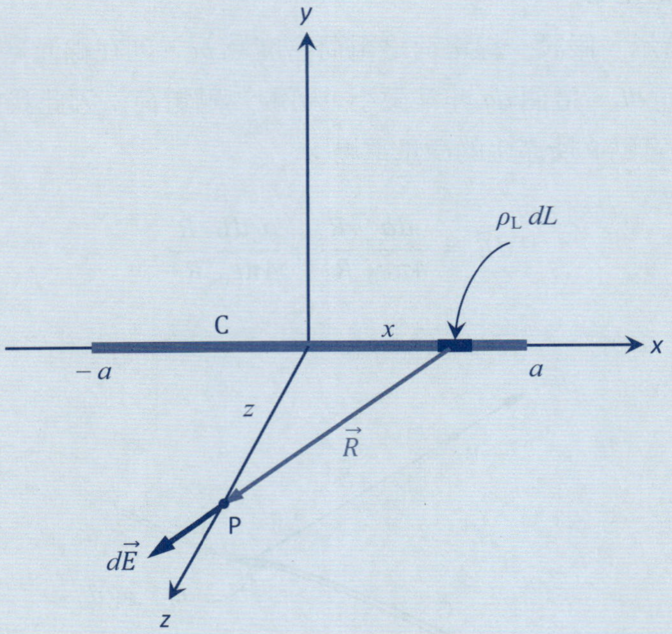

▲圖 4-18　例題 4-13 用圖

解： 在線電荷上 $(x, 0, 0)$ 處取一線元素 $dL = dx$，則由 $(x, 0, 0)$ 指向 $(0, 0, z)$ 之位移向量為：

$$\vec{R} = -\hat{\mathbf{x}}\,x + \hat{\mathbf{z}}\,z$$

其大小為：

$$R = \sqrt{x^2 + z^2}$$

代入 (4-28) 式中可得：

$$\vec{E} = \int_C \frac{\rho_L}{4\pi\varepsilon_0} \frac{-\hat{\mathbf{x}}\,x + \hat{\mathbf{z}}\,z}{(x^2 + z^2)^{3/2}}\,dx$$

由題意知電荷分布與點 P 位置具有對稱性，其電場強度在 z 方向；因此我們只需取出上式中的 $\hat{\mathbf{z}}$ 分量來計算即可：

$$\vec{E} = \int_{-a}^{a} \frac{\rho_L}{4\pi\varepsilon_0} \frac{\hat{\mathbf{z}}\,z}{(x^2 + z^2)^{3/2}}\,dx = \hat{\mathbf{z}}\,\frac{\rho_L z}{4\pi\varepsilon_0} \int_{-a}^{a} \frac{dx}{(x^2 + z^2)^{3/2}}$$

$$= \hat{\mathbf{z}}\,\frac{\rho_L}{2\pi\varepsilon_0 z} \frac{a}{\sqrt{a^2 + z^2}} \qquad (4\text{-}29)$$

在實用上，若 $z \ll a$ (即 $z/a \ll 1$)，也就是說，點 P 很靠近線電荷，則 [例題 4-13] 的結果可以做適當的簡化。由 (4-29) 式：

$$\vec{E} = \hat{\mathbf{z}}\,\frac{\rho_L}{2\pi\varepsilon_0 z}\,\frac{a}{\sqrt{a^2+z^2}} = \hat{\mathbf{z}}\,\frac{\rho_L}{2\pi\varepsilon_0 z}\,\frac{1}{\sqrt{1+(z/a)^2}} \tag{4-30}$$

當 $z/a \ll 1$ 時，(4-30) 式根號裡面的 z/a 可以忽略；因此變成：

$$\vec{E} = \hat{\mathbf{z}}\,\frac{\rho_L}{2\pi\varepsilon_0 z} \tag{4-31a}$$

在理論上，如果令 (4-30) 式根號裡的 $a \to \infty$，也就是說，假設線電荷的長度為「無限大」，則可得極限值 (4-31a) 式；所以有時我們稱 (4-31a) 式為「無限長」均勻直線電荷產生的電場強度。

無限長的均勻線電荷具有圓柱對稱性，產生的電場用圓柱座標來表示比較適當；因此我們將上式中的 z 改成 r，$\hat{\mathbf{z}}$ 改成 $\hat{\mathbf{r}}$，變成：

$$\vec{E} = \hat{\mathbf{r}}\,\frac{\rho_L}{2\pi\varepsilon_0 r} \tag{4-31b}$$

例題 4-14 設半徑為 a 之圓形線電荷之電荷密度 ρ_L 為一定值，置於 $z = 0$ 平面上，如圖 4-19 所示；試求其中心軸上一點 P(0, 0, z) 之電場強度 (z 視為定值)。

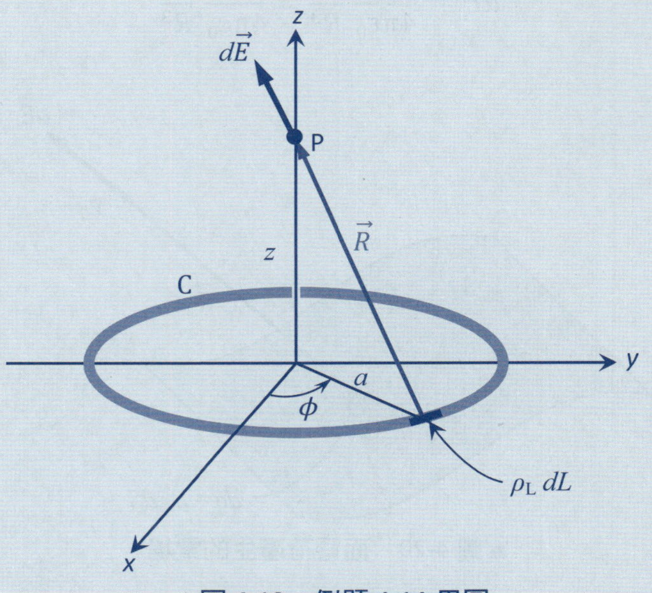

▲圖 4-19 例題 4-14 用圖

解： 利用圓柱座標系，線電荷上之線元素為 $dL = a\,d\phi$；由 dL 指向點 P 之位移向量為：

$\vec{R} = -\hat{\mathbf{r}}\,a + \hat{\mathbf{z}}\,z$

$\therefore\ R = \sqrt{a^2 + z^2}$

代入 (4-28) 式中可得：

$$\vec{E} = \int_C \frac{\rho_L}{4\pi\varepsilon_0}\frac{-\hat{\mathbf{r}}\,a + \hat{\mathbf{z}}\,z}{(a^2+z^2)^{3/2}}\,a\,d\phi$$

由題意知電荷分布與點 P 位置具有對稱性，其電場強度在 z 方向；因此我們只需取出上式中的 $\hat{\mathbf{z}}$ 分量來計算即可：

$$\vec{E} = \int_C \frac{\rho_L a}{4\pi\varepsilon_0}\frac{\hat{\mathbf{z}}\ z}{(a^2+z^2)^{3/2}}\,d\phi = \hat{\mathbf{z}}\,\frac{\rho_L a}{4\pi\varepsilon_0}\frac{z}{(a^2+z^2)^{3/2}}\int_0^{2\pi} d\phi$$

$$= \hat{\mathbf{z}}\,\frac{\rho_L}{2\varepsilon_0}\frac{a\,z}{(a^2+z^2)^{3/2}} \tag{4-32}$$

(二) 面電荷產生的電場

如圖 4-20 所示，假設一面電荷之電荷密度為 ρ_S，則在面元素 dS 中所帶的微量電荷為 $dq = \rho_S\,dS$。這個 dq 非常微小，可視為點電荷；因此我們可以用 (4-26) 式來計算它在任意點 P 所產生的微量電場：

$$d\vec{E} = \frac{dq}{4\pi\varepsilon_0}\frac{\vec{R}}{R^3} = \frac{\rho_S dS}{4\pi\varepsilon_0}\frac{\vec{R}}{R^3} \tag{4-33}$$

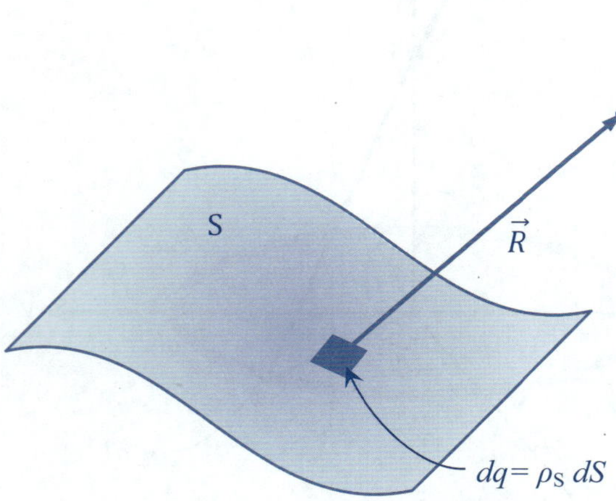

▲圖 4-20　面電荷產生的電場

其中 $\vec{R}$ 為由 dq 指向點 P 的位移向量。將此式沿著面電荷積分，即得點 P 的電場強度：

$$\vec{E} = \int_S \frac{\rho_S}{4\pi\varepsilon_0} \frac{\vec{R}}{R^3}\, dS \tag{4-34}$$

例題 4-15 設半徑為 a 之圓形平面上 $(x^2 + y^2 \leqq a^2,\ z = 0)$ 之面電荷密度 ρ_S 為一定值，如圖 4-21 所示；試求其中心軸上一點 P(0, 0, z) 之電場強度 (z 視為定值)。

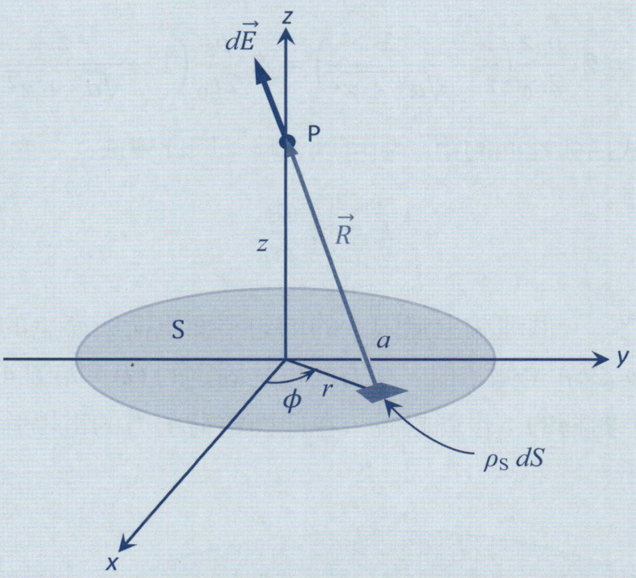

▲圖 4-21　例題 4-15 用圖

解： 利用圓柱座標系，平面電荷上之面元素為 $dS = r\,dr\,d\phi$；由 dS 指向點 P 之位移向量為：

$\vec{R} = -\hat{\mathbf{r}}\,r + \hat{\mathbf{z}}\,z$

$\therefore\ R = \sqrt{r^2 + z^2}$

代入 (4-34) 式中可得：

$$\vec{E} = \int_S \frac{\rho_S}{4\pi\varepsilon_0} \frac{-\hat{\mathbf{r}}\,r + \hat{\mathbf{z}}\,z}{(r^2 + z^2)^{3/2}}\, r\,dr\,d\phi$$

由題意知面電荷分布與點 P 位置具有對稱性，其電場強度在 z 方向；因此我們只需取出上式中的 $\hat{\mathbf{z}}$ 分量來計算即可：

$$\vec{E} = \hat{\mathbf{z}}\,\frac{\rho_S z}{4\pi\varepsilon_0}\int_0^{2\pi}\int_0^{a}\frac{r\,dr\,d\phi}{(r^2+z^2)^{3/2}} = \hat{\mathbf{z}}\,\frac{\rho_S z}{4\pi\varepsilon_0}\left(\frac{1}{z}-\frac{1}{\sqrt{a^2+z^2}}\right)\int_0^{2\pi}d\phi$$

$$= \hat{\mathbf{z}}\,\frac{\rho_S z}{2\varepsilon_0}\left(\frac{1}{z}-\frac{1}{\sqrt{a^2+z^2}}\right) \tag{4-35}$$

在實用上，若 $a \to \infty$，也就是說，假設此面電荷面積非常大，則 [例題 4-15] 的結果可以做相當的簡化。由 (4-35) 式：

$$\vec{E} = \hat{\mathbf{z}}\,\frac{\rho_S z}{2\varepsilon_0}\left(\frac{1}{z}-\frac{1}{\sqrt{a^2+z^2}}\right) = \hat{\mathbf{z}}\,\frac{\rho_S}{2\varepsilon_0}\left(1-\frac{z}{\sqrt{a^2+z^2}}\right)$$

當 $a \to \infty$ 時，上式括弧裡面的第二項可以忽略；因此變成：

$$\vec{E} = \hat{\mathbf{z}}\,\frac{\rho_S}{2\varepsilon_0} \tag{4-36}$$

這個式子告訴我們，一個理論上無限大的均勻平面電荷所產生的電場是個「**均勻電場**」，其大小 ($\rho_S/2\varepsilon_0$) 是個定值，其方向也是固定的 ($\hat{\mathbf{z}}$)，如圖 4-22 所示。注意：這個電場是上、下對稱的；也就是說，在此面電荷上方的電場強度向上，而下方的電場強度則向下。

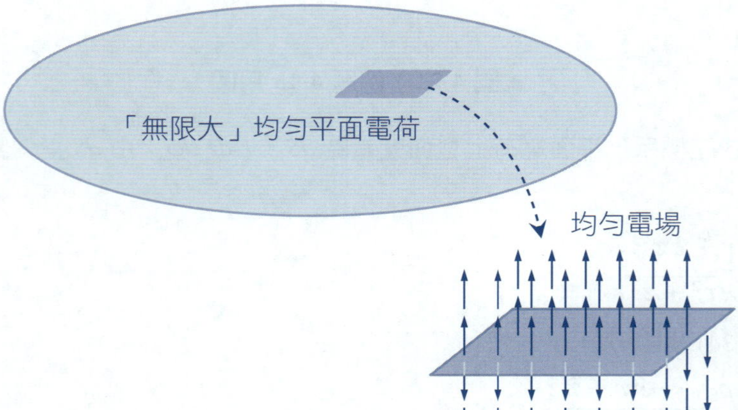

▲圖 4-22　**無限大均勻平面電荷產生均勻電場**

另外，如果此一面電荷帶的是負電 ($-\rho_S$)，則所有的電場都要**反向**。

當然，在實際上不會有「無限大」的平面電荷存在；但是在距離均勻平面電荷很近的電場強度，可用 (4-36) 式作為合理的近似公式。

例題 4-16 設有一對「無限大」的均勻平面電荷相距 d 平行放置，如圖 4-23(a) 所示；位於 $z=0$ 者之面電荷密度為 $+\rho_S$，位於 $z=d$ 者之面電荷密度為 $-\rho_S$。試求各區域之電場強度。

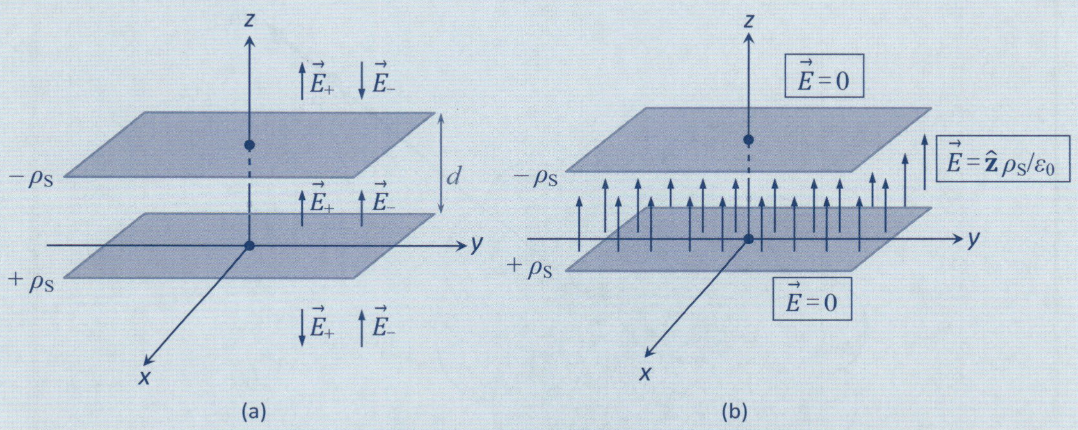

▲圖 4-23 (a) 一對無限大均勻平面電荷；(b) 所產生的均勻電場

解： 根據 (4-36) 式，「無限大」的均勻平面電荷產生的電場強度之大小均為 $\rho_S/2\varepsilon_0$；但位於 $z=0$ 者帶正電荷，故在 $z>0$ 的區域電場強度 $\vec{E}_+$ 朝上，而在 $z<0$ 的區域電場強度朝下。另一位於 $z=d$ 者帶負電荷，故在 $z>d$ 的區域電場強度 $\vec{E}_-$ 朝下，而在 $z<d$ 的區域電場強度朝上，如圖 4-23(a) 所示。

今由疊加原理可知，在 $z>d$ 及 $z<0$ 的區域，$\vec{E}_+$ 與 $\vec{E}_-$ 方向相反，互相抵銷，故總電場強度為零。而在 $0<z<d$ 的區域，$\vec{E}_+$ 與 $\vec{E}_-$ 方向相同，故總電場強度的大小為 $\rho_S/2\varepsilon_0$ 的 2 倍，即 ρ_S/ε_0；如圖 4-23(b) 所示。

綜上所述，所求電場強度為：

$$\vec{E}=\begin{cases} 0 & (z>d) \\ \hat{\mathbf{z}}\,\rho_S/\varepsilon_0 & (0<z<d) \\ 0 & (z<0) \end{cases}$$

(三) 體電荷產生的電場

如圖 4-24 所示，假設一體電荷之電荷密度為 ρ_V，則在體元素 dV 中所帶的微量電荷為 $dq = \rho_V\, dV$。這個 dq 非常微小，可視為點電荷；因此我們可以用 (4-26) 式來計算它在任意點 P 所產生的微量電場：

$$d\vec{E} = \frac{dq}{4\pi\varepsilon_0}\frac{\vec{R}}{R^3} = \frac{\rho_V dV}{4\pi\varepsilon_0}\frac{\vec{R}}{R^3} \tag{4-37}$$

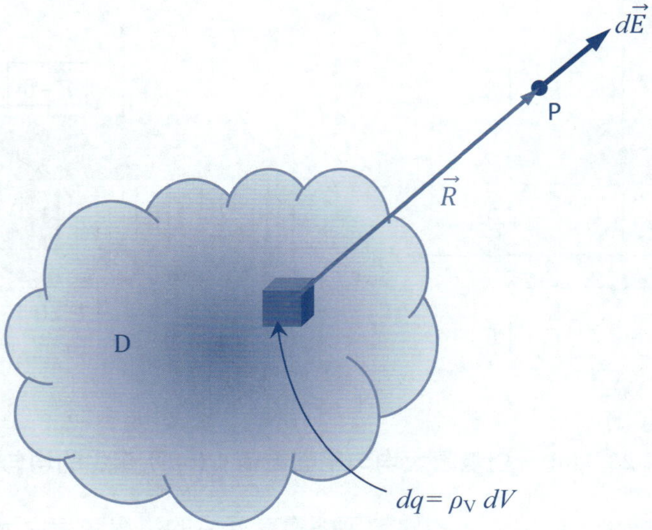

▲圖 4-24　**體電荷產生的電場**

其中 $\vec{R}$ 為由 dq 指向點 P 的位移向量。將此式在體電荷範圍 D 內積分，即得點 P 的電場強度：

$$\vec{E} = \int_D \frac{\rho_V}{4\pi\varepsilon_0}\frac{\vec{R}}{R^3}\, dV \tag{4-38}$$

在實際操作上，這個體積分的計算通常都非常冗長複雜，不符合「簡易原則」的要求；因此我們有必要另謀他法來處理，也就是下一節所講述的「電場的高斯定律」。

4-7 電場的高斯定律

電場是由電荷產生的；靜態的電荷產生靜態的電場，動態的電荷產生動態的電場。然不論是靜態的還是動態的，電場的空間分布與電荷的空間分布必有一定的關係存在；而且不論如何分布，都必須遵守共同的規範，這個規範就是「**電場的高斯定律**」。

電場強度 $\vec{E}$ 是個「力場」，用來表示電場中之電荷受力的大小和方向；詳見 (4-24) 式或 (4-25) 式。但當我們在敘述高斯定律的時候，卻是用到通量的觀念。通量不談「力」的問題，而是一個幾何概念，敘述通過某一曲面的某個物理量。在電場裡，我們稱此一物理量為「**電通量**」。

根據 (3-34) 式，任何通量均可由「通量密度」在一曲面 S 上的面積分來計算。在電場中的通量密度稱為「**電通密度**」，以向量 $\vec{D}$ 來表示。仿照 (3-34) 式，電通量 Φ_e 可以寫成：

$$\Phi_e = \int_S \vec{D} \cdot d\vec{S} \tag{4-39}$$

在 SI 單位制中，電通量 Φ_e 的單位為 C (庫倫)，電通密度 $\vec{D}$ 的單位為 C/m^2 (庫倫/米^2)。

在真空中，通量密度 $\vec{D}$ 與電場強度 $\vec{E}$ 之間的關係為：

$$\vec{D} = \varepsilon_0 \vec{E} \tag{4-40}$$

其中 ε_0 為真空的「容電係數」：

$$\varepsilon_0 = 8.854\ 187\ 818 \times 10^{-12}\ \text{F/m} \qquad \text{(詳見 4-21)}$$

在有效數字四位以下的計算，我們可以使用近似值 $\varepsilon_0 \approx 8.854 \times 10^{-12}$ F/m。

在物質中，(4-40) 式應改寫成：

$$\vec{D} = \varepsilon \vec{E} \tag{4-41}$$

其中 ε 稱為「**物質的容電係數**」。不同的物質具有不同的容電係數；在一般非晶體的均勻物質中，ε 為一純量，而且大於 ε_0。在實用上，我們通常把它寫成：

$$\varepsilon = \varepsilon_r \varepsilon_0 \tag{4-42}$$

$\varepsilon_r > 1$，是一個無因次的量，稱為該物質的「**相對容電係數**」。

相對容電係數是溫度和電磁場變率的函數；表 4-1 所列者為若干常見物質在室溫之下的靜態 (或電磁場頻率小於 1 kHz) 相對容電係數。

▼表 4-1 常見物質在室溫之下的靜態相對容電係數

物質	相對容電係數[1]
真空	1 (定義值)
空氣	1.0006 [2]
鐵氟龍	2.1
紙	3.85
混凝土	4.5
橡膠	7
矽	11.68
甲醇	30
水	81 [3]
二氧化鈦	110

[1] 相對容電係數昔稱「介電常數」。
[2] 在有效數字三位以下的計算，可用近似值 1。
[3] 在 0℃ 時為 88，100℃ 時為 55。

在電學系統中，若只牽涉到真空狀態，則由 (4-40) 式看起來，電通密度 $\vec{D}$ 與電場強度 $\vec{E}$ 似乎只有因次的轉變，應可視為一體的兩面；但在牽涉到物質的問題時，則兩者必須視為獨立的物理量，兩者聯立起來才有辦法解出所有的變數。

例題 4-17 一點電荷 Q 置於球座標系的原點；試求通過球面 S：$x^2+y^2+z^2=a^2$ 之電通量。

解： 由 (4-26) 式，點電荷 Q 產生的電場強度為：

$$\vec{E} = \frac{Q}{4\pi\varepsilon_0}\frac{\vec{R}}{R^3} = \frac{Q}{4\pi\varepsilon_0}\frac{\hat{\mathbf{R}}a}{a^3} = \hat{\mathbf{R}}\frac{Q}{4\pi\varepsilon_0 a^2}$$

故由 (4-40) 式知電通密度為：

$$\vec{D} = \varepsilon_0 \vec{E} = \hat{\mathbf{R}} \frac{Q}{4\pi a^2}$$

半徑 a 之球面 S 的面元素為：

$$d\vec{S} = \hat{\mathbf{R}}\ a^2 \sin\theta\, d\theta\, d\phi$$

故通過球面 S 之總電通量為：

$$\Phi_e = \int_S \vec{D} \cdot d\vec{S} = \frac{Q}{4\pi}\int_0^{2\pi}\int_0^{\pi} \sin\theta\, d\theta\, d\phi = Q$$

我們看到通過一封閉曲面 (在此為球面) S 之總電通量等於 S **內部**的電量 Q，且與容電係數 (ε_0 或 ε) **無關**。

電場的高斯定律是個「定律」；也就是說，它是由無數次的實驗歸納出來的結果，屢試不爽。根據這些實驗，我們歸納出一個簡單的公式：

$$\vec{\nabla} \cdot \vec{D} = \rho_V \tag{4-43}$$

亦即，在電場中各點之電通密度 $\vec{D}$ 的散度恆等於該點的體電荷密度 ρ_V。這個式子稱為「**電場的高斯定律**」，以微分形式來表示。

散度 $\vec{\nabla} \cdot \vec{D}$ 是個純量，用來表示電通量在電場中任一點「連續」或「不連續」的狀況 (詳見第 3-11 節)：

1. 若 $\vec{\nabla} \cdot \vec{D} = 0$，則電通量在該點為連續；
2. 若 $\vec{\nabla} \cdot \vec{D} > 0$，則電通量在該點發散，該點稱為「源點」；
3. 若 $\vec{\nabla} \cdot \vec{D} < 0$，則電通量在該點匯聚，該點稱為「匯點」。

因此 (4-43) 式的意思是：

1. 在沒有電荷存在 ($\rho_V = 0$) 的點，電通量為連續；
2. 正電荷 ($\rho_V > 0$) 是電通量的源點，電通量由該點發散出來，發散的量與 ρ_V 成正比；
3. 負電荷 ($\rho_V < 0$) 是電通量的匯點，電通量在該點匯聚，匯聚的量與 ρ_V 成正比。

如圖 4-25 所示，假想一個封閉曲面 S；這個用來解釋高斯定律的封閉曲面稱為「**高斯面**」。首先我們看到高斯面 S 的**外部**，點 P_1 有個正電荷，發散出電通量；點 P_2 有個負電荷，有電通量匯聚。注意：這些電通量在 S 的內部都是連續的。

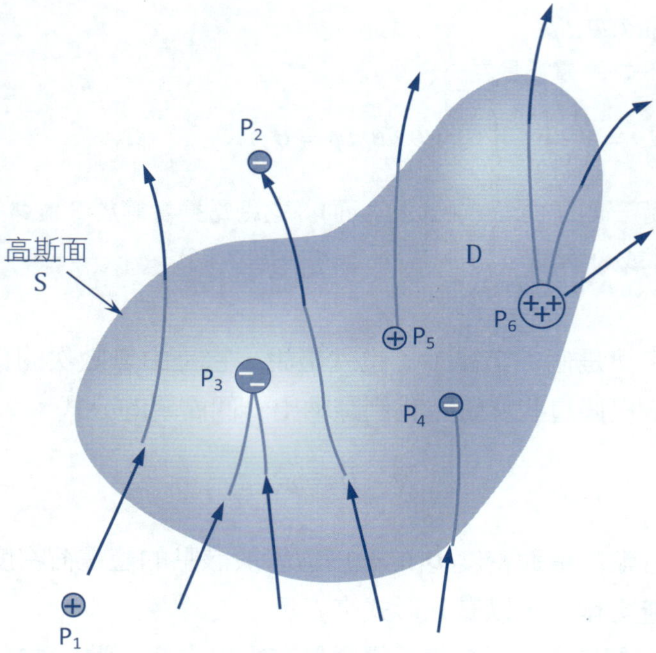

▲圖 4-25　高斯定律示意圖

其次看到高斯面 S 的**內部**；舉例而言，點 P_3 與 P_4 有負電荷；但點 P_3 的負電是點 P_4 的兩倍，因此匯聚於 P_3 的電通量為 P_4 的兩倍。又，點 P_5 與 P_6 有正電荷；但點 P_6 的正電是點 P_5 的三倍，因此由 P_6 發散出的電通量為 P_5 的三倍。

現在我們要將上述所有電通量在高斯面 S 上做一個結算。將 (4-43) 式在高斯面 S 的內部 D 做體積分：

$$\int_D \vec{\nabla} \cdot \vec{D}\, dV = \int_D \rho_V\, dV \tag{4-44}$$

由高斯散度定理 (詳見第 3-13 節)：

$$\int_D \vec{\nabla} \cdot \vec{D}\, dV = \oint_S \vec{D} \cdot d\vec{S} \qquad \text{(詳見 3-47)}$$

(4-44) 式變成：

$$\oint_S \vec{D} \cdot d\vec{S} = \int_D \rho_V \, dV \tag{4-45}$$

這就是「**電場的高斯定律**」，以積分形式來表示；其中，等號右邊：

$$Q = \int_D \rho_V \, dV \tag{4-46}$$

為高斯面內部區域 D 的總電量。若 Q 為**面**電荷，則 (4-46) 式應自動改為：

$$Q = \int_S \rho_S \, dS \tag{4-47}$$

同理，若 Q 為**線**電荷，則 (4-46) 式亦應自動改為：

$$Q = \int_C \rho_L \, dL \tag{4-48}$$

同理，若 Q 為**點**電荷，則 (4-46) 式亦應自動改為：

$$Q = \sum_i Q_i \tag{4-49}$$

電場的高斯定律 (4-45) 式告訴我們：通過任意封閉曲面 (高斯面) S 之總電通量恆等於 S 內部區域 D 的總電量。這個式子稱為「積分形式的高斯定律」。

以圖 4-25 為例；假設圖中每一個 + 號代表 + 1 庫倫，每一個 − 號代表 − 1 庫倫；它們所發出 (或匯聚) 的每一條線代表 1 庫倫的電通量，則由圖上可以看出通過整個高斯面 S 的總電通量為 + 1 庫倫，恰好等於高斯面內部的總電量 + 1 庫倫。

例題 4-18 如圖 4-26 所示，某空間有六個點電荷：$Q_1 = -1$ C, $Q_2 = -2$ C, $Q_3 = 3$ C, $Q_4 = -4$ C, $Q_5 = 5$ C, $Q_6 = 6$ C；試求通過高斯面 S 的總電通量。

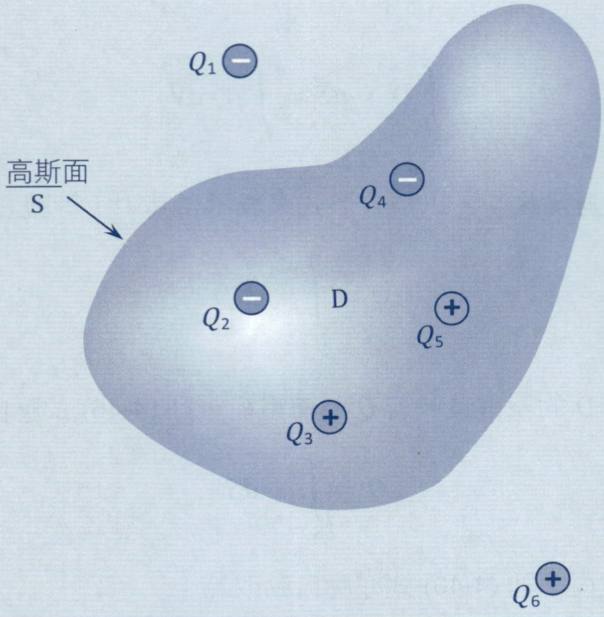

▲圖 4-26　例題 4-18 用圖

解： 根據電場的高斯定律，通過高斯面 S 的總電通量恆等於 S 內部區域 D 的總電量：

$$\oint_S \vec{D} \cdot d\vec{S} = \sum_i Q_i = Q_2 + Q_3 + Q_4 + Q_5 = -2 + 3 - 4 + 5 = +2\,\text{C}$$

4-8　高斯定律的應用

高斯定律 (4-45) 式不但說明了電場的基本性質，而且可以幫助我們簡易地求出原本難解的電場強度 $\vec{E}$；但先決條件是必須事先洞悉問題的「**對稱性**」。通常遇到的對稱性有「平面對稱」、「圓柱對稱」、及「球對稱」。

例題 4-19　**平面對稱**。如圖 4-27 所示，設一無限大均勻平面電荷的面電荷密度為 $+\rho_S$；試利用高斯定律求產生的電場強度。

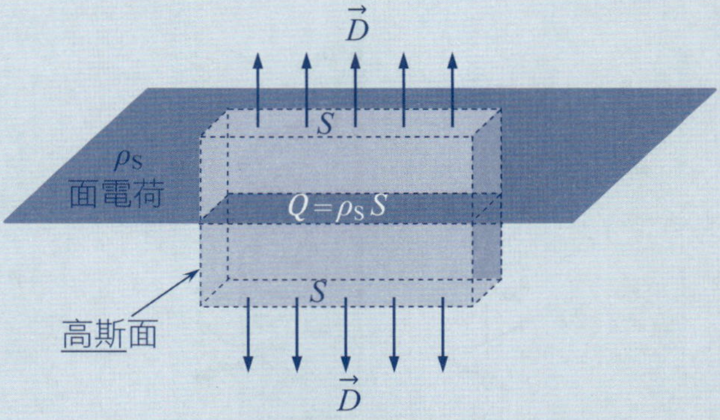

▲圖 4-27 例題 4-19 用圖

解： 由題意知電場強度的分布在平面電荷的兩側是對稱的；而且都是垂直於平面電荷的均勻電場 (詳見圖 4-22)。因此我們選定的高斯面是個長方體的表面，如圖 4-27 所示。假設此長方體的上、下表面面積均為 S，因通過的電通密度大小均為 D，故通過上、下表面的電通量為 $2DS$。由於其餘四個面 (左、右、前、後) 的電通量均等於零，故通過整個高斯面的總電通量即等於 $2DS$：

$$\Phi_e = \oint_S \vec{D} \cdot d\vec{S} = 2DS$$

又，高斯面內部的總電量為：

$$Q = \int_S \rho_S \, dS = \rho_S S$$

故由高斯定律知：

$2DS = \rho_S S$

消去 S，並利用 $D = \varepsilon_0 E$ 的關係，得：

$E = \rho_S / 2\varepsilon_0$

其方向與 $\vec{D}$ (詳見圖 4-27) 相同。此一結果與 (4-36) 式一致。

例題 4-20 **圓柱對稱**。設一無限長的均勻線電荷之電荷密度為 ρ_L，試利用高斯定律求產生的電場強度。

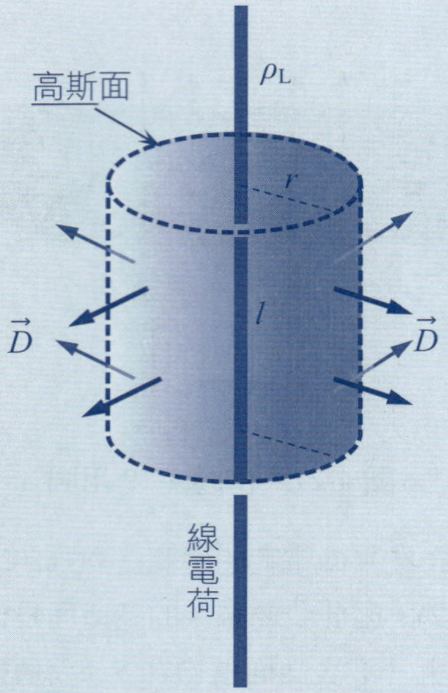

▲圖 4-28　例題 4-20 用圖

解： 無限長的均勻線電荷具有圓柱對稱性，因此我們選擇一個圓柱形的表面 (包括側面、上底、和下底) 來作為高斯面，如圖 4-28 所示。設圓柱形的半徑為 r，長度為 l，通過高斯面的電通密度為 $\vec{D}$；則由對稱性推知，$\vec{D}$ 只通過圓柱的側面，其電通量為 $D(2\pi rl)$，而圓柱的上底和下底的電通量皆為零。因此通過整個高斯面的總電通量為：

$$\Phi_e = \oint_S \vec{D} \cdot d\vec{S} = D(2\pi rl) + 0 + 0 = D(2\pi rl)$$

又，高斯面內部的總電量為：

$$Q = \int_C \rho_L \, dL = \rho_L \int_0^l dL = \rho_L l$$

故由高斯定律知：

$$D(2\pi rl) = \rho_L l$$

消去 l，並利用 $D = \varepsilon_0 E$ 的關係，得：

$$E = \frac{\rho_L}{2\pi\varepsilon_0 r}$$

因其方向為 $\hat{\mathbf{r}}$，故得所求電場強度為：

$$\vec{E} = \hat{\mathbf{r}} \frac{\rho_L}{2\pi\varepsilon_0 r}$$

此一結果與 (4-31b) 式一致。

例題 4-21 **球對稱**。設半徑 a 之球形範圍內有均勻電荷分布，其體電荷密度為 ρ_V；如圖 4-29 所示。試求各區域之電場強度。

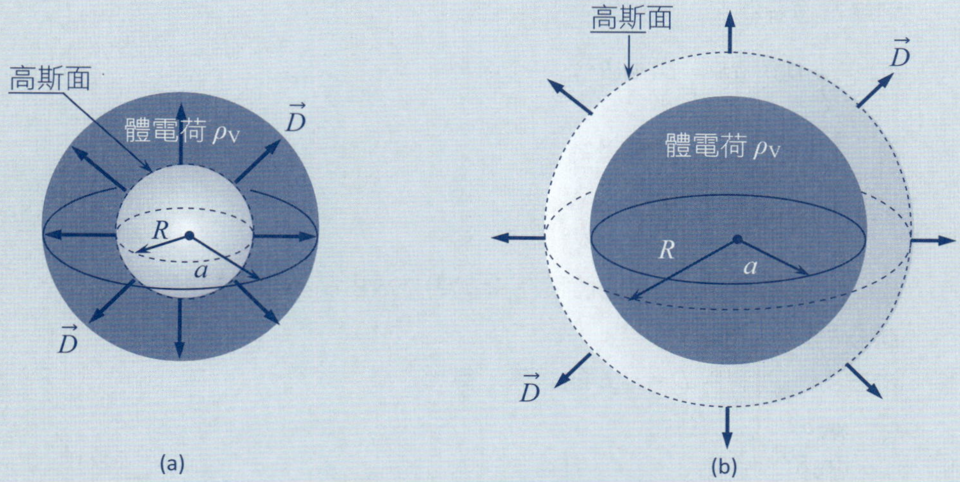

▲**圖 4-29　例題 4-21 用圖**

解： (a) 球內 $(R \leqq a)$

由題意知所產生的電場具有球形對稱，即電場強度 $\vec{E}$ 的大小僅與座標 R 有關，方向為 $\hat{\mathbf{R}}$ 方向。我們在球內選擇一半徑 R 的同心球，其表面作為高斯面，如圖 4-29(a) 所示。設通過此高斯面之電通密度大小為 D，則總電通量為：

$$\Phi_e = \oint_S \vec{D} \cdot d\vec{S} = D(4\pi R^2)$$

又，高斯面內部的總電量為：

$$Q = \int_D \rho_V \, dV = \rho_V \left(\frac{4\pi}{3} R^3\right)$$

故由高斯定律知：

$$D(4\pi R^2) = \rho_V (4\pi R^3/3)$$

消去 $4\pi R^2$，並利用 $D = \varepsilon_0 E$ 的關係，得：

$$E = \frac{\rho_V R}{3\varepsilon_0}$$

$$\therefore \vec{E} = \hat{\mathbf{R}} \frac{\rho_V R}{3\varepsilon_0}$$

此一球內的電場強度與徑向距離 R 成正比。

(b) 球外 ($R \geqq a$)

在球外選擇一半徑 R 的同心球，其表面作為高斯面，如圖 4-29(b) 所示。

則總電通量為：

$$\Phi_e = \oint_S \vec{D} \cdot d\vec{S} = D(4\pi R^2)$$

又，高斯面內部的總電量為：

$$Q = \int_D \rho_V \, dV = \rho_V \left(\frac{4\pi}{3} a^3\right)$$

(注意：體電荷 ρ_V 佔有的體積為 $4\pi a^3/3$)；故由高斯定律知：

$$D(4\pi R^2) = \rho_V (4\pi a^3/3)$$

消去 4π，並利用 $D = \varepsilon_0 E$ 的關係，得：

$$E = \frac{\rho_V a^3}{3\varepsilon_0 R^2}$$

$$\therefore \ \vec{E} = \hat{\mathbf{R}} \frac{\rho_V a^3}{3\varepsilon_0 R^2}$$

此一球外的電場強度與徑向距離的平方 R^2 成反比。

4-9 電位能與電位

在第 3-4 節裡，我們知道力場有「保守場」與「非保守場」之分。在保守場裡，能量是保守的；也就是說，一力 $\vec{F}$ 沿著任一封閉路徑 C 所作的功恆等於零：

$$\oint_C \vec{F} \cdot d\vec{L} = 0 \qquad \text{(詳見 3-12)}$$

或者我們也可以說，一力 $\vec{F}$ 在保守場所作的功與路徑無關 (詳見圖 3-8)：

$$\int_{C_1} \vec{F} \cdot d\vec{L} = \int_{C_2} \vec{F} \cdot d\vec{L} \qquad (4\text{-}50)$$

牛頓力學裡的重力場就是一個保守場；如圖 4-30 所示，當我們以一個外力 $\vec{F}_{ext}$ 將一物體由地面提升至高度 h 時，若動能沒有變化，則 $\vec{F}_{ext}$ 所作的功即完全變

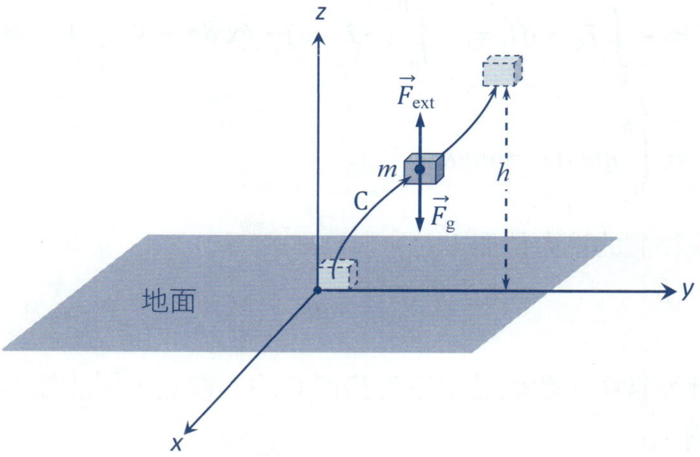

▲圖 4-30 重力位能示意圖

成物體的「位能」，稱為「**重力位能**」。這個能量我們只能從該物體的「位置」(即高度 h) 來認知它的存在，因此「位能」的「位」有「位置」的意思。

欲使物體的動能沒有變化，則外力 $\vec{F}_{\text{ext}}$ 必須恰好與物體所受的重力 $\vec{F}_{\text{g}}$ 抵銷：

$$\vec{F}_{\text{ext}} + \vec{F}_{\text{g}} = 0$$

即：

$$\vec{F}_{\text{ext}} = -\vec{F}_{\text{g}} \tag{4-51}$$

因此，外力 $\vec{F}_{\text{ext}}$ 在重力場裡所作的功為：

$$W = \int_{C} \vec{F}_{\text{ext}} \cdot d\vec{L} = -\int_{C} \vec{F}_{\text{g}} \cdot d\vec{L} \tag{4-52}$$

利用笛卡兒座標系，我們令 xy 平面為水平面，z 軸為鉛直向上，如圖 4-30 所示；則質量 m 的物體所受的重力為：

$$\vec{F}_{\text{g}} = -\hat{\mathbf{z}}\, mg$$

物體移動路徑 C 的線元素為：

$$d\vec{L} = \hat{\mathbf{x}}\, dx + \hat{\mathbf{y}}\, dy + \hat{\mathbf{z}}\, dz$$

故由 (4-52) 式知將物體由地面 ($z = 0$) 移動至高度 $z = h$ 所作的功為：

$$W = -\int_{C} \vec{F}_{g} \cdot d\vec{L} = -\int_{0}^{h} (-\hat{\mathbf{z}}\, mg) \cdot (\hat{\mathbf{x}}\, dx + \hat{\mathbf{y}}\, dy + \hat{\mathbf{z}}\, dz)$$

$$= \int_{0}^{h} mg\, dx = mgh$$

這個功完全變成物體的重力位能 U_g：

$$U_g = mgh \tag{4-53}$$

在以上的計算當中，我們並未用到路徑 C 的方程式，顯然外力 $\vec{F}_{ext}$ 所作的功確實與路徑無關。

記得前面我們假設地面的高度為零，因此物體在地面的重力位能也等於零；我們稱地面為重力位能的「**零參考點**」。事實上，我們在考慮物體位能的變化時，不一定要以地面為零參考點；任何一個高度都可選定作為零參考點。

依此類推，我們知道靜電場也是個保守場；因此我們可以仿照重力位能的觀念，定義一個「**電位能**」。如圖 4-31 所示，假設在一靜電場 $\vec{E}$ 中有一點電荷 q，則 q 所受的靜電力為：

$$\vec{F}_e = q\vec{E}$$

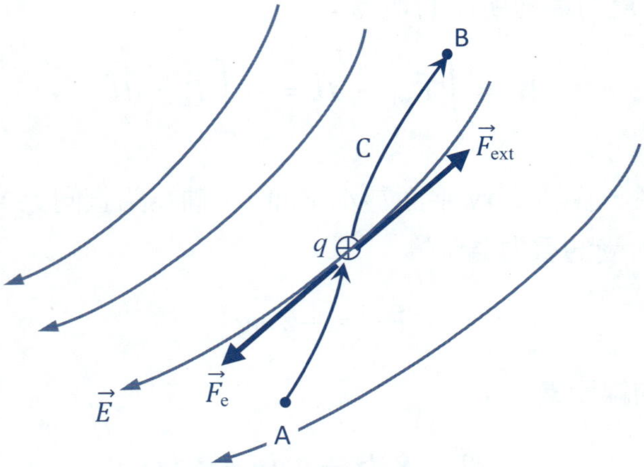

▲圖 4-31　電位能的計算

今以一外力 $\vec{F}_{ext}$ 將電荷 q 沿著路徑 C 由點 A 移動至點 B；若：

$$\vec{F}_{\text{ext}} = -\vec{F}_{\text{e}} = -q\vec{E}$$

則所作的功將完全變成**電位能** U：

$$U = W = \int_C \vec{F}_{\text{ext}} \cdot d\vec{L} = -\int_C \vec{F}_{\text{e}} \cdot d\vec{L} = -\int_C q\vec{E} \cdot d\vec{L}$$

由於這個積分與路徑 C 無關，因此我們捨棄積分符號下方的 C，將上式寫成：

$$U = -q\int \vec{E} \cdot d\vec{L} \tag{4-54}$$

電位能 U 的單位是 J (焦耳)。

有了電位能，我們可以定義電場中任一點的「**電位**」V：

$$V = \frac{U}{q} \tag{4-55}$$

將 (4-54) 式代入 (4-55) 式即得：

$$V = -\int \vec{E} \cdot d\vec{L} \tag{4-56}$$

電位 V 是個純量，單位為 V (伏特)；由 (4-55) 式可知，V = J/C (焦耳/庫倫)。(4-56) 式雖然是由點電荷 q 推導而得，但在 (4-55) 式中我們已經將 q 除去，因此 (4-56) 式是一個普遍成立的公式。

電位計算適用疊加原理；也就是說，若空間一點有若干電位存在，則總電位為各電位的總和 (代數和)。

將向量 $\vec{E}$ 經由 (4-56) 式轉換成純量 V 是「簡易原則」的體現；因為在實際操作上，量測一個向量須要同時量測三個數據 (即三個分量)，而量測一個純量只需一個數據。因此，電位這個純量的訂定具有「化繁為簡」的重要意義。

若已知電場中某一點的電位 V，則在該點之點電荷 q 所具有的電位能可由 (4-55) 式求得：

$$U = qV \tag{4-57}$$

注意：此式僅適用於點電荷 q；若遇非點電荷的場合，則必須另用積分來處理。

例題 4-22 試求點電荷 Q 所建立的電位 V。

解： 由 (4-26) 式知點電荷 Q 所產生之電場為：

$$\vec{E} = \frac{Q}{4\pi\varepsilon_0}\frac{\vec{R}}{R^3} = \hat{\mathbf{R}}\frac{Q}{4\pi\varepsilon_0 R^2}$$

使用球座標系之線元素 $d\vec{L} = \hat{\mathbf{R}}\ dR$，則由 (4-56) 式可得：

$$V = -\int \vec{E}\cdot d\vec{L} = -\int \frac{Q}{4\pi\varepsilon_0 R^2}\,dR = \frac{Q}{4\pi\varepsilon_0 R} + c$$

其中 c 為積分常數，其值由「**零電位參考點**」的位置來決定。若無特別聲明，通常選定無限遠處 $(R \to \infty)$ 為零電位之參考點。如此選定乃是基於「簡易原則」；因為我們將此條件代入上式時可得 $c = 0$，這是一個最簡單的結果。因此點電荷 Q 所產生之電位為：

$$V = \frac{Q}{4\pi\varepsilon_0 R} \tag{4-58}$$

依最初的構想，選定無限遠處 $(R \to \infty)$ 為零電位之參考點可用「**接地**」來實現。接地的觀念係基於兩個假設：

1. 大地是個理想導體；
2. 大地是無限大的。

但實際上大地不是理想的導體，有可觀的電阻存在 (詳見 [例題 4-36])，因此會產生接地點的電位升高；同時，大地也非無限大。因此在電路設計上，通常用其他方式來產生零電位參考點；此零電位參考點與大地無關，但習慣上仍然稱之為「接地」。

例題 4-23 如圖 4-32 所示，邊長 a 之正三角形兩底角處分別置一點電荷 Q；在頂角處置一點電荷 q。試求：(a) q 所具有的電位能；(b) 此系統的總電位能。

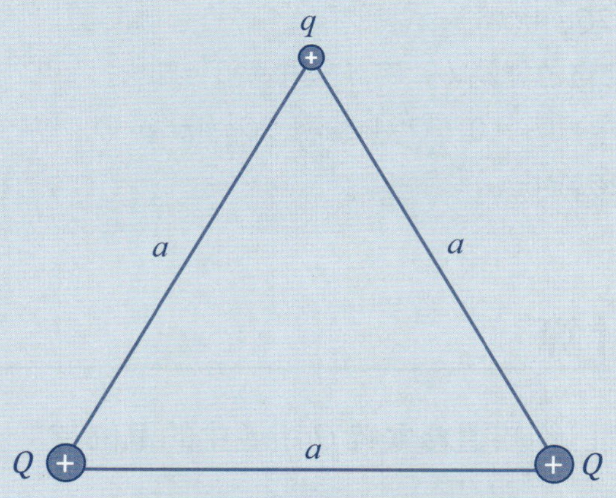

▲圖 4-32 例題 4-23 用圖

解：(a) 根據 (4-58) 式，兩個點電荷 Q 在頂點產生的電位皆為 $Q/4\pi\varepsilon_0 a$；故由疊加原理知頂點的總電位為：

$$V = 2Q/4\pi\varepsilon_0 a \tag{4-59}$$

再由 (4-57) 式即得點電荷 q 之電位能為：

$$U = qV = 2Qq/4\pi\varepsilon_0 a = Qq/2\pi\varepsilon_0 a \tag{4-60}$$

(b) 系統的總電位能須透過如下的思考來求得：

(i) 首先假設整個系統空無一物，各點之電位均等於 0：

$V_1 = 0$

因此將一點電荷 Q 由無限遠處移至定位 (比如說三角形的左下角處) 時，其電位能必等於 0：

$U_1 = Q\ V_1 = 0$

但在右下角處產生了電位：

$V_2 = Q/4\pi\varepsilon_0 a$

(ii) 接著將另一點電荷 Q 由無限遠處移至定位 (比如說三角形的右下角處)，則其電位能等於：

$U_2 = Q\ V_2 = Q^2/4\pi\varepsilon_0 a$

此時頂點處之電位變為 (4-59) 式：

$V_3 = 2Q/4\pi\varepsilon_0 a$

(iii) 接著將點電荷 q 由無限遠處移至定位 (三角形頂點) 時，其電位能為 (4-60) 式：

$U_3 = qV_3 = 2Qq/4\pi\varepsilon_0 a$

故系統的總電位能為 U_1, U_2, U_3 的總和，即：

$U = U_1 + U_2 + U_3 = 0 + Q^2/4\pi\varepsilon_0 a + 2Qq/4\pi\varepsilon_0 a$

$\quad = (Q^2 + 2Qq)/4\pi\varepsilon_0 a$

4-10 電位之計算

在上一節中，我們已經知道**點電荷** Q 所產生的電位為：

$$V = \frac{Q}{4\pi\varepsilon_0 R} \qquad \text{(詳見 4-58)}$$

但在多數場合，一群點電荷常集合成為線電荷、面電荷、或體電荷；詳見第 4-2 節。遇到這些情況，我們可以利用 (4-58) 式作為一個起點，透過積分來求得這群電荷產生的總電位。茲分述如下：

(一) 線電荷產生的電位

如圖 4-33 所示，假設一線電荷之電荷密度為 ρ_L，則在線元素 dL 中所帶的微量電荷為 $dq = \rho_L\, dL$。這個 dq 非常微小，可視為點電荷；因此我們可以利用 (4-58) 式來計算它在任意點 P 所產生的微量電位：

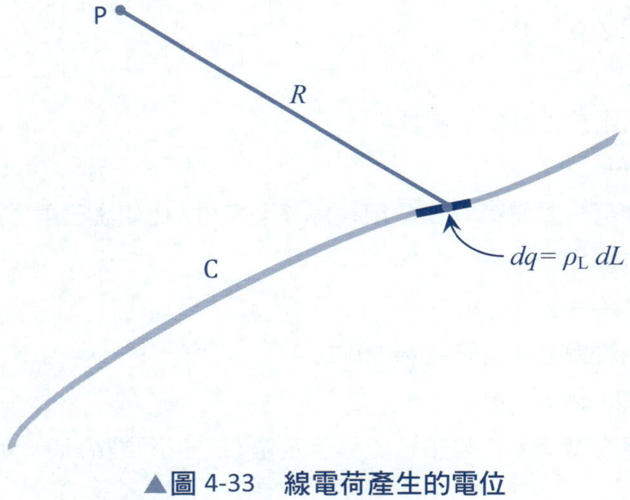

▲圖 4-33 線電荷產生的電位

$$dV = \frac{dq}{4\pi\varepsilon_0 R} = \frac{\rho_L \, dL}{4\pi\varepsilon_0 R}$$

其中 R 為 dq 與點 P 之間的距離。將此式沿著線電荷積分，即得點 P 的電位：

$$V = \int_C \frac{\rho_L \, dL}{4\pi\varepsilon_0 R} \tag{4-61}$$

例題 4-24 設有一均勻直線電荷，其電荷密度為 ρ_L，置於 y 軸上，$-a \leqq y \leqq a$，如圖 4-34 所示；試求在點 P(0, 0, z) 之電位 (z 視為定值)。

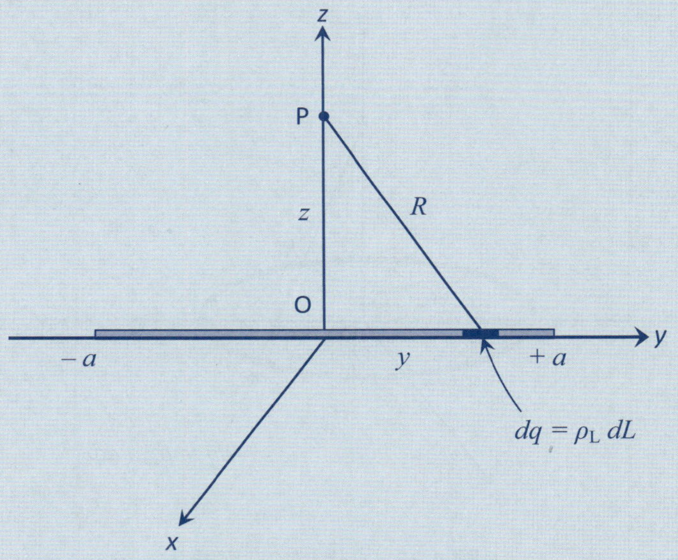

▲圖 4-34　例題 4-24 用圖

解： 在線電荷上 (y, 0, 0) 處取一線元素 $dL = dy$，其中所帶的微量電荷為 $dq = \rho_L \, dL = \rho_L \, dy$；點 (0, y, 0) 與 P(0, 0, z) 之距離為：

$R = \sqrt{y^2 + z^2}$

代入 (4-61) 式中可得點 P 之電位為：

$$V = \frac{\rho_L}{4\pi\varepsilon_0} \int_{-a}^{a} \frac{dy}{\sqrt{y^2 + z^2}}$$

由於本題具有對稱性，故積分值等於由 $y = 0$ 積分至 $y = a$ 之值的兩倍：

$$V=\frac{2\rho_L}{4\pi\varepsilon_0}\int_0^a\frac{dy}{\sqrt{y^2+z^2}}=\frac{\rho_L}{2\pi\varepsilon_0}\ln\left(y+\sqrt{y^2+z^2}\right)\Big|_0^a$$

$$=\frac{\rho_L}{2\pi\varepsilon_0}\ln\left[\frac{a}{z}+\sqrt{\left(\frac{a}{z}\right)^2+1}\right] \tag{4-62}$$

例題 4-25 設半徑為 a 之圓形線電荷之電荷密度 ρ_L 為一定值，置於 $z=0$ 平面上，如圖 4-35 所示；試求其中心軸上一點 P(0, 0, z) 之電位 (z 視為定值)。

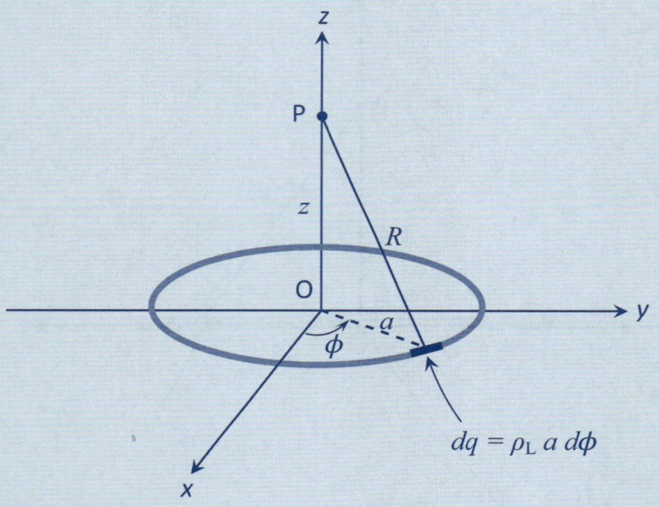

▲圖 4-35 例題 4-25 用圖

解： 利用圓柱座標系，線電荷上之線元素為 $dL=a\,d\phi$，其中所帶的微量電荷為 $dq=\rho_L\,dL=\rho_L\,a\,d\phi$；又，$dq$ 與 P(0, 0, z) 之距離為：

$R=\sqrt{a^2+z^2}$

代入 (4-61) 式中可得點 P 之電位為：

$$V=\frac{\rho_L}{4\pi\varepsilon_0}\int_0^{2\pi}\frac{a\,d\phi}{\sqrt{a^2+z^2}}=\frac{\rho_L a}{2\varepsilon_0\sqrt{a^2+z^2}}$$

(二) 面電荷產生的電位

如圖 4-36 所示，假設一面電荷之電荷密度為 ρ_S，則在面元素 dS 中所帶的微量電荷為 $dq = \rho_S\, dS$。這個 dq 非常微小，可視為點電荷；因此我們可以利用 (4-58) 式來計算它在任意點 P 所產生的微量電位：

$$dV = \frac{dq}{4\pi\varepsilon_0 R} = \frac{\rho_S\, dS}{4\pi\varepsilon_0 R}$$

其中 R 為 dq 與點 P 之間的距離。將此式沿著面電荷積分，即得點 P 的電位：

$$V = \int_S \frac{\rho_S\, dS}{4\pi\varepsilon_0 R} \tag{4-63}$$

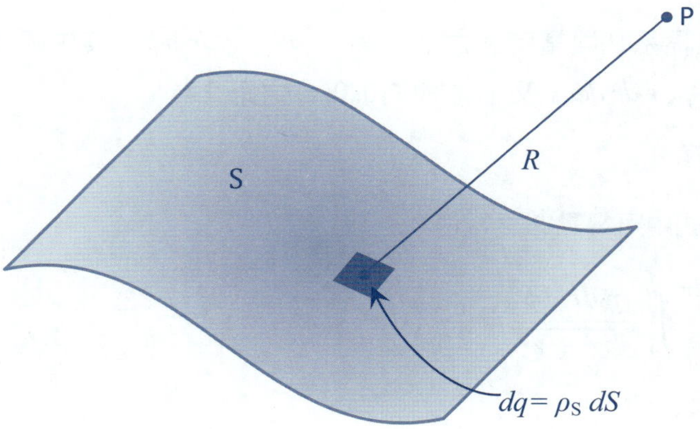

▲圖 4-36　面電荷產生的電位

例題 4-26　設半徑為 a 之圓形面電荷之電荷密度 ρ_S 為一定值，置於 $z = 0$ 平面上，如圖 4-37 所示；試求其中心軸上一點 P(0, 0, z) 之電位 (z 視為定值)。

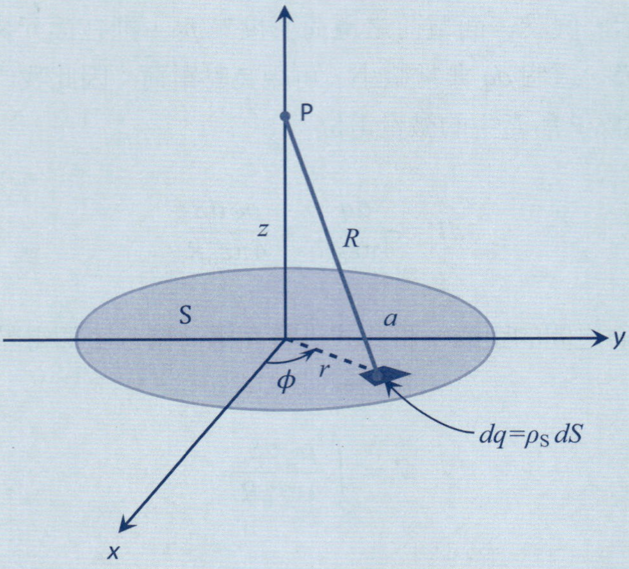

▲圖 4-37　例題 4-26 用圖

解： 利用圓柱座標系，面電荷上之面元素為 $dS = r\,dr\,d\phi$，其中所帶的微量電荷為 $dq = \rho_S\,dS = \rho_S\,r\,dr\,d\phi$；又，$dq$ 與 $P(0, 0, z)$ 之距離為：

$$R = \sqrt{r^2 + z^2}$$

代入 (4-63) 式中可得點 P 之電位為：

$$V = \frac{\rho_S}{4\pi\varepsilon_0}\int_0^{2\pi}\int_0^{a}\frac{r\,dr\,d\phi}{\sqrt{r^2+z^2}} = \frac{\rho_S}{2\varepsilon_0}\left(\sqrt{a^2+z^2}-z\right)$$

例題 4-27　設半徑為 a 之球面上帶有均勻面電荷密度 ρ_S，如圖 4-38 所示；試求球心 (0, 0, 0) 之電位。

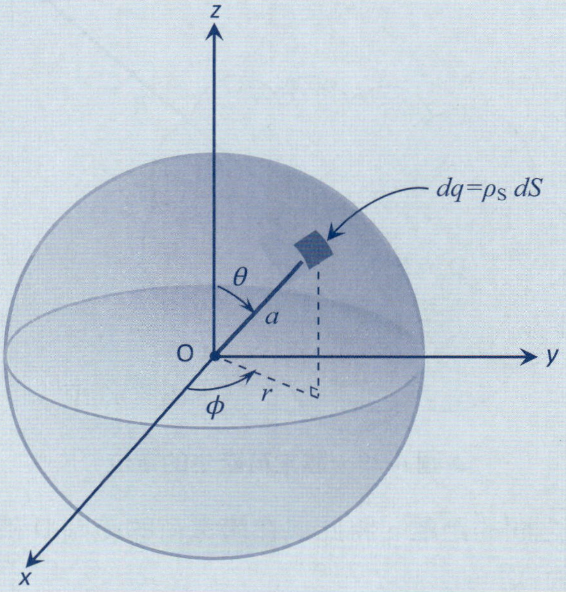

▲圖 4-38 例題 4-27 用圖

解： 利用球座標系，面電荷上之面元素為 $dS = a^2 \sin\theta\, d\theta\, d\phi$，其中所帶的微量電荷為 $dq = \rho_S\, dS = \rho_S\, a^2 \sin\theta\, d\theta\, d\phi$；又，$dq$ 與球心之距離為 a，代入 (4-63) 式中可得球心之電位為：

$$V = \frac{\rho_S}{4\pi\varepsilon_0}\int_0^{2\pi}\int_0^{\pi}\frac{a^2 \sin\theta\, d\theta\, d\phi}{a} = \frac{\rho_S a}{\varepsilon_0}$$

事實上，不僅球心的電位是 $\rho_S a/\varepsilon_0$；由其他的計算結果，我們發現球內各點的電位也都是 $\rho_S a/\varepsilon_0$ (詳見習題 4.56)。

(三) 體電荷產生的電位

如圖 4-39 所示，假設一體電荷之電荷密度為 ρ_V，則在體元素 $d\dddot{V}$ 中所帶的微量電荷為 $dq = \rho_V\, d\dddot{V}$ 。注意：為了避免與電位 V 混淆，本節中的體元素特別寫做 $d\dddot{V}$ (V 字上面加三點)。這個 dq 非常微小，可視為點電荷；因此我們可以利用 (4-58) 式來計算它在任意點 P 所產生的微量電位：

$$dV = \frac{dq}{4\pi\varepsilon_0 R} = \frac{\rho_V\, d\dddot{V}}{4\pi\varepsilon_0 R}$$

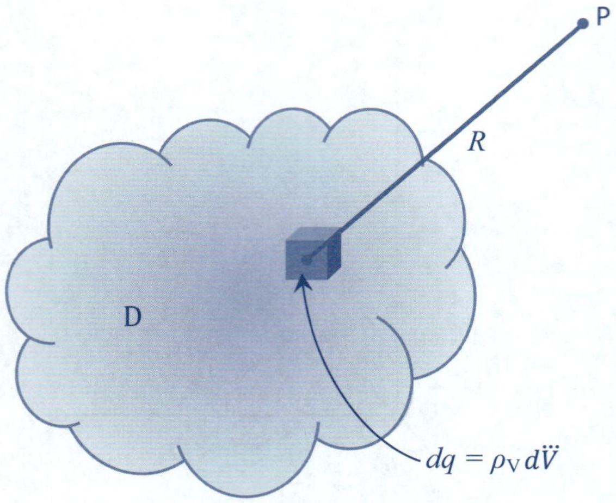

▲圖 4-39　**體電荷產生的電位**

其中 R 為 dq 與點 P 之間的距離。將此式在體電荷的範圍 D 積分，即得點 P 的電位：

$$V = \int_D \frac{\rho_V \, d\ddot{V}}{4\pi\varepsilon_0 R} \tag{4-64}$$

理論上，(4-64) 式可以計算任何體電荷所產生的電位；但實際上的數學計算都非常複雜而冗長，甚至於積分 (三重積分) 常常積不出來。因此我們通常利用其他較簡易的方法來處理。例如在下面的 [例題 4-28] 中，我們先利用高斯定律求出電場強度 $\vec{E}$，然後再由 (4-56) 式求出電位 V。

例題 4-28　設半徑 a 之球形範圍內有均勻電荷分布，其體電荷密度為 ρ_V；如圖 4-29 所示。試求各區域之電位。

解： 在 [例題 4-21] 中，我們已經利用高斯定律求出各區域的電場強度：

(a) 球內 $(R \leqq a)$：$\vec{E} = \hat{\mathbf{R}}\dfrac{\rho_V R}{3\varepsilon_0}$　(4-65)

(b) 球外 $(R \geqq a)$：$\vec{E} = \hat{\mathbf{R}}\dfrac{\rho_V a^3}{3\varepsilon_0 R^2}$　(4-66)

由於零電位參考點 $(R \to \infty)$ 在球外，因此我們電位的計算從球外開始。

(i) 將 (4-66) 式代入 (4-56) 式，可得**球外**的電位為：

$$V_{>} = -\int \left(\hat{\mathbf{R}} \frac{\rho_V a^3}{3\varepsilon_0 R^2} \right) \cdot (\hat{\mathbf{R}}\, dR) = -\frac{\rho_V a^3}{3\varepsilon_0} \int \frac{dR}{R^2} = \frac{\rho_V a^3}{3\varepsilon_0 R} + c_1$$

其中 c_1 為積分常數。令參考點 $R \to \infty$ 處之電位等於零，代入上式中可得 $c_1 = 0$；故：

$$V_{>} = \frac{\rho_V a^3}{3\varepsilon_0 R} \tag{4-67}$$

同時可知在球面上 $(R = a)$ 之電位為：

$$V_{R=a} = \frac{\rho_V a^2}{3\varepsilon_0} \tag{4-68}$$

(ii) 將 (4-65) 式代入 (4-56) 式，可得**球內**的電位為：

$$V_{<} = -\int \left(\hat{\mathbf{R}} \frac{\rho_V R}{3\varepsilon_0} \right) \cdot (\hat{\mathbf{R}}\, dR) = -\frac{\rho_V}{3\varepsilon_0} \int R\, dR = -\frac{\rho_V R^2}{6\varepsilon_0} + c_2 \tag{4-69}$$

其中 c_2 為積分常數；欲求得 c_2 值，可令 (4-69) 式中的 $R = a$：

$$V_{R=a} = -\frac{\rho_V a^2}{6\varepsilon_0} + c_2$$

然後令它與 (4-68) 式相等：【註 3】

$$-\frac{\rho_V a^2}{6\varepsilon_0} + c_2 = \frac{\rho_V a^2}{3\varepsilon_0}$$

$$\therefore\ c_2 = \frac{\rho_V a^2}{2\varepsilon_0}$$

代回 (4-69) 式即得**球內**的電位：

$$V_{<} = \frac{\rho_V}{6\varepsilon_0}(3a^2 - R^2) \tag{4-70}$$

圖 4-40 為本題所求得各區域電位之函數圖；球外電位 $V_{>}$ 之函數曲線為一**雙曲線**，而球內電位 $V_{<}$ 之函數曲線為一**拋物線**。

註3　電位函數在電場中各點必須為連續；故在 $R = a$ 處必須 $V_{<} = V_{>}$。

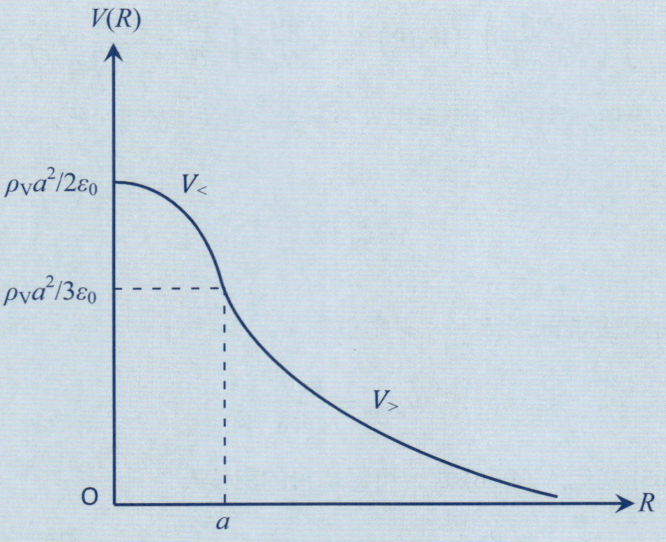

▲圖 4-40 例題 4-28 用圖

4-11 電位差

在第 4-9 節中，我們已經知道求電位 V 的基本公式：

$$V = -\int \vec{E} \cdot d\vec{L} \qquad \text{(詳見 4-56)}$$

由這個公式所計算出來的 V 是泛指電場 $\vec{E}$ 中任一點的電位。假如我們要得知電場中某一點 A 的電位 V_A，則可將 (4-56) 式從零電位參考點 (以符號 ∞ 表示之) 積分至點 A 即可：

$$V_A = -\int_{\infty}^{A} \vec{E} \cdot d\vec{L} \qquad (4\text{-}71)$$

這個式子雖然有線積分的形式，其實和積分路徑無關。同理，欲求電場中點 B 的電位 V_B，可仿照 (4-71) 式：

$$V_B = -\int_{\infty}^{B} \vec{E} \cdot d\vec{L} \qquad (4\text{-}72)$$

在電場中兩點之電位的差，稱為「**電位差**」；由於多年沿用下來的習慣，有時又稱之為「**電壓**」。我們定義點 A 對點 B 的電位差為：

$$\Delta V_{AB} \equiv V_{AB} = V_A - V_B \tag{4-73}$$

由這個定義，我們可以得到下列兩個關係式：

$$V_{BA} = -V_{AB} \tag{4-74}$$

$$V_{AC} = V_{AB} + V_{BC} \tag{4-75}$$

其中 C 為電場中的另一點。

例題 4-29 如圖 4-41 所示，一 pnp 電晶體之射極 (E) 對基極 (B) 的電位差為 $V_{EB} = 0.6$ V，射極 (E) 對集極 (C) 的電位差為 $V_{EC} = 2.5$ V。試求：(a) V_{BE}；(b) V_{CB}。

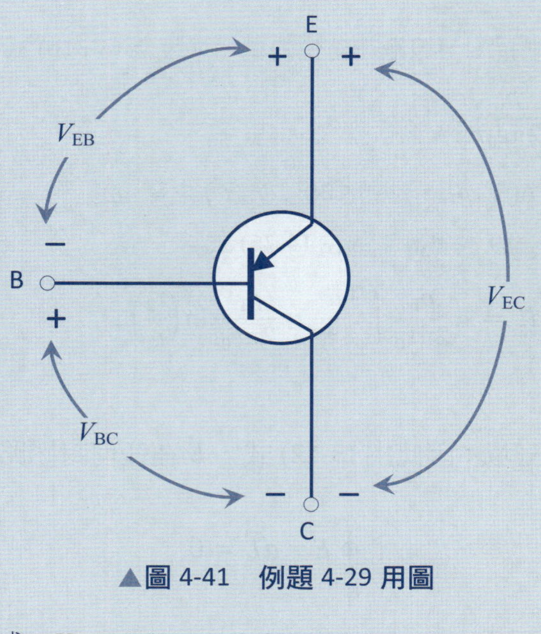

▲圖 4-41　例題 4-29 用圖

解：(a) 根據 (4-74) 式，$V_{BE} = -V_{EB} = -0.6$ V

(b) 根據 (4-75) 式，$V_{BC} = V_{BE} + V_{EC} = -0.6\text{ V} + 2.5\text{ V} = 1.9$ V

$\therefore V_{CB} = -V_{BC} = -1.9$ V

今將 (4-71) 式及 (4-72) 式代入 (4-73) 式中：

$$V_{AB} = -\int_{\infty}^{A} \vec{E} \cdot d\vec{L} - \left(-\int_{\infty}^{B} \vec{E} \cdot d\vec{L}\right)$$
$$= -\left(-\int_{\infty}^{B} \vec{E} \cdot d\vec{L} + \int_{\infty}^{A} \vec{E} \cdot d\vec{L}\right)$$
$$= -\left(\int_{B}^{\infty} \vec{E} \cdot d\vec{L} + \int_{\infty}^{A} \vec{E} \cdot d\vec{L}\right)$$

括弧中的兩個積分合起來相當於從點 B 積到點 A，故：

$$V_{AB} = -\int_{B}^{A} \vec{E} \cdot d\vec{L} \tag{4-76}$$

特別注意：積分之前有負號 (–)，並且注意 A 與 B 的相關位置。

例題 4-30 已知無限長均勻線電荷產生的電場強度為 (4-31b) 式：

$$\vec{E} = \hat{\mathbf{r}}\,\frac{\rho_L}{2\pi\varepsilon_0 r}$$

試求點 A(r_1, ϕ_1, z_1) 對點 B(r_2, ϕ_2, z_2) 之電位差。

解：利用圓柱座標系，$d\vec{L} = \hat{\mathbf{r}}\,dr$；故由 (4-76) 式：

$$V_{AB} = -\int_{B}^{A} \vec{E} \cdot d\vec{L} = -\frac{\rho_L}{2\pi\varepsilon_0}\int_{r_2}^{r_1} \frac{dr}{r} = \frac{\rho_L}{2\pi\varepsilon_0} \ln\left(\frac{r_2}{r_1}\right)$$

靜電場 $\vec{E}$ 是個保守場；因此由 (3-12) 式，$\vec{E}$ 在任何封閉路徑的環量恆等於零：

$$\oint_C \vec{E} \cdot d\vec{L} = 0 \tag{4-77}$$

由 (4-76) 式可以看到，電場強度 $\vec{E}$ 在兩點之間的積分值等於該兩點的電位差；因此 (4-77) 式的意思就是：**在任一封閉路徑上所有的電位差的總和恆等於零**。

在電路應用上，假設是直流電路，或者是頻率不高的交流電路 (例如頻率為

60 Hz 的家用交流電，或者頻率在數個 kHz 以下的低頻電子電路)，則 (4-77) 式可化為如下的形式，稱為「**克希荷夫電壓律**」：

$$\sum_{i=1}^{N} V_i = 0 \tag{4-78}$$

也就是說，在任一迴路當中，若「電壓升」取正號，「電壓降」取負號，則所有電位差的代數和恆等於零。特別注意：(4-78) 式是由靜態電場 (保守場) 所導出來的公式；如果電路的訊號頻率逐漸升高，誤差會逐漸顯現，那麼克希荷夫電壓律就必須停止使用。

4-12 電位梯度

在第 3-4 節中，我們說到假如一向量場 $\vec{F}$ 的線積分與路徑無關，也就是說，假設 $\vec{F}$ 為一保守場，則我們可以找到一個對應的「位勢函數」$f = f(x, y, z)$，使得：

$$\int \vec{F} \cdot d\vec{L} = \int df$$

亦即，

$$f = \int \vec{F} \cdot d\vec{L}$$

將此式與 (4-56) 式比較：

$$V = -\int \vec{E} \cdot d\vec{L} \qquad \text{(詳見 4-56)}$$

我們可以發現若 $\vec{F}$ 換成靜電場 $\vec{E}$，則位勢函數 f 與電位函數 V 僅差一個負號：

$$V = -f \tag{4-79}$$

事實上，「位勢」和「電位」在英文裡面是同一個字：potential；意思就是說，它們應該是同一個東西。但是為什麼一般的位勢 f 與電位 V 會差一個負號呢？

這要從「梯度」說起。在第 3-5 節中我們說過：

> 位勢函數 f 的梯度是個向量，其方向恆與等位面垂直，並指向 f 值**遞增**的方向；而其大小等於在此方向 f 值對距離的變化率，這個變化率是所有方向導數中最大的。

用數學式子寫出來就是：

$$\vec{F} = \vec{\nabla} f \qquad \text{(詳見 3-19)}$$

而在電磁學裡我們定義：

> 電場 $\vec{E}$ 的方向係指向電位 V 值**遞減**的方向。

用數學式子寫出來就是：

$$\vec{E} = -\vec{\nabla} V \qquad (4\text{-}80)$$

(4-79) 式裡的負號就是這麼來的。因此 (4-80) 式可詮釋如下：

> 電場強度 $\vec{E}$ 是電位函數 V 的**負**梯度，其方向恆與等位面**垂直**，並指向 V 值**遞減**的方向；而其大小等於在此方向 V 值對距離的**最大**變化率。

例題 4-31 設在笛卡兒座標系中，有一電位函數 $V = x^2 + y^2 - z$；試求點 P(1, 2, 3) 之電場強度。

解：根據 (4-80) 式可知：

$$\vec{E} = -\vec{\nabla} V = -\hat{\mathbf{x}}\,2x - \hat{\mathbf{y}}\,2y + \hat{\mathbf{z}}$$
$$= -\hat{\mathbf{x}}\,2 - \hat{\mathbf{y}}\,4 + \hat{\mathbf{z}}$$

例題 4-32 **電偶極**。電偶極是由一對等量的正、負電荷 $+q$ 及 $-q$ 相距一定距離 d 所組成的結構，如圖 4-42 所示。試求在遠處 $(R >> d)$ 所建立的電場強度 $\vec{E}$。

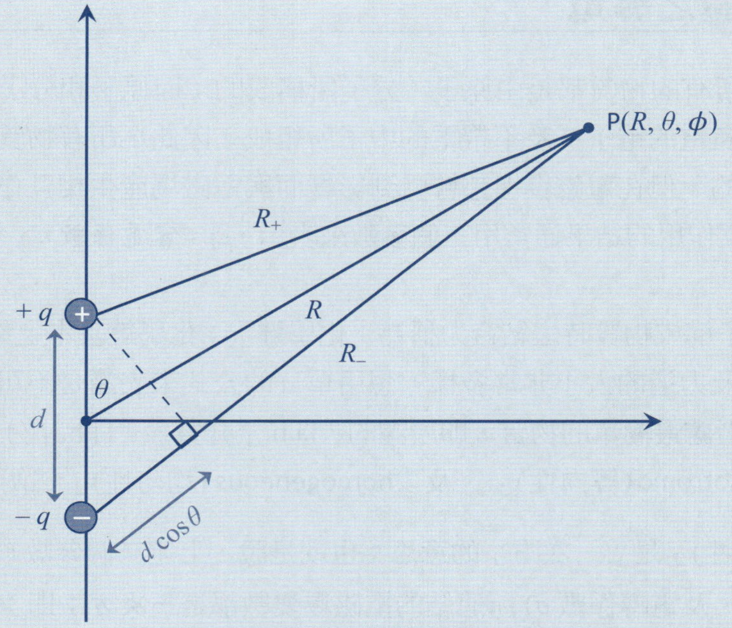

▲圖 4-42 例題 4-32 用圖

解： 在遠處 ($R >> d$) 觀之，電偶極非常微小，幾乎可視為一點；故其建立的電場或電位應具有球對稱性，適合以球座標來處理。我們將電偶極置於座標系之原點，先求遠處一點 P(R, θ, ϕ) 之電位。

如圖 4-42 所示，設 $+q$ 與點 P 的距離為 R_+，$-q$ 與點 P 的距離為 R_-，則可得近似值：

$R_- - R_+ \approx d\cos\theta$

$R_+ R_- \approx R^2$

故點 P 之電位為：

$$V = \frac{1}{4\pi\varepsilon_0}\left(\frac{q}{R_+} + \frac{-q}{R_-}\right) = \frac{q}{4\pi\varepsilon_0}\left(\frac{R_- - R_+}{R_+ R_-}\right) \approx \frac{q}{4\pi\varepsilon_0}\,\frac{d\cos\theta}{R^2}$$

代入 (4-80) 式得點 P 之電場強度為：

$$\begin{aligned}\vec{E} &= -\vec{\nabla}V = -\hat{\mathbf{R}}\frac{\partial V}{\partial R} - \hat{\boldsymbol{\theta}}\frac{1}{R}\frac{\partial V}{\partial \theta} \\ &= \frac{qd}{4\pi\varepsilon_0 R^3}\left(\hat{\mathbf{R}}\,2\cos\theta + \hat{\boldsymbol{\theta}}\,\sin\theta\right)\end{aligned} \qquad (4\text{-}81)$$

其中之 qd 稱為該電偶極的「**電偶極矩**」，通常以 p 表示：$p \equiv qd$，單位為 C · m (庫倫 · 米)。電偶極矩的物理意義詳見 [例題 2-16]。

4-13 導體之導電

大自然中所有的物質都是由原子、分子所構成的；而原子和分子都是由帶正電的質子、帶負電的電子、及不帶電的中子所組成。因此，所有物質即使表面上看起來是中性的，但在電磁場裡都會受到影響而與電磁場產生相互作用。在電磁學裡，這些相互作用的結果通常用三個參數來表示，即：**容電係數** ε、**導磁係數** μ、及**電導係數** σ。

原子、分子構成物質時之結合力稱為「化學鍵」；化學鍵基本上都是電磁力，但結合的方式及力道的大小非常多樣，想用單一的公式來表達是不可能的。在本書中，我們將考慮最簡單的物質，即所謂的「l.i.h.」介質。「l.i.h.」分別是「linear (線性)」、「isotropic (等向性)」、及「homogeneous (均勻性)」三個字的字首。

1. 「linear (線性)」是「一次方」的意思；也就是說，上述三個參數 (容電係數 ε、導磁係數 μ、及電導係數 σ) 所連結的電磁場變數都是**一次方**；即：

$$\vec{D} = \varepsilon \vec{E}\ ;\quad \vec{B} = \mu \vec{H}\ ;\quad \vec{J} = \sigma \vec{E}$$

   在導體中，我們會用到公式 $\vec{J} = \sigma\vec{E}$ (歐姆定律)；在絕緣體中，我們會用到公式 $\vec{D} = \varepsilon\vec{E}$ ；而在磁性物質中，我們會用到公式 $\vec{B} = \mu\vec{H}$。

2. 「isotropic (等向性)」的意思是上述 $\vec{D}$ 和 $\vec{E}$ 同方向、$\vec{B}$ 和 $\vec{H}$ 同方向、$\vec{J}$ 和 $\vec{E}$ 同方向，因此三個參數 (ε、μ、σ) 都是**純量**。[通常晶體物質都有**方向性**，因此參數 (ε、μ、σ) 都必須用**矩陣**來表示；這種問題超出本書範圍，故不贅述。]

3. 「homogeneous (均勻性)」的意思是說，上述三個參數 (ε、μ、σ) 都是**定值**，不因位置而變。

綜上所述，本書所討論的範圍僅限於參數 (ε、μ、σ) 都是定值純量的情況。

容電係數 ε 的單位是 F/m (法拉/米)；法拉是電容的單位，可見 ε 這個係數與電容的計算有關。我們將在第 4-17 節中講述。

導磁係數 μ 的單位是 H/m (亨利/米)；亨利是電感的單位，可見 μ 這個係數與電感的計算有關。我們將在第五章中講述。

電導係數 σ 的單位是 S/m (西門/米)；西門是電導的單位，可見 σ 這個係數與電導 (或電阻) 的計算有關。我們將在本節及下一節中講述。

物質中若含有大量的「**自由電荷**」，在電場 $\vec{E}$ 之作用下，可以自由移動而產生可觀之電流者，我們稱之為「**導體**」。金屬、電解質溶液、電漿體、及超導體等均屬於導體。導體中的自由電荷可能是帶負電的電子，或是正、負離子。

相反地，若物質中的自由電荷非常稀少，在電場作用之下所產生的電流可以忽略，則稱為「**絕緣體**」；橡膠、玻璃、純水等均屬之。

我們用電導係數 σ 來表示物質導電性的大小；導體的導電性良好，σ 值多在 10^8 S/m 的數量級；絕緣體的導電性不良，其 σ 值多在 10^{-16} S/m 的數量級。在理論上，$\sigma \to \infty$ 的物質稱為「完全導體」或「理想導體」；而 $\sigma = 0$ 的物質稱為「完全絕緣體」或「理想絕緣體」。但實際上，這種物質是不存在的。【註 4】

「**半導體**」的電導係數 σ 介於導體和絕緣體之間，而且受到溫度和雜質濃度的影響很大。矽、鍺、及砷化鎵、銻化銦等均為常用的半導體。由於半導體的若干電學特性介於導體和絕緣體之間，因此計算時會同時用到導體的參數 σ 及絕緣體的參數 ε。

表 4-2 中列出了常見物質在室溫下的電導係數 σ (S/m)。

本節下面所要討論的導體係專指金屬而言。金屬是元素週期表中最大的族群；它們的原子構造都有一共同點，就是最外層的軌道電子與原子核之間的引力都很鬆散。當一大群同一元素的原子聚集在一起時，原子間會產生相互作用，使得原本就很鬆散的外層電子脫離原來的原子，變成所謂的「自由電子」。這群自由電子打成一片，形成一團「**電子氣體**」；已經失去外層電子的原子 (現在變成帶正電的離子) 就淹沒在這團帶負電的電子氣體裡，如圖 4-43 所示。電子氣體的負電與金屬離子的正電之間的吸引力將大家緊緊結合在一起，形成一塊堅韌的東西，就是我們所看到的「金屬」。

註4　在溫度接近絕對零度時出現的「超導體」，其電導係數可趨近 ∞；但這屬於量子現象，不在本書討論範圍。

▲圖 4-43 金屬鍵示意圖

上述形成金屬的結合力稱為「**金屬鍵**」。由於所有金屬都是由這種方式形成的，因此各種金屬均具有共同的物理性質：如具有良好的導電性及導熱性、有很大的延展性、及有明顯的表面光澤等等。

金屬的良好導電性來自其大量的自由電子。假如沒有外加電場，這群自由電子的運動是散亂的，沒有特定的方向；因此沒有可量測的電流產生。但一旦有外加之電場，則這群電子就會受到電場的作用力；由於電子帶負電，作用力的方向恆與電場方向相反。但在金屬裡畢竟不同於真空，這群電子受力之後開始運動時，隨時會與金屬離子產生碰撞，如圖 4-44 所示。其結果是：它們跌跌撞撞跑了很久，但有效的前進距離卻非常有限，這樣的運動我們稱之為「漂移」，漂移的速度稱為「**漂移速度**」。在導體中，電子的漂移速度 $\vec{u}_e$ 係與電場強度 $\vec{E}$ 成正比，但方向相反：

$$\vec{u}_e = -\mu_e \vec{E} \tag{4-82}$$

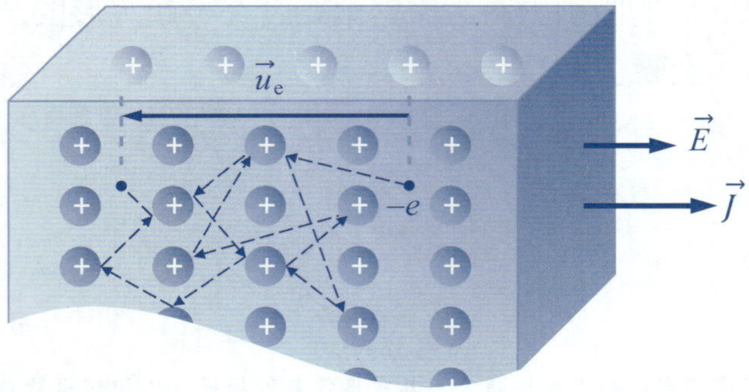

▲圖 4-44 金屬中自由電子的漂移

其中 μ_e 稱為電子的「**可動率**」，單位為 m²/(V · s) (米 ²/伏特 · 秒)。不同導體中的自由電子在電場作用下具有不同的可動率；可動率越大，導體的導電性越好。

自由電子的漂移即產生電流，稱為「**傳導電流**」。如圖 4-45 所示，設一金屬導體中自由電子的體電荷密度為 $\rho_{V,e}$，漂流速度為 $\vec{u}_e$，則在 Δt 時間內流過截面積 S 之電荷為：

$$\Delta q = \rho_{V,e} S |\vec{u}_e| \Delta t$$

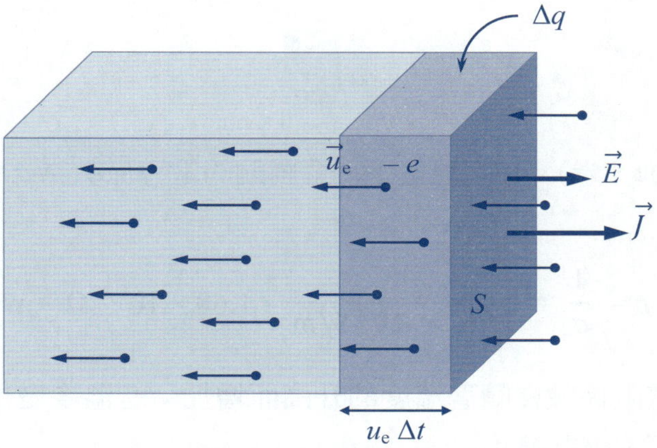

▲圖 4-45　金屬導體歐姆定律之推導

故知傳導電流密度的大小為：

$$|\vec{J}| = \frac{1}{S}\frac{\Delta q}{\Delta t} = \rho_{V,e} |\vec{u}_e|$$

寫成向量式即為：

$$\vec{J} = \rho_{V,e} \vec{u}_e \tag{4-83}$$

將 (4-82) 式代入 (4-83) 式可知：

$$\vec{J} = \rho_{V,e} \vec{u}_e = -\rho_{V,e} \mu_e \vec{E} \tag{4-84}$$

其中，我們令：

$$\sigma \equiv -\rho_{V,e} \mu_e \tag{4-85}$$

稱為金屬導體的電導係數，單位為 S/m (西門/米)。因電子帶負電，$\rho_{V,e}$ 為負值，故 σ 恆為正值。將 (4-85) 式代入 (4-84) 式中可得：

$$\vec{J} = \sigma \vec{E} \tag{4-86}$$

此式係由克希荷夫導出，但後世稱之為「**歐姆定律**」，以避免與電路分析上所用的克希荷夫定律 (電壓律及電流律) 混淆。

電導係數 σ 的倒數 $1/\sigma$ 稱為「**電阻係數**」，以希臘字母 ρ 表示之：

$$\rho = \frac{1}{\sigma} \tag{4-87}$$

單位為 Ω · m (歐姆 · 米)。在室溫之下，金屬銅的電導係數為 $\sigma = 5.96 \times 10^7$ S/m，則其電阻係數為：

$$\rho = \frac{1}{\sigma} = \frac{1}{5.96 \times 10^7\ \text{S/m}} = 1.68 \times 10^{-8}\ \Omega \cdot \text{m}$$

金屬導體的電阻係數會隨著溫度的升高而增加；若溫度變化不太大，則與溫度 T 的關係可用下式來計算：

$$\rho(T) = \rho(T_0)[1 + \alpha(T - T_0)] \tag{4-88}$$

其中，$T_0 = 300$ K (室溫)，$\rho(T_0)$ 為室溫下之電阻係數，而 $\rho(T)$ 為溫度 T (絕對溫度) 時之電阻係數。α 稱為「**溫度係數**」，單位為 K^{-1} (凱氏$^{-1}$)；對所有金屬導體而言，電阻係數均隨著溫度的升高而增大，故 α 恆為正值 (詳見表 4-2)。

▼表 4-2　常見物質在室溫下的電導係數 σ 及溫度係數 α

物質	室溫下[1]之電導係數 σ (S/m)	溫度係數 α (K^{-1})[2]
銀	6.30×10^7	0.0038
銅	5.96×10^7	0.003862
金	4.10×10^7	0.0034
鋁	3.546×10^7	0.0039
鎢	1.79×10^7	0.0045

▼表 4-2 常見物質在室溫下的電導係數 σ 及溫度係數 α (續)

物質	室溫下[1]之電導係數 σ (S/m)	溫度係數 α (K^{-1})[2]
鎳	1.43×10^{7}	0.006
鐵	1.00×10^{7}	0.005
錫	0.917×10^{7}	0.0045
鉛	0.455×10^{7}	0.0039
不鏽鋼	0.145×10^{7}	
砷化鎵	$1.00 \times 10^{-8} \sim 10^{3}$	
鍺	2.17	−0.048
海水	4.80	
矽	1.56×10^{-3}	−0.075
玻璃	$10^{-15} \sim 10^{-11}$	
橡膠	10^{-14}	
空氣	$3 \times 10^{-15} \sim 8 \times 10^{-15}$	
鑽石	$\sim 10^{-13}$	
鐵氟龍	$10^{-25} \sim 10^{-23}$	

[1] 室溫訂為 300 K。
[2] 溫度係數 α 之定義詳見 (4-88) 式。

例題 4-33 已知金屬銅的原子量為 63.546，密度為 8.96 g/cm^3；每一原子提供 1 個自由電子。試求自由電子之體電荷密度 $\rho_{V,e}$。

解： 根據定義，63.546 g 的銅具有 1 mol 的銅原子，即 6.022×10^{23} 個銅原子。

由銅的密度 $d = 8.96\ g/cm^3 = 8.96 \times 10^6\ g/m^3$ 知，每 m^3 的金屬銅含有

$8.96 \times 10^6\ g/63.546\ g = 1.41 \times 10^5$ mol 的銅原子，即 $(1.41 \times 10^5) \times (6.022 \times 10^{23}) = 8.49 \times 10^{28}$ 個銅原子。

又由已知，每一銅原子提供 1 個自由電子，每個電子的電量為 -1.602×10^{-19} C；故得體電荷密度為：

$$\rho_{V,e} = -1.602 \times 10^{-19} \times 8.49 \times 10^{28} = -1.36 \times 10^{10}\ C/m^3$$

從以上的計算，我們可以歸納出一個公式。設一金屬元素的原子量為 M，密度為 d (g/m³)，每一原子提供 ν 個自由電子；則該金屬中自由電子的體電荷密度為：

$$\rho_{V,e} = -\frac{N_A e \nu d}{M} \tag{4-89}$$

其中，$N_A = 6.022 \times 10^{23}\ \text{mol}^{-1}$ 為亞佛加德羅常數(詳見第 1-3 節)，$e = 1.602 \times 10^{-19}$ C 為基本電荷。注意：(4-89) 式中所用的密度 d 係以 g/m³ 為單位。

有時我們會用到「**電子濃度**」這個物理量；所謂電子濃度 n 就是單位體積中所含的自由電子數，由 (4-89) 式可知：

$$n \equiv \frac{\rho_{V,e}}{-e} = \frac{N_A \nu d}{M} \tag{4-90}$$

單位為 m^{-3} (米$^{-3}$)。

例題 4-34 已知金屬鋁的原子量為 26.98，比重為 2.70；假設每一鋁原子提供 2 個自由電子，(a) 試求自由電子濃度；(b) 在室溫之下，鋁的電導係數為 3.546×10^7 S/m，試求自由電子的可動率 μ_e；(c) 已知鋁之電阻係數的溫度係數為 0.0039 K^{-1}，試求鋁在溫度 150°C 時之電導係數。

解： (a) 由 (4-90) 式得自由電子濃度為：

$$n = \frac{N_A \nu d}{M} = \frac{(6.022 \times 10^{23})(2)(2.70 \times 10^6)}{26.98} = 1.205 \times 10^{29}\ \text{m}^{-3}$$

注意：在上面計算中，密度 $d = 2.70 \times 10^6$ g/m³。

(b) 由 (a) 之結果可知自由電子之體電荷密度為：

$$\rho_{V,e} = (-e)n = (-1.602 \times 10^{-19}) \times (1.205 \times 10^{29}) = -1.93 \times 10^{10}\ \text{C/m}^3$$

故由 (4-85) 式得可動率為：

$$\mu_e = \frac{\sigma}{-\rho_{V,e}} = \frac{3.546 \times 10^7}{-(-1.93 \times 10^{10})} = 1.84 \times 10^{-3}\ \text{m}^2/(\text{V} \cdot \text{s})$$

(c) 由 (4-87) 式知室溫之下的電阻係數為：

$$\rho = \frac{1}{\sigma} = \frac{1}{3.546 \times 10^7\ \text{S/m}} = 2.82 \times 10^{-8}\ \Omega \cdot \text{m}$$

再利用 (4-88) 式，$T = 150 + 273 = 423\text{ K}$：

$$\rho(T) = \rho(T_0)[1 + \alpha(T - T_0)]$$
$$= (2.82 \times 10^{-8}\ \Omega \cdot \text{m})\ [1 + 0.0039\ \text{K}^{-1}(423 - 300)\ \text{K}]$$
$$= 4.17 \times 10^{-8}\ \Omega \cdot \text{m}$$
$$\therefore\ \sigma = \frac{1}{\rho} = \frac{1}{4.17 \times 10^{-8}\,\Omega \cdot \text{m}} = 2.40 \times 10^{7}\ \text{S/m}$$

4-14 電阻的計算

除了極低溫之下的超導體之外，一般導體都具有電阻；電阻的計算基本上都是根據歐姆定律 (4-86) 式：

$$\vec{J} = \sigma \vec{E} \tag{4-91}$$

以及關係式 (4-87) 式：

$$\rho = \frac{1}{\sigma} \tag{4-92}$$

設導體兩端之電位差 (電壓) 為 V 時，在導體中產生的電流為 I；則我們定義該導體的「**電阻**」為：

$$R = \frac{V}{I} \tag{4-93}$$

單位為 Ω (歐姆)，是為紀念德國物理學家歐姆而訂定。

電阻的倒數稱為「**電導**」，符號為 G：

$$G = \frac{1}{R} \tag{4-94}$$

曾經有一段很長的時間，電導以「Ω^{-1}」為單位；或者把 Ω 寫顛倒成「℧」，讀做「姆歐」。但經 1971 年的國際度量衡會議的議決，目前已經改用 S (西門) 為單位，以紀念德國企業家西門氏。

首先，我們考慮一粗細均勻的導體，其截面積為 S，長度為 l，如圖 4-46 所示。因 $J = I/S$，$E = V/l$，故由 (4-91) 式：

$$\frac{I}{S} = \sigma \frac{V}{l}$$

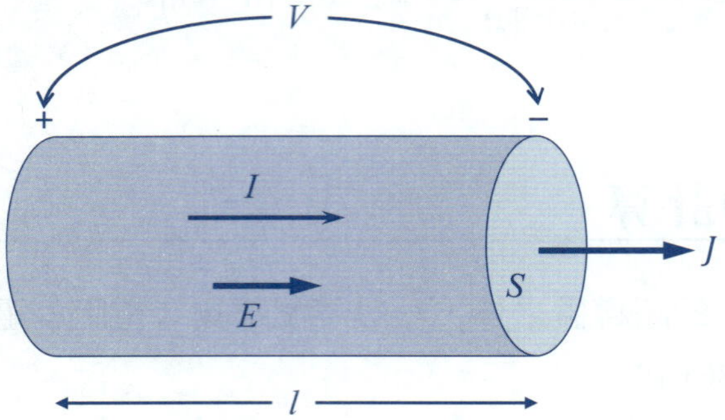

▲圖 4-46　卜以耶定律之推導

整理之，得：

$$\frac{V}{I} = \frac{l}{\sigma S}$$

此式與 (4-93) 式比較，即得導體之電阻為：

$$R = \frac{l}{\sigma S} = \frac{\rho l}{S} \tag{4-95}$$

也就是說，粗細均勻的導體，其電阻與長度 l 成正比，而與截面積 S 成反比。這個公式稱為「**卜以耶定律**」，以紀念法國物理學家卜以耶。

由 (4-94) 式，粗細均勻的導體之電導為：

$$G = \frac{\sigma S}{l} = \frac{S}{\rho l} \tag{4-96}$$

我們在推導 (4-95) 式及 (4-96) 式時，都假設導體中的電流密度是均勻的；事實上，這個假設並非絕對成立，通常會因導體截面形狀而異，因此這兩個式子只能算是近似公式。另外，在交流電路中，又有「集膚效應」存在，電流會集中在導體表面附近。因此實際上的電阻值比 (4-95) 式所計算的還要大；而且交流頻率越高，電阻值越大。

例題 4-35 **同軸電纜**。設一長度 l 之同軸電纜內、外導體之半徑分別為 a 及 b，兩者之間填滿電導係數 σ 之介質，如圖 4-47 所示。試求此電纜兩導體之間的電導。

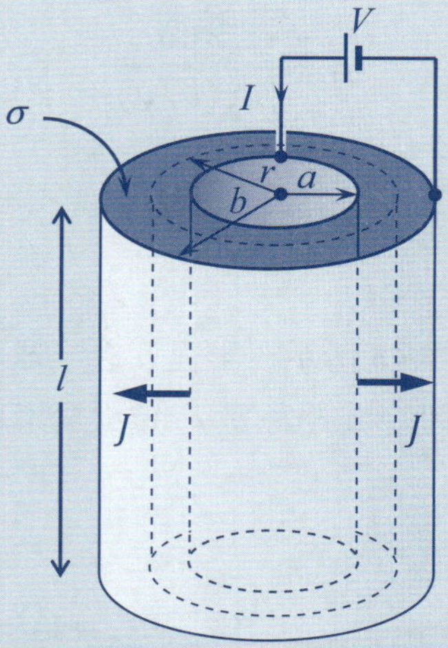

▲圖 4-47 例題 4-35 用圖

解： 將兩導體之間接一電位差 V，內導體接高電位，外導體接低電位，如圖 4-47 所示；設所產生之電流為 I，則流過半徑 $r\ (a<r<b)$ 之假想圓柱面之電流密度為：

$$\vec{J} = \hat{\mathbf{r}}\,\frac{I}{2\pi r l}$$

由歐姆定律 (4-91) 式，假想圓柱面上之電場強度為：

$$\vec{E} = \frac{\vec{J}}{\sigma} = \hat{\mathbf{r}}\,\frac{I}{2\pi\sigma r l}$$

由 (4-76) 式可得兩導體間之電位差為：

$$V = -\int_{\mathrm{B}}^{\mathrm{A}} \vec{E}\cdot d\vec{L} = -\int_{b}^{a} \frac{I}{2\pi\sigma l}\frac{dr}{r} = \frac{I}{2\pi\sigma l}\ln\left(\frac{b}{a}\right)$$

故所求之電導為：

$$G = \frac{I}{V} = \frac{2\pi\sigma l}{\ln(b/a)} \tag{4-97}$$

同軸電纜常用來作為「**傳輸線**」，傳輸高頻訊號。填充在內、外兩導體之間的介質係作為絕緣之用；但完全絕緣的介質是不存在的，任何介質都會有些微的漏電現象。因此，上述之電導常被稱為「**漏電電導**」。在傳輸線的電路分析上，「**單位長度的電導**」$\bar{G}$ 是一個基本參數。在 (4-97) 式中令 $l = 1$ 可得：

$$\bar{G} = \frac{2\pi\sigma}{\ln(b/a)} \tag{4-98}$$

單位為 S/m (西門/米)。

例題 4-36　**大地電阻**。如圖 4-48 所示，半徑 a 之半球形導體埋在地面下，與大地密接在一起。設大地之電阻係數 ρ_g 遠大於導體之電阻係數，試求大地電阻 R_g。

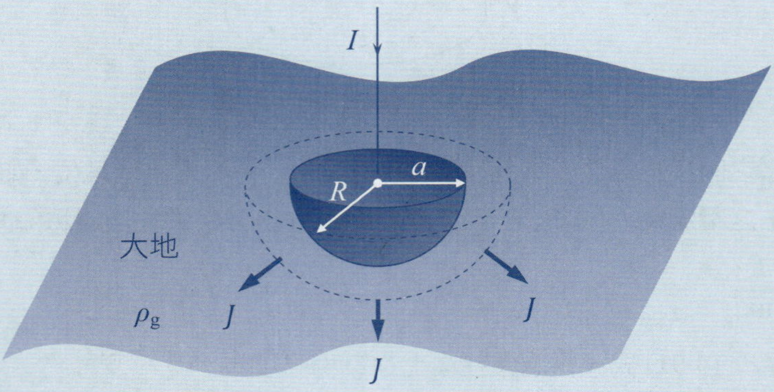

▲圖 4-48　例題 4-36 用圖

解： 設半球形導體之電位為 V 時，流至大地的電流為 I，則流過半徑 R 之假想半球面的電流密度為：

$$\vec{J} = \hat{\mathbf{R}}\frac{I}{2\pi R^2}$$

由歐姆定律 (4-91) 式，假想半球面上之電場強度為：

$$\vec{E} = \rho_g \vec{J} = \hat{\mathbf{R}}\frac{\rho_g I}{2\pi R^2}$$

由 (4-71) 式可知半球形導體之電位可表示為：

$$V=-\int_{\infty}^{A}\vec{E}\cdot d\vec{L}=-\int_{\infty}^{a}\frac{\rho_g I}{2\pi}\frac{dR}{R^2}=\frac{\rho_g I}{2\pi a}$$

故得所求大地電阻為：

$$R_g=\frac{V}{I}=\frac{\rho_g}{2\pi a} \tag{4-99}$$

大地的電阻係數 ρ_g 隨著土壤濕度、鹽分含量、及溫度之差異而有很大的變化；其值通常從 10 至 1000 Ω · m 不等。

4-15 半導體之導電

顧名思義，「**半導體**」是指導電性介於導體與絕緣體之間的物質。一般而言，導體的電導係數 σ 值多在 10^8 S/m 的數量級，絕緣體的 σ 值多在 10^{-16} S/m 的數量級；而半導體的 σ 值大約就在這兩者之間的半途，故稱為半導體。半導體大致上包括四價元素的矽和鍺、三價與四價元素的化合物 (如砷化鎵、銻化銦)、及有機半導體等。為簡化我們的討論，本章中所謂的半導體係僅指矽與鍺為限。

矽與鍺都是四價元素，其原子的最外層都有四個軌道電子，如圖 4-49(a) 所示。根據量子力學的說法，這四個軌道電子與原子核之間的結合力不是很緊密，也不是很鬆散；因此，當一群矽 (或鍺) 原子聚集在一起產生相互作用時，每一個軌道電子都不會脫離原來的原子，而是與相鄰原子的一個軌道電子配成一對，一起在兩原子之間的共同軌道上運行。這個共同軌道上的這對電子 (帶負電) 便將原來的兩個原子 (現在帶正電) 以電磁引力緊緊地結合在一起；這個電磁引力就稱為「**共價鍵**」，意思是「共用價電子所產生的鍵」。

由於每個矽 (或鍺) 原子最外層軌道都有四個電子，因此每一個原子都會跟四個相鄰的原子產生共價鍵，如圖 4-49(b) 所示。如此連環相扣，使一大群矽原子結合成一個堅固的晶體結構，就是我們所稱的「**矽晶體**」(或鍺晶體)，如圖 4-49(c) 所示。

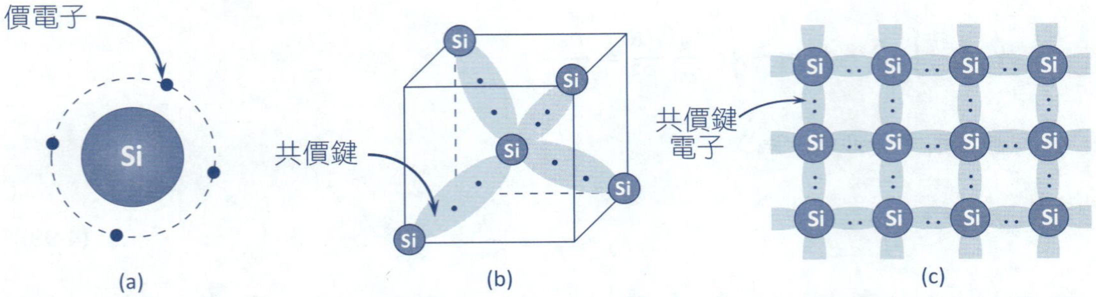

▲圖 4-49 矽原子及晶體結構：(a) 矽原子；(b) 共價鍵；(c) 簡化成二維之矽晶體示意圖

由於每一個共價鍵裡的一對電子都仍然在原子之間固定的軌道上運行，亦即它們無法在晶體內到處自由遊走，因此它們不是自由電子，而屬於「束縛電子」。詳言之，在沒有其他能量的驅動下 (例如在絕對零度)，矽 (或鍺) 晶體是絕緣體，是不導電的。但是當溫度高於絕對零度時，有一極小部分的共價鍵電子會獲得足夠的能量，脫離共價鍵之軌道而變成自由電子；溫度越高，自由電子的數目會隨之遞增。

電子欲脫離共價鍵之軌道而變成自由狀態所需的最小能量稱為「**能隙**」，以符號 E_g 表示，通常以 eV (電子伏特) 為單位。在純矽晶體中，E_g 約為 1.12 eV；而在純鍺晶體中，E_g 約為 0.67 eV。這個能量通常由熱能來提供；也就是說，半導體的溫度必須大於絕對零度，才會有自由電子出現。

純半導體又稱「**本質半導體**」；其中每單位體積具有的自由電子數稱為「**本質電子濃度**」n_i，通常以 cm^{-3} (厘米$^{-3}$) 為單位。根據固態物理學的推論，在絕對溫度 $T > 0$ 之下，本質電子濃度可以下式表示：

$$n_i = BT^{3/2}\ e^{-E_g/2kT} \tag{4-100}$$

其中，B 為一常數，詳見表 4-3；k 為波茲曼常數：

$$k = 8.617 \times 10^{-5}\ \text{eV/K} \tag{4-101}$$

▼表 4-3 純半導體載子濃度計算之基本參數 [詳見 (4-100) 式]

半導體名稱	能隙 E_g (eV)	常數 B ($cm^{-3}\ K^{-3/2}$)
矽 (Si)	1.12	5.23×10^{15}
鍺 (Ge)	0.67	1.66×10^{15}

例題 4-37　試求矽晶體在室溫下 ($T = 300$ K) 之本質電子濃度。

解： 由 (4-100) 式：

$$n_i = BT^{3/2}\ e^{-E_g/2kT}$$
$$= (5.23 \times 10^{15})(300^{3/2})\ e^{-(1.12/2\times 8.617\times 10^{-5}\times 300)}$$
$$= 1.50 \times 10^{10}\ \ \text{cm}^{-3}$$

乍看之下，矽的此一本質電子濃度 $n_i = 1.50 \times 10^{10}$ cm^{-3} 似乎是個龐大的數目，其實跟每 cm^3 的矽原子數 (~ 5×10^{22} cm^{-3}) 比起來，卻是微乎其微；也就是說，在一兆多個矽原子當中才會有一個自由電子出現！

當一個共價鍵電子獲得足夠的熱能而變成自由電子時，其原來的位置便出現了一個空缺，因此也少了一個負電荷 ($-e$)。由於周遭的自由電子非常非常稀少 (詳見 [例題 4-37])，這個空缺一時無人遞補，因而會暫時有一個正電荷 ($+e$) 出現，這個帶正電的空缺稱為「**電洞**」，如圖 4-50 所示。我們看到，每產生一個自由電子就會產生一個電洞；因此在單位體積的純半導體中，電洞數目恆等於自由電子數目。綜上所述，假如我們令自由電子濃度為 n，電洞濃度為 p，則在純半導體中下式恆成立：

$$n = p = n_i \tag{4-102}$$

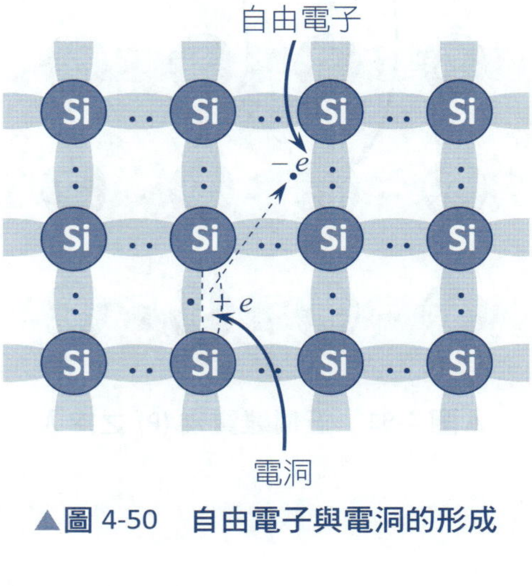

▲圖 4-50　**自由電子與電洞的形成**

其中 n_i 為本質電子濃度，詳見 (4-100) 式。由於電子和電洞分別帶有負電荷和正電荷，我們通稱它們為電荷的「**載子**」；也因此，電子濃度 n 和電洞濃度 p 通稱為「**載子濃度**」。

純半導體的載子濃度非常小，因此導電性很有限，無法用來作為電路的元件。如果能夠摻入一定量的雜質原子，即可改善此一情況。摻入的雜質有兩類，一類是三價元素的硼、鎵、銦，另一類是五價元素的磷、砷、銻。

五價元素的原子最外層軌道有 5 個電子，摻入矽 (或鍺) 晶體時，其中的 4 個電子會跟周圍的四個矽原子建立共價鍵；而剩餘的第五個電子則變成自由電子，如圖 4-51 所示。因此，若摻入的五價雜質濃度為 N_D，則由雜質所產生的自由電子濃度也是 N_D。通常我們摻入的雜質濃度 N_D 均遠大於半導體的本質電子濃度 n_i，也就是說，加了五價雜質的半導體中的自由電子幾乎都是由雜質所提供；因此，總自由電子濃度 n 幾乎等於雜質濃度 N_D：

$$n \approx N_D \tag{4-103}$$

在熱平衡條件下之半導體，無論是否摻加雜質，其中之電子濃度 n 與電洞濃度 p 的乘積恆為一定值 n_i^2：

$$np = n_i^2 \tag{4-104}$$

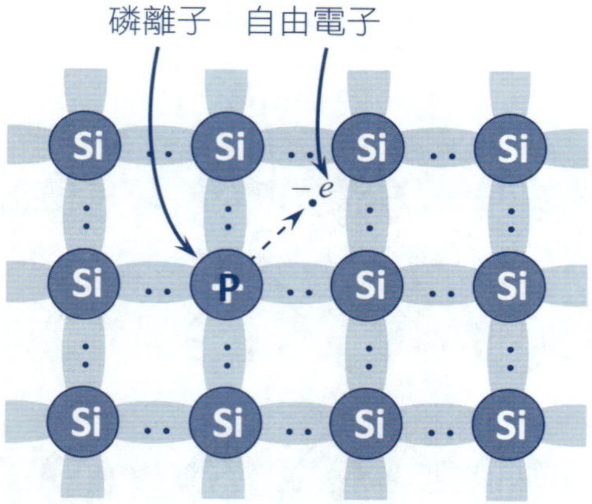

▲圖 4-51 五價雜質磷 (P) 之摻入

由以上兩式可得電洞濃度為：

$$p \approx \frac{n_{\mathrm{i}}^2}{N_{\mathrm{D}}} \tag{4-105}$$

例題 4-38 已知在室溫 ($T = 300$ K) 之下，矽晶體之本質電子濃度為 $n_{\mathrm{i}} = 1.50 \times 10^{10}\ \mathrm{cm}^{-3}$；若摻入濃度為 $N_{\mathrm{D}} = 5.0 \times 10^{15}\mathrm{cm}^{-3}$ 的五價雜質，試求此矽晶體中的載子濃度 n 及 p。

解： 由已知，$N_{\mathrm{D}} >> n_{\mathrm{i}}$，故由 (4-103) 式得：

$$n \approx N_{\mathrm{D}} = 5.0 \times 10^{15}\ \mathrm{cm}^{-3}$$

又由 (4-105) 式得：

$$p \approx \frac{n_{\mathrm{i}}^2}{N_{\mathrm{D}}} = \frac{(1.50 \times 10^{10})^2}{5.0 \times 10^{15}} = 4.5 \times 10^{4}\ \mathrm{cm}^{-3}$$

我們看到摻了五價的雜質之後，半導體中的自由電子濃度 n 遠大於電洞濃度 p；不！應該說幾乎全部的載子都是電子。因此我們稱五價的雜質為「**n 型雜質**」，而摻了五價雜質的半導體稱為「**n 型半導體**」。

每一 n 型雜質原子在失去第五個軌道電子之後，都變成了帶一個正電的離子，鑲嵌在半導體晶體中。

另一方面，假如我們在純半導體裡摻入三價元素，其結果剛好相反。三價元素的原子最外層軌道只有三個電子，摻入矽 (或鍺) 晶體時，只能跟周圍四個矽原子中的三個建立共價鍵；而跟第四個矽原子之間的共價鍵則缺一個電子。於是便從周遭附近攫取一個共價鍵電子來使用，而在附近出現一個電洞，如圖 4-52 所示。因此，若摻入的三價雜質濃度為 N_{A}，則由雜質所產生的電洞濃度必然也是 N_{A}。通常我們摻入的雜質濃度 N_{A} 均遠大於半導體的本質電子濃度 n_{i}，亦即，加了三價雜質的半導體中的電洞幾乎都是由雜質所產生出來的；因此，總電洞濃度 p 幾乎等於雜質濃度 N_{A}：

$$p \approx N_{\mathrm{A}} \tag{4-106}$$

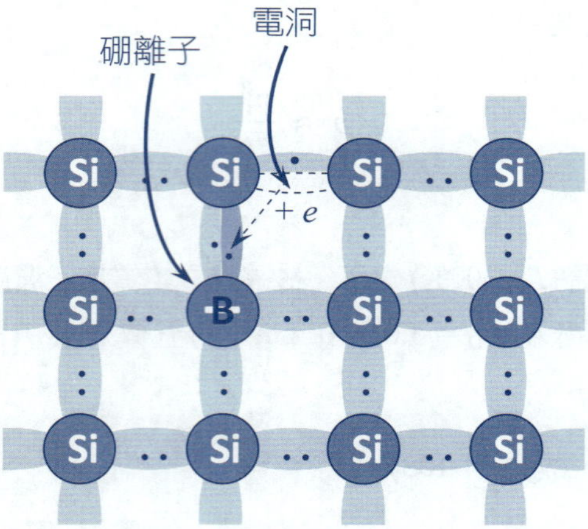

▲圖 4-52　三價雜質硼 (B) 之摻入

正如前述，在熱平衡條件下之半導體，無論是否摻加雜質，其中之電子濃度 n 與電洞濃度 p 的乘積恆為一定值 n_i^2：

$$np = n_i^2 \qquad \text{(詳見 4-104)}$$

由以上兩式可得自由電子濃度為：

$$n \approx \frac{n_i^2}{N_A} \qquad (4\text{-}107)$$

例題 4-39　已知在室溫 ($T = 300$ K) 下，矽晶體之本質電子濃度為 $n_i = 1.50 \times 10^{10}$ cm^{-3}；若摻入濃度為 $N_A = 1.00 \times 10^{17}$ cm^{-3} 的三價雜質，試求此矽晶體中的載子濃度 n 及 p。

解：由已知，$N_A >> n_i$，故由 (4-106) 式得：

$$p \approx N_A = 1.00 \times 10^{17}\ \text{cm}^{-3}$$

又由 (4-107) 式得：

$$n \approx \frac{n_i^2}{N_A} = \frac{(1.50 \times 10^{10})^2}{1.00 \times 10^{17}} = 2.25 \times 10^3\ \text{cm}^{-3}$$

摻了三價的雜質之後，半導體中的電洞濃度 p 必遠大於電子濃度 n ——其實應該說幾乎全部的載子都是電洞了！因此我們稱三價的雜質為「**p 型雜質**」，而摻了三價雜質的半導體則稱為「**p 型半導體**」。

每一 p 型雜質原子在周遭攫取一個電子之後，都變成了帶一個負電的離子，鑲嵌在半導體晶體中。

無論是 n 型還是 p 型半導體，其中的載子濃度 n 及 p 都幾乎完全由外加的雜質來決定，因此都叫做「**外質半導體**」。既然外質半導體中已經有了可觀的載子濃度，我們就可以討論其導電現象。基本上，外質半導體遵守歐姆定律 (4-86) 式；亦即，

$$\vec{J} = \sigma \vec{E} \tag{4-108}$$

與金屬導體不同的是，半導體中有兩種載子，即自由電子和電洞；因此在電場 $\vec{E}$ 的作用下，會產生電子電流密度 $\vec{J}_{\rm e}$ 及電洞電流密度 $\vec{J}_{\rm h}$。由 (4-84) 式知

$$\vec{J}_{\rm e} = -\rho_{\rm V,e}\mu_{\rm e}\vec{E} = -(-e)\,n\,\mu_{\rm e}\vec{E} \tag{4-109}$$

其中，$-e$ 為電子電量，n 為電子濃度，$\mu_{\rm e}$ 為電子的可動率。同理，

$$\vec{J}_{\rm h} = (+e)\,p\,\mu_{\rm h}\vec{E} \tag{4-110}$$

其中，$+e$ 為電洞電量，p 為電洞濃度，$\mu_{\rm h}$ 為電洞的可動率。故總電流密度為：

$$\vec{J} = \vec{J}_{\rm e} + \vec{J}_{\rm h} = -(-e)\,n\,\mu_{\rm e}\vec{E} + (+e)\,p\,\mu_{\rm h}\vec{E} = (e\,n\,\mu_{\rm e} + e\,p\,\mu_{\rm h})\vec{E} = \sigma\vec{E}$$

上式中，

$$\sigma = e\,n\,\mu_{\rm e} + e\,p\,\mu_{\rm h} \tag{4-111}$$

為半導體的電導係數，單位為 S/m (西門/米)，必要時可換算為 S/cm (西門/厘米)。

4-16 帕松方程式

由電場的高斯定律 (4-43) 式：

$$\vec{\nabla}\cdot\vec{D} = \rho_{\rm V} \tag{4-112}$$

以及關係式 (4-41) 式：

$$\vec{D} = \varepsilon\vec{E} \tag{4-113}$$

我們可知：

$$\vec{\nabla} \cdot \vec{D} = \vec{\nabla} \cdot (\varepsilon \vec{E}) = \rho_V$$

故：

$$\vec{\nabla} \cdot \vec{E} = \frac{\rho_V}{\varepsilon} \tag{4-114}$$

又因靜電場 $\vec{E}$ 為保守場，可以寫成電位 V 的負梯度；根據 (4-80) 式：

$$\vec{E} = -\vec{\nabla} V \tag{4-115}$$

代入 (4-114) 式可得：

$$\vec{\nabla} \cdot \vec{E} = \vec{\nabla} \cdot (-\vec{\nabla} V) = -(\vec{\nabla} \cdot \vec{\nabla}) V = -\nabla^2 V = \frac{\rho_V}{\varepsilon}$$

亦即，

$$\nabla^2 V = -\frac{\rho_V}{\varepsilon} \tag{4-116}$$

此式稱為「**帕松方程式**」，以紀念法國數學家帕松。

(4-116) 式中的 ∇^2 稱為「**拉卜拉斯運算符**」；在笛卡兒座標系中為：

$$\nabla^2 = \vec{\nabla} \cdot \vec{\nabla} = \frac{\partial^2}{\partial x^2} + \frac{\partial^2}{\partial y^2} + \frac{\partial^2}{\partial z^2}$$ (詳見 3-69)

故 (4-116) 式可寫成：

$$\frac{\partial^2 V}{\partial x^2} + \frac{\partial^2 V}{\partial y^2} + \frac{\partial^2 V}{\partial z^2} = -\frac{\rho_V}{\varepsilon} \tag{4-117}$$

在無電荷的空間中，$\rho_V = 0$；帕松方程式 (4-116) 式變成：

$$\nabla^2 V = 0 \tag{4-118}$$

即：

$$\frac{\partial^2 V}{\partial x^2} + \frac{\partial^2 V}{\partial y^2} + \frac{\partial^2 V}{\partial z^2} = 0 \tag{4-119}$$

稱為「**拉卜拉斯方程式**」，以紀念法國數學家拉卜拉斯。

在三個座標系之拉卜拉斯方程式表示式，詳見表 3-8。

如圖 4-53(a) 所示，將一 p 型半導體跟一 n 型半導體接合起來，剛開始在接合面兩側的載子截然不同：p 型半導體中幾乎都是電洞，而 n 型半導體中則幾乎都是電子。我們稱這兩種載子的濃度在接合面都有極大的「**濃度梯度**」存在；因此 p 型半導體中的電洞會往 n 型半導體擴散，而 n 型半導體中的電子會往 p 型半導體擴散，形成「**擴散電流**」。這兩種載子在擴散過程中會碰在一起，互相中和而消失，使得接合面兩側的雜質離子逐漸裸露出來。因 p 型雜質離子帶負電，而 n 型雜質離子帶正電；它們裸露出來之後，便出現了一個由正電荷指向負電荷的電場，如圖 4-53(b) 所示。這個電場的方向恰好阻擋了電子和電洞的持續擴散，因而使得擴散電流逐漸消失，而到達一個平衡狀態。

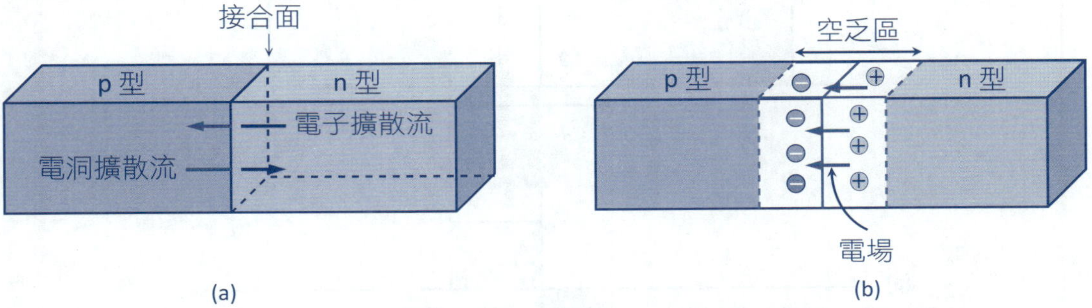

▲圖 4-53　(a) pn 接合面之載子擴散流；(b) 空乏區及其中的電場

在平衡狀態之下，接合面兩側出現了載子完全消失的區域，稱為「**空乏區**」；在接合面兩側的空乏區中分布著裸露出來的雜質離子，分別帶有正、負電荷，因此空乏區又稱為「**空間電荷區**」。

由帕松方程式 (4-116) 式，我們可以由空間電荷區中的電荷分布 (即 ρ_V)，求得接合面兩側的電位分布 V，進而求出 p、n 兩半導體之間的接觸電位差。這個電位差在所有半導體元件 (如二極體、電晶體等) 的操作上具有關鍵的重要性。

(4-117) 式所示的帕松方程式是三維的；在簡化的一維問題中，可以化簡為：

$$\frac{d^2V}{dx^2} = -\frac{\rho_V}{\varepsilon} \qquad (4\text{-}120)$$

同時，(4-115) 式及 (4-114) 式也可分別化簡為：

$$E = -\frac{dV}{dx} \qquad (4\text{-}121)$$

$$\frac{dE}{dx} = \frac{\rho_V}{\varepsilon} \tag{4-122}$$

例題 4-40　設一 p 型半導體之雜質濃度為定值 N_A，一 n 型半導體之雜質濃度為定值 N_D，如圖 4-54(a) 所示；兩者接合後在平衡狀態下，p 型半導體及 n 型半導體中的空間電荷區寬度分別為 d_p 及 d_n。試求：(a) 空間電荷區中產生的電場 $E(x)$；(b) 空間電荷區中的電位 $V(x)$；(c) p、n 兩半導體之間的接觸電位差。

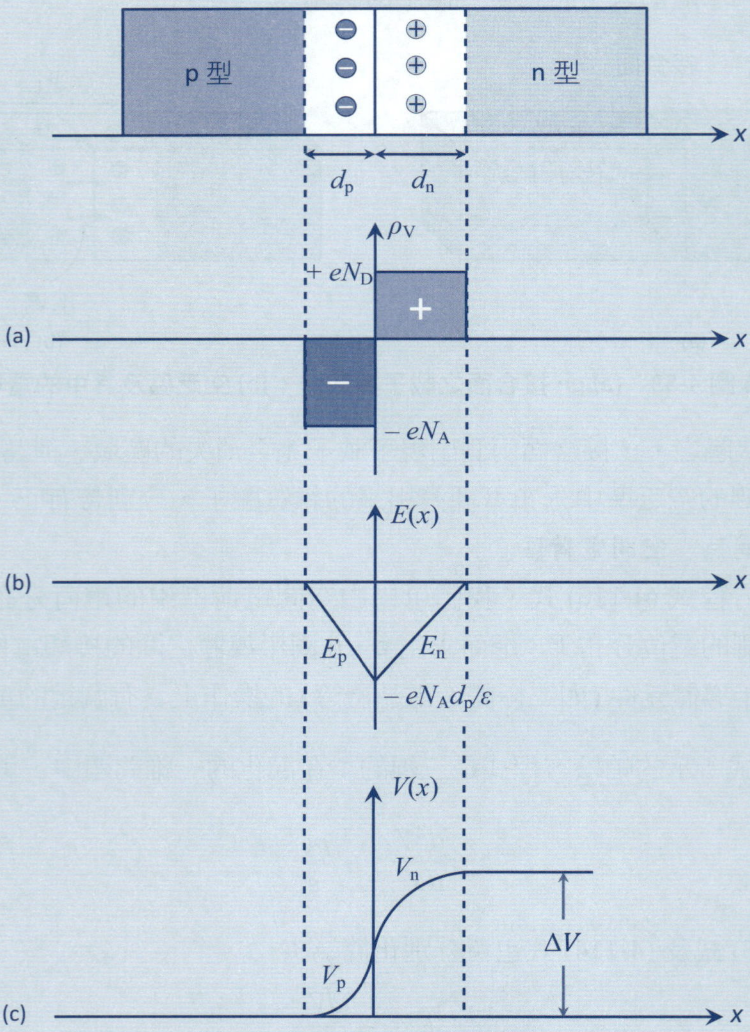

▲圖 4-54　例題 4-40 用圖

解： 假設半導體的截面為單位面積，則由電荷守恆定律得：

$$-e\,N_A\,d_p + e\,N_D\,d_n = 0 \qquad \therefore\ e\,N_A\,d_p = e\,N_D\,d_n \tag{4-123}$$

其中 e 為基本電荷。

(a) 首先考慮 p 型半導體的空間電荷區 $(-d_p \leqq x \leqq 0)$。設此區之電場強度為 E_p，則由 (4-122) 式：

$$\frac{dE_p}{dx} = \frac{-eN_A}{\varepsilon}$$

$$E_p = \int \frac{-eN_A}{\varepsilon}\,dx + c_1 = \frac{-eN_A}{\varepsilon}\,x + c_1$$

$$\because\ E_p(-d_p) = 0 \qquad \therefore\ c_1 = -\frac{eN_A d_p}{\varepsilon}$$

$$E_p = -\frac{eN_A}{\varepsilon}\,(d_p + x) \tag{4-124}$$

其次考慮 n 型半導體的空間電荷區 $(0 \leqq x \leqq d_n)$。設此區之電場強度為 E_n，則由 (4-122) 式：

$$\frac{dE_n}{dx} = \frac{+eN_D}{\varepsilon}$$

$$E_n = \int \frac{+eN_D}{\varepsilon}\,dx + c_2 = \frac{+eN_D}{\varepsilon}\,x + c_2$$

因在接合面上 $(x = 0)$ 電場強度為連續，$E_n(0) = E_p(0)$，故：

$$c_2 = -\frac{eN_A d_p}{\varepsilon}$$

$$E_n = \frac{e}{\varepsilon}\,(N_D\,x - N_A\,d_p) \tag{4-125}$$

(4-124) 式及 (4-125) 式即為所求電場強度，如圖 4-54(b) 所示。我們看到 E_p 和 E_n 都是 x 一次方的函數，因此函數圖形係由兩直線段組成。

(b) 考慮 p 型半導體的空間電荷區 $(-d_p \leqq x \leqq 0)$。設此區之電位函數為 V_p，則將 (4-124) 式代入 (4-121) 式中：

$$\frac{dV_p}{dx} = -E_p = \frac{eN_A}{\varepsilon}\,(d_p + x)$$

$$V_p = \int \frac{eN_A}{\varepsilon}\,(d_p + x)dx + c_3 = \frac{eN_A}{\varepsilon}\left(d_p x + \frac{x^2}{2}\right) + c_3$$

選擇 $x = -d_p$ 為零電位參考點，可得：

$$c_3 = \frac{eN_A d_p^2}{2\varepsilon}$$

$$V_p = \frac{eN_A}{2\varepsilon}(x + d_p)^2 \tag{4-126}$$

其次考慮 n 型半導體的空間電荷區 ($0 \leqq x \leqq d_n$)。設此區之電位函數為 V_n，則將 (4-125) 式代入 (4-121) 式中：

$$\frac{dV_n}{dx} = -E_n = -\frac{e}{\varepsilon}(N_D x - N_A d_p)$$

$$V_n = -\int \frac{e}{\varepsilon}(N_D x - N_A d_p)dx + c_4 = \frac{e}{\varepsilon}\left(N_A d_p x - \frac{N_D x^2}{2}\right) + c_4$$

因在接合面上 ($x = 0$) 電位為連續，$V_n(0) = V_p(0)$，故：

$$c_4 = \frac{eN_A d_p^2}{2\varepsilon}$$

$$V_n = \frac{eN_D}{2\varepsilon}[d_n d - (x - d_n)^2] \tag{4-127}$$

其中，$d = d_n + d_p$ 為空間電荷區之總寬度。(4-126) 式及 (4-127) 式即為所求電位函數，如圖 4-54(c) 所示。我們看到 V_p 和 V_n 都含有 x^2 項，因此函數圖形係由兩段拋物線組成。

(c) 由圖 4-54(c) 可以看出 p、n 兩半導體之間的接觸電位差等於：

$\Delta V = V_n(d_n)$

由 (4-127) 式知：

$$V_n(d_n) = \frac{eN_D d_n d}{2\varepsilon}$$

$$\therefore\ \Delta V = \frac{eN_D d_n d}{2\varepsilon} = \frac{eN_D}{2\varepsilon} d_n(d_n + d_p) \tag{4-128a}$$

根據電荷守恆定律 (4-123) 式，上式亦可寫成：

$$\Delta V = \frac{eN_A}{2\varepsilon} d_p(d_n + d_p) \tag{4-128b}$$

事實上，(4-128a) 與 (4-128b) 兩式是同一個式子。令接合面兩側之空間電荷區裡的電量為：

$$q = e\,N_A\,d_p = e\,N_D\,d_n$$

空間電荷區的總寬度為：

$$d = d_n + d_p$$

則 (4-128a) 與 (4-128b) 兩式均可寫成：

$$\Delta V = \frac{qd}{2\varepsilon} \tag{4-128c}$$

[例題 4-40] 只是一個過度簡化的模型；更詳細的公式是：

$$\Delta V = \frac{kT}{e}\ln\left(\frac{N_A N_D}{n_i^2}\right) = V_T \ln\left(\frac{N_A N_D}{n_i^2}\right) \tag{4-129}$$

其中：

$$k = 8.617 \times 10^{-5}\ \text{eV/K} \qquad \text{(詳見 4-101)}$$

為波茲曼常數；T 為絕對溫度。另外：

$$V_T \equiv \frac{kT}{e} \tag{4-130}$$

是帶電質點 (如電子) 的熱能 kT 與電位能 eV_T 之間的轉換關係；故我們稱 V_T 為「**熱電壓**」，單位為 V (伏特)。在室溫 (T = 300 K) 之下，熱電壓 $V_T \approx 0.0258$ V。

例題 4-41 在室溫之下，一 p-n 接合矽晶體之雜質濃度分別為 $N_A = 2.5 \times 10^{15}\ \text{cm}^{-3}$，$N_D = 2.5 \times 10^{16}\ \text{cm}^{-3}$。試求空間電荷區兩側之接觸電位差。

解： 由 [例題 4-37] 知，在室溫 (T = 300 K) 之下，本質濃度為：

$n_i = 1.50 \times 10^{10}\ \text{cm}^{-3}$

故由 (4-129) 式得：

$$\Delta V = V_T \ln\left(\frac{N_A N_D}{n_i^2}\right) = 0.0258 \times \ln\left[\frac{(2.5\times 10^{15})(2.5\times 10^{16})}{(1.5\times 10^{10})^2}\right]$$

$$= 0.68\ \text{V}$$

4-17 介電現象

由第 4-13 節我們知道，若由導電性來區分，自然界所有物質可大致分為導體、半導體、及絕緣體。導體和半導體已在第 4-13 節至第 4-16 節講述；而絕緣體將在本節中介紹。

絕緣體是指幾乎不導電的物質，因此其電導係數 $\sigma \to 0$；但是絕緣體是否完全與電場 (或磁場) 無緣呢？這也未必。絕緣體在電場 $\vec{E}$ 中會受電場的作用，而產生所謂的「介電現象」，使得它的容電係數 ε 有異於真空的容電係數 ε_0。這要從物質的微觀構造說起。

所有的物質都是由原子或分子構成的；而原子或分子則是由更小的、帶電的粒子所組成，其中包括帶正電的質子及帶負電的電子。因此，即使在大多數情況下，物質似乎是中性的、不帶電的，但從微觀的尺度來觀察，所有物質都是由帶電粒子所構成，因此會受到電場 (或磁場) 的影響是必然的。

為簡化我們的討論，本節中我們僅限於所謂的「l.i.h.」物質，也就是兼具「線性、等向性、及均勻性」的物質 (詳見第 4-13 節)：

1. 「線性」是「一次方」的意思；也就是說，在此類物質中的電通密度 $\vec{D}$ 與電場強度 $\vec{E}$ 為線性 (一次方) 關係：

$$\vec{D} = \varepsilon \vec{E} \tag{4-131}$$

2. 「等向性」的意思是上述 $\vec{D}$ 和 $\vec{E}$ 同方向，因此容電係數 ε 是個**純量**。
3. 「均勻性」的意思是說，容電係數 ε 是個**定值**，不因位置而變。

構成物質的分子大致上可分為「**極性分子**」及「**非極性分子**」。極性分子的幾何形狀不具對稱性，因此其中的正、負電荷的分布不一致，形成電偶極的結構 (詳見 [例題 4-32])。一氧化碳 (CO)、水 (H_2O)、及氨 (NH_3) 等都是屬於極性分子。

當沒有外加電場存在時，每個分子的電偶極矩 $\vec{p}$ 方向都是任意的、散亂的，如圖 4-55(a) 所示，故從巨觀角度來看，所有分子的電性會相互抵銷。但當有外加電場 $\vec{E}$ 出現時，每個分子都會受到一個力矩 $\vec{\tau}$ 的作用：

$$\vec{\tau} = \vec{p} \times \vec{E}$$ (詳見 2-60)

其結果使得所有的電偶極矩 $\vec{p}$ 的方向紛紛轉向電場的方向，如圖 4-55(b) 所示；這個物理現象稱為「**極化**」。

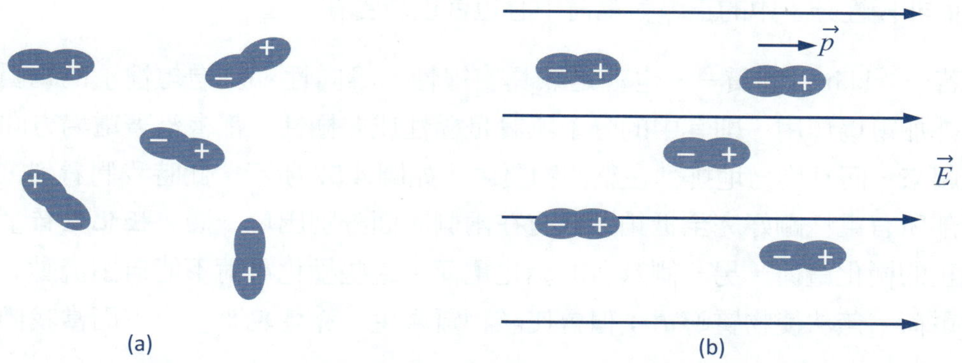

▲圖 4-55 (a) 未極化之極性分子；(b) 已極化之極性分子

在另一方面，非極性分子的形狀具有對稱性，例如氧 (O_2)、二氧化碳 (CO_2) 等分子均屬之。當沒有外加電場存在時，每個分子的正、負電荷的中心點是一致的，如圖 4-56(a) 所示。

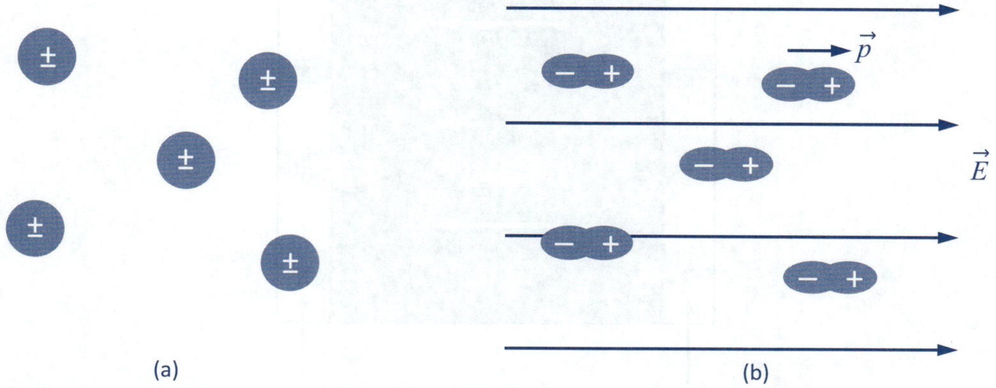

▲圖 4-56 (a) 未極化之非極性分子；(b) 已極化之非極性分子

但當有外加電場 $\vec{E}$ 出現時，每個分子中的正、負電荷會分別受到相反方向的電力作用，其正、負電荷的中心點就被拉開，而形成一個暫時性的電偶極，其電偶極矩 $\vec{p}$ 的方向跟外加電場的方向一致，因而也產生「極化」現象，如圖 4-56(b) 所示。

綜上所述，任何物質無論是由極性分子或非極性分子所構成，在外加電場的作用之下，都會產生極化現象。

當外加電場消失時，物質的極化現象也會跟著消失；極性分子會恢復散亂狀態，而非極性分子中的正、負電荷中心也會重新合在一起。

若一「l.i.h.」物質——也就是兼具「線性、等向性、及均勻性」的物質——受到外加電場作用，則其中的分子無論是極性或非極性，都會沿著電場方向整齊排列起來，而且均勻地排列在整個物質中，如圖 4-57 所示。此時我們看到，在物質內部所有電性剛好完全抵銷，只有在兩側表面分別出現一層「**極化電荷**」，一側為正的極化電荷，另一側為負的極化電荷。這些極化電荷不能自由流動，屬於束縛電荷，無法使物質導電；但會使該物質產生「**介電現象**」。下面當我們在討

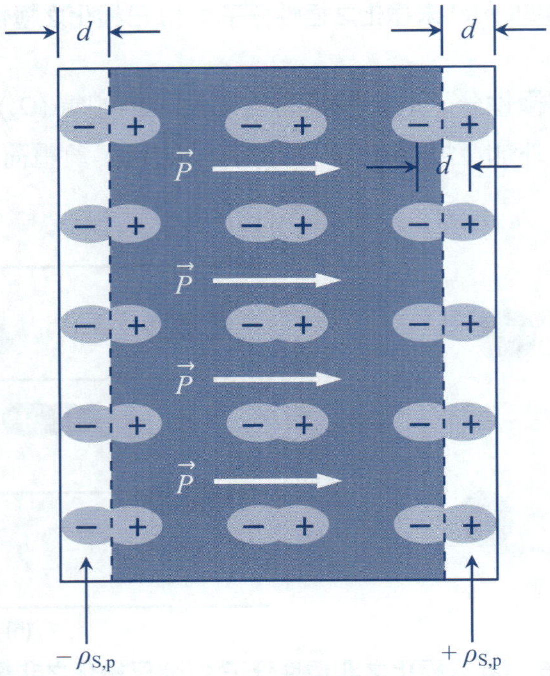

▲圖 4-57　極化量與表面極化電荷

論介電現象時，即不再稱此物質為絕緣體，而稱之為「**介電物質**」，或簡稱「**介質**」。

在圖 4-57 中我們假設一介質在極化之後，單位體積所含有的電偶極數為 N，每個電偶極的電偶極矩為 $p = qd$，其中 d 為 $-q$ 與 $+q$ 之間的距離；則在介質右側表面厚度 d 的薄層中，僅能包含電偶極的正電荷部分；同樣地，在介質左側表面厚度 d 的薄層中，也僅能包含電偶極的負電荷部分；也就是說，在介質的右側表面有一層正的極化面電荷，其面電荷密度以 $\rho_{S,p}$ 表示 (有別於自由電荷的面電荷密度 ρ_S)；相對地，在介質的左側表面也有一層負的極化面電荷，其面電荷密度以 $-\rho_{S,p}$ 表示。

假設右側表面的面積為 S，則在厚度為 d 的薄層中所含的正電荷數為 $N(Sd)$，相當於所含的正電荷為 $q(NSd) = NS(qd) = NSp = (Np)S$；將 S 除去即為表面上的面電荷密度：

$$\rho_{S,p} = Np \tag{4-132}$$

亦即，均勻介質的表面極化電荷密度 $\rho_{S,p}$ 等於介質之單位體積中所含的總電偶極矩 Np。在電磁學裡，我們稱此一物理量為「**極化量**」，以符號 P 表示：

$$P = Np \tag{4-133}$$

用來表示介質在電場中極化的程度；介質中單位體積的分子數目越多，或分子的電偶極矩越大，則極化量 P 就越大。由上面兩式可知：

$$\rho_{S,p} = P \tag{4-134}$$

極化量 P 的單位與面電荷密度 $\rho_{S,p}$ 一樣，都是 C/m^2 (庫倫/米^2)。

由於電偶極矩為一向量 $\vec{p}$，詳見 (2-59) 式，故 (4-133) 式的極化量 P 也應寫成向量：

$$\vec{P} = N\vec{p} \tag{4-135}$$

同時，(4-134) 式也要寫成向量式：

$$\rho_{S,p} = \vec{P} \cdot \hat{\mathbf{n}} \tag{4-136}$$

其中 $\hat{\mathbf{n}}$ 為介質表面向外的單位法線向量。

例題 4-42 如圖 4-58 所示，一極化之介質中每單位體積的電偶極數為 $2.0\times10^{20}\ \mathrm{m^{-3}}$，每一個的電偶極矩為 $1.0\times10^{-27}\ \mathrm{C\cdot m}$。試求：(a) 極化量 P；(b) 極化面電荷密度 $\rho_{S,p1}$；(c) 極化面電荷密度 $\rho_{S,p2}$。

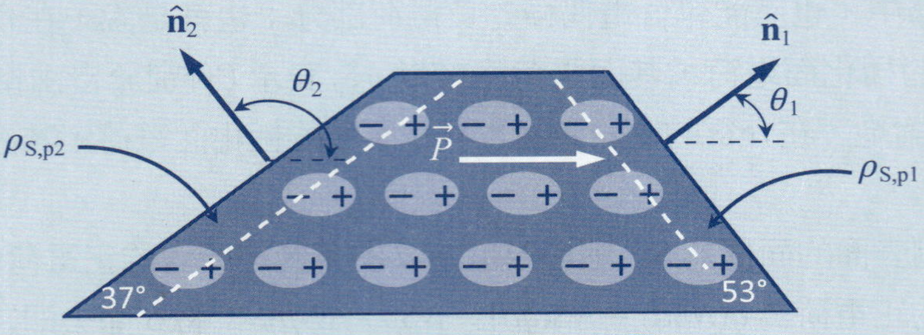

▲圖 4-58 例題 4-42 用圖

解：(a) 由 (4-133) 式：

$$P=Np=(2.0\times10^{20}\ \mathrm{m^{-3}})(1.0\times10^{-27}\ \mathrm{C\cdot m})=2.0\times10^{-7}\ \mathrm{C\cdot m^2}$$

(b) 由 (4-136) 式：

$$\rho_{S,p1}=\vec{P}\cdot\hat{\mathbf{n}}_1=P\cos\theta_1=(2.0\times10^{-7}\ \mathrm{C\cdot m^2})\cos37^\circ$$
$$=+1.6\times10^{-7}\ \mathrm{C\cdot m^2}$$

(c) 同樣地，由 (4-136) 式：

$$\rho_{S,p2}=\vec{P}\cdot\hat{\mathbf{n}}_2=P\cos\theta_2=(2.0\times10^{-7}\ \mathrm{C\cdot m^2})\cos127^\circ$$
$$=-1.2\times10^{-7}\ \mathrm{C\cdot m^2}$$

依「l.i.h.」介質的定義，其極化量 $\vec{P}$ 係與外加之電場在介質中的強度 $\vec{E}$ 成正比：

$$\vec{P}=\varepsilon_0\chi_e\vec{E} \tag{4-137}$$

其中，ε_0 為真空的容電係數。χ_e 為介質的「**極化率**」，是個無因次的純量，用來表示不同介質不同的極化特性；在同樣強度的電場作用之下，極化率越大的介質中產生的極化量越大。

其次，我們定義介質中的電通密度為：

$$\vec{D} = \varepsilon_0 \vec{E} + \vec{P} \tag{4-138}$$

以 (4-137) 式代入之，可得：

$$\vec{D} = \varepsilon_0 \vec{E} + \varepsilon_0 \chi_e \vec{E} = \varepsilon_0 (1 + \chi_e) \vec{E} = \varepsilon \vec{E} \tag{4-139}$$

其中：

$$\varepsilon = \varepsilon_0 (1 + \chi_e) \tag{4-140}$$

稱為該介質的容電係數，單位與真空的容電係數 ε_0 相同，均為 F/m (法拉/米)。在實用上，我們通常令 (4-140) 式中的無因次常數 $1 + \chi_e$ 為：

$$\varepsilon_r = 1 + \chi_e \tag{4-141}$$

稱為介質的「**相對容電係數**」，又稱「**介電常數**」。ε_r 之所以被稱為「相對容電係數」是因為它是介質的容電係數相對於真空的容電係數的比值：

$$\varepsilon_r = \frac{\varepsilon}{\varepsilon_0} \tag{4-142}$$

常見物質在室溫之下的靜態相對容電係數詳見表 4-1。由於 $\varepsilon_r > 1$，詳見 (4-141) 式，故介質的容電係數恆大於真空的容電係數：$\varepsilon > \varepsilon_0$。

綜上所述，介質中的電通密度為：

$$\vec{D} = \varepsilon \vec{E} \tag{4-143}$$

下面我們要用一個簡單的例子來說明，有介質存在時電場的高斯定律 [(4-45) 式] 將如何因應。假設有一平行板電容器，兩板面積均為 S，相距為 d，兩板之間無介質存在 (為真空)，如圖 4-59(a) 所示。

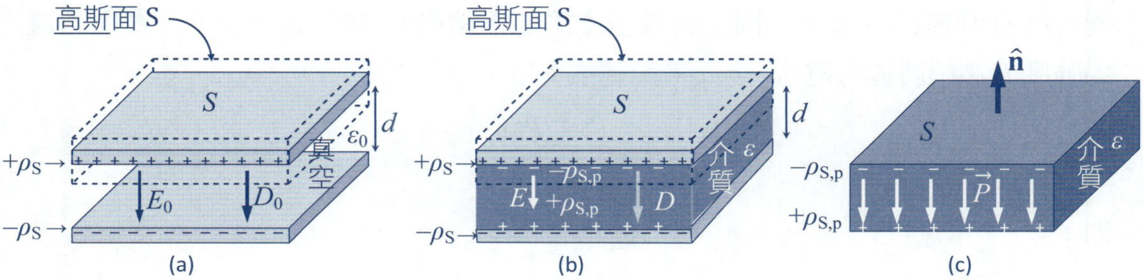

▲圖 4-59　**介質所產生的影響。(a) 無介質；(b) 有介質；(c) 兩板之間的介質分析**

設兩板之間隔 d 遠小於板面積的長寬，則將此電容器充電後，兩板上之面電荷密度 $\pm\rho_S$ 以及在兩板之間所產生的電場強度 E_0 均為定值，兩板之間的電通密度 D_0：

$$D_0 = \varepsilon_0 E_0 \tag{4-144}$$

亦為一定值。今假想一高斯面 S，為一長方體的表面，如圖 4-59(a) 中所示，則由高斯定律 (4-45) 式可知：

$$\oint_S \vec{D} \cdot d\vec{S} = D_0 S = \int_D \rho_S \, dS = \rho_S S$$

故知：

$$D_0 = \rho_S \tag{4-145}$$

由 (4-144) 式得兩板之間的電場強度為：

$$E_0 = \frac{D_0}{\varepsilon_0} = \frac{\rho_S}{\varepsilon_0} \tag{4-146}$$

其中 ρ_S 為板上的面電荷密度，屬於「自由電荷」。

今在兩板之間充滿容電係數 ε 的 l.i.h. (線性、無向性、均勻) 介質，如圖 4-59(b) 中所示，則介質在與上板的接觸面上，會產生一層「極化電荷」；由 (4-134) 式知，這層極化電荷的面電荷密度 $-\rho_{S,p}$ 與該介質的極化量 P 之關係為：

$$-\rho_{S,p} = \vec{P} \cdot \hat{\mathbf{n}} = -P \tag{4-147}$$

其中 $\hat{\mathbf{n}}$ 為介質表面朝外的單位法線向量；由圖 4-59(c) 中的分析圖可知，$\vec{P}$ 與 $\hat{\mathbf{n}}$ 的方向相反，故 $\vec{P} \cdot \hat{\mathbf{n}} = -P$。極化電荷屬於「束縛電荷」，不能自由流動，但會影響 (減弱) 介質內的電場。因此與真空中的電場強度 (4-146) 式相較，介質中的電場強度 E 必須將極化電荷 $-\rho_{S,p}$ 考慮進去：

$$E = \frac{\rho_S - \rho_{S,p}}{\varepsilon_0}$$

即：

$$\varepsilon_0 E = \rho_S - \rho_{S,\,p} \tag{4-148}$$

將 (4-147) 式及 (4-137) 式代入上式中：

$$\varepsilon_0 E = \rho_S - P = \rho_S - \varepsilon_0 \chi_e E \tag{4-149}$$

移項整理之：

$$\varepsilon_0 E + \varepsilon_0 \chi_e E = \rho_S$$

$$\varepsilon_0 (1 + \chi_e) E = \rho_S \tag{4-150}$$

再由 (4-140) 式得：

$$\varepsilon E = \rho_S$$

因 $\varepsilon E = D$，即 (4-143) 式，故：

$$D = \rho_S \tag{4-151}$$

這個式子告訴我們，在介質中的電通密度 D 僅與自由電荷 ρ_S 有關，而與極化電荷 $\rho_{S,\,p}$ 無關，因為極化電荷已經融入 ε 裡面了。

用另一個方式來說，無論有無介質存在，同樣的自由電荷分佈 (ρ_S) 會產生相同的電通密度；比較 (4-145) 式及 (4-151) 式就知道：

$$D = D_0 \tag{4-152}$$

今考慮圖 4-59(b) 中的高斯面 S；將 (4-151) 式代入高斯定律 (4-45) 式：

$$\oint_S \vec{D} \cdot d\vec{S} = DS = \rho_S S \equiv Q_{\text{free}}$$

其中，Q_{free} 為高斯面內部的總自由電荷，不包含任何極化電荷。

上述之結論雖然是以圖 4-59 所示的簡化模型來推導，但事實上是一個普遍的定律；也就是說，**通過任一高斯面之總電通量恆等於其內部之總自由電荷，而與極化電荷無關**，用數學式子寫出來：

$$\oint_S \vec{D} \cdot d\vec{S} = Q_{\text{free}} \tag{4-153}$$

請務必將此一觀念謹記在心；爾後本書中在使用高斯定律解問題時，都會把自由電荷 Q_{free} 的下標「free」省略，而只寫 Q；例如下面的 [例題 4-43]。

例題 4-43 假設半徑 a 之金屬球表面帶有電荷 Q，其外覆以厚度 $b-a$ 之介質；如圖 4-60 所示。若介質的相對容電係數為 ε_r，試求該金屬球的電位。

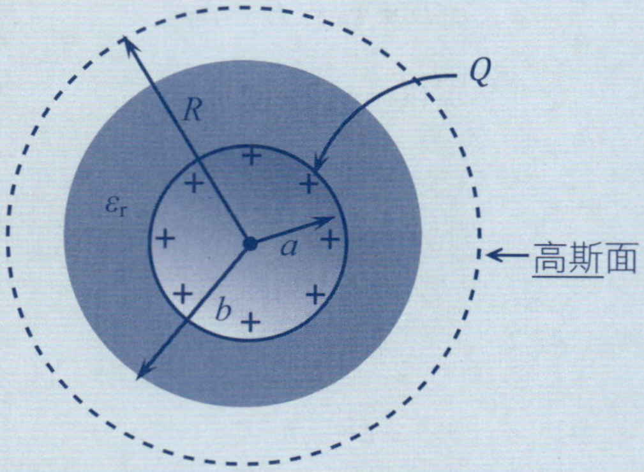

▲圖 4-60　**例題 4-43 用圖**

解：已知 Q 為自由電荷，由高斯定律知：

(a) 介質內 $(a \leqq R \leqq b)$ 之電場強度：

$$\vec{E}_1 = \hat{\mathbf{R}}\ \frac{Q}{4\pi\varepsilon_r\varepsilon_0 R^2} \tag{4-154}$$

(b) 介質外 $(b \leqq R < \infty)$ 之電場強度：

$$\vec{E}_2 = \hat{\mathbf{R}}\ \frac{Q}{4\pi\varepsilon_0 R^2} \tag{4-155}$$

故得金屬球之電位為：

$$V = -\int_\infty^a \vec{E}\cdot d\vec{L} = -\left[\int_\infty^b \vec{E}_2\cdot d\vec{L} + \int_b^a \vec{E}_1\cdot d\vec{L}\right]$$

$$= -\left[\int_\infty^b \frac{Q}{4\pi\varepsilon_0 R^2}\,dR + \int_b^a \frac{Q}{4\pi\varepsilon_r\varepsilon_0 R^2}\,dR\right]$$

$$= \frac{Q}{4\pi\varepsilon_0}\left[\frac{1}{b} + \frac{1}{\varepsilon_r}\left(\frac{1}{a} - \frac{1}{b}\right)\right]$$

4-18 電容的計算

「**電容**」代表一物體儲存電荷的能力;儲存電荷的物體或元件稱為「**電容器**」。通常電容器是由兩個互相絕緣的導體所構成，如圖 4-61 所示。當這兩個導體分別接於電位差 V 的電源兩端時，必同時帶有等量的異性電荷；接於高電位者帶 $+Q$，而接於低電位者帶 $-Q$。此時我們定義該電容器的電容為：

$$C = \frac{Q}{V} \tag{4-157}$$

單位為 F (法拉)，係為紀念英國科學家法拉第而訂定。

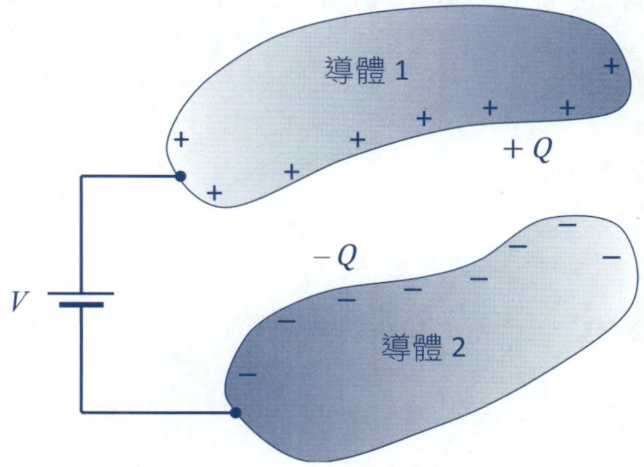

▲圖 4-61　**電容器示意圖**

例題 4-44　**平行板電容器**。假設一電容器是由兩個相距很近但互相絕緣的平面導體板平行組成。若兩平面導體板的面積均為 S，相隔距離為 d，其間之絕緣體的容電係數為 ε，如圖 4-62 所示；試求此電容器之電容。

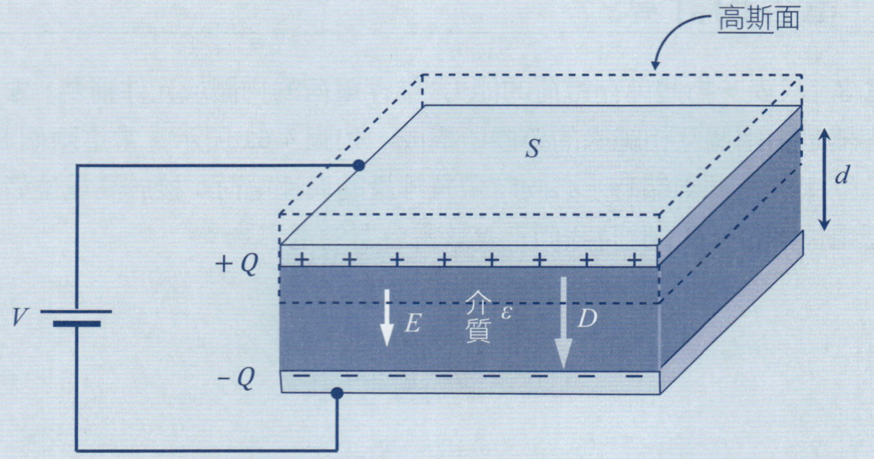

▲圖 4-62　**例題 4-44 用圖**

解： 設此電容器接在電位差 V 之電源時，兩導體板上所帶的電荷分別為 $\pm Q$；則根據高斯定律，通過高斯面 (詳見圖 4-62) 之電通量等於其內部的總電量 Q：

$$\Phi_e = \oint_S \vec{D} \cdot d\vec{S} = DS = (\varepsilon E)S = Q$$

故得電場強度之大小為：

$$E = \frac{Q}{\varepsilon S} \tag{4-158}$$

由此可知兩導體板之電位差 V 可表示為：

$$V = -\int_{P_-}^{P_+} \vec{E} \cdot d\vec{L} = Ed = \frac{Qd}{\varepsilon S}$$

其中 P_+ 及 P_- 分別代表正板及負板上之任兩點。最後，由電容之定義 (4-157) 式可得所求電容為：

$$C = \frac{Q}{V} = \frac{\varepsilon S}{d} \tag{4-159}$$

例題 4-45　**同軸電纜**。設一長度 l 之同軸電纜內、外導體之半徑分別為 a 及 b，其間之絕緣體的容電係數為 ε，如圖 4-63 所示；試求此電纜之電容。

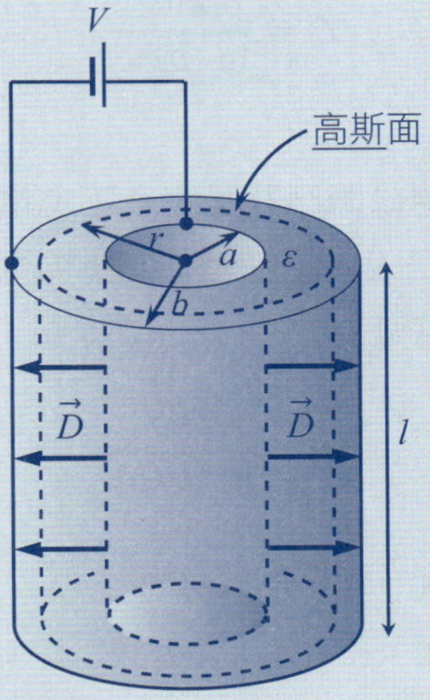

▲圖 4-63 例題 4-45 用圖

解： 設此電纜接在電位差 V 之電源時，內、外兩圓柱形導體上所帶的電荷分別為 $\pm Q$；則根據高斯定律，通過半徑 r 之圓柱形高斯面 (詳見圖 4-63) 之電通量等於其內部的總電量 Q：

$$\Phi_e = \oint_S \vec{D} \cdot d\vec{S} = D(2\pi rl) = (\varepsilon E)(2\pi rl) = Q$$

故得電場強度之大小為：

$$E = \frac{Q}{2\pi\varepsilon rl} \tag{4-160}$$

由此可知兩導體板之電位差 V 可表示為：

$$V = -\int_b^a \vec{E} \cdot d\vec{L} = -\frac{Q}{2\pi\varepsilon l}\int_b^a \frac{dr}{r} = \frac{Q}{2\pi\varepsilon l}\ln\frac{b}{a}$$

由電容之定義 (4-157) 式可得所求電容為：

$$C = \frac{Q}{V} = \frac{2\pi\varepsilon l}{\ln(b/a)} \tag{4-161}$$

同軸電纜常用來作為「**傳輸線**」，傳輸高頻訊號。在傳輸線的電路分析上，「**單位長度的電容**」$\bar{C}$ 是一個基本參數。在 (4-161) 式中令 $l = 1$ 可得：

$$\bar{C} = \frac{2\pi\varepsilon}{\ln(b/a)} \tag{4-162}$$

單位為 F/m (法拉/米)。

在理論上，電容器中的絕緣體應該是完全不導電的；但在實際上，這種理想的絕緣體是不存在的；也就是說，絕緣體都有「**漏電電導**」存在。從 (4-98) 式可知同軸電纜單位長度的漏電電導為：

$$\bar{G} = \frac{2\pi\sigma}{\ln(b/a)} \tag{4-163}$$

我們發現上述兩個參數之間有一簡單的關係：

$$\frac{\bar{C}}{\bar{G}} = \frac{\varepsilon}{\sigma} \tag{4-164}$$

這個關係不僅在同軸電纜中成立，在其他所有形式的傳輸線中都一樣成立。因此，在傳輸線的分析當中，只要知道其中一個參數，我們就可以利用 (4-164) 式得出另一個參數。

4-19 帶電之導體

在第 4-13 節中，我們知道金屬中有大量的自由電子，係由每個金屬原子所提供；在正常狀態下，整個金屬呈中性，我們稱之為「不帶電」。但是假如有外來的因素，例如將兩個導體分別接在一電源的兩端，如圖 4-61 所示，則接在高電位端的導體 1 中有一小部分自由電子會被轉移到接在低電位的導體 2，因而讓導體 2 帶了負電，而導體 1 帶了正電。

當自由電子進入導體 2 時，會有短暫的擾動，然後很快地依照電學定律的規範找到最終的平衡狀態。同樣地，導體 1 中少了一些自由電子之後，也會在很短的時間內找到一個最終的平衡狀態。

這個平衡狀態是什麼狀態呢？我們利用三個公式來找出答案：

1. 連續方程式，詳見 (4-13) 式：

$$\vec{\nabla} \cdot \vec{J} = -\frac{\partial \rho_V}{\partial t} \tag{4-165}$$

2. 歐姆定律，詳見 (4-86) 式：

$$\vec{J} = \sigma \vec{E} \tag{4-166}$$

3. 電學的高斯定律，詳見 (4-43) 式：

$$\vec{\nabla} \cdot \vec{D} = \rho_V \tag{4-167}$$

首先，我們將歐姆定律代入連續方程式中：

$$\vec{\nabla} \cdot \vec{J} = \vec{\nabla} \cdot (\sigma \vec{E}) = \sigma \vec{\nabla} \cdot \vec{E} = -\frac{\partial \rho_V}{\partial t} \tag{4-168}$$

因 $\vec{D} = \varepsilon \vec{E}$，故上式最右邊的等式變成：

$$\frac{\sigma}{\varepsilon} \vec{\nabla} \cdot \vec{D} = -\frac{\partial \rho_V}{\partial t} \tag{4-169}$$

再將高斯定律 (4-167) 式代入，得：

$$\frac{\sigma}{\varepsilon} \rho_V = -\frac{\partial \rho_V}{\partial t} \tag{4-170}$$

我們假設電荷密度 ρ_V 僅為時間 t 的函數，則：

$$\frac{\partial \rho_V}{\partial t} = \frac{d\rho_V}{dt}$$

因此 (4-170) 式變成一常微分方程式：

$$\frac{d\rho_V}{dt} + \frac{\sigma}{\varepsilon} \rho_V = 0 \tag{4-171}$$

假設最初 $(t = 0)$ 之電荷密度為 ρ_0，以此為初始條件，則 (4-171) 式之解為：

$$\rho_V = \rho_0 \, e^{-(\sigma/\varepsilon)t} \tag{4-172}$$

此式告訴我們，導體若有「帶電」，則其內部的體電荷必會依指數函數的形式衰減，其時間常數為：

$$\tau = \frac{\varepsilon}{\sigma} \tag{4-173}$$

在一般金屬裡，這個時間常數非常短，約為 10^{-19} s；也就是說，金屬導體內部的體電荷轉瞬即逝，隨即到達最終狀態：

$$\rho_V = 0 \tag{4-174}$$

因此我們可以說：在平衡狀態下，**導體所帶的電荷都不在其內部，而全部分布在表面上**，如圖 4-64 所示。

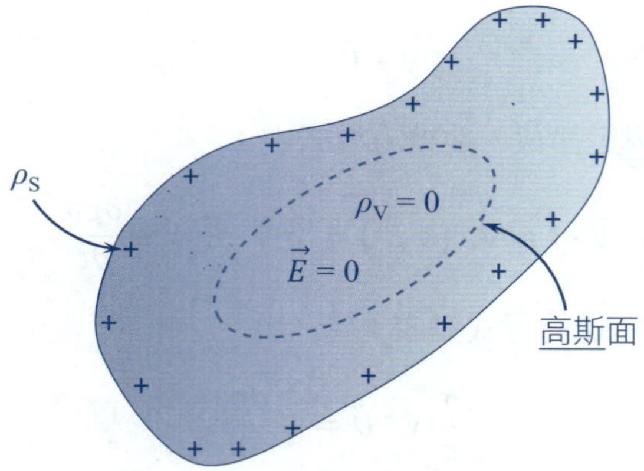

▲圖 4-64　平衡狀態下之帶電導體

在這個情況之下，利用電場的高斯定律可以推知，在平衡狀態下，**帶電導體內部的電場強度恆等於零**。我們可以在導體內部選用所有可能的高斯面 S，如圖 4-64 所示；由於導體所帶的電都不在其內部，故由高斯定律 (4-45) 式以及 (4-174) 式：

$$\oint_S \vec{D} \cdot d\vec{S} = \int_D \rho_V \, dV = 0$$

可得 $\vec{D} = \varepsilon \vec{E} = 0$，即：

$$\vec{E} = 0 \tag{4-175}$$

由於電場強度等於電位的負梯度，詳見 (4-80) 式：

$$\vec{E} = -\vec{\nabla} V$$

故當電場強度 $\vec{E}$ 等於零時，電位 V 必為一定值。因此，**帶電導體內部各點的電位恆為一定值：**

$$V = \text{定值} \tag{4-176}$$

亦即，帶電導體為一「等位體」，其表面為一「等位面」。

例題 4-46 半徑 a 之金屬球帶有電荷 Q，試求：(a) 球面上之電場強度；(b) 球內之電場強度；(c) 球面上之電位；(d) 球內之電位。

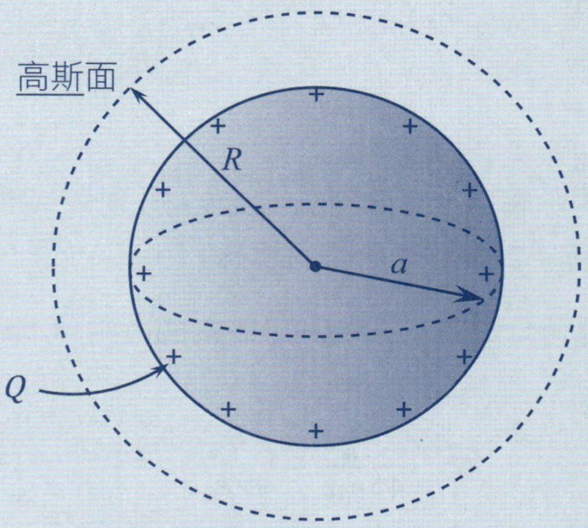

▲圖 4-65 例題 4-46 用圖

解： 金屬球所帶的電荷 Q 係均勻分布在其表面上，如圖 4-65 所示。

(a) 想像一半徑 R 的球面為高斯面，則由高斯定律：

$$\oint_S \vec{D} \cdot d\vec{S} = D(4\pi R^2) = Q$$

$$\therefore\ D = \frac{Q}{4\pi R^2} = \varepsilon_0 E$$

寫成向量式：

$$\vec{E} = \hat{\mathbf{R}}\,\frac{Q}{4\pi\varepsilon_0 R^2} \tag{4-177}$$

令 $R = a$ 即得球面上之電場強度：

$$\vec{E}_{R=a} = \hat{\mathbf{R}}\,\frac{Q}{4\pi\varepsilon_0 a^2} \tag{4-178}$$

(b) 導體內之電場強度恆等於零：

$$\vec{E}_{R<a} = 0$$

(c) 球面上之電位為：

$$V_{R=a} = -\int_{\infty}^{a} \vec{E} \cdot d\vec{L} = -\frac{Q}{4\pi\varepsilon_0}\int_{\infty}^{a}\frac{dR}{R^2} = \frac{Q}{4\pi\varepsilon_0 a} \tag{4-179}$$

(d) 因導體為一等位體，故球內電位等於球面上之電位：

$$V_{R\le a} = V_{R=a} = \frac{Q}{4\pi\varepsilon_0 a} \tag{4-180}$$

例題 4-47 設 A、B 兩金屬球半徑分別為 a 及 b，分別帶有電荷 Q_A 及 Q_B。今將兩球接觸後分開，試求各球所帶的電荷。

解： 設接觸後所帶之電荷分別為 Q'_A 及 Q'_B，因接觸時兩球為等位體，故由 (4-180) 式得：

$$\frac{Q'_A}{4\pi\varepsilon_0 a} = \frac{Q'_B}{4\pi\varepsilon_0 b} \tag{4-181}$$

又由電荷之守恆，兩球接觸前、後之總電荷不變：

$$Q'_A + Q'_B = Q_A + Q_B \tag{4-182}$$

兩式聯立即可解得：

$$Q'_A = \frac{a}{a+b}(Q_A + Q_B) \tag{4-183}$$

$$Q'_B = \frac{b}{a+b}(Q_A + Q_B) \tag{4-184}$$

在 [例題 4-47] 中，兩金屬球接觸之後電荷重新分配的結果，所帶的電荷與各自的半徑成正比：

$$\frac{Q'_A}{Q'_B} = \frac{a}{b} \tag{4-185}$$

但各球表面之面電荷密度卻與其半徑成反比：

$$\frac{\rho'_{S,A}}{\rho'_{S,B}} = \frac{Q'_A/4\pi a^2}{Q'_B/4\pi b^2} = \frac{Q'_A}{Q'_B}\frac{b^2}{a^2} = \frac{b}{a} \tag{4-186}$$

也就是說，一個導體的表面電荷會集中在曲率半徑較小的地方，也就是表面較「尖銳」的地方；這種現象稱為「**尖端效應**」。表面電荷密度越大，產生的電場越強。避雷針就是利用尖端效應的一種裝置；其尖端產生的強電場很容易將周圍的空氣游離而導電，可以引導雷電在其尖端放電，藉此保護附近的物體不會受到雷擊的危險。

在同軸電纜中也有類似的情況。同軸電纜 (詳見 [例題 4-45]) 的內導體半徑 a 小於外導體半徑 b，因此內導體之面電荷密度 $\rho_{S,a}$ 必大於外導體之面電荷密度 $\rho_{S,b}$，電荷密度 $\rho_{S,a}$ 產生的電場必大於 $\rho_{S,b}$ 所產生者。假若所加的電壓夠大，兩導體之間的介質在與內導體接觸處會率先產生崩潰現象。欲改善此一情況，我們可以適當調整內導體的半徑 a，來降低這個風險。詳見 [例題 4-48]。

例題 4-48 **同軸電纜**。設一長度 l 之同軸電纜內、外導體之半徑分別為 a 及 b，其間之絕緣體的容電係數為 ε，如圖 4-63 所示。若外加之電位差為 V，試證：當 $b/a = e = 2.718...$ 時，其內導體之面電荷密度 $\rho_{S,a}$ 為最小。

證： 設同軸電纜接在電位差 V 之兩端時，內導體上所帶的電荷為 Q，則內導體上之面電荷密度為：

$$\rho_{S,a} = \frac{Q}{2\pi a l} \tag{4-187}$$

茲選定半徑 r 之圓柱面為高斯面，則由高斯定律：

$$\oint_S \vec{D} \cdot d\vec{S} = D(2\pi r l) = Q$$

$$\therefore\ D = \frac{Q}{2\pi r l} = \varepsilon E$$

寫成向量式：

$$\vec{E} = \hat{\mathbf{r}}\,\frac{Q}{2\pi\varepsilon r l} = \hat{\mathbf{r}}\,\frac{\rho_{S,a}a}{\varepsilon r} \tag{4-188}$$

其中最後一步係根據 (4-187) 式而來。由 (4-188) 式積分可得電位差：

$$V = -\int_b^a \vec{E} \cdot d\vec{L} = -\frac{\rho_{S,a} a}{\varepsilon}\int_b^a \frac{dr}{r} = \frac{\rho_{S,a} a}{\varepsilon}\ln\left(\frac{b}{a}\right)$$

$$\therefore\ \rho_{S,a} = \frac{\varepsilon V}{a\ln(b/a)} \qquad (4\text{-}189)$$

欲求函數 $\rho_{S,a}$ 之極小值，必要條件是其一階導數等於零：

$$\frac{d\rho_{S,a}}{da} = \frac{\varepsilon V}{a^2[\ln(b/a)]^2}\left[1 - \ln\left(\frac{b}{a}\right)\right] = 0$$

$$\therefore\ \ln\left(\frac{b}{a}\right) = 1$$

$$\frac{b}{a} = e \qquad \text{(得證)}$$

其中 $e = 2.718...$ 為「歐勒數」，或稱「自然對數底」；詳見 (1-45) 式。

4-20 邊界條件

由於各種物質具有不同的特性，使得在導體與介質 (絕緣體) 之間、或不同介質之間的分界面上，電場的大小及方向都會有變化。這些變化都必須遵守所有電學定律的規範，而產生一定的規則；這些規則統稱為「**邊界條件**」。

(一) 導體與介質之間的邊界條件

從上一節中我們已經知道，導體帶電時，所有電荷都完全分布在表面，詳見 (4-174) 式；同時，其內部的電場強度恆等於零，詳見 (4-175) 式。

帶電導體內部雖然無電場存在，但是由於導體有表面電荷，故其外部必有電場。通常要求出一個任意形狀之帶電導體外部的電場強度並不容易；但在導體表面上的電場強度卻很容易算出來。

設有一帶電導體，其表面上的面電荷密度為 ρ_S；導體之外為一介質，其容電係數為 ε，如圖 4-66 所示。我們發現，**導體表面上的電場，其方向必與表面互相垂直，而其大小與表面電荷密度 ρ_S 成正比。**

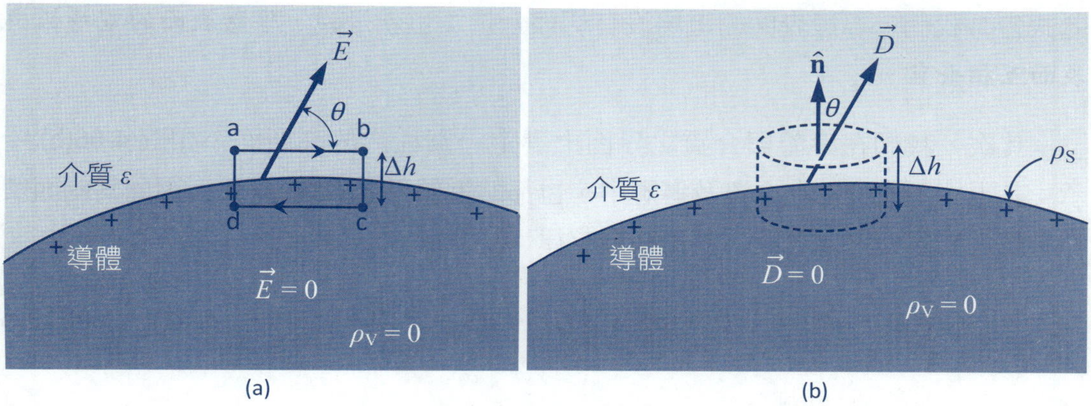

▲圖 4-66 導體與介質的界面上的邊界條件

茲證明如下。

首先，我們在導體與介質之界面上選定一長方形封閉路徑 a-b-c-d-a，如圖 4-66(a) 所示；其中 a-b 段在介質中，貼近界面；c-d 段在導體中，也貼近界面。因此 b-c 段及 d-a 段的長度 Δh 趨近於零而可以忽略。由於靜電場為一保守場：

$$\oint_C \vec{E} \cdot d\vec{L} = 0 \tag{4-190}$$

在封閉路徑 a-b-c-d-a 上的積分值為零：

$$\int_a^b \vec{E} \cdot d\vec{L} + \int_b^c \vec{E} \cdot d\vec{L} + \int_c^d \vec{E} \cdot d\vec{L} + \int_d^a \vec{E} \cdot d\vec{L} = 0$$

注意：因 $\Delta h \to 0$，故第二及第四個積分可忽略不計；第三個積分恆等於零 (因導體中無電場)，故上式化為：

$$\int_a^b \vec{E} \cdot d\vec{L} = \int_a^b E\cos\theta \, dL = \int_a^b E_t \, dL$$

其中，$E\cos\theta = E_t$ 為電場的切線分量。因此，(4-190) 式的計算結果為：

$$\oint_C \vec{E} \cdot d\vec{L} = \int_a^b E_t \, dL = 0$$

故得：

$$E_t = 0 \tag{4-191}$$

此式告訴我們，導體表面的電場沒有切線分量；也就是說，**導體表面的電場恆與表面互相垂直。**

其次，我們在導體與介質之界面上選定一圓柱形的高斯面，如圖 4-66(b) 所示；其上、下底分別在介質及導體中，也都貼近於界面 ($\Delta h \to 0$)，因此其側面積亦必趨近於零而可以忽略。利用高斯定律：

$$\oint_S \vec{D} \cdot d\vec{S} = \int_{上} \vec{D} \cdot d\vec{S} + \int_{下} \vec{D} \cdot d\vec{S} + \int_{側} \vec{D} \cdot d\vec{S} = \int \rho_S \, dS \qquad (4\text{-}192)$$

其中，在下底的積分等於零(因導體中無電場)，在側面的積分也等於零(因 $\Delta h \to 0$)；故上式化為：

$$\int_{上} \vec{D} \cdot d\vec{S} = \int_{上} \vec{D} \cdot \hat{\mathbf{n}} \, dS = \int_{上} D_n \, dS = \int \rho_S \, dS$$

其中，$\vec{D} \cdot \hat{\mathbf{n}} = D_n$ 為電通密度的法線分量。因此，(4-192) 式的計算結果為：

$$\oint_S \vec{D} \cdot d\vec{S} = \int_{上} D_n \, dS = \int \rho_S \, dS$$

故得：

$$D_n = \rho_S \qquad (4\text{-}193)$$

又因 $D_n = \varepsilon E_n$，故上式亦可寫成：

$$E_n = \frac{\rho_S}{\varepsilon} \qquad (4\text{-}194)$$

此式告訴我們，**導體表面的電場 (與表面垂直) 強度與表面電荷密度 ρ_S 成正比，而與介質的容電係數 ε 成反比。**

若導體之外為真空，則 $\varepsilon = \varepsilon_0$，(4-194) 式將改為：

$$E_n = \frac{\rho_S}{\varepsilon_0} \qquad (4\text{-}195)$$

(二) 不同介質之間的邊界條件

不同介質有不同的容電係數 ε，因此電場之大小及方向在其界面上也會遵照所有電學定律作一定的改變。這裡的邊界條件有二：

1. 在不同介質之界面兩側，電場強度的切線分量相等；

2. 在不同介質之界面兩側，電通密度的法線分量相等。

茲證明如下。

首先，我們在兩介質之界面上選定一長方形封閉路徑 a-b-c-d-a，如圖 4-67(a) 所示；其中 a-b 段在介質 1 中，且貼近界面；c-d 段在介質 2 中，也貼近界面。

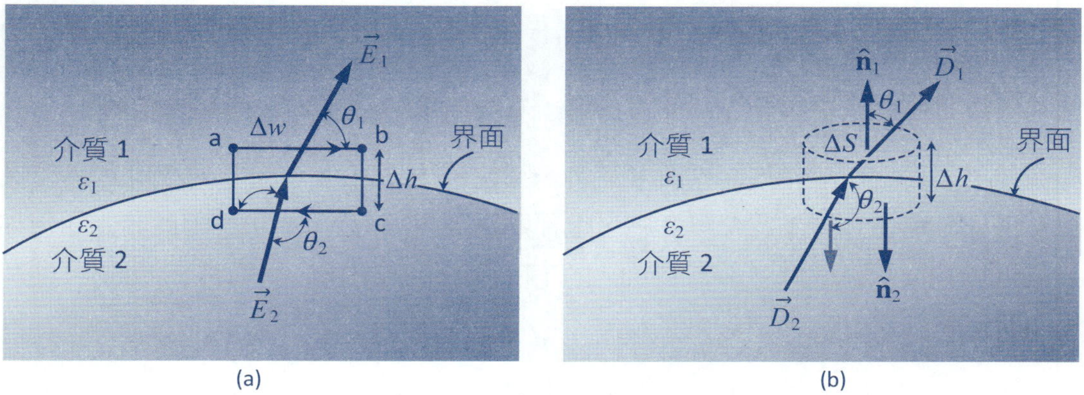

▲圖 4-67　導體與介質的界面上的邊界條件

因此 b-c 段及 d-a 段的長度 Δh 趨近於零而可以忽略。因靜電場為一保守場：

$$\oint_C \vec{E} \cdot d\vec{L} = 0 \tag{4-196}$$

在封閉路徑 a-b-c-d-a 上的積分值為零：

$$\int_a^b \vec{E}_1 \cdot d\vec{L} + 0 + \int_c^d \vec{E}_2 \cdot d\vec{L} + 0 = 0$$

注意：因 $\Delta h \to 0$，故上式之第二及第四項等於 0；而第一項之積分值等於：

$$\int_a^b \vec{E}_1 \cdot d\vec{L} = \int_a^b E_1 \cos\theta_1 \, dL = \int_a^b E_{1t} \, dL$$

其中，$E_1 \cos\theta_1 = E_{1t}$ 為電場 $\vec{E}_1$ 的切線分量。第三項之積分值等於：

$$\int_c^d \vec{E}_2 \cdot d\vec{L} = \int_c^d E_2 \cos\theta_2 \, dL = -\int_c^d E_{2t} \, dL$$

其中，$E_2 \cos\theta_2 = -E_{2t}$ 為電場 $\vec{E}_2$ 的切線分量；注意：$\theta_2 > \pi/2$，$\cos\theta_2$ 為負值，故有負號出現。綜上所述，(4-196) 式的計算結果為：

$$\oint_C \vec{E} \cdot d\vec{L} = \int_a^b E_{1t}\, dL - \int_c^d E_{2t}\, dL = (E_{1t} - E_{2t})\Delta w = 0$$

故得：

$$E_{1t} = E_{2t} \tag{4-197}$$

此式告訴我們，**在不同介質之界面兩側，電場強度的切線分量相等。**

其次，我們在兩介質之界面上選定一圓柱形的高斯面，如圖 4-67(b) 所示；其上、下底分別在介質 1 及介質 2 中，也都貼近於界面 ($\Delta h \to 0$)，因此其側面積亦必趨近於零而可以忽略。假設界面上沒有夾帶任何自由電荷 (通常是如此)，則利用高斯定律：

$$\oint_S \vec{D} \cdot d\vec{S} = \int_{上} \vec{D}_1 \cdot d\vec{S} + \int_{下} \vec{D}_2 \cdot d\vec{S} + 0 = \int \rho_S\, dS = 0 \tag{4-198}$$

其中的 0 是在側面的積分 (因 $\Delta h \to 0$)；上式中，上底的積分值為：

$$\int_{上} \vec{D}_1 \cdot d\vec{S} = \int_{上} \vec{D}_1 \cdot \hat{\mathbf{n}}_1\, dS = \int_{上} D_1 \cos\theta_1\, dS = \int_{上} D_{1n}\, dS$$

其中，$D_1 \cos\theta_1 = D_{1n}$ 為電通密度 $\vec{D}_1$ 的法線分量。另外，在下底的積分值為：

$$\int_{下} \vec{D}_2 \cdot d\vec{S} = \int_{下} \vec{D}_2 \cdot \hat{\mathbf{n}}_2\, dS = \int_{下} D_2 \cos\theta_2\, dS = -\int_{下} D_{2n}\, dS$$

注意：$\theta_2 > \pi/2$，$\cos\theta_2$ 為負值，故有負號出現。綜上所述，(4-198) 式的計算結果為：

$$\oint_S \vec{D} \cdot d\vec{S} = \int_{上} D_{1n}\, dS - \int_{下} D_{2n}\, dS = (D_{1n} - D_{2n})\,\Delta S = 0$$

故得 $D_{1n} - D_{2n} = 0$，或：

$$D_{1n} = D_{2n} \tag{4-199}$$

此式告訴我們，**在不同介質之界面兩側，電通密度的法線分量相等。**

(4-199) 式也可寫成 $\varepsilon_1 E_{1n} = \varepsilon_2 E_{2n}$，或：

$$\frac{E_{1n}}{E_{2n}} = \frac{\varepsilon_2}{\varepsilon_1} \tag{4-200}$$

意思是說，**在不同介質之界面兩側，電場強度的法線分量與容電係數成反比。**

例題 4-49 如圖 4-68 所示，介質 1 之容電係數為 ε_1，介質 2 之容電係數為 ε_2。設介質 1 中之電場強度 $\vec{E}_1$ 與法線之夾角為 α_1；試求介質 2 中之電場強度 $\vec{E}_2$ 之大小 E_2 及方向 α_2。

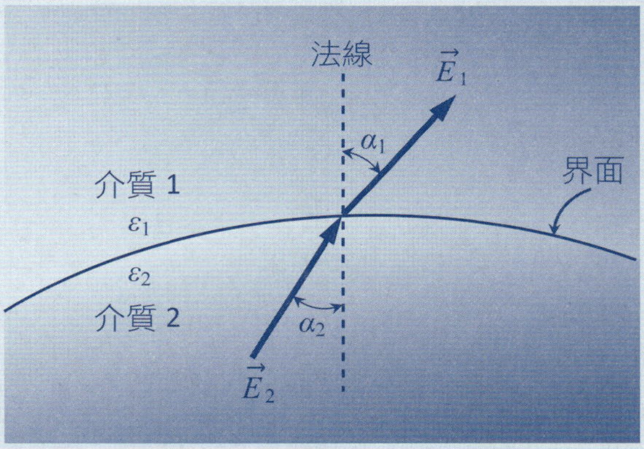

▲圖 4-68 **例題 4-49 用圖**

解： 由邊界條件 (4-197) 式可知：

$$E_1 \sin\alpha_1 = E_2 \sin\alpha_2 \tag{4-201}$$

又，由邊界條件 (4-199) 式可知：

$$\varepsilon_1 E_1 \cos\alpha_1 = \varepsilon_2 E_2 \cos\alpha_2 \tag{4-202}$$

兩式相除得：

$$\tan\alpha_2 = \frac{\varepsilon_2}{\varepsilon_1}\tan\alpha_1$$

故得電場 $\vec{E}_2$ 與法線之夾角為：

$$\alpha_2 = \tan^{-1}\left(\frac{\varepsilon_2}{\varepsilon_1}\tan\alpha_1\right) \tag{4-203}$$

又，(4-201) 式與 (4-202) 式平方相加並整理之，即得電場 $\vec{E}_2$ 之大小：

$$E_2 = E_1\sqrt{\sin^2\alpha_1 + \left(\frac{\varepsilon_1}{\varepsilon_2}\right)^2\cos^2\alpha_1} \tag{4-204}$$

例題 4-50 設在笛卡兒座標系中，$x < 0$ 之區域為真空，$x > 0$ 之區域為 $\varepsilon_r = 2.40$ 之介質。已知在真空中之電通密度為 $\vec{D}_1 = \hat{\mathbf{x}}\,3 - \hat{\mathbf{y}}\,4 + \hat{\mathbf{z}}\,6\ \mathrm{nC/m^2}$；試求介質中的電通密度 $\vec{D}_2$ 及電場強度 $\vec{E}_2$。

解： 因介質與真空之界面為 $x = 0$，故邊界條件裡所謂的「法線分量」即為 x 分量，而「切線分量」則包括 y 分量及 z 分量。由已知之 $\vec{D}_1$ 可得真空中的電場強度為：

$$\vec{E}_1 = \frac{\vec{D}_1}{\varepsilon_0} = \frac{1}{\varepsilon_0}(\hat{\mathbf{x}}\,3 - \hat{\mathbf{y}}\,4 + \hat{\mathbf{z}}\,6)$$

由邊界條件 (4-197) 式知：

$$\vec{E}_2 = \hat{\mathbf{x}}\ E_{2x} + \frac{1}{\varepsilon_0}(-\hat{\mathbf{y}}\,4 + \hat{\mathbf{z}}\,6) \tag{4-205}$$

又由邊界條件 (4-199) 式知：

$$\vec{D}_2 = \hat{\mathbf{x}}\,3 + \hat{\mathbf{y}}\,D_{2y} + \hat{\mathbf{z}}\,D_{2z} \tag{4-206}$$

其中 E_{2x}、D_{2y}、及 D_{2z} 均為待求之未知數。將上兩式代入關係式：

$$\vec{D}_2 = \varepsilon_r\varepsilon_0\,\vec{E}_2 = 2.40\,\varepsilon_0\,\vec{E}_2$$

可得：

$$\hat{\mathbf{x}}\,3 + \hat{\mathbf{y}}\,D_{2y} + \hat{\mathbf{z}}\,D_{2z} = 2.40(\hat{\mathbf{x}}\,\varepsilon_0 E_{2x} - \hat{\mathbf{y}}\,4 + \hat{\mathbf{z}}\,6)$$

$$\therefore\ E_{2x} = \frac{1.25}{\varepsilon_0},\quad D_{2y} = -9.60,\quad D_{2z} = 14.4$$

代回 (4-205) 式及 (4-206) 式即得：

$$\vec{E}_2 = \frac{1}{\varepsilon_0}(\hat{\mathbf{x}}\,1.25 - \hat{\mathbf{y}}\,4 + \hat{\mathbf{z}}\,6) = \hat{\mathbf{x}}\,141 - \hat{\mathbf{y}}\,452 + \hat{\mathbf{z}}\,678\ \mathrm{V/m} \tag{4-207}$$

$$\vec{D}_2 = \hat{\mathbf{x}}\,3 - \hat{\mathbf{y}}\,9.60 + \hat{\mathbf{z}}\,14.4\ \mathrm{nC/m^2} \tag{4-208}$$

4-21 電能與電能密度

同性電荷會互相排斥，如果任其自由移動，便會因互斥之力而四散。相反地，欲將一群同性電荷兜攏在一起，讓它們各就定位，就必須有外力的作用才行；外力在整個過程所作的功，就變成這群電荷的「**電位能**」。

如果電荷的數目不多，我們可以一一計算外力對它們所作的功，然後全部加起來，就是這群電荷具有的電位能。我們曾經在 [例題 4-23] 做過這種計算；現在我們要將這個計算過程推廣到 N 個點電荷。

首先，假設整個空間是一片真空，沒有任何電荷，也沒有任何電場；此時外力將一點電荷 q_1 由無限遠處 (即零電位參考點) 移至定位，所作的功等於零：

$$W_1 = 0 \tag{4-209}$$

接著，外力將第二個點電荷 q_2 由無限遠處移至定位，所作的功等於：

$$W_2 = q_2 V_{2,1} \tag{4-210}$$

其中，$V_{2,1}$ 為 q_1 在 q_2 的位置上所產生的電位。依此類推，外力將第三個點電荷 q_3 由無限遠處移至定位，所作的功等於：

$$W_3 = q_3(V_{3,1} + V_{3,2}) \tag{4-211}$$

其中，$V_{3,1}$ 為 q_1 在 q_3 的位置上所產生的電位，$V_{3,2}$ 為 q_2 在 q_3 的位置上所產生的電位。同理，外力將第四個點電荷 q_4 由無限遠處移至定位，所作的功等於：

$$W_4 = q_4(V_{4,1} + V_{4,2} + V_{4,3}) \tag{4-212}$$

等等。今假設一共有 N 個點電荷，則外力將它們全部移至定位所作的功為：

$$\begin{aligned} W &= W_1 + W_2 + W_3 + W_4 + \ldots \\ &= 0 + q_2 V_{2,1} + q_3(V_{3,1} + V_{3,2}) + q_4(V_{4,1} + V_{4,2} + V_{4,3}) + \ldots \end{aligned} \tag{4-213}$$

因此，這 N 個點電荷的系統所具有的電位能即為：

$$U_e = W = q_2 V_{2,1} + q_3(V_{3,1} + V_{3,2}) + q_4(V_{4,1} + V_{4,2} + V_{4,3}) + \ldots \tag{4-214}$$

例題 4-51 設在一個邊長 a 的正四面體每個頂點各置一點電荷 q，如圖 4-69 所示；試求此系統之電位能。

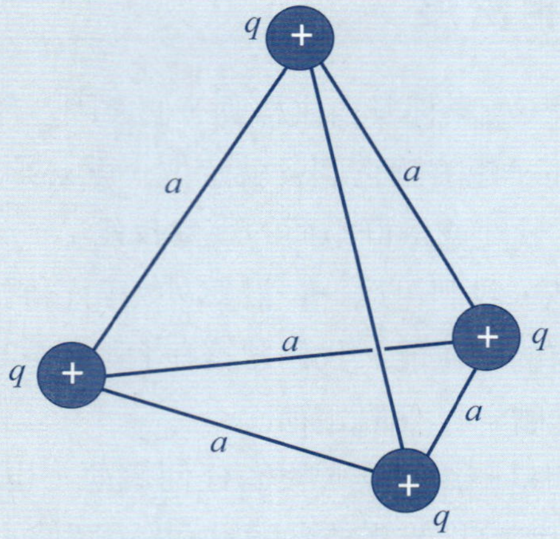

▲圖 4-69　例題 4-51 用圖

解：根據 (4-214) 式，$N=4$：

$$U_e = q\frac{q}{4\pi\varepsilon_0 a} + q\left(\frac{2q}{4\pi\varepsilon_0 a}\right) + q\left(\frac{3q}{4\pi\varepsilon_0 a}\right) = 6\frac{q^2}{4\pi\varepsilon_0 a} \tag{4-215}$$

我們看到，若點電荷的數目 N 不大，(4-214) 式是個很好的公式；但是在實際情況下，數目 N 都是非常龐大，(4-214) 式的計算越來越變得冗長、不可行。為落實「簡易原則」，我們必須用下述另一個方式來計算。

我們很容易看出，在 (4-214) 式中，

$$q_3V_{3,1} = q_3\frac{q_1}{4\pi\varepsilon_0 R_{13}} = q_1\frac{q_3}{4\pi\varepsilon_0 R_{31}} = q_1V_{1,3}$$

其中 $R_{13}=R_{31}$ 為 q_1 與 q_3 之間的距離；也就是說，下標 1 和 3 可以互換。同理可知：

$$q_3V_{3,2} = q_2V_{2,3}，\quad q_4V_{4,1} = q_1V_{1,4}，\cdots\cdots \text{等等}$$

因此，(4-214) 式也可寫成：

$$U_e = q_1V_{1,2} + q_1V_{1,3} + q_2V_{2,3} + q_1V_{1,4} + q_2V_{2,4} + q_3V_{3,4} + \ldots \tag{4-216}$$

將 (4-214) 式與 (4-216) 式相加得：

$$\begin{aligned} 2U_e &= q_1(V_{1,2} + V_{1,3} + \ldots) + q_2(V_{2,1} + V_{2,3} + \ldots) + q_3(V_{3,1} + V_{3,2} + \ldots) + \ldots \\ &\equiv q_1V_1 + q_2V_2 + q_3V_3 + \ldots \end{aligned} \tag{4-217}$$

其中：

$V_1 = V_{1,2} + V_{1,3} + \ldots$ 是系統中所有電荷 (q_1 本身除外) 在 q_1 處所產生的電位；

$V_2 = V_{2,1} + V_{2,3} + \ldots$ 是系統中所有電荷 (q_2 本身除外) 在 q_2 處所產生的電位；

$V_3 = V_{3,1} + V_{3,2} + \ldots$ 是系統中所有電荷 (q_3 本身除外) 在 q_3 處所產生的電位；等等。

於是 (4-217) 式即變成：

$$U_e = \frac{1}{2}\left(q_1V_1 + q_2V_2 + q_3V_3 + \ldots\right) \tag{4-218}$$

茲以 [例題 4-51] 為例；在邊長 a 之正四面體每個頂點的點電荷 q 之位置，由其他三個點電荷所產生的電位均為 $V = 3q/4\pi\varepsilon_0 a$，故由 (4-218) 式知系統全部四個點電荷所具有的總電位能為：

$$U_e = \frac{1}{2}(4qV) = \frac{1}{2}\left(4 \times q \times \frac{3q}{4\pi\varepsilon_0 a}\right) = 6\,\frac{q^2}{4\pi\varepsilon_0 a}$$

此一結果與 (4-215) 式相符，正如預期。

(4-218) 式最大的特點在於，它可以轉化為積分計算，以應付點電荷數 N 非常龐大的情況。首先，我們可將 (4-218) 式寫成如下的形式：

$$U_e = \frac{1}{2}\sum_{i=1}^{N} q_i V_i \tag{4-219}$$

當點電荷數 N 非常龐大，整個系統幾乎可視為一電荷連續體時，此式中之 q_i 及 V_i 可分別化為微量電荷 $dq = \rho_V\, d\dddot{V}$【註 5】及系統中各點之電位 V；而相加運算「Σ」則變為積分運算「∫」；故 (4-218) 式化為：

$$U_e = \frac{1}{2}\int \rho_V\, V\, d\dddot{V} \tag{4-220}$$

注意：若電荷呈面狀分布，則上式應自動變為：

$$U_e = \frac{1}{2}\int \rho_S\, V\, dS \tag{4-221}$$

註5　為避免混淆，本節中的體元素以符號 $d\dddot{V}$ 表示；其符號上面有三個小點，以便與電位函數 V 有所區隔。

例題 4-52 已知半徑 a 之球形區域內有電荷 Q 均勻分布，其外則無；亦即：

$$\rho_V = \begin{cases} \dfrac{Q}{(4\pi/3)\,a^3} & (R \le a) \\ 0 & (R > a) \end{cases}$$

試求此系統所具有的電位能 U_e。

解： 此系統之電位函數為：(詳見 [例題 4-28])

$$V = \begin{cases} \dfrac{\rho_V}{6\varepsilon_0}(3a^2 - R^2) & (R \le a) \\ \dfrac{\rho_V a^3}{3\varepsilon_0 R} & (R > a) \end{cases}$$

故由 (4-220) 式得電位能為：

$$U_e = \frac{1}{2}\int_{R\le a} \rho_V\, V\, d\ddot{V} + \frac{1}{2}\int_{R>a} \rho_V\, V\, d\ddot{V}$$

$$= \frac{1}{2}\int_0^a \frac{\rho_V^2}{6\varepsilon_0}(3a^2 - R^2)\,(4\pi R^2\, dR) + \frac{1}{2}\int_{R>a} 0 \times V\, d\ddot{V}$$

$$= \frac{4\pi\rho_V^2}{12\varepsilon_0} \times \frac{4}{5}a^5 + 0 = \frac{4\pi a^5 \rho_V^2}{15\varepsilon_0} = \frac{3Q^2}{20\pi\varepsilon_0 a}$$

由於在靜電狀態之下的導體為一「等位體」，$V =$ 定值，詳見 (4-176) 式；故 (4-220) 式及 (4-221) 式特別適用於導體之電位能計算。將 $V =$ 定值代入 (4-220) 式中可得：

$$U_e = \frac{1}{2}\int \rho_V\, V\, d\ddot{V} = \frac{1}{2}V\int \rho_V\; d\ddot{V} = \frac{1}{2}V \times Q$$

同樣地，將 $V =$ 定值代入 (4-221) 式中亦可得：

$$U_e = \frac{1}{2}\int \rho_S\, V\, dS = \frac{1}{2}V\int \rho_S\; dS = \frac{1}{2}V \times Q$$

綜上所述，導體之電位能厥為：

$$U_e = \frac{1}{2}QV \tag{4-222}$$

今假設有一電容為 C 之平行板電容器，其板面積為 S，兩板間隔為 d，其間充滿容電係數 ε 之介質，如圖 4-70 所示。根據電容公式 $Q = CV$，以及均勻電場中之電位 $V = Ed$，(4-222) 式變成：

$$U_e = \frac{1}{2}QV = \frac{1}{2}CV^2 = \frac{1}{2}\left(\frac{\varepsilon S}{d}\right)(Ed)^2 = \left(\frac{\varepsilon E^2}{2}\right)(Sd) \tag{4-223}$$

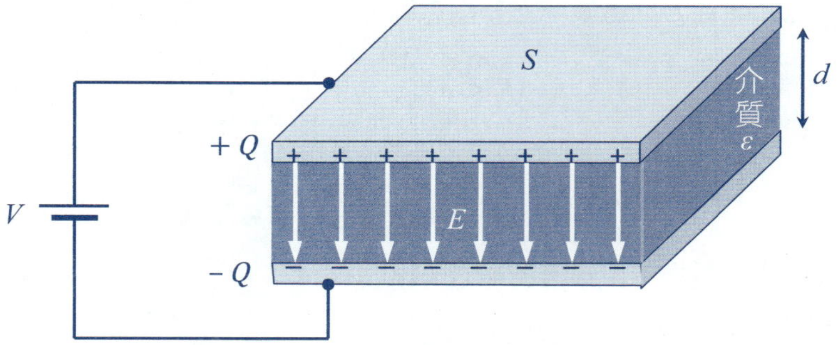

▲圖 4-70　**電能與電能密度之推導**

其中 $Sd = \ddot{V}$ 為電容器內的體積，也是電場 E 所佔據的體積；因此 (4-223) 式可寫成：

$$U_e = \left(\frac{\varepsilon E^2}{2}\right)\ddot{V} \tag{4-224}$$

由此式可知，電位能 U_e 其實是貯存在電場 E 裡面；從這個觀點而言，我們可以將「電位能」稱為「**電能**」。

在此我們定義「**電能密度**」u_e 為單位體積中所具有的電能 ($U_e / \ddot{V}$)。由 (4-224) 式即知：

$$u_e = \frac{\varepsilon E^2}{2} \tag{4-225}$$

單位為 J/m^3 (焦耳/米^3)。

(4-225) 式所示之電能密度公式雖然是由平行板電容器推導出來的，但是它是個普遍的公式，適用於任何電場中之電能密度的計算。但要注意的是，電場並非都如平行板電容器裡一般均勻；因此，較嚴密的電能密度定義應為：

$$u_e = \frac{dU_e}{d\ddot{V}} = \frac{\varepsilon E^2}{2} \tag{4-226}$$

若已知一電場中的電能密度 u_e，則總電能可由 (4-226) 式積分而得：

$$U_e = \int \frac{\varepsilon E^2}{2}\, d\ddot{V} \tag{4-227}$$

例題 4-53 已知半徑 a 之金屬球上帶有電荷 Q 時，所建立的電場為：

$$\vec{E} = \begin{cases} 0 & (R < a) \\ \hat{\mathbf{R}}\dfrac{Q}{4\pi\varepsilon_0 R^2} & (R > a) \end{cases}$$

試求此電場中所具有的電能 U_e。

解： 根據 (4-226) 式，此電場中的電能密度為：

$$u_e = \begin{cases} 0 & (R < a) \\ \dfrac{\varepsilon_0 Q^2}{2(4\pi\varepsilon_0 R^2)^2} & (R > a) \end{cases}$$

故由 (4-227) 式得所求電能為：

$$\begin{aligned} U_e &= \int_{R<a} u_e\, d\ddot{V} + \int_{R>a} u_e\, d\ddot{V} \\ &= 0 + \frac{\varepsilon_0 Q^2}{2(4\pi\varepsilon_0)^2}\int_0^{2\pi}\int_0^{\pi}\int_a^{\infty} \frac{R^2 \sin\theta\, dR\, d\theta\, d\phi}{R^4} \\ &= \frac{Q^2}{8\pi\varepsilon_0 a} \end{aligned} \tag{4-228}$$

上述 [例題 4-53] 的計算是要凸顯一個基本觀念，就是「電能係貯存在電場裡」。因此，我們特地從電場強度 $\vec{E}$ 來計算電能。但事實上，由於金屬球是個導體，而導體是個等位體；因此直接由 (4-222) 式來計算會比較簡易。由於金屬球的電位為：

$$V = \frac{Q}{4\pi\varepsilon_0 a}$$

故由 (4-222) 式馬上得知：

$$U_e = \frac{1}{2} Q V = \frac{Q^2}{8\pi\varepsilon_0 a}$$

與 (4-228) 式完全一致。

另外，假如我們處理的是一個電容器的問題，也有一個替代的公式可用。假設電容器之電容為 C，則電容器中之電量為 $Q = CV$；故由 (4-222) 式可得：

$$U_e = \frac{1}{2} Q V = \frac{1}{2} C V^2 = Q^2/2C \tag{4-229}$$

4-22 映像法

在第 4-19 節中，我們已經知道帶電導體的內部沒有電場，詳見 (4-175) 式：

$$\vec{E} = 0$$

而在其表面上的電場方向必與表面互相垂直，其大小與表面電荷密度 ρ_S 成正比：

$$E = \frac{\rho_S}{\varepsilon}$$

我們也知道，在平衡狀態下，整個導體是個等位體，整個表面是個等位面，詳見 (4-176) 式。

現在我們思考一個問題。如圖 4-71(a) 所示，假設有一個無限大的平面導體，其電位為零 (接地)。若在其附近距離 h 的地方有一個正點電荷 $+Q$，我們想求出 $+Q$ 與平面導體之間的作用力 (靜電力)。

為什麼點電荷 $+Q$ 與平面導體之間會有靜電力作用呢？其原因是導體內部有大量的自由電子存在；點電荷 $+Q$ 會吸引這些自由電子，而在導體表面形成一層負的面電荷 ρ_S。於是點電荷 $+Q$ 與這一層負的面電荷之間就有靜電力的相互作用。

根據電荷守恆定律，在導體表面形成的負面電荷 ρ_S，其總電量應為 $-Q$，即：

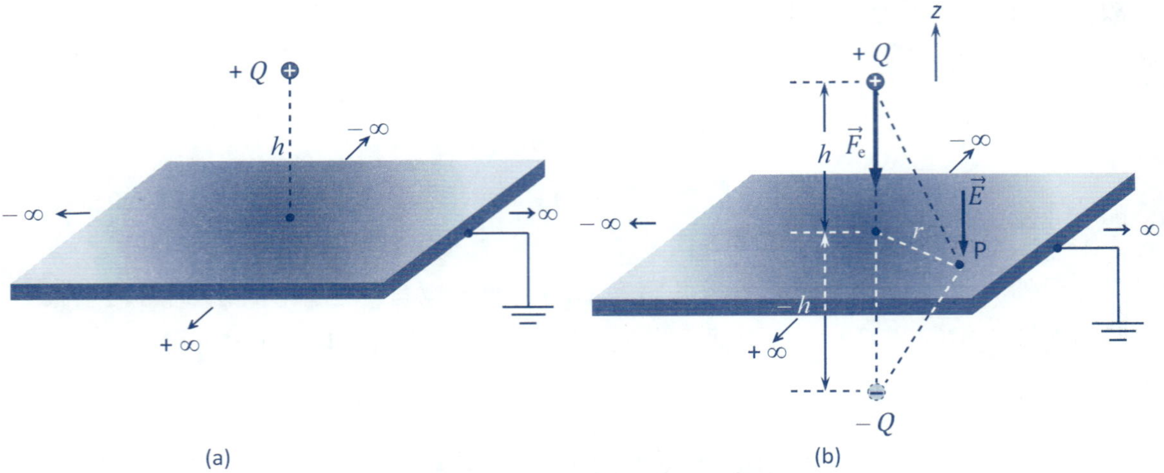

▲圖 4-71 點電荷與接地的無限大平面導體

$$\int_S \rho_S \, dS = -Q \tag{4-230}$$

積分符號下方的 S 代表積分範圍是整個導體表面。

現在，我們要用一個特殊的方法來解這個問題。我們以一個位於 $-h$ 的點電荷 $-Q$ 來代替 (4-230) 式中的面電荷，如圖 4-71(b) 所示。我們可以證明這樣的代換是可行的。

假設我們將此系統放在圓柱座標系中；令導體表面在 $z = 0$ 平面上，點電荷 $+Q$ 置於點 $(0, 0, h)$，而點電荷 $-Q$ 置於點 $(0, 0, -h)$，則：

1. 代換之後，導體表面的電位仍然是零。

證明：在導體表面任選一點 $P(r, \phi, 0)$，則由 $+Q$ 及 $-Q$ 產生的電位為：

$$V = \frac{+Q}{4\pi\varepsilon_0\sqrt{r^2+h^2}} + \frac{-Q}{4\pi\varepsilon_0\sqrt{r^2+h^2}} = 0 \tag{4-231}$$

得證。

2. 代換之後，導體表面的電場強度 $\vec{E}$ 之方向與表面仍然互相垂直：

證明：在導體表面任選一點 $P(r, \phi, 0)$，則由 $+Q$ 及 $-Q$ 產生的電場強度為：

$$\vec{E} = (\hat{\mathbf{r}}\,r - \hat{\mathbf{z}}\,h)\frac{+Q}{4\pi\varepsilon_0(r^2+h^2)^{3/2}} + (\hat{\mathbf{r}}\,r + \hat{\mathbf{z}}\,h)\frac{-Q}{4\pi\varepsilon_0(r^2+h^2)^{3/2}}$$

$$= \hat{\mathbf{z}}\frac{-Q\,h}{2\pi\varepsilon_0(r^2+h^2)^{3/2}} \tag{4-232}$$

得證。

3. 由 (4-232) 式可得導體表面之面電荷密度為：

$$\rho_S = \varepsilon_0 E = \frac{-Q\,h}{2\pi(r^2+h^2)^{3/2}}$$

故導體表面上之總電量為：

$$\int_S \rho_S\, dS = \int_0^\infty \frac{-Q\,h}{2\pi(r^2+h^2)^{3/2}}(2\pi\, r\, dr) = -Q$$

與 (4-230) 式一致。

綜上所述，我們可以確定，以一個位於 $-h$ 的點電荷 $-Q$ 來取代導體表面的面電荷是可行的。我們稱這個虛擬的點電荷 $-Q$ 為 $+Q$ 的「**電像**」；用電像來計算靜電力的方法稱為「**映像法**」。

利用映像法，我們馬上知道點電荷 $+Q$ 與平面導體之間的靜電力為：

$$\vec{F}_e = \hat{\mathbf{z}}\frac{-Q^2}{4\pi\varepsilon_0(2h)^2} \tag{4-233}$$

映像法除了可以用來計算靜電力之外，還可以用來計算電場、電位、及電容等等。例如在圖 4-71 所示的系統中，我們可以經由點電荷的電場強度公式，(4-26) 式，求出 $+Q$ 及 $-Q$ 所產生的電場，如圖 4-72(a) 所示；然後將虛擬的部分 (圖形下半部) 擦去，即得該系統的電場分布，如圖 4-72(b) 所示。

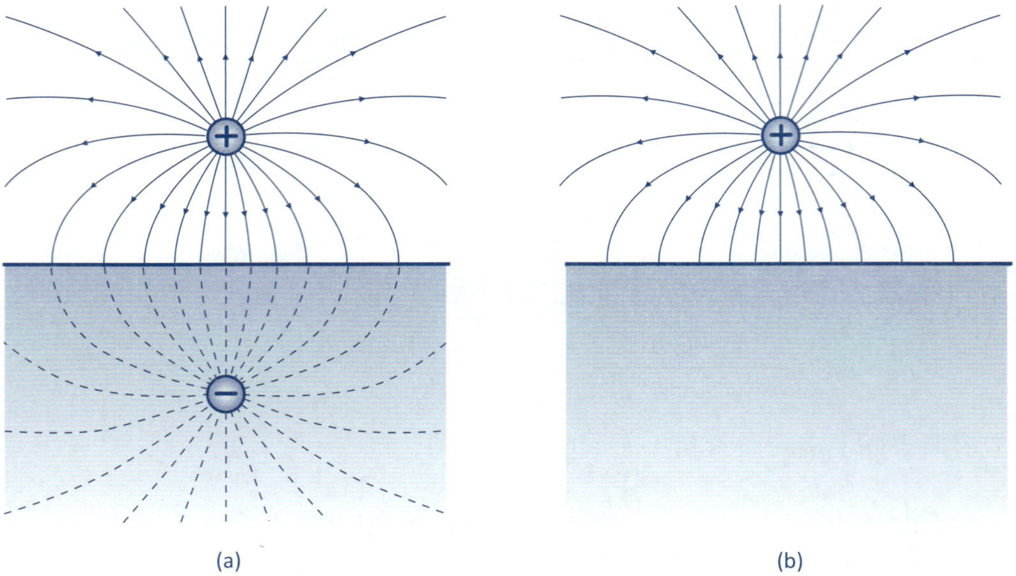

▲圖 4-72 點電荷與接地的無限大平面導體之間的電場

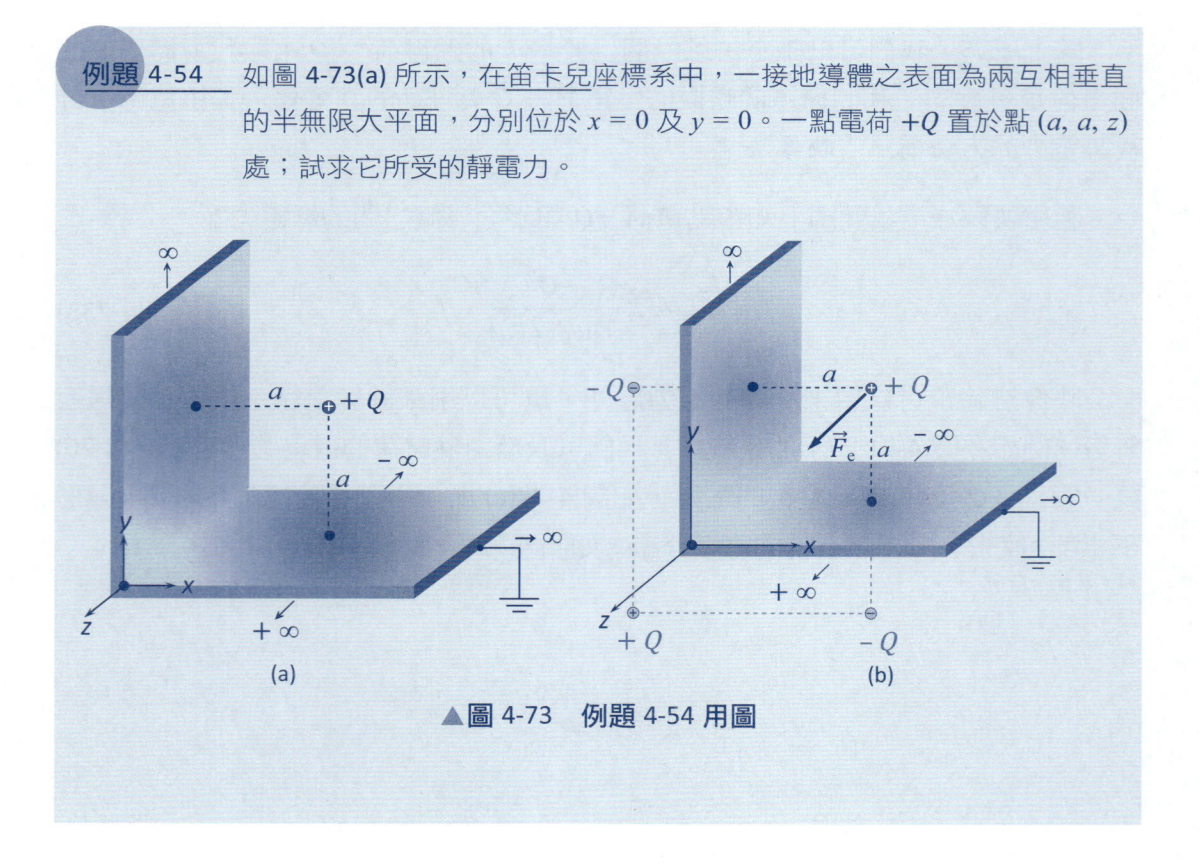

例題 4-54 如圖 4-73(a) 所示，在笛卡兒座標系中，一接地導體之表面為兩互相垂直的半無限大平面，分別位於 $x = 0$ 及 $y = 0$。一點電荷 $+Q$ 置於點 (a, a, z) 處；試求它所受的靜電力。

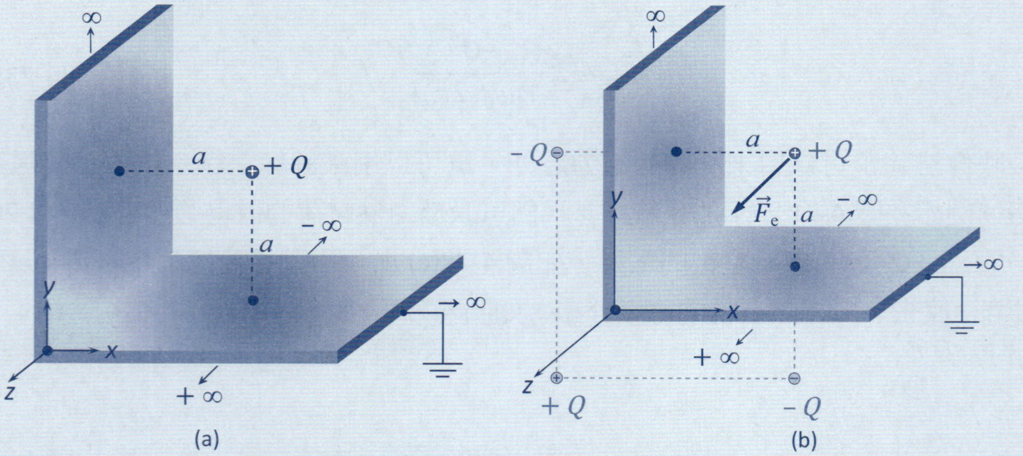

▲圖 4-73 例題 4-54 用圖

解： 由對稱性之觀察，假如我們在點 $(-a, a, z)$ 及點 $(a, -a, z)$ 分別置一電像 $-Q$，而在點 $(-a, -a, z)$ 置一電像 $+Q$，如圖 4-73(b) 所示，則它們 4 個點電荷在導體表面上任何一點產生的總電位皆等於零，而且它們在導體表面上任何一點產生的總電場皆與表面垂直；因此，上述三個電像足可取代導體表面上之總面電荷。故原先的點電荷 $+Q$ 所受之總靜電力為：

$$\vec{F}_e = \hat{\mathbf{x}}\,\frac{Q(-Q)}{4\pi\varepsilon_0(2a)^2} + \hat{\mathbf{y}}\,\frac{Q(-Q)}{4\pi\varepsilon_0(2a)^2} + \frac{\hat{\mathbf{x}}+\hat{\mathbf{y}}}{\sqrt{2}}\,\frac{Q(+Q)}{4\pi\varepsilon_0(2\sqrt{2}a)^2}$$

$$= (\hat{\mathbf{x}}+\hat{\mathbf{y}})\,\frac{Q^2}{4\pi\varepsilon_0 a^2}\left(\frac{-4+\sqrt{2}}{16}\right) \approx (\hat{\mathbf{x}}+\hat{\mathbf{y}})\,\frac{-0.1616\,Q^2}{4\pi\varepsilon_0 a^2}$$

圖 4-73(a) 所示之系統，其電場的分布如圖 4-74 所示。

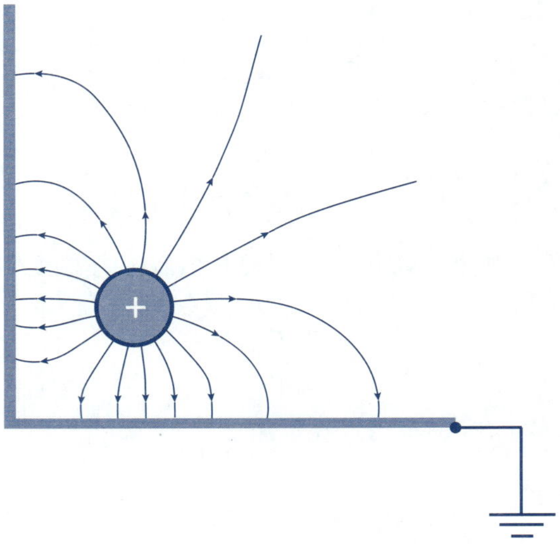

▲圖 4-74　例題 4-54 用圖

例題 4-55　**點電荷與接地球形導體之間的靜電力**。如圖 4-75(a) 所示，設有一接地之金屬球，半徑為 a；一點電荷 $+Q$ 置於距球心 b 之處 $(b > a)$。試求點電荷 $+Q$ 與金屬球之間的靜電力。

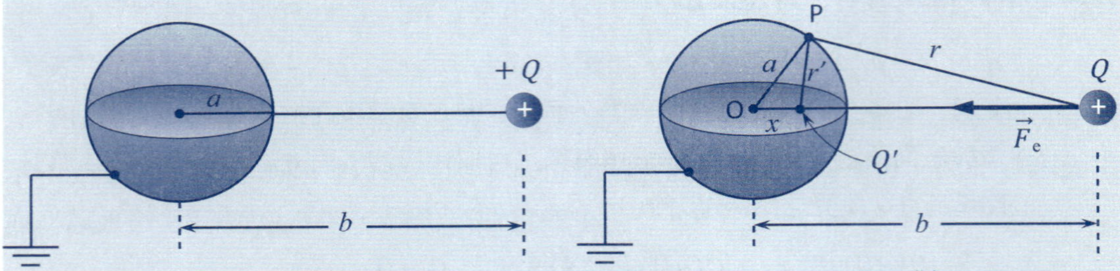

▲圖 4-75　例題 4-55 用圖

解： 利用映像法，先求出虛擬的電像 Q' 的大小及位置。由對稱性的考量，我們知道電像 Q' 的位置應該在球心 O 與點電荷 $+Q$ 之連線上，假設與球心之距離為 x，如圖 4-75(b) 所示。由於金屬球為接地，故為一等位體，其表面為 $V=0$ 的等位面；故在球面上任選一點 P，其電位必等於零：

$$\frac{+Q}{4\pi\varepsilon_0 r}+\frac{Q'}{4\pi\varepsilon_0 r'}=0 \tag{4-234}$$

故得：

$$Q'=-Q\frac{r'}{r} \tag{4-235}$$

今選擇適當的 x 值，使得 $\triangle$OPQ 與 $\triangle$OQ'P 相似，則對應邊必成比例：

$$\frac{r'}{r}=\frac{a}{b}=\frac{x}{a} \tag{4-236}$$

將此式之第一個等式代入 (4-235) 式可知：

$$Q'=-Q\,\frac{a}{b} \tag{4-237}$$

又，由 (4-236) 式之第二個等式可得：

$$x=\frac{a^2}{b} \tag{4-238}$$

故得所求靜電力為：

$$\vec{F}_e=\hat{\mathbf{R}}\,\frac{QQ'}{4\pi\varepsilon_0(b-x)^2}=\hat{\mathbf{R}}\,\frac{-Q^2ab}{4\pi\varepsilon_0(b^2-a^2)^2} \tag{4-239}$$

圖 4-75(a) 所示之系統，其電場的分布如圖 4-76 所示。

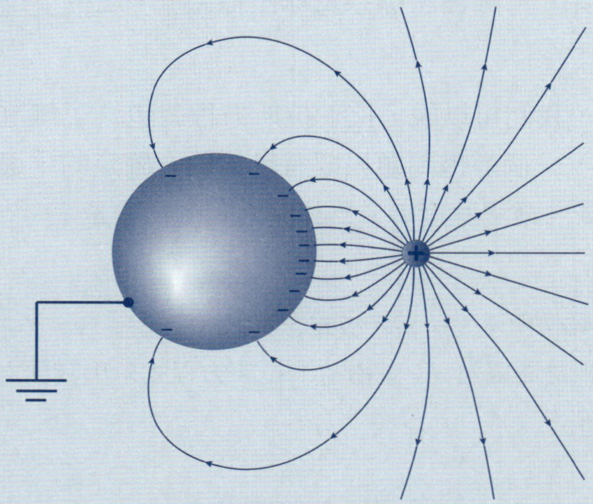

▲圖 4-76　例題 4-55 用圖

4-23　拉卜拉斯方程式

在第 4-16 節中，我們曾經由電場的高斯定律，(4-112) 式：

$$\vec{\nabla}\cdot\vec{D}=\vec{\nabla}\cdot(\varepsilon\vec{E})=\rho_{\rm V}$$

以及靜電場 (保守場) 寫成電位 V 的負梯度，(4-115) 式：

$$\vec{E}=-\vec{\nabla}V$$

導出了「**帕松方程式**」，(4-116) 式：

$$\nabla^2 V=-\frac{\rho_{\rm V}}{\varepsilon}$$

在無電荷的空間中，$\rho_{\rm V}=0$；帕松方程式 (4-116) 式即變成「**拉卜拉斯方程式**」：

$$\nabla^2 V=0 \tag{4-240}$$

在笛卡兒座標系中，上式可寫成：

$$\frac{\partial^2 V}{\partial x^2}+\frac{\partial^2 V}{\partial y^2}+\frac{\partial^2 V}{\partial z^2}=0 \tag{4-241}$$

而在其他兩個座標系——圓柱座標系及球座標系——之拉卜拉斯方程式表示式，詳見表 3-8。

從以上的回顧，我們可以說，拉卜拉斯方程式包含了無電荷空間中之靜電場所有的特性；因此，一個靜電問題只要有足夠的、確定的「邊界條件」，我們就可以由它解出電位 V、電場強度 $\vec{E}$、及其他相關的物理量。

例題 4-56 如圖 4-77 所示，一平行板電容器接於電位差 V_0，其中一板接地 ($V = 0$)。設兩板之間隔為 d；試由拉卜拉斯方程式求出其間之電位函數 V 及電場強度 $\vec{E}$。

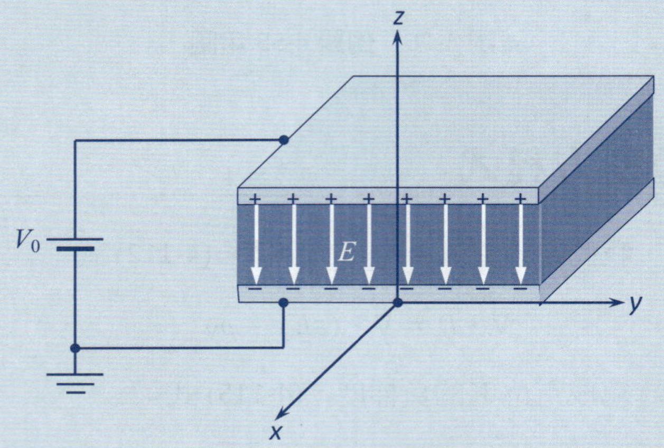

▲圖 4-77　例題 4-56 用圖

解： 我們將整個系統置於笛卡兒座標系。假設兩板間隔 d 很小，則其中的電位函數 V 可視為僅隨座標 z 而變；故拉卜拉斯方程式 (4-241) 式可化簡為常微分方程式：

$$\frac{d^2V}{dz^2} = 0$$

積分兩次得：

$$V = V(z) = c_1 z + c_2 \tag{4-242}$$

將邊界條件 1：$V(0) = 0$ 代入 (4-242) 式可知：

$c_2 = 0$

將邊界條件 2：$V(d) = V_0$ 代入 (4-242) 式可知：

$$c_1 = \frac{V_0}{d}$$

將 c_1 及 c_2 代回 (4-242) 式即得所求電位函數：

$$V = \frac{V_0}{d} z$$

由此可得電場強度：

$$\vec{E} = -\vec{\nabla} V = -\hat{\mathbf{z}} \frac{V_0}{d}$$

例題 4-57 如圖 4-78 所示，一同軸電纜之內、外導體半徑分別為 a 及 b，接於電位差 V_0，其中外導體接地 ($V = 0$)。試由拉卜拉斯方程式求出其中之電位函數 V 及電場強度 $\vec{E}$。

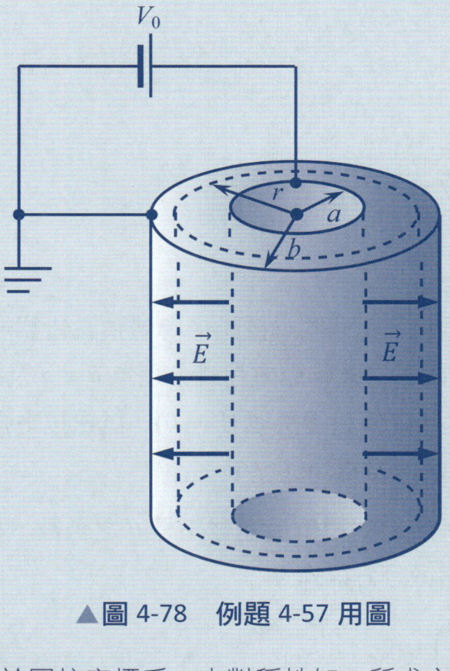

▲**圖 4-78　例題 4-57 用圖**

解： 我們將整個系統置於圓柱座標系。由對稱性知，所求之電位僅為 r 之函數，故拉卜拉斯方程式 (詳見表 3-8) 可化簡為常微分方程式：

$$\frac{1}{r}\frac{d}{dr}\left(r\frac{dV}{dr}\right) = 0$$

積分兩次得：

$$V = V(r) = c_1 \ln r + c_2 \tag{4-243}$$

將邊界條件 1： $V(a) = V_0$ 代入 (4-243) 式可知：

$c_1 \ln a + c_2 = V_0$

將邊界條件 2： $V(b) = 0$ 代入 (4-243) 式可知：

$c_1 \ln b + c_2 = 0$

兩式聯立解出 c_1 及 c_2：

$c_1 = -\dfrac{V_0}{\ln(b/a)}$ ； $c_2 = \dfrac{V_0 \ln b}{\ln(b/a)}$

將 c_1 及 c_2 代回 (4-243) 式即得所求電位函數：

$V = \dfrac{V_0}{\ln(b/a)} \ln \dfrac{b}{r}$

由此可得電場強度：

$\vec{E} = -\vec{\nabla} V = \hat{\mathbf{r}} \dfrac{V_0}{\ln(b/a)} \dfrac{1}{r}$

例題 4-58 如圖 4-79 所示，兩個同軸圓錐形導體頂點皆置於球座標系的原點，且互相絕緣。設兩者之圓錐面方程式分別為 $\theta = \alpha$ 及 $\theta = \beta$ $(\beta > \alpha)$；兩者接於電位差 V_0，其中外導體接地 $(V = 0)$。試由拉卜拉斯方程式求出兩導體之間的電位函數 V 及電場強度 $\vec{E}$ 。

解： 由對稱性之觀察知，所求的電位僅為球座標 θ 之函數，故拉卜拉斯方程式 (詳見表 3-8) 可化簡為一常微分方程式：

$\dfrac{1}{R^2 \sin\theta} \dfrac{d}{d\theta}\left(\sin\theta \dfrac{dV}{d\theta}\right) = 0$

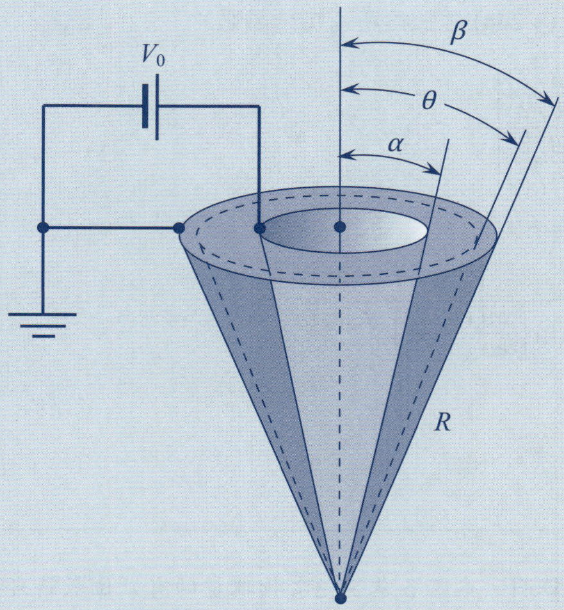

▲圖 4-79　例題 4-58 用圖

積分兩次得：

$$V = V(\theta) = c_1 \ln\left(\tan\frac{\theta}{2}\right) + c_2 \tag{4-244}$$

將邊界條件 1： $V(\alpha) = V_0$ 代入 (4-244) 式可知：

$$c_1 \ln\left(\tan\frac{\alpha}{2}\right) + c_2 = V_0$$

將邊界條件 2： $V(\beta) = 0$ 代入 (4-244) 式可知：

$$c_1 \ln\left(\tan\frac{\beta}{2}\right) + c_2 = 0$$

兩式聯立解出 c_1 及 c_2：

$$c_1 = V_0 \frac{-1}{\ln\left[\dfrac{\tan(\beta/2)}{\tan(\alpha/2)}\right]}$$

$$c_2 = V_0 \frac{\ln[\tan(\beta/2)]}{\ln\left[\dfrac{\tan(\beta/2)}{\tan(\alpha/2)}\right]}$$

將 c_1 及 c_2 代回 (4-244) 式即得所求電位函數：

$$V = V_0 \frac{\ln\left[\dfrac{\tan(\beta/2)}{\tan(\theta/2)}\right]}{\ln\left[\dfrac{\tan(\beta/2)}{\tan(\alpha/2)}\right]}$$

由此可得電場強度：

$$\vec{E} = -\vec{\nabla}V = \hat{\boldsymbol{\theta}} \frac{V_0}{\ln\left[\dfrac{\tan(\beta/2)}{\tan(\alpha/2)}\right]} \frac{1}{R\sin\theta}$$

習題

(若無特別註明，本書各章習題之物理量的有效位數請自行判斷。)

4-2 電荷與電荷密度

4.1 設一直線電荷置於 x 軸上，$0 \leqq x \leqq 1$，其電荷密度為 $\rho_L = 2\sin(\pi x)$ C/m；試求總電荷 Q。

4.2 設一無限長直線電荷置於 x 軸上，$-\infty < x < \infty$，其電荷密度為 $\rho_L = \rho_0 e^{-k|x|}$ C/m，其中 ρ_0 及 k 均為常數；試求總電荷 Q。

4.3 設一半徑 a 之圓形線電荷的電荷密度為 $\rho_L = \rho_0 \sin^2\phi$，其中 ρ_0 為定值；試求在範圍 $0 \leqq \phi \leqq 2\pi$ 之總電荷 Q。

4.4 如圖 E4-1 所示，長、寬分別為 a 及 b 之長方形面電荷置於 $\phi = 60°$ 之平面上；其電荷密度為 $\rho_S = 8k\,xz$ C/m^2 (k 為定值)。試求總電荷。

4.5 如圖 E4-2 所示，已知半徑 a 之圓柱面電荷之電荷密度為 $\rho_S = \rho_{S0}\cos^2\phi$，其中 ρ_{S0} 為定值；試求在範圍 $-\pi \leqq \phi \leqq \pi$，$0 \leqq z \leqq b$ 之總電荷。

4.6 已知某空間之電荷密度為 $\rho_V = 50\,x^2\cos(\pi y/2)$ μC/m^3；試求範圍 $-1 \leqq x \leqq 1$，$-1 \leqq y \leqq 1$，$-1 \leqq z \leqq 1$ 之總電荷。

4.7 已知某空間之電荷密度為 $\rho_V = 2\,z\sin^2\phi$ C/m^3；試求範圍 $1 \leqq r \leqq 3$ m，$0 \leqq \phi \leqq \pi/3$，$0 \leqq z \leqq 2$ m 之總電荷。

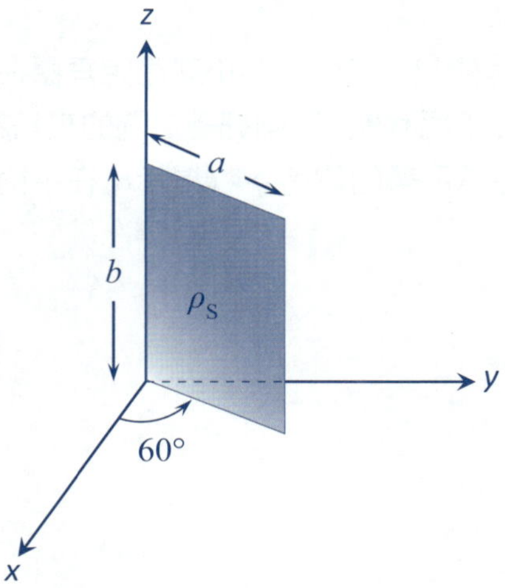

▲圖 E4-1　習題 4.4 用圖

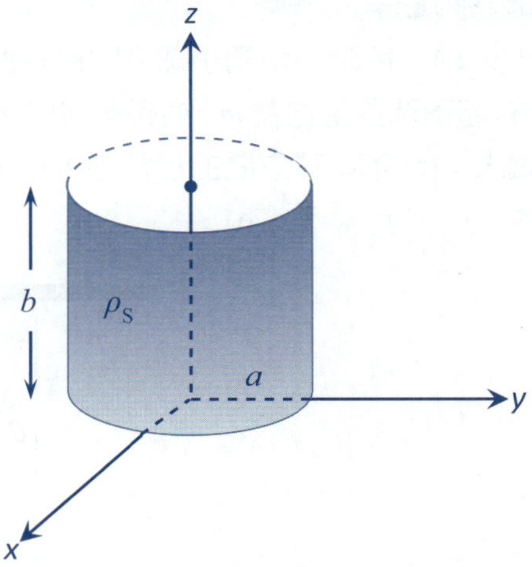

▲圖 E4-2　習題 4.5 用圖

4-3　電荷之守恆

4.8　一 pnp 電晶體在「活性區」工作，$I_C = \beta I_B$；如圖 E4-3 所示。已知 $\beta = 50$，$I_B = 22.8\ \mu A$；試求 I_C 及 I_E。

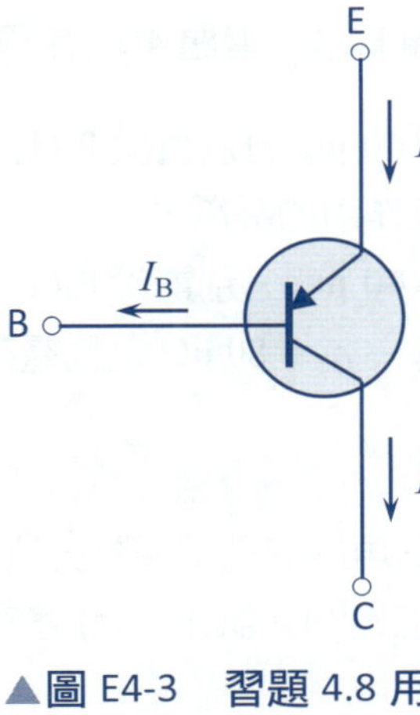

▲圖 E4-3　習題 4.8 用圖

4.9　假設在半徑 a 的球體內，每一點的電荷密度皆隨著時間 t 遞增，$\rho_V(t) = \alpha t$，其中 $\alpha\ (> 0)$ 為定值。試求：(a) 通過球體表面之總電流 I；(b) 球體表面之電流密度 $\vec{J}$。

4.10　假設在半徑 a 的球體內，每一點的電荷密度皆隨著時間 t 遞減，$\rho_V(t) = \rho_0\, e^{-\beta t}$，其中 ρ_0 及 $\beta\ (> 0)$ 為定值。試求 $t = 0$ 時：(a) 通過球體表面之總電流 I；(b) 球體表面之電流密度 $\vec{J}$。

4-4 庫倫定律

4.11 如圖 E4-4 所示，兩個小球分別以長度 l 的細線懸起，其中一個小球固定垂懸在正下方；若兩球質量均為 m，並帶等量的正電荷，在平衡狀態下，兩細繩之間的夾角為 θ。試求：(a) 兩小球之間的靜電力大小 F_e；(b) 各球所帶的電荷 q。(提示：在平衡狀態下，$\vec{F}_e + \vec{F}_g + \vec{T} = 0$)

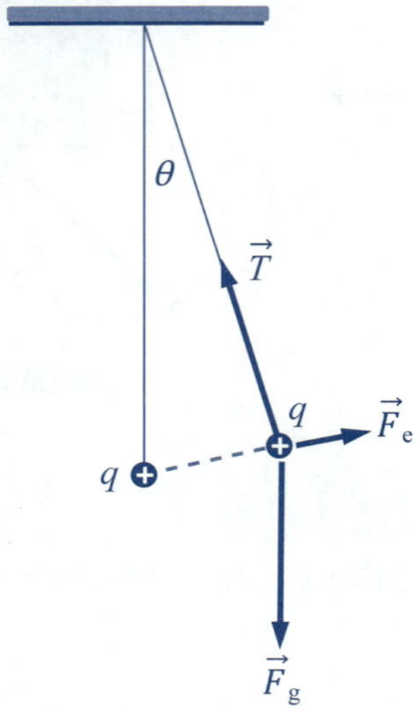

▲圖 E4-4　習題 4.11 用圖

4.12 兩點電荷 $q_1 = 20\ \mu C$ 及 $q_2 = -40\ \mu C$ 分別置於 $P_1(1, 3, -1)$ 及 $P_2(-3, 1, -2)$，座標值以 m 為單位。試求兩者之間相互作用的靜電力。

4.13 兩點電荷 $q_1 = 20\ \mu C$ 及 $q_2 = -40\ \mu C$ 分別置於 $P_1(1, 3, -1)$ 及 $P_2(-3, 1, -2)$，座標值以 m 為單位。設點 $P_3(3, 1, -2)$ 有一 $q_3 = 80\ \mu C$ 之點電荷，試求 q_3 所受的靜電力。

4-5 靜電場與電場強度

4.14 如圖 E4-5 所示，邊長 a 之正三角形的三個頂點分別有一正點電荷 Q；點 P 為三角形的重心 (三邊之垂直平分線的交點)。試求：(a) 各電荷在點 P 的電場強度大小；(b) 點 P 之總電場強度。

4.15 如圖 E4-6 所示，邊長 a 之正方形的四個角落分別有一正點電荷 Q；P 為正方形的中心點。試求：(a) 各電荷在點 P 的電場強度大小；(b) 點 P 之總電場強度。

4.16 邊長 a 之正立方形的八個角落分別有一正點電荷 Q；P 為正立方形的中心點。試求：(a) 各電荷在點 P 的電場強度大小；(b) 點 P 之總電場強度。

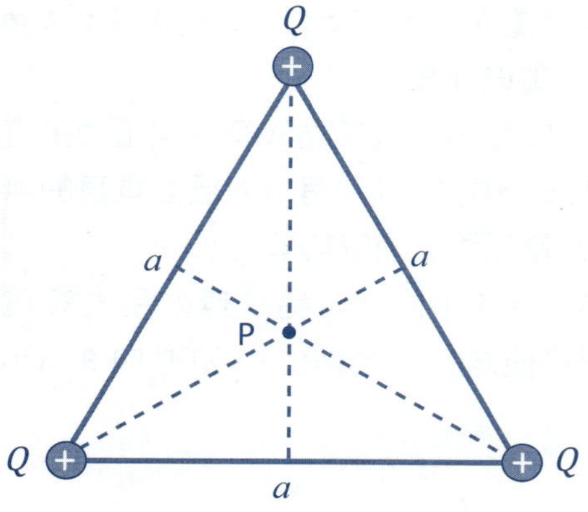

▲圖 E4-5　習題 4.14 用圖

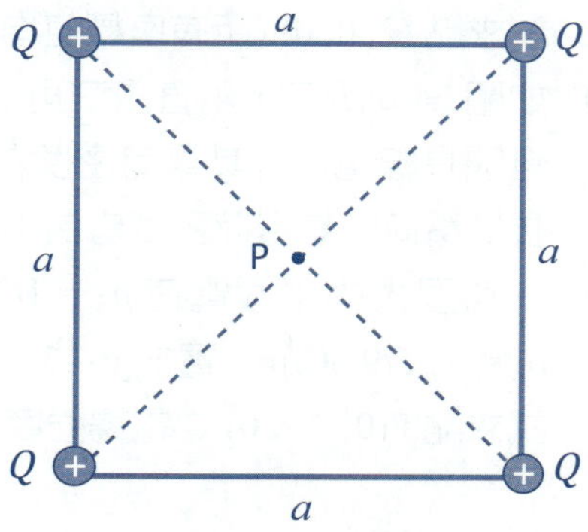

▲圖 E4-6　習題 4.15 用圖

4.17 在笛卡兒座標系之四點 A(1, 1, 0), B(–1, 1, 0), C(–1, –1, 0), D(1, –1, 0) 各置一 $q = 40$ nC 之點電荷；試求點 P(0, 0, 5) (所有座標值均以 m 為單位) 之電場強度 $\vec{E}$。

4.18 在笛卡兒座標系之點 $P_1(0, 4, 0)$ 置有點電荷 $q_1 = 0.35$ μC；點 $P_2(3, 0, 0)$ 置有點電荷 $q_2 = -0.55$ μC。試求點 P(0, 0, 5) (所有座標值均以 m 為單位) 之電場強度 $\vec{E}$。

4.19 在笛卡兒座標系之點 P(–4, 3, 2) 置有點電荷 $q = 64.4$ nC；試求原點 O(0, 0, 0) (所有座標值均以 m 為單位) 之電場強度 $\vec{E}$。

4-6　電場強度之計算

4.20 設有一均勻線電荷，其電荷密度為 ρ_L，置於 x 軸上，$-a \leqq x \leqq a$，如圖 E4-7 所示；試求在點 P(b, 0, 0) 之電場強度 ($b > a$)。

4.21 一直線電荷之電荷密度為 $\rho_L = 20$ nC/m，置於 z 軸上，$-5 \leqq z \leqq 5$，試求點 (2, 0, 0) (所有座標值均以 m 為單位) 之電場強度。

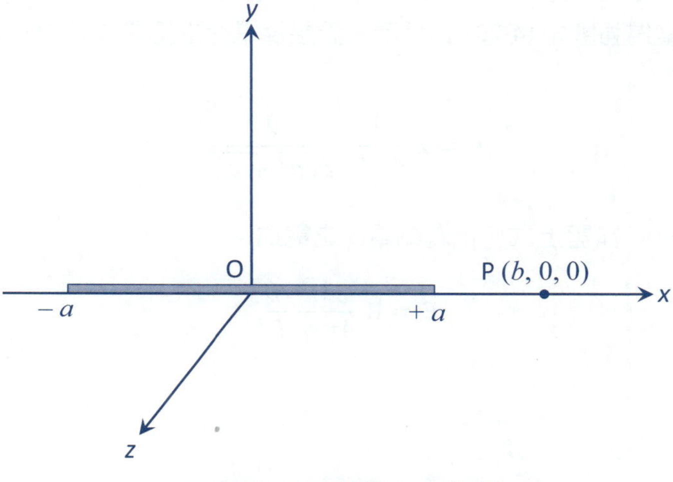

▲圖 E4-7　習題 4.20 用圖

4.22 兩直線電荷之電荷密度皆為 $\rho_L = 20$ nC/m，分別置於 $-\infty < z \leqq -5$ 及 $5 \leqq z < \infty$，試求點 (2, 0, 0) (所有座標值均以 m 為單位) 之電場強度。

4.23 如圖 E4-8 所示，兩直角三角形 △ABC 與 △AB′C 全等。設在點 A 有一與紙面垂直的無限長線電荷，其電荷密度為 $-2\rho_L$；而在點 B 及點 B′ 分別有一與紙面垂直的無限長線電荷，其電荷密度皆為 $+\rho_L$。試證點 C 之電場強度恆等於零。

4.24 一無限大的平面電荷 $\rho_S = 1/3\pi$ nC/m^2，置於 $z = 5$ 平面上；另一無限長直線電荷 $\rho_L = -25/9$ nC/m，置於 $y = 3$，$z = -3$ (所有座標值均以 m 為單位)，如圖 E4-9 所示。試求點 P(0, −1, 0) 之電場強度。

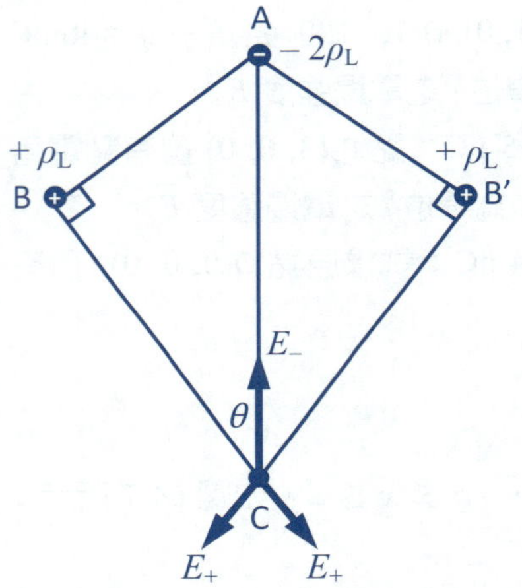

▲圖 E4-8 **習題 4.23 用圖**

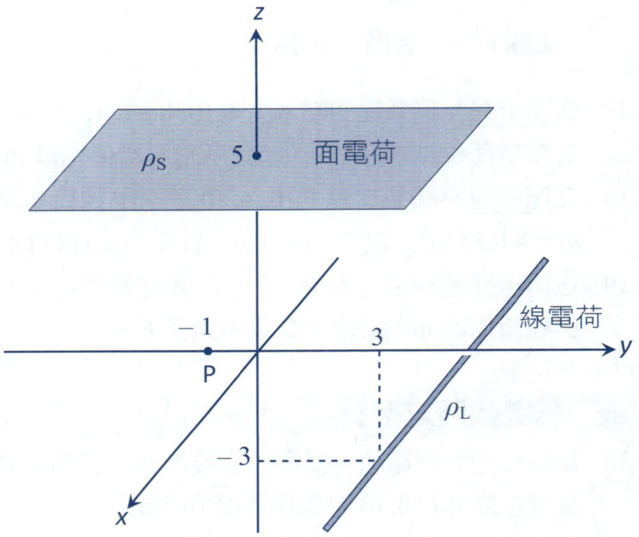

▲圖 E4-9 **習題 4.24 用圖**

4.25 長度 $2a$ 之均勻直線電荷，其電荷密度為 ρ_L，置於 x 軸上，$-a \leqq x \leqq a$，則點 P(0, 0, z) 之電場強度如 (4-29) 式所示。設該線電荷之總電量為 Q，(a) 試證 (4-29) 式可化為：

$$\vec{E} = \hat{\mathbf{z}}\,\frac{1}{4\pi\varepsilon_0}\,\frac{Q}{z\sqrt{a^2+z^2}}$$

(b) 若令 $a \to 0$，試證上式可化為點電荷之電場：

$$\vec{E} = \hat{\mathbf{R}}\,\frac{1}{4\pi\varepsilon_0}\,\frac{Q}{R^2}$$

4.26 半徑 a 之均勻圓形線電荷之電荷密度為 ρ_L，置於 $z = 0$ 平面；則其中心軸上一點 $P(0, 0, z)$ 之電場強度如 (4-32) 式所示。設該線電荷之總電量為 Q，(a) 試證 (4-32) 式可化為：

$$\vec{E} = \hat{\mathbf{z}} \frac{1}{4\pi\varepsilon_0} \frac{Q\,z}{(a^2 + z^2)^{3/2}}$$

(b) 若令 $a \to 0$，試證上式可化為點電荷之電場：

$$\vec{E} = \hat{\mathbf{R}} \frac{1}{4\pi\varepsilon_0} \frac{Q}{R^2}$$

4.27 設半徑 a 之圓形平面電荷之面電荷密度 ρ_S 為一定值，則其中心軸上一點 $P(0, 0, z)$ 之電場強度如 (4-35) 式所示。若該面電荷之總電量為 Q，(a) 試證 (4-35) 式可化為：

$$\vec{E} = \hat{\mathbf{z}} \frac{Q}{2\pi\varepsilon_0 a^2} \left(1 - \frac{1}{\sqrt{\frac{a^2}{z^2} + 1}} \right)$$

(b) 若令 $a \to 0$，試證上式可化為點電荷之電場：

$$\vec{E} = \hat{\mathbf{R}} \frac{1}{4\pi\varepsilon_0} \frac{Q}{R^2}$$

4.28 半球面 $R = a$，$0 \leqq \theta \leqq \pi/2$，$0 \leqq \phi \leqq 2\pi$ 上帶有均勻面電荷；設總電量為 Q，試求球心之電場強度 $\vec{E}$。

4.29 已知半徑 a 之球面上所帶之面電荷密度為 $\rho_S = \rho_{S0} \sin\theta$ (ρ_{S0} 為定值)。試求：(a) 球面上的總電量 Q；(b) 球心之電場強度 $\vec{E}$。

4.30 設半徑 a 之球面上所帶之面電荷密度為 $\rho_S = \rho_{S0} \cos\theta$ (ρ_{S0} 為定值)。試求：(a) 球面上的總電量 Q；(b) 球心之電場強度 $\vec{E}$。

4-7 電場的高斯定律

4.31 一無限大的均勻平面電荷置於平面 $z = b$，$(b < a)$；設其面電荷密度為 ρ_S，試求通過高斯面 $x^2 + y^2 + z^2 = a^2$ 之總電通量。

4.32 如圖 E4-10 所示，一圓錐體底面半徑為 a，高為 $2a$，其中之體電荷密度 ρ_V 為定值；試求通過高斯面 S 的總電通量。

4.33 如圖 E4-11 所示，一圓錐體底面半徑為 a，高為 $2a$，其中之體電荷密度 ρ_V 為定值；試求通過高斯面 S 的總電通量。

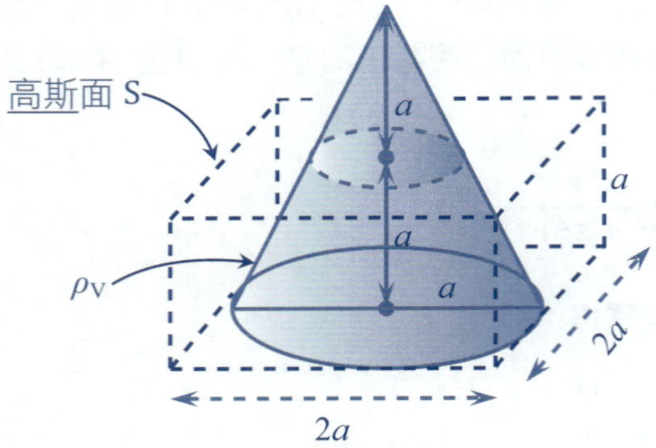

▲圖 E4-10 習題 4.32 用圖

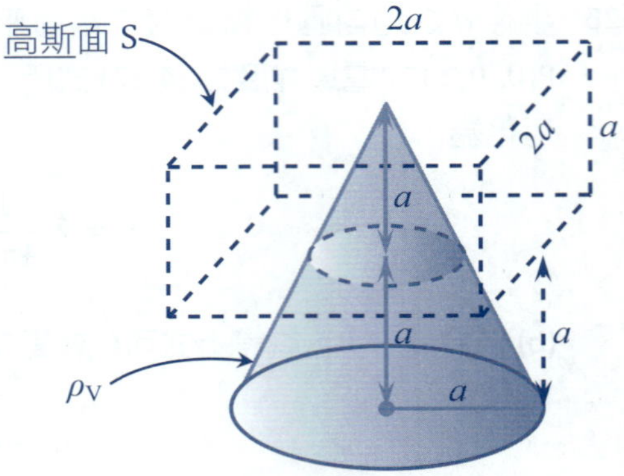

▲圖 E4-11 習題 4.33 用圖

4.34 如圖 E4-12 所示，半徑為 a 之球形體電荷之電荷密度為 $\rho_V = \rho_{V0}\,(1 - R/a)$；試求通過高斯面 S 的總電通量。

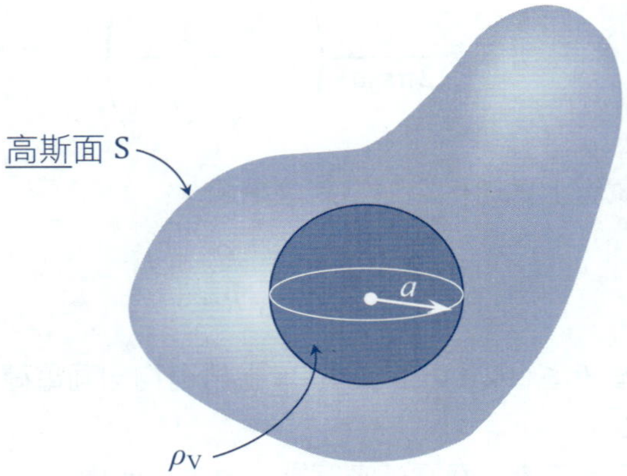

▲圖 E4-12 習題 4.34 用圖

4-8 高斯定律的應用

4.35 如圖 E4-13 所示，厚度 $-d \leqq z \leqq d$ 之無限大平板體電荷之電荷密度 ρ_V 為一定值；試求下列各區域之電場強度：(a) $0 \leqq z \leqq d$；(b) $-d \leqq z \leqq 0$；(c) $d \leqq z < \infty$；(d) $-\infty < z \leqq -d$。

4.36 在厚度為 $2d$ 之無限大平板均勻體電荷 (電荷密度為 ρ_V) 中切取表面積 $S = 1$ 的一塊，如圖 E4-14 所示。(a) 試求此塊所含的電荷；(b) 令 $d \to 0$，體電荷變成面電荷，試求此面電荷的電荷密度 ρ_S；(c) 試由習題 4.35(c) 之結果：$\vec{E} = \hat{\mathbf{z}}\ \rho_V d/\varepsilon_0$，證明此面電荷所產生的電場強度為：$\vec{E} = \hat{\mathbf{z}}\ \rho_S/2\varepsilon_0$。【註 6】

註6 此一結果與 (4-36) 式一致。

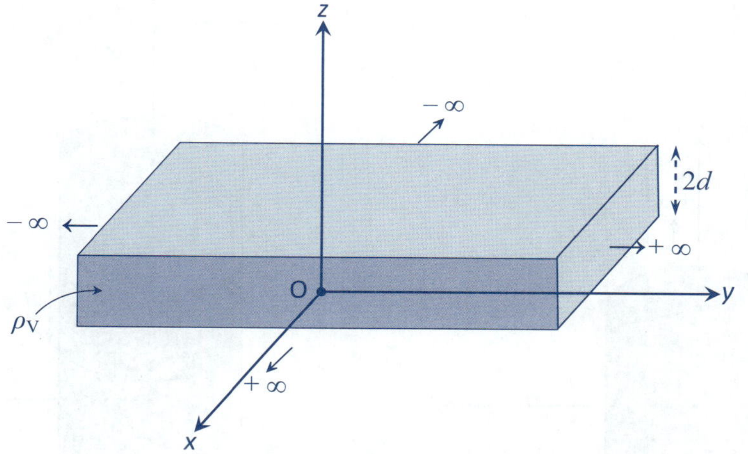

▲圖 E4-13 **習題 4.35 用圖**

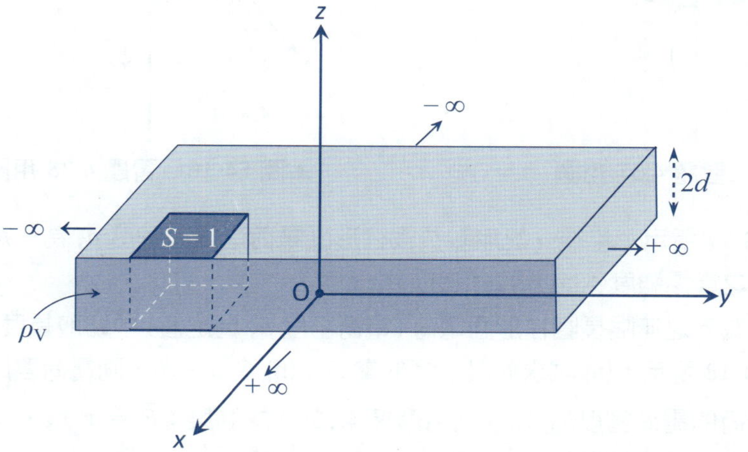

▲圖 E4-14 **習題 4.36 用圖**

4.37 如圖 E4-15 所示，半徑 a 之無限長圓柱形體電荷之電荷密度 ρ_V 為一定值；試求下列各區域之電場強度：(a) $r \leqq a$；(b) $r \geqq a$。

4.38 在半徑為 a 之無限長圓柱體電荷 (電荷密度 ρ_V 為定值) 中切取長度 $l = 1$ 的一段，如圖 E4-16 所示。(a) 試求此段所含的電荷；(b) 令 $a \to 0$，體電荷變成線電荷，試求此線電荷的電荷密度 ρ_L；(c) 試由習題 4.37(b) 之結果：$\vec{E} = \hat{\mathbf{r}}\ \rho_V a^2/2\varepsilon_0 r$，證明此線電荷所產生的電場強度為：$\vec{E} = \hat{\mathbf{r}}\ \rho_L/2\pi\varepsilon_0 r$。【註 7】

註7 此一結果與 (4-31b) 式一致。

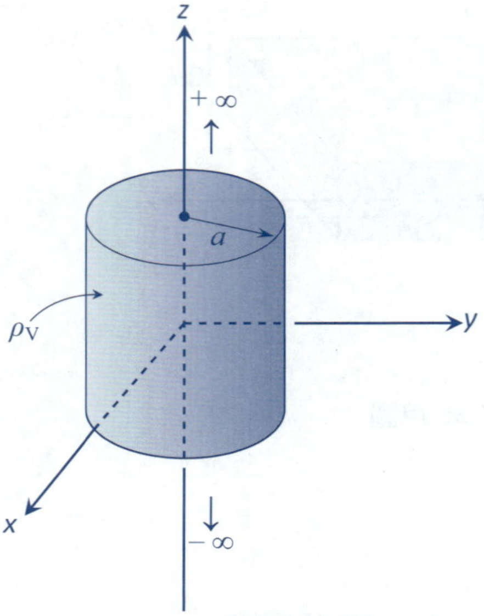

▲圖 E4-15　**習題 4.37 用圖**

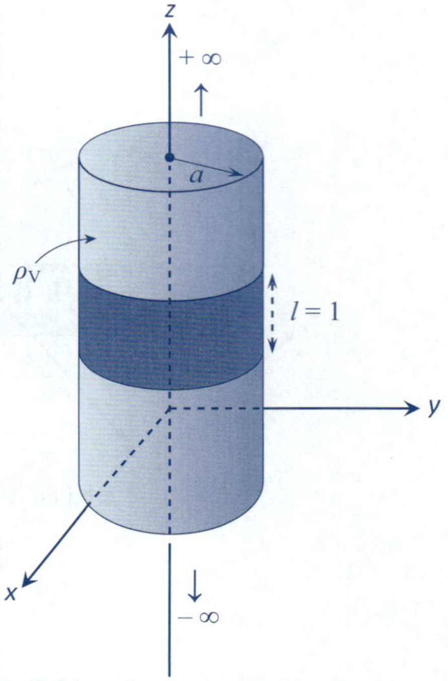

▲圖 E4-16　**習題 4.38 用圖**

4.39 如圖 E4-17 所示，半徑 a 之無限長圓柱形面電荷之電荷密度 ρ_S 為一定值；試求下列各區域之電場強度：(a) $r < a$；(b) $r > a$。

4.40 在半徑為 a 之無限長圓柱形面電荷 (電荷密度 ρ_S 為定值) 中切取長度 $l = 1$ 的一段，如圖 E4-18 所示。(a) 試求此段所含的電荷；(b) 令 $a \to 0$，面電荷變成線電荷，試求此線電荷的電荷密度 ρ_L；(c) 試由習題 4.39(b) 之結果：$\vec{E} = \hat{\mathbf{r}}\ \rho_S a/\varepsilon_0 r$，證明此線電荷所產生的電場強度為：$\vec{E} = \hat{\mathbf{r}}\ \rho_L/2\pi\varepsilon_0 r$。【註 8】

4.41 設一半徑 a 之球形均勻面電荷的電荷密度為 ρ_S；試求下列各區域之電場強度：(a) $R < a$；(b) $R > a$。

4.42 半徑 a 之球形均勻面電荷的電荷密度為 ρ_S；(a) 試求此球面上的總電荷 Q；(b) 令 $a \to 0$，面電荷變成點電荷，試由習題 4.41(b) 之結果：$\vec{E} = \hat{\mathbf{R}}\ \rho_S a^2/\varepsilon_0 R^2$，證明此點電荷所產生的電場強度為：$\vec{E} = \hat{\mathbf{R}}\ Q/4\pi\varepsilon_0 R^2$。【註 9】

註8　此一結果與 (4-31b) 式一致。

註9　此一結果與 (4-26) 式一致。

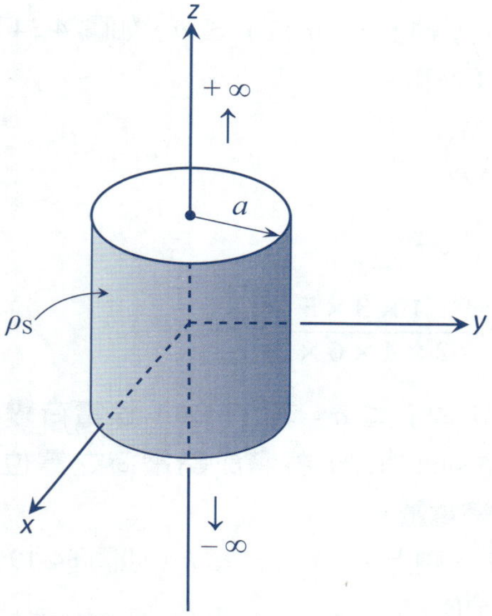

▲圖 E4-17 習題 4.39 用圖

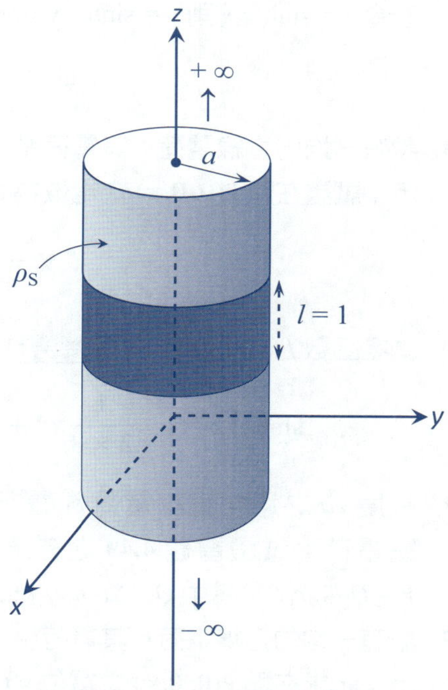

▲圖 E4-18 習題 4.40 用圖

4-9 電位能與電位

4.43 五個點電荷均為 100 nC，分別置於 $x = 2$ m, 3 m, 4 m, 5 m, 6 m 處；設 $x \to \infty$ 處為零電位參考點，試求原點之電位。

4.44 一點電荷 $Q = 0.5$ nC 置於原點；設 $R = 10$ m 處為零電位參考點，試求：(a) $R = 5$ m 之電位；(b) $R = 15$ m 之電位。

4.45 一點電荷置於笛卡兒座標系之原點；設點 A(2, 0, 0) 之電位為 15 V，點 B(1/2, 0, 0) 之電位為 30 V，試求點 C(1, 0, 0) 之電位。(所有座標值均以 m 為單位)

4.46 邊長 3.0 m 之正三角形的三個頂點分別有一正點電荷 $Q = 2.0$ nC；試求：(a) 此三角形的重心 (三邊之垂直平分線的交點) 的電位；(b) 此系統之電位能。

4.47 邊長 a 之正方形的四個頂點分別有一正點電荷 Q；試求：(a) 此正方形兩對角線交點的電位；(b) 此系統之電位能。

4-10 電位之計算

4.48 雙曲函數 sinh y 的定義為：

$$\sinh y = (e^{y} - e^{-y})/2$$

若令 $x = \sinh y$，則 $y = \sinh^{-1} x$。試證：

$$\sinh^{-1} x = \ln\left(x + \sqrt{x^2 + 1}\right)$$

4.49 設有一均勻直線電荷，其電荷密度為 ρ_L，置於 y 軸上，$-a \leqq y \leqq a$，如圖 4-34 所示；試證在點 P(0, 0, z) 之電位為 (詳見 [例題 4-24])：

$$V = \frac{\rho_L}{2\pi\varepsilon_0} \sinh^{-1}\left(\frac{a}{z}\right)$$

4.50 試證函數 $f(x) = \sinh^{-1} x$ 的麥勞林級數為：

$$\sinh^{-1} x = x - \frac{1}{2 \times 3} x^3 + \frac{1 \times 3}{2 \times 4 \times 5} x^5 - \frac{1 \times 3 \times 5}{2 \times 4 \times 6 \times 7} x^7 + \cdots$$

4.51 長度 $2a$ 之均勻直線電荷 ρ_L 置於 y 軸上，$-a \leqq y \leqq a$。若 $a \to 0$，線電荷變成點電荷；試證習題 4.49 之結果 $V = (\rho_L/2\pi\varepsilon_0) \sinh^{-1}(a/z)$ 將變成點電荷之電位：$V = Q/4\pi\varepsilon_0 R$，其中 $Q = 2a\rho_L$ 為原先線電荷的總電量。

4.52 設有一均勻直線電荷，其電荷密度為 ρ_L，置於 z 軸上，$-h \leqq z' \leqq h$，如圖 E4-19 所示；試求在點 P(0, 0, z) 之電位。($z > h$，視為定值)

4.53 如圖 E4-20 所示，半徑 a 之圓柱形 $r = a$，$-h \leqq z' \leqq h$，其面電荷密度 ρ_S 為一定值；

(a) 試證點 P(0, 0, z) 之電位為：($z > h$，視為定值)

$$V = \frac{\rho_S a}{2\varepsilon_0} \ln \frac{(z+h) + \sqrt{a^2 + (z+h)^2}}{(z-h) + \sqrt{a^2 + (z-h)^2}}$$

(b) 若 $a \to 0$，面電荷變成線電荷；試證此線電荷的電荷密度為 $\rho_L = 2\pi a \rho_S$；

(c) 試證此線電荷在點 P(0, 0, z) 之電位 (詳見習題 4.52) 可由本題之 (a) 及 (b) 小題導出。

4.54 (a) 試證函數 $f(x) = \ln(1 + x)$ 的麥勞林級數為：

$$\ln(1 + x) = x - \frac{x^2}{2} + \frac{x^3}{3} - \frac{x^4}{4} + \frac{x^5}{5} - \cdots$$

(b) 試證函數 $f(x) = \ln\left(\frac{1+x}{1-x}\right)$ 的麥勞林級數為：

$$\ln\left(\frac{1+x}{1-x}\right) = 2\left(x + \frac{x^3}{3} + \frac{x^5}{5} + \frac{x^7}{7} + \cdots\right)$$

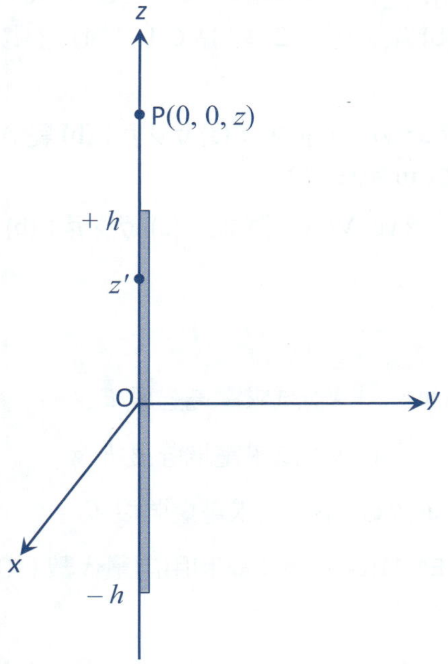

▲圖 E4-19 習題 4.52 用圖

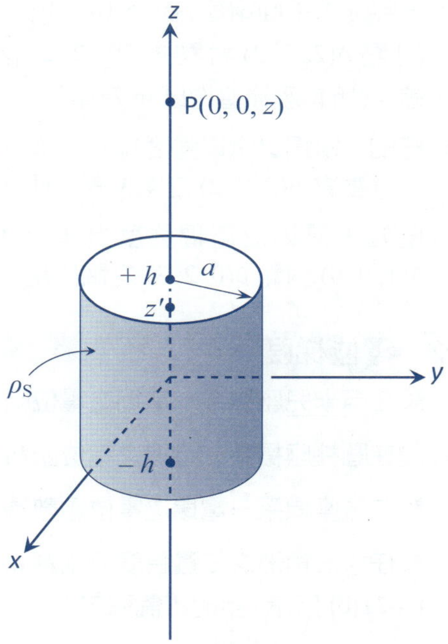

▲圖 E4-20 習題 4.53 用圖

4.55 一均勻直線電荷 ρ_L 置於 z 軸上，$-h \leqq z' \leqq h$，如圖 E4-19 所示；則在點 P(0, 0, z) 之電位為 (詳見習題 4.52)：

$$V = \frac{\rho_L}{4\pi\varepsilon_0} \ln\left(\frac{z+h}{z-h}\right)$$

令 $h \to 0$，線電荷變成點電荷；試證此時上式可化為點電荷之電位：

$$V = Q/4\pi\varepsilon_0 R$$

其中 $Q = 2h\,\rho_L$ 為原先直線電荷的總電量。

4.56 設一半徑 a 之球形均勻面電荷的電荷密度為 ρ_S；試求下列各區域之電位：(a) $R \geqq a$；(b) $R \leqq a$。【提示】在 $R = a$ 處，電位必須為連續。

4-11 電位差

4.57 點電荷 $Q = 5$ nC；設零電位參考點在 $R \to \infty$ 處，試求點 A(5, 0, 0) 對點 B(15, 0, 0) 之電位差。(所有座標值均以 m 為單位)

4.58 一無限長線電荷 $\rho_L = 1.00 \times 10^{-9}$ C/m 置於圓柱座標系之 z 軸上；試求點 A(2, π/2, 0) 對點 B(4, π, 5) 之電位差。(所有長度座標值均以 m 為單位)

4.59 一無限大平面電荷 $\rho_S = 5.10 \times 10^{-10}$ C/m^2 置於笛卡兒座標系之 $z = 0$ 平面上；試求：(a) 點 A(2, 2, 2) 對點 B(−2, −2, 2) 之電位差；(b) 點 A(2, 2, 2) 對點 C(1, 3, 4) 之電位差。(所有座標值均以 m 為單位)

4.60 已知一電場之電場強度為 $\vec{E} = \hat{\mathbf{x}}\,2xy + \hat{\mathbf{y}}\,x^2 + \hat{\mathbf{z}}\,2z$ V/m，試求：(a) $\vec{\nabla} \times \vec{E}$；(b) 點 A(2, 1, 1) 對點 B(2, 2, 2) 之電位差。(所有座標值均以 m 為單位)

4.61 已知一電場之電場強度為 $\vec{E} = \hat{\mathbf{x}}\,xy^2 + \hat{\mathbf{y}}\,x^2 + \hat{\mathbf{z}}\,yz^2$ V/m，試求：(a) $\vec{\nabla} \times \vec{E}$；(b) 點 A(1, 0, 0) 對點 B(0, 2, 3) 之電位差。

4-12 電位梯度

4.62 設在笛卡兒座標系一電場之電位函數為：$V = x^2y + z + 4$；試求電場強度 $\vec{E}$。

4.63 設在圓柱座標系一電場之電位函數為：$V = 5e^{-r+z}\sin\phi$；試求電場強度 $\vec{E}$。

4.64 設在球座標系一電場之電位函數為：$V = (1/R)\sin\theta\cos\phi$；試求電場強度 $\vec{E}$。

4.65 設任意三角形之三邊長度分別為 a, b, c，如圖 E4-21(a) 所示；試利用向量代數 (如圖 E4-21(b) 所示) 證明「餘弦定理」：

$$c^2 = a^2 + b^2 - 2ab\cos\theta$$

其中 θ 為 $\vec{a}$ 與 $\vec{b}$ 之夾角。

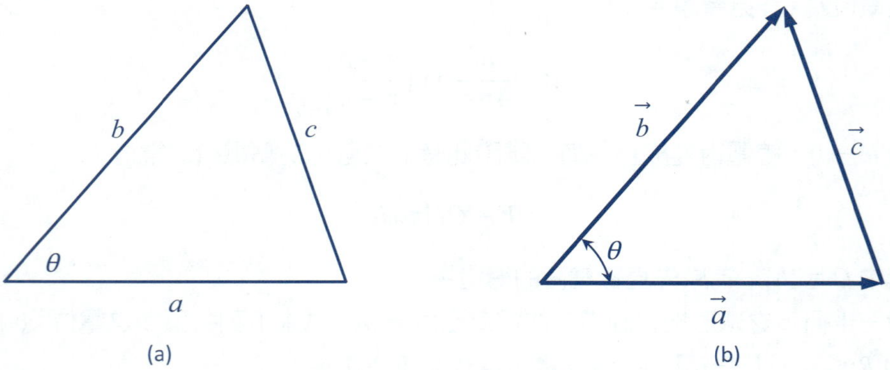

▲圖 E4-21 習題 4.65 用圖

4.66 **電偶極**。本題是電偶極之電位的正式計算；如圖 E4-22 所示，利用餘弦定理可知：

$$R_+ = \sqrt{R^2 + (d/2)^2 - Rd\cos\theta} = R\sqrt{1 + (d/2R)^2 - (d/R)\cos\theta}$$

$$R_- = \sqrt{R^2 + (d/2)^2 - Rd\cos(\pi - \theta)} = R\sqrt{1 + (d/2R)^2 + (d/R)\cos\theta}$$

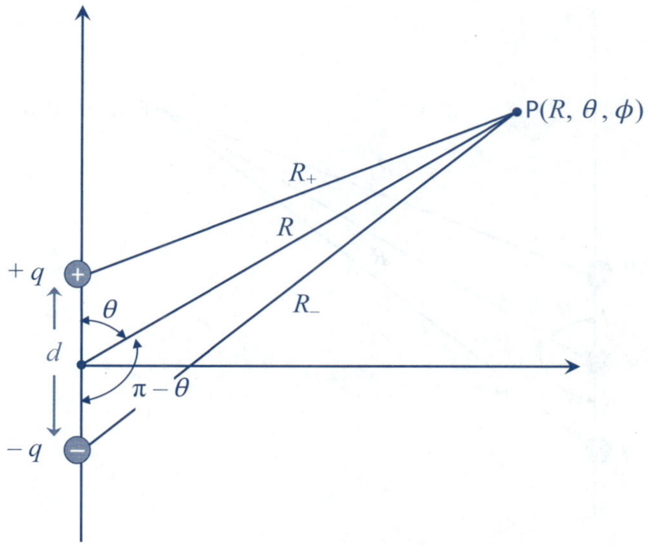

▲圖 E4-22 習題 4.66 用圖

(a) 在 $d << R$ 的條件下，試證：

$$\frac{1}{R_+} \approx \frac{1}{R}\left[1 + \frac{d}{2R}\cos\theta\right]$$

$$\frac{1}{R_-} \approx \frac{1}{R}\left[1 - \frac{d}{2R}\cos\theta\right]$$

(b) 試證電偶極產生的電位為：

$$V = \frac{q}{4\pi\varepsilon_0}\left(\frac{1}{R_+} - \frac{1}{R_-}\right) \approx \frac{qd\cos\theta}{4\pi\varepsilon_0 R^2}$$

4.67 **電四極**。如圖 E4-23 所示，在球座標系中，點電荷 $-2q$ 置於原點，兩個點電荷 $+q$ 分別置於 $z = \pm d$；此一結構可視為兩個電偶極反向的排列，稱為「電四極」。(a) 在 $d << R$ 的條件下，試證：

$$\frac{1}{R_1} \approx \frac{1}{R}\left[1 + \frac{d}{2R}\cos\theta - \frac{1}{2}\left(\frac{d^2}{R^2}\right) + \frac{3}{2}\left(\frac{d^2}{R^2}\cos^2\theta\right)\right]$$

$$\frac{1}{R_2} \approx \frac{1}{R}\left[1 - \frac{d}{2R}\cos\theta - \frac{1}{2}\left(\frac{d^2}{R^2}\right) + \frac{3}{2}\left(\frac{d^2}{R^2}\cos^2\theta\right)\right]$$

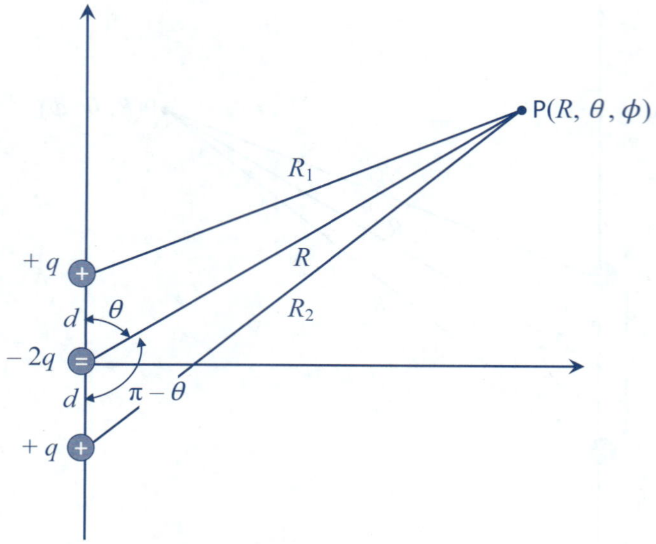

▲圖 E4-23 習題 4.67 用圖

(b) 試證電四極在點 P(R, θ, ϕ) 產生的電位為：

$$V=\frac{q}{4\pi\varepsilon_0}\left(\frac{1}{R_1}-\frac{2}{R}+\frac{1}{R_2}\right)\approx\frac{qd^2(3\cos^2\theta-1)}{4\pi\varepsilon_0 R^3}$$

4.68 試求電四極產生的電場強度 $\vec{E}$。

4-13 導體之導電

4.69 已知金屬銀的原子量為 107.9，密度為 10.49 g/cm^3；每一原子提供 1 個自由電子。試求：(a) 自由電子濃度；(b) 自由電子之體電荷密度 $\rho_{V,e}$。

4.70 在室溫之下，銀的電阻係數為 15.87 nΩ · m，(a) 試求自由電子的可動率 μ_e；(b) 已知銀之電阻係數的溫度係數為 0.0038 K^{-1}，試求銀在溫度 127℃ 時之電導係數。

4-14 電阻的計算

4.71 如圖 E4-24 所示，設邊長 a 之正方形導體厚度為 d，其電導係數為 σ；試證該導體之電阻 R 與正方形面積無關。

4.72 **平行板電纜**。平行板電纜係由兩片長條狀的導體平行構成，如圖 E4-25 所示。設長條寬度為 b，兩長條之距離為 d，其間充滿電導係數為 σ 之物質，試求每單位長度之漏電電導 $\bar{G}$。

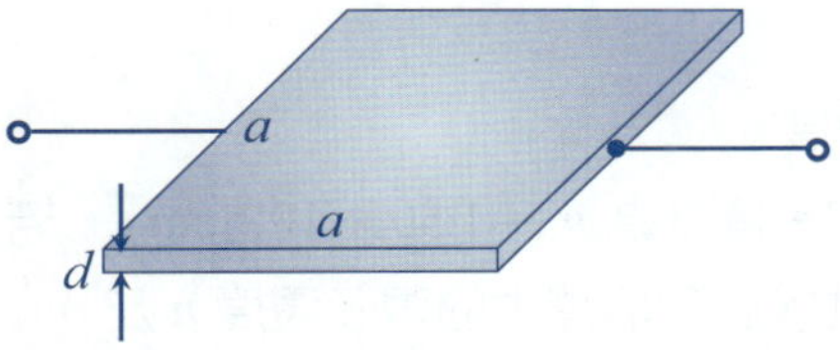

▲圖 E4-24 習題 4.71 用圖

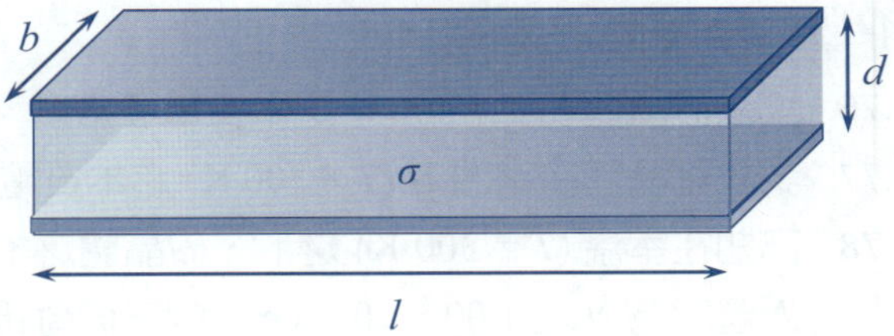

▲圖 E4-25 習題 4.72 用圖

4.73 設半徑為 a 及 b 之同心金屬球 $(b > a)$ 之間充滿電導係數為 σ 之物質；試求兩球之間的漏電電阻 R。

4.74 如圖 E4-26 所示，長度 l 之導線其截面半徑由一端線性增加至另一端。已知左、右兩端之截面半徑分別為 a 及 b $(b > a)$，導線之電導係數為 σ；試求其電阻 R。

4.75 如圖 E4-27 所示，圓心角 ϕ_0 之扇形區域由 $r = a$ 至 $r = b$ 之間有一厚度 d 之導體；設其電導係數為 σ，試求電流由 $r = a$ 流向 $r = b$ 時，導體所呈現之電阻 R。

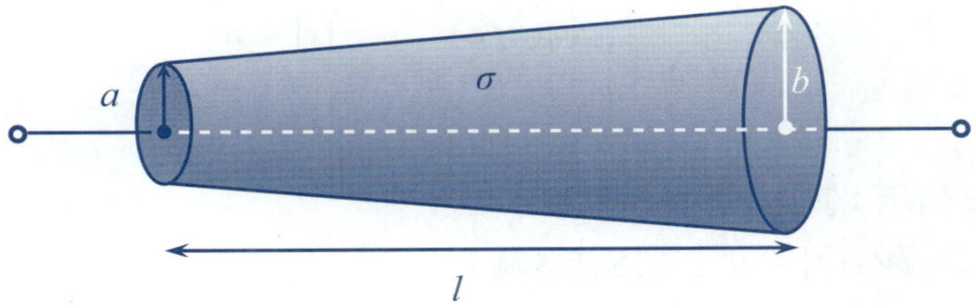

▲圖 E4-26 習題 4.74 用圖

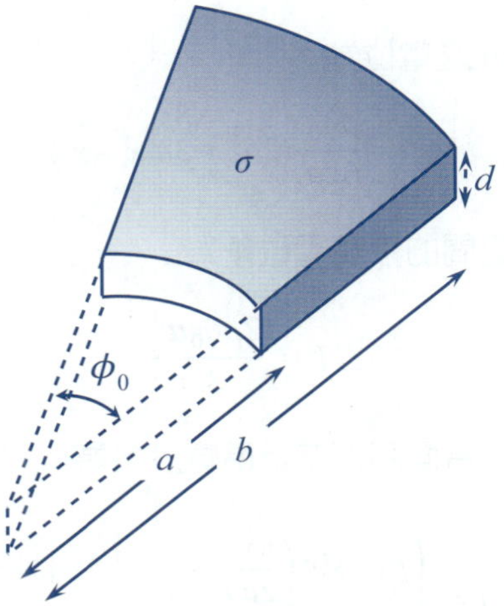

▲圖 E4-27 習題 4.75 用圖

4-15 半導體之導電

4.76 試求矽晶體在 $T = 400$ K 之本質電子濃度。

4.77 試求鍺晶體在室溫下 ($T = 300$ K) 之本質電子濃度。

4.78 已知在室溫 ($T = 300$ K) 之下，矽晶體之本質電子濃度為 $n_i = 1.50 \times 10^{10}$ cm^{-3}；若摻入濃度為 $N_A = 1.00 \times 10^{17}$ cm^{-3} 的三價雜質，試求此矽晶體中的載子濃度 n 及 p。

4.79 矽晶體在溫度 $T = 300$ K 之下摻入濃度 $N_D = 5.00 \times 10^{16}$ cm^{-3} 的五價雜質。假設其中電子和電洞的可動率分別為 $\mu_n = 1350$ cm^2/V．s 及 $\mu_p = 480$ cm^2/V．s；試求該矽晶體之電導係數 σ。

4.80 上題中，若改為摻入濃度 $N_A = 5.00 \times 10^{16}$ cm^{-3} 的三價雜質，其餘不變；試求該矽晶體之電導係數 σ。

4-16 帕松方程式

4.81 設一單位截面積的 p-n 接合面兩側空乏區寬度各為 a，空乏區內、外之電荷密度為：

$$\rho_V(x) = \begin{cases} \rho_{V0}(x/a) & |x| < a \\ 0 & |x| > a \end{cases}$$

如圖 E4-28 所示；其中 ρ_{V0} 為一常數。

(a) 試證空乏區內 ($|x| < a$) 之電場強度為：

$$E(x) = \frac{\rho_{V0}}{2\varepsilon a}(x^2 - a^2)$$

(b) 試證空乏區內 ($|x| < a$) 之電位為：

$$V(x) = \frac{\rho_{V0}}{6\varepsilon a}(2a^3 + 3a^2 x - x^3)$$

(c) 試證 p、n 兩半導體之間的接觸電位差為：

$$\Delta V = \frac{2\rho_{V0}a^2}{3\varepsilon}$$

4.82 設一單位截面積的 p-n 接合面兩側空乏區寬度各為 a，空乏區內、外之電荷密度為：

$$\rho_V(x) = \begin{cases} \rho_{V0}\sin\left(\frac{\pi x}{2a}\right) & |x| < a \\ 0 & |x| > a \end{cases}$$

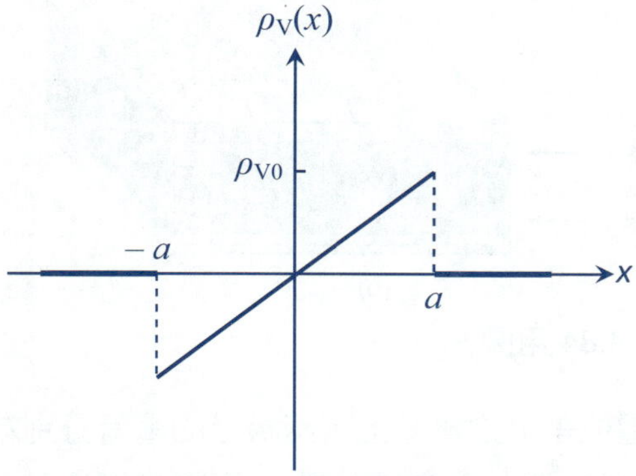

▲圖 E4-28 習題 4.81 用圖

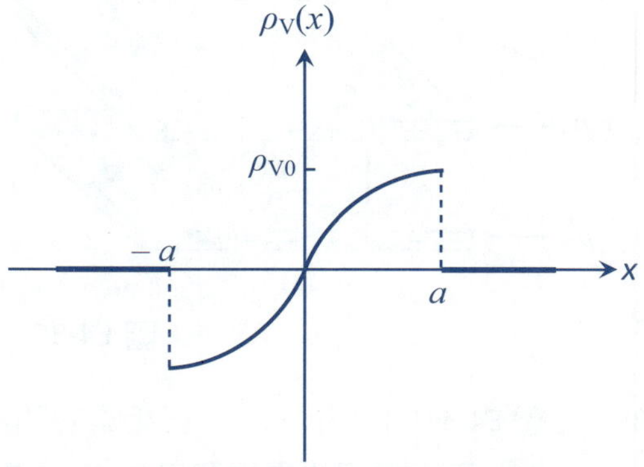

▲圖 E4-29 習題 4.82 用圖

如圖 E4-29 所示。

(a) 試證空乏區內 ($|x| < a$) 之電場強度為：

$$E(x) = -\frac{2a\rho_{V0}}{\pi\varepsilon}\cos\left(\frac{\pi x}{2a}\right)$$

(b) 試證空乏區內 ($|x| < a$) 之電位為：

$$V(x) = \frac{4a^2\rho_{V0}}{\pi^2\varepsilon}\left[\sin\left(\frac{\pi x}{2a}\right) + 1\right]$$

(c) 試證 p、n 兩半導體之間的接觸電位差為：

$$\Delta V = \frac{8a^2\rho_{V0}}{\pi^2\varepsilon}$$

4.83 假設在室溫之下，一矽晶體之 p-n 接合面兩側，雜質濃度分別為 $N_A = 1.50 \times 10^{16}$ cm $^{-3}$，$N_D = 4.50 \times 10^{16}$ cm^{-3}；試求空乏區兩側之接觸電位差。

4-17 介電現象

4.84 如圖 E4-30(a) 所示，一平行板電容器內為真空，電場強度之大小為 $E_0 = 120$ V/m。(a) 試求板上之面電荷密度 ρ_S；(b) 今在兩板帶電量不變的情況下，在兩板間充滿介質，如圖 E4-30(b) 所示；設介質的相對容電係數為 $\varepsilon_r = 1.25$，試求介質表面之極化電荷密度 $\rho_{S,p}$。

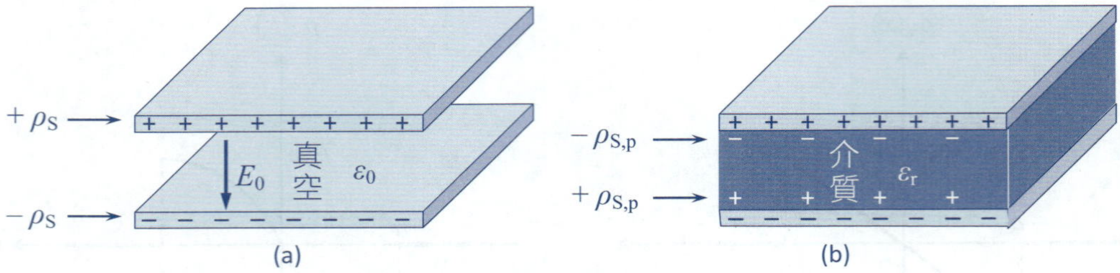

▲圖 E4-30　習題 4.84 用圖

4.85 如圖 E4-31(a) 所示，一平行板電容器接在電位差 V 之電源上，兩板上的電荷分別為 $\pm Q_0$，兩板之間的電場強度為 E_0，電通密度為 D_0。今在電位差 V 不變的條件下，將相對容電係數 ε_r 之介質充滿於兩板之間，如圖 E4-31(b) 所示。試求：(a) E/E_0；(b) D/D_0；(c) Q/Q_0。

4.86 如圖 E4-32 所示，一半徑 a 之球形介質相對容電係數為 ε_r；其球心處置一點電荷 Q。試求介質表面之總極化電荷 Q_p。

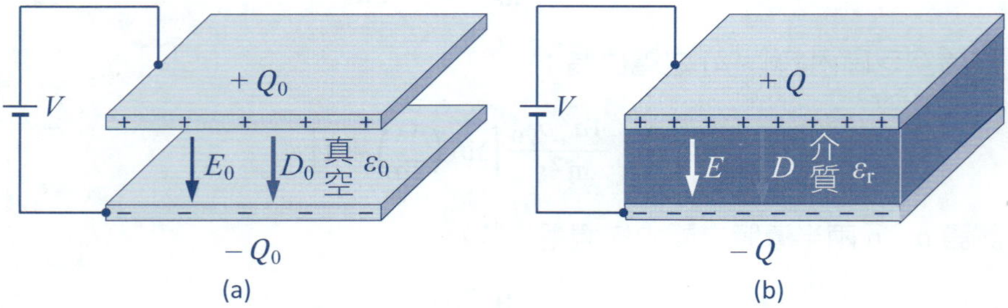

▲圖 E4-31　習題 4.85 用圖

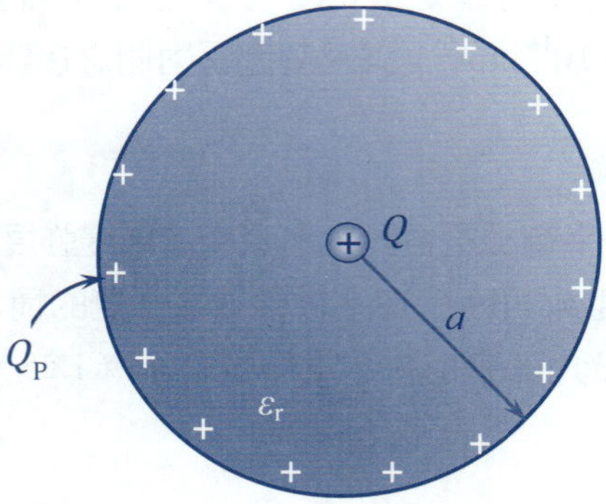

▲圖 E4-32　習題 4.86 用圖

4-18　電容的計算

4.87　電容器中為真空時之電容為 C；今平行插入一金屬片；(a) 若金屬片之厚度可以忽略，如圖 E4-33(a) 所示，試問電容器之電容變成多少？(b) 若金屬片厚度 a 不可忽略，如圖 E4-33(b) 所示，試問電容器之電容變成多少 (電容器兩板間隔為 d)？(c) 這個結果和金屬片的高低位置有關嗎？

4.88　如圖 E4-34 所示，電容器中為真空時之電容為 C；今平行插入一片厚度 b 之介質。(a) 若介質的相對容電係數為 ε_r，試問電容器之電容變成多少 (電容器兩板間隔為 d)？(b) 這個結果和介質的高低位置有關嗎？

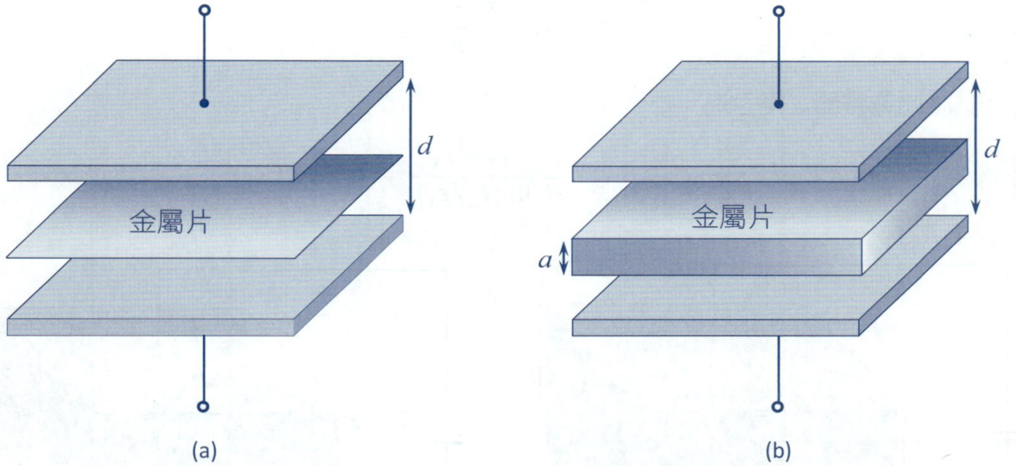

▲圖 E4-33　**習題 4.87 用圖**

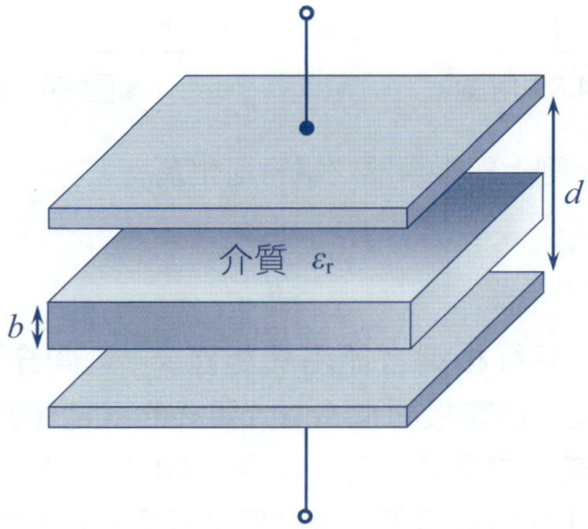

▲圖 E4-34　**習題 4.88 用圖**

4.89 如圖 E4-35 所示，一平行板電容器各板面積為 S，相距為 d，其間充滿兩層介質，容電係數分別為 ε_1 及 ε_2，厚度分別為 d_1 及 d_2。設電容器接在電位差 V 之電源上時，兩板上的電荷分別為 $\pm Q$，試證：(a) 兩介質中之電場強度大小分別為 $E_1 = Q/\varepsilon_1 S$ 及 $E_2 = Q/\varepsilon_2 S$；(b) 電位差 $V = Q\,d_1/\varepsilon_1 S + Q\,d_2/\varepsilon_2 S$；(c) 電容器之電容為：

$$C = \left[\frac{d_1}{\varepsilon_1 S} + \frac{d_2}{\varepsilon_2 S}\right]^{-1}$$

4.90 如圖 E4-36 所示，一平行板電容器各板面積為 S，相距為 d，其間充滿一種特殊的介質，容電係數由底面的 ε_1 線性增加至頂面的 ε_2，即：

$$\varepsilon(z) = \varepsilon_1 + \frac{\varepsilon_2 - \varepsilon_1}{d}z$$

試證此電容器之電容為：

$$C = \frac{S}{d}\frac{\varepsilon_2 - \varepsilon_1}{\ln(\varepsilon_2/\varepsilon_1)}$$

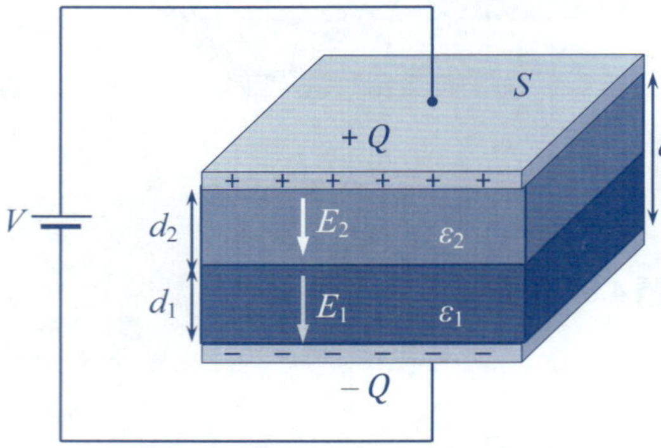

▲圖 E4-35 **習題 4.89 用圖**

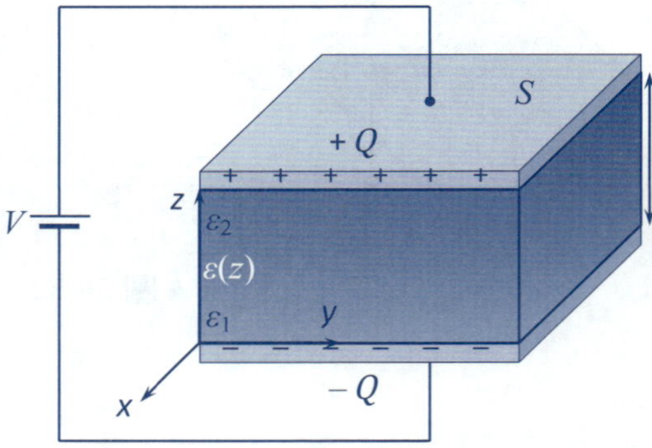

▲圖 E4-36 **習題 4.90 用圖**

4.91 試證：若 $\varepsilon_1 = \varepsilon_2 = \varepsilon$，則上題電容器之電容可化為：

$$C = \frac{\varepsilon S}{d}$$

4.92 如圖 E4-37 所示，一平行板電容器兩板相距 d，其間充滿兩種介質；其中，介質 1 的容電係數為 ε_1，佔有板面積 S_1；介質 2 的容電係數為 ε_2，佔有板面積 S_2。將電容器接在電位差 V 之電源上時，試證：(a) 兩介質中之電通密度大小分別為 $D_1 = \varepsilon_1 V/d$ 及 $D_2 = \varepsilon_2 V/d$；(b) 與兩介質接觸之板面上所帶的電荷分別為 $Q_1 = \varepsilon_1 VS_1/d$ 及 $Q_2 = \varepsilon_2 VS_2/d$；(c) 電容器之電容為：

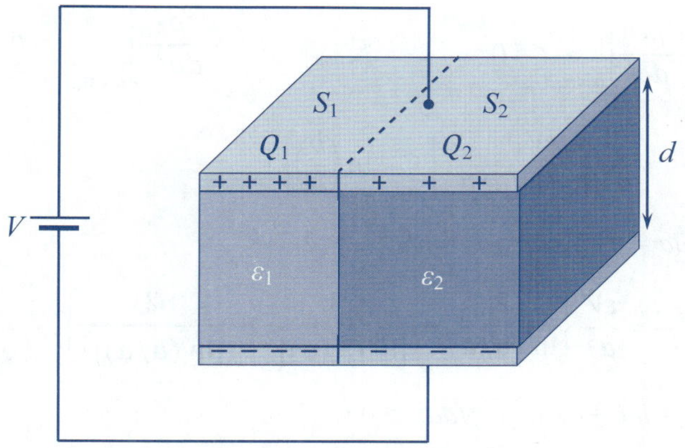

▲圖 E4-37　**習題 4.92 用圖**

$$C = \frac{\varepsilon_1 S_1}{d} + \frac{\varepsilon_2 S_2}{d}$$

4.93　**同心球電容器**。兩同心金屬球殼半徑分別為 a 及 b，$b > a$；其間充滿容電係數為 ε 之介質。試求其電容。

4-19　帶電之導體

4.94　本章課文中的 (4-170) 式為一階常微分方程式：

$$\frac{d\rho_V}{dt} + \frac{\sigma}{\varepsilon}\rho_V = 0$$

初始條件為 $\rho_V(0) = \rho_0$。試證此微分方程式之特解為：

$$\rho_V = \rho_0\, e^{-(\sigma/\varepsilon)t}$$

4.95　一金屬球殼之內、外半徑分別為 a 及 b，球殼內、外均為真空。設其球心處有一點電荷 Q；試求下列各區域之電場強度：(a) $R < a$；(b) $a < R < b$；(c) $R > b$。

4.96　一金屬球殼之內、外半徑分別為 a 及 b，球殼內充滿容電係數 ε 之介質，球外為真空。設其球心處有一點電荷 Q；試求：(a) 球殼內壁之面電荷密度；(b) 球殼外壁之面電荷密度。

4.97　本章課文中的 (4-188) 式為一同軸電纜內導體之表面電荷密度：

$$\rho_{S,a} = \frac{\varepsilon V}{a \ln (b/a)}$$

設外半徑 b 為定值，$\rho_{S,a}$ 為內半徑 a 之函數，則 $\rho_{S,a}$ 在 $a = a_0$ 為**極小值**之**充要條件**為：

$$\left.\frac{d\rho_{S,a}}{da}\right]_{a=a_0} = 0 \qquad 及 \qquad \left.\frac{d^2\rho_{S,a}}{da^2}\right]_{a=a_0} > 0$$

(a) 試證：$\frac{d\rho_{S,a}}{da} = \frac{\varepsilon V}{a^2[\ln(b/a)]^2}\left[1-\ln\left(\frac{b}{a}\right)\right]$，

並證 $d\rho_{S,a}/da = 0$ 時，$a = a_0 = b/e$；$e = 2.718...$。

(b) 試證：$\frac{d^2\rho_{S,a}}{da^2} = \frac{\varepsilon V}{a^3}\left\{\frac{2}{\ln(b/a)} - \frac{3}{[\ln(b/a)]^2} + \frac{2}{[\ln(b/a)]^3}\right\}$，

並證 $a = a_0 = b/e$ 時，$d^2\rho_{S,a}/da^2 > 0$。

4.98 設一同軸電纜內、外導體之半徑分別為 a 及 b；兩導體之間充滿容電係數 ε 之介質。今特別設定比值 b/a，使得內導體表面之電場強度為最小；試求此電纜單位長度之電容 $\overline{C}$。

4-20 邊界條件

4.99 設在一帶電導體表面上某一點之電場強度為 $\vec{E} = \hat{\mathbf{x}}\,0.70 - \hat{\mathbf{y}}\,0.35 - \hat{\mathbf{z}}\,1.00$ V/m，導體之外為真空；試求該處之面電荷密度。

4.100 設在一帶電導體表面上某一點之電通密度為 $\vec{D} = \hat{\mathbf{x}}\,4 - \hat{\mathbf{y}}\,5 - \hat{\mathbf{z}}\,2\ \mu\text{C/m}^2$，導體之外為相對容電係數 $\varepsilon_r = 2$ 之介質。試求該處之面電荷密度。

4.101 如圖 E4-38 所示，介質 1 之容電係數為 ε_1，介質 2 之容電係數為 ε_2。設介質 1 中之電通密度 $\vec{D}_1$ 與法線之夾角為 α_1；試求介質 2 中之電通密度 $\vec{D}_2$ 之大小 D_2 及方向 α_2。

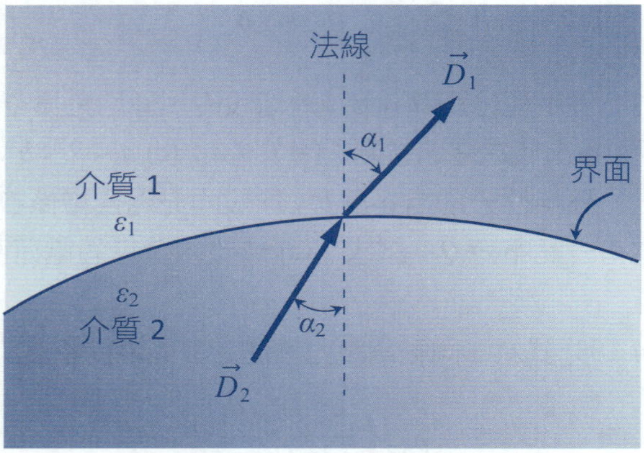

▲圖 E4-38　習題 4.101 用圖

4-21 電能與電能密度

4.102 設一導體之表面上某一點的電荷密度為 ρ_S，其外為容電係數 ε 之介質；試求該處之電能密度。

4.103 已知在相對容電係數 $\varepsilon_r = 4$ 之均勻介質中，電場強度為：

$$\vec{E} = \hat{\mathbf{x}}\,(x^2 + 2z) + \hat{\mathbf{y}}\,x^2 - \hat{\mathbf{z}}\,(y + z)\ \mathrm{V/m}$$

試求在範圍 $-1 \leqq x \leqq 1$，$0 \leqq y \leqq 2$，$0 \leqq z \leqq 3$ 之中所具有的電能。(座標值均以 m 為單位)

4.104 設在真空中之電位函數為：(a) $V = x + y$ V；(b) $V = x^2 + y$ V；試求在範圍 $0 \leqq x \leqq 1$，$0 \leqq y \leqq 1$，$0 \leqq z \leqq 1$ 之中所具有的電能。(座標值均以 m 為單位)

4-22 映像法

4.105 設 Q 及 h 為定值，試證：

$$\int_0^\infty \frac{-Q\,h}{2\pi(r^2 + h^2)^{3/2}}(2\pi\,r\,dr) = -Q$$

4.106 設一無限大之接地平面導體上方高度 h 處有一點電荷 Q；如圖 E4-39 所示。試求下列各點 P 之面電荷密度：(a) $r = 0$；(b) $r = 4h/3$；(c) $r = 12h/5$。

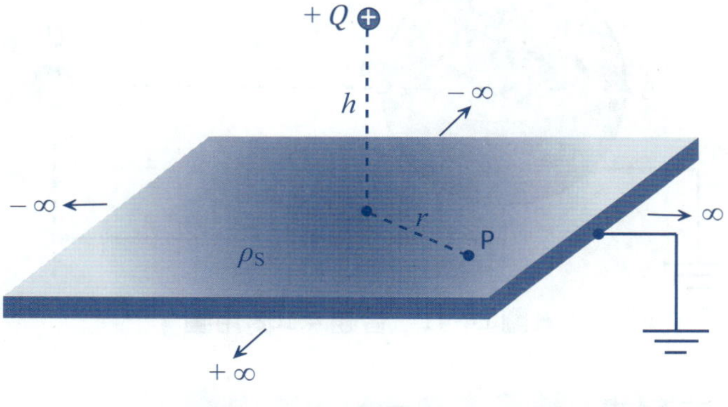

▲圖 E4-39　習題 4.106 用圖

4.107 如圖 E4-40 所示，一接地之無限大平面導體彎成直角；一點電荷 Q 置於點 (a, b, z)，$a \neq b$。試求電像的位置及大小。

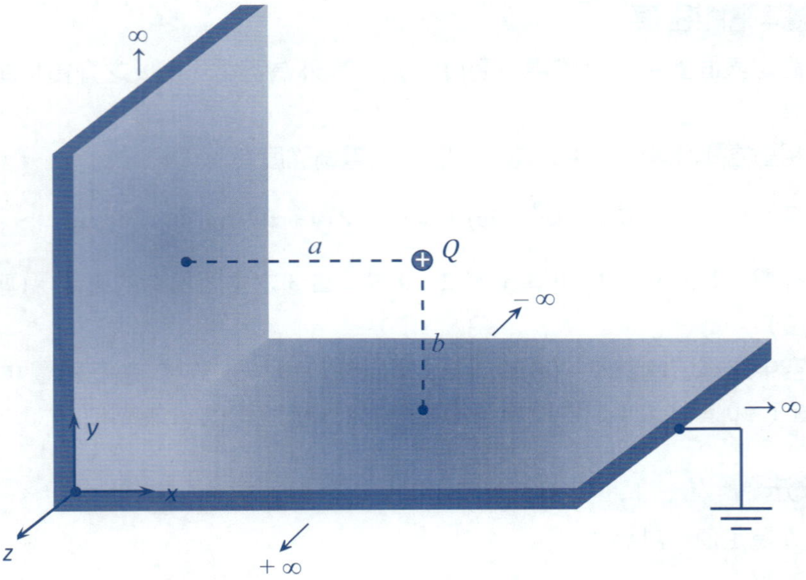

▲圖 E4-40 **習題 4.107 用圖**

4.108 如圖 E4-41 所示，一半徑 a 之接地導體球球外距離球心 b 之處 $(b > a)$，置有一點電荷 Q；試求球面上點 A 與點 B 之電場強度的比值。

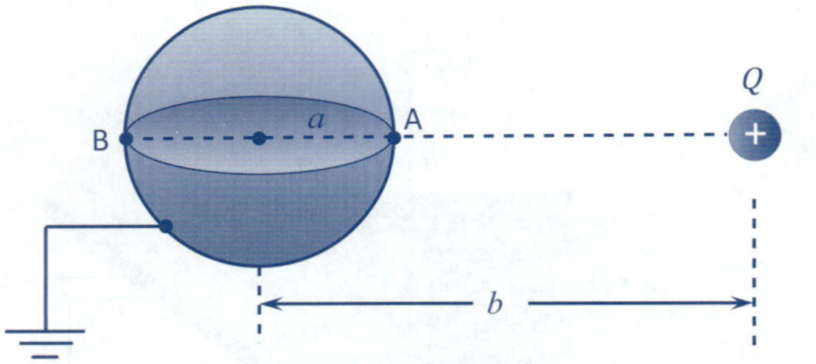

▲圖 E4-41 **習題 4.108 用圖**

4-23 拉卜拉斯方程式

4.109 如圖 E4-42 所示，兩同心金屬球殼之半徑分別為 a 及 b $(b > a)$，接於電位差 V_0，其外球殼接地 $(V = 0)$。試由拉卜拉斯方程式求出兩球殼之間的電位函數 V 及電場強度 $\vec{E}$。

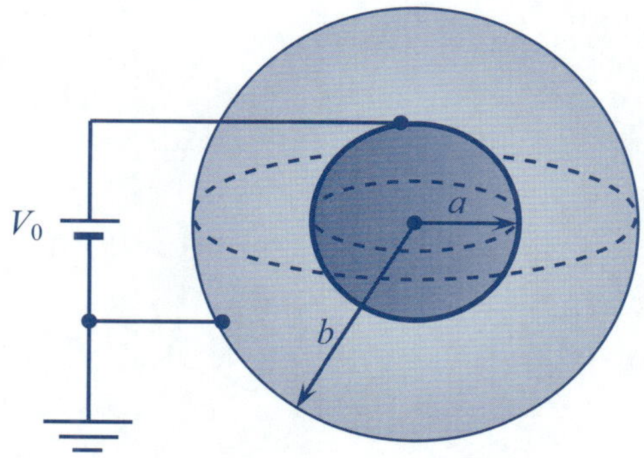

▲圖 E4-42　習題 4.109 用圖

4.110 設在圓柱座標系中，某電位 V 僅為 r 及 ϕ 之函數，而與 z 座標無關。試證拉卜拉斯方程式之一解為：

$$V = (c_1 r^{a} + c_2 r^{-a})(c_3 \cos a\phi + c_4 \sin a\phi)$$

其中，a、c_1、c_2、c_3、c_4 均為任意常數。

4.111 在 [例題 4-58] 中使用到積分公式：

$$\int \csc x\, dx = \ln|\csc x - \cot x| = \ln\left|\tan\frac{x}{2}\right|$$

試證：$\csc x - \cot x = \tan\dfrac{x}{2}$。

第五章

靜磁場解析

靜，謀也；謀定而後動。

5-1 引言

本章講述靜態之磁場的本質，以及靜態磁場與各種磁性物質的相互作用。在大自然中，磁場可由三種方式來產生：第一種是由電荷的運動 (或電流) 來產生，這是丹麥科學家奧斯特於 1819 年偶然的發現。如果電流是穩定的直流，那麼產生的磁場便是靜態的磁場；但是如果電流的時變率不大，那麼產生的磁場也可視為靜態的。靜態的磁場可以獨立於電場之外存在，因此在分析上相對簡易，很適合作為了解磁場的入門；這是本章講述的主題。

第二種是由時變的電場感應而產生，這是蘇格蘭理論物理學家馬克士威在 1865 年出版的《電磁場的動態理論》一書中由數學計算所得出的。如此產生的磁場與電場是相互依存無法分割的；因此嚴格而論，不能逕稱為磁場，而應該稱之為「電磁場」；這將是本書第六章的講述重點。

第三種是由磁性物質所產生 (在古典電磁學中以磁鐵所產生者最為顯著)；人類發現磁鐵的歷史非常久遠，可以追溯到史前時期。西元前 6 世紀，古希臘哲學家泰勒斯曾經描述磁石的磁性。在西元前 4 世紀，古中國的古籍《鬼谷子》中就有「若磁石之取鍼」的詞句；在西元 1 世紀的東漢時期，古籍《論衡》中也有「磁石引針」的記載。雖然如此，人類真正對物質磁性的了解卻相當晚，其原因是它牽涉到很晚才出現的量子力學和固態物理學。這個部分超出本書的範圍，故不擬贅述。

上述三種方式所產生的磁場雖然來源不同，但都遵守相同之物理定律的規範，這就是本章所要介紹的內容。

5-2 運動電荷產生之磁場

一個靜止的電荷僅能產生電場 (靜電場)；以等速作直線運動的電荷除了產生電場之外，還會產生磁場。而作加速運動的電荷則會產生輻射的電磁場，即電磁波。

當一個點電荷 q 以等速度 $\vec{u}$ 作直線運動時，它所產生的磁場皆在與運動方向垂直的平面上，呈圓形分布，如圖 5-1 所示。我們定義此一磁場在空間一點 P 之「**磁場強度**」$\vec{H}$ 為：

$$\vec{H} = \varepsilon_0 \vec{u} \times \vec{E} \tag{5-1}$$

單位為 A/m (安培/米)。

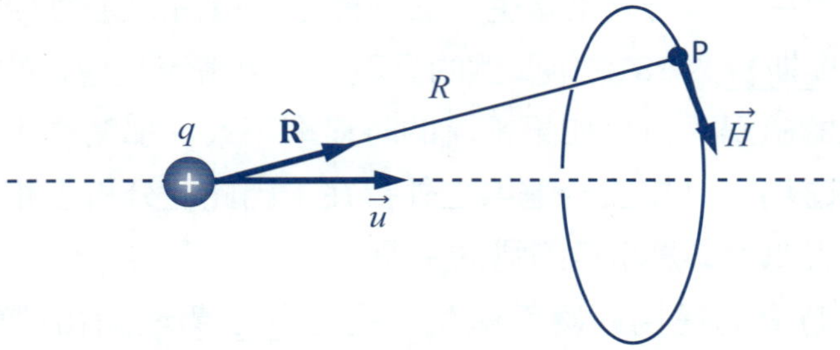

▲圖 5-1 運動點電荷產生的磁場

根據庫倫定律，點電荷 q 在空間一點 P 所產生之電場強度為：

$$\vec{E} = \hat{\mathbf{R}} \frac{1}{4\pi\varepsilon_0} \frac{q}{R^2}$$

故 (5-1) 式可寫成：

$$\vec{H} = \frac{1}{4\pi} \frac{q\vec{u} \times \hat{\mathbf{R}}}{R^2} \tag{5-2}$$

其中 $\hat{\mathbf{R}}$ 為點電荷 q 至點 P 之單位向量。此式係由英國物理學家赫維賽於 1888 年推導出來的。

雖然此式中的速度 $\vec{u}$ 代表的是等速直線運動，但在非等速直線運動的場合，只要它的時變率很小而可忽略，則上式可作為合理的近似公式。

例題 5-1 如圖 5-2(a) 所示，一個點電荷 $+q$ 以等速度 $\vec{u}=\hat{\mathbf{z}}\,u_0$ 運動；試求它通過球座標系的原點時，在點 $P(R,\theta,\phi)$ 所產生的磁場強度 $\vec{H}$。

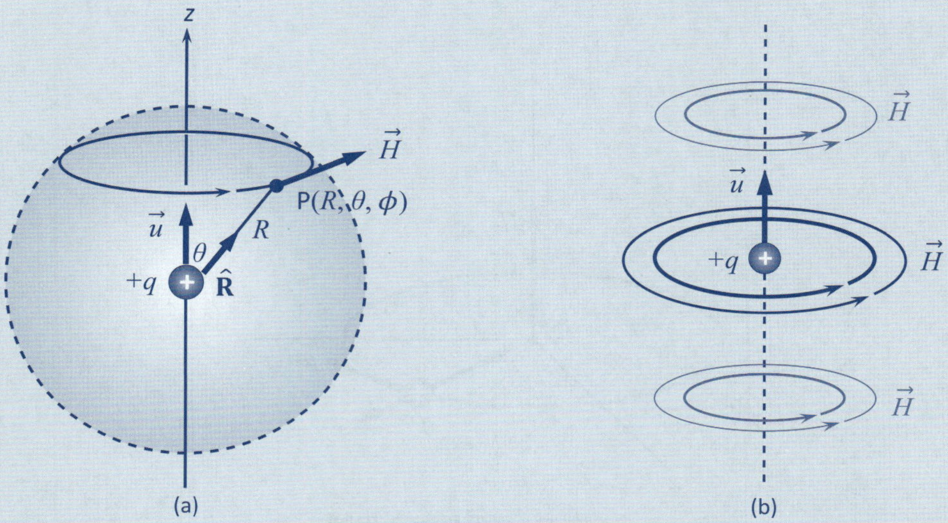

▲圖 5-2 **運動點電荷產生的磁場**

解：由 (5-2) 式：

$$\vec{H}=\frac{1}{4\pi}\frac{q\vec{u}\times\hat{\mathbf{R}}}{R^2}=\frac{1}{4\pi}\frac{q(\hat{\mathbf{z}}\,u_0)\times\hat{\mathbf{R}}}{R^2}=\frac{1}{4\pi}\frac{qu_0\hat{\mathbf{z}}\times\hat{\mathbf{R}}}{R^2} \tag{5-3}$$

根據第二章的 (2-114) 式：

$\hat{\mathbf{z}}=\hat{\mathbf{R}}\cos\theta-\hat{\boldsymbol{\theta}}\sin\theta$

可知：

$\hat{\mathbf{z}}\times\hat{\mathbf{R}}=(\hat{\mathbf{R}}\cos\theta-\hat{\boldsymbol{\theta}}\sin\theta)\times\hat{\mathbf{R}}=\hat{\boldsymbol{\phi}}\,\sin\theta$

故 (5-3) 式變成：

$$\vec{H}=\hat{\boldsymbol{\phi}}\,\frac{1}{4\pi}\frac{qu_0\sin\theta}{R^2} \tag{5-4}$$

由上式可知，此一磁場為 $\hat{\boldsymbol{\phi}}$ 方向，也就是在電荷之運動方向的垂直面上，繞著運動方向的圓周的切線方向，並且服從「**右手定則**」；也就是說，若電荷為正，則我們以右手之拇指指著速度 $\vec{u}$ 的方向時，則其餘四指的方向即為磁場 $\vec{H}$ 的方向，如圖 5-2(b) 所示。若電荷為負，則磁場 $\vec{H}$ 的方向為 $-\hat{\boldsymbol{\phi}}$ 方向。

例題 5-2　設一點電荷 q 在圓柱座標系的 $z = 0$ 平面上作半徑 a 之等速圓周運動，圓心在座標系之原點，如圖 5-3 所示。若其運動速度為 $\vec{u} = \hat{\boldsymbol{\phi}}\, u_0$，試求圓心處之磁場強度。

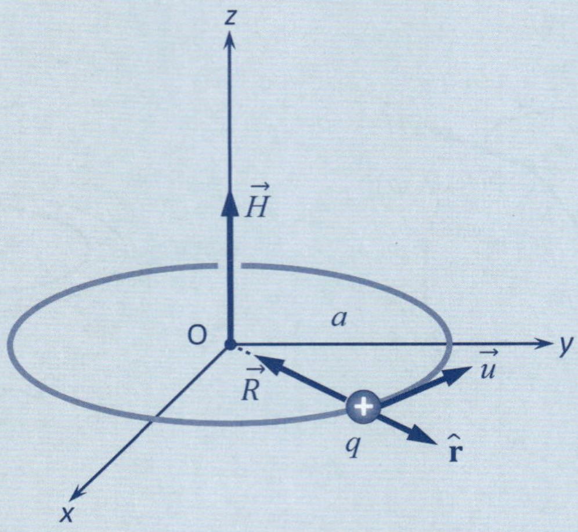

▲圖 5-3　例題 5-2 用圖

解： 由圖 5-3 可知，$\vec{R} = -\,\hat{\mathbf{r}}\, a$，故

$R = a$，　$\hat{\mathbf{R}} = -\,\hat{\mathbf{r}}$

代入 (5-2) 式即所求磁場強度為：

$$\vec{H} = \frac{1}{4\pi}\,\frac{q\vec{u} \times \hat{\mathbf{R}}}{R^2} = \frac{1}{4\pi}\,\frac{q\left(\hat{\boldsymbol{\phi}}\, u_0\right) \times (-\,\hat{\mathbf{r}})}{a^2} = \hat{\mathbf{z}}\,\frac{q\, u_0}{4\pi a^2}$$

我們看到此一磁場之方向恆與電荷運動方向垂直，並服從「右手定則」。

5-3　比歐 - 沙瓦定律 (一)

在大多數應用上，我們要處理的是導線中的電流所產生的磁場。如圖 5-4 所示，設一根細導線中載有電流 I，則因 $I = dq/dt$；也就是說，電流是一群電荷的流動，故在其周圍所產生的磁場計算公式可由 (5-2) 式轉化而來。

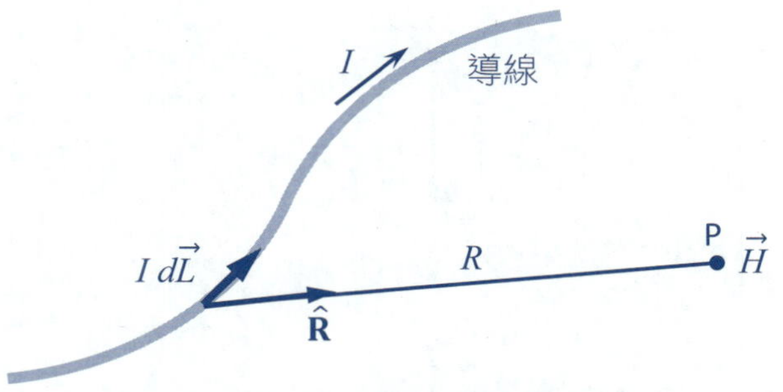

▲圖 5-4 比歐-沙瓦定律推導示意圖

首先，我們在導線上任取一段線元素 $d\vec{L}$。由於 $d\vec{L}$ 的長度趨近於零，故其中所含有的流動電荷 dq 可視為點電荷；設其流動速度為 $\vec{u}$，則因：

$$\vec{u}\,dq = \frac{d\vec{L}}{dt}\,dq = \frac{dq}{dt}d\vec{L} = I\,d\vec{L}$$

故由 (5-2) 式可得 dq 在任意點 P 所產生的微量磁場強度為：

$$d\vec{H} = \frac{1}{4\pi}\frac{dq(\vec{u}\times\hat{\mathbf{R}})}{R^2} = \frac{1}{4\pi}\frac{I\,d\vec{L}\times\hat{\mathbf{R}}}{R^2}$$

將此式沿著導線積分，即得點 P 的磁場強度：

$$\vec{H} = \frac{I}{4\pi}\int\frac{d\vec{L}\times\hat{\mathbf{R}}}{R^2} \tag{5-5}$$

此式稱為「**比歐-沙瓦公式**」，係為紀念兩位法國科學家比歐及沙瓦而訂。

由電流產生的磁場跟由點電荷產生者相彷，其方向都遵守右手定則。因傳統電流係指正電荷的流動，故判斷其磁場方向的右手定則與正電荷的場合一致。

例題 5-3 如圖 5-5 所示，一無限長直導線置於圓柱座標系之 z 軸上，設其中之電流為 I，試求在其周圍任一點 P(r, ϕ, z) 所產生的磁場強度。

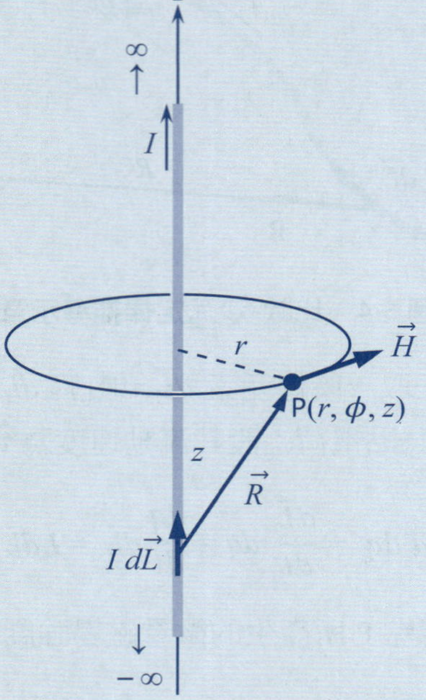

▲圖 5-5　例題 5-3 用圖

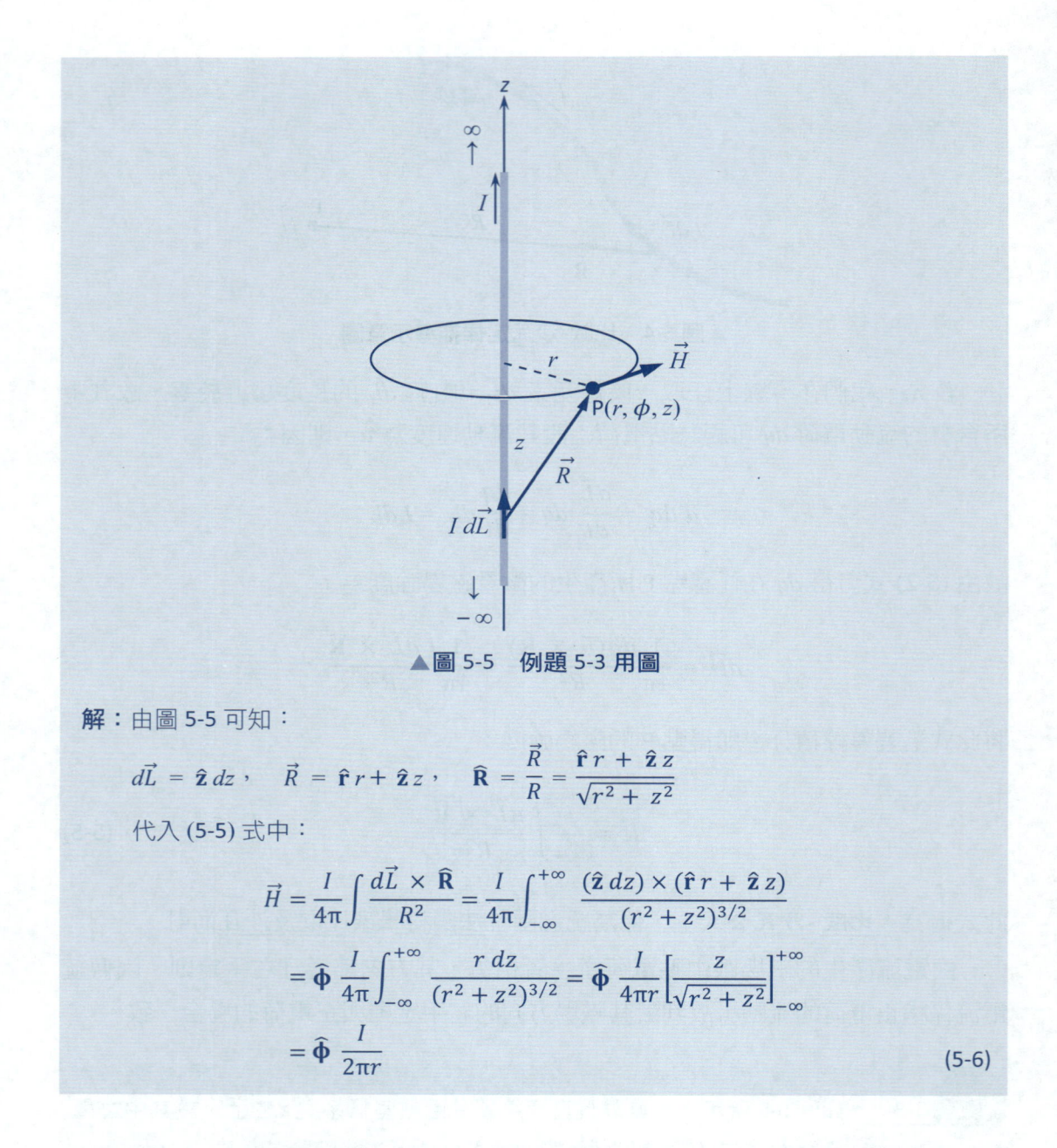

解：由圖 5-5 可知：

$$d\vec{L} = \hat{\mathbf{z}}\,dz，\quad \vec{R} = \hat{\mathbf{r}}\,r + \hat{\mathbf{z}}\,z，\quad \hat{\mathbf{R}} = \frac{\vec{R}}{R} = \frac{\hat{\mathbf{r}}\,r + \hat{\mathbf{z}}\,z}{\sqrt{r^2 + z^2}}$$

代入 (5-5) 式中：

$$\vec{H} = \frac{I}{4\pi}\int \frac{d\vec{L} \times \hat{\mathbf{R}}}{R^2} = \frac{I}{4\pi}\int_{-\infty}^{+\infty} \frac{(\hat{\mathbf{z}}\,dz) \times (\hat{\mathbf{r}}\,r + \hat{\mathbf{z}}\,z)}{(r^2 + z^2)^{3/2}}$$

$$= \hat{\boldsymbol{\phi}}\,\frac{I}{4\pi}\int_{-\infty}^{+\infty} \frac{r\,dz}{(r^2 + z^2)^{3/2}} = \hat{\boldsymbol{\phi}}\,\frac{I}{4\pi r}\left[\frac{z}{\sqrt{r^2 + z^2}}\right]_{-\infty}^{+\infty}$$

$$= \hat{\boldsymbol{\phi}}\,\frac{I}{2\pi r} \tag{5-6}$$

事實上，導線都是有限長，無限長的導線是不存在的；但是若距離 r 遠小於導線的長度，則 (5-6) 式仍不失為一個很好的近似公式。

假如距離 r 遠小於導線長度的條件並不成立，我們仍然有一個簡易的公式可以使用。如圖 5-6(a) 所示，設一直導線的長度範圍為 $z_1 \leqq z \leqq z_2$，則將 (5-6) 式之積分上、下限作適當的調整之後，即可得點 P 的磁場強度：

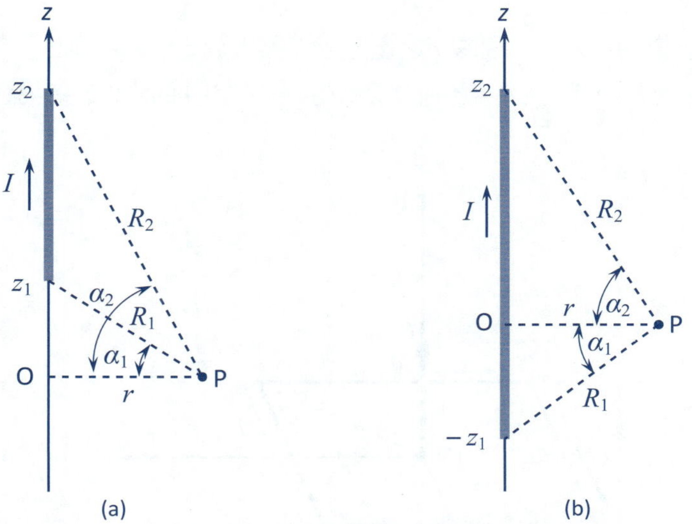

▲圖 5-6　有限長直導線產生的磁場

$$\vec{H}=\hat{\boldsymbol{\phi}}\,\frac{I}{4\pi r}\left[\frac{z}{\sqrt{r^2+z^2}}\right]_{z_1}^{z_2}=\hat{\boldsymbol{\phi}}\,\frac{I}{4\pi r}\left[\frac{z_2}{\sqrt{r^2+z_2^2}}-\frac{z_1}{\sqrt{r^2+z_1^2}}\right]$$

因

$$\frac{z_1}{\sqrt{r^2+z_1^2}}=\frac{z_1}{R_1}=\sin\alpha_1\text{，}\quad \frac{z_2}{\sqrt{r^2+z_2^2}}=\frac{z_2}{R_2}=\sin\alpha_2$$

故：

$$\vec{H}=\hat{\boldsymbol{\phi}}\,\frac{I}{4\pi r}\,(\sin\alpha_2-\sin\alpha_1) \tag{5-7a}$$

另，若直導線的長度範圍為 $-z_1 \leqq z \leqq z_2$，如圖 5-6(b) 所示，則因下限已經變號，$\sin\alpha_1$ 也必須變號，於是 (5-7a) 式就變成：

$$\vec{H}=\hat{\boldsymbol{\phi}}\,\frac{I}{4\pi r}\,(\sin\alpha_2+\sin\alpha_1) \tag{5-7b}$$

最後我們注意到，載流直導線產生的磁場方向 $\hat{\boldsymbol{\phi}}$ 與電流 I 的方向確實遵守上述「**右手定則**」的規範；也就是說，以右手的拇指指著電流方向，則其餘四指環繞的方向即為磁場的方向。

例題 5-4 如圖 5-7 所示，邊長 a 之正方形線圈置於 $z=0$ 平面上，其中心點在座標系之原點處；設線圈中的電流為 I，試求中心點 P 的磁場強度。

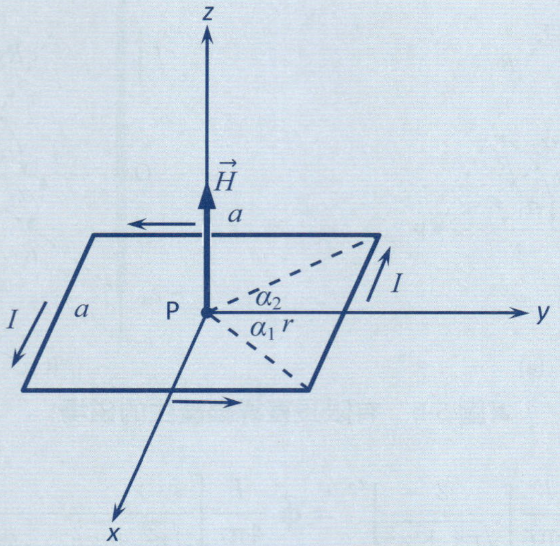

▲圖 5-7　例題 5-4 用圖

解： 先計算線圈之一邊所產生的磁場強度。由圖 5-7 可知：

$r=a/2$，　$\alpha_1=45°$，　$\alpha_2=45°$

代入 (5-7b) 式，並根據右手定則，將方向 $\hat{\boldsymbol{\phi}}$ 調整為 $\hat{\mathbf{z}}$：

$$\vec{H}_1=\hat{\mathbf{z}}\,\frac{I}{4\pi r}(\sin\alpha_2+\sin\alpha_1)=\hat{\mathbf{z}}\,\frac{I}{4\pi(a/2)}(\sin 45°+\sin 45°)$$
$$=\hat{\mathbf{z}}\,\frac{2\sqrt{2}\,I}{4\pi a}$$

故全部四邊所產生的磁場強度為：

$$\vec{H}=4\vec{H}_1=4\,\hat{\mathbf{z}}\left(\frac{2\sqrt{2}\,I}{4\pi a}\right)=\hat{\mathbf{z}}\left(\frac{2\sqrt{2}\,I}{\pi a}\right)\tag{5-8}$$

我們由上面 [例題 5-4] 看到，載流線圈在其**內部**所產生的磁場 $\vec{H}$，其方向與電流 I 的方向也必然遵守「**右手定則**」的規範。

不過，在線圈的場合，「右手定則」可以有另外一個版本，我們姑且稱之為「線圈版本」，即：**以右手四個指頭順著電流方向繞轉，則拇指的方向就是其內**

部的磁場方向。這個版本表面上看起來與原先的版本不同，但兩者的結果是一致的。

例題 5-5 如圖 5-8 所示，半徑 a 之圓形線圈置於圓柱座標系之 $z=0$ 平面，其圓心在座標系之原點。設線圈中之電流為 I，試求其中心軸上一點 P(0, 0, z) 之磁場強度 (z 視為定值)。

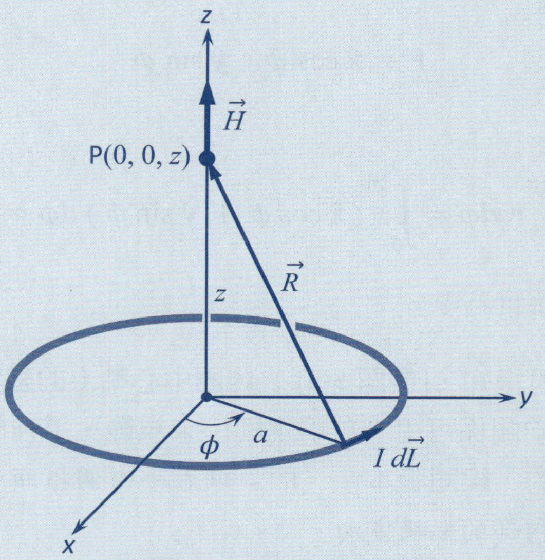

▲圖 5-8 例題 5-5 用圖

解：由圖 5-8 可知：

$$d\vec{L}=\hat{\boldsymbol{\phi}}\,a\,d\phi,\quad \vec{R}=-\hat{\mathbf{r}}\,a+\hat{\mathbf{z}}\,z,\quad \hat{\mathbf{R}}=\frac{\vec{R}}{R}=\frac{-\hat{\mathbf{r}}\,a+\hat{\mathbf{z}}\,z}{\sqrt{a^2+z^2}}$$

代入 (5-5) 式中：

$$\vec{H}=\frac{I}{4\pi}\int\frac{d\vec{L}\times\hat{\mathbf{R}}}{R^2}=\frac{I}{4\pi}\int_0^{2\pi}\frac{(\hat{\boldsymbol{\phi}}\,a\,d\phi)\times(-\hat{\mathbf{r}}\,a+\hat{\mathbf{z}}\,z)}{(a^2+z^2)^{3/2}}$$

$$=\frac{I}{4\pi}\int_0^{2\pi}\frac{\hat{\mathbf{z}}\,a^2+\hat{\mathbf{r}}\,az}{(a^2+z^2)^{3/2}}\,d\phi \tag{5-9}$$

由對稱性之觀察，我們確定點 P 之磁場在 $\hat{\mathbf{z}}$ 方向；因此我們只對上式中之 $\hat{\mathbf{z}}$ 分量積分即可得點 P 之磁場強度：

$$\vec{H}=\hat{\mathbf{z}}\,\frac{Ia^2}{4\pi}\int_0^{2\pi}\frac{1}{(a^2+z^2)^{3/2}}\,d\phi=\hat{\mathbf{z}}\,\frac{Ia^2}{2(a^2+z^2)^{3/2}} \tag{5-10a}$$

注意：在做 (5-7) 式的積分計算時，假如我們未曾利用對稱性之觀察，事先排除 $\hat{\mathbf{r}}$ 分量的積分，其實由直接計算，也可得出 $\hat{\mathbf{r}}$ 分量的積分值為零。按，(5-9) 式中 $\hat{\mathbf{r}}$ 分量的積分式為：

$$\frac{I}{4\pi}\int_0^{2\pi}\frac{\hat{\mathbf{r}}\,az}{(a^2+z^2)^{3/2}}\,d\phi=\frac{I}{4\pi}\frac{az}{(a^2+z^2)^{3/2}}\int_0^{2\pi}\hat{\mathbf{r}}\,d\phi$$

由第二章之 (2-82) 式知：

$$\hat{\mathbf{r}} = \hat{\mathbf{x}}\cos\phi + \hat{\mathbf{y}}\sin\phi$$

故：

$$\int_0^{2\pi}\hat{\mathbf{r}}\,d\phi=\int_0^{2\pi}(\hat{\mathbf{x}}\cos\phi+\hat{\mathbf{y}}\sin\phi)\,d\phi=0$$

可見 $\hat{\mathbf{r}}$ 分量的積分值確實為零。

其次，我們由計算得知，[例題 5-5] 之線圈中心軸上的磁場方向為 $\hat{\mathbf{z}}$ 方向；這與線圈中電流 I 的方向關係可用「右手定則」來規範。這裡的「右手定則」可以使用 [例題 5-4] 所述的「線圈版本」，即：**以右手四個指頭順著電流方向繞轉，則拇指的方向就是其內部的磁場方向**。

最後，假若在 (5-10a) 式中令 $z=0$，則可得在線圈的圓心處之磁場強度為：

$$\vec{H}=\hat{\mathbf{z}}\frac{I}{2a} \tag{5-10b}$$

又，假若在 (5-10a) 式中令 $z \gg a$，則可得中心軸上距線圈甚遠處之磁場強度的近似值為：

$$\vec{H}\approx\hat{\mathbf{z}}\frac{Ia^2}{2z^3} \tag{5-10c}$$

這個磁場強度係與距離 z 的 3 次方成反比。

例題 5-6 **螺線管**。螺線管是將導線緊密纏繞成管狀的一種裝置，導線通電流之後，可以在管內產生較強、較均勻的磁場，如圖 5-9(a) 所示。假設一螺線管

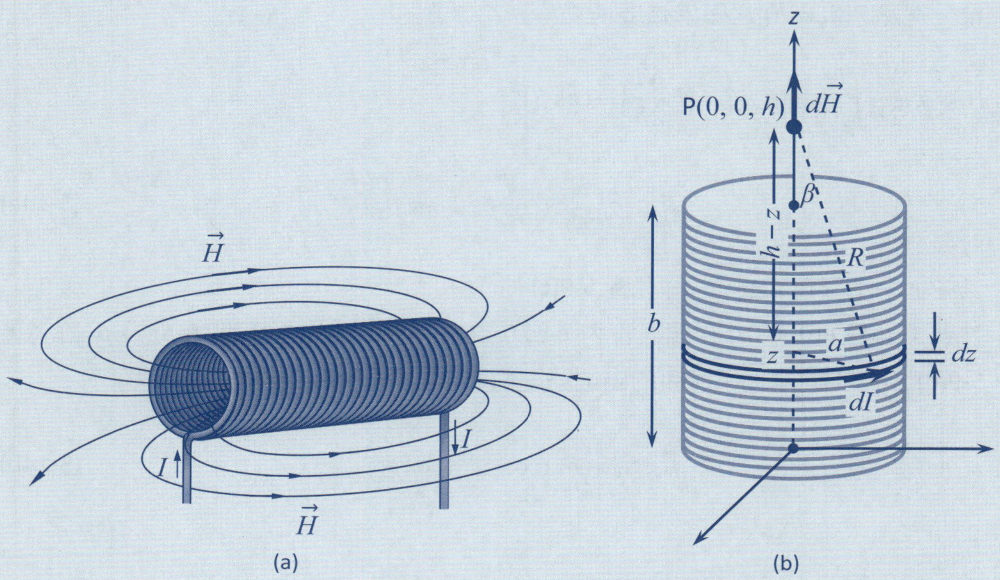

▲圖 5-9　例題 5-6 用圖

之長度為 b，截面半徑為 a，所纏繞之導線匝數為 N；試求通電流 I 時，中心軸上任一點 P$(0, 0, h)$ 之磁場強度。

解： 如圖 5-9(b) 所示，在座標 z 之處選出微量寬度 dz 之圓環，則在此圓環中之微量電流 dI 可由如下之比例關係求得：

$$\frac{dI}{NI} = \frac{dz}{b}$$

$$\therefore\ dI = \frac{NI}{b}dz \tag{5-11}$$

根據 (5-10) 式知，此 dI 在點 P$(0, 0, h)$ 產生之微量磁場強度為：

$$d\vec{H} = \hat{\mathbf{z}}\,\frac{a^2\,dI}{2R^3} \tag{5-12}$$

其中，$R = \sqrt{(h-z)^2 + a^2}$。將 (5-11) 式之 dI 代入 (5-12) 式中，得：

$$d\vec{H} = \hat{\mathbf{z}}\,\frac{NIa^2}{2bR^3}\,dz = \hat{\mathbf{z}}\,\frac{NI}{2ab}\left(\frac{a}{R}\right)^3 dz = \hat{\mathbf{z}}\,\frac{NI}{2ab}\sin^3\beta\ dz \tag{5-13}$$

由圖 5-9(b) 可知，$h - z = a\cot\beta$，微分得 $dz = a\csc^2\beta\,d\beta$；故：

$$d\vec{H} = \hat{\mathbf{z}}\,\frac{NI}{2ab}\,\sin^3\beta\ \times a\csc^2\beta\,d\beta = \hat{\mathbf{z}}\,\frac{NI}{2b}\sin\beta\,d\beta$$

積分得點 P(0, 0, h) 之磁場強度為：

$$\vec{H} = \hat{\mathbf{z}}\,\frac{NI}{2b}\int_{\beta_1}^{\beta_2} \sin\beta\, d\beta = \hat{\mathbf{z}}\,\frac{NI}{2b}[-\cos\beta]_{\beta_1}^{\beta_2}$$

$$\vec{H} = \hat{\mathbf{z}}\,\frac{NI}{2b}\,(\cos\beta_1 - \cos\beta_2) \tag{5-14a}$$

其中上、下限角 β_2 及 β_1 詳見圖 5-9(c) 所示。

注意：若點 P(0, 0, h) 在螺線管內，即 $0 \leqq h \leqq b$，則上、下限角 β_2 及 β_1 詳見圖 5-9(d) 所示；同時，所產生的磁場強度由 (5-14a) 式改為：

$$\vec{H} = \hat{\mathbf{z}}\,\frac{NI}{2b}\,(\cos\beta_1 + \cos\beta_2) \tag{5-14b}$$

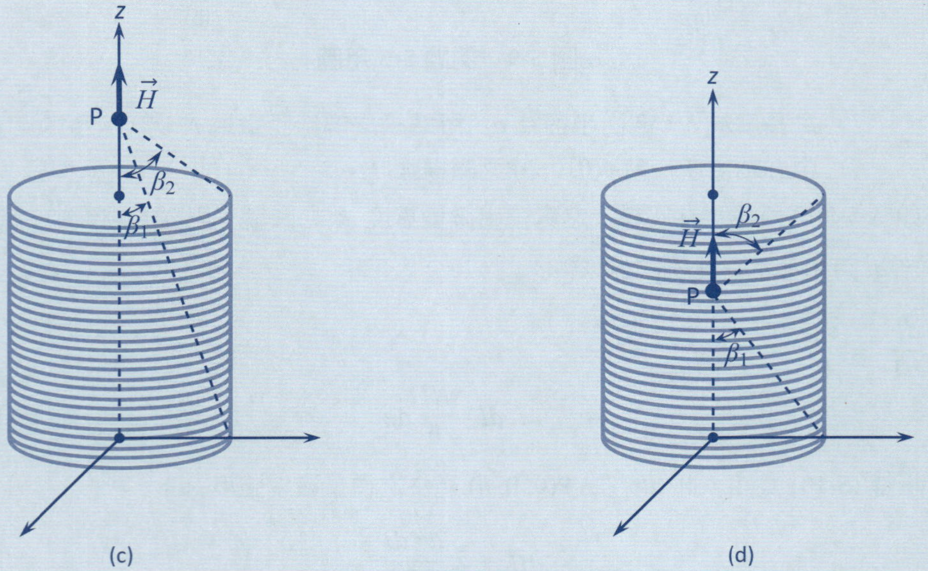

▲圖 5-9　例題 5-6 用圖 (續)

若一螺線管為「細長型」的，也就是它的長度 b 遠大於其截面半徑 a，即 $b >> a$，則在管內的磁場接近於一個均勻磁場，其強度可由 (5-14b) 式導出來。對「細長型」的螺線管而言，$\beta_1 \approx \beta_2 \approx 0$，故由 (5-14b) 式可得：

$$\vec{H} \approx \hat{\mathbf{z}}\,\frac{NI}{b} \tag{5-15}$$

螺線管**管內**的磁場方向可以比照上面 [例題 5-4] 的方形線圈與 [例題 5-5] 之圓形線圈，使用「線圈版本」的右手定則來決定。即：**以右手四個指頭順著電流方向繞轉，則拇指的方向就是螺線管內部的磁場方向。**

例題 5-7 一半徑為 a 之圓盤上帶有均勻面電荷 ρ_S，以垂直通過圓心之直線為軸，作角頻率 ω 之等速轉動，如圖 5-10(a) 所示；試求軸上任一點 P(0, 0, z) 之磁場強度 (z 視為定值)。

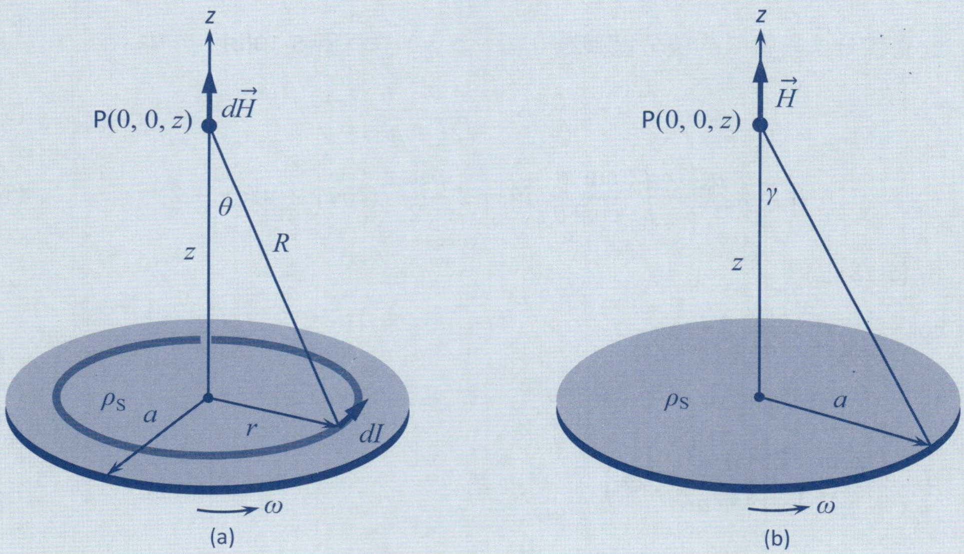

▲圖 5-10　例題 5-7 用圖

解： 當圓盤轉動時，其上的電荷也隨之轉動；此電荷的轉動可視為電流，故能產生磁場。我們將圓盤放在圓柱座標系中，其轉軸與 z 座標軸一致。首先，我們在圓盤上取一半徑 r、寬度 dr 的環帶；當圓盤以角頻率 ω 轉動時，環帶中相當於有一微量電流 dI：

$$dI = \rho_S\,(2\pi r\,dr)\,(\omega/2\pi) = \rho_S\,\omega r\,dr$$

根據 (5-10a) 式知，此 dI 在點 P(0, 0, z) 產生之微量磁場強度為：

$$d\vec{H} = \hat{\mathbf{z}}\,\frac{r^2\,dI}{2R^3} = \hat{\mathbf{z}}\,\frac{r^2}{2R^3}\,(\rho_S\,\omega r\,dr) = \hat{\mathbf{z}}\,\frac{\rho_S \omega r^3\,dr}{2R^3} \tag{5-16}$$

由圖 5-10(a) 知：

$$R = \frac{r}{\sin\theta}$$

$$\therefore\ d\vec{H} = \hat{\mathbf{z}}\,\frac{\rho_S \omega r^3\, dr}{2(r^3/\sin^3\theta)} = \hat{\mathbf{z}}\,\frac{\rho_S \omega \sin^3\theta\, dr}{2} \tag{5-17}$$

又，$r = z\tan\theta$

$\therefore\ dr = z\sec^2\theta\, d\theta$

代入 (5-17) 式變成：

$$d\vec{H} = \hat{\mathbf{z}}\,\frac{\rho_S \omega \sin^3\theta}{2}(z\sec^2\theta\, d\theta) = \hat{\mathbf{z}}\,\frac{\rho_S \omega z}{2}\,\frac{\sin^3\theta}{\cos^2\theta}\,d\theta$$

此式積分；變數 θ 的積分範圍為 $0 \leqq \theta \leqq \gamma$，詳見圖 5-10(b)，其中：

$$\gamma = \cos^{-1}\frac{z}{\sqrt{z^2 + a^2}} \tag{5-18}$$

$$\vec{H} = \hat{\mathbf{z}}\,\frac{\rho_S \omega z}{2}\int_0^{\gamma}\frac{\sin^3\theta}{\cos^2\theta}\,d\theta = \hat{\mathbf{z}}\,\frac{\rho_S \omega z}{2}(\cos\gamma + \sec\gamma - 2) \tag{5-19}$$

由 (5-18) 式：

$$\cos\gamma = \frac{z}{\sqrt{z^2 + a^2}} = \frac{1}{\sec\gamma}$$

代入 (5-19) 式即得：

$$\vec{H} = \hat{\mathbf{z}}\,\frac{\rho_S \omega}{2}\left(\frac{2z^2 + a^2}{\sqrt{z^2 + a^2}} - 2z\right)$$

5-4 比歐 - 沙瓦定律 (二)

一般由載流導線所產生的磁場強度都可以直接由比歐 - 沙瓦公式 (5-5) 式積分而得；但在特殊情況下，此公式可以化為更簡單的形式。這樣的作法與我們一再強調的「簡易原則」的精神是一致的。

如圖 5-11 所示，設載流導線的幾何形狀是二維的，即導線上各點均在同一平面上；則在該平面上任意一點 P 的磁場必與該平面互相垂直，並遵守右手定則。磁場的方向既已確定，我們利用比歐 - 沙瓦公式 [(5-5) 式] 來計算磁場強度時，就不必再考慮方向的問題，而只要計算它的大小就可以了。易言之，我們可以將 (5-5) 式之向量積分式化簡成為普通的純量積分式。

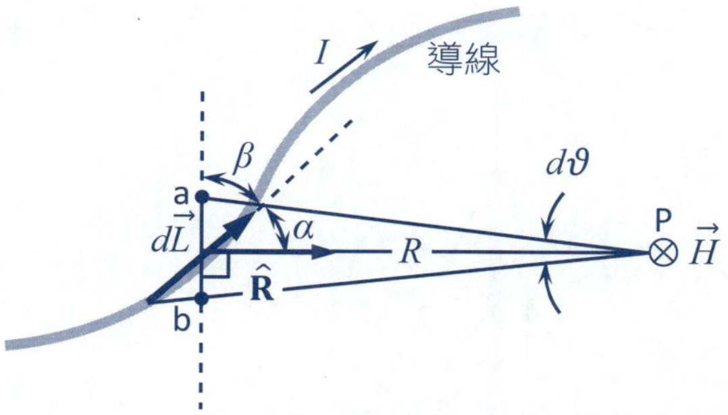

▲圖 5-11 簡化之比歐-沙瓦公式推導示意圖

由圖 5-11 可知[註 1]：

$$\overline{\text{ab}} = R\,d\vartheta$$

故：

$$|\vec{dL} \times \hat{\mathbf{R}}| = dL \sin\alpha = dL \cos\beta = R\,d\vartheta$$

因此 (5-5) 式的大小即可化簡為：

$$H = \frac{I}{4\pi}\int \frac{d\vartheta}{R} \tag{5-20}$$

其中 R 為 dL 與點 P 之間的距離。注意：求出 H 之後，務必利用右手定則找出磁場的方向，然後寫出完整的向量式 $\vec{H}$。

例題 5-8 如圖 5-12 所示，在圓柱座標系之 z 軸上有一有限長的載流導線，其中的電流為 I；試由 (5-20) 式積分，求出任一點 P(r, ϕ, z) 之磁場強度。

解： 由圖 5-12 可知，$R = r/\cos\vartheta$；代入 (5-20) 式中即得：

$$H = \frac{I}{4\pi}\int_{\alpha_1}^{\alpha_2} \frac{d\vartheta}{r/\cos\vartheta} = \frac{I}{4\pi r}\int_{\alpha_1}^{\alpha_2} \cos\vartheta\,d\vartheta$$

$$= \frac{I}{4\pi r}(\sin\alpha_2 - \sin\alpha_1) \tag{5-21}$$

註1 ϑ為希臘字母θ的草寫字體，故發音與θ相同。

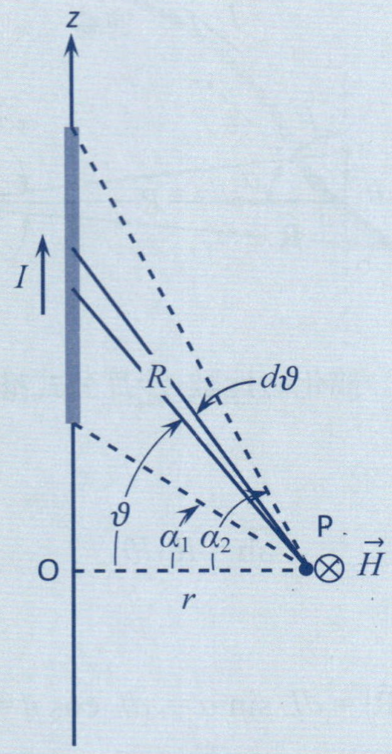

▲圖 5-12　例題 5-8 用圖

由右手定則判斷，此磁場在 $\hat{\boldsymbol{\phi}}$ 方向，故得所求磁場強度為：

$$\vec{H} = \hat{\boldsymbol{\phi}}\ \frac{I}{4\pi r}(\sin\alpha_2 - \sin\alpha_1) \tag{5-22}$$

此一結果與 (5-7a) 式一致，正如預期；但 [例題 5-8] 所用的解法較合乎「簡易原則」的精神。

例題 5-9　如圖 5-13 所示，半徑 a 之圓形線圈中載有電流 I。試由 (5-20) 式積分，求出圓心 O 之磁場強度。

解： 將線圈放在圓柱座標系的 $z = 0$ 平面上，圓心在原點 O，並令座標 $\phi = \vartheta$；則由 (5-20) 式得：

$$H = \frac{I}{4\pi}\int_0^{2\pi}\frac{d\vartheta}{a} = \frac{I}{4\pi a}\int_0^{2\pi} d\vartheta = \frac{I}{2a}$$

再由右手定則判斷，圓心處之磁場在 $\hat{\mathbf{z}}$ 方向，故得所求磁場強度為：

$$\vec{H} = \hat{\mathbf{z}}\ \frac{I}{2a} \tag{5-23}$$

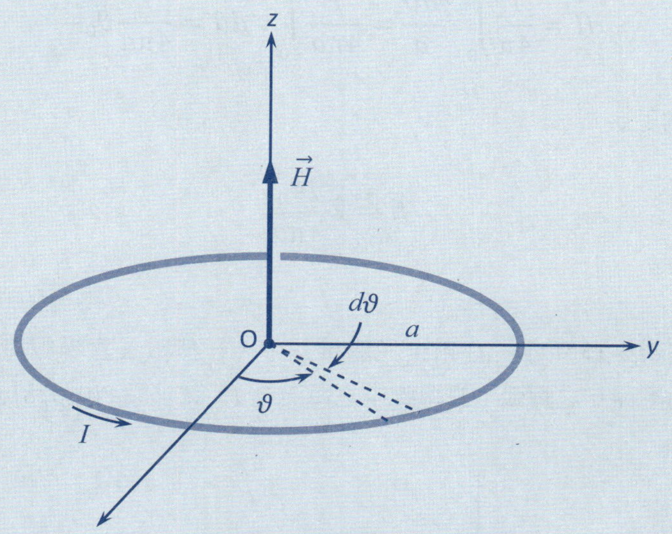

▲圖 5-13　**例題 5-9 用圖**

[例題 5-9] 是 [例題 5-5] 的一個特例；也就是說，假如將圓心座標 (0, 0, 0) 代入 (5-10a) 式中，即可得 (5-23) 式，也是正如預期。

其次，由 [例題 5-9] 可以得出一個更普遍的公式；設半徑 a 之載流導線彎成一個圓弧狀，其圓心角為 ϑ_0，如圖 5-14 所示；則在圓心處之磁場強度大小為：

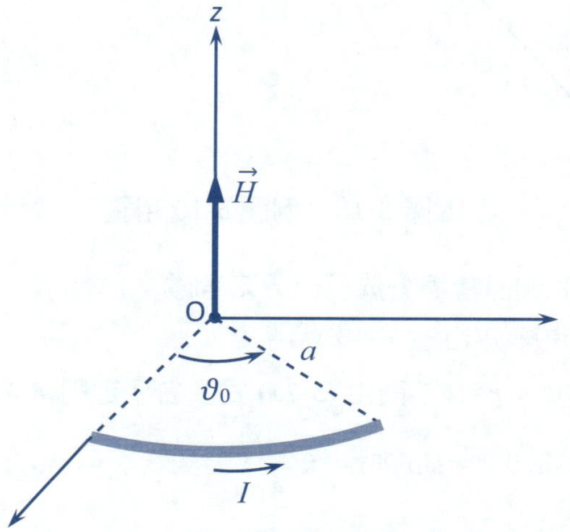

▲圖 5-14　**圓弧形載流導線產生的磁場**

$$H = \frac{I}{4\pi}\int_0^{\vartheta_0}\frac{d\vartheta}{a} = \frac{I}{4\pi a}\int_0^{\vartheta_0} d\vartheta = \frac{I}{4\pi a}\vartheta_0$$

故得所求磁場強度為：

$$\vec{H} = \hat{\mathbf{z}}\,\frac{I\vartheta_0}{4\pi a} \tag{5-24}$$

例題 5-10 如圖 5-15 所示，在笛卡兒座標系中，一無限長直導線彎成 90°，彎曲處為半徑 a 之圓弧。設導線中之電流為 I，試求點 P(0, a, a) 處之磁場強度。

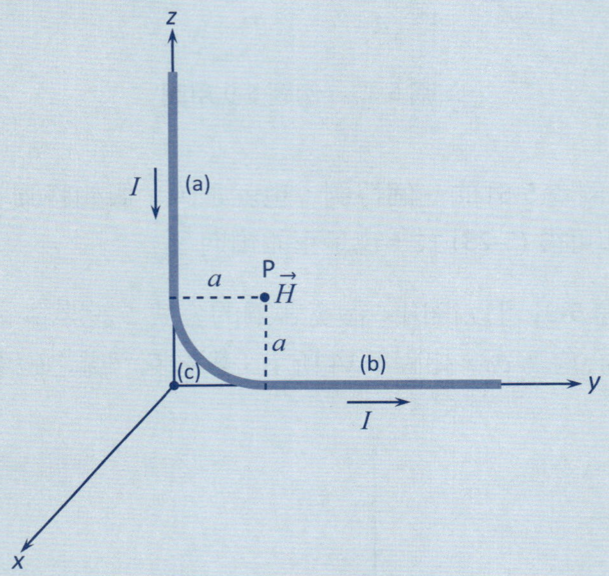

▲圖 5-15 例題 5-10 用圖

解： 如圖 5-15 所示，我們將導線分成三部分來考慮：

(a) 在 z 軸上的直線部分 ($a \leqq z < \infty$) ——

$\alpha_1 = 0°$，$\alpha_2 = 90°$，$r = a$；則由 (5-21) 式及右手定則得：

$$\vec{H}_a = \hat{\mathbf{x}}\,\frac{I}{4\pi a}(\sin 90° - \sin 0°) = \hat{\mathbf{x}}\,\frac{I}{4\pi a}$$

(b) 在 y 軸上的直線部分 ($a \leqq y < \infty$) ——

$\alpha_1 = 0°$，$\alpha_2 = 90°$，$r = a$；則由 (5-21) 式及右手定則得：

$$\vec{H}_b = \hat{\mathbf{x}}\,\frac{I}{4\pi a}\,(\sin 90° - \sin 0°) = \hat{\mathbf{x}}\,\frac{I}{4\pi a}$$

(c) 在導線彎曲的圓弧部分 ——

圓心角 $\vartheta_0 = \pi/2$，故由 (5-24) 式及右手定則得：

$$\vec{H}_c = \hat{\mathbf{x}}\,\frac{I\,(\pi/2)}{4\pi a} = \hat{\mathbf{x}}\,\frac{I}{8a}$$

∴所求之磁場強度為上面三個部分的總和：

$$\begin{aligned}\vec{H} &= \vec{H}_a + \vec{H}_b + \vec{H}_c \\ &= \hat{\mathbf{x}}\left(\frac{I}{4\pi a} + \frac{I}{4\pi a} + \frac{I}{8a}\right) \\ &= \hat{\mathbf{x}}\,\frac{I}{2a}\left(\frac{1}{\pi} + \frac{1}{4}\right) \approx \hat{\mathbf{x}}\,\frac{0.5683\,I}{2a}\end{aligned}$$

5-5 安培定律

靜態的磁場具有若干基本的本性，其中之一可用「**安培定律**」來描述。為簡化推導的過程起見，我們思考一個無限長的載流直導線所產生的磁場。由 (5-6) 式知，若將此一長直導線放在圓柱座標系之 z 軸上，則在任一點 P(r, ϕ, z) 所產生的磁場強度為：

$$\vec{H} = \hat{\boldsymbol{\phi}}\,\frac{I}{2\pi r}$$

今在導線周圍想像一形狀任意的封閉路徑 C，如圖 5-16 所示。因在圓柱座標系中之線元素為：

$$d\vec{L} = \hat{\mathbf{r}}\,dr + \hat{\boldsymbol{\phi}}\,r\,d\phi + \hat{\mathbf{z}}\,dz$$

故 $\vec{H}$ 沿封閉路徑 C 之線積分為：

$$\oint_C \vec{H}\cdot d\vec{L} = \oint_C \left(\hat{\boldsymbol{\phi}}\,\frac{I}{2\pi r}\right)\cdot(\hat{\mathbf{r}}\,dr + \hat{\boldsymbol{\phi}}\,r\,d\phi + \hat{\mathbf{z}}\,dz) = \int_0^{2\pi} \frac{I}{2\pi}\,d\phi = I$$

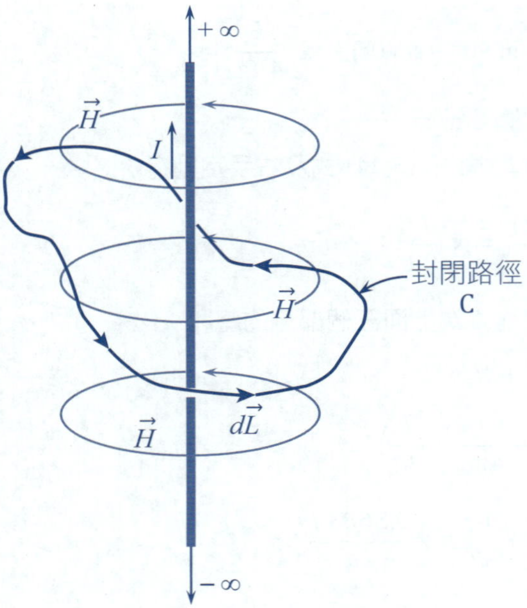

▲圖 5-16　安培定律之簡易推導

亦即：

$$\oint_C \vec{H} \cdot d\vec{L} = I \tag{5-25}$$

這個式子稱為靜磁場的「**安培定律**」，係為紀念法國科學家安培而命名。上述之推導雖然是由無限長載流直導線所產生的磁場而來，但 (5-25) 式卻是個普遍的公式，對於任何形狀的載流導線所產生的靜磁場均成立。

(5-25) 式所示的安培定律之重點歸納如下：

1. 此式僅適用於**靜磁場** $\vec{H}$；如果磁場是動態的，也就是隨時間而變的，那麼此式等號右邊就必須多加一項，這多加的一項稱為「位移電流」，我們將在下一章中講述。
2. 此式是個沿著封閉路徑 C 的線積分；積分路徑 C 的形狀不拘，但必須是**封閉**的。
3. 一物理量沿著封閉路徑 C 的線積分，我們稱之為「**環量**」。若沿著任何封閉路徑的環量恆等於零，我們稱該物理量為保守場。由 (5-25) 式可知，靜磁場 $\vec{H}$ 為一「**非保守場**」(詳見第 3-4 節)。

4. 此式等號右邊的電流 I 僅限定流經積分路徑 C 內部的電流；流經積分路徑 C 之外的電流不予計入 (詳見 [例題 5-11])。
5. 若以右手的四指環繞著路徑 C 的方向，則**與拇指同方向的電流取正值，而與拇指反方向者取負值**。

例題 5-11 在無限長載流直導線旁，想像一封閉路徑 C，如圖 5-17 所示。設導線中之電流為 I，試求所產生之磁場沿著路徑 C 之環量。

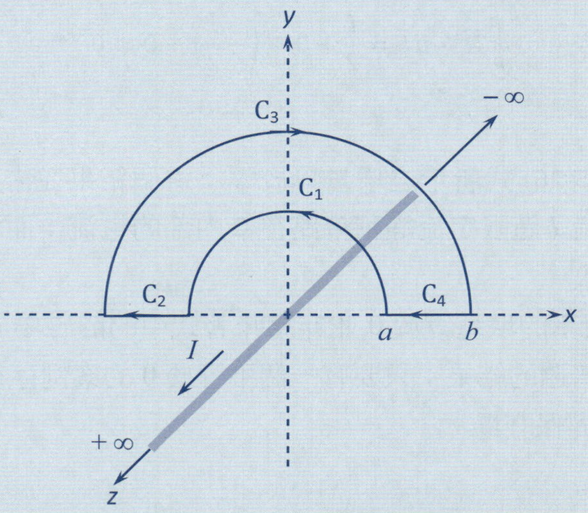

▲圖 5-17 例題 5-11 用圖

解： 我們將封閉路徑 C 分成四段來計算：

(a) 半徑為 a 之圓弧 C_1 ——

$$\int_{C_1} \vec{H} \cdot d\vec{L} = \int_0^{\pi} \left(\hat{\boldsymbol{\phi}}\,\frac{I}{2\pi a}\right) \cdot (\hat{\boldsymbol{\phi}}\,a\,d\phi) = \int_0^{\pi} \frac{I}{2\pi}\,d\phi = \frac{I}{2}$$

(b) 直線段 C_2 ——

$$\int_{C_2} \vec{H} \cdot d\vec{L} = \int_a^b \left(\hat{\boldsymbol{\phi}}\,\frac{I}{2\pi r}\right) \cdot (\hat{\mathbf{r}}\,dr) = 0$$

(c) 半徑為 b 之圓弧 C_3 ——

$$\int_{C_3} \vec{H} \cdot d\vec{L} = \int_{\pi}^{0} \left(\hat{\boldsymbol{\phi}}\ \frac{I}{2\pi b}\right) \cdot (\hat{\boldsymbol{\phi}}\, b\, d\phi) = \int_{\pi}^{0} \frac{I}{2\pi} d\phi = -\frac{I}{2}$$

(d) 直線段 C_4 ——

$$\int_{C_4} \vec{H} \cdot d\vec{L} = \int_{b}^{a} \left(\hat{\boldsymbol{\phi}}\ \frac{I}{2\pi r}\right) \cdot (\hat{\mathbf{r}}\ dr) = 0$$

∴ 所求之環量為上面四個部分的總和：

$$\oint_{C} \vec{H} \cdot d\vec{L} = \frac{I}{2} + 0 + \left(-\frac{I}{2}\right) + 0 = 0 \tag{5-26}$$

我們注意到，(5-26) 式所示之環量等於零；這個結果並未牴觸 (5-25) 式，因為 (5-25) 式中的電流 I 僅限定流經積分路徑 C 內部的電流；而流經積分路徑 C 之外部的電流不予計入。

另，(5-26) 式所示的環量等於 0 並非意味著式中的靜磁場 $\vec{H}$ 是個保守場，因為那個 0 不是一個普遍的結果；只要有一個不等於 0 的案例存在，如圖 **5-16** 所示者，那麼 $\vec{H}$ 就是個非保守場。

例題 5-12 如圖 5-18 所示，在四個電流 I_1、I_2、I_3、及 I_4 所產生之磁場 $\vec{H}$ 中，想像一封閉路徑 C。試求 $\vec{H}$ 沿著路徑 C 之環量。

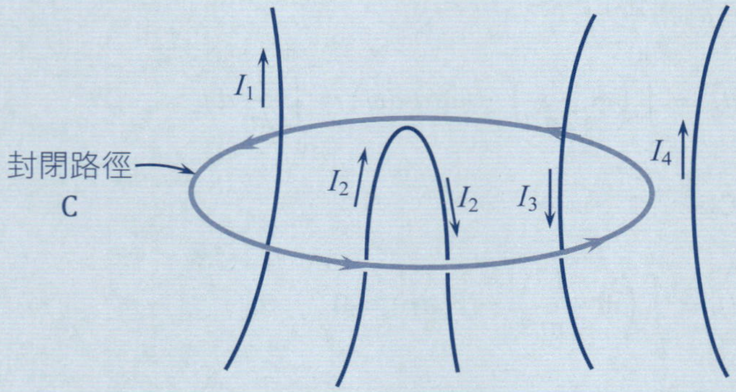

▲圖 5-18　例題 5-12 用圖

解： 首先，I_4 在路徑外，故不予計入。其次，依規定，I_1 及 I_2 的左半段應為正值，而 I_2 的右半段及 I_3 應為負值；故所求之環量為：

$$\oint_C \vec{H} \cdot d\vec{L} = I_1 + I_2 - I_2 - I_3 = I_1 - I_3$$

在實際的情況下，電流並不限定在導線中，它可以是任意的分布；在最廣義的情況下，我們可用如下的面積分形式來表示：

$$I = \iint_S \vec{J} \cdot d\vec{S}$$

其中 $\vec{J}$ 為電流密度。通常為簡單起見，上式中的面積分符號 $\iint_S$ 可以用單一個積分符號 $\int_S$ 來代替，而不會引起混淆：

$$I = \int_S \vec{J} \cdot d\vec{S}$$

因此，安培定律 (5-25) 式可寫成最廣義的形式：

$$\oint_C \vec{H} \cdot d\vec{L} = \int_S \vec{J} \cdot d\vec{S} \qquad (5\text{-}27)$$

注意：上式面積分的範圍 S 僅限於封閉路徑 C 的**內部**。

在一般人的認知裡，所謂「封閉路徑的內部」無非是指「封閉路徑內部的平面」而言。我們在 [例題 5-12] 裡的解法似乎也是採取這個觀點。但是從數學的角度而言，卻不一定非平面不可，而可泛指「***以封閉路徑 C 為邊緣的任何連續曲面 S***」，如圖 5-19 所示。

採用這個廣義的觀點並不會影響計算的結果。例如在圖 5-19 中，穿過曲面 S 的電流只有 $+I_1$ 及 $-I_3$，故所求之環量為：

$$\oint_C \vec{H} \cdot d\vec{L} = I_1 - I_3$$

這跟 [例題 5-12] 所得的結果完全一樣。

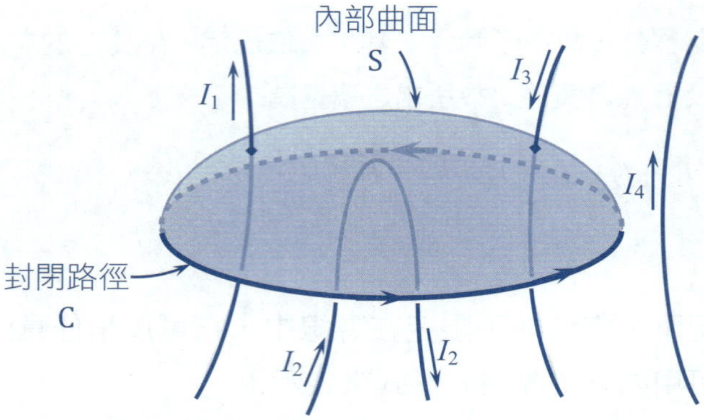

▲圖 5-19 封閉路徑之「內部」示意圖

5-6 安培定律的應用

基本上，磁場強度通常是利用比歐-沙瓦公式 (5-5) 式或其簡化的版本 (5-20) 式來計算；但是有時會遭遇複雜的數學運算而不易獲得解答。此時，安培定律是一個可能的選擇；假如問題具有明顯而簡單的**對稱性**，則利用安培定律可以很簡易地獲得答案。從這一點來看，安培定律與電場的高斯定律 (詳見第 4-8 節) 具有相同的功能。

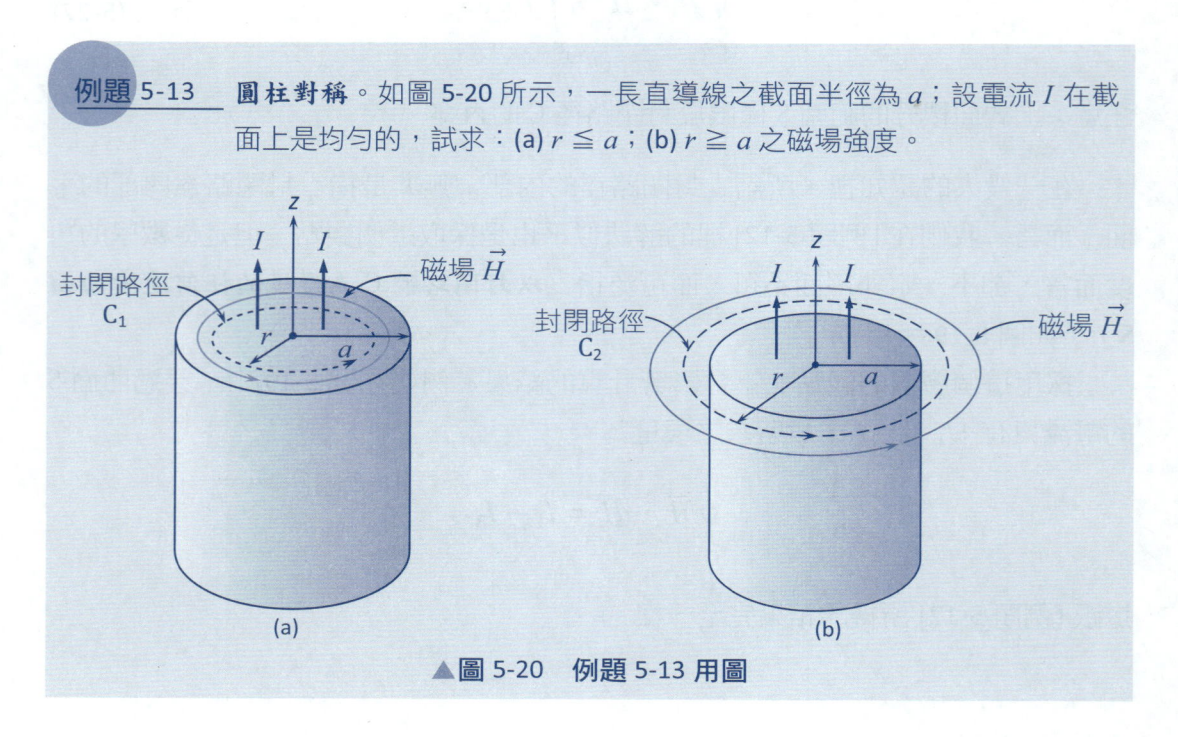

例題 5-13 **圓柱對稱**。如圖 5-20 所示，一長直導線之截面半徑為 a；設電流 I 在截面上是均勻的，試求：(a) $r \leqq a$；(b) $r \geqq a$ 之磁場強度。

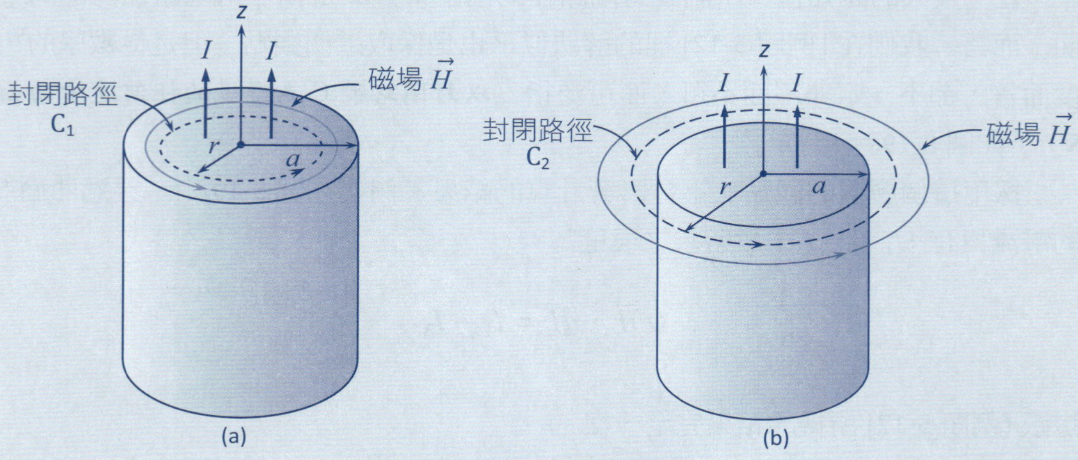

▲圖 5-20 例題 5-13 用圖

解： 根據導線的形狀，我們可以確定所產生的磁場必具有「圓柱對稱」；也就是說，磁場強度 $\vec{H}$ 僅與座標 r 有關。因此，我們選用的封閉路徑必須是個半徑為 r 的圓周。

(a) $r \leqq a$ (導線內) ——

選定一半徑 $r < a$ 之圓周 C_1 為封閉路徑，如圖 5-20(a) 所示；則由比例關係知流經 C_1 內部的電流為：

$$I' = \frac{\pi r^2}{\pi a^2} I = \frac{r^2}{a^2} I$$

由安培定律得：

$$\oint_{C_1} \vec{H} \cdot d\vec{L} = H(2\pi r) = \frac{r^2}{a^2} I$$

故得磁場強度之大小為：

$$H = \frac{rI}{2\pi a^2}$$

寫成向量式：

$$\vec{H} = \hat{\boldsymbol{\phi}} \frac{rI}{2\pi a^2} \qquad (r \leqq a) \tag{5-28a}$$

(b) $r \geqq a$ (導線外) ——

選定一半徑 $r > a$ 之圓周 C_2 為封閉路徑，如圖 5-20(b) 所示；則流經 C_2 內部的電流為 I。由安培定律得：

$$\oint_{C_2} \vec{H} \cdot d\vec{L} = H(2\pi r) = I$$

故得磁場強度之大小為：

$$H = \frac{I}{2\pi r}$$

寫成向量式：

$$\vec{H} = \hat{\boldsymbol{\phi}} \frac{I}{2\pi r} \qquad (r \geqq a) \tag{5-28b}$$

(5-28a) 及 (5-28b) 兩式即為所求磁場強度，其函數圖形詳見圖 5-21。

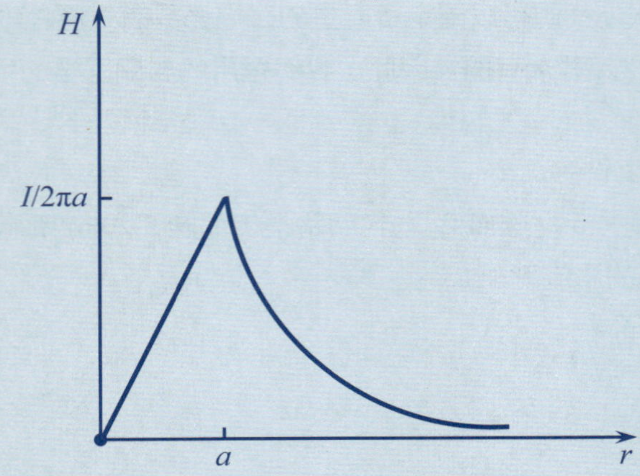

▲圖 5-21　例題 5-13 所求得的磁場強度函數圖

例題 5-14　一圓柱形導線內有一軸向之圓柱形空腔，截面如圖 5-22(a) 所示。設導線軸心與空腔軸心之距離為 d，$\overline{OO'} = \vec{d}$，通過導線截面之電流密度 $\vec{J}$ 為一定值；試求空腔中的磁場強度。

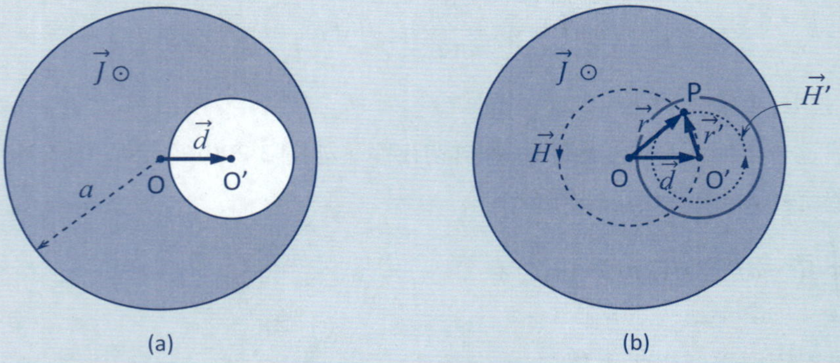

▲圖 5-22　例題 5-14 用圖

解： 首先，假設圓柱形導體尚未有空腔，如圖 5-22(b) 所示，則由 (5-28a) 式知導線內任一點 P(r, ϕ, z) 之磁場強度為：

$$\vec{H} = \hat{\boldsymbol{\phi}}\ \frac{rI}{2\pi a^2} = \hat{\boldsymbol{\phi}}\ \frac{r}{2}\frac{I}{\pi a^2} = \hat{\boldsymbol{\phi}}\ \frac{r}{2}J \tag{5-29}$$

其中，$J = I/\pi a^2$ 為導線中的電流密度。由 (2-74) 式中可知：

$\hat{\boldsymbol{\phi}} = \hat{\mathbf{z}} \times \hat{\mathbf{r}}$

故 (5-29) 式可寫成：

$$\vec{H}=(\hat{\mathbf{z}}\times\hat{\mathbf{r}})\,\frac{r}{2}J=\frac{1}{2}(\hat{\mathbf{z}}J)\times(\hat{\mathbf{r}}\,r)=\frac{1}{2}\vec{J}\times\vec{r} \tag{5-30}$$

同理，在預定被挖出的軸向圓柱形部分，在同一點 P(r, ϕ, z) 所產生的磁場強度為：

$$\vec{H}'=\frac{1}{2}\vec{J}\times\vec{r}' \tag{5-31}$$

於是，空腔挖成之後，空腔中任一點 P(r, ϕ, z) 之磁場強度必為：

$\vec{H}_0=\vec{H}-\vec{H}'$

由 (5-30) 式及 (5-31) 式代入，可得：

$$\vec{H}_0=\frac{1}{2}\vec{J}\times\vec{r}-\frac{1}{2}\vec{J}\times\vec{r}'=\frac{1}{2}\vec{J}\times(\vec{r}-\vec{r}') \tag{5-32}$$

由圖 5-22(b) 可知：

$\vec{r}-\vec{r}'=\vec{d}$

故 (5-32) 式變成：

$$\vec{H}_0=\frac{1}{2}\vec{J}\times\vec{d} \tag{5-33}$$

由於 $\vec{J}$ 與 $\vec{d}$ 均為定值向量，因此空腔中的磁場 $\vec{H}_0$ 亦為一定值向量；也就是說，它是個均勻磁場，如圖 5-22(c) 所示。

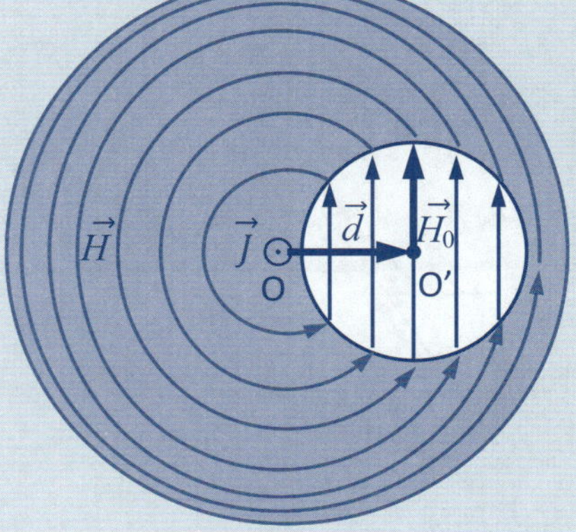

(c)

▲圖 5-22　例題 5-14 用圖 (續)

例題 5-15 **平面對稱**。當電流流過一個平面導體時，若導體的厚度很小而可忽略，我們稱此電流為「**面電流**」；此時，我們定義垂直流過單位寬度的電流為「**面電流密度**」，以符號$\vec{J}_S$表示，單位為 A/m (安培/米)。

今假設在 $z=0$ 平面上有一無限大的平面導體，其中有電流沿著 − x 方向流動，如圖 5-23(a) 所示。設導體的厚度很小，可以忽略；試求在導體上方 $(z>0)$ 及導體下方 $(z<0)$ 所產生的磁場強度。

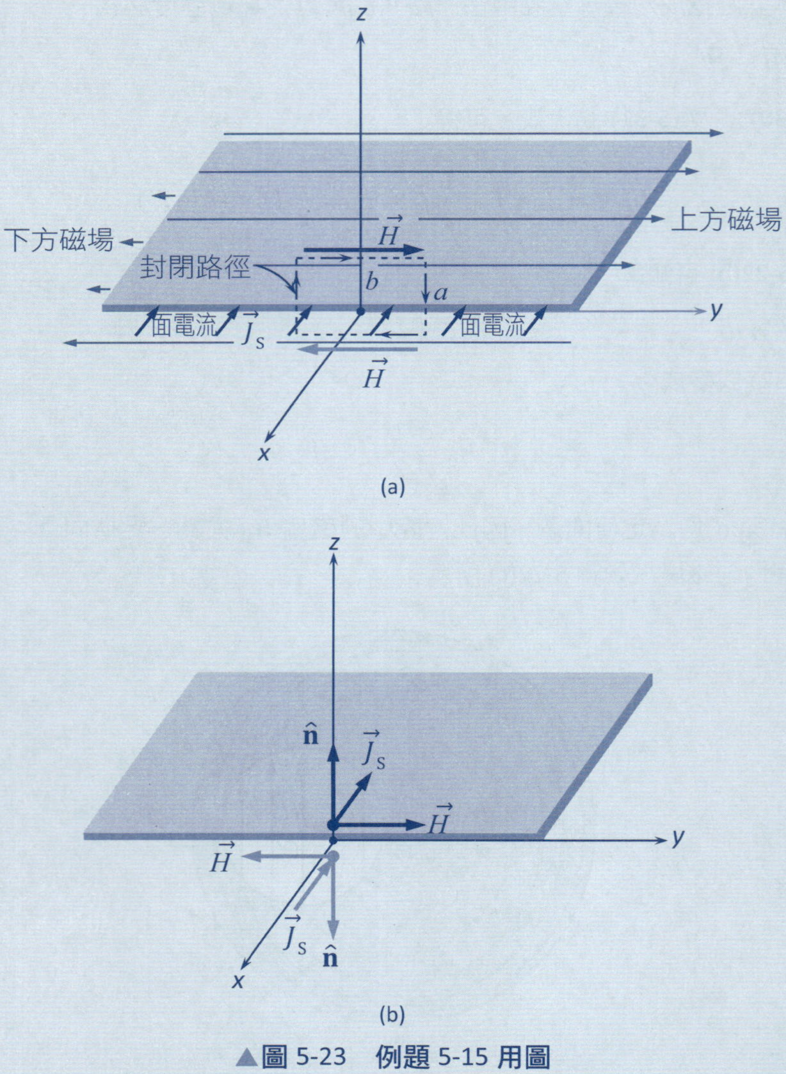

▲圖 5-23 例題 5-15 用圖

解： 由右手定則，若電流為 − x 方向，則導體上方的磁場必為 + y 方向，而導體下方的磁場必為 − y 方向，如圖 5-23(a) 所示。由於此平面導體為無限大，故所產生的磁場為均勻磁場；而且根據對稱性，導體上、下方的磁場強度大小必相等。

今選定一方型的封閉路徑 C，其長、寬分別為 a 及 b；則根據安培定律，磁場強度 $\vec{H}$ 沿此一封閉路徑之環量為：

$$\oint_C \vec{H} \cdot d\vec{L} = \int_{上} \vec{H} \cdot d\vec{L} + \int_{右} \vec{H} \cdot d\vec{L} + \int_{下} \vec{H} \cdot d\vec{L} + \int_{左} \vec{H} \cdot d\vec{L}$$

$$= Hb + 0 + Hb + 0 = 2Hb$$

$$= |\vec{J}_S|\, b$$

故得：

$$H = \frac{1}{2}|\vec{J}_S|$$

利用右手定則，寫成向量式：

$$\vec{H} = \frac{1}{2}\vec{J}_S \times \hat{\mathbf{n}} \tag{5-34}$$

其中，$\hat{\mathbf{n}}$ 為導體表面之單位法線向量，如圖 5-23(b) 所示。選擇適當的單位法線向量 $\hat{\mathbf{n}}$，(5-34) 式可以表示導體上、下方的磁場強度。

5-7 安培定律的微分形式

前面我們看到的安培定律是以積分形式來表達 [詳見 (5-27) 式]：

$$\oint_C \vec{H} \cdot d\vec{L} = \int_S \vec{J} \cdot d\vec{S} \tag{5-35}$$

其中，封閉路徑 C 是曲面 S 的邊緣。這個積分形式可以用來實際驗證靜磁場的特性；如果問題具有足夠的對稱性，它也可以用來計算電流所產生的磁場強度。但是，當我們想進一步了解靜磁場更基本、更細部的特性時，就必須用到「**安培定律的微分形式**」。

根據史多克斯定理 [詳見 (3-57) 式，並將向量場 $\vec{F}$ 換為磁場強度 $\vec{H}$]：

$$\oint_C \vec{H} \cdot d\vec{L} = \int_S (\vec{\nabla} \times \vec{H}) \cdot d\vec{S} \tag{5-36}$$

則 (5-35) 式可變成：

$$\int_S (\vec{\nabla} \times \vec{H}) \cdot d\vec{S} = \int_S \vec{J} \cdot d\vec{S}$$

故得：

$$\vec{\nabla} \times \vec{H} = \vec{J} \tag{5-37}$$

這就是「**安培定律的微分形式**」；它將安培定律的物理意義敘述範圍縮小到一個點，並且適用於靜磁場中的所有點。因此，它又稱為「**安培定律的點形式**」。

例題 5-16 試分別求如圖 5-20 所示之長直導線內、外之磁場強度的旋度。

解： 由 [例題 5-13] 得知，導線內之磁場強度為：

$$\vec{H} = \hat{\boldsymbol{\phi}} \frac{rI}{2\pi a^2}$$

故其旋度為：

$$\vec{\nabla} \times \vec{H} = \frac{1}{r}\begin{vmatrix} \hat{\mathbf{r}} & r\hat{\boldsymbol{\phi}} & \hat{\mathbf{z}} \\ \dfrac{\partial}{\partial r} & \dfrac{\partial}{\partial \phi} & \dfrac{\partial}{\partial z} \\ 0 & r\dfrac{rI}{2\pi a^2} & 0 \end{vmatrix} = \frac{1}{r}\left[\hat{\mathbf{z}}\ \frac{\partial}{\partial r}\frac{r^2 I}{2\pi a^2}\right] = \hat{\mathbf{z}}\ \frac{I}{\pi a^2} = \hat{\mathbf{z}} J = \vec{J} \tag{5-38}$$

而導線外之磁場強度為：

$$\vec{H} = \hat{\boldsymbol{\phi}} \frac{I}{2\pi r}$$

故其旋度為：

$$\vec{\nabla} \times \vec{H} = \frac{1}{r}\begin{vmatrix} \hat{\mathbf{r}} & r\hat{\boldsymbol{\phi}} & \hat{\mathbf{z}} \\ \dfrac{\partial}{\partial r} & \dfrac{\partial}{\partial \phi} & \dfrac{\partial}{\partial z} \\ 0 & r\dfrac{I}{2\pi r} & 0 \end{vmatrix} = \frac{1}{r}\left[\hat{\mathbf{z}}\ \frac{\partial}{\partial r}\frac{I}{2\pi}\right] = 0 \tag{5-39}$$

(5-38) 式告訴我們，在導線內各點均有電流密度 $\vec{J}$ 流過，其與磁場強度 $\vec{H}$ 的方向關係符合右手定則。而 (5-39) 式告訴我們，在導線外各點均無電流密度 $\vec{J}$ 流過，因此磁場強度 $\vec{H}$ 的旋度等於零。

注意：雖然在導線外各點之磁場強度 $\vec{H}$ 的旋度等於零，但並不表示這個靜磁場是個保守場；由於有 (5-38) 式之存在，因此整體而言，靜磁場是個非保守場。

例題 5-17 已知在笛卡兒座標系中，一靜磁場的強度可以下式表示：

$$\vec{H} = \hat{\mathbf{y}}\, kz$$

(k 為常數)，如圖 5-24 所示；試求產生此一靜磁場之電流密度 $\vec{J}$。

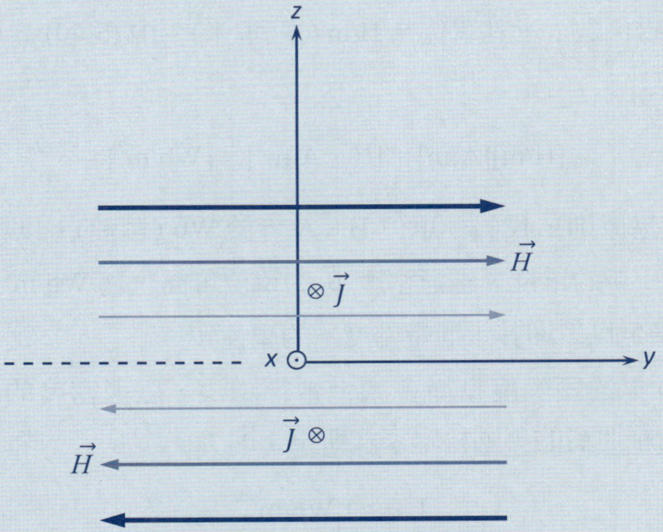

▲圖 5-24 例題 5-17 用圖

解： 由安培定律的微分形式 [(5-37) 式] 可知：

$$\vec{J} = \vec{\nabla} \times \vec{H} = \begin{vmatrix} \hat{\mathbf{x}} & \hat{\mathbf{y}} & \hat{\mathbf{z}} \\ \dfrac{\partial}{\partial x} & \dfrac{\partial}{\partial y} & \dfrac{\partial}{\partial z} \\ 0 & kz & 0 \end{vmatrix} = -\hat{\mathbf{x}}\, k$$

亦即，欲產生此靜磁場，各點之電流密度必須都在 $-\hat{\mathbf{x}}$ 方向 (符合右手定則)，而且各點之電流密度大小均相同 (均等於常數 k)。

5-8 磁通密度與磁通量

在真空中欲描述一個靜磁場，我們只要一個物理量 $\vec{H}$ (磁場強度) 即已足夠。但是當有物質存在時，尤其是有磁性物質存在時，就必須有第二個物理量才足以解出靜磁場的所有問題。

我們定義此一物理量為「**磁通密度**」，以符號 $\vec{B}$ 表示。在真空中，

$$\vec{B} = \mu_0 \vec{H} \tag{5-40}$$

其中，

$$\mu_0 = 4\pi \times 10^{-7}\ \mathrm{H/m} \tag{5-41}$$

稱為「真空的導磁係數」，其單位為 H/m (亨利/米)。由 (5-40) 式可以看出，磁通密度 $\vec{B}$ 的單位為：

$$[\mathrm{H/m}][\mathrm{A/m}] = [\mathrm{H \cdot A/m^2}] \equiv [\mathrm{Wb/m^2}]$$

亦即，為配合簡易原則，我們令單位 H．A 等於 Wb (韋伯)，以紀念德國物理學家韋伯。利用此一新的單位，磁通密度 $\vec{B}$ 的單位可簡化為 $\mathrm{Wb/m^2}$ (韋伯/米^2)；其中，分母的 $\mathrm{m^2}$ 適足以彰顯其「通量密度」的屬性。

即使在 1960 年的國際度量衡會議上曾經議決，磁通密度的單位為 T (忒斯拉)，以紀念塞爾維亞裔的美國科學家忒斯拉；即：

$$1\ \mathrm{T} = 1\ \mathrm{Wb/m^2} \tag{5-42}$$

但衡量其「通量密度」的屬性，一般仍以 $\mathrm{Wb/m^2}$ (韋伯/米^2) 為磁通密度的單位。

另外，在某些場合，有以 G (高斯) 為磁通密度之單位者：

$$1\ \mathrm{G} = 10^{-4}\ \mathrm{Wb/m^2} \tag{5-43}$$

係為紀念德國數學家高斯而命名。

根據 (3-34) 式，設向量場 $\vec{F}$ 為一通量密度，則通過一曲面 S 之通量為：

$$\Phi = \int_S \vec{F} \cdot d\vec{S}$$

同理，設在一靜磁場中之磁通密度為 $\vec{B}$，則通過一曲面 S 之「**磁通量**」為：

$$\Phi_\mathrm{m} = \int_S \vec{B} \cdot d\vec{S} \tag{5-44}$$

單位為 Wb (韋伯)。

例題 5-18 一載流長直導線置於圓柱座標系之 z 軸上，如圖 5-25 所示。已知導線中載有電流 I 時，產生之磁場強度為：

$$\vec{H} = \hat{\boldsymbol{\phi}}\,\frac{I}{2\pi r}$$

試求通過圖中所示長方形平面區域 S 之磁通量。

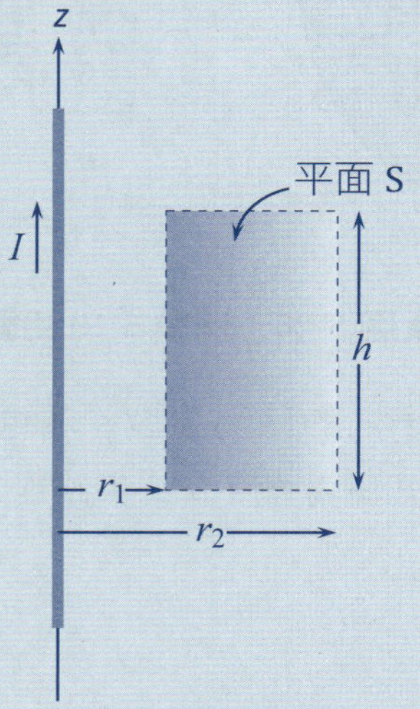

▲圖 5-25 例題 5-18 用圖

解： 根據 (5-40) 式知磁通密度為：

$$\vec{B} = \mu_0 \vec{H} = \hat{\boldsymbol{\phi}}\,\frac{\mu_0 I}{2\pi r}$$

故由 (5-44) 式得所求磁通量為：

$$\Phi_\mathrm{m} = \int_S \vec{B} \cdot d\vec{S} = \int_0^h \int_{r_1}^{r_2} \left(\hat{\boldsymbol{\phi}}\,\frac{\mu_0 I}{2\pi r}\right) \cdot (\hat{\boldsymbol{\phi}}\, dr\, dz)$$

$$= \frac{\mu_0 I}{2\pi} \int_0^h \int_{r_1}^{r_2} \frac{dr\, dz}{r} = \frac{\mu_0 I}{2\pi}\, h \ln\left(\frac{r_2}{r_1}\right)$$

例題 5-19 **螺線環**。螺線環是將螺線管彎成圓環狀，通以電流時，所有磁場都被封在管子裡面，如圖 5-26(a) 所示。設一螺線環之內、外半徑分別為 a 及 b；截面為長方形，其高度為 h，如圖 5-26(b) 所示。若纏繞之導線匝數為 N，所通之電流為 I，試求管子內的磁通量。

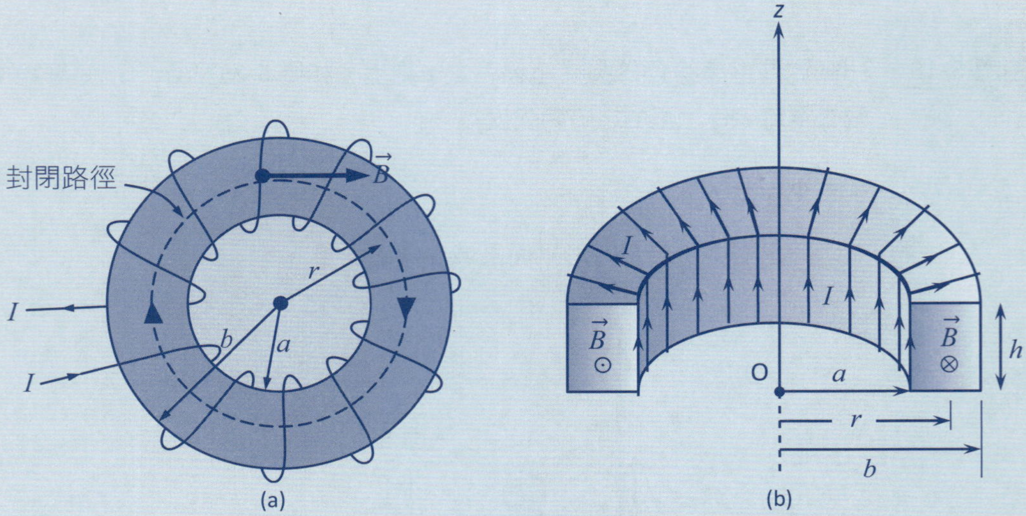

▲圖 5-26　例題 5-19 用圖

解： 首先利用安培定律求管子內的磁場強度。想像一半徑 r 之封閉路徑 C，如圖 5-26(a) 所示；則由對稱性知磁場強度 $\vec{H}$ 必與路徑方向一致，並且大小保持一定。由安培定律：

$$\oint_C \vec{H} \cdot d\vec{L} = H(2\pi r) = NI$$

故得 $H = NI/2\pi r$；寫成向量式為：

$$\vec{H} = \hat{\boldsymbol{\phi}} \frac{NI}{2\pi r}$$

其磁通密度為：

$$\vec{B} = \mu_0 \vec{H} = \hat{\boldsymbol{\phi}} \frac{\mu_0 NI}{2\pi r}$$

代入 (5-44) 式即得管子內的磁通量：

$$\Phi_{\mathrm{m}}=\int_{S}\vec{B}\cdot d\vec{S}=\int_{0}^{h}\int_{a}^{b}\left(\hat{\boldsymbol{\phi}}\frac{\mu_0 NI}{2\pi r}\right)\cdot\left(\hat{\boldsymbol{\phi}}\,dr\,dz\right)$$

$$=\frac{\mu_0 NI}{2\pi}\int_{0}^{h}\int_{a}^{b}\frac{1}{r}\,dr\,dz$$

$$=\frac{\mu_0 NI}{2\pi}\,h\ln\left(\frac{b}{a}\right)$$

例題 5-20 **地球磁場**。將地球球心置於球座標系統之原點，則在某個距離之外，地球磁場之強度可用下式表示：

$$\vec{H}=\frac{\overline{m}}{4\pi R^3}\left(\hat{\mathbf{R}}\,2\cos\theta+\hat{\boldsymbol{\theta}}\sin\theta\right)\quad(R\neq 0)$$

其中之 $\overline{m}$ 為一常數。想像一半徑為 R_0 之同心球球面 S，如圖 5-27 所示；試求地球磁場通過此一球面之磁通量。

解： 由已知可得磁通密度為：

$$\vec{B}=\mu_0\vec{H}=\frac{\mu_0\overline{m}}{4\pi R^3}\left(\hat{\mathbf{R}}\,2\cos\theta+\hat{\boldsymbol{\theta}}\sin\theta\right)$$

代入 (5-44) 式即得通過球面 S 的磁通量：

$$\Phi_{\mathrm{m}}=\int_{S}\vec{B}\cdot d\vec{S}=\frac{\mu_0\overline{m}}{4\pi R_0^3}\int_{0}^{2\pi}\int_{0}^{\pi}\left(\hat{\mathbf{R}}\,2\cos\theta+\hat{\boldsymbol{\theta}}\sin\theta\right)\cdot\left(\hat{\mathbf{R}}\,R_0^2\sin\theta\;d\theta\,d\phi\right)$$

$$=\frac{\mu_0\overline{m}}{4\pi R_0}\int_{0}^{2\pi}\int_{0}^{\pi}2\cos\theta\sin\theta\;d\theta\,d\phi$$

$$=\frac{\mu_0\overline{m}}{4\pi R_0}\int_{0}^{2\pi}\int_{0}^{\pi}\sin 2\theta\;d\theta\,d\phi$$

$$=0$$

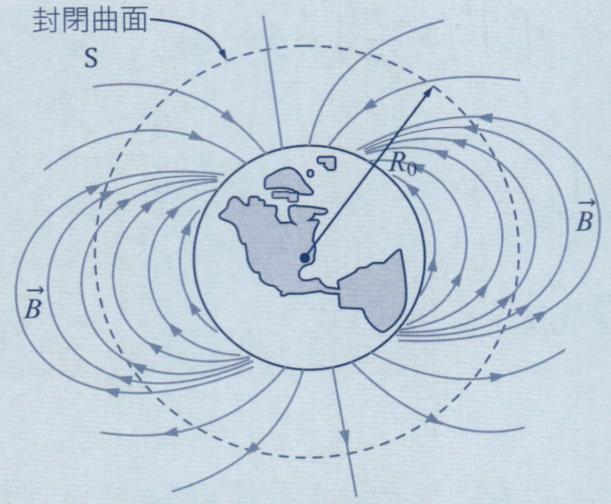

▲圖 5-27 例題 5-20 用圖

5-9 磁場的高斯定律

[例題 5-20] 的結果告訴我們，地球磁場通過一個同心球面的磁通量恆等於零；事實上，地球磁場通過任何封閉曲面的磁通量都恆等於零。這不是地球磁場特有的現象；在物理世界裡，**任何磁場通過任何封閉曲面的磁通量恆等於零**。用數學式子寫出來就是：

$$\oint_S \vec{B} \cdot d\vec{S} = 0 \tag{5-45}$$

這是一個普遍成立的物理現象，稱為「**磁場的高斯定律**」，以積分形式來表示。

在電場裡也有一個與 (5-45) 式對應的定律，稱為「電場的高斯定律」，詳見 (4-45) 及 (4-46) 兩式：

$$\oint_S \vec{D} \cdot d\vec{S} = \int_D \rho_V \, dV = Q \tag{5-46}$$

即：通過任何封閉曲面 S 的電通量恆等於 S 內部的總電量。比較這兩個高斯定律馬上發現兩者的根本差異：在電場的場合，有獨立的正、負電荷存在；因此在 (5-46) 式的等號右邊，電量 Q 可以正、負電荷分開計算。而在磁場的場合，則無獨立的所謂「**磁荷**」存在，而是 N、S 兩磁極成對並存，無法分開；因此在 (5-45) 式的等號右邊，N、S 兩磁極永遠必須成對計算，因此恆等於零。【註 2】

利用高斯散度定理 (詳見第 3-13 節)：

$$\int_{D} \vec{\nabla} \cdot \vec{D}\, dV = \oint_{S} \vec{D} \cdot d\vec{S} \qquad \text{(詳見 3-47)}$$

我們可將電場的高斯定律 (5-46) 式由積分形式改為微分形式：

$$\vec{\nabla} \cdot \vec{D} = \rho_V \qquad \text{(詳見 4-43)}$$

意思是說，正電荷是電通量的「源點」，而負電荷是電通量的「匯點」。

同樣地，利用高斯散度定理我們也可將磁場的高斯定律 (5-45) 式由積分形式改為微分形式：

$$\vec{\nabla} \cdot \vec{B} = 0 \qquad (5\text{-}47)$$

這個式子告訴我們，在磁場中，磁通量完全沒有源點或匯點，都是「連續」的。如圖 5-28 所示，無論是天然磁鐵所產生的磁場，或是螺線管中由電流產生的磁場，磁通量在所有點都是連續的。

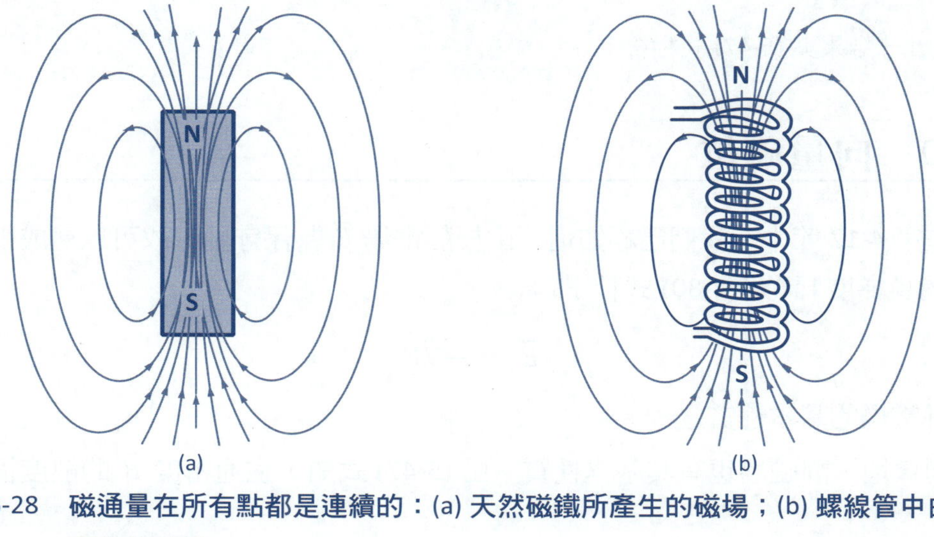

▲圖 5-28　**磁通量在所有點都是連續的：(a) 天然磁鐵所產生的磁場；(b) 螺線管中由電流產生的磁場**

註2　在近代的「粒子物理學」裡，有理論假設獨立「磁荷」的存在，稱為「磁單極」；但到目前為止，尚無實驗證明其存在。

例題 5-21　**地球磁場**。將地球球心置於球座標系統之原點，則在某個距離之外，地球磁場之磁通密度可用下式表示：

$$\vec{B} = \frac{\mu_0 \overline{m}}{4\pi R^3}\left(\hat{\mathbf{R}}\, 2\cos\theta + \hat{\boldsymbol{\theta}}\sin\theta\right) \qquad (R \neq 0)$$

其中之 $\overline{m}$ 為一常數。試計算 $\vec{\nabla} \cdot \vec{B}$。

解：由表 3-5 知球座標系之散度公式為：

$$\vec{\nabla} \cdot \vec{B} = \frac{1}{R^2}\frac{\partial}{\partial R}(R^2 B_R) + \frac{1}{R\sin\theta}\frac{\partial}{\partial\theta}(\sin\theta\, B_\theta) \tag{5-48}$$

由題意：

$$B_R = \frac{\mu_0 \overline{m}}{4\pi R^3}(2\cos\theta)$$

$$B_\theta = \frac{\mu_0 \overline{m}}{4\pi R^3}\sin\theta$$

代入 (5-48) 式中可得：

$$\begin{aligned}\vec{\nabla} \cdot \vec{B} &= \frac{\mu_0 \overline{m}}{4\pi}\left\{\frac{1}{R^2}\frac{\partial}{\partial R}\left[R^2\left(\frac{2\cos\theta}{R^3}\right)\right] + \frac{1}{R\sin\theta}\frac{\partial}{\partial\theta}\left[\sin\theta\left(\frac{\sin\theta}{R^3}\right)\right]\right\} \\ &= \frac{\mu_0 \overline{m}}{4\pi}\left\{-\frac{2\cos\theta}{R^4} + \frac{2\cos\theta}{R^4}\right\} \\ &= 0\end{aligned}$$

此一結果與 (5-47) 式相符。

5-10 向量磁位

在第 4-12 節中，我們已經知道，由於靜電場 $\vec{E}$ 為保守場，故可以寫成電位函數 V 的負梯度 [詳見 (4-80) 式]，即：

$$\vec{E} = -\vec{\nabla} V \tag{5-49}$$

這是靜電場的基本性質之一。

同樣地，靜磁場也有其基本性質。由 (5-47) 式知，磁通密度 $\vec{B}$ 的散度恆等於零：

$$\vec{\nabla} \cdot \vec{B} = 0 \tag{5-50}$$

將 (3-63) 式所示之向量恆等式中的 $\vec{F}$ 換成 $\vec{A}$：

$$\vec{\nabla}\cdot\left(\vec{\nabla}\times\vec{A}\right)=0 \tag{5-51}$$

然後與 (5-50) 式比較可得

$$\vec{B}=\vec{\nabla}\times\vec{A} \tag{5-52}$$

此一表達磁場特性的式子與 (5-49) 式表達靜電場特性的式子是對應的；因此，既然 V 稱為 (純量) 電位，那麼，$\vec{A}$ 就被稱為「**向量磁位**」，單位為 Wb/m (韋伯/米)。

靜電場裡的 (純量) 電位 V 合乎帕松方程式 [(4-116) 式]：

$$\nabla^2 V=-\frac{\rho_V}{\varepsilon}$$

在真空中，$\varepsilon=\varepsilon_0$；故上式可寫成：

$$\nabla^2 V=-\frac{\rho_V}{\varepsilon_0} \tag{5-53}$$

而且我們已經知道，電位 V 可用下式來計算 [(4-64) 式]：

$$V=\frac{1}{4\pi\varepsilon_0}\int_D \frac{\rho_V\, d\dddot{V}}{R} \tag{5-54}$$

其中的 $d\dddot{V}$ 為體元素，其上方標示有三個點，以便與電位 V 有所區隔。

靜磁場裡也有對應的公式存在。下面我們要證明，向量磁位 $\vec{A}$ 也符合帕松方程式 (向量式)：

$$\nabla^2\vec{A}=-\mu_0\vec{J} \tag{5-55}$$

因此，對應於 (5-54) 式，向量磁位可以用下式來計算：

$$\vec{A}=\frac{\mu_0}{4\pi}\int_D \frac{\vec{J}\, d\dddot{V}}{R} \tag{5-56}$$

茲證明如下。

我們從安培定律的微分形式 [(5-37) 式] 開始：

$$\vec{\nabla} \times \vec{H} = \vec{J}$$

兩邊同乘以導磁係數 μ_0：

$$\vec{\nabla} \times \mu_0 \vec{H} = \mu_0 \vec{J} \tag{5-57}$$

因 $\vec{B} = \mu_0 \vec{H}$ [(5-40) 式]，以及 $\vec{B} = \vec{\nabla} \times \vec{A}$ [(5-52) 式]，故 (5-57) 式變為：

$$\vec{\nabla} \times \vec{B} = \vec{\nabla} \times (\vec{\nabla} \times \vec{A}) = \mu_0 \vec{J} \tag{5-58}$$

由向量恆等式 [(3-65) 式]：

$$\vec{\nabla} \times (\vec{\nabla} \times \vec{A}) = \vec{\nabla}(\vec{\nabla} \cdot \vec{A}) - (\vec{\nabla} \cdot \vec{\nabla})\vec{A}$$

(5-58) 式可寫成：

$$\vec{\nabla}(\vec{\nabla} \cdot \vec{A}) - (\vec{\nabla} \cdot \vec{\nabla})\vec{A} = \mu_0 \vec{J} \tag{5-59}$$

其中，

$$(\vec{\nabla} \cdot \vec{\nabla})\vec{A} = \nabla^2 \vec{A} = \left(\frac{\partial^2}{\partial x^2} + \frac{\partial^2}{\partial y^2} + \frac{\partial^2}{\partial z^2}\right)\vec{A} \tag{5-60}$$

同時，令 $\vec{\nabla} \cdot \vec{A} = 0$，【註 3】於是 (5-59) 式變成：

$$\nabla^2 \vec{A} = -\mu_0 \vec{J} \qquad \text{(詳見 5-55)}$$

此式即為靜磁場中向量磁位的帕松方程式，其數學形式與靜電場中電位的帕松方程式 [(5-53) 式] 一模一樣；因此，它解出來的向量磁位公式也與電位公式 [(5-54) 式] 屬同一形式：

$$\vec{A} = \frac{\mu_0}{4\pi} \int_D \frac{\vec{J}\, d\ddot{V}}{R} \qquad \text{(詳見 5-56)}$$

得證。

註3　只有在靜磁場中我們才可以令 $\vec{\nabla} \cdot \vec{A} = 0$，稱為「**庫倫規範**」；其相關細節超出本書範圍，故不贅述。

向量磁位的公式 [(5-56) 式] 僅適用於靜態的磁場；其中的電流密度 $\vec{J}$ 稱為磁場之「起源」。在這個式子裡，沒有包含時間；也就是說，由源頭到距離 R 的地方建立磁場時，並沒有考慮到時間的問題。但事實上，由源頭到距離 R 的地方需要花時間 $t = R/c$ (c 為光速)，稱為「**延遲時間**」。因此，(5-56) 式僅適用於既有現成之靜磁場的向量磁位計算。

(5-54) 式所示之電位公式也是一樣，沒有考慮到時間的問題；因此也僅能用於既有現成之靜電場的電位計算。

其次，從 (5-56) 式可以看到，假如電流密度 $\vec{J}$ 具有單一明確的方向，則向量磁位 $\vec{A}$ 必與 $\vec{J}$ 同方向。洞悉此一性質，可以大大化簡向量磁位的計算。

最後，我們往往會遇到載流導線的問題；也就是說，電流 I 被侷限在截面積極小的導線內。此時，(5-56) 式便可化簡為：

$$\vec{A} = \frac{\mu_0}{4\pi}\int_{C} \frac{I\, d\vec{L}}{R} \tag{5-61}$$

其中，C 為表示導線形狀的曲線；而 $d\vec{L}$ 為該曲線上的線元素，其方向由電流方向決定。**若電流具有單一明確的方向，則向量磁位 $\vec{A}$ 必與電流 I 同方向。**

例題 5-22 一無限長直導線置於圓柱座標系的 z 軸上，其中之電流 I 為 +z 方向；設 $r = r_0$ 處為向量磁位之零參考點，試求所產生的向量磁位。

解： 由對稱性之觀察，所求之向量磁位僅與座標 r 有關，而與座標 ϕ 及 z 無關。又由題意知電流 I 為 +z 方向，故向量磁位亦為 +z 方向。綜上所述，我們令所求之向量磁位為：

$\vec{A} = \hat{\mathbf{z}}\, A_z(r)$

由 (5-52) 式及 (5-6) 式：

$$\vec{\nabla} \times \vec{A} = \frac{1}{r}\begin{vmatrix} \hat{\mathbf{r}} & r\hat{\boldsymbol{\phi}} & \hat{\mathbf{z}} \\ \dfrac{\partial}{\partial r} & \dfrac{\partial}{\partial \phi} & \dfrac{\partial}{\partial z} \\ 0 & 0 & A_z \end{vmatrix} = -\hat{\boldsymbol{\phi}}\,\frac{\partial A_z}{\partial r} = \vec{B} = \mu_0 \vec{H} = \hat{\boldsymbol{\phi}}\,\frac{\mu_0 I}{2\pi r}$$

因 $A_z = A_z(r)$ 僅為 r 之函數，上式中之偏微分 $\dfrac{\partial A_z}{\partial r}$ 事實上是個常微分 $\dfrac{dA_z}{dr}$；因此，由上式可得：

$$\frac{dA_z}{dr} = -\frac{\mu_0 I}{2\pi r}$$

此一常微分方程式之通解為：

$$A_z = -\frac{\mu_0 I}{2\pi}\ln r + c \tag{5-62}$$

其中之 c 為積分常數，可由零參考點的位置來決定。依題意，$r = r_0$ 處為向量磁位之零參考點，即：

$$A_z(r_0) = 0$$

代入 (5-62) 式：

$$0 = -\frac{\mu_0 I}{2\pi}\ln r_0 + c$$

$$\therefore\ c = \frac{\mu_0 I}{2\pi}\ln r_0$$

代回 (5-62) 式即得：

$$A_z = -\frac{\mu_0 I}{2\pi}\ln r + \frac{\mu_0 I}{2\pi}\ln r_0 = \frac{\mu_0 I}{2\pi}\ln\left(\frac{r_0}{r}\right)$$

寫成向量式為：

$$\vec{A} = \hat{\mathbf{z}}\,\frac{\mu_0 I}{2\pi}\ln\left(\frac{r_0}{r}\right) \tag{5-63}$$

向量磁位除了可以經由 (5-52) 式求出磁通密度 $\vec{B}$ 之外，還可以用來求磁通量 Φ_m。將 (5-52) 式代入磁通量的定義 (5-44) 式：

$$\Phi_m = \int_S \vec{B}\cdot d\vec{S} = \int_S (\vec{\nabla}\times\vec{A})\cdot d\vec{S} = \oint_C \vec{A}\cdot d\vec{L}$$

其中最後一步係根據史多克斯定理 (3-57) 式而來；因此，我們可以寫：

$$\Phi_m = \oint_C \vec{A}\cdot d\vec{L} \tag{5-64}$$

也就是說，向量磁位 $\vec{A}$ 沿一封閉路徑 C 的環量，等於通過 C 內部的磁通量。

5-11 磁矩

在 [例題 4-32] 中我們曾經介紹過，若一對等量的正、負電荷 $\pm q$ 相距 d 放置於球座標系的原點，則在遠處 ($R >> d$) 任一點 P(R, θ, ϕ) 所產生的電位 V 為：

$$V = \frac{p}{4\pi\varepsilon_0}\frac{\cos\theta}{R^2} \tag{5-65}$$

我們稱這種結構為「**電偶極**」；其中，$p = qd$ 稱為「**電偶極矩**」，單位為 C · m (庫侖 · 米)。

由 (5-65) 式，我們可以求出電偶極所產生的電場強度：

$$\vec{E} = -\vec{\nabla}V = \frac{p}{4\pi\varepsilon_0 R^3}(\hat{\mathbf{R}}\ 2\cos\theta + \hat{\boldsymbol{\theta}}\ \sin\theta) \tag{5-66}$$

在磁學裡，有一個與電偶極對應的模型，稱為「**磁偶極**」。例如一個條形磁鐵具有 N、S 兩極，從遠處看就是個磁偶極；地球具有地磁南、北兩極，從遠處看也是個磁偶極。為簡單起見，下面我們將以一個載流的圓形線圈來說明。

例題 5-23 **磁偶極**。設一半徑 a 之圓形線圈置於球座標系，圓心在座標系之原點，如圖 5-29(a) 所示。若線圈中之電流為 I，試求任一點 P(R, θ, ϕ) 之向量磁位 (設 $R >> a$)。

解： 依題意，線圈中的電流 I 為 $\hat{\boldsymbol{\phi}}$ 方向，因此所求的向量磁位 $\vec{A}$ 亦為 $\hat{\boldsymbol{\phi}}$ 方向；而且由對稱性之觀察，$\vec{A}$ 僅與座標 R 及 θ 有關，而與座標 ϕ 無關，即：

$$\vec{A} = \hat{\boldsymbol{\phi}}\, A_\phi(R, \theta) \tag{5-67}$$

因此，為簡化計算起見，我們可以自由選定點 P 的 ϕ 座標，而不會影響答案的普遍性。在圖 5-29(a) 中，我們選擇 $\phi = \pi/2$，也就是點 P 被選定在座標 ($R, \theta, \pi/2$) 之處。由 (5-67) 式我們確定點 P 之向量磁位 $\vec{A}$ 的方向係垂直於紙面向下，如圖中的符號 ⊗ 所示。

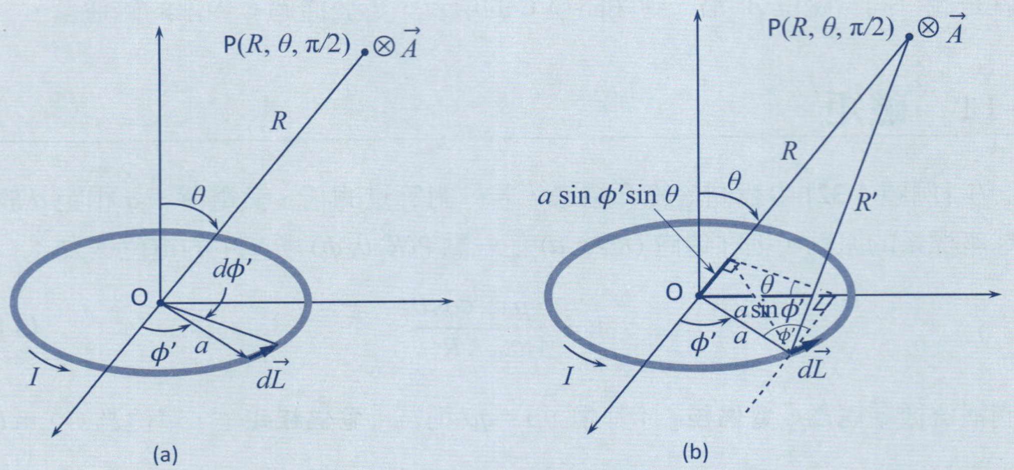

▲圖 5-29 例題 5-23 用圖

其次，我們在線圈上任選一線元素 $d\vec{L} = \hat{\boldsymbol{\phi}}\, a\, d\phi'$，並令線元素至點 P 的距離為 R'，如圖 5-29(b) 所示；則由圖上可知，若 $R >> a$，則：

$R' \approx R - a \sin \phi' \sin \theta$

其倒數為：

$$\frac{1}{R'} = \frac{1}{R - a \sin\phi' \sin\theta} = \frac{1}{R} \frac{1}{1 - (a/R) \sin\phi' \sin\theta} \tag{5-68}$$

由題意，$R >> a$，故 $(a/R) \sin \phi' \sin \theta << 1$。根據麥勞林級數：

$\dfrac{1}{1-x} = 1 + x + x^2 + \ldots$

若 $x << 1$，我們取其一階近似值：

$\dfrac{1}{1-x} \approx 1 + x$

令 $x = (a/R) \sin \phi' \sin \theta$，則由 (5-68) 式可得：

$$\frac{1}{R'} \approx \frac{1}{R}\left(1 + \frac{a}{R} \sin\phi' \sin\theta\right) \tag{5-69}$$

最後，由圖 5-29(b) 可看出，線元素 $d\vec{L}$ 在 ⊗ 方向的有效分量為：

$$|d\vec{L}| \sin \phi' = a\, d\phi' \sin \phi' \tag{5-70}$$

有了 (5-69) 及 (5-70) 兩式，(5-61) 式即可化為純量式來計算：

$$A_\phi = \frac{\mu_0 I}{4\pi}\int_C \frac{|d\vec{L}|\sin\phi'}{R'}$$

$$\approx \frac{\mu_0 I}{4\pi R}\int_0^{2\pi}\left(1+\frac{a}{R}\sin\phi'\sin\theta\right) a\sin\phi' d\phi'$$

$$= \frac{\mu_0 I}{4\pi R}\left[\int_0^{2\pi} a\sin\phi' d\phi' + \frac{a^2\sin\theta}{R}\int_0^{2\pi}\sin^2\phi'\, d\phi'\right]$$

$$= \frac{\mu_0 I}{4\pi R}[0+\frac{\pi a^2\sin\theta}{R}]$$

$$= \frac{\mu_0 I\,(\pi a^2)}{4\pi}\,\frac{\sin\theta}{R^2}$$

寫成向量式 [(5-67) 式] 為：

$$\vec{A} = \hat{\boldsymbol{\phi}}\,\frac{\mu_0 I\,(\pi a^2)}{4\pi}\,\frac{\sin\theta}{R^2} \tag{5-71}$$

我們注意到 (5-71) 式與電偶極的 (純量) 電位 [(5-65) 式] 的相似性，也就是：在球座標系中，它們都僅跟座標 R 及 θ 有關，而與 ϕ 無關，而且兩者都與 R^2 成反比關係。因此，從遠處看 ($R >> a$)，我們可以稱載流的線圈為「**磁偶極**」。

在 (5-71) 式中，πa^2 為圓形線圈的圈面面積 S，與電流 I 相乘之後，稱為「**磁偶極矩**」，以符號 $\overline{m}$ 表示：

$$\overline{m} = IS = I\,(\pi a^2) \tag{5-72}$$

單位為 A · m^2 (安培 · 米^2)。因此，(5-71) 式可寫成：

$$\vec{A} = \hat{\boldsymbol{\phi}}\,\frac{\mu_0\overline{m}}{4\pi}\,\frac{\sin\theta}{R^2} \tag{5-73}$$

利用 (5-52) 式，我們可算出磁偶極產生之磁場的磁通密度：

$$\vec{B} = \vec{\nabla}\times\vec{A} = \frac{\mu_0\overline{m}}{4\pi}\frac{1}{R^2\sin\theta}\begin{vmatrix} \hat{\mathbf{R}} & R\hat{\boldsymbol{\theta}} & R\sin\theta\,\hat{\boldsymbol{\phi}} \\ \dfrac{\partial}{\partial R} & \dfrac{\partial}{\partial\theta} & \dfrac{\partial}{\partial\phi} \\ 0 & 0 & R\sin\theta\,\dfrac{\sin\theta}{R^2} \end{vmatrix}$$

$$= \frac{\mu_0 \overline{m}}{4\pi R^3}\left(\hat{\mathbf{R}}\, 2\cos\theta + \hat{\boldsymbol{\theta}}\sin\theta\right)$$

即：

$$\vec{B} = \frac{\mu_0 \overline{m}}{4\pi R^3}\left(\hat{\mathbf{R}}\, 2\cos\theta + \hat{\boldsymbol{\theta}}\sin\theta\right) \tag{5-74}$$

此式與電偶極的電場 [(5-66) 式] 具有相同的形式；我們再一次看到磁偶極與電偶極的對應關係。

特別注意，磁偶極公式 [(5-73) 式] 是在 $R >> a$ 的條件下得到的；也就是說，**一個載流線圈從「遠處」看才是個磁偶極**，從「近處」看則是一個比較複雜的結構——在磁偶極之外，摻入了其他「**多極**」的成分。【註 4】在此情況下，一個載流線圈不能再視為磁偶極，(5-72) 式所示的 $\overline{m}$ 也不能再稱為「磁偶極矩」，而必須改用一個較廣泛的稱呼：「**磁矩**」。我們規定，一個平面線圈的「磁矩」仍然沿用 (5-72) 式：

$$\overline{m} = IS$$

若線圈係由 N 匝導線纏繞而成，則因每匝導線都具有一個磁矩，因此 N 匝導線所具的總磁矩為單匝線圈的 N 倍。

正式而言，磁矩為一向量 $\vec{m}$，其方向為圈面的法線方向，並且遵守「右手定則」：**以右手的四指順著電流方向環繞，則拇指所指即為磁矩的方向**。例如圖 5-29 中所示的線圈，其磁矩方向為向上 ($\hat{\mathbf{z}}$ 方向)：

$$\vec{m} = \hat{\mathbf{z}}\, IS$$

註4　所謂「多極」，係來自一個稱為「**多極展開式**」的數學定理而命名。根據這個定理，若電荷或電流僅分布在座標系原點附近的有限空間，則其產生的電位或磁位可展開成一系列之「2^n極」($n = 1, 2, 3, \ldots$) 的疊加。其中，$n = 0$ 之項 (2^0極) 稱為「單極」，$n = 1$ 之項 (2^1極) 稱為「偶極」，$n = 2$ 之項 (2^2極) 稱為「四極」，等等，依此類推。惟此一數學定理的細節超出本書範圍，故不予贅述。

5-12 電荷所受的磁力

1892 年，荷蘭物理學家羅倫茲導出了點電荷在電磁場中受力的公式；當一點電荷 q 以速度 $\vec{u}$ 在電場 $\vec{E}$ 及磁場 $\vec{B}$ 中運動時，所受的電磁力為：

$$\vec{F} = q(\vec{E} + \vec{u} \times \vec{B}) \tag{5-75}$$

這個式子稱為「**羅倫茲定律**」，式中的 $\vec{F}$ 稱為「**羅倫茲力**」。羅倫茲定律適用於任何狀態的電磁場，而不限定於靜電場、靜磁場。因此，其中的 $q\vec{E}$ 不再限定於靜電力，而逕稱為「**電力**」：

$$\vec{F}_{\rm e} = q\vec{E} \tag{5-76}$$

同樣地，羅倫茲力中的 $q\vec{u} \times \vec{B}$ 即稱為「**磁力**」：

$$\vec{F}_{\rm m} = q\vec{u} \times \vec{B} \tag{5-77}$$

從上述之公式，我們可以看出電力與磁力的根本差異：

1. 電力 $\vec{F}_{\rm e}$ 恆與電場 $\vec{E}$ 的方向平行——正電荷所受的電力與電場同方向，而負電荷所受的電力與電場反方向。但磁力 $\vec{F}_{\rm m}$ 的方向恆與磁場 $\vec{B}$ 的方向垂直；同時，磁力 $\vec{F}_{\rm m}$ 的方向也恆與電荷速度 $\vec{u}$ 的方向互相垂直 (詳見圖 5-30)。

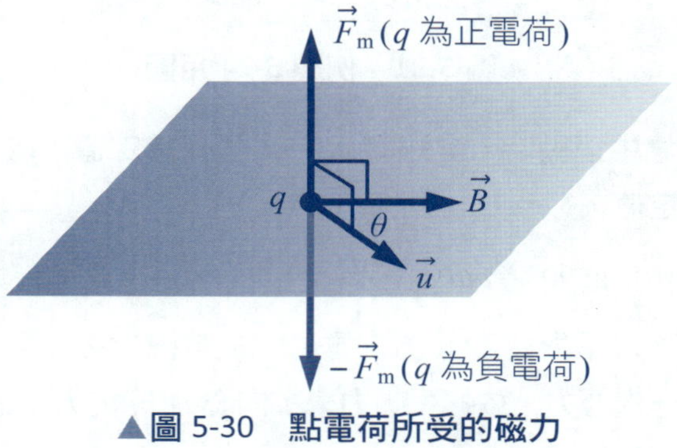

▲圖 5-30 點電荷所受的磁力

2. 即使電荷 q 在靜止狀態，在電場中仍然會受到電力的作用；但靜止電荷在磁場中則無磁力產生。

3. 當電荷受到電力作用而產生位移時，電力會對它作功；而磁力恆不對運動電荷作功，因為磁力 $\vec{F}_m$ 的方向恆與電荷的速度 $\vec{u}$ 垂直，$\vec{F}_m \cdot \vec{u} \equiv 0$；故磁力所作的功恆等於零：

$$W = \int_C \vec{F}_m \cdot d\vec{L} = \int_C \vec{F}_m \cdot \frac{d\vec{L}}{dt}\, dt = \int_C \vec{F}_m \cdot \vec{u}\; dt \equiv 0$$

因此，電荷 q 在磁場中的速率 $|\vec{u}|$ 恆保持一定。

例題 5-24 質量 m 之正點電荷 q 以速度 $\vec{u}$ 在一均勻磁場的垂直面上運動，如圖 5-31 所示。設磁場的磁通密度為 $\vec{B}$；(a) 試證電荷 q 在此磁場中作等速率圓周運動，並求運動軌跡的半徑；(b) 試求圓周運動的週期。

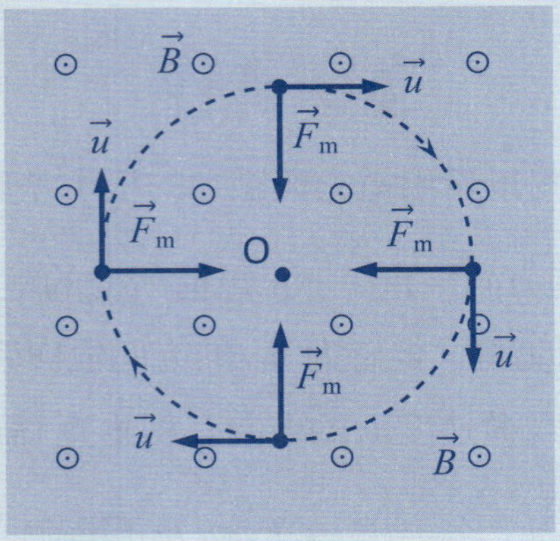

▲圖 5-31 例題 5-24 用圖

解： (a) 因電荷在磁場中運動時，其速率 $|\vec{u}| = u$ 恆保持定值，故由 (5-77) 式知磁力的大小亦為一定值：

$$|\vec{F}_m| = q|\vec{u}||\vec{B}|\sin 90° = quB \tag{5-78}$$

又因磁力的方向恆與速度 $\vec{u}$ 方向垂直，故該磁力必在電荷運動路徑的法線方向，亦即為一向心力。依據牛頓力學，向心力 $\vec{F}_c$ 的大小為：

$$|\vec{F}_c| = \frac{mu^2}{R} \tag{5-79}$$

其中，R 為運動的曲率半徑。令此式與 (5-78) 式相等：

$$\frac{mu^2}{R} = quB$$

$$\therefore \; R = \frac{mu}{qB} \tag{5-80}$$

由於此一曲率半徑為一定值，故知此電荷必作等速率圓周運動。

(b)由牛頓力學，向心力 $\vec{F}_c$ 的大小也可寫為：

$$|\vec{F}_c| = \frac{4\pi^2 mR}{T^2} \tag{5-81}$$

其中，T 為圓周運動的週期。令此式與 (5-78) 式相等：

$$\frac{4\pi^2 mR}{T^2} = quB$$

即得圓周運動之週期為：

$$T = \frac{2\pi m}{qB} \tag{5-82}$$

由 (5-80) 式知，一帶電量 q 之質點在均勻磁場中作等速率圓周運動時，其質量 m 必與運動半徑 R 成正比。利用這個關係，我們可以測出微小帶電質點的質量；依照這種原理製成的儀器稱為「**質譜儀**」，其構造如圖 5-32 所示。

首先，將待測質點 (通常是原子) 游離，讓它們帶有電荷 q；經過一電壓加速之後，進入「篩選器」中。篩選器裡有互相垂直的電場 $\vec{E}_S$ 和磁場 $\vec{B}_S$，如圖 5-32 所示。適當調整電場和磁場的大小，使得質點所受的電力大小 $|\vec{F}_e| = qE_S$ 恰好等於磁力大小 $|\vec{F}_m| = quB$ 時：

$$qE_S = quB_S$$

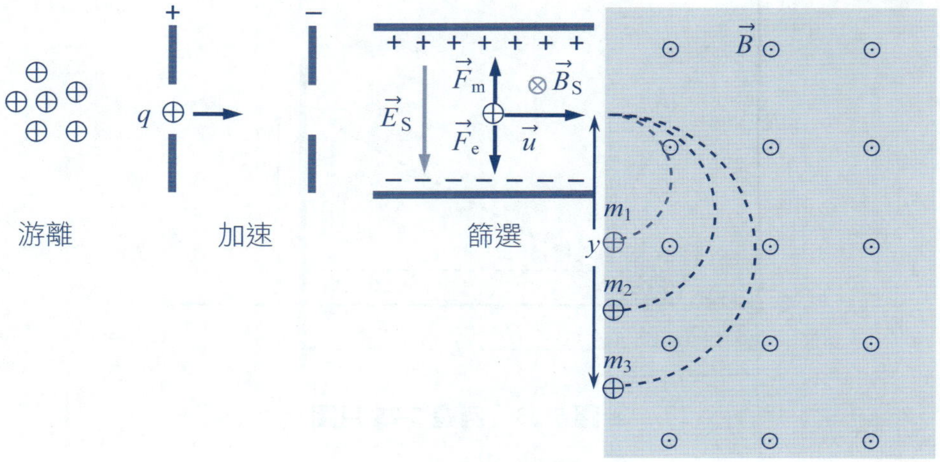

▲圖 5-32　質譜儀示意圖

質點的速率即被篩選出來，等於：

$$u = \frac{E_S}{B_S} \tag{5-83}$$

然後進入一均勻磁場 $\vec{B}$ 中；此時質點依不同的質量 m 作不同半徑 R 的半圓形運動，如 (5-80) 式所示，最後打在螢光幕而被偵測到。由圖 5-32 可知，質點被偵測到的位置與進入磁場的位置之間的距離 y 等於半圓的直徑 $2R$：

$$y = 2R = \frac{2mu}{qB} = \frac{2m}{qB}\frac{E_S}{B_S} \tag{5-84}$$

我們在圖 5-32 中可看出打在不同位置的質點之質量大小關係：

$$m_3 > m_2 > m_1$$

例題 5-25 **陰極射線管**。所謂陰極射線就是電子束；在一真空管中，利用磁力的作用將電子束偏向，令其打在螢光幕上產生亮點，可作為畫面上的一個畫素。如圖 5-33 所示，一電子以速率 u 沿著 x 方向射入 z 方向的均勻磁場 B 中。設電子質量為 m，電量大小為 e，磁場區域的長度為 L_1，其右緣與螢光幕的距離為 L_2；試求電子在螢光幕上的偏向距離 y。

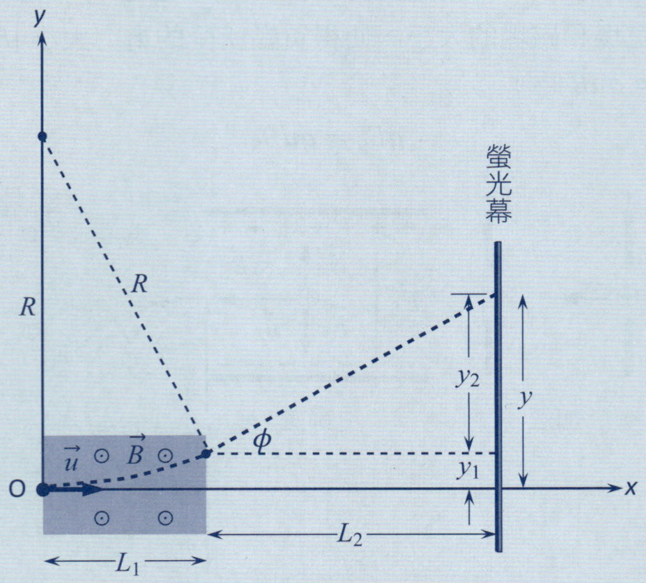

▲圖 5-33 例題 5-25 用圖

解： 由 (5-80) 式知，電子在均勻磁場中做圓弧運動時之半徑為：

$$R = \frac{mu}{eB} \tag{5-85}$$

我們將整個系統放在笛卡兒座標系中，且以電子入射位置為座標原點 O，則電子在磁場中的軌跡方程式為：

$$x^2 + (y - R)^2 = R^2$$

$$\therefore\ x^2 + y^2 - 2Ry + R^2 = R^2$$

因電子在磁場中的偏向距離很小，故上式中的 y^2 項可以略去；得：

$$y = \frac{x^2}{2R} \tag{5-86}$$

由此可知，電子穿出磁場範圍時 $(x = L_1)$ 之偏向距離為：

$$y_1 = \frac{L_1^2}{2R} \tag{5-87}$$

同時，穿出時之偏向角 ϕ 可由 (5-86) 式的一階導數求得：

$$\tan\phi = \left.\frac{dy}{dx}\right]_{x=L_1} = \frac{L_1}{R}$$

電子穿出之後已無磁力之作用，其運動軌跡變為一直線，故得電子穿出磁場至打在螢光幕上之偏向距離為：

$$y_2 = L_2 \tan\phi = \frac{L_1 L_2}{R} \tag{5-88}$$

由 (5-87) 式及 (5-88) 式相加：即得電子之總偏向距離為：

$$y = y_1 + y_2 = \frac{L_1^2}{2R} + \frac{L_1 L_2}{R} = \frac{L_1}{2R}(L_1 + 2L_2)$$

最後，由 (5-85) 式將 R 代入，即得：

$$y = \frac{eBL_1}{2mu}(L_1 + 2L_2) \tag{5-89}$$

電荷 q 進入一磁場時，其速度 $\vec{u}$ 的方向不一定如上述與磁場 $\vec{B}$ 的方向垂直；在大多數情況下， $\vec{u}$ 的方向是任意的，如圖 5-34 所示。若 $\vec{u}$ 與 $\vec{B}$ 的夾角為 ϕ，

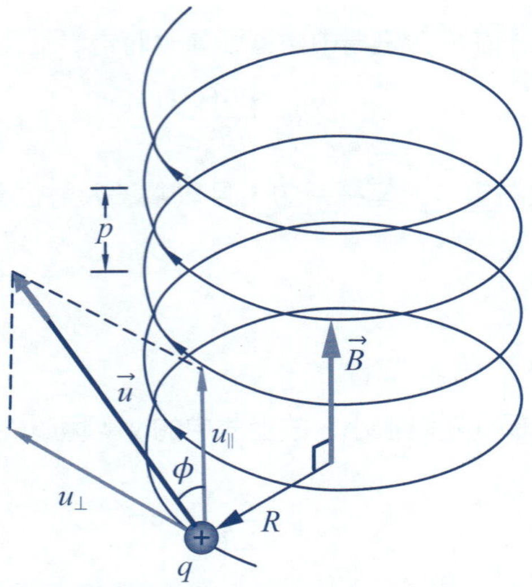

▲圖 5-34　**若電荷運動方向不與磁場垂直，則其運動路徑為一圓螺線**

則我們可將 $\vec{u}$ 分解成兩個分量，一個與 $\vec{B}$ 垂直：

$$u_{\perp} = u \sin \phi \tag{5-90}$$

一個與 $\vec{B}$ 平行：

$$u_{\|} = u \cos \phi \tag{5-91}$$

前者 ($u_{\perp}$) 依前述 (5-80) 式會使電荷作等速率圓周運動，運動半徑為：

$$R = \frac{mu_{\perp}}{qB} \tag{5-92}$$

運動週期為：

$$T = \frac{2\pi m}{qB} \quad \text{(詳見 5-82)}$$

而後者 ($u_{\|}$) 則因不產生磁力，故使電荷作等速直線運動。這兩個運動——一邊作等速率圓周運動、一邊作等速直線運動——合成起來便是所謂的「**圓螺線**」運動，如圖 5-34 所示。此圓螺線的半徑即為 (5-92) 式所示的 R，而其「**螺距**」為：

$$p = u_{\|} T = \frac{2\pi m u_{\|}}{qB} \tag{5-93}$$

5-13 載流導線所受的磁力

我們在前一節中看到，一電荷 q 在磁場中運動時，若其速度 $\vec{u}$ 的方向不與磁場 $\vec{B}$ 平行，則必受磁力的作用：

$$\vec{F}_{\mathrm{m}} = q\vec{u} \times \vec{B} \tag{詳見 5-77}$$

同樣的道理，若一載流導線置於磁場中，只要其中的電流方向不與磁場平行，則亦必受到磁力的作用。如圖 5-35 所示，假設在導線上任選一線元素 $d\vec{L}$，其中所含有的流動電荷量為 dq，則由 (5-77) 式知，在磁場 $\vec{B}$ 中所受的微量磁力為：

$$d\vec{F}_{\mathrm{m}} = dq(\vec{u} \times \vec{B}) = dq\frac{d\vec{L}}{dt} \times \vec{B} = \frac{dq}{dt}\, d\vec{L} \times \vec{B} = I\, d\vec{L} \times \vec{B}$$

將此式沿著導線形狀 C 作線積分，即得整條導線所受的磁力：

$$\vec{F}_{\mathrm{m}} = \int_{\mathrm{C}} I\, d\vec{L} \times \vec{B} \tag{5-94}$$

首先，我們假設導線為**直線段**，置於**均勻磁場** $\vec{B}$ 中，則因 $\vec{B}$ = 定值，故 (5-94) 式可化簡為：

$$\vec{F}_{\mathrm{m}} = I\left[\int_{\mathrm{C}} d\vec{L}\right] \times \vec{B}$$

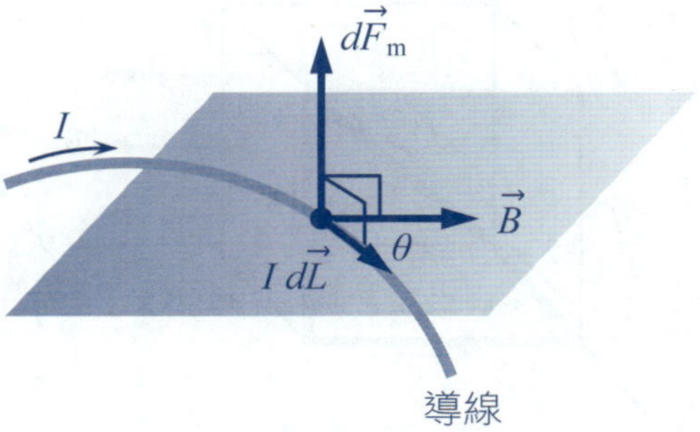

▲圖 5-35 **載流導線所受的磁力**

其中，中括弧裡的積分結果等於該直導線的長度 $\vec{L}$，其方向由電流 I 的方向決定；故上式可以寫成：

$$\vec{F}_{\mathrm{m}} = I\,\vec{L} \times \vec{B} \tag{5-95}$$

如圖 5-36 所示。

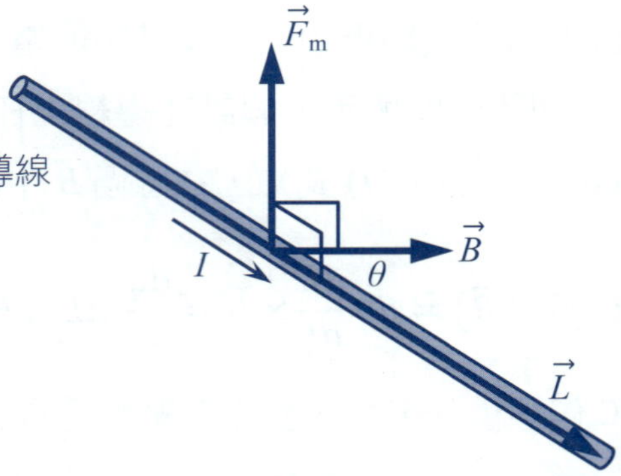

▲圖 5-36　載流直導線在均勻磁場中所受的磁力

例題 5-26　如圖 5-37 所示，一線圈由 C_1、C_2、C_3、及 C_4 等四段直導線構成，置於一均勻磁場中，其磁通密度為 $\vec{B} = \hat{\mathbf{y}}\,B_0$；設正立方形的邊長為 l，線圈中的電流為 I，試求各段導線所受的磁力。

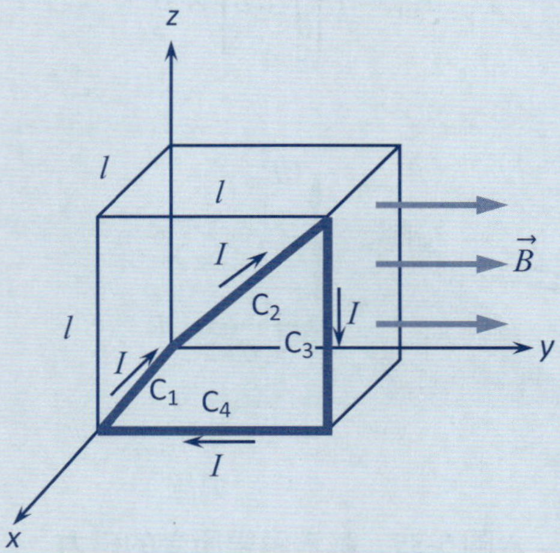

▲圖 5-37　例題 5-26 用圖

解：利用 (5-95) 式，各段導線所受的磁力分別計算如下：

(a) C_1 段——

$\vec{L} = -\hat{\mathbf{x}}\, l \qquad \therefore\ \vec{F}_{m,1} = I(-\hat{\mathbf{x}}\, l) \times (\hat{\mathbf{y}}\, B_0) = -\hat{\mathbf{z}}\, IlB_0$

(b) C_2 段——

$$\vec{L} = (\hat{\mathbf{x}} + \hat{\mathbf{y}} + \hat{\mathbf{z}})l$$

$$\therefore\ \vec{F}_{m,2} = I(\hat{\mathbf{x}} + \hat{\mathbf{y}} + \hat{\mathbf{z}})l \times (\hat{\mathbf{y}}\, B_0) = (\hat{\mathbf{z}} - \hat{\mathbf{x}})\, IlB_0$$

(c) C_3 段——

$\vec{L} = -\hat{\mathbf{z}}\, l \qquad \therefore\ \vec{F}_{m,3} = I(-\hat{\mathbf{z}}\, l) \times (\hat{\mathbf{y}}\, B_0) = \hat{\mathbf{x}}\, IlB_0$

(d) C_4 段——

$\vec{L} = -\hat{\mathbf{y}}\, l \qquad \therefore\ \vec{F}_{m,4} = I(-\hat{\mathbf{y}}\, l) \times (\hat{\mathbf{y}}\, B_0) = 0$

註：此線圈所受的總磁力恰等於零：$\vec{F}_{m,1} + \vec{F}_{m,2} + \vec{F}_{m,3} + \vec{F}_{m,4} = 0$。

例題 5-27 如圖 5-38 所示，一線圈由直導線 C_1 及半圓形導線 C_2 構成，置於笛卡兒座標系的 $z = 0$ 平面上。設半圓形的半徑為 a，線圈中的電流為 I，均勻磁場之磁通密度為 $\vec{B} = \hat{\mathbf{y}}\, B_0$；試分別求 C_1 及 C_2 所受的磁力。

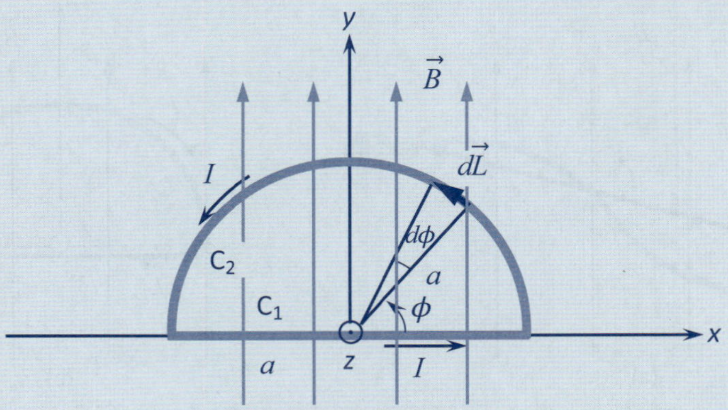

▲圖 5-38 例題 5-27 用圖

解：(1) C_1 段——

利用 (5-95) 式：

$\vec{L} = \hat{\mathbf{x}}\, 2a \qquad \therefore\ \vec{F}_{m,1} = I(\hat{\mathbf{x}}\, 2a) \times (\hat{\mathbf{y}}\, B_0) = \hat{\mathbf{z}}\, 2IaB_0$

(2) C_2 段——

利用 (5-94) 式：

$d\vec{L} = \hat{\boldsymbol{\phi}}\, a\, d\phi$

$$\vec{F}_{\mathrm{m},2} = I\int_0^{\pi} (\hat{\boldsymbol{\phi}}\, a\, d\phi) \times (\hat{\mathbf{y}}\, B_0) = -\hat{\mathbf{z}}\, IaB_0 \int_0^{\pi} \sin\phi\ d\phi$$

$$= -\hat{\mathbf{z}}\, 2IaB_0 \tag{5-96}$$

註：此線圈所受的總磁力恰等於零：$\vec{F}_{\mathrm{m},1} + \vec{F}_{\mathrm{m},2} = 0$。

事實上，在均勻磁場中一條彎曲的載流導線所受的磁力 (5-94) 式，可化為更簡易的公式。如圖 5-39(a) 所示，首先根據導線電流 I 的方向定出導線的「起點」和「終點」，然後令起點至終點的位移向量為 $\vec{L}'$，則此導線所受的磁力為：

$$\vec{F}_{\mathrm{m}} = I\,\vec{L}' \times \vec{B} \tag{5-97}$$

例如 [例題 5-27] 中的半圓形導線 C_2，如圖 5-39(b) 所示，由起點至終點之位移向量為：

$$\vec{L}' = -\hat{\mathbf{x}}\, 2a$$

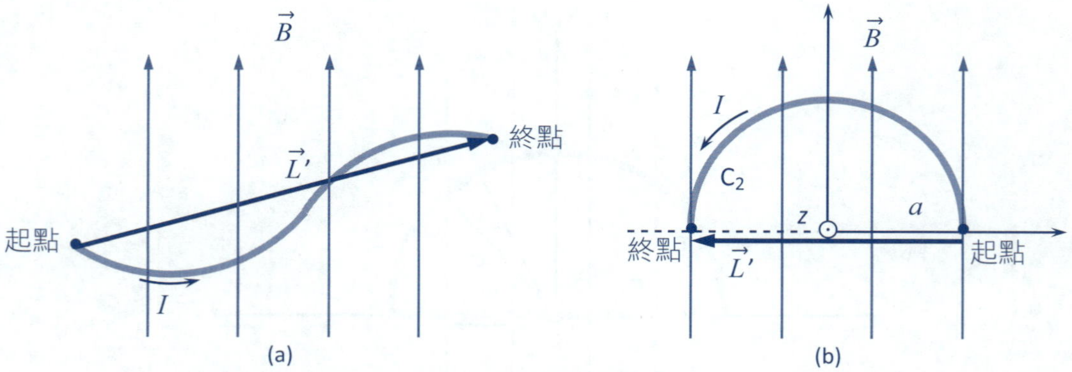

▲圖 5-39　均勻磁場中彎曲的載流導線所受的磁力

故由 (5-97) 式可得：

$$\vec{F}_{\mathrm{m},2} = I(-\hat{\mathbf{x}}\,2a) \times (\hat{\mathbf{y}}\,B_0) = -\hat{\mathbf{z}}\,2IaB_0$$

與 (5-96) 式一致。

例題 5-28 一無限長載流直導線置於圓柱座標系之 z 軸上，其中之電流為 I_1。其近旁有一短的載流直導線，其中之電流為 I_2。(a) 若兩直導線互相平行，如圖 5-40(a) 所示；(b) 若兩直導線互相垂直，如圖 5-40(b) 所示；試分別求短直導線所受的磁力。

解：(a) 利用公式 (5-95) 式，

$$\vec{L} = \hat{\mathbf{z}}\,l \qquad \vec{B} = \hat{\boldsymbol{\phi}}\frac{\mu_0 I_1}{2\pi r_0}$$

$$\therefore\ \vec{F}_{\mathrm{m}} = I_2(\hat{\mathbf{z}}\,l) \times \left(\hat{\boldsymbol{\phi}}\frac{\mu_0 I_1}{2\pi r_0}\right) = -\hat{\mathbf{r}}\,\frac{\mu_0 I_1 I_2 l}{2\pi r_0}$$

其中的方向 $-\hat{\mathbf{r}}$ 表示兩導線之間的磁力係互相吸引。

(b) 利用公式 (5-94) 式：

$$d\vec{L} = \hat{\mathbf{r}}\,dr \qquad \vec{B} = \hat{\boldsymbol{\phi}}\,\frac{\mu_0 I_1}{2\pi r}$$

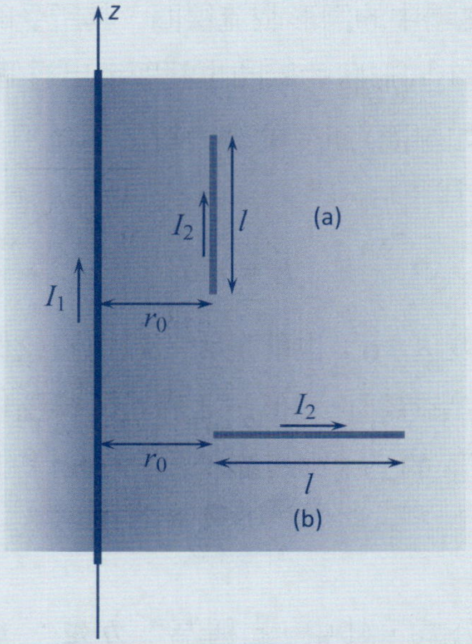

▲圖 5-40 例題 5-28 用圖

$$\vec{F}_{\mathrm{m}} = I_2 \int_{r_0}^{r_0+l} (\hat{\mathbf{r}}\, dr) \times \left(\hat{\boldsymbol{\phi}}\, \frac{\mu_0 I_1}{2\pi r}\right) = \hat{\mathbf{z}}\, \frac{\mu_0 I_1 I_2}{2\pi} \int_{r_0}^{r_0+l} \frac{dr}{r}$$

$$= \hat{\mathbf{z}}\, \frac{\mu_0 I_1 I_2}{2\pi} \ln\left(\frac{r_0 + l}{r_0}\right)$$

5-14 載流線圈所受的磁力

在本節中，我們將考慮任何形狀的載流線圈在**均勻磁場**中所受的磁力，以及由磁力所產生的「**力矩**」。

載流線圈是個封閉的迴路。在封閉迴路繞一圈，終點回到起點；也就是說，起點至終點的位移向量恆等於零，即：

$$\vec{L}' = 0$$

故由 (5-97) 式可得在均勻磁場中，任何形狀的載流線圈所受的總磁力恆等於零：

$$\vec{F}_{\mathrm{m}} = I\, \vec{L}' \times \vec{B} = 0$$

圖 5-41 所示者為一均勻磁場中的圓形載流線圈，其所受的總磁力顯然等於零：[例題 5-26] 及 [例題 5-27] 中不同形狀的線圈也都顯示出這個相同的結果。

一個大型的物體 (例如線圈) 所受的總力等於零並不代表它完全沒有動作。根據牛頓力學的第二運動定律：

$$\vec{F} = m\vec{a} \tag{5-98}$$

若 $\vec{F} = 0$，則物體的加速度 $\vec{a} = 0$；也就是說，該物體或保持靜止，或作等速直線運動——一般的線圈多為保持靜止。但是，靜止的線圈也有可能在原地**轉動**；在牛頓力學裡，轉動係由下面的公式來規範：

$$\vec{\tau} = \bar{I}\, \vec{\alpha} \tag{5-99}$$

這是與 (5-98) 式對應的公式，其中，$\vec{\tau}$ 稱為「**力矩**」，為一使物體產生 (或停止) 轉動的物理量，單位為 N・m (牛頓・米)；$\vec{\alpha}$ 稱為物體的角加速度，單位為

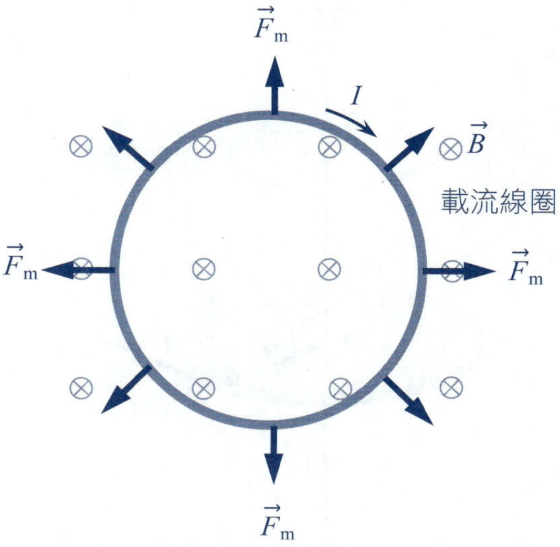

▲圖 5-41　均勻磁場中載流線圈所受的總磁力恆等於零

rad/s^2 (弳度/秒^2)；而 $\bar{I}$ 稱為物體的「**轉動慣量**」，係用來表示物體維持轉動之慣性的物理量，單位為 kg · m^2 (仟克 · 米^2)。

上述之 (5-99) 式與 (5-98) 式是對應的兩個公式——(5-98) 式描述物體的移動，而 (5-99) 式則描述物體的轉動。

在本節的討論當中，重點放在載流線圈受磁力作用時所產生的力矩計算。因此我們要先了解力矩 $\vec{\tau}$ 的基本觀念。

如圖 5-42 所示，一個物體受到一個力 $\vec{F}$ 的作用時，若施力點與旋轉軸之間有一距離 r，而且力 $\vec{F}$ 不與 r 平行，則物體的轉動狀態便會受到改變——轉速可能變快，也可能變慢——端視力矩 $\vec{\tau}$ 的大小及方向而定。

設由轉動軸上之一點 O 至施力點 P 的垂直位移向量為 $\vec{r}$，稱為「力臂」；則我們定義力 $\vec{F}$ 所產生的力矩為：

$$\vec{\tau} = \vec{r} \times \vec{F} \tag{5-100}$$

依叉乘積的規定，這個力矩的方向必與轉軸平行，而且符合「右手定則」，如圖 5-42 所示。若以右手的拇指指著力矩 $\vec{\tau}$ 的方向，則其餘四指繞行的方向與物體轉動方向相同時，該物體的轉速會增加。相反地，若其餘四指繞行的方向與物體轉動方向相反時，該物體的轉速便會減小。

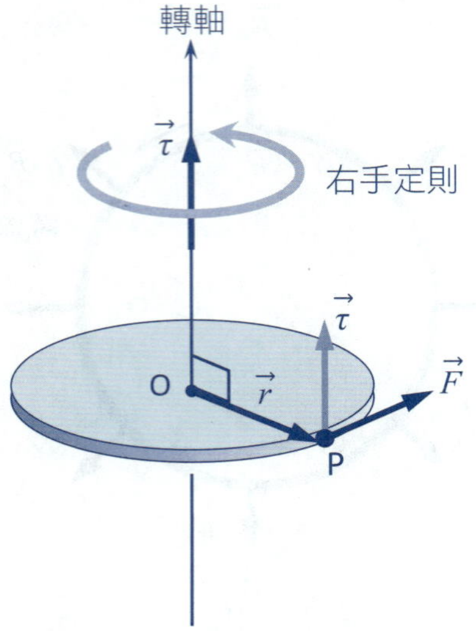

▲圖 5-42　力矩之定義示意圖

綜上所述，可見載流線圈在磁場中受磁力作用而產生之力矩的計算，具有重要的實際意義。

今假設在笛卡兒座標系的 $z = 0$ 平面上有一長、寬分別為 a 及 b 之長方形載流線圈，其中之電流為 I，置於一均勻磁場中，其磁通密度為 $\vec{B} = \hat{\mathbf{x}} B_0$，如圖 5-43 所示。

長度為 a 的兩段導線，由於其中之電流 I 與磁場 $\vec{B}$ 平行，故不受磁力的作用。而長度為 b 的右段導線，其力臂與所受之磁力分別為：

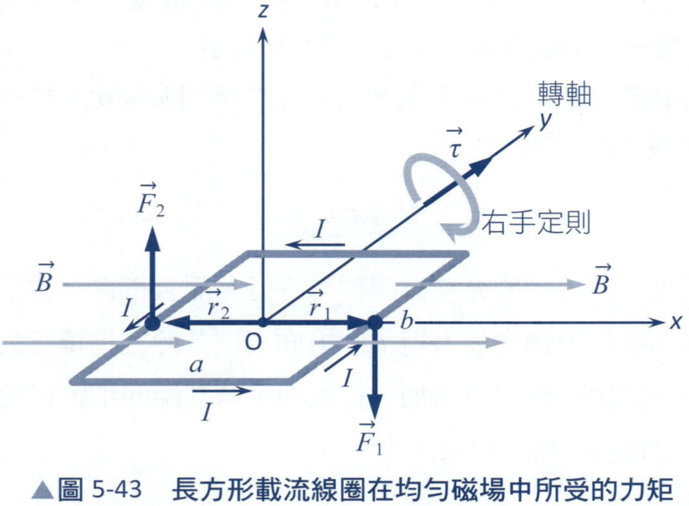

▲圖 5-43　長方形載流線圈在均勻磁場中所受的力矩

$$\vec{r}_1 = \hat{\mathbf{x}}\ a/2\text{，}\quad \vec{F}_1 = -\hat{\mathbf{z}}\, IbB_0$$

同樣長度為 b 的左段導線，其力臂與所受之磁力分別為：

$$\vec{r}_2 = -\hat{\mathbf{x}}\ a/2\text{，}\quad \vec{F}_2 = \hat{\mathbf{z}}\, IbB_0$$

故以 y 軸為轉軸時，線圈所受的總力矩為：

$$\begin{aligned}\vec{\tau} &= \vec{r}_1 \times \vec{F}_1 + \vec{r}_2 \times \vec{F}_2 \\ &= \left(\hat{\mathbf{x}}\frac{a}{2}\right) \times (-\hat{\mathbf{z}}\, IbB_0) + \left(-\hat{\mathbf{x}}\frac{a}{2}\right) \times (\hat{\mathbf{z}}\, IbB_0) \\ &= \hat{\mathbf{y}}\, IabB_0 \qquad (5\text{-}101)\end{aligned}$$

在 (5-101) 式中，ab 為長方形線圈的圈面面積；設圈面的單位法線向量為 $\hat{\mathbf{n}}$，則圈面面積可寫成向量式：

$$\vec{S} = \hat{\mathbf{n}}\, ab$$

而依定義，線圈電流 I 與 $\vec{S}$ 的乘積稱為該線圈的「**磁矩**」：

$$\vec{m} = I\vec{S} \qquad (5\text{-}102)$$

特別注意：載流線圈之磁矩 $\vec{m}$ 的方向在圈面的法線上；但圈面的法線方向有兩個，我們只能選其一，即：**以右手的四個指頭順著電流 I 的方向繞轉，則拇指的方向為磁矩 $\vec{m}$ 的方向**。

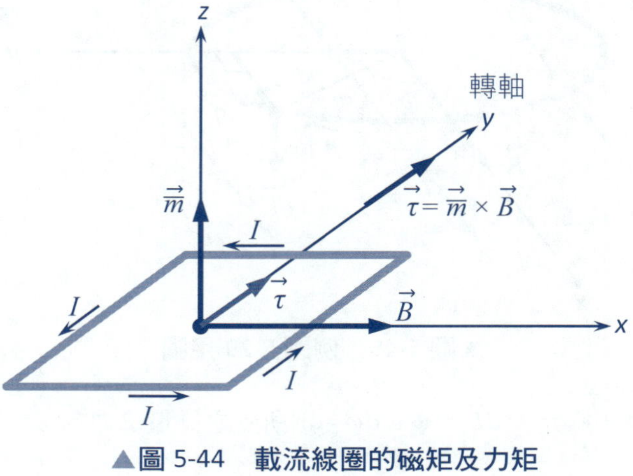

▲圖 5-44　**載流線圈的磁矩及力矩**

例如在圖 5-44 中，$\vec{m}$ 必在 $+\hat{\mathbf{z}}$ 方向：

$$\vec{m} = I\vec{S} = \hat{\mathbf{z}}\,Iab$$

故：

$$\vec{m} \times \vec{B} = (\hat{\mathbf{z}}\,Iab) \times (\hat{\mathbf{x}}\,B_0)$$
$$= \hat{\mathbf{y}}\,IabB_0$$

此式與 (5-101) 式比較，即知線圈所受之力矩可以寫成：

$$\vec{\tau} = \vec{m} \times \vec{B} \tag{5-103}$$

例題 5-29 如圖 5-45 所示，半徑為 a 之圓形載流線圈置於圓柱座標系之 $z = 0$ 平面上，線圈中的電流為 I；設有一均勻磁場，其磁通密度為：

$$\vec{B} = \hat{\mathbf{x}}\,B_0$$

試求該線圈所受的力矩。

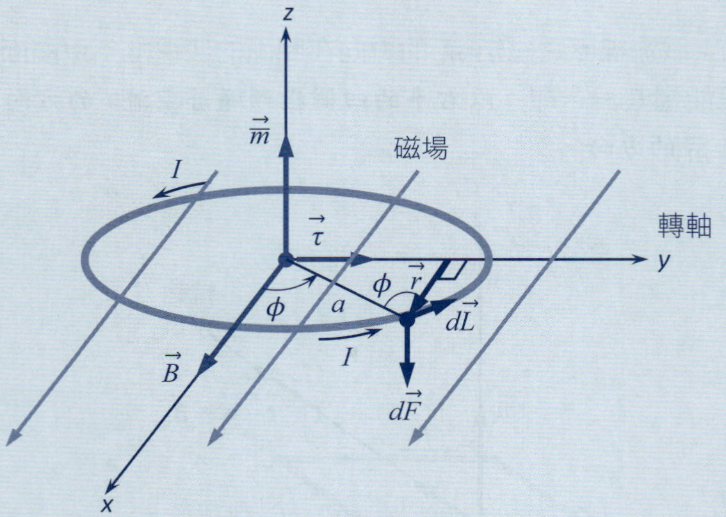

▲圖 5-45 **例題 5-29 用圖**

解：在線圈上任選一線元素 $d\vec{L} = \hat{\boldsymbol{\phi}}\,a\,d\phi$，則所受之微量磁力為：

$$d\vec{F} = I\, d\vec{L} \times \vec{B} = I(\hat{\boldsymbol{\phi}}\, a\, d\phi) \times (\hat{\mathbf{x}}\, B_0) \tag{5-104}$$

由 (2-83) 式：

$\hat{\boldsymbol{\phi}} = -\ \hat{\mathbf{x}} \sin\phi + \ \hat{\mathbf{y}} \cos\phi$

代入 (5-104) 式中：

$d\vec{F} = I[(-\ \hat{\mathbf{x}} \sin\phi \ + \ \hat{\mathbf{y}} \cos\phi)a\, d\phi] \times (\hat{\mathbf{x}}\, B_0) = -\hat{\mathbf{z}}\, IaB_0 \cos\phi\, d\phi$

又由圖 5-45 知，力矩 $\vec{\tau} = \vec{m} \times \vec{B}$ 在 $\hat{\mathbf{y}}$ 方向；也就是說，線圈的轉軸在 y 軸，因此力 $d\vec{F}$ 的力臂為：

$\vec{r} = \hat{\mathbf{x}}\, a \cos\phi$

故 $d\vec{L}$ 所受的微量力矩為：

$$\begin{aligned} d\vec{\tau} &= \vec{r} \times d\vec{F} = (\hat{\mathbf{x}}\, a \cos\phi) \times (-\hat{\mathbf{z}}\, IaB_0 \cos\phi\, d\phi) \\ &= \hat{\mathbf{y}}\, Ia^2B_0 \cos^2\phi\, d\phi \end{aligned}$$

將此式沿著圓周積分，即得線圈所受的力矩：

$$\begin{aligned} \vec{\tau} &= \hat{\mathbf{y}}\, Ia^2B_0 \int_0^{2\pi} \cos^2\phi\, d\phi = \hat{\mathbf{y}}\, Ia^2B_0 \int_0^{2\pi} \frac{1+\cos 2\phi}{2}\, d\phi \\ &= \hat{\mathbf{y}}\, I\pi a^2 B_0 \end{aligned} \tag{5-105}$$

在 (5-105) 式中，πa^2 為圓形線圈的圈面面積；由 (5-102) 式可得此線圈的磁矩為：

$$\vec{m} = I\vec{S} = \hat{\mathbf{z}}\, I\pi a^2$$

故：

$$\vec{m} \times \vec{B} = (\hat{\mathbf{z}}\, I\pi a^2) \times (\hat{\mathbf{x}}\, B_0) = \hat{\mathbf{y}}\, I\pi a^2 B_0$$

此一結果與 (5-105) 式完全一致。因此我們看到，線圈的力矩公式：

$$\vec{\tau} = \vec{m} \times \vec{B} \qquad \text{(詳見 5-103)}$$

不僅適用於長方形線圈，也適用於圓形線圈——事實上，它是一個普遍的公式，適用於任何形狀的平面線圈。

例題 5-30 如圖 5-46 所示，在笛卡兒座標系有一三角形線圈，置於均勻磁場 $\vec{B} = \hat{\mathbf{x}}\,B_0$ 中。設線圈之兩個直角邊均等於 a，電流為 I，試求所受的力矩。

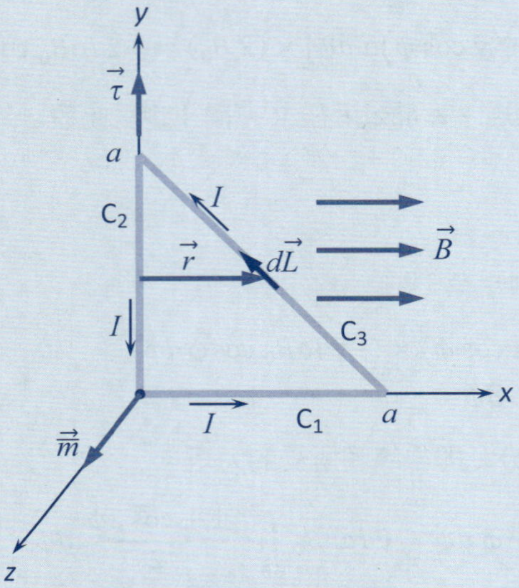

▲圖 5-46　例題 5-30 用圖

解：我們將線圈分成三段來考慮：

(a) 第一段 C_1——

此段中的電流與磁場方向平行，故所受的磁力為零，力矩亦為零。

(b) 第二段 C_2——

此段中的電流與磁場方向垂直，故所受的磁力為：

$$\vec{F}_2 = I\vec{L} \times \vec{B} = I(-\hat{\mathbf{y}}\,a) \times (\hat{\mathbf{x}}\,B_0) = \hat{\mathbf{z}}\,IaB_0$$

我們選定 y 軸為轉軸，則此段之力臂恆等於零，故產生的力矩等於零。

(c) 第三段 C_3——

此直線段之方程式為 $x + y = a$；故：

$$x = -y + a$$

$$dx = -dy$$

$$d\vec{L} = \hat{\mathbf{x}}\,dx + \hat{\mathbf{y}}\,dy = (-\hat{\mathbf{x}}\,dy + \hat{\mathbf{y}}\,dy)$$

由此知線元素 $d\vec{L}$ 所受的微量磁力為：

$$d\vec{F} = I\,d\vec{L} \times \vec{B} = I(-\hat{\mathbf{x}}\,dy + \hat{\mathbf{y}}\,dy) \times (\hat{\mathbf{x}}\,B_0) = -\hat{\mathbf{z}}\,IB_0\,dy$$

且由轉軸 (y 軸) 算起，$d\vec{F}$ 之力臂為 $\vec{r} = \hat{\mathbf{x}}\,x = \hat{\mathbf{x}}\,(-y+a)$，
故所產生之微量力矩為：

$$d\vec{\tau}_3 = \vec{r} \times d\vec{F} = [\hat{\mathbf{x}}\,(-y+a)] \times (-\hat{\mathbf{z}}\,IB_0\,dy) = \hat{\mathbf{y}}\,IB_0(-y+a)dy$$

積分即得力矩為：

$$\vec{\tau}_3 = \int_{C_3} d\vec{\tau}_3 = \hat{\mathbf{y}}\,IB_0 \int_0^a (-y+a)dy = \hat{\mathbf{y}}\,IB_0\left(\frac{a^2}{2}\right)$$

綜上所述，整個線圈所受的總力矩等於：

$$\vec{\tau} = \hat{\mathbf{y}}\,IB_0\left(\frac{a^2}{2}\right) \qquad (5\text{-}106)$$

在 (5-106) 式中，$a^2/2$ 是三角形線圈的圈面面積；根據 (5-102) 式，此線圈的磁矩為：

$$\vec{m} = I\vec{S} = \hat{\mathbf{z}}\,Ia^2/2$$

故：

$$\vec{m} \times \vec{B} = (\hat{\mathbf{z}}\,Ia^2/2) \times (\hat{\mathbf{x}}\,B_0) = \hat{\mathbf{y}}\,IB_0\left(\frac{a^2}{2}\right)$$

可知 (5-106) 式可寫成通式：

$$\vec{\tau} = \vec{m} \times \vec{B} \qquad \text{(詳見 5-103)}$$

5-15 物質磁性的起源 (一)

最初，人類發現自然界中具有磁性的物質是所謂的「磁石」，主要成分是四氧化三鐵 (Fe_3O_4)。紀元前 7 世紀的古希臘哲學家泰勒斯曾經以非神話的觀點討論過磁石的磁性；到了紀元前 4 世紀，古中國的鬼谷子也曾經在其著作中提到磁石：「其察言也，不失若磁石之取鍼。」

雖然如此，自此之後人類對磁性的了解卻少有進展；直到 19 世紀初，丹麥科學家奧斯特才無意中發現電流可以產生磁場。這項發現使我們想到，既然所有物

質都是由原子構成，而原子是由一個或多個電子環繞原子核所構成，則電子環繞原子核的軌道運動可視為一個微小的電流環。由 (5-102) 式可知，這微小的電流環即可產生一個微小的「磁矩」，稱為「**軌道磁矩**」。這是物質磁性的起源之一。

由古典電磁學的觀點，電子必須作繞轉運動，才能產生磁矩 (如上述)；但隨著量子力學的發展，我們發現離原子而獨立的電子居然也有自己的磁矩。那麼，單獨一個電子究竟如何做繞轉運動呢？唯一的可能就是「**自旋**」。由自旋產生的磁矩稱為「**自旋磁矩**」。這是物質磁性的起源之二。

另外，居於原子中央的原子核也有自己的磁矩；這是物質磁性的起源之三。但在討論物質之一般磁性時，它比上述兩種磁矩小得很多，因此通常可以忽略不計。

綜上所述，自然界中所有物質必然都具有磁性，或潛在地具有磁性；而我們所謂的「**磁性**」，就是指物質中所有原子的軌道電子的磁矩——包括「軌道磁矩」與「自旋磁矩」——集體對外所顯示的物理特性，以及這些磁矩與外在磁場相互作用所產生的各種物理現象。

下面我們要進一步說明原子中之軌道電子所具有的「軌道磁矩」與「自旋磁矩」。

(一) 軌道磁矩

圖 5-47 所示者為一典型的原子，其中軌道電子的質量為 m_e，電量為 $-e$，以角頻率 ω 繞原子核作半徑 r 的圓周運動。此時，軌道上相當於有一電流 $I = e\omega/2\pi$；因軌道內部的面積為 $S = \pi r^2$，故由 (5-102) 式可知電子的軌道磁矩的大小為：

$$\overline{m}_L = IS = \left(\frac{e\omega}{2\pi}\right)(\pi r^2) = \frac{1}{2}e\omega r^2 \tag{5-107}$$

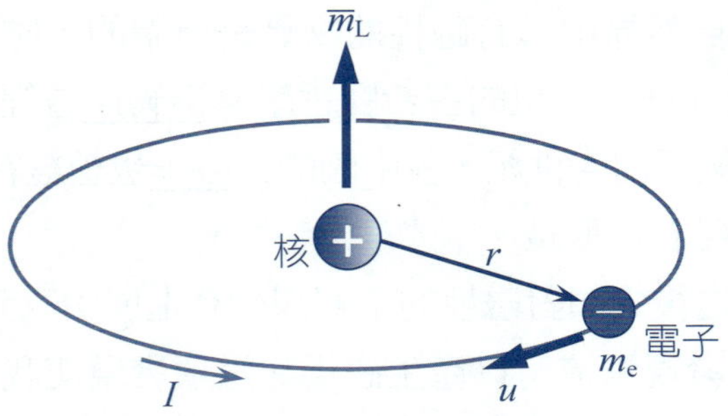

▲圖 5-47 古典的軌道磁矩示意圖

西元 1924 年，法國物理學家德布洛意在其博士論文中提出了一項假設：電子和其他基本粒子都具有「**波粒二象性**」；也就是說，這些在古典物理學裡被視為「粒子」的東西事實上都兼具「波性」。這項假設經許多實驗證實之後，成了後來量子力學的重要基石之一。這種波性迥異於古典物理學中的所有波動，因此被稱為「**德布洛意波**」。由於自然界中所有物質都是由這些具有波性的基本粒子所構成，因此德布洛意波又稱為「**物質波**」。

根據德布洛意的假設，質量 m 的粒子以速率 u 運動時，其德布洛意波的波長為：

$$\lambda = \frac{h}{mu} \tag{5-108}$$

其中，h 稱為「**普朗克常數**」，係為紀念德國物理學家普朗克而命名，其數值為：

$$\begin{aligned} h &= 6.626\,070\,041 \times 10^{-34}\ \mathrm{J \cdot s} \\ &= 4.135\,667\,662 \times 10^{-15}\ \mathrm{eV \cdot s} \end{aligned} \tag{5-109}$$

在四位有效數字以內的計算，可使用近似值 $h \approx 6.626 \times 10^{-34}\ \mathrm{J \cdot s}$。

例題 5-31　(a) 設一電子之速率為 $u = 1.38 \times 10^{6}\ \mathrm{m/s}$，試求其德布洛意波波長；(b) 質量 20.0 g 之石子以速率 32.0 m/s 拋出，試求其德布洛意波波長。

解：(a) 由 (5-108) 式得：

$$\lambda = \frac{h}{mu} = \frac{6.626 \times 10^{-34}\ \mathrm{J \cdot s}}{(9.109 \times 10^{-31}\ \mathrm{kg})(1.38 \times 10^{6}\ \mathrm{m/s})} = 5.27 \times 10^{-10}\ \mathrm{m}$$

(b) 同理：

$$\lambda = \frac{h}{mu} = \frac{6.626 \times 10^{-34}\ \mathrm{J \cdot s}}{(20.0 \times 10^{-3}\ \mathrm{kg})(32.0\ \mathrm{m/s})} = 1.04 \times 10^{-33}\ \mathrm{m}$$

不久，丹麥物理學家波耳利用德布洛意波的觀念提出了一個新的原子模型。他認為，既然電子具有波性，它在極微小的原子軌道上運行時，必然會自相重疊、自相干涉。假如是建設性干涉，則會形成「**駐波**」而在軌道上穩定存在；相反地，假如是破壞性干涉，則波會從軌道上消失，軌道也不復存在。

假設軌道半徑為 r，則代表電子的德布洛意波在軌道上形成駐波的條件是：

$$2\pi r = n\lambda \qquad (n = 1, 2, 3, \ldots) \tag{5-110}$$

也就是說，**軌道的周長必須剛好等於德布洛意波波長的整數倍**。將 (5-108) 式代入 (5-110) 式即得：

$$2\pi r = \frac{nh}{mu}$$

故知對應於整數 n 之軌道半徑為：

$$r = \frac{nh}{2\pi mu} = \frac{n}{mu}\frac{h}{2\pi} \tag{5-111}$$

在量子力學中，普朗克常數 h 經常與 2π 相除，並且具有特殊的含意；[註5] 因此，我們特地給它一個符號「$\hbar$」(讀做 h bar)：

$$\hbar = \frac{h}{2\pi} \tag{5-112}$$

稱為「**簡約的普朗克常數**」。利用這個新訂的常數，(5-111) 式即可寫成：

$$r = \frac{n\hbar}{mu}$$

或：

$$n\hbar = r\,mu \tag{5-113}$$

令 $m = m_e$ (電子質量)，則 (5-107) 式所示之軌道磁矩可化為：

$$\bar{m}_L = \frac{e\omega r^2}{2} = \frac{em_e(r\omega)r}{2m_e} = \frac{em_e(u)r}{2m_e} = \frac{e(rm_e u)}{2m_e}$$

將 (5-113) 式代入 (令 $m = m_e$)，即得軌道磁矩為：

$$\bar{m}_L = n\frac{e\hbar}{2m_e} \qquad (n = 1, 2, 3, \ldots) \tag{5-114}$$

註5　因 $\hbar$ 具有與角動量相同的因次，因此在量子力學中，$\hbar$ 常被用來作為基本粒子角動量的基本單位。

此式告訴我們，任何軌道磁矩 $\bar{m}_L$ 均等於常數 $e\hbar/2m_e$ 的整數倍；這種現象稱為「**量子化**」，其中之常數 $e\hbar/2m_e$ 為軌道磁矩 $\bar{m}_L$ 的最小基本單位，稱為「**波耳磁子**」，以符號「$\bar{\mu}_B$」表示，其數值為：

$$\bar{\mu}_B = 9.274\,009\,68\times10^{-24}\ \mathrm{A\cdot m^2} \tag{5-115}$$

因此，(5-114) 式可以寫成如下的形式：

$$\bar{m}_L = n\bar{\mu}_B \qquad (n = 1, 2, 3, \ldots) \tag{5-116}$$

若無外來的因素，原子通常處於「基態」，也就是 $n = 1$ 的狀態；此時原子的軌道磁矩剛好等於一個波耳磁子：

$$\bar{m}_L = \bar{\mu}_B \tag{5-117}$$

以上是古典電磁學的觀點；近代的量子力學有更詳細、更正確的說法。惟這部分超出本書範圍，故不贅述。

我們曾經在第四章裡看到，自然界中任何電荷 q 都是量子化的；即：

$$q = ne \qquad \text{(詳見 4-1)}$$

(其中之 n 為整數)；也就是說，任何電荷 q 都是基本電荷 e (電子之電荷絕對值) 的整數倍。雖然我們不能說軌道磁矩 $\bar{m}_L$ 與電荷 q 有什麼對應關係，但它們都是量子化的物理量，這一點是一致的。

5-16 物質磁性的起源 (二)

本節接續上一節的內容，講述物質磁性的第二種起源，即電子的自旋磁矩。

(二) 自旋磁矩

從古典電磁學的觀點，一帶電體繞著自身轉軸旋轉時，必會產生磁矩；首先請見下例。

例題 5-32 如圖 5-48 所示，設一半徑為 a 的圓盤上均勻帶有電荷，其總電量為 q，繞著中心軸以角頻率 ω 旋轉；試求此圓盤所產生的磁矩。

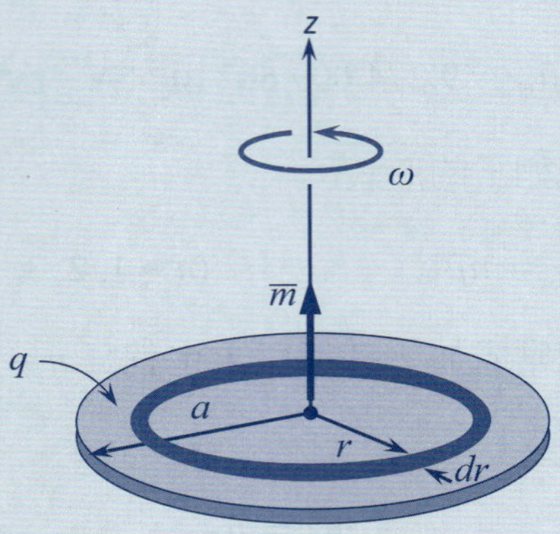

▲圖 5-48 例題 5-32 用圖

解： 將此圓盤放在圓柱座標系中的 $z = 0$ 平面上，其圓心在原點，繞 z 軸以角頻率 ω 逆時針方向旋轉。首先考慮半徑 r、寬度 dr 的微量圓形環帶；由比例關係知其上所帶的微量電荷為：

$$dq = \frac{2\pi r\, dr}{\pi a^2} q = \frac{2r\, dr}{a^2} q$$

故知此微量環帶所產生的微量磁矩為：

$$d\overline{m} = (dI)S = \left(\frac{\omega\, dq}{2\pi}\right)(\pi r^2) = \frac{\omega q}{a^2} r^3 dr$$

積分即得總磁矩：

$$\overline{m} = \frac{\omega q}{a^2}\int_0^a r^3\, dr = \frac{\omega q a^2}{4} \tag{5-118}$$

其次，我們假設有一個半徑 R 的球體，均勻帶有電荷 Q；繞著自身的中心軸以角頻率 ω 旋轉；如圖 5-49 所示。我們將此球體放在球座標系中，球心在座標系原點。為了能夠利用 (5-118) 式以簡化計算，我們在球體內選取一個微量厚度 dz 的圓盤，其位置與球心的距離為 $z = R\cos\theta$，則圓盤半徑為 $r = R\sin\theta$。

由比例關係知圓盤上所帶的微量電荷為：

$$dQ = \frac{Q}{4\pi R^3/3} \times \pi(R\sin\theta)^2\, dz$$

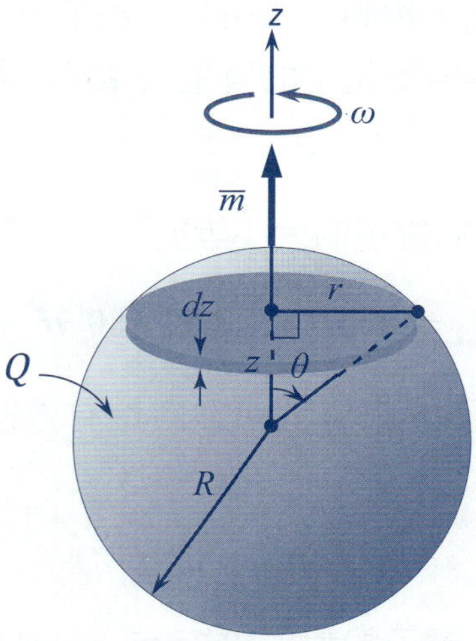

▲圖 5-49　帶電球體自轉產生磁矩的計算

因 $z = R\cos\theta$，微分得： $dz = -R\sin\theta\, d\theta$；故：

$$dQ = -\frac{Q}{4R^3/3}(R\sin\theta)^3\, d\theta = -\frac{3Q}{4}\sin^3\theta\, d\theta$$

在 (5-118) 式中，將 q 換為 dQ，a 換為 $R\sin\theta$，即知此微量圓盤所產生的微量磁矩為：

$$d\overline{m} = \left(\frac{\omega\, dQ}{4}\right)\times(R\sin\theta)^2 = -\frac{3Q\omega}{16}R^2\sin^5\theta\, d\theta$$

積分即得總磁矩：【註 6】

$$\overline{m} = -\frac{3Q\omega}{16}R^2\int_{\pi}^{0}\sin^5\theta\, d\theta = \frac{Q\omega R^2}{5} \tag{5-119}$$

這個結果是由古典電磁學計算所得，在巨觀世界中是正確的；但是在微觀世界中 (包括電子的自旋) 卻不適用。第一，電子是否有半徑，是個疑問。根據近代物理學的觀點，電子是沒有大小的，無半徑可言。第二，既然電子是沒有大小的，那麼它如何自轉、自轉角頻率 ω 是多少，也就沒有什麼意義。因此，電子的所謂

註6　這個積分用到積分公式：$\int\sin^5\theta\, d\theta = -\frac{5}{8}\cos\theta + \frac{5}{48}\cos 3\theta - \frac{1}{80}\cos 5\theta$；其積分下限 π 相當於 $z = -R$，上限 0 相當於 $z = +R$。

「自旋」僅是個抽象的概念，我們只是用它來表示一個獨立的電子也會具有磁矩的事實。一個電子的自旋磁矩跟電子的質量及電荷一樣，都是電子與生俱來的本性。

根據實際量測，電子自旋磁矩的大小等於：

$$\bar{m}_{\mathrm{S}} = 1.001\,159\,652\,180\,76\ \bar{\mu}_{\mathrm{B}} \tag{5-120}$$

其中，$\bar{\mu}_{\mathrm{B}}$ 為波耳磁子，詳見 (5-115) 式。在四位有效數字以內的計算，我們可以使用近似值：

$$\bar{m}_{\mathrm{S}} \approx \bar{\mu}_{\mathrm{B}} \tag{5-121}$$

根據量子力學的說法，電子的軌道磁矩 $\bar{m}_{\mathrm{L}}$ 和自旋磁矩 $\bar{m}_{\mathrm{S}}$ 會遵照一定的規則相互作用而組合起來，自旋磁矩和其他的自旋磁矩也會遵照另一個規則組合起來，這種現象稱為「**耦合**」。根據這些規則，以及 $\bar{m}_{\mathrm{L}} = \bar{\mu}_{\mathrm{B}} \approx \bar{m}_{\mathrm{S}}$ 的巧合關係 [詳見 (5-117) 式及 (5-121) 式]，使得許多原子的總磁矩剛好互相抵銷而等於零 (或幾乎等於零)；因此大自然中絕大部分物質的磁性都非常不明顯，幾乎都可以忽略 (除了所謂「鐵磁性」物質)。

5-17 物質之磁化與磁化電流

大自然中所有物質都是由原子所構成。假如一物質置於磁場中時，這些原子都沒有可測知的反應，因而整個物質也沒有任何可測知的磁性反應；我們稱此物質為「**非磁性物質**」。在大自然中，大部分物質均屬此類。

相反地，假如將物質置於磁場中時，整個物質產生了可測知的反應，我們稱此類物質為「**磁性物質**」。下面我們將要討論的是，磁性物質在磁場中究竟有何「反應」。

首先，我們假設所要討論的是最簡單的「l.i.h. 物質」，也就是兼具「線性、等向性、及均勻性」的物質：

1. 「線性」是「一次方」的意思；也就是說，物質的導磁係數 μ 所連結的磁場變數 $\vec{B}$ 和 $\vec{H}$ 都是**一次方**：

$$\vec{B} = \mu \vec{H} \tag{5-122}$$

2. 「等向性」的意思是 $\vec{B}$ 和 $\vec{H}$ 同方向，因此 μ 是個**純量**。
3. 「均勻性」的意思是說，μ 是個**定值**，不因位置而變。

其次，我們採用一個簡化的古典電磁學模型，假設物質中每個原子的磁矩都是由微小的電流圈所產生。當無外加磁場時，每個原子的磁矩呈散亂分布，故其磁性互相抵銷。而當外加一磁場時，各原子即受到一個力矩

$$\vec{\tau} = \vec{m} \times \vec{B}$$

的作用而轉向，紛紛往磁場方向偏轉，最後都大致沿著磁場的方向排列起來。像這樣，物質受到外加磁場的作用，使得其中各原子的磁矩趨向整齊排列的現象，我們稱之為「**磁化**」。

此時，假如從截面方向看，我們會看到所有代表原子磁矩的微小電流圈都不約而同地做同方向的繞轉，如圖 5-50 所示。其結果是：在物質內部相鄰兩電流的方向都是相反的，其產生的磁性剛好互相抵銷；因此所有原子的磁矩在物質內部產生的淨磁性等於零。但在物質表面上的一層原子，其外部並無任何環流可與之相抵銷，因此在表面上即有一股等效的表面電流存在，稱為「**磁化電流**」，以符號 I_m 表示。

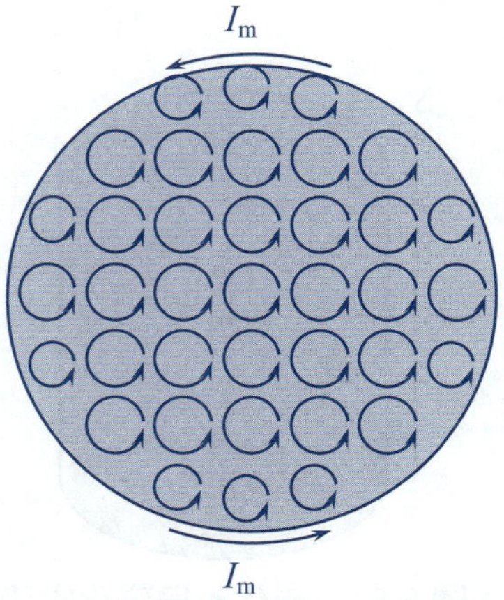

▲圖 5-50　**磁化電流示意圖**

有關磁化電流的觀念敘述如下：

1. 磁化電流是物質受到磁化的一種表達方式；雖然其單位也是 A (安培)，卻無法用安培計量測。

2. 磁化電流有別於導體中由電場所推動的傳導電流，而是物質磁化後所有原子之磁矩所產生的集體行為，屬於「束縛電流」；因此，歐姆定律對它並不適用，也不會消耗電磁能量而產生熱。
3. 磁化電流雖然與傳導電流有上述之根本差異，但兩者產生磁效應的功能是完全相同的。

一物質受到磁化的程度，可用「**磁化量**」來表示，符號為 $\vec{M}$。我們定義磁化量為物質在單位體積中已經沿磁場方向排列起來的原子有效磁矩的總和；設每單位體積中已經排列起來的有效原子數為 $\bar{N}$，每個原子在磁場方向之有效磁矩為 $\vec{m}$，則依定義，該物質的磁化量為：

$$\vec{M} = \bar{N}\,\vec{m} \tag{5-123}$$

單位為 A/m (安培/米)。

磁化量 $\vec{M}$ 與磁化電流 I_m 有直接的關係。今以一圓柱形的物體為例，如圖 5-51 所示。設此圓柱體的長度為 l，截面積為 S，則所包含的有效原子數為 $\bar{N}\,(lS)$，故總磁矩的大小為：

$$\bar{N}(lS) \times \bar{m} = (\bar{N}\,\bar{m})lS = MlS \equiv I_m S \tag{5-124}$$

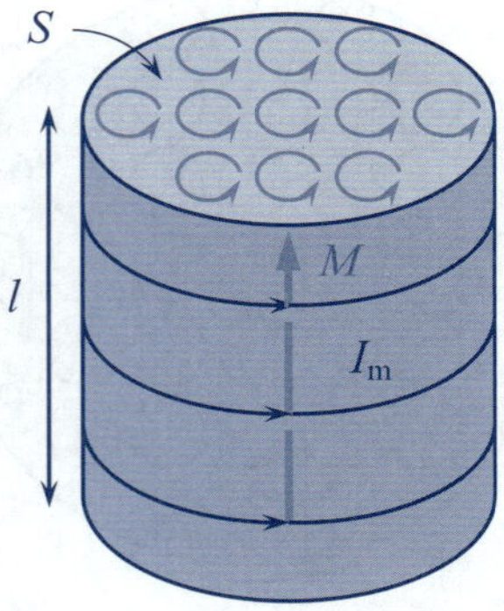

▲圖 5-51　磁化量與磁化電流

其中最後一步係根據磁矩的定義 (5-102) 式。因此磁化電流與磁化量的關係為：

$$I_m = M\,l \tag{5-125}$$

請注意：此式是由圖 5-51 所示的圓柱體均勻磁化所得的結果；事實上，它是由一個更廣泛的公式得來的，即：

$$I_m = \oint_C \vec{M} \cdot d\vec{L} \tag{5-126}$$

意思就是說，磁化量 $\vec{M}$ 在一封閉路徑 C 的環量恆等於路徑 C 內部的磁化電流 I_m。這個公式與安培定律具有相同的數學形式：

$$I = \oint_C \vec{H} \cdot d\vec{L} \quad \text{(詳見 5-25)}$$

因此我們可以看出，磁化電流 I_m 與傳導電流 I 對物質具有相同的磁效應。

例題 5-33　如圖 5-52 所示，長度 l 之圓柱形物體受磁化之後，其內部之磁化量 $\vec{M}$ 為一定值。試求：(a) 表面之磁化電流 I_m；(b) 表面磁化電流之電流密度。

解：(a) 選擇一長方形的封閉路徑 C，如圖 5-52 所示；則由 (5-126) 式可得：

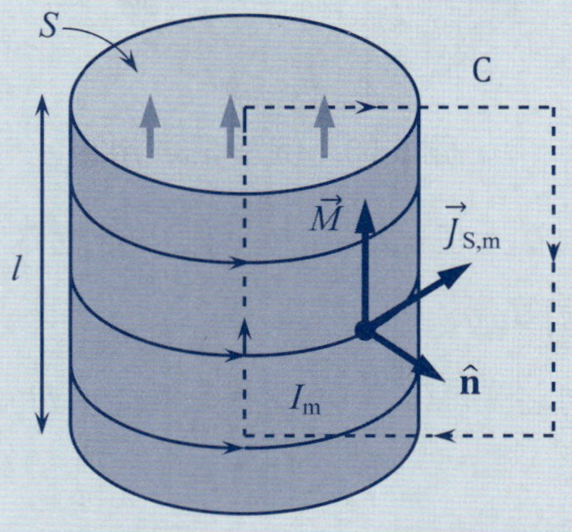

▲圖 5-52　**例題 5-33 用圖**

$$I_m = \oint_C \vec{M} \cdot d\vec{L} = |\vec{M}|l$$

(b) 依定義，面電流之電流密度為垂直流過單位寬度之電流：

$$|\vec{J}_{S,m}| = \frac{I_m}{l} = |\vec{M}|$$

寫成向量式：

$$\vec{J}_{S,m} = \vec{M} \times \hat{\mathbf{n}} \tag{5-127}$$

其中 $\hat{\mathbf{n}}$ 為物體表面之單位法線向量。

例題 5-34 如圖 5-53 所示，半徑 a 之球形物體受磁化之後，產生均勻的磁化量 $\vec{M}$；試求球面上的總磁化電流。

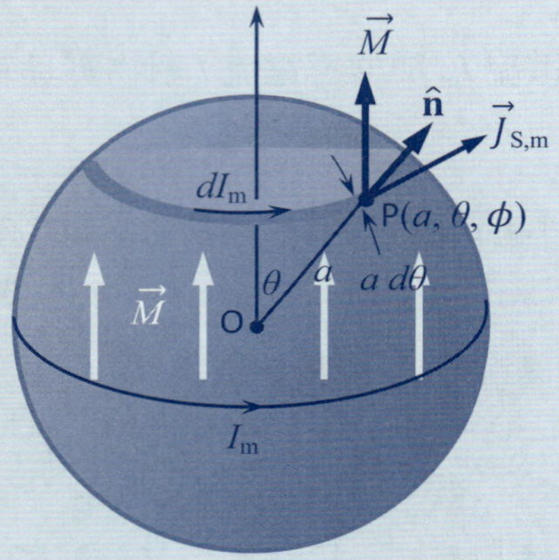

▲圖 5-53　例題 5-34 用圖

解：由 (5-127) 式可知，球面上任一點 $P(a, \theta, \phi)$ 之磁化面電流密度大小為：

$$|\vec{J}_{S,m}| = |\vec{M} \times \hat{\mathbf{n}}| = |\vec{M}| \sin\theta$$

方向為 $\hat{\boldsymbol{\phi}}$。此一方向之橫向 ($\hat{\boldsymbol{\theta}}$ 方向) 之線元素為 $a\,d\theta$，故垂直流過此線元素之微量磁化電流為：

$$dI_m = |\vec{M}| a \sin\theta \; d\theta$$

積分即得總磁化電流：

$$I_m = \int_0^{\pi} |\vec{M}| a \sin\theta \; d\theta = 2|\vec{M}|a \tag{5-128}$$

5-18 磁性物質之安培定律

假設在真空中有一磁場 $\vec{H}_0$，則由 (5-25) 式知安培定律為：

$$\oint_C \vec{H}_0 \cdot d\vec{L} = I$$

其中 I 為穿過封閉路徑 C 內部的傳導電流。由關係式 $\vec{B}_0 = \mu_0\vec{H}_0$，上式可寫成：

$$\oint_C \frac{\vec{B}_0}{\mu_0} \cdot d\vec{L} = I \tag{5-129}$$

現在我們考慮磁性物質存在時，上述之安培定律應該變成如何。從上一節的敘述，我們知道若磁場中的物質受到磁化，則會產生磁化電流 I_m，如 (5-126) 式所示。這個磁化電流雖然跟傳導電流有諸多差異，但產生磁場的效果是一樣的。此時，原先真空中的磁場將會產生變化。我們令變化後的磁場強度為 $\vec{H}$，磁通密度為 $\vec{B}$，則 (5-129) 式將變成：

$$\oint_C \frac{\vec{B}}{\mu_0} \cdot d\vec{L} = I + I_m \tag{5-130}$$

此式明顯顯示磁化電流 I_m 的加入，使得磁通密度由 $\vec{B}_0$ 變成 $\vec{B}$。將 (5-126) 式代入 (5-130) 式中：

$$\oint_C \frac{\vec{B}}{\mu_0} \cdot d\vec{L} = I + \oint_C \vec{M} \cdot d\vec{L}$$

移項整理之，可得：

$$\oint_C \left(\frac{\vec{B}}{\mu_0} - \vec{M}\right) \cdot d\vec{L} = I \tag{5-131}$$

此時我們定義磁化物質中的磁場強度為：

$$\vec{H} = \frac{\vec{B}}{\mu_0} - \vec{M} \tag{5-132}$$

則 (5-131) 式可寫成：

$$\oint_C \vec{H} \cdot d\vec{L} = I \tag{5-133}$$

稱為「**物質中的安培定律**」。

在真空中或無磁性的物質中，磁化量 $\vec{M} = 0$；由 (5-132) 式可知 $\vec{H} = \vec{B}/\mu_0$，也就是說，此時 (5-133) 式與真空中的安培定律無異，其等號右邊的 I 係指傳導電流。在另一方面，在磁性物質中，磁化量 $\vec{M} \neq 0$；此時 (5-133) 式中的 $\vec{H}$ 係指物質中的磁場。但應注意的是等號右邊的 I 仍然單指傳導電流。

由 (5-132) 式，我們可解出磁通密度：

$$\vec{B} = \mu_0(\vec{H} + \vec{M}) \tag{5-134}$$

在 l.i.h. 磁性物質中，磁化量 $\vec{M}$ 係與磁場強度 $\vec{H}$ 成正比，即：

$$\vec{M} = \chi_m \vec{H} \tag{5-135}$$

比例常數 χ_m 稱為「**磁化率**」，為一無因次的物理量。代入 (5-134) 式中可得：

$$\vec{B} = \mu_0\left(\vec{H} + \chi_m \vec{H}\right) = \mu_0(1 + \chi_m)\vec{H} \tag{5-136}$$

我們稱此式中的 $1 + \chi_m$ 為磁性物質的「**相對導磁係數**」，以符號 μ_r 表示：

$$\mu_r = 1 + \chi_m \tag{5-137}$$

這也是一個無因次的物理量。我們又稱相對導磁係數 μ_r 與真空導磁係數 μ_0 的乘積為磁性物質的「**導磁係數**」，以符號 μ 表示：

$$\mu = \mu_r \mu_0 \tag{5-138}$$

單位與 μ_0 相同，均為 H/m (亨利/米)。

將 (5-137) 式及 (5-138) 式一起代入 (5-136) 式中可得：

$$\vec{B} = \mu \vec{H} \tag{5-139}$$

在真空中，$\chi_m = 0$，故 $\mu_r = 1$，且 $\mu = \mu_0$；(5-139) 式回復到真空中的形式：

$$\vec{B} = \mu_0 \vec{H}$$

例題 5-35 設某磁性物質的相對導磁係數為 50，內部的磁通密度為 0.050 Wb/m^2；試求：(a) 磁化率 χ_m；(b) 磁場強度 H；(c) 磁化量 M。

解：(a) 由 (5-137) 式，$\mu_r = 1 + \chi_m$，故：

$$\chi_m = \mu_r - 1 = 50 - 1 = 49$$

(b) 由 (5-138) 式，$\mu = \mu_r \mu_0 = 50\,\mu_0$；故由 (5-139) 式可得：

$$H = \frac{B}{\mu} = \frac{0.050\ \text{Wb/m}^2}{50 \times (4\pi \times 10^{-7}\ \text{H/m})} = 0.80\ \text{kA/m}$$

(c) 由 (5-135) 式，

$$M = \chi_m H = 49 \times (0.80\ \text{kA/m}) = 39\ \text{kA/m}$$

5-19 磁場的邊界條件

「**磁場的邊界條件**」，其意義與第 4-20 節所述之電場中者相仿，係表明在兩種不同之磁性物質的界面上，磁場強度 $\vec{H}$ 與磁通密度 $\vec{B}$ 的大小及方向的變化規則。

我們假設所討論的都是 l.i.h. 物質，其導磁係數 μ 都是常數。同時也假設在物質的界面上沒有傳導電流 I。另外，雖然物質磁化之後會出現磁化電流 I_m，但從 (5-133) 式我們看到磁化電流已經被隱藏起來了，因此在以下的討論中也不會出現磁化電流。如圖 5-54(a) 所示，設界面兩側之物質導磁係數分別為 μ_1 及 μ_2，其中的磁場強度分別為 $\vec{H}_1$ 及 $\vec{H}_2$。我們在界面上選擇一封閉路徑 a-b-c-d-a，其左、右兩段的長度 $\Delta h \to 0$，而上、下兩段分別在兩物質中，且貼近界面。假設界面上沒有夾帶任何傳導電流 (通常是如此)，則由安培定律 (5-133) 式可得：

$$\oint_C \vec{H} \cdot d\vec{L} = \int_a^b \vec{H}_1 \cdot d\vec{L} + 0 + \int_c^d \vec{H}_2 \cdot d\vec{L} + 0 = 0 \qquad (5\text{-}140)$$

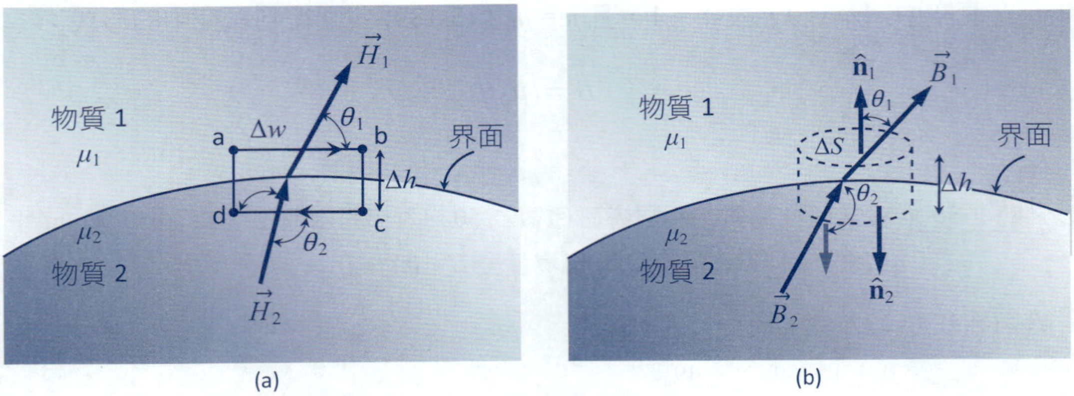

▲圖 5-54　兩磁性物質界面上的邊界條件

注意：因 $\Delta h \to 0$，故上式之第二及第四項等於 0；而第一項之積分值等於：

$$\int_{a}^{b} \vec{H}_1 \cdot d\vec{L} = \int_{a}^{b} H_1 \cos\theta_1 \, dL = \int_{a}^{b} H_{1t} \, dL$$

其中，$H_1 \cos\theta_1 = H_{1t}$ 為磁場 $\vec{H}_1$ 的切線分量。第三項之積分值等於：

$$\int_{c}^{d} \vec{H}_2 \cdot d\vec{L} = \int_{c}^{d} H_2 \cos\theta_2 \, dL = -\int_{c}^{d} H_{2t} \, dL$$

其中，$H_2 \cos\theta_2 = -H_{2t}$ 為磁場 $\vec{H}_2$ 的切線分量；注意：$\theta_2 > \pi/2$，$\cos\theta_2$ 為負值，故有負號出現。綜上所述，(5-140) 式的計算結果為：

$$\oint_{C} \vec{H} \cdot d\vec{L} = \int_{a}^{b} H_{1t} \, dL - \int_{c}^{d} H_{2t} \, dL = (H_{1t} - H_{2t})\Delta w = 0$$

故得：

$$H_{1t} = H_{2t} \tag{5-141}$$

此式告訴我們，**在不同物質之界面兩側，磁場強度的切線分量恆相等。**

其次，我們在兩物質之界面上選定一圓柱形的高斯面，如圖 5-54(b) 所示；其上、下底分別在物質 1 及物質 2 中，也都貼近於界面 ($\Delta h \to 0$)，因此其側面積亦必趨近於零而可以忽略。利用磁場的高斯定律：

$$\oint_S \vec{B} \cdot d\vec{S} = \int_{上} \vec{B}_1 \cdot d\vec{S} + \int_{下} \vec{B}_2 \cdot d\vec{S} + 0 = 0 \tag{5-142}$$

其中第一個等式中的 0 是在側面的積分 (因 $\Delta h \to 0$)；上式中，上底的積分值為：

$$\int_{上} \vec{B}_1 \cdot d\vec{S} = \int_{上} \vec{B}_1 \cdot \hat{\mathbf{n}}_1\, dS = \int_{上} B_1 \cos\theta_1\, dS = \int_{上} B_{1n}\, dS$$

其中，$B_1 \cos\theta_1 = B_{1n}$ 為電通密度 $\vec{B}_1$ 的法線分量。另外，在下底的積分值為：

$$\int_{下} \vec{B}_2 \cdot d\vec{S} = \int_{下} \vec{B}_2 \cdot \hat{\mathbf{n}}_2\, dS = \int_{下} B_2 \cos\theta_2\, dS = -\int_{下} B_{2n}\, dS$$

注意：$\theta_2 > \pi/2$，$\cos\theta_2$ 為負值，故有負號出現。綜上所述，(5-142) 式的計算結果為：

$$\oint_S \vec{B} \cdot d\vec{S} = \int_{上} B_{1n}\, dS - \int_{下} B_{2n}\, dS = (B_{1n} - B_{2n})\, \Delta S = 0$$

故得 $B_{1n} - B_{2n} = 0$，或：

$$B_{1n} = B_{2n} \tag{5-143}$$

此式告訴我們，**在不同物質之界面兩側，磁通密度的法線分量恆相等。**

(5-143) 式也可寫成 $\mu_1 H_{1n} = \mu_2 H_{2n}$，或：

$$\frac{H_{1n}}{H_{2n}} = \frac{\mu_2}{\mu_1} \tag{5-144}$$

意思是說，**在不同物質之界面兩側，磁場強度的法線分量與導磁係數成反比。**

例題 5-36 如圖 5-55 所示，物質 1 之導磁係數為 μ_1，物質 2 之導磁係數為 μ_2。設物質 1 中之磁通密度 $\vec{B}_1$ 與法線之夾角為 α_1；試求物質 2 中之磁通密度 $\vec{B}_2$ 之大小 B_2 及方向 α_2。

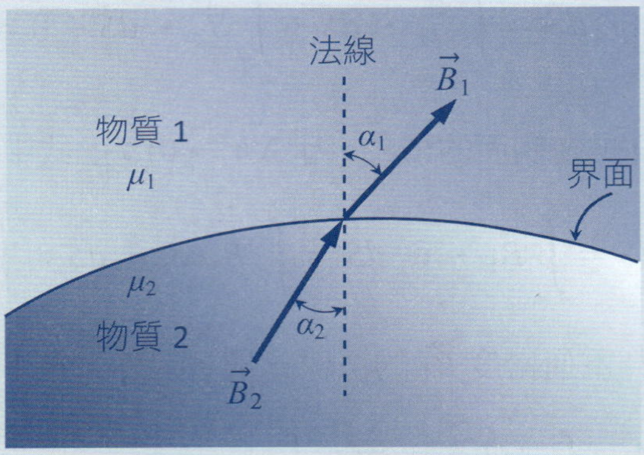

▲圖 5-55 例題 5-36 用圖

解： 由圖 5-55 知，

$$\tan\alpha_1 = \frac{B_{1t}}{B_{1n}}, \quad \tan\alpha_2 = \frac{B_{2t}}{B_{2n}}$$

兩式相除得：

$$\frac{\tan\alpha_1}{\tan\alpha_2} = \frac{B_{1t}/B_{1n}}{B_{2t}/B_{2n}}$$

由邊界條件 (5-143) 式，$B_{1n} = B_{2n}$，並利用 $B = \mu H$ 的關係可知：

$$\frac{\tan\alpha_1}{\tan\alpha_2} = \frac{B_{1t}}{B_{2t}} = \frac{\mu_1 H_{1t}}{\mu_2 H_{2t}}$$

再利用邊界條件 (5-141) 式，$H_{1t} = H_{2t}$：

$$\frac{B_{1t}}{B_{2t}} = \frac{\mu_1 H_{1t}}{\mu_2 H_{1t}} = \frac{\mu_1}{\mu_2} \tag{5-145}$$

$$\therefore \frac{\tan\alpha_1}{\tan\alpha_2} = \frac{\mu_1}{\mu_2}$$

$$\tan\alpha_2 = \frac{\mu_2}{\mu_1}\tan\alpha_1$$

$$\therefore \alpha_2 = \tan^{-1}\left(\frac{\mu_2}{\mu_1}\tan\alpha_1\right)$$

此為磁通密度 $\vec{B}_2$ 之方向；而其大小為：

$$B_2 = \sqrt{B_{2n}^2 + B_{2t}^2} \tag{5-146}$$

由邊界條件 (5-143) 式，$B_{2n} = B_{1n} = B_1\cos\alpha_1$；以及由 (5-145) 式：

$$B_{2t}=\frac{\mu_2}{\mu_1}B_{1t}=\frac{\mu_2}{\mu_1}B_1\sin\alpha_1$$

一起代入 (5-146) 式即得：

$$B_2=B_1\sqrt{\cos^2\alpha_1+(\mu_2/\mu_1)^2\sin^2\alpha_1}$$

大自然中的物質種類繁多，構成每種物質的原子、分子各異，因此各種物質的磁性也各不相同；但大致上可分為「**反磁性**」、「**順磁性**」、及「**鐵磁性**」，我們將在下面幾節中簡單地介紹反磁性及順磁性。至於鐵磁性及極低溫之下之「**超導體**」的磁性，因超出本書範圍，故不擬贅述。

5-20 反磁性

「**反磁性**」是一種相當微弱的磁性；但某些物質，例如鉍、汞、銀、碳 (鑽石) 等，則具有可測知的反磁性。在這些物質中的原子，原來的磁矩均等於零；也就是說，其軌道電子的軌道磁矩 $\bar{m}_L$ [詳見 (5-117) 式] 與自旋磁矩 $\bar{m}_S$ [詳見 (5-121) 式] 恰相抵銷。

但當此種原子置於一磁場中時，由於受到磁力的作用，軌道磁矩會稍微變小，而不再與自旋磁矩抵銷，使得原子的總磁矩不再等於零，於是整個物質就顯出磁性來。

為什麼原子在磁場中時軌道磁矩 $\bar{m}_L$ 會變小呢？我們將用波耳的原子模型及古典物理學來解釋。如圖 5-56(a) 所示，當無磁場存在時，軌道電子只受到原子核的電力 F_e 吸引；此一引力形成了電子軌道運動的向心力 F。設電子質量為 m_e，以速率 u 繞原子核做半徑 r 的圓周運動；則根據牛頓力學，向心力等於：

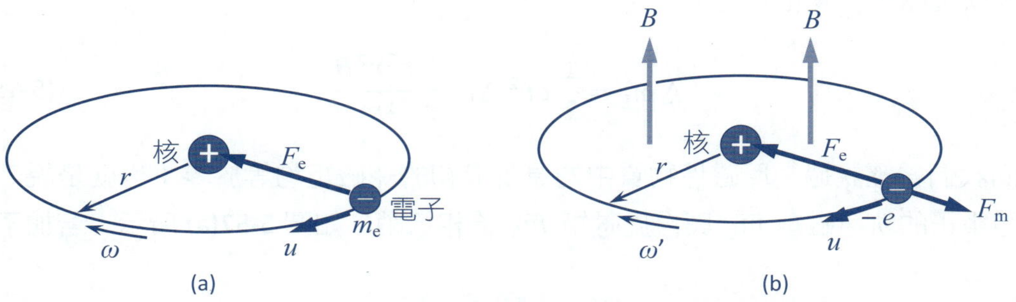

▲圖 5-56 反磁性物質之原子的古典物理學原理

$$F = F_e = \frac{m_e u^2}{r} = \frac{m_e (r\omega)^2}{r} = m_e r\omega^2 \quad \text{(5-147)}$$

其中 ω 為電子軌道運動的角頻率。

今加一大小為 B 的磁場，則軌道電子除了受到電力 F_e 的作用之外，還多了一個磁力：

$$F_m = euB = e(r\omega)B \quad \text{(5-148)}$$

其中 e 為電子電量的大小。此一磁力的方向恆與電力方向相反，如圖 5-56(b) 所示，因此電子所受的向心力變小了 $(F = F_e - F_m)$，電子軌道運動的角頻率也變小了；假設這變小的角頻率為 ω'，則根據牛頓第二運動定律：

$$F_e - F_m = m_e r\omega'^2$$

將 (5-147) 式之 F_e 及 (5-148) 式之 F_m 代入之，可得：

$$m_e r\omega^2 - e(r\omega)B = m_e r\omega'^2 \quad \text{(5-149)}$$

消去各項中的 r，並整理之：

$$e\omega B = m_e(\omega^2 - \omega'^2) = m_e(\omega + \omega')(\omega - \omega')$$

由於 ω 與 ω' 的差 $\Delta\omega$ 極其微小，因此 $\omega + \omega' \approx 2\omega$；故上式可化為：

$$e\omega B \approx m_e(2\omega)(\Delta\omega)$$

解之得角頻率之變化量為：

$$\Delta\omega \approx \frac{eB}{2m_e}$$

因此軌道磁矩之變化量為：

$$\Delta\bar{m}_L = \frac{1}{2} er^2 \Delta\omega = \frac{e^2 r^2 B}{4m_e} \quad \text{(5-150)}$$

前面我們曾經說過，反磁性物質中的原子最初的總磁矩均等於零；也就是說，其軌道電子的軌道磁矩 $\bar{m}_L$ 與自旋磁矩 $\bar{m}_S$ 恰相抵銷，如圖 5-57(a) 所示。若加了磁場，則因軌道磁矩的減小，與自旋磁矩不再抵銷，而使原子出現了一個磁矩，如圖 5-57(b) 所示。此一磁矩之大小為 $\Delta\overline{m}_L$，其方向與磁場方向相反，寫成向量式即為：

$$\vec{m}=-\frac{e^2r^2}{4m_e}\vec{B}=-\frac{\mu_0 e^2r^2}{4m_e}\vec{H} \tag{5-151}$$

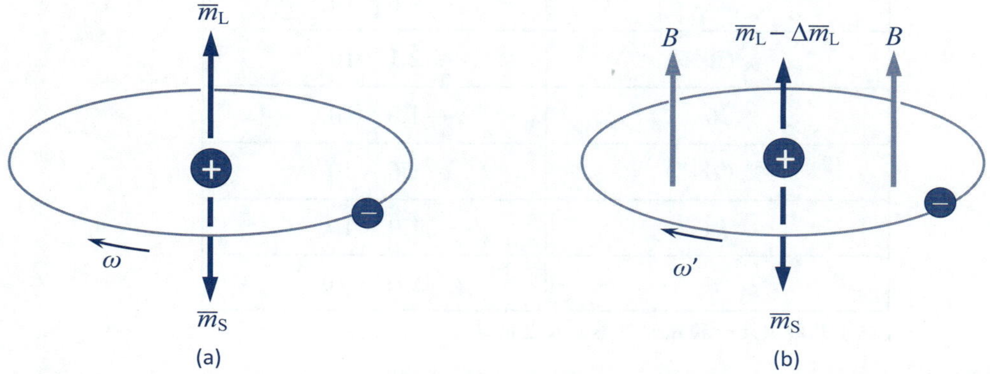

▲圖 5-57 (a) **反磁性物質之原子原先之總磁矩為零；**(b) **反磁性物質之原子在磁場中受到磁化，產生非零磁矩**

今假設物質中每單位體積所含的原子數為 $\overline{N}$，則由 (5-123) 式知此物質之磁化量為：

$$\vec{M}=\overline{N}\,\vec{m}=-\overline{N}\,\frac{\mu_0 e^2r^2}{4m_e}\vec{H} \tag{5-152}$$

此式與 (5-135) 式比較，即得該物質之磁化率為：

$$\chi_m=-\mu_0\overline{N}\,\frac{e^2r^2}{4m_e} \tag{5-153}$$

此一磁化率為負數，表示物質磁化之後所產生的磁性與外加磁場方向相反，故稱為「反磁性」。一般反磁性物質的磁化率都很小；表 5-1 中所列者是其中較常見的，其數量級約在 10^{-5} 至 10^{-4} 之間。

▼表 5-1　典型的反磁性物質及其磁化率

物質	磁化率 χ_m
熱解碳【註】	-40.0×10^{-5}
鉍	-16.6×10^{-5}
汞	-2.9×10^{-5}
銀	-2.6×10^{-5}
碳 (鑽石)	-2.1×10^{-5}
鉛	-1.8×10^{-5}
碳 (石墨)	-1.6×10^{-5}
銅	-1.0×10^{-5}
水	-0.91×10^{-5}

【註】熱解碳是一種類似石墨的人造物質。

若物質中的每個原子具有 Z 個軌道電子，各依不同的軌道半徑運轉，則該物質之磁化率可由 (5-153) 式修訂為：

$$\chi_m = -\mu_0 \bar{N}\,\frac{Ze^2\langle r^2\rangle}{4m_e} \tag{5-154}$$

其中 $\langle r^2\rangle$ 為各電子軌道半徑平方的平均值。

由於反磁性物質之磁化率 χ_m 都是負值，因此在磁場中受到磁化之後，會產生一個與外加磁場相反的磁性，而出現互斥的現象。如圖 5-58(a) 所示，將一片薄薄的熱解碳 (具有較大磁化率的一種人造物質，詳見表 5-1) 放在強磁場中時，會受到斥力而懸空浮起。

液態水也具有反磁性；若在強磁場的磁極表面鋪上一層薄薄的水，則磁極上方的水會被磁力推斥而往四周移動，而在磁極上方形成一個淺淺的、但可察覺的凹面，如圖 5-58(b) 所示。

由上所述，反磁性是外加磁場與原子之軌道電子相互作用的結果，故原則上所有物質都應該具有反磁性；但是若有其他因素將其反磁性掩蓋，則此類物質即無法被稱為反磁性物質。

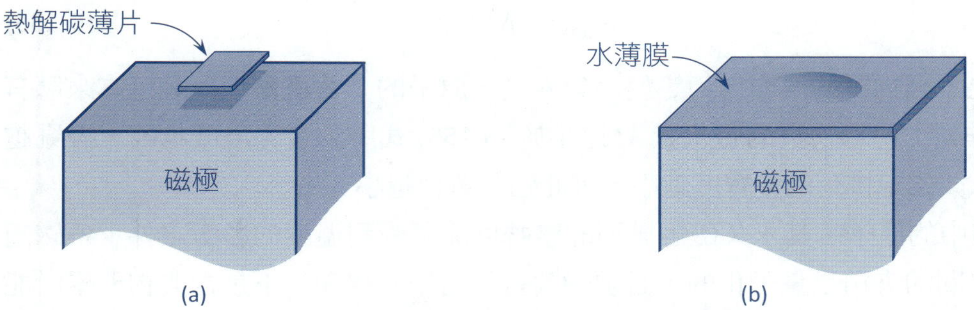

▲圖 5-58 (a) 反磁性物質在強磁場中受到斥力而懸空浮起；(b) 水具有反磁性，在強磁場中水面出現凹痕

另外，既然反磁性是外加磁場與軌道電子直接相互作用的結果，因此反磁性物質的磁化率 χ_m 或導磁係數 μ 均跟溫度無關，如 (5-153) 式或 (5-154) 式所示。

5-21 順磁性

在一般狀態之下，某些物質的原子之軌道電子之軌道磁矩與自旋磁矩並沒有完全抵銷，因此具有一個不等於零的總磁矩，稱為「**永久磁矩**」。這些磁矩之間並無相互作用；而且在無外加磁場的情況下，它們的方向都是任意的、散亂的，如圖 5-59(a) 所示。因此所有磁矩的磁性完全互相抵銷，使得該物質完全沒有磁性產生。

然將此一物質置於一外加磁場之中時，其中的永久磁矩都會受到磁力力矩的作用，而紛紛朝著磁場的方向轉過去，如圖 5-59(b) 所示。

設物質中每單位體積所含的原子數為 $\bar{N}$，每個原子的永久磁矩為 $\bar{m}$，則當所有原子沿著磁場方向整齊排列時，物質的磁化量應為最大值：

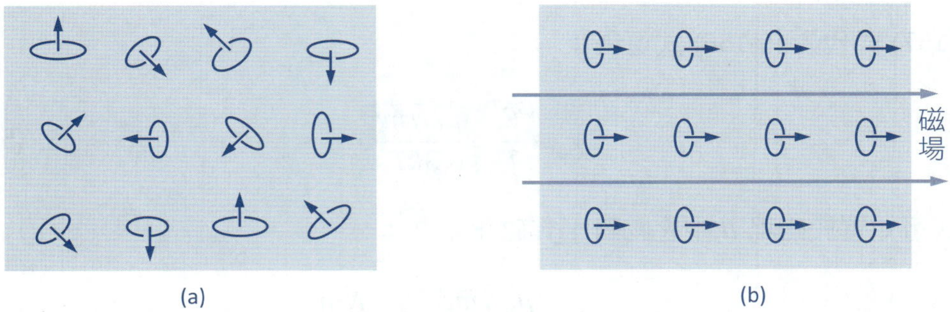

▲圖 5-59 順磁性物質中的原子具有永久磁矩：(a) 無磁場時；(b) 有磁場時

$$M_{\max} = \bar{N}\bar{m} \tag{5-155}$$

但實際上，因物質的溫度均不等於絕對零度，原子的「**熱擾動**」擾亂了本來應有的整齊排列；使得物質的磁化量 M 恆小於 (5-155) 式所示者。溫度越高，擾亂越厲害，永久磁矩排列的整齊度越小，因此磁化量也越小。

物質中的原子，其永久磁矩排列的整齊度除了受到溫度的影響之外，各磁矩與磁場之間的夾角是量子化的，必須受到量子力學的規範，不是古典物理學所能推導出來的。

不過法國物理學家居禮仍然推出一個近似公式，適用於磁場 B 不太強、溫度 T 不太低的情況。質言之，假設 $\frac{\bar{m}B}{kT} << 1$，則物質的磁化率 χ_m 約等於：

$$\chi_m = \frac{C}{T} \tag{5-156}$$

此式稱為「**居禮定律**」，常數 C 稱為「**居禮常數**」。此式告訴我們，此類物質的磁化率在 $\frac{\bar{m}B}{kT} << 1$ 的條件下，與絕對溫度 T 成反比；其原因正如上述：溫度越高，熱擾動越厲害，永久磁矩排列的整齊度就越小，因此磁化率也越小。

根據古典統計力學的推算，居禮常數 C 可以下式表示：

$$C = \frac{\mu_0 \bar{N}\bar{m}^2}{3k} \tag{5-157}$$

其中 $\bar{N}$ 為物質中單位體積所含的原子數，$\bar{m}$ 為每個原子的磁矩；k 為「**波茲曼常數**」，其值為：

$$k = 1.380\,648\,53 \times 10^{-23}\ \text{J/K}$$

將 (5-157) 式代入 (5-156) 式可得：

$$\chi_m = \frac{C}{T} = \frac{\mu_0 \bar{N}\bar{m}^2}{3kT} \tag{5-158}$$

由此式可知置於磁場 B 中之物質，其磁化量為：

$$M = \chi_m H = \frac{\mu_0 \bar{N}\bar{m}^2}{3kT}\, H = \frac{\bar{N}\bar{m}^2}{3kT}\, B \tag{5-159}$$

對於 l.i.h. (線性、等向性、及均勻性) 的物質，上式可寫成向量式：

$$\vec{M} = \frac{\bar{N}\bar{m}^2}{3kT}\vec{B} \tag{5-160}$$

由此式我們看到，由具有永久磁矩的原子所構成的物質置於磁場 $\vec{B}$ 中時，必會產生一個與磁場方向相同的磁化量 $\vec{M}$；故由此產生的磁性稱為「**順磁性**」。順磁性物質的磁化率 χ_m 均為正值，詳見 (5-158) 式，但其數值通常很小，通常在 10^{-4} 與 10^{-5} 之間，如表 5-2 所示。

▼表 5-2　**典型的順磁性物質及其磁化率**

物質	磁化率 χ_m
鎢	6.8×10^{-5}
銫	5.1×10^{-5}
鋁	2.2×10^{-5}
鋰	1.4×10^{-5}
鎂	1.2×10^{-5}
鈉	0.72×10^{-5}

法國物理學家朗之方利用古典統計物理學更進一步導出一個順磁性物質在磁場 $\vec{B}$ 中的磁化量公式，適用於所有 $\frac{\bar{m}B}{kT}$ 值。他假設一固態物質中每一原子的總磁矩 $\bar{m}$ 均等於電子的自旋磁矩 $\bar{m}_S$；也就是說，每一原子所有軌道磁矩與自旋磁矩抵銷之後，僅剩下一個自旋磁矩 $\bar{m}_S$；則在絕對溫度 T 之下，該物質中的磁化量為：

$$M = M_{max}\left(\coth\frac{\bar{m}B}{kT} - \frac{kT}{\bar{m}B}\right) \tag{5-161}$$

其中 M_{max} 如 (5-155) 式所示，為物質的最大磁化量；coth 為「**雙曲函數**」之一，其定義為：

$$\coth x = \frac{\cosh x}{\sinh x} \tag{5-162}$$

若我們令

$$x = \frac{\overline{m}B}{kT} \tag{5-163}$$

則 (5-161) 式可寫成：

$$M = M_{\max}\left(\coth x - \frac{1}{x}\right) \tag{5-164}$$

其函數圖形如圖 5-60 所示。

從這個函數圖我們可以看到，若物質的絕對溫度 T ($T > 0$) 保持不變，則在無外加磁場的情況下 ($B = 0$)，物質的磁化量 $M = 0$。若加一磁場 B，則磁化量 M 會隨著磁場的增強而作非線性增加，最後趨近於最大值 $M_{\max}$。

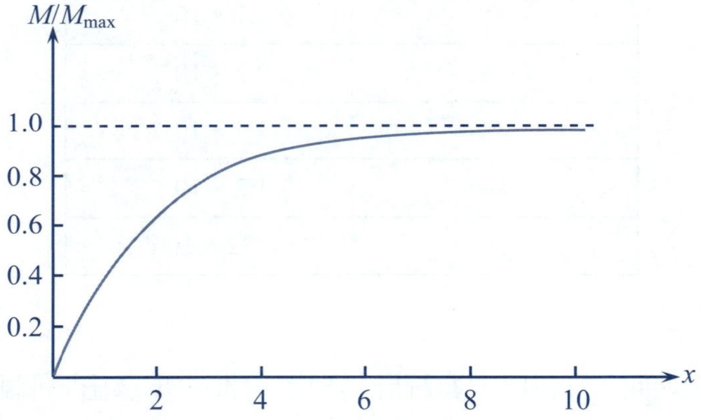

▲圖 5-60　順磁性物質之磁化曲線

值得注意的是，若外加磁場不太強、物質溫度不太低，使得 $x = \frac{\overline{m}B}{kT} << 1$ 時，則 (5-159) 式可視為 (5-161) 式的近似公式。茲證明如下。

將雙曲函數 coth x 以麥勞林級數展開：

$$\coth x = \frac{1}{x} + \frac{x}{3} - \frac{x^3}{45} + \frac{2x^5}{945} - \cdots \tag{5-165}$$

因 $x << 1$，我們可以捨棄 x^3 以上的高次方項，而得近似值：

$$\coth x \approx \frac{1}{x} + \frac{x}{3}$$

故 (5-164) 式之近似值為：

$$M \approx M_{\max}\frac{x}{3} = \bar{N}\bar{m}\frac{\bar{m}B}{3kT} = \frac{\bar{N}\bar{m}^2 B}{3kT} \tag{5-166}$$

與 (5-159) 式一致，故得證。

由 (5-166) 式可得此類順磁性物質之磁化率為：

$$\chi_m = \frac{M}{H} = \frac{\mu_0 M}{B} = \frac{\mu_0 \bar{N}\bar{m}^2}{3kT} \tag{5-167}$$

與 (5-158) 式一致。

例題 5-37 一順磁性氣體在 STP (標準狀況) 之下，置於 $B = 1.00\ \text{Wb/m}^2$ 之磁場中。設每一分子之永久磁矩為 $9.27 \times 10^{-24}\ \text{A}\cdot\text{m}^2$；試求：(a) 單位體積之分子數；(b) 該氣體之磁化率；(c) 在磁場中之磁化量。

解： (a) 在 STP (標準狀況) 之下，氣體之莫耳體積為 $2.24 \times 10^{-2}\ \text{m}^3$；其中所含的分子數為 $1\ \text{mol} = 6.02 \times 10^{23}$，故知單位體積所含的分子數為：

$$\bar{N} = \frac{6.02 \times 10^{23}}{2.24 \times 10^{-2}\ \text{m}^3} = 2.69 \times 10^{25}\ \text{m}^{-3}$$

(b) 由 (5-163) 式：

$$x = \frac{\bar{m}B}{kT} = \frac{(9.27 \times 10^{-24}\ \text{A}\cdot\text{m}^2)(1.00\ \text{Wb/m}^2)}{(1.38 \times 10^{-23}\ \text{J/K})(273\ \text{K})} = 2.46 \times 10^{-3}$$

因 $x \ll 1$，故可用近似公式 (5-167) 式：

$$\chi_m = \frac{\mu_0\bar{N}\bar{m}^2}{3kT} = \frac{(4\pi \times 10^{-7}\ \text{H/m})(2.69 \times 10^{25}\ \text{m}^{-3})(9.27 \times 10^{-24}\ \text{A}\cdot\text{m}^2)^2}{3 \times (1.38 \times 10^{-23}\ \text{J/K})(273\ \text{K})}$$

$$= 2.57 \times 10^{-7}$$

(c) 因 $M = \chi_m H$，故：

$$M = \chi_m B/\mu_0$$

$$= \frac{(2.57 \times 10^{-7})(1.00\ \text{Wb/m}^2)}{4\pi \times 10^{-7}\ \text{H/m}} = 0.204\ \text{A/m}$$

5-22 電感 (一)

所有電路無論大小，在工作時都有電流在流動，而電流則產生磁場；這個磁場對電路中相關的元件會產生某些影響。在電路分析上，這些影響我們常以「**電感**」這個物理量來概括描述。磁場對元件本身的影響稱為「自感」，而對鄰近相關元件的影響則稱為「互感」。在電磁學裡，通常只討論元件的自感；因此在本書中所說的「電感」，係專指自感而言。

設電路中某一元件通以電流 I 時，產生的磁通量為 Φ_m，則我們以下式來定義該元件的電感 L：

$$N\Phi_m = LI \tag{5-168}$$

其中 N 為元件中電流來回流動的次數，稱為「匝數」；來回一次稱為 1 匝。

電感的單位為 H (亨利)，係為紀念美國科學家亨利而訂定。

在電路中，只有當電流有變化時，電感才會發揮作用；當一元件中的電流有一變化率 dI/dt 時，在其兩端必產生一電壓降：

$$V = L\frac{dI}{dt} \tag{5-169}$$

由 (5-168) 式之定義，此一電壓降亦可寫成：

$$V = N\frac{d\Phi_m}{dt} \tag{5-170}$$

下面我們要講述的是三種形式的「**傳輸線**」——即「**平行板式**」傳輸線、「**平行線式**」傳輸線、及「**同軸式**」傳輸線 (同軸電纜)——的電感。

(一) 平行板式傳輸線

平行板式傳輸線是由兩條平行的帶狀導體所構成；兩者之間是絕緣體，如圖 5-61 所示。我們假設兩導體板之間隔 d 遠小於其寬度 b 及長度 l；其間之絕緣體的容電係數 ε、導磁係數 μ 均為定值。

我們又假設兩導體板之厚度可以忽略，故電流 I 為面電流，其電流密度為：

$$J_S = \frac{I}{b} \tag{5-171}$$

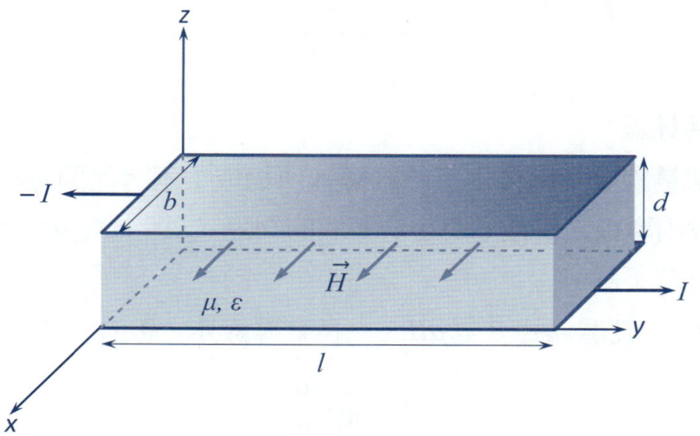

▲圖 5-61 平行板式傳輸線示意圖

電流 I 由一板流入，而由另一板流回，完成一周，我們稱此傳輸線的「匝數」$N=1$。今設兩導體板的間隔 d 遠小於 b 及 l，則所產生的磁場均為均勻磁場。根據右手定則，在兩板之間兩磁場為同方向，故總磁場強度為 (5-34) 式所示的 2 倍：

$$H = J_S = \frac{I}{b} \tag{5-172}$$

方向為 x 方向；而兩板之外的磁場強度則等於零。因此，整個系統之磁通量為：

$$\Phi_m = Bld = \mu Hld = \frac{\mu Ild}{b} \tag{5-173}$$

最後由定義 (5-168) 式得此系統之電感為：

$$L = \frac{N\Phi_m}{I} = \frac{\mu ld}{b} \tag{5-174}$$

其中之「匝數」$N=1$，如上述。

我們看到傳輸線的電感 L 係與長度 l 成正比；在電路分析上，我們常用到「**單位長度的電感**」$\bar{L}$，也就是 $l=1$ 時的電感。由 (5-174) 式可得：

$$\bar{L} = \frac{\mu d}{b} \tag{5-175}$$

單位為 H/m (亨利/米)。又，在大多數情況下，兩導體板之間的絕緣體是沒有磁性的，此時 $\mu=\mu_0$，故 (5-175) 式變為：

$$\bar{L} = \frac{\mu_0 d}{b} \tag{5-176}$$

(二) 平行線式傳輸線

平行線式傳輸線是由兩條平行的細導線所構成；兩者之間為絕緣，如圖 5-62 所示。我們假設兩導線之半徑 a 遠小於其間的間隔 d，即 $a \ll d$；故導線內 $(r \leqq a)$ 的磁通量可以忽略不計。

根據 (5-28b) 式及關係式 $\vec{B} = \mu\vec{H}$，一長直導線外之磁通密度為：

$$\vec{B} = \hat{\boldsymbol{\phi}}\,\frac{\mu I}{2\pi r} \tag{5-177}$$

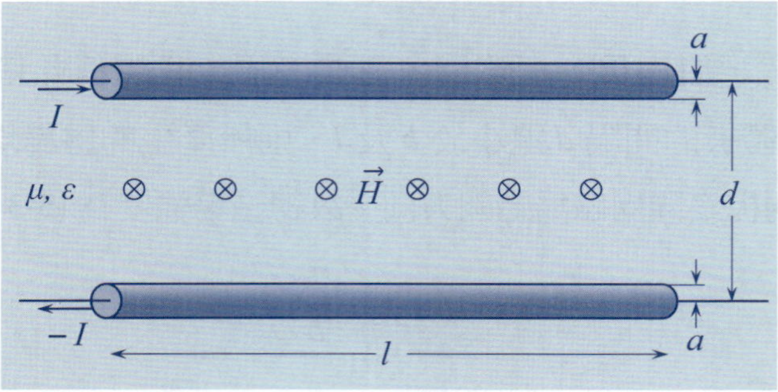

▲圖 5-62　平行線式傳輸線示意圖

故通過範圍 $0 \leqq z \leqq l$，$a \leqq r \leqq d - a$ 之磁通量為：

$$\Phi'_{\text{m}} = \iint_{S} \vec{B} \cdot d\vec{S} = \frac{\mu I}{2\pi}\int_0^l \int_a^{d-a} \frac{dr}{r}\, dz = \frac{\mu I l}{2\pi} \ln\left(\frac{d-a}{a}\right)$$

兩導線在此範圍之磁通量為 $\Phi_{\text{m}} = 2\Phi'_{\text{m}}$：

$$\Phi_{\text{m}} = \frac{\mu I l}{\pi} \ln\left(\frac{d-a}{a}\right)$$

由於 $a \ll d$，故上式可化為如下之近似值：

$$\Phi_{\text{m}} \approx \frac{\mu I l}{\pi} \ln\left(\frac{d}{a}\right)$$

最後由定義 (5-168) 式得此傳輸線之電感為：

$$L = \frac{N\Phi_m}{I} = \frac{\mu l}{\pi} \ln\left(\frac{d}{a}\right) \tag{5-178}$$

其中之「匝數」$N = 1$。

在上式中令 $l = 1$，可得此傳輸線「單位長度的電感」$\bar{L}$：

$$\bar{L} = \frac{\mu}{\pi} \ln\left(\frac{d}{a}\right) \tag{5-179}$$

單位為 H/m (亨利/米)。又，在大多數情況下，兩導線之間的絕緣體是沒有磁性的，此時 $\mu = \mu_0$，故 (5-179) 式變為：

$$\bar{L} = \frac{\mu_0}{\pi} \ln\left(\frac{d}{a}\right) \tag{5-180}$$

(三) 同軸式傳輸線

如圖 5-63 所示，一同軸式傳輸線 (同軸電纜) 係由兩導體圓筒套合而成，內、外圓筒之半徑分別為 a 及 b。假設兩圓筒之厚度均可忽略不計，兩者之間之絕緣體的導磁係數為 μ，則通以電流 I 時，兩者之間的磁通密度為：

$$\vec{B} = \hat{\boldsymbol{\phi}} \frac{\mu I}{2\pi r} \tag{5-181}$$

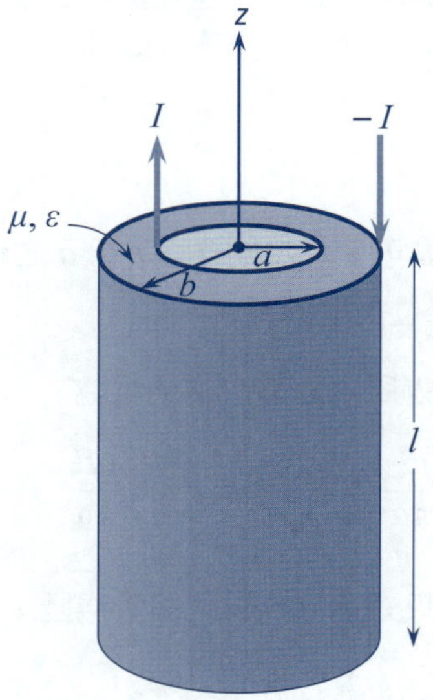

▲圖 5-63　同軸式傳輸線示意圖

故得通過範圍 $0 \leqq z \leqq l$，$a \leqq r \leqq b$ 之磁通量為：

$$\Phi_{\mathrm{m}} = \iint_{S} \vec{B} \cdot d\vec{S} = \frac{\mu I}{2\pi}\int_{0}^{l}\int_{a}^{b}\frac{dr}{r}\,dz = \frac{\mu I l}{2\pi}\ln\left(\frac{b}{a}\right)$$

最後由定義 (5-168) 式得此傳輸線之電感為：

$$L = \frac{N\Phi_{\mathrm{m}}}{I} = \frac{\mu l}{2\pi}\ln\left(\frac{b}{a}\right) \tag{5-182}$$

其中之「匝數」$N = 1$。

在 (5-182) 式中令 $l = 1$，可得此傳輸線「單位長度的電感」$\bar{L}$：

$$\bar{L} = \frac{\mu}{2\pi}\ln\left(\frac{b}{a}\right) \tag{5-183}$$

單位為 H/m (亨利/米)。又，在大多數情況下，兩導線之間的絕緣體是沒有磁性的，此時 $\mu = \mu_0$，故 (5-183) 式變為：

$$\bar{L} = \frac{\mu_0}{2\pi}\ln\left(\frac{b}{a}\right) \tag{5-184}$$

例題 5-38 **線電感**。根據 (5-28a) 式，半徑 a 之圓柱形導線通以電流 I 時，導線內之磁場強度為：

$$\vec{H} = \hat{\boldsymbol{\phi}}\frac{rI}{2\pi a^2}$$

(a) 試求通過範圍 $0 \leqq z \leqq l$，$0 \leqq r \leqq a$ 之磁通量；(b) 試由 (a) 所得之磁通量求出導線單位長度的電感。

解：(a) 由定義 (5-44) 式，通過所求範圍之磁通量為：

$$\Phi_{\mathrm{m}} = \iint_{S} \vec{B} \cdot d\vec{S} = \frac{\mu I}{2\pi a^2}\int_{0}^{l}\int_{0}^{a} r\,dr\,dz = \frac{\mu I l}{4\pi}$$

(b) 因單一導線之電流 I 只去不回，只能算「半匝」，即 $N = 1/2$，故由 (5-168) 式得此導線之電感為：

$$L = \frac{N\Phi_m}{I} = \frac{\mu l}{8\pi}$$

令 $l = 1$ 即得此導線單位長度之電感為：

$$\bar{L} = \frac{\mu}{8\pi} \tag{5-185}$$

單位為 H/m (亨利/米)。若該導線無磁性，$\mu = \mu_0$，則 (5-185) 式變為：

$$\bar{L} = \frac{\mu_0}{8\pi} \tag{5-186}$$

此一參數稱為導線單位長度的「**線電感**」，其值與導線半徑**無關**。

例題 5-39 **螺線管**。一細長型之螺線管截面半徑為 r，長度為 l，纏繞導線之匝數為 N。設 $r << l$，管芯材料之導磁係數為 μ，試求此螺線管的電感。

解： 由題意 $r << l$，管內之磁場強度 H 可視為均勻，而管外之磁場強度可視為零。選擇一封閉路徑 C，其中一段沿著螺線管軸心，其餘部分在螺線管外，則利用安培定律可得：

$$\oint_C \vec{H} \cdot d\vec{L} \approx Hl = NI$$

故得：

$$H = \frac{NI}{l}$$

此為一均勻磁場，故管內之磁通量為：

$$\Phi_m = BS \approx (\mu H)(\pi r^2) = \frac{\mu NI}{l}(\pi r^2)$$

由 (5-168) 式得此螺線管之電感為：

$$L = \frac{N\Phi_m}{I} \approx \frac{\mu N^2}{l}(\pi r^2) \tag{5-187}$$

[例題 5-39] 所計算的結果僅是個「**零階近似**」值。更精確的公式是：

$$L=\frac{\mu N^2}{l}(\pi r^2)\left[1-\frac{8w}{3\pi}+\frac{w^2}{2}-\frac{w^4}{4}+\frac{5w^6}{16}-\frac{35w^8}{64}+\cdots\right] \tag{5-188}$$

其中 $w=r/l<1$。

若螺線管芯為無磁性之物質，則 $\mu=\mu_0$。

5-23 電感 (二)

在上一節中，我們講述了三種典型傳輸線的「單位長度的電感」$\bar{L}$。事實上，傳輸線除了具有電感之外，還具有電容，我們常以「**單位長度的電容**」$\bar{C}$ 來表示。在本節中，我們將討論這兩個參數的基本關係。

首先，我們回到圖 5-62 所示的平行板式傳輸線。由 [例題 4-44] 之 (4-158) 式知平行板之電容為：

$$C=\frac{\varepsilon S}{d}$$

由圖 5-61 可得板面積 $S=bl$，故：

$$C=\frac{\varepsilon bl}{d}$$

令傳輸線長度 $l=1$，即得**平行板式傳輸線**單位長度的電容：

$$\bar{C}=\frac{\varepsilon b}{d} \tag{5-189}$$

單位為 F/m (法拉/米)。此式與 (5-175) 式相乘即得：

$$\bar{L}\bar{C}=\mu\varepsilon \tag{5-190}$$

也就是說，**傳輸線單位長度的電感與單位長度的電容的乘積恆等於常數 $\mu\varepsilon$**。我們發現此一關係式不僅適用於平板式傳輸線，而且適用於所有形式的傳輸線。假若我們知道 $\bar{L}$ 或 $\bar{C}$ 的其中一個，就可以利用此一關係式求出另一個。

例如我們由 (5-179) 式知平行線式傳輸線單位長度的電感為：

$$\bar{L} = \frac{\mu}{\pi} \ln\left(\frac{d}{a}\right)$$

那麼由 (5-190) 式即可得知**平行線式傳輸線**單位長度的電容為：

$$\bar{C} = \frac{\mu\varepsilon}{\bar{L}} = \frac{\pi\varepsilon}{\ln(d/a)} \tag{5-191}$$

單位為 F/m (法拉/米)。

又如我們由 (5-183) 式知同軸式傳輸線單位長度的電感為：

$$\bar{L} = \frac{\mu}{2\pi} \ln\left(\frac{b}{a}\right)$$

同樣地，由 (5-190) 式即可得知**同軸式傳輸線**單位長度的電容為：

$$\bar{C} = \frac{\mu\varepsilon}{\bar{L}} = \frac{2\pi\varepsilon}{\ln(b/a)} \tag{5-192}$$

單位為 F/m (法拉/米)。

上述**平行線式傳輸線**單位長度的電容：

$$\bar{C} = \frac{\pi\varepsilon}{\ln(d/a)} \quad \text{(詳見 5-191)}$$

僅為一近似式，只有在 $a << d$ 之條件下才成立。下面我們要利用「**映像法**」(詳見第 4-22 節) 的概念來求出精確的公式。

圖 5-64(a) 所示者為一平行線式傳輸線的截面；兩導線之截面半徑均為 a，兩導線之中心軸相距為 $\overline{OO'} = d$。當兩導線分別帶有等量的異性電荷時，由於異性電會互相吸引，電荷在它們表面上的分布不再是均勻的，而是往兩者的內側聚集。我們假設左邊的導線帶正電，右邊的導線帶負電；根據映像法的概念，此時兩導線產生的電場及電位分布可以用兩條直線電荷 $+\rho_L$ 及 $-\rho_L$ 所產生者來取代，如圖 5-64(a) 所示。

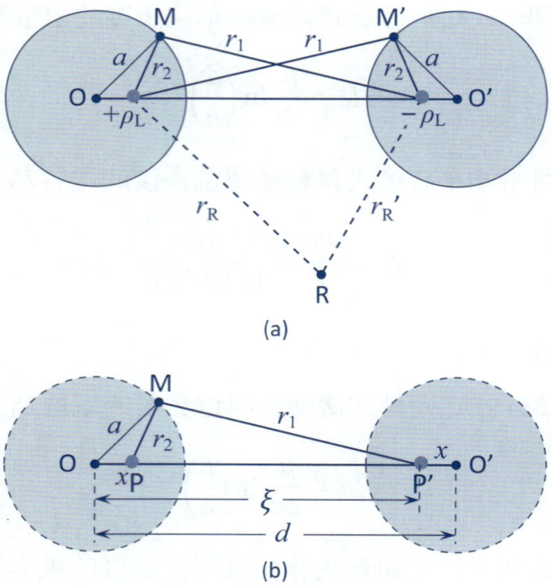

▲圖 5-64　平行線式傳輸線截面圖

根據 (4-31b) 式，一無限長的直線電荷所產生的電場強度為：

$$\vec{E} = \hat{\mathbf{r}}\,\frac{\rho_L}{2\pi\varepsilon_0 r}$$

故由 (4-56) 式可知對應的電位分布為：

$$V = -\int \vec{E}\cdot d\vec{L} = -\int \frac{\rho_L dr}{2\pi\varepsilon_0 r} + c = -\frac{\rho_L}{2\pi\varepsilon_0}\ln r + c \tag{5-193}$$

其中之積分常數 c 須由「**零電位參考點**」來決定。設零電位參考點 R 位於 $r = r_R$ 處，代入上式中：

$$0 = -\frac{\rho_L}{2\pi\varepsilon_0}\ln r_R + c$$

故得積分常數：

$$c = \frac{\rho_L}{2\pi\varepsilon_0}\ln r_R$$

代回 (5-193) 式即得：

$$V=\frac{\rho_L}{2\pi\varepsilon_0}(\ln r_R-\ln r)=\frac{\rho_L}{2\pi\varepsilon_0}\ln\left(\frac{r_R}{r}\right) \tag{5-194}$$

今在圖 5-64(a) 中之左邊導線表面取一點 M，其電位為兩條直線電荷 $+\rho_L$ 及 $-\rho_L$ 之電位的疊加。根據 (5-193) 式：

$$V_M=\frac{+\rho_L}{2\pi\varepsilon_0}\ln\left(\frac{r_R}{r_2}\right)+\frac{-\rho_L}{2\pi\varepsilon_0}\ln\left(\frac{r'_R}{r_1}\right)=\frac{\rho_L}{2\pi\varepsilon_0}\ln\left(\frac{r_Rr_1}{r'_Rr_2}\right) \tag{5-195}$$

同理，在圖 5-64(a) 中之右邊導線表面取一點 M′，其電位亦為兩條直線電荷 $+\rho_L$ 及 $-\rho_L$ 之電位的疊加。同樣根據 (5-194) 式：

$$V_{M'}=\frac{+\rho_L}{2\pi\varepsilon_0}\ln\left(\frac{r_R}{r_1}\right)+\frac{-\rho_L}{2\pi\varepsilon_0}\ln\left(\frac{r'_R}{r_2}\right)=\frac{\rho_L}{2\pi\varepsilon_0}\ln\left(\frac{r_Rr_2}{r'_Rr_1}\right) \tag{5-196}$$

由上面兩式可得兩導線之間的電位差：

$$\begin{aligned}V=V_M-V_{M'}&=\frac{\rho_L}{2\pi\varepsilon_0}\left[\ln\left(\frac{r_Rr_1}{r'_Rr_2}\right)-\ln\left(\frac{r_Rr_2}{r'_Rr_1}\right)\right]\\&=\frac{\rho_L}{2\pi\varepsilon_0}\ln\left(\frac{r_1}{r_2}\right)^2=\frac{\rho_L}{\pi\varepsilon_0}\ln\left(\frac{r_1}{r_2}\right)\end{aligned} \tag{5-197}$$

由於兩導線的表面分別為等位體，也就是說，左邊導線表面上各點電位都是 V_M，右邊導線表面上各點電位都是 $V_{M'}$，因此無論點 M 與點 M′ 如何選擇，(5-197) 式所示的電位差都是一樣的；易言之，該式中的比值 r_1/r_2 必須為一定值。

那麼，在什麼條件下 r_1/r_2 才會為一定值呢？如圖 5-64(b) 中所示，假若適當選擇點 P，並假設 $\overline{OP}=x$，$\overline{OP'}=\xi$，使得兩三角形 ΔOMP′ 與 ΔOPM 相似，則兩者之對應邊必有如下的比例關係：

$$\frac{r_1}{r_2}=\frac{\xi}{a}=\frac{a}{x} \tag{5-198}$$

由此式的第二個相等關係可得：

$$x=\frac{a^2}{\xi} \tag{5-199}$$

又由圖 5-65(b) 可知：

$$\xi = d - x = d - \frac{a^2}{\xi}$$

將此式遍乘 ξ，可得二次方程式：

$$\xi^2 - d\xi + a^2 = 0$$

解之得：

$$\xi = \frac{d}{2} \pm \sqrt{\left(\frac{d}{2}\right)^2 - a^2} \tag{5-200}$$

由圖 5-65(b) 知 ξ 必大於 $d/2$，故上式中的 ± 號只取 + 號。

由 (5-198) 式的第一個相等關係可得：

$$\frac{r_1}{r_2} = \frac{\xi}{a} = \frac{d}{2a} + \sqrt{\left(\frac{d}{2a}\right)^2 - 1}$$

此式顯示當初我們選擇的點 P′ 確實讓 r_1/r_2 為一定值。將此 r_1/r_2 值代回 (5-197) 式：

$$V = \frac{\rho_L}{\pi\varepsilon_0} \ln\left(\frac{r_1}{r_2}\right) = \frac{\rho_L}{\pi\varepsilon_0} \ln\left[\frac{d}{2a} + \sqrt{\left(\frac{d}{2a}\right)^2 - 1}\right] \tag{5-201}$$

因 ρ_L 為單位長度之電荷，故依定義 ρ_L/V 應為**平行線式傳輸線**單位長度的電容；由上式可得 (考量傳輸線中有介質存在，我們將 ε_0 換成 ε)：

$$\bar{C} = \frac{\rho_L}{V} = \frac{\pi\varepsilon}{\ln\left[\frac{d}{2a} + \sqrt{\left(\frac{d}{2a}\right)^2 - 1}\right]} \tag{5-202}$$

最後，由 (5-190) 式即可得知**平行線式傳輸線**單位長度的電感為：

$$\bar{L} = \frac{\mu\varepsilon}{\bar{C}} = \frac{\mu}{\pi} \ln\left[\frac{d}{2a} + \sqrt{\left(\frac{d}{2a}\right)^2 - 1}\right] \tag{5-203}$$

在數學上我們可以證明：

$$\ln(x+\sqrt{x^2-1}) = \cosh^{-1}x \tag{5-204}$$

今令 $x=\dfrac{d}{2a}$，則 (5-202) 式可寫成：

$$\bar{C}=\frac{\pi\varepsilon}{\cosh^{-1}(d/2a)} \tag{5-205}$$

而 (5-203) 式可寫成：

$$\bar{L}=\frac{\mu}{\pi}\cosh^{-1}\left(\frac{d}{2a}\right) \tag{5-206}$$

(5-202) 式及 (5-203) 式適用於任何 d/a 值；若導線截面半徑遠小於兩導線之間隔，$a \ll d$，即 $d/a \gg 1$，則此二式可分別化為近似公式 (5-191) 式及 (5-179) 式。

5-24 磁能及磁能密度

在第 4-21 節中，我們知道電場具有「電能」；同理，磁場也具有「**磁能**」。假設容電係數為 ε 之區域中之電場強度為 $\vec{E}$，則由 (4-224) 式知該區域中的電能密度為：

$$u_{\mathrm{e}}=\frac{\varepsilon E^2}{2} \tag{詳見 4-224}$$

而該區域中所具有的總電能 U_{e} 可由電能密度 u_{e} 積分而得：

$$U_{\mathrm{e}}=\int\frac{\varepsilon E^2}{2}\,d\ddot{V} \tag{詳見 4-226}$$

磁場中之磁能計算也有與上述對應的公式。假設在導磁係數為 μ 的區域中之磁場強度為 $\vec{H}$，則該區域中的「**磁能密度**」為：

$$u_{\mathrm{m}}=\frac{\mu H^2}{2} \tag{5-207}$$

單位為 $\mathrm{J/m^3}$ (焦耳/米^3)；而該區域中所具有的總磁能 U_{m} 可由磁能密度 u_{m} 積分而得：

$$U_{\mathrm{m}} = \int \frac{\mu H^2}{2}\, d\ddot{V} \tag{5-208}$$

單位為 J (焦耳)；其中 $d\ddot{V}$ 為積分範圍中的體元素。

茲以平行板式傳輸線為例，如圖 5-65 所示。假設電流為 I，則兩板之間的磁場強度大小為：

$$H = \frac{I}{b}$$ (詳見5-172)

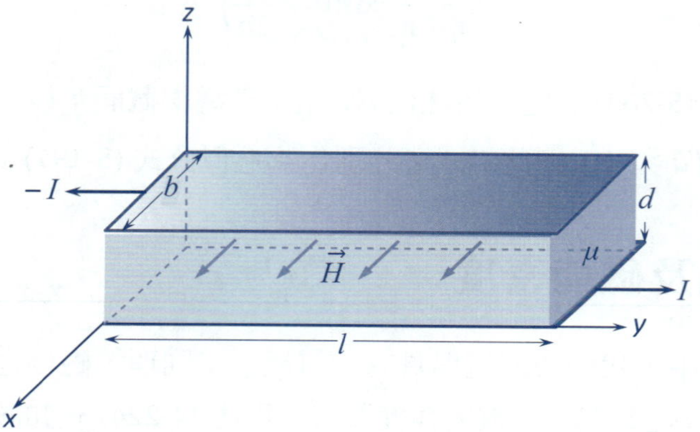

▲圖 5-65　平行板式傳輸線之磁能計算

故由 (5-207) 式得磁能密度為：

$$u_{\mathrm{m}} = \frac{\mu H^2}{2} = \frac{\mu I^2}{2b^2} \tag{5-209}$$

又由 (5-208) 式得總磁能為：

$$U_{\mathrm{m}} = \int \frac{\mu H^2}{2}\, d\ddot{V} = \frac{\mu I^2}{2b^2}\int d\ddot{V} = \frac{\mu I^2}{2b^2}(bld) = \frac{\mu ld}{2b} I^2$$

根據 (5-174) 式，該傳輸線的電感為：

$$L = \frac{\mu ld}{b}$$

故總磁能可寫成：

$$U_{\mathrm{m}} = \frac{1}{2}LI^2 \quad (5\text{-}210)$$

此式雖然是由平行板式傳輸線導出來的，但是個普遍的公式，適用於任何形式的傳輸線，也適用於任何電路中的電感元件。

例題 5-40 一無磁性的圓柱形長直導線截面半徑為 a，載有電流 I。假設電流是均勻的，試求導線內單位長度所具有的磁能。

解：由安培定律，導線內磁場強度的大小為：

$$H = \frac{Ir}{2\pi a^2}$$

故由 (5-207) 式得磁能密度為：

$$u_{\mathrm{m}} = \frac{\mu_0 H^2}{2} = \frac{\mu_0}{2}\left(\frac{Ir}{2\pi a^2}\right)^2 = \frac{\mu_0 I^2 r^2}{8\pi^2 a^4}$$

又由 (5-208) 式得總磁能為：

$$U_{\mathrm{m}} = \int u_{\mathrm{m}}\, d\ddot{V} = \frac{\mu_0 I^2}{8\pi^2 a^4}\int_0^1\int_0^{2\pi}\int_0^a r^2\,(r\,dr\,d\phi\,dz)$$

$$= \frac{\mu_0 I^2}{16\pi} \quad (5\text{-}211)$$

將 (5-211) 式與 (5-210) 式比較，可知長直導線單位長度之線電感為：

$$\bar{L} = \frac{\mu_0}{8\pi}$$

與 (5-185) 式一致 ($\mu = \mu_0$)。

例題 5-41 **螺線環**。如圖 5-26 所示，截面為矩形的螺線環內外半徑分別為 a 及 b，高度為 h，纏繞導線之匝數為 N。設管內為空氣，則當通以電流 I 時，試求管內所具有的磁能。

解： 由安培定律，管內 ($a \leqq r \leqq b$) 磁場強度的大小為：

$$H = \frac{NI}{2\pi r}$$

故由 (5-207) 式得磁能密度為：

$$u_{\text{m}} = \frac{\mu_0 H^2}{2} = \frac{\mu_0}{2}\left(\frac{NI}{2\pi r}\right)^2 = \frac{\mu_0 N^2 I^2}{8\pi^2 r^2}$$

又由 (5-208) 式得管內之總磁能為：

$$U_{\text{m}} = \int u_{\text{m}}\, d\ddot{V} = \frac{\mu_0 N^2 I^2}{8\pi^2}\int_0^h \int_0^{2\pi} \int_a^b \frac{1}{r^2}\,(r\,dr\,d\phi\,dz)$$

$$= \frac{\mu_0 N^2 I^2 h}{4\pi}\ln\left(\frac{b}{a}\right) \quad \text{(5-212)}$$

將 (5-212) 式與 (5-210) 式比較，可知此螺線環之電感為：

$$L = \frac{\mu_0 N^2 h}{2\pi}\ln\left(\frac{b}{a}\right) \quad \text{(5-213)}$$

習題

（若無特別註明，本書各章習題之物理量的有效位數請自行判斷。）

5-2 運動電荷產生之磁場

5.1 在笛卡兒座標系中，一點電荷 q 以等速度 $\vec{u} = \hat{\mathbf{z}}\,u_0$ 通過原點時，試求下列各點之磁場強度：(a) $\mathrm{P}_1(x, 0, 0)$；(b) $\mathrm{P}_2(0, y, 0)$；(c) $\mathrm{P}_3(0, 0, z)$。

5.2 在圓柱座標系中，一點電荷 q 以角頻率 ω 在 $z = 0$ 平面上做等速圓周運動。設圓心在座標系原點，圓半徑為 a；試求圓心處之磁場強度。

5.3 設電荷密度 ρ_{L} 之線電荷彎成半徑 R 的圓，置於 $z = 0$ 平面上；若以角頻率 ω 繞其中心軸轉動，試求其圓心處之磁場強度。

5-3 比歐 - 沙瓦定律 (一)

5.4 如圖 E5-1 所示，兩長直導線平行放置於 $z = 0$ 平面上，一置於 $y = a$，一置於 $y = -a$。若兩者之電流均為 I，但方向相反，試求點 $\mathrm{P}(0, 0, z)$ 之磁場強度。

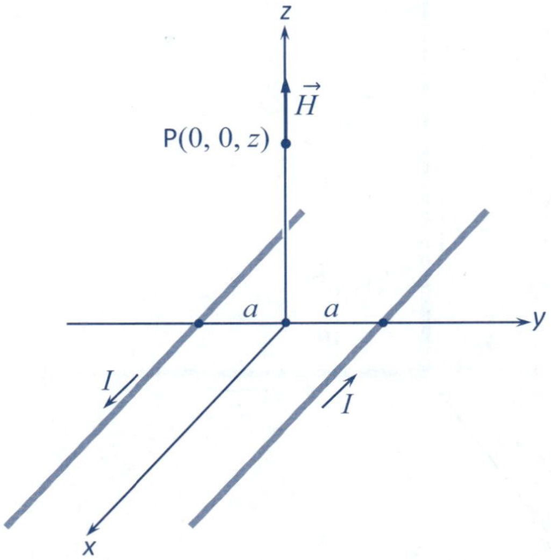

▲圖 E5-1 **習題 5.4 用圖**

5.5 上題中，若兩長直導線中之電流 I 均為 + x 方向，試求點 P(0, 0, z) 之磁場強度。

5.6 如圖 E5-2 所示，長、寬分別為 a 及 b 之長方形線圈置於 $z = 0$ 平面上，其中心點在座標系之原點處；設線圈中的電流為 I，試求中心點 P 的磁場強度。

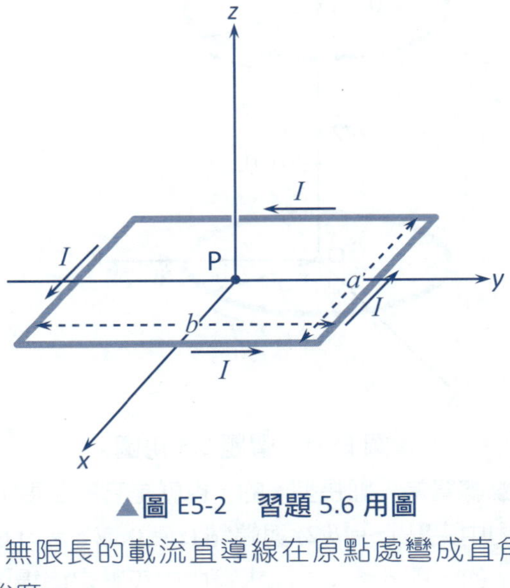

▲圖 E5-2 **習題 5.6 用圖**

5.7 如圖 E5-3 所示，無限長的載流直導線在原點處彎成直角；設電流為 I，試求點 P(0, a, a) 之磁場強度。

5.8 兩個載流圓形線圈半徑均為 a，其中之一置於 $z = 0$ 平面，另一置於 $z = b$ 平面，兩者圓心均在 z 軸上，如圖 E5-4 所示。若兩線圈中之電流均為 I，試求：(a) z 軸上一點 P(0, 0, z) 之磁場強度；(b) 點 P(0, 0, z) 之磁場強度大小在 $z = b/2$ 之一階導數。

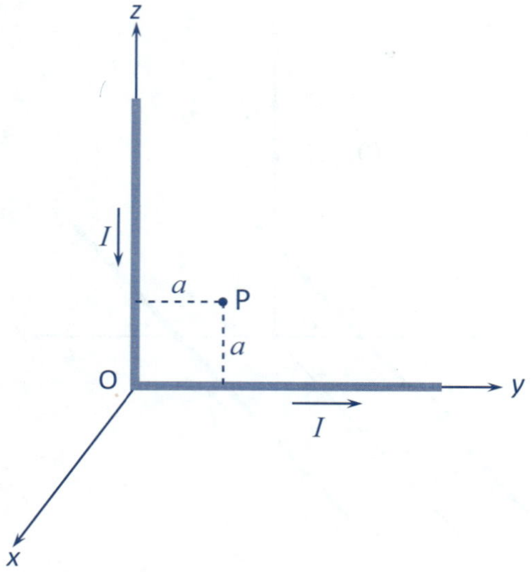

▲圖 E5-3 習題 5.7 用圖

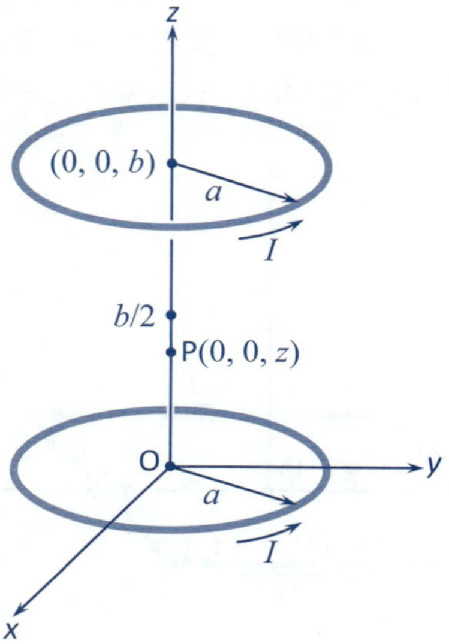

▲圖 E5-4 習題 5.8 用圖

5.9 (a) 若 [例題 5-6] 之螺線管為「細長型」的，也就是它的長度 b 遠大於其截面半徑 a，即 $b >> a$；試求管內中央點 ($z = b/2$) 與端點 ($z = 0$ 或 $z = b$) 磁場強度的比值；(b) 若螺線管為「粗短型」的，即 $b << a$；試求管內中央點之磁場強度。

5.10 [例題 5-7] 之轉動圓盤在中心軸上一點 P$(0, 0, z)$ 之磁場強度為：

$$\vec{H} = \hat{\mathbf{z}}\,\frac{\rho_S \omega}{2}\left(\frac{2z^2 + a^2}{\sqrt{z^2 + a^2}} - 2z\right)$$

試求：(a) 在 $z << a$ 處之磁場強度；(b) 在 $z >> a$ 處之磁場強度。

5-4 比歐-沙瓦定律(二)

5.11 如圖 E5-5 所示，一無限長直導線中段彎成半徑 a 之半圓，設導線中之電流為 I，試求圓心點 O 之磁場強度。

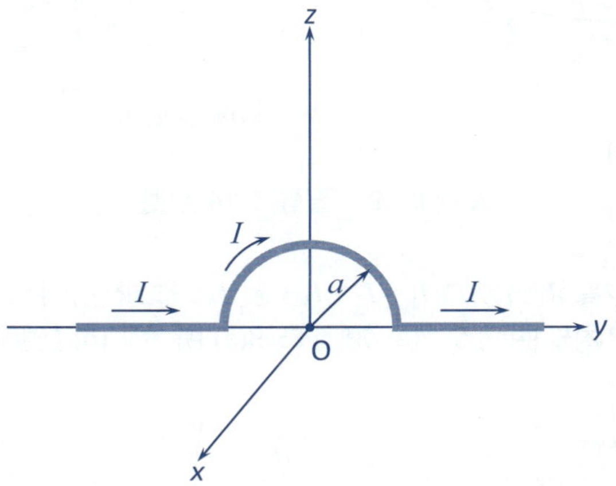

▲圖 E5-5 **習題 5.11 用圖**

5.12 如圖 E5-6 所示，一無限長直導線中段彎成半徑 a 之 3/4 圓，設導線中之電流為 I，試求圓心點 O 之磁場強度。

5.13 一扇形線圈由兩段圓弧和兩段徑向線段構成，如圖 E5-7 所示。今設 $\phi_0 = 120°$，$a = 10.0$ cm，$b = 20.0$ cm，$I = 1.50$ A；試求點 O 之磁場強度。

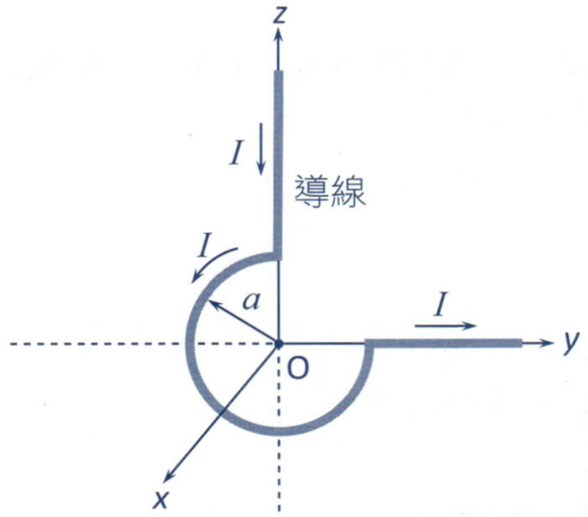

▲圖 E5-6 **習題 5.12 用圖**

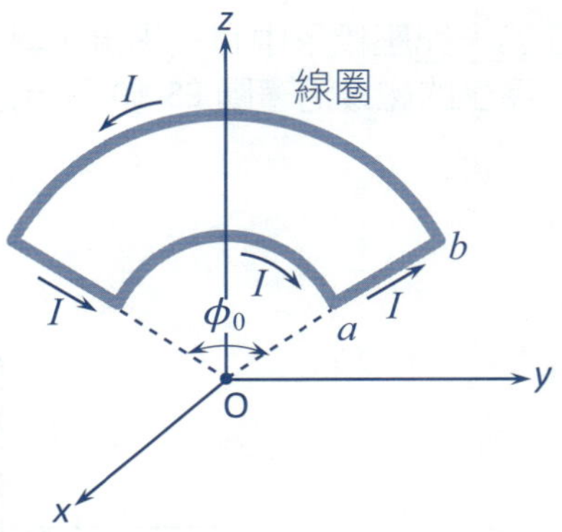

▲圖 E5-7 **習題 5.13 用圖**

5-5 安培定律

5.14 一螺線管上所纏繞的導線匝數為 N，通以電流 I 時，試求磁場強度沿封閉路徑 C 之環量，其中路徑 C：(a) 如圖 E5-8(a) 所示；(b) 如圖 E5-8(b) 所示。

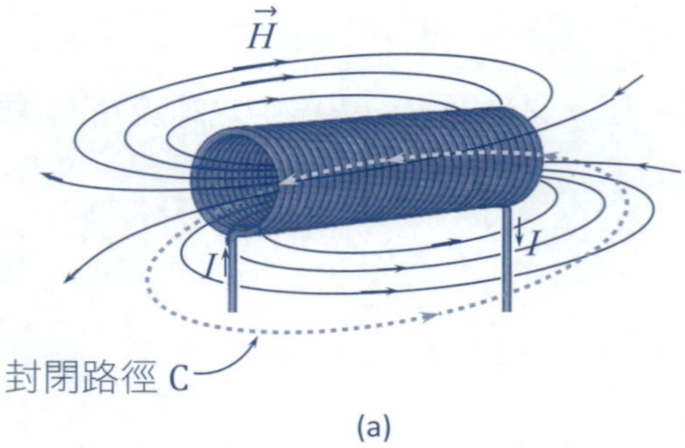

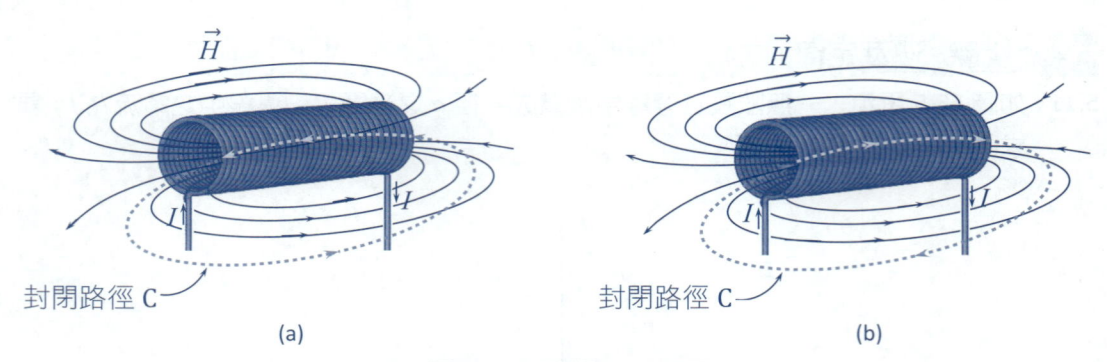

▲圖 E5-8 **習題 5.14 用圖**

5.15 已知四條導線中之電流分別為 I_1、I_2、I_3、及 I_4，試求它們所產生之磁場沿封閉路徑 C 之環量；設 C 之內部曲面 S：(a) 如圖 E5-9(a) 所示；(b) 如圖 E5-9(b) 所示。

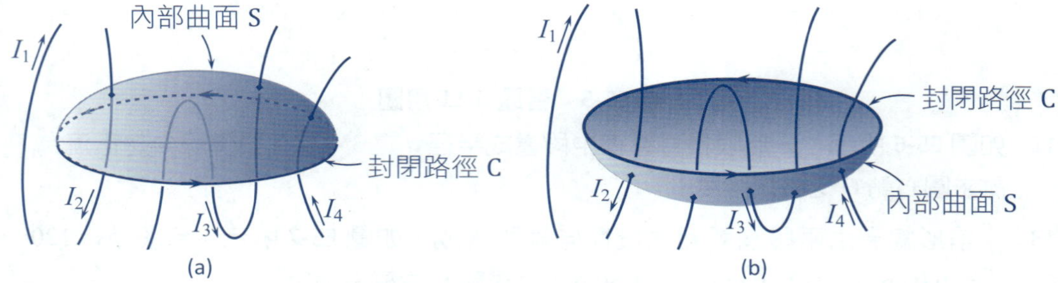

▲圖 E5-9 **習題 5.15 用圖**

5.16 在笛卡兒座標系中有一電流，其電流密度為 $\vec{J} = \hat{\mathbf{x}}\, 1.00 \cos(2y)$ A/m^2；試求此電流所產生的磁場沿著圖 E5-10 所示之路徑 C 之環量。

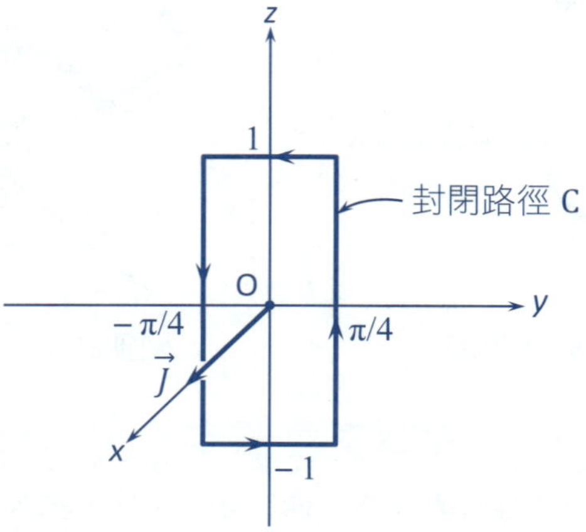

▲圖 E5-10 **習題 5.16 用圖**

5-6 安培定律的應用

5.17 如圖 E5-11 所示，一無限長之中空圓柱形導體內、外半徑分別為 a 及 b。設導體中有一軸向電流 I，在截面上均勻分布；試求下列各區域中之磁場強度：(a) $r \leqq a$；(b) $a \leqq r \leqq b$；(c) $r \geqq b$。

5.18 **同軸電纜**。設一同軸電纜之內導體半徑為 a，外導體之內、外半徑分別為 b 及 c，如圖 E5-12 所示。若內導體中之電流 I 為 + z 方向，外導體中之電流 $-I$ 為 − z 方向；試求下列各區域中之磁場強度：(a) $r \leqq a$；(b) $a \leqq r \leqq b$；(c) $b \leqq r \leqq c$；(d) $r \geqq c$。

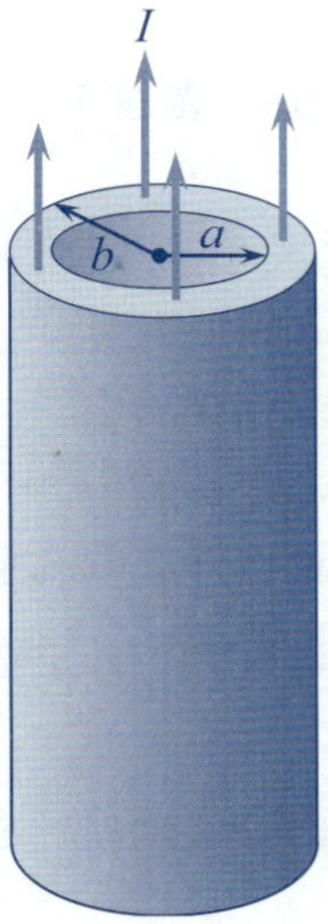

▲圖 E5-11　**習題 5.17 用圖**

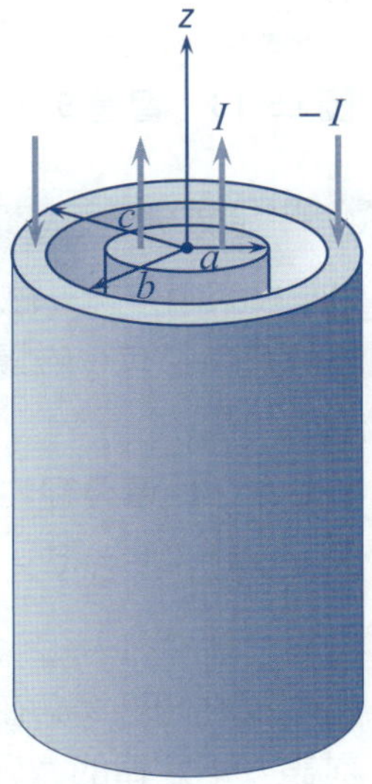

▲圖 E5-12　**習題 5.18 用圖**

5.19 **螺線管**。設一細長型螺線管之長度 b 遠大於截面半徑，因此管內之磁場幾乎為均勻的。若所纏繞之導線匝數為 N，導線中之電流為 I；試利用安培定律證明管內磁場強度之大小近似於 NI/b。

5.20 兩無限大的平面導體分別置於 $z = d$ 及 $z = 0$ 之平面上，其中之面電流密度分別為 $-\hat{\mathbf{y}}\,J_S$ 及 $+\hat{\mathbf{y}}\,J_S$，如圖 E5-13 所示。試求下列各區域中之磁場強度：(a) $z < 0$；(b) $0 < z < d$；(c) $z > d$。

5.21 一無限大的平面導體置於笛卡兒座標系中，其厚度範圍為 $-d \leqq z \leqq d$，如圖 5-14 所示。設此導體中有一均勻電流，其電流密度為 $\vec{J} = -\hat{\mathbf{x}}\,J_0$，試求下列各區域中之磁場強度：(a) $z < -d$；(b) $-d \leqq z \leqq 0$；(c) $0 \leqq z \leqq d$；(d) $z > d$。

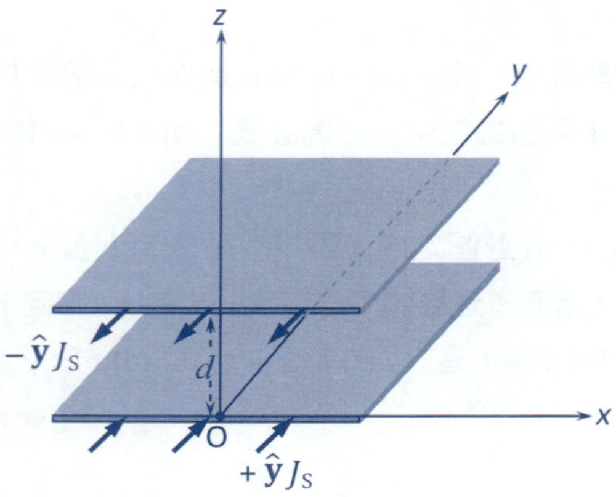

▲圖 E5-13　習題 5.20 用圖

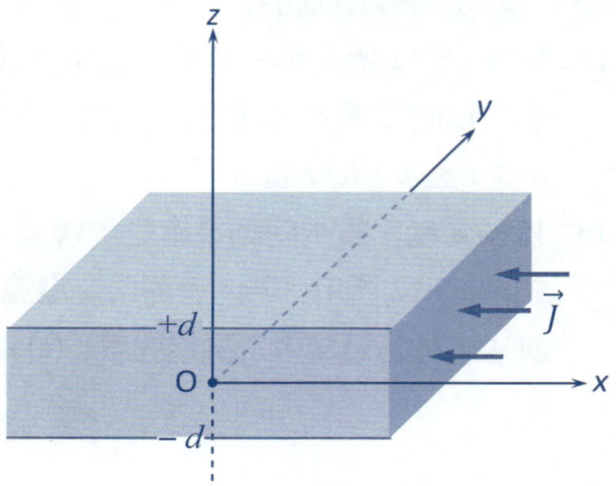

▲圖 E5-14　習題 5.21 用圖

5-7　安培定律的微分形式

5.22　在笛卡兒座標系中，有一磁場強度 $\vec{H} = -\hat{\mathbf{x}}\,y + \hat{\mathbf{y}}\,x^2$ A/m，試求原點之電流密度。

5.23　在圓柱座標系中，有一磁場強度 $\vec{H} = \hat{\boldsymbol{\phi}}\,kr^2$，其中 k 為常數；試求產生該磁場的電流密度 $\vec{J}$。

5.24　設截面半徑 a 之長直導線內之電流密度為 $\vec{J} = \hat{\mathbf{z}}\,J_0$，導線外之電流密度為 $\vec{J} = 0$；試由安培定律的微分形式 $\vec{\nabla} \times \vec{H} = \vec{J}$ 依下列步驟分別求導線內、外之磁場強度 $\vec{H}$：

(A)　導線內——

(a)　由對稱性知磁場必在 $\hat{\boldsymbol{\phi}}$ 方向，並且僅為圓柱座標 r 之函數，即：$\vec{H} = \hat{\boldsymbol{\phi}}\,H_\phi$；試證安培定律的微分形式可化為常微分方程式：

$$\frac{1}{r}\frac{d}{dr}\left(rH_\phi\right) = J_0$$

(b)　試證此常微分方程式之通解為：

$$H_\phi = \frac{J_0}{2}\,r + \frac{c}{r}$$

其中，c 為積分常數。

(c)　試解釋 c 必須等於零；故得導線內之磁場強度為：

$$H_\phi = \frac{J_0}{2}\,r \qquad\qquad (r \leqq a)$$

(B)　導線外——

(d)　試證安培定律的微分形式可化為常微分方程式：

$$\frac{1}{r}\frac{d}{dr}\left(rH_\phi\right) = 0$$

(e) 試證此常微分方程式之通解為：

$$H_\phi = \frac{c'}{r}$$

其中，c' 為積分常數。

(f) 試由磁場強度 H_ϕ 在 $r = a$ 處必須連續之條件，求出 c'；故得導線外之磁場強度為：

$$H_\phi = \frac{J_0 a^2}{2r} \qquad (r \geqq a)$$

5-8　磁通密度與磁通量

5.25　磁通密度 1 TT 合多少 GG？

5.26　一細長形的螺線管截面積為 1.00 cm^2，每 cm 纏繞之導線匝數為 100 匝；通以 0.796 A 之電流時，試問管內之磁通量為多少 μWb？

5.27　如圖 E5-15 所示之五面體，其中 $\overline{ab} = l$，$\overline{bc} = \overline{be} = w$，置於一均勻磁場中，其磁通密度為 $\vec{B} = \hat{\mathbf{y}}\, B_0$。試求：(a) 通過平面 abcd 之磁通量；(b) 通過平面 aefd 之磁通量；(c) 通過全部五個平面之磁通量。

5.28　截面半徑為 a 之長直導線中有均勻電流 I，如圖 E5-16 所示；試求導線內通過平面 abcd 之磁通量。

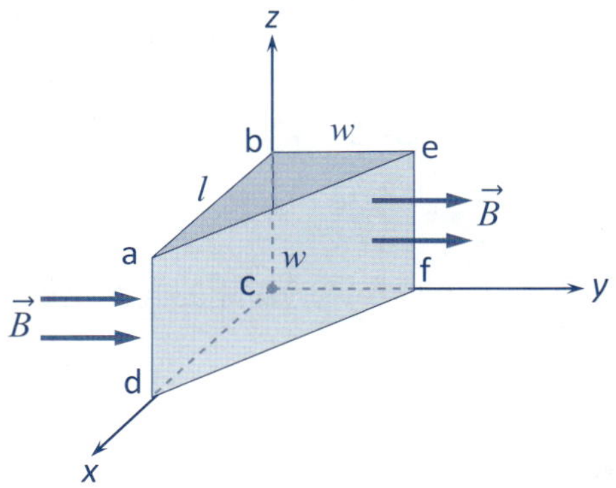

▲圖 E5-15　習題 5.27 用圖

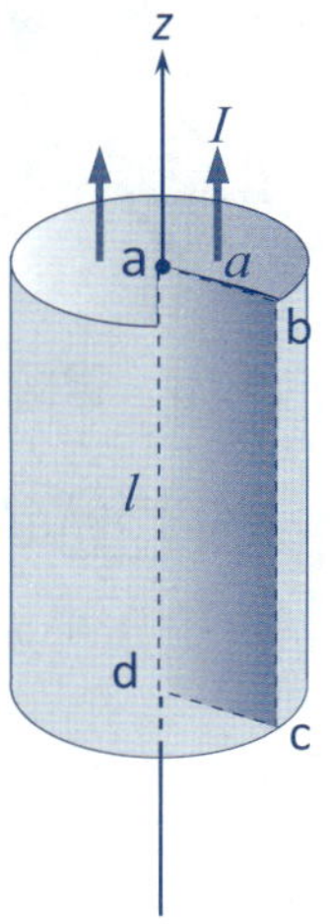

▲圖 E5-16　習題 5.28 用圖

5.29　相距為 d 之兩平行長直導線中各有電流 I，但方向相反，如圖 E5-17 所示。設兩者之截面半徑均為 a，試求通過平面 abcd 之磁通量。

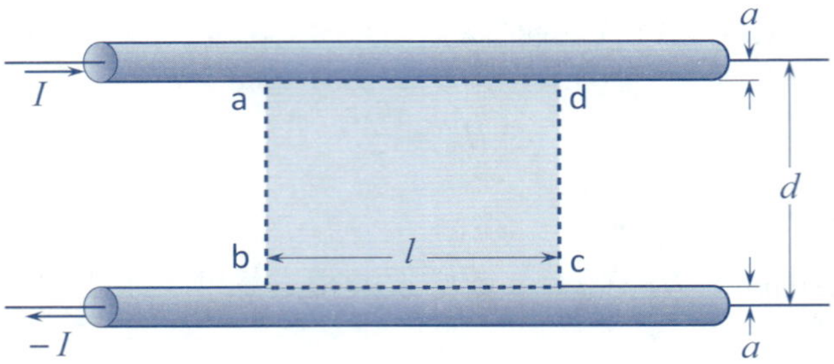

▲圖 E5-17 習題 5.29 用圖

5.30 兩無限大的平面導體分別置於笛卡兒座標系之 $z = d$ 及 $z = 0$ 之平面上，兩者之面電流密度分別為 $+\hat{\mathbf{y}} J_S$ 及 $-\hat{\mathbf{y}} J_S$，如圖 E5-18 所示。試求通過下列兩平面之磁通量：(a) 平面 abcd；(b) 平面 abef。

5.31 一無限大的平面導體置於笛卡兒座標系中，其厚度範圍為 $-d \leqq z \leqq d$，如圖 E5-19 所示。設此導體中有一均勻電流，其電流密度為 $\vec{J} = -\hat{\mathbf{x}} J_0$，試求通過下列兩平面之磁通量：(a) 平面 abcd；(b) 平面 abef。

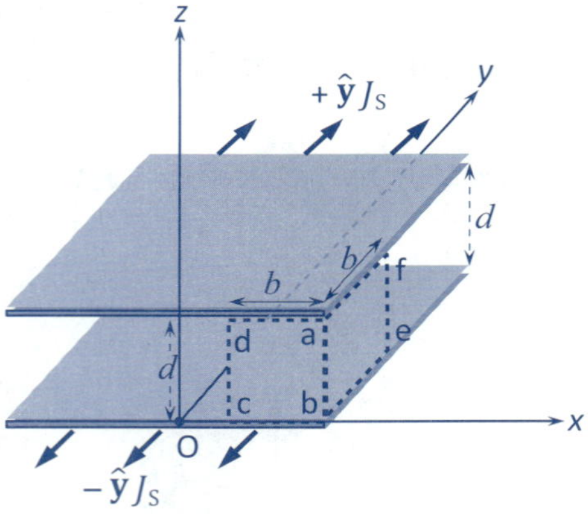

▲圖 E5-18 習題 5.30 用圖

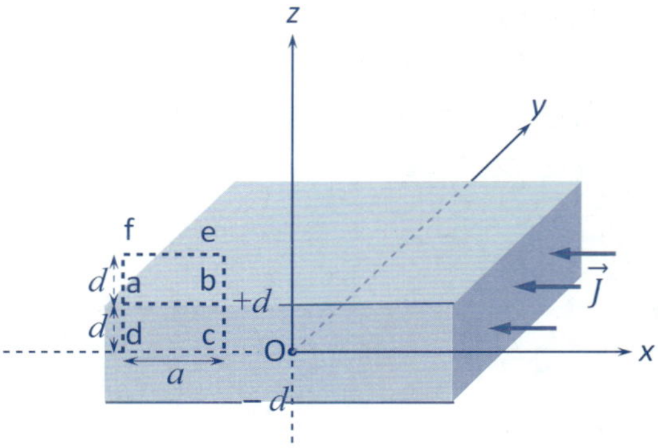

▲圖 E5-19 習題 5.31 用圖

5-9 磁場的高斯定律

5.32 如圖 E5-20 所示，設地球磁場的磁通密度為 $\vec{B}$，試求通過封閉曲面 S 之磁通量。

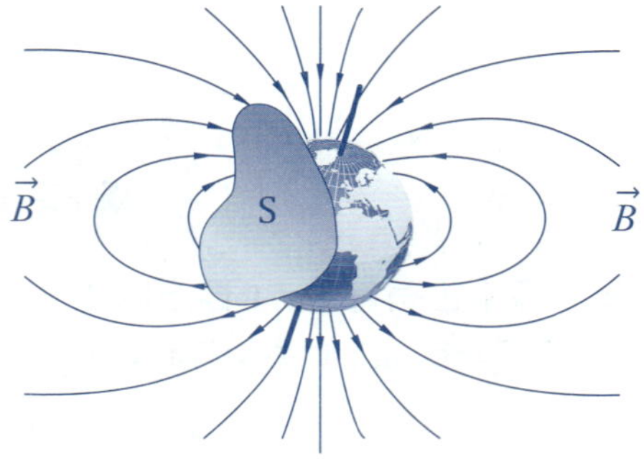

▲圖 E5-20 習題 5.32 用圖

5.33 如圖 E5-21 所示，(a) 設一載流螺線管產生的磁通密度為 $\vec{B}$；(b) 設一條形磁鐵產生的磁通密度為 $\vec{B}$，試分別求通過封閉曲面 S 之磁通量。

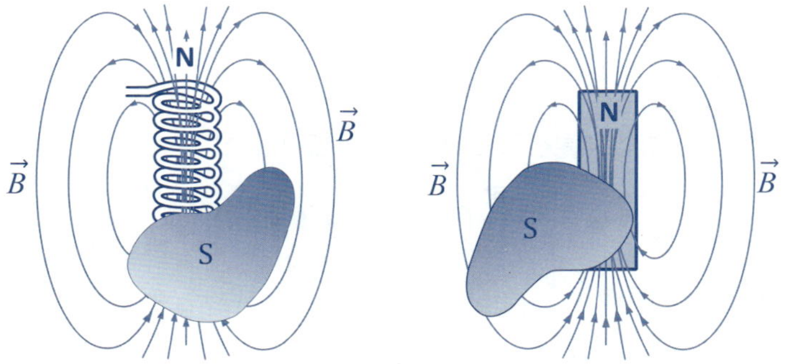

▲圖 E5-21　**習題 5.33 用圖**

5.34 設圓柱座標系中，有一細長直導線置於 z 軸上。已知載有電流 I 時，在導線外產生之磁通密度為：

$$\vec{B} = \hat{\boldsymbol{\phi}}\,\frac{\mu_0 I}{2\pi r} \qquad (r \neq 0)$$

試求其 (a) 散度 $\vec{\nabla} \cdot \vec{B}$；(b) 旋度 $\vec{\nabla} \times \vec{B}$。

5-10　向量磁位

5.35 在圓柱座標系中，兩條長直導線 L_1、L_2 均與 z 軸平行，各載有電流 I；其中，L_1 的電流為 + z 方向，L_2 的電流為 − z 方向。設空間一點 P 與 L_1、L_2 之距離分別為 r_1 及 r_2；試求點 P 之向量磁位。

5.36 在笛卡兒座標系中，一無限大之均勻面電流 (密度 $\vec{J} = \hat{\mathbf{z}}\, J_{S,0}$) 置於 $x = 0$ 平面上，另一無限大之均勻面電流 (密度 $\vec{J} = -\hat{\mathbf{z}}\, J_{S,0}$) 置於 $x = d$ 平面上；試求下列各區域之向量磁位 $\vec{A}$：(a) $x \leqq 0$；(b) $0 \leqq x \leqq d$；(c) $x \geqq d$。

5.37 承上題，試利用公式 $\vec{B} = \vec{\nabla} \times \vec{A}$ 求各區域之磁通密度 $\vec{B}$。

5.38 一細長形的螺線管截面半徑為 a，單位長度纏繞的導線匝數為 $\bar{N}$，置於圓柱座標系的 z 軸上。設通以電流 I 時，管內的磁場為 +z 方向，試求下列區域的向量磁位 $\vec{A}$：(a) $r \leqq a$；(b) $r \geqq a$。

5.39 承上題，試利用公式 $\vec{B} = \vec{\nabla} \times \vec{A}$ 求各區域之磁通密度 $\vec{B}$。

5-11　磁矩

5.40 根據 (5-73) 式，一載流線圈在遠處所產生的向量磁位為：

$$\vec{A} = \hat{\boldsymbol{\phi}}\,\frac{\mu_0 \overline{m}}{4\pi}\,\frac{\sin\theta}{R^2}$$

設其磁偶極矩的方向為 $\hat{\mathbf{z}}$：

$$\vec{m} = \hat{\mathbf{z}}\,\bar{m}$$

試證：

$$\vec{A} = \frac{\mu_0}{4\pi}\frac{\vec{m}\times\vec{R}}{R^3}$$

5.41 根據 (5-74) 式，一載流線圈在遠處所產生的磁通密度為：

$$\vec{B} = \frac{\mu_0 \bar{m}}{4\pi R^3}\left(\hat{\mathbf{R}}\,2\cos\theta + \hat{\boldsymbol{\theta}}\sin\theta\right)$$

設其磁偶極矩的方向為 $\hat{\mathbf{z}}$：

$$\vec{m} = \hat{\mathbf{z}}\,\bar{m}$$

試證：

$$\vec{B} = \frac{\mu_0}{4\pi}\left[\frac{3\vec{R}(\vec{m}\cdot\vec{R})}{R^5} - \frac{\vec{m}}{R^3}\right]$$

5.42 邊長為 a 之 N 匝正三角形線圈置於 $z = 0$ 平面上，其中心點位於座標系之原點。設線圈中之電流為 I (順時針方向)，試求其磁矩 $\vec{m}$。

5.43 一螺線管長度為 l，截面半徑為 a，每單位長度纏繞之匝數為 $\bar{N}$。設將此螺線管置於 z 軸上，並通以電流 I (逆時針方向)，試求其磁矩 $\vec{m}$。

5-12 電荷所受的磁力

5.44 一點電荷 $q = 8.00 \times 10^{-19}$ C 在一均勻磁場的垂直面上受磁力之作用，作半徑 4.68 mm 的圓周運動；設磁場之磁通密度為 1.65 T，試求該點電荷之：(a) 動量；(b) 角動量。

5.45 質量為 6.64×10^{-27} kg 的 α 粒子以速率 53.6 km/s 進入一均勻磁場中，其方向與磁場垂直。設磁場之磁通密度為 1.30 Wb/m^2，試求：(a) α 粒子作圓周運動之軌道半徑；(b) α 粒子作圓周運動之週期。α 粒子所帶的電量為 $q = +2e$ (e 為基本電荷)。

5.46 已知氧原子核 (^{16}O) 所帶的電量為 $q = +8e$ (e 為基本電荷)，以速率 550 km/s 由西向東水平進入一均勻磁場中，受到垂直向下之磁力 1.65 pN 作用。試問：該磁場的磁通密度至少是多少？其方向為何？

5.47 已知電場 $\vec{E} = \hat{\mathbf{x}}\,1.56 \times 10^4$ V/m，磁場 $\vec{B} = \hat{\mathbf{y}}\,3.62 \times 10^{-3}$ T，一電子以速度 $\vec{u}$ 進入此一交錯之電磁場中而無產生偏向，試求 $\vec{u}$。

5.48 承上題，若電場突然消失，試求電子作圓周運動之：(a) 半徑；(b) 週期。

5.49 在某質譜儀中，一原子被游離後變成帶有一個基本電荷的離子；經過加速後進入篩選器中。(a) 設篩選器中的電場強度之大小為 $E_S = 150$ V/m，磁通密度之大小為 $B_S = 0.0345$ T，試求離子通過篩選器後之速率；(b) 然後此一離子進入與其運動方向垂直的均勻磁場中，此磁場之磁通密度大小為 $B = 0.0175$ T，結果離子作圓周運動之半徑為 17.5 cm。試求該離子的質量。

5.50 **電荷之間的磁力 vs. 電力**。如圖 E5-22 所示，在笛卡兒座標系中，一點電荷 q_1 以速度 $\vec{u} = \hat{\mathbf{x}}u$ 經過座標系原點之同時，另一點電荷 q_2 以速度 $-\vec{u} = -\hat{\mathbf{x}}u$ 經過點 $(0, R, 0)$。

(a) 試證，q_1 在 q_2 之位置所產生的磁通密度為：

$$\vec{B} = \hat{\mathbf{z}}\frac{\mu_0}{4\pi}\frac{q_1 u}{R^2}$$

(b) 試證，q_2 所受之磁力為：

$$\vec{F}_{\rm m} = \hat{\mathbf{y}}\frac{\mu_0}{4\pi}\frac{q_1 q_2 u^2}{R^2}$$

(c) 與兩點電荷之間的電力 $\vec{F}_{\rm e}$ 相較，試證磁力之大小 $F_{\rm m}$ 與電力之大小 $F_{\rm e}$ 的比值為：

$$\frac{F_{\rm m}}{F_{\rm e}} = \frac{u^2}{c^2}$$

在一般情況下，$u << c$，故 $F_{\rm m} << F_{\rm e}$。

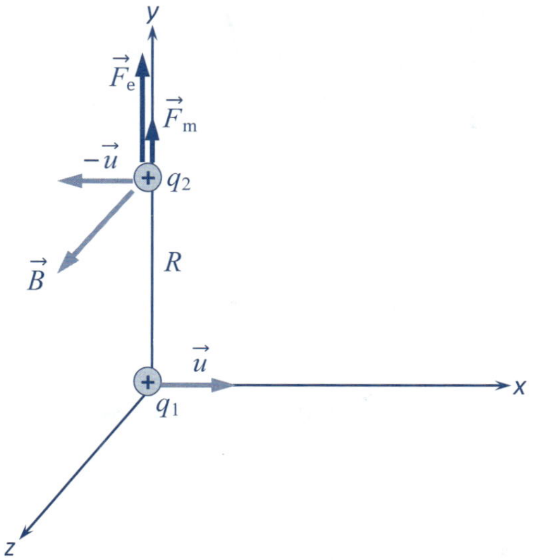

▲圖 E5-22　習題 5.50 用圖

5-13　載流導線所受的磁力

5.51 如圖 E5-23 所示，在均勻磁場 $\vec{B} = \hat{\mathbf{x}}B_0$ 中，一導線彎成 $\overline{ab}$、$\overline{bc}$、$\overline{cd}$、及 $\overline{de}$ 等四段。設正立方形的邊長為 l，導線中的電流為 I；試求：(a) 各段導線所受的磁力；(b) 四段導線所受的總磁力。

5.52 兩無限長直導線相距 1 m 平行放置，通以相等之電流 $I = 1$ A。(a) 設兩電流為同方向，試求兩導線單位長度的相互作用磁力大小，並說明是斥力還是引力；(b) 設兩電流為反方向，試求兩導線單位長度的相互作用磁力大小，並說明是斥力還是引力。

5.53 三條無限長直導線 L_1、L_2、L_3 相互平行放置，其間的間隔均為 d，三者之電流均為 I，其方向如圖 E5-24 所示；試求三者單位長度所受之磁力大小及方向。

5.54 如圖 E5-25 所示，一無限長直導線 L_1 中之電流為 I_1，其旁有一長方形線圈，長、寬分別為 b 及 c，下緣與 L_1 之距離為 a。若線圈中之電流為 I_2，試求線圈所受總磁力的大小及方向。

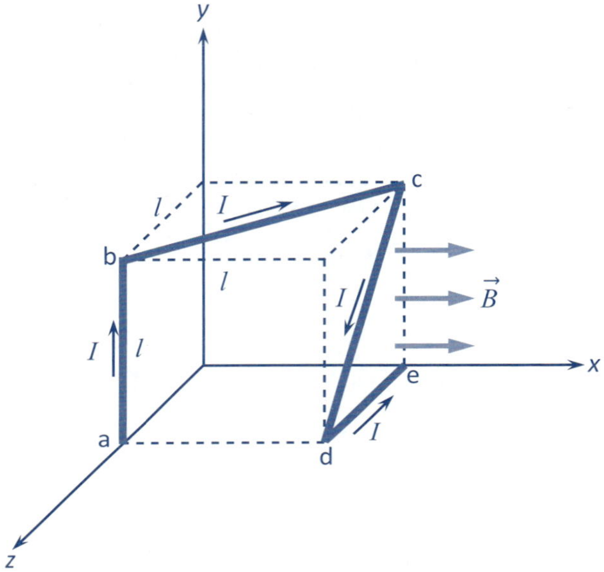

▲圖 E5-23　習題 5.51 用圖

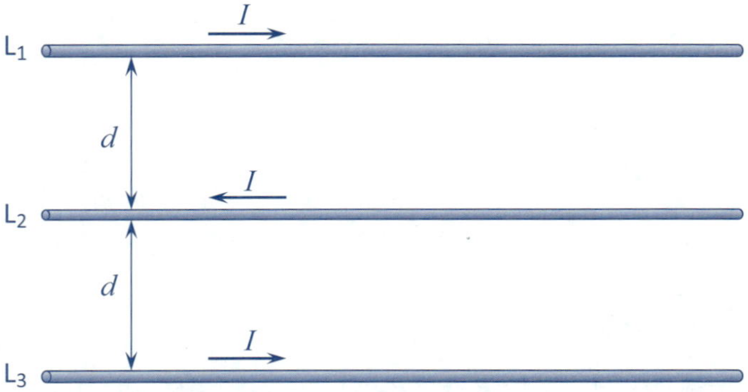

▲圖 E5-24　習題 5.53 用圖

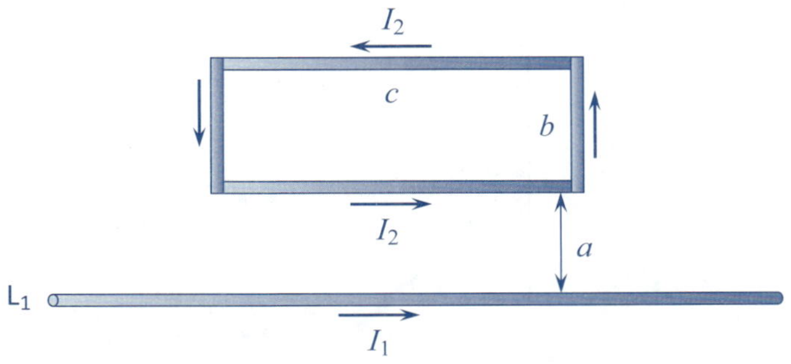

▲圖 E5-25 **習題 5.54 用圖**

5.55 長度 2.00 m、質量 120 g 的直導線水平懸於地球磁場中；設該處之地磁為水平方向，磁通密度大小為 0.578 G。若在導線中通電流時，所產生的磁力恰好支撐導線的重量；(a) 試求電流的最小值；(b) 試問此時電流的方向為何？

5-14 載流線圈所受的磁力

5.56 當一載流線圈置於一均勻磁場中時，若圈面法線與磁場方向垂直，則線圈所受的力矩為最大。設此最大力矩的大小為 τ，試求當圈面向磁場方向轉動下列角度時，線圈所受力矩的大小：(a) 30°；(b) 60°；(c) 90°。

5.57 如圖 E5-26 所示，一線圈由一直線段 C_1 及一半圓形 C_2 構成，其中之電流為 I；置於均勻磁場 $\vec{B}=\hat{\mathbf{x}}B_0$ 中，試求：(a) 線圈的磁矩；(b) 線圈所受的力矩。

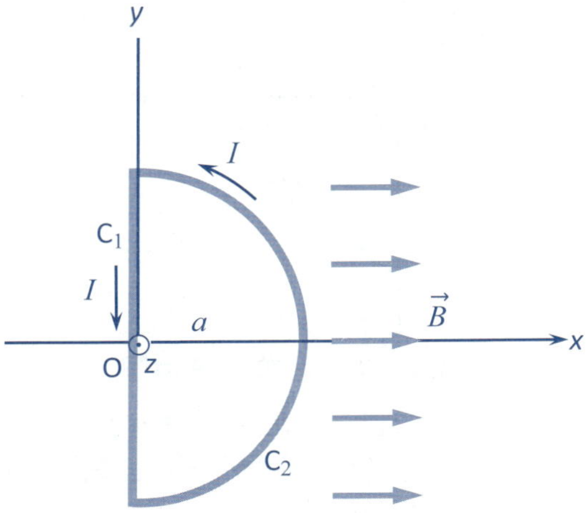

▲圖 E5-26 **習題 5.57 用圖**

5.58 如圖 E5-27 所示，一三角形線圈之底為 $2a$，高為 a，置於均勻磁場 $\vec{B}=\hat{\mathbf{x}}B_0$ 中；設其中之電流為 I，試求：(a) 線圈的磁矩；(b) 線圈所受的力矩。

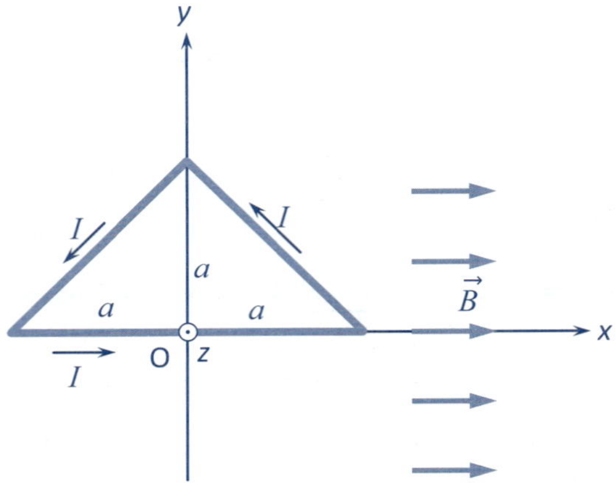

▲圖 E5-27　**習題 5.58 用圖**

5.59　如圖 E5-28 所示，一正方形線圈之邊長為 a，置於均勻磁場 $\vec{B}=\hat{\mathbf{x}}B_0$ 中；設其中之電流為 I，試求：(a) 線圈的磁矩；(b) 線圈所受的力矩。

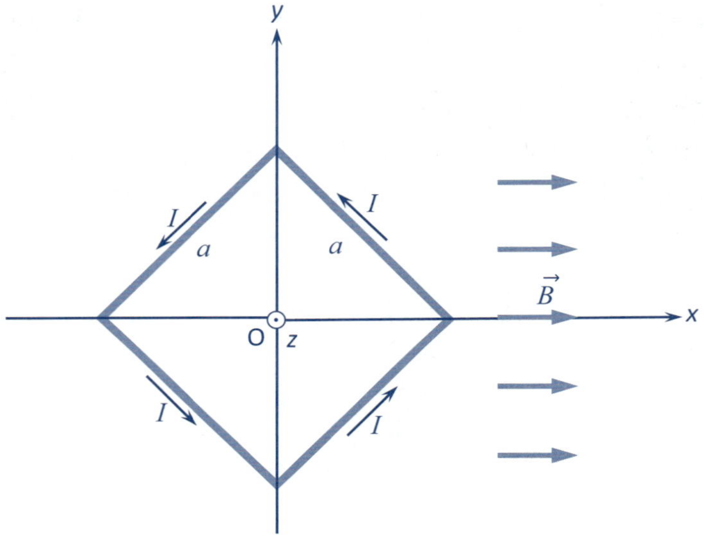

▲圖 E5-28　**習題 5.59 用圖**

5.60　如圖 E5-29 所示，一無限大平面電流之面電流密度為 $\vec{J}_S = -\hat{\mathbf{y}}J_{S,0}$，其上方有一半徑 a 之圓形線圈，其中之電流為 I。設線圈平面與面電流平行，試求線圈所受的：(a) 磁力；(b) 力矩。

5.61　已知地球具有磁矩 6.38×10^{21} A · m^2。若沿赤道繞一單匝線圈，則須通以多少 A 的電流才能產生此一磁矩 (地球半徑為 6.38×10^{6} m)？

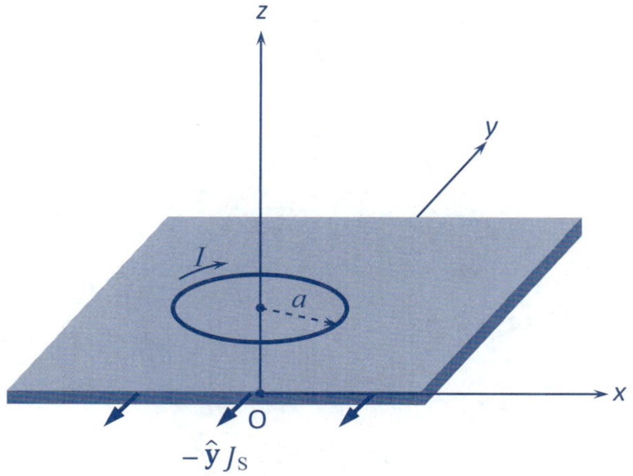

▲圖 E5-29 習題 5.60 用圖

5-15 物質磁性的起源(一)

5.62 試計算簡約的普朗克常數 $\hbar$ 之值，精確至 10 位有效數字：(a) 以 J · s 為單位；(b) 以 eV · s 為單位。

5.63 (a) 一質子之速率為 $u = 2.56 \times 10^5$ m/s，試求其德布洛意波波長；(b) 質量 70 kg 之運動員以速率 8.0 m/s 快跑，試求其德布洛意波波長。

5.64 磁矩的單位為 A · m^2；試證：A · m^2 = J/T (焦耳/忒斯勒)。

5-16 物質磁性的起源(二)

5.65 **電子的古典半徑**。在古典物理學裡，有人假設電子為半徑 r_e 的球體，其靜止質能 $m_e c^2$ 等於其靜電位能，即：

$$m_e c^2 = \frac{e^2}{4\pi\varepsilon_0 r_e}$$

由此式算出的 r_e 稱為電子的「古典半徑」。試求 r_e 至 10 位有效數字。

5.66 **電子的古典自旋磁矩**。在古典物理學裡，有人假設電子為半徑 r_e 的球體，其電荷 $-e$ 均勻分布在表面上，以角頻率 ω 自轉。(a) 將球體的球心置於球座標系的原點，在座標為 θ 處選取一微量寬度 $r_e\, d\theta$ 之環帶，如圖 E5-30 所示；試證此環帶所產生的微量自旋磁矩為：

$$d\overline{m}_S = \frac{1}{4} e\omega r_e^2 \sin^3\theta \ d\theta$$

(b) 將上式由 0 至 π 積分，試證球體之自旋磁矩為：

$$\overline{m}_S = \frac{1}{3} e\omega r_e^2$$

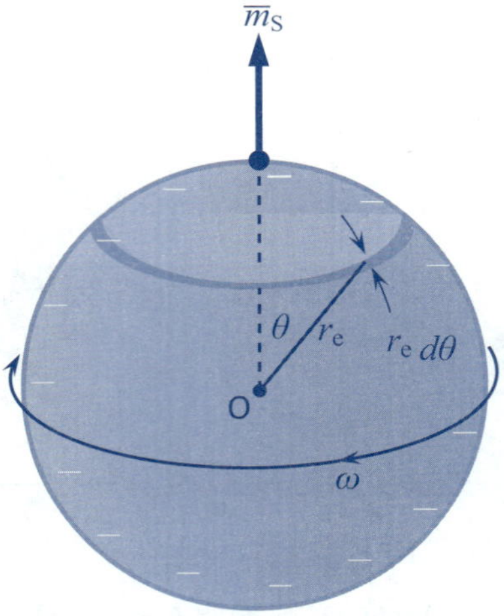

▲圖 E5-30　習題 5.66 用圖

5.67 **古典模型之失敗**。承上題，試求在球體表面之「赤道」上一點 P(r_e, π/2, ϕ) 之速率 $u = r_e\,\omega$。

【註】此一速率將會大於真空中的光速 c，違反了物理學定律；此一結果宣告古典物理學對於電子自旋的解釋是失敗的。

5-17 物質之磁化與磁化電流

5.68 (a) 已知鐵 (Fe) 的原子量為 55.8，比重為 7.87；試求每 m^3 所含的原子數 $\overline{N}$；(b) 已知每一鐵原子之磁矩為 1.80×10^{-23} A · m^2，則一長度 6.00 cm、截面積 1.00 cm^2 之條形磁鐵完全磁化後，其總磁矩為何？(c) 試求此磁鐵表面之磁化電流 I_m。

5.69 如圖 E5-31 所示，截面半徑 a 之圓柱形均勻磁化物質中之磁化量大小為 M，方向如圖中所示，試求磁化電流 I_m。

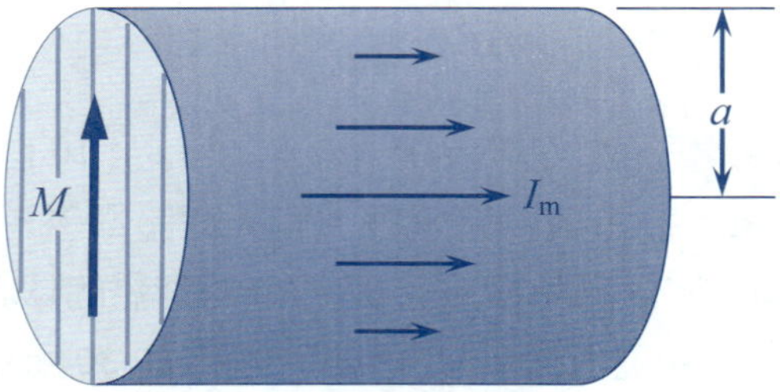

▲圖 E5-31　習題 5.69 用圖

5-18 磁性物質之安培定律

5.70 長度 l 之細長型螺線管纏繞之導線匝數為 N，管芯為導磁係數 μ 之物質。若通以電流 I，試求：(a) 管芯之磁化量 M；(b) 管芯表面之磁化電流 I_m。

5-19 磁場的邊界條件

5.71 設在笛卡兒座標系中，$z>0$ 的區域為相對導磁係數 $\mu_{r1}=2$ 之物質，$z<0$ 的區域為相對導磁係數 $\mu_{r2}=5$ 之物質。已知在 $z>0$ 區域中的磁通密度為 $\vec{B}_1=\hat{\mathbf{x}}\,0.2-\hat{\mathbf{y}}\,0.2+\hat{\mathbf{z}}\,0.5$ Wb/m^2，試求：(a) 磁化量 $\vec{M}_1$；(b) $z<0$ 區域中的磁通密度 $\vec{B}_2$；(c) 磁化量 $\vec{M}_2$。

5.72 設物質 1 之導磁係數為 μ_1，物質 2 之導磁係數為 μ_2，兩者互相接觸。已知在接觸面上物質 1 中之磁場強度 $\vec{H}_1$ 與接觸面法線之夾角為 α_1；試求物質 2 中之磁場強度 $\vec{H}_2$ 之：(a) 大小 H_2；(b) 方向 α_2 ($\vec{H}_2$ 與法線之夾角)。

5.73 設兩互相接觸之磁性物質導磁係數之比為 $\mu_2/\mu_1=\sqrt{3}$，且 $\vec{B}_1$ 在邊界上之入射角為 $\alpha_1=30°$。試求：(a) $\vec{B}_2$ 在邊界上之折射角 α_2；(b) $|\vec{B}_2|/|\vec{B}_1|$；(c) $|\vec{H}_2|/|\vec{H}_1|$。

5-21 順磁性

5.74 「**雙曲正弦函數**」$\sinh x$ 與「**雙曲餘弦函數**」$\cosh x$ 之定義分別為：

$$\sinh x=\frac{1}{2}(e^{x}-e^{-x})$$

$$\cosh x=\frac{1}{2}(e^{x}+e^{-x})$$

試證：(a) $\dfrac{d}{dx}\sinh x=\cosh x$；(b) $\dfrac{d}{dx}\cosh x=\sinh x$。

5.75 試證雙曲正弦函數 $\sinh x$ 與雙曲餘弦函數 $\cosh x$ 之麥勞林級數分別為：

$$\sinh x=x+\frac{x^3}{3!}+\frac{x^5}{5!}+\frac{x^7}{7!}+\dots$$

$$\cosh x=1+\frac{x^2}{2!}+\frac{x^4}{4!}+\frac{x^6}{6!}+\dots$$

5.76 「**雙曲餘割函數**」$\operatorname{csch} x$ 之定義為：

$$\operatorname{csch} x=\frac{1}{\sinh x}$$

試證 $\operatorname{csch} x$ 之麥勞林級數為：

$$\operatorname{csch} x=\frac{1}{x}-\frac{x}{6}+\frac{7x^3}{360}-\frac{31\,x^5}{15120}+\dots$$

5.77 「**雙曲餘切函數**」$\coth x$ 之定義為：

$$\coth x=\frac{\cosh x}{\sinh x}$$

試證 coth x 之麥勞林級數為：

$$\coth x = \frac{1}{x} + \frac{x}{3} - \frac{x^3}{45} + \frac{2x^5}{945} - \dots$$

5-22 電感 (一)

5.78 一無磁性之長直導線置於空氣中，試求其單位長度線電感之數值。

5.79 一細長型之螺線管截面半徑為 r，長度為 l，纏繞導線之匝數為 $N = 100$，管芯材料之導磁係數為 μ_0，試求此螺線管的電感：(a) 若 $r = 1.0$ cm，$l = 10$ cm；(b) 若 $r = 1.0$ cm，$l = 4.0$ cm。

5.80 半徑 a 之長直導線平行於地面架設，距地面之高度為 h。設 $a \ll h$，且地面視為良導體；試求該導線單位長度之電感。

5-23 電感 (二)

5.81 「***反雙曲餘弦函數***」。設 $x = \cosh y$，則依定義：

$$y = \cosh^{-1} x$$

稱為 cosh x 的反函數。

(a) 試由 $x = \cosh y$ 導出方程式：

$$Y^2 - 2xY + 1 = 0$$

其中 $Y = e^y$。

(b) 試解出 Y。

(c) 試由 Y 解出 y。

【註】此題證明了 (5-204) 式 $\cosh^{-1} x = \ln(x + \sqrt{x^2 - 1})$。

5.82 一平行線式傳輸線各線的截面半徑為 a，兩線之軸心相距為 d，置於空氣中。設 $d/a = 4$，試求該傳輸線之：(a) 單位長度電容；(b) 單位長度電感。

5.83 同上題，但 $d/a = 10$，試求該傳輸線之：(a) 單位長度電容；(b) 單位長度電感。

5.84 設一傳輸線單位長度的電感為 $\bar{L}$，單位長度的漏電導為 $\bar{G}$，試證：

$$\bar{L}\,\bar{G} = \mu\sigma$$

其中 μ 與 σ 分別為傳輸線相關的導磁係數與漏電導之電導率。

5.85 設一同軸電纜內、外導體之半徑分別為 a 及 b；兩導體之間充滿導磁係數 μ 之物質。今特別設定比值 b/a，使得內導體表面之電場強度為**最小**；試求此電纜單位長度之電感 $\bar{L}$。

5-24　磁能及磁能密度

5.86 試證：

(a) 電能密度可寫成：

$$u_\mathrm{e}=\frac{1}{2}\vec{E}\cdot\vec{D}$$

(b) 磁能密度可寫成：

$$u_\mathrm{m}=\frac{1}{2}\vec{B}\cdot\vec{H}$$

5.87 一同軸電纜係由半徑分別為 a 及 b 之兩個導體圓筒同軸套合而成 $(b>a)$。設兩者之厚度均可忽略，兩者之間為導磁係數 μ 的物質。若電纜中之電流為 I，試求：(a) 兩導體之間的磁能密度；(b) 單位長度所具有的磁能。

5.88 設在真空中有一磁場，其強度以笛卡兒座標表示為：

$$\vec{H}=3(\hat{\mathbf{x}}\,x+\hat{\mathbf{y}}\,y)\ \ \mathrm{A/m}$$

試求在範圍 $0\leqq x\leqq 1$，$0\leqq y\leqq 1$，$0\leqq z\leqq 1$ 之磁能 (座標值的單位為 m)。

5.89 設在真空中有一磁場，其強度以球座標表示為：

$$\vec{H}=\hat{\mathbf{R}}\,2\cos\theta+\hat{\boldsymbol{\theta}}\sin\theta\ \ \mathrm{A/m}$$

試求在範圍 $0\leqq R\leqq 1$，$0\leqq\theta\leqq\pi$，$0\leqq\phi\leqq 2\pi$ 之磁能 (座標 R 的單位為 m)。

5.90 設在某真空區域中電能密度 u_e 等於磁能密度 u_m；試求該區域中電場強度 E 與磁場強度 H 之比值。

第六章

電磁感應與輻射

不是風動，亦非幡動；仁者心動。

6-1　引言

本章講述動態 (時變) 的電場與磁場互相感應、相倚相生的現象，以及這些現象的基本應用。所謂「動態」或「時變」，是指所討論的電場 $\vec{E}$ 與磁場 $\vec{H}$ 均為時間 t 的函數；即 $\vec{E}=\vec{E}(t)$，$\vec{H}=\vec{H}(t)$。

在大自然中，動態是常態，靜態則是特例。如果我們遇到靜態的特例，那麼前面兩章所講述的「靜電」與「靜磁」的所有解析當然成立。或者，如果相關物理量的時間變化率都很小而可忽略，則前述「靜電」與「靜磁」的解析仍然可以作為相當好的近似計算。除此之外，動態的電磁現象就必須遵從一套新的規則或定律；也就是說，以前「靜電」與「靜磁」所遵從的所有規則或定律，都必須一一重新加以檢視與更新。其中首當其衝的有二：

其一是靜電場的保守定律：

$$\oint_{C} \vec{E}\cdot d\vec{L}=0 \qquad \text{(詳見 4-77)}$$

其二是靜磁場中的安培定律：

$$\oint_{C} \vec{H}\cdot d\vec{L}=\int_{S} \vec{J}\cdot d\vec{S} \qquad \text{(詳見 5-27)}$$

我們將會發現，這兩個定律並不適用於動態的電場與磁場，而必須作適當的修正與補充。本章講述的，首先是以法拉第的感應定律 (詳見第 6-3 節) 來取代靜電場的保守定律 (4-77) 式；其次是以馬克士威定律 (詳見第 6-10 節) 來補充安培定律 (5-27) 式的不足。最後將針對電場的高斯定律：

$$\oint_S \vec{D} \cdot d\vec{S} = \int_D \rho_V \, d\ddot{V}$$ (詳見 4-45)

及磁場的高斯定律：

$$\oint_S \vec{B} \cdot d\vec{S} = 0$$ (詳見 5-44)

重新作詮釋，因而完成古典電磁學的基本架構，就是構成「**馬克士威方程組**」的四條方程式。

6-2 感應電動勢

首先我們考慮一導體在磁場中的運動。如圖 6-1 所示，假設一長度 l 之直線狀導體在磁場 $\vec{B}$ 中以速度 $\vec{u}$ 運動；則根據 (5-76) 式，導體中每一自由電子 (電量 $-e$) 所受的磁力為：

$$\vec{F} = (-e)\vec{u} \times \vec{B} \tag{6-1}$$

在圖 6-1 中其方向為向下。於是有一群自由電子向下移動而聚集在導線的下半部，使得導線的下半部出現負電荷；同時由於電荷的守恆，導線的上半部出現正電荷。這些電荷是因磁力的作用而產生；若磁力消失，則會互相中和而自然消失。像這樣，導體在磁場中運動時其內部產生正、負電荷分離的現象，我們稱之為「**電磁感應**」。

根據電學的規定，正電荷所在的位置具有高電位，而負電荷所在的位置則電位相對較低；因此電磁感應會在導體的兩端產生電位差。我們稱這個電位差為「**感**

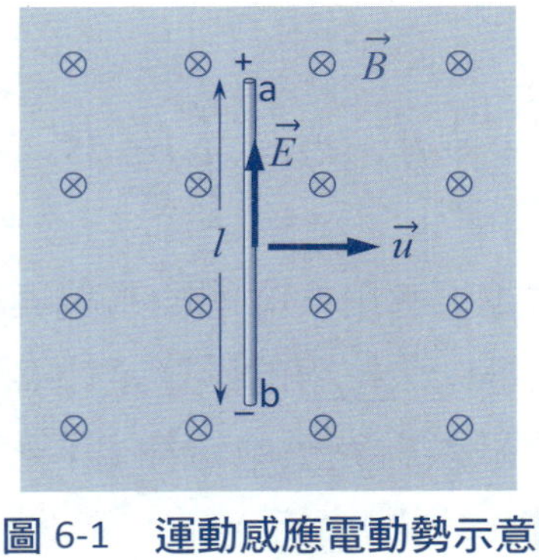

▲圖 6-1 運動感應電動勢示意圖

應電動勢」。又由於此一電位差係由導體在磁場中運動所產生，因此我們特稱之為「**運動感應電動勢**」。

如無特別聲明，本節中所討論的電動勢均為運動感應電動勢。

在 (6-1) 式中，我們說 $\vec{F}$ 是導體中每一自由電子所受的「磁力」；但事實上，電子們只知道它們受到力 $\vec{F}$ 的作用，而不會去計較那是什麼力。也就是說，電子們不會去區分 $\vec{F}$ 究竟是電力還是磁力。【註 1】因此我們可以規定，在磁場中運動的導體內必有一等效之**電場**感應出來。根據電場強度的定義，$\vec{E}=\vec{F}/(-e)$；故由 (6-1) 式可得此一感應電場的強度為：

$$\vec{E}=\vec{u}\times\vec{B} \tag{6-2}$$

如圖 6-1 所示，此一感應電場的方向係由負端 b 指向正端 a，而不是由正端 a 指向負端 b；這表示此感應電場並不是由這些電荷所建立的，而是由磁場感應出來的。我們規定此感應電場所對應的感應電動勢為：

$$\mathcal{E}=\int_{\mathrm{b}}^{\mathrm{a}}\vec{E}\cdot d\vec{L}=\int_{\mathrm{b}}^{\mathrm{a}}\left(\vec{u}\times\vec{B}\right)\cdot d\vec{L} \tag{6-3}$$

單位為 V (伏特)。請注意：**感應電場 $\vec{E}$ 恆指向感應電動勢 $\mathcal{E}$ 的正端**。

假設在圖 6-1 中，磁場為均勻，導線的長度為 $\overline{\mathrm{ab}}=l$，其方向與速度 $\vec{u}$ 及磁場 $\vec{B}$ 三者互相垂直，則由 (6-3) 式可得其兩端所產生的感應電動勢為：

$$\mathcal{E}=luB \tag{6-4}$$

假設在圖 6-1 中，導線的長度方向、速度 $\vec{u}$、及磁場 $\vec{B}$ 三者若有任兩者處處互相平行，則其兩端所產生的感應電動勢恆為零。

例題 6-1 如圖 6-2 所示，一無限長直導線載有電流 I，其附近有一長為 l 的短直導線以速率 u 運動。設兩導線恆保持互相垂直，其間的距離 r_0 恆保持一定，試求短導線兩端之感應電動勢。

註1 這個論點在古典電磁學裡似乎無法理解，但在愛因斯坦的「狹義相對論」中有合理的解釋。

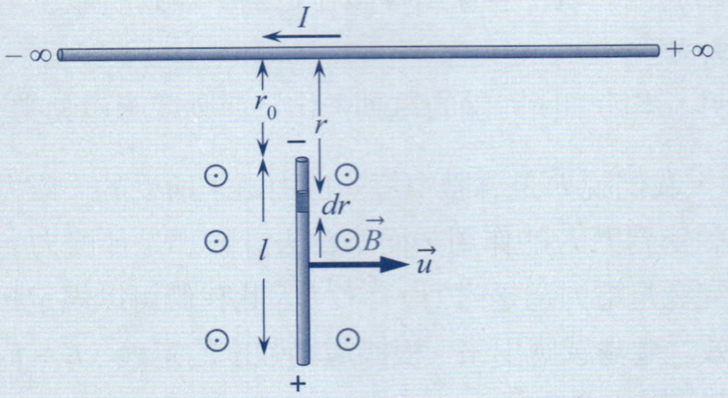

▲圖 6-2　例題 6-1 用圖

解： 在短導線上距離長直導線為 r 之處的磁通密度之大小為：

$$B = \frac{\mu_0 I}{2\pi r}$$

其方向與紙面垂直向上，故短導線中之感應電場大小為：

$$E = \left|\vec{u} \times \vec{B}\right| = uB = \frac{\mu_0 uI}{2\pi r}$$

方向向下。由 (6-3) 式可得所求感應電動勢為：

$$\mathcal{E} = \int_{r_0}^{r_0+l} \frac{\mu_0 uI}{2\pi r} dr = \frac{\mu_0 uI}{2\pi} \ln \frac{r_0 + l}{r_0}$$

例題 6-2　**法拉第發電機**。如圖 6-3 所示，半徑 a 之金屬圓盤在均勻磁場 $\vec{B}$ 中以角頻率 ω 轉動。設磁場垂直穿過圓盤，試求圓盤外緣與圓心之間的感應電動勢。

解： 將圓盤的圓心置於圓柱座標系的原點，則在圓盤上距離圓心為 r 處之點 P 的速度為 $\vec{u} = \hat{\boldsymbol{\phi}}\, r\omega$。令 $\vec{B} = \hat{\mathbf{z}}\, B$，則點 P 處之感應電場強度為：

$$\vec{E} = \vec{u} \times \vec{B} = (\hat{\boldsymbol{\phi}}\, r\omega) \times (\hat{\mathbf{z}}\, B) = \hat{\mathbf{r}}\, r\omega B$$

故由 (6-3) 式可得所求感應電動勢為：

$$\mathcal{E} = \int_0^a (\vec{u} \times \vec{B}) \cdot d\vec{L} = \int_0^a (\hat{\mathbf{r}}\, r\omega B) \cdot (\hat{\mathbf{r}}\, dr) = \omega B \int_0^a r\, dr = \frac{1}{2}\omega a^2 B$$

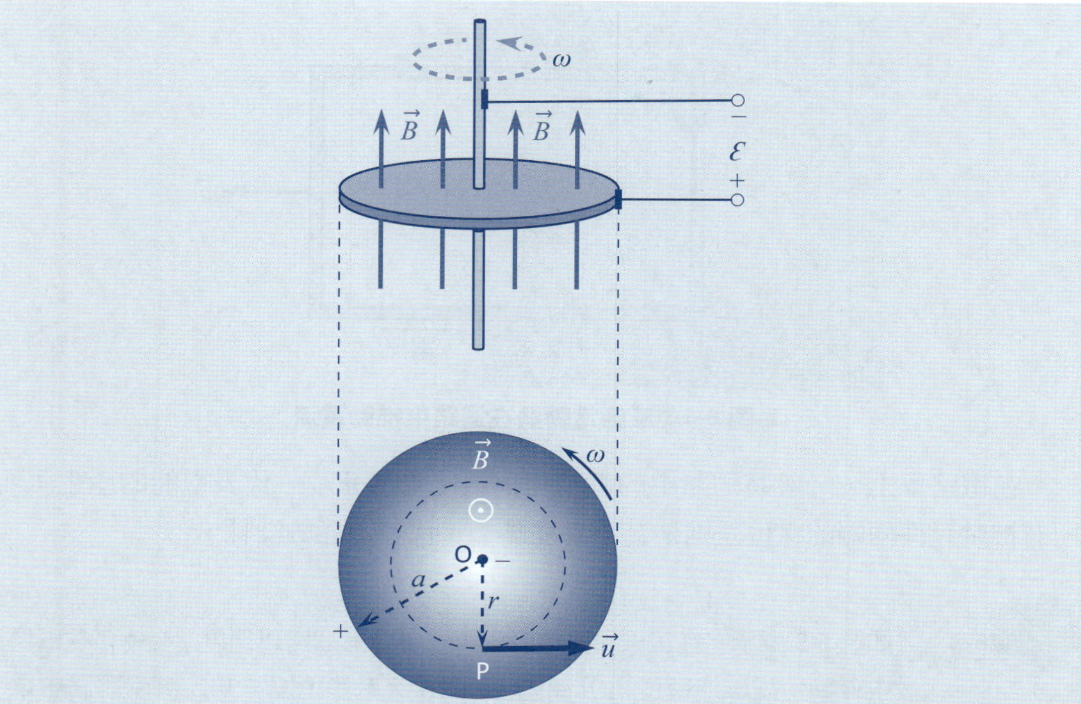

▲圖 6-3　例題 6-2 用圖

上面所說的是「開路」情況下的感應電動勢，也就是沒有電流時的感應電動勢。然工作中的電路都是有電流的，因此我們常常要考慮迴路的情況。如圖 6-4 所示，一長方形迴路以速度 $\vec{u}$ 運動，其中只有在磁場裡的 $\overline{ab}$ 段會產生感應電動勢 $\mathcal{E} = luB$，可視為一個電源，在迴路中推動一股電流 (在圖 6-4 中為順時針方向)。此時迴路之感應電動勢應寫成：

$$\mathcal{E} = \oint_C \vec{E} \cdot d\vec{L} = \oint_C (\vec{u} \times \vec{B}) \cdot d\vec{L} \tag{6-5}$$

若無特別聲明，爾後所謂的感應電動勢均以此式為準。雖然感應電動勢不是向量，但我們常說「感應電動勢的方向」，其實指的就是「感應電流的方向」。

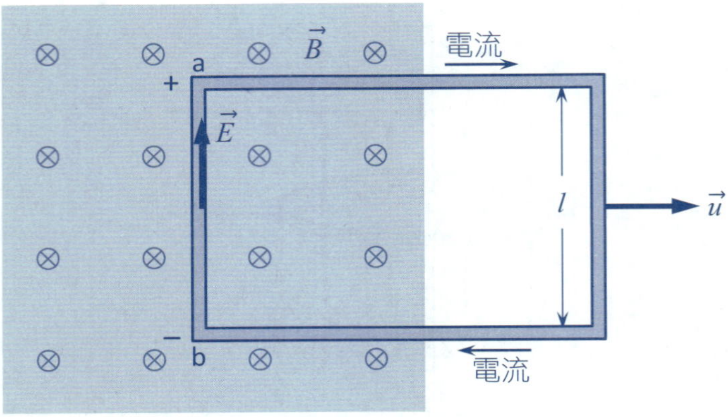

▲圖 6-4　**感應電動勢在迴路中推動電流**

在電路學上，一般將迴路中的電動勢稱為「**電壓升**」，代表電能的產生；而所有被動元件兩端的電位差則稱為「**電壓降**」，代表電能的消耗。

例題 6-3　如圖 6-5 所示，在笛卡兒座標系中，一長方形迴路以速度 $\vec{u} = \hat{\mathbf{x}}\,u$ 在磁場中運動。設磁通密度為 $\vec{B} = \hat{\mathbf{z}}\,kx$，其中 k 為定值 $(k > 0)$，試求迴路中之感應電動勢。

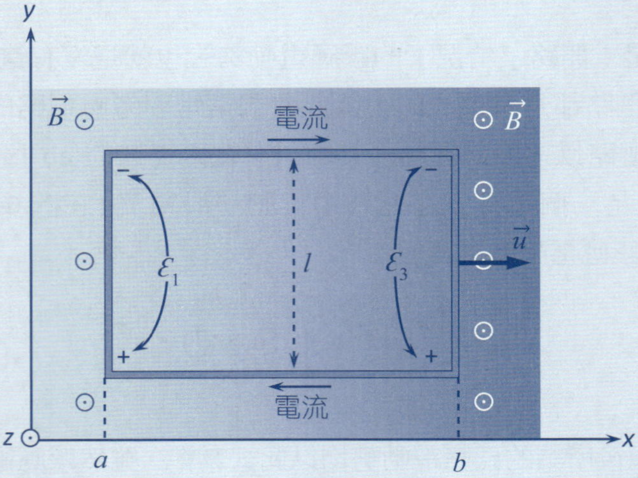

▲圖 6-5　**例題 6-3 用圖**

解：此長方形迴路由四直線段組成，故迴路之感應電動勢為這四段電動勢的組合。

(a) 左段── $x = a$；由 (6-4) 式得：

$\mathcal{E}_1 = lu(ka)$　(正端在下)

(b) 上段——因速度 $\vec{u}$ 與導線長度方向平行，故：

$\mathcal{E}_2 = 0$

(c) 右段—— $x = b$；由 (6-4) 式得：

$\mathcal{E}_3 = lu(kb)$　(正端在下)

(d) 下段—— 因速度 $\vec{u}$ 與導線長度方向平行，故：

$\mathcal{E}_4 = 0$

因 $\mathcal{E}_1$ 及 $\mathcal{E}_3$ 之正端均在下，故整個迴路之感應電動勢為兩者之差：

$\mathcal{E} = \mathcal{E}_3 - \mathcal{E}_1 = luk\,(b - a)$

方向為順時針方向。

6-3　法拉第感應定律

感應電動勢的產生，我們可以從另一個角度來思考。我們回去看看圖 6-4；為了方便起見，該圖複製於圖 6-6。我們看到迴路只有左側一部分在磁場 $\vec{B}$ 之中，因此當迴路以速度 $\vec{u}$ 向右運動時，迴路**內部**的磁通量 Φ_m 即逐漸減少。由圖 6-6 可知，在微量時間 dt 內，迴路內部磁通量的微變化量為：

$$d\Phi_m = -B\,dS = -B(l \times u\,dt)$$

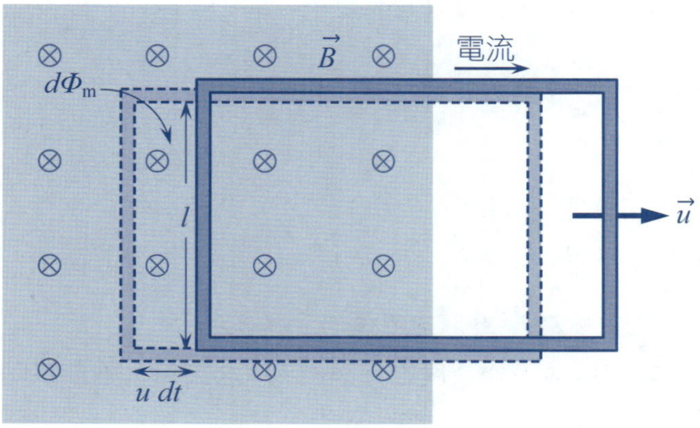

▲圖 6-6　法拉第感應定律推導示意圖

其中之負號表示磁通量正在遞減。由此式可得迴路內部磁通量的變化率為：

$$\frac{d\Phi_m}{dt} = -luB \tag{6-6}$$

由於整個迴路當中只有 $\overline{ab}$ 段產生感應電動勢 $\mathcal{E}$，故與 (6-4) 式比較即知：

$$\mathcal{E} = -\frac{d\Phi_m}{dt} \tag{6-7}$$

也就是說，一迴路中產生的感應電動勢恆等於其**內部**磁通量的**負**變化率。這個現象是英國科學家法拉第首先發現並於 1831 年發表的，故稱為「**法拉第感應定律**」。

假若迴路係由 N 匝細導線纏繞而成，則因每匝導線均有感應電動勢之產生，故總電動勢為 (6-7) 式所示的 N 倍，即：

$$\mathcal{E} = -N\frac{d\Phi_m}{dt} \tag{6-8}$$

請特別注意 (6-7) 式及 (6-8) 式中的負號，它是能量守恆的必然結果，可以用來判斷迴路中之感應電動勢的「方向」(即感應電流的方向)，稱為「**楞次定律**」，係為紀念德國科學家楞次而命名。楞次定律的詳細內容見第 6-4 節。

例題 6-4 **交流發電機原理**。圈面面積為 S 之 N 匝線圈在均勻磁場 B_0 中以角頻率 ω 繞自身中心軸轉動，試求產生的感應電動勢。

解： 依定義，角頻率 ω 為轉動角度 θ 之時變率，即：

$$\omega = \frac{d\theta}{dt}$$

移項並積分：

$$d\theta = \omega\, dt$$

$$\theta = \int \omega\, dt = \omega t + \theta_0$$

其中 θ_0 為積分常數，為 $t = 0$ 時之 θ 值。

今令 θ 為圈面之法線與磁通密度在任一時刻 t 之夾角，則在該時刻通過線圈之磁通量為：

$$\Phi_m = B_0 S\cos\theta = B_0 S\cos(\omega t + \theta_0)$$

根據 (6-8) 式，所產生的感應電動勢為：

$$\mathcal{E} = -N\frac{d\Phi_m}{dt} = NB_0 S\omega \sin(\omega t + \theta_0) \tag{6-9}$$

此一結果顯示，交流發電機所產生的電動勢與線圈匝數 N、圈面面積 S、線圈轉速 ω，以及磁場 B 均成正比關係。

由上所述，我們已經知道導體在磁場中運動時，會產生感應電動勢。但是要產生感應電動勢，導體並非一定要運動。如圖 6-7 所示，假設一線圈靜置於 $z = 0$ 平面上，若其內部有一時變的磁場通過：

$$\vec{B} = \hat{\mathbf{z}}\,B(t)$$

則磁通量為：

$$\Phi_m = \vec{B}\cdot\vec{S} = \hat{\mathbf{z}}\,B(t)\cdot(\hat{\mathbf{z}}\,S) = S\,B(t)$$

其中圈面面積 S 為定值。由 (6-7) 式可知線圈中會產生感應電動勢：

$$\mathcal{E} = -\frac{d\Phi_m}{dt} = -S\frac{dB(t)}{dt} \tag{6-10}$$

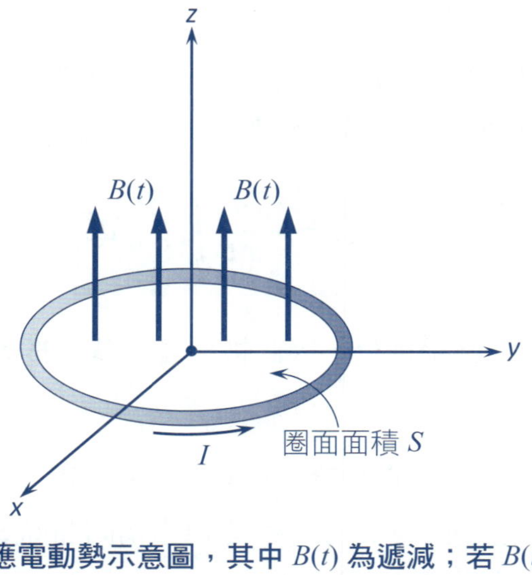

▲ **圖 6-7　變壓器式感應電動勢示意圖，其中 $B(t)$ 為遞減；若 $B(t)$ 為遞增，則感應電流 I 反向**

這個電動勢並非由導體之運動產生，而是由與變壓器相同的原理 (磁通交鏈) 所產生，故稱為「**變壓器式感應電動勢**」，以與前述「運動感應電動勢」有所區隔。雖然這兩種電動勢產生的機制完全不同，卻適用同一個定律，即法拉第的感應定律。諾貝爾獎得主物理學家費曼說：「一個定律可以用來解釋兩個完全不同的物理現象，這是 (古典) 物理學上絕無僅有的。」

例題 6-5 在圖 6-7 中，設線圈係由 N 匝細導線纏繞而成，圈面面積為 S。若通過其內部之磁通密度大小為：

$$B(t) = B_0 \cos(\omega t + \theta_0)$$

其中 B_0、ω、θ_0 均為定值；試求在線圈中產生的感應電動勢。

解： 因線圈有 N 匝，故所求感應電動勢為 (6-10) 式的 N 倍：

$$\mathcal{E} = -NS\frac{dB(t)}{dt} = NB_0 S\omega \sin(\omega t + \theta_0) \tag{6-11}$$

在第 5-8 節裡，我們曾經對磁通量作了廣義的定義：

$$\Phi_m = \int_S \vec{B} \cdot d\vec{S} \qquad \text{(詳見 5-43)}$$

亦即，磁通量 Φ_m 等於磁通密度 $\vec{B}$ 在一曲面 S 上的面積分。假如我們將電動勢的定義 (6-5) 式考慮進來，則法拉第感應定律 (6-7) 式可寫成如下的廣義形式：

$$\oint_C \vec{E} \cdot d\vec{L} = -\frac{d}{dt}\int_S \vec{B} \cdot d\vec{S} \tag{6-12}$$

由於這個式子的等號兩邊都是積分，因此被稱為「**積分形式的法拉第定律**」。這個定律在運用上應注意：

1. 等號左邊線積分的積分路徑 C 為等號右邊面積分曲面 S 之邊緣線，如圖 6-8 所示，並應遵守「右手定則」，即以右手之拇指指向曲面 S 之法線方向時，其餘四指環繞的方向為封閉路徑 C 的正方向。

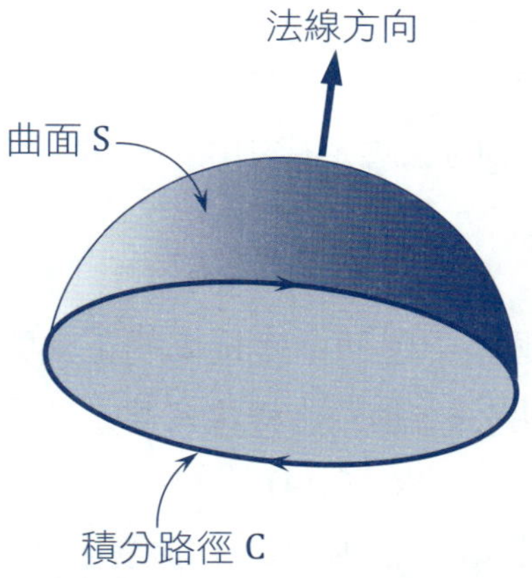

▲圖 6-8 **積分形式的法拉第定律之數學規範**

2. 出現在等號左邊的感應電場 $\vec{E}$ 非由電荷所產生，屬於「非保守場」；它並非僅存在於導線中推動感應電流。假如將導線除去，它仍會繼續存留在原地。也就是說，它會存在於真空中，這一點跟由電荷所產生的電場是一樣的。

利用史多克斯定理：

$$\oint_C \vec{E} \cdot d\vec{L} = \int_S (\vec{\nabla} \times \vec{E}) \cdot d\vec{S} \qquad \text{(詳見 3-57)}$$

(6-12) 式可化為：

$$\int_S (\vec{\nabla} \times \vec{E}) \cdot d\vec{S} = -\frac{d}{dt}\int_S \vec{B} \cdot d\vec{S} = -\int_S \frac{\partial \vec{B}}{\partial t} \cdot d\vec{S} \qquad (6\text{-}13)$$

請注意：常微分運算 d/dt 移入積分符號時，應變為偏微分運算 $\partial/\partial t$。由 (6-13) 式可得：

$$\vec{\nabla} \times \vec{E} = -\frac{\partial \vec{B}}{\partial t} \qquad (6\text{-}14)$$

由於此式等號兩邊均為微分運算，因此稱為「**微分形式的法拉第定律**」。既然是微分形式，其適用對象當然是微量的時空範圍 (某一個點、某一瞬間)。

6-4 楞次定律

在 (6-7) 式所示之法拉第的感應定律中：

$$\mathcal{E}=-\frac{d\Phi_{\mathrm{m}}}{dt} \tag{6-15}$$

有一個負號，用來表示一迴路中磁通量變化率的正負與所產生之感應電動勢 (或感應電流) 的「方向」之間的關係，稱為「**楞次定律**」。這個負號也重複出現在 (6-12) 式的「積分形式的法拉第定律」及 (6-14) 式的「微分形式的法拉第定律」當中。

「楞次定律」是在說明電磁感應現象中能量之守恆。它只依附在法拉第的感應定律之中；同時，它只是一個「定性」的敘述，用來判斷感應電流的方向，而無「定量」的內涵。

根據楞次最初的說法，這個定律是這麼說的：「**感應電流的方向恆為反對產生該電流之磁通量變化。**」

茲就楞次的原始說法詳細說明如下。請注意：在以下的說明當中，所謂「感應電流所產生的新磁通量」的方向係由第 5-3 節所述之線圈版本的「右手定則」來決定，即：以右手四個指頭順著線圈電流方向繞轉，則拇指的方向就是線圈內部磁通量的方向 (詳見 [例題 5-4] 下方的說明)。

了解了這個「右手定則」之後，我們就可以進一步來了解楞次定律的意思：

感應電流 I 是磁通量 Φ_{m} 變化所產生的。若磁通量 Φ_{m} 之變化為遞減，則感應電流 I 所產生的新磁通量 Φ'_{m} 必與 Φ_{m} 同向，藉以反對 Φ_{m} 的遞減趨勢，如圖 6-9(a) 所示。相反地，若磁通量 Φ_{m} 為遞增，則感應電流 I 所產生的新磁通量 Φ'_{m} 必與 Φ_{m} 反向，藉以反對 Φ_{m} 的遞增趨勢，如圖 6-9(b) 所示。

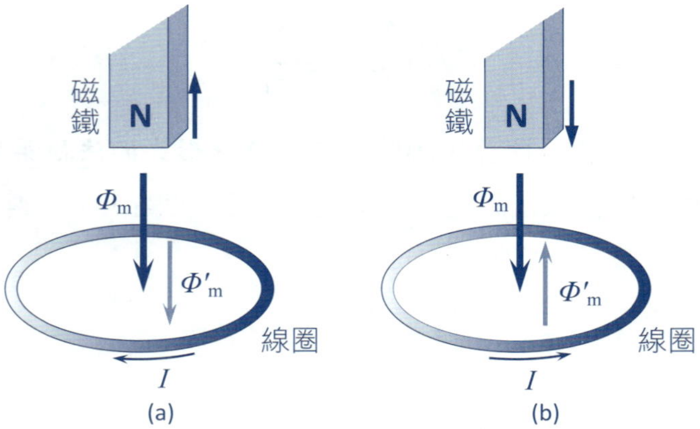

▲圖 6-9 楞次定律之圖解

上述是楞次由能量守恆的角度來詮釋其定律，因此說法有點迂迴；在實際運用上，楞次定律有一個更直接、更簡易的版本：

以右手拇指指著磁場的方向，則當磁通量遞減時，其餘四指繞轉的方向即為感應電流的方向，如圖 6-10(a) 所示。若磁通量遞增，則感應電流反向，如圖 6-10(b) 所示。

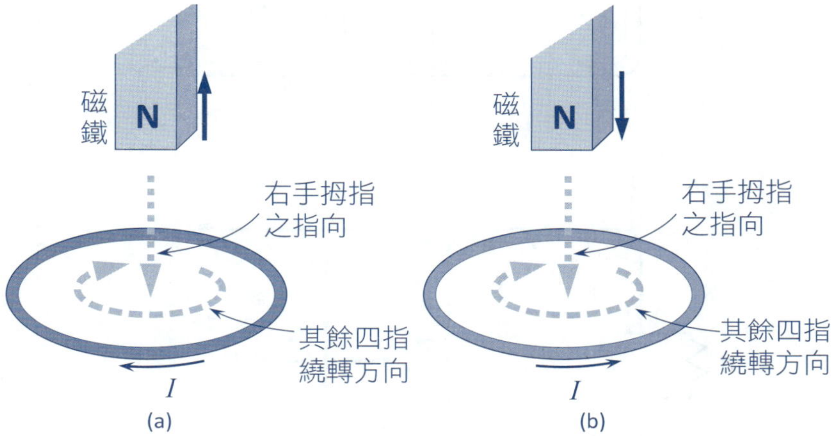

▲圖 6-10 **楞次定律之簡化版本**

6-5 線型發電機

現今所使用的發電設備除了少數例外 (例如太陽能發電)，都是利用法拉第感應定律來發電。假如我們用外力驅動一組或多組線圈在磁場中轉動而產生電動勢，就成了「旋轉發電機」。但下面所要講述的是一種簡化的模型，稱為「**線型發電機**」。

如圖 6-11(a) 所示，一長度為 l 的導線 $\overline{\mathrm{ab}}$ 沿著一對平行導體軌條在均勻磁場 $\vec{B}$ 中以速度 $\vec{u}$ 滑動。設 $\overline{\mathrm{ab}}$、$\vec{B}$、$\vec{u}$ 三者互相垂直，則由 (6-4) 式可知導線 $\overline{\mathrm{ab}}$ 兩端必有一感應電動勢 $\mathcal{E} = luB$ 產生。若導線 $\overline{\mathrm{ab}}$ 及平行導體軌條之電阻很小可以忽略，則迴路中的感應電流為：

$$I = \frac{\mathcal{E}}{R} = \frac{luB}{R} \tag{6-16}$$

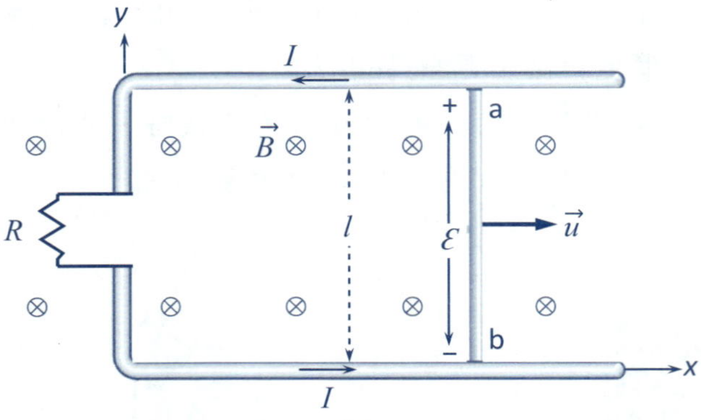

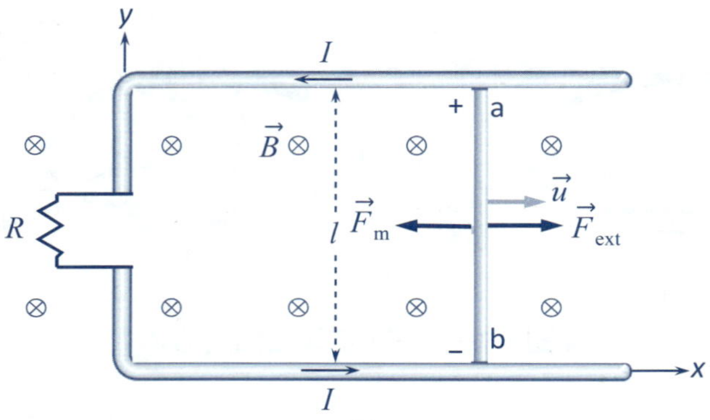

▲圖 6-11　**線型發電機示意圖：(a) 感應電動勢與感應電流之產生；(b) 平衡狀態下之能量守恆**

其中 R 為外接之電阻；此時導線 $\overline{\mathrm{ab}}$ 必受一磁力 $\vec{F}_{\mathrm{m}}$ 之作用，其大小為：

$$F_{\mathrm{m}} = IlB = \frac{l^2uB^2}{R} \tag{6-17}$$

其方向向左，如圖 6-11(b) 所示。由於此一磁力的方向與導線 $\overline{\mathrm{ab}}$ 的運動方向相反，因此導線 $\overline{\mathrm{ab}}$ 必受到減速，最後會停下來。欲使導線 $\overline{\mathrm{ab}}$ 維持等速運動，我們必須施一與磁力 $\vec{F}_{\mathrm{m}}$ 大小相等但方向相反的外力 $\vec{F}_{\mathrm{ext}}$：

$$\vec{F}_{\mathrm{ext}} = -\vec{F}_{\mathrm{m}} \tag{6-18}$$

這個外力就是發電機動力的來源，也是發電機所發的電的能量來源。根據牛頓力學，外力 $\vec{F}_{\mathrm{ext}}$ 所提供的機械功率為：

$$P_{\mathrm{ext}} = \vec{F}_{\mathrm{ext}} \cdot \vec{u} = F_{\mathrm{ext}}\, u$$

以 (6-18) 式及 (6-17) 式代入即得：

$$P_{\text{ext}} = \frac{(luB)^2}{R} \tag{6-19}$$

這個功率即轉換成電功率：

$$P_{\text{e}} = I\mathcal{E}$$

以 (6-16) 式代入即得：

$$P_{\text{e}} = \left(\frac{luB}{R}\right)(luB) = \frac{(luB)^2}{R} \tag{6-20}$$

我們看到 $P_{\text{ext}} = P_{\text{e}}$，也就是外力所提供的機械功率完全轉變為電功率，符合能量的守恆。

在另一方面，電阻 R 中損耗的電功率為：

$$P_R = I^2 R$$

以 (6-16) 式代入即得：

$$P_R = \frac{(luB)^2}{R} \tag{6-21}$$

我們看到 $P_{\text{R}} = P_{\text{e}}$，也就是電阻損耗的電功率完全等於由導線在磁場中運動所感應產生的電功率，這也符合能量的守恆。

例題 6-6 **發電機的啟動暫態**。如圖 6-12 所示的線型發電機，設導線 $\overline{\text{ab}}$ 之質量為 m，啟動時之初速率為零，即 $u(0) = 0$；則以定值外力 F_0 驅動時，試求在任何時刻 t 之速率 $u(t)$。

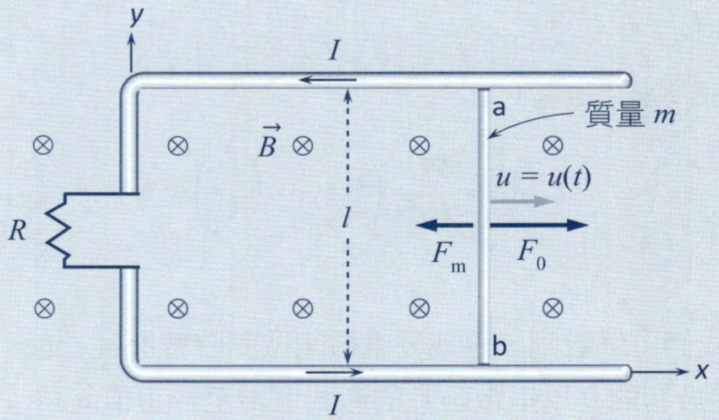

▲圖 6-12 例題 6-6 用圖

解： 由牛頓第二運動定律 $\Sigma F = ma = m\, du(t)/dt$：

$$F_0 - F_m = m\,\frac{du(t)}{dt} \tag{6-22}$$

以 (6-17) 式所示之 F_m 代入並整理之，即得常微分方程式：

$$\frac{du(t)}{dt} = \frac{1}{m}\left[F_0 - \frac{l^2B^2}{R}u(t)\right]$$

移項並積分：

$$\int \frac{m\,du(t)}{F_0 - \frac{l^2B^2}{R}\,u(t)} = \int dt$$

$$-\frac{mR}{l^2B^2}\ln\left[F_0 - \frac{l^2B^2}{R}\,u(t)\right] = t + \bar{c}$$

其中 $\bar{c}$ 為積分常數。將此式依下列步驟整理之：

$$\ln\left[F_0 - \frac{l^2B^2}{R}\,u(t)\right] = -\frac{l^2B^2}{mR}t + \bar{\bar{c}}$$

其中 $\bar{\bar{c}} = -\frac{l^2B^2}{mR}\,\bar{c}$；上式化為：

$$F_0 - \frac{l^2B^2}{R}\,u(t) = c\,e^{-\frac{l^2B^2}{mR}t} \tag{6-23}$$

其中 $c = e^{\bar{\bar{c}}}$；以題意之初始條件 $u(0) = 0$ 代入上式得：

$c = F_0$

因此 (6-23) 式變為：

$$F_0 - \frac{l^2B^2}{R}\,u(t) = F_0\,e^{-\frac{l^2B^2}{mR}t}$$

解出 $u(t)$ 即得所求之速率：

$$u(t) = \frac{F_0R}{l^2B^2}\left(1 - e^{-\frac{l^2B^2}{mR}t}\right) \tag{6-24}$$

由 (6-24) 式我們可以看到，線型發電機剛啟動時會歷經一段「**暫態**」的過程，導線 $\overline{\text{ab}}$ 的速率從最初的 0 以指數函數的形式遞增至一定值 u_0：

$$u(t) = u_0\,(1 - e^{-t/\tau}) \tag{6-25}$$

其中

$$u_0 = \frac{F_0 R}{l^2 B^2} \tag{6-26}$$

τ 稱為「**時間常數**」：

$$\tau = \frac{mR}{l^2 B^2} \tag{6-27}$$

係用來表示暫態時間的長短。發電機在 $t = 0$ 啟動之後，若經過的時間 $t >> \tau$，我們就可以說暫態過程已經結束而趨於「**穩態**」；(6-26) 式所示的 u_0 即為導線 $\overline{\mathrm{ab}}$ 的穩態速率。

6-6 線型馬達

與發電機剛好相反，「**馬達**」是將電能轉換為機械能的裝置；在轉換過程當中，必然遵守能量的守恆。一般的馬達都是利用載流線圈在磁場中產生旋轉；但在本節中，我們所要講述的是一種簡化的模型，稱為「**線型馬達**」。

線型馬達的構造如圖 6-13 所示。長度 l、質量 m 的導線 $\overline{\mathrm{ab}}$ 可沿著一對平行導體軌條在均勻磁場 $\vec{B}$ 中自由滑動。此一馬達所需的電能係由一電源提供，此一電源可由一開路電壓 V_0 及一等效電阻 R 串聯而成 (即所謂的「**戴維寧等效電路**」)。當電源在迴路中產生電流 I 時，導線 $\overline{\mathrm{ab}}$ 即受到磁力 $F_m = IlB$ 的作用而開

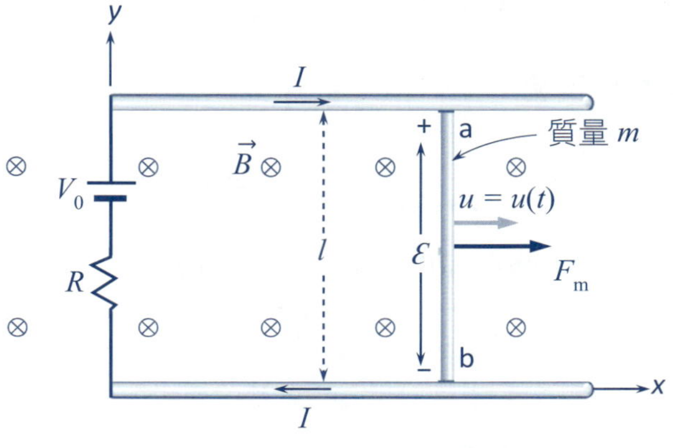

▲圖 6-13　線型馬達示意圖

始運動；設在某一瞬間 t 之速度為 $\vec{u}$，則導線 $\overline{\text{ab}}$ 兩端即出現一感應電動勢 $\mathcal{E} = luB$，其正端在上。若導線 $\overline{\text{ab}}$ 及平行軌條之電阻很小均可以忽略，則由克希荷夫電壓律知：

$$IR = V_0 - \mathcal{E} = V_0 - luB$$

故得電流為：

$$I = \frac{V_0 - luB}{R} \tag{6-28}$$

此時導線 $\overline{\text{ab}}$ 必受一磁力：

$$F_m = IlB = \left(\frac{V_0 - luB}{R}\right) lB = (V_0 - lBu)\frac{lB}{R}$$

由牛頓第二運動定律 $F = ma = m\,du(t)/dt$：

$$m\frac{du}{dt} = (V_0 - lBu)\frac{lB}{R}$$

移項並積分：

$$\int \frac{du}{V_0 - lBu} = \frac{lB}{mR}\int dt$$

$$-\frac{1}{lB}\ln(V_0 - lBu) = \frac{lB}{mR}\,t + \bar{c} \tag{6-29}$$

其中 $\bar{c}$ 為積分常數；

$$\ln(V_0 - lBu) = -\frac{l^2B^2}{mR}\,t + \bar{\bar{c}}$$

其中 $\bar{\bar{c}} = -lB\,\bar{c}$；上式可化為：

$$V_0 - lBu = c\,e^{-\frac{l^2B^2}{mR}t} \tag{6-30}$$

其中 $c = e^{\bar{\bar{c}}}$；以題意之初始條件 $u(0) = 0$ 代入上式得：

$$c = V_0$$

因此 (6-30) 式變為：

$$V_0 - lBu = V_0\,e^{-\frac{l^2B^2}{mR}t} \tag{6-31}$$

解出 $u(t)$ 即得導線 $\overline{\text{ab}}$ 之速度：

$$u(t) = \frac{V_0}{lB}\left(1 - e^{-\frac{l^2B^2}{mR}t}\right) \tag{6-32}$$

由 (6-32) 式我們可以看到，線型馬達跟上一節所述的線性發電機一樣，在剛啟動時也會歷經一段「**暫態**」的過程，導線 $\overline{\text{ab}}$ 的速度從最初的 0 以指數函數的形式遞增至一定值 u_0：

$$u(t) = u_0(1 - e^{-t/\tau}) \tag{6-33}$$

其中

$$u_0 = \frac{V_0}{lB} \tag{6-34}$$

而「**時間常數**」τ 與 (6-27) 式所示者相同：

$$\tau = \frac{mR}{l^2B^2} \tag{6-35}$$

馬達在 $t = 0$ 啟動之後，若經過的時間 $t >> \tau$，我們就可以說暫態過程已經結束而趨於「**穩態**」；(6-34) 式所示的 u_0 即為線型馬達中之導線 $\overline{\text{ab}}$ 的穩態速度。

例題 6-7 **線型馬達的停止**。假設一線型馬達中之可滑動導線 $\overline{\text{ab}}$ 的速率原為 u_0，於 $t = 0$ 時將電源中的開路電壓 V_0 除去，如圖 6-14 所示。若導線 $\overline{\text{ab}}$ 的長度為 l、質量為 m，試求在任何時刻 t 之速率 $u(t)$。

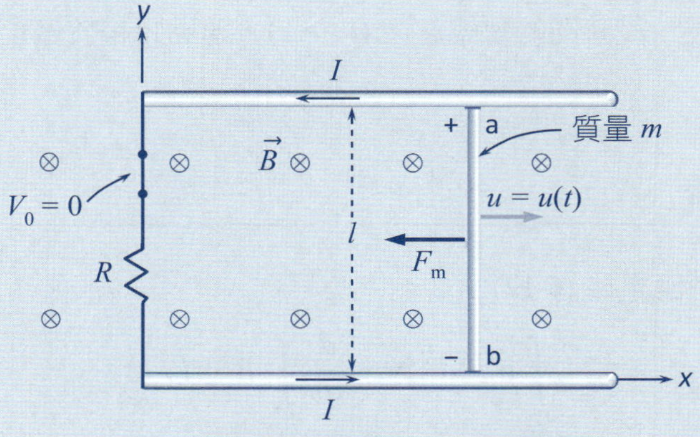

▲**圖 6-14　例題 6-7 用圖**

解： 根據 (6-17) 式，導線 $\overline{\text{ab}}$ 所受的磁力為：

$$F_{\text{m}} = \frac{l^2B^2}{R}u$$

由牛頓第二運動定律 $F_{\text{m}} = ma = m\,du(t)/dt$：

$$m\frac{du}{dt} = -\frac{l^2B^2}{R}u$$

移項並積分：

$$\int\frac{du}{u} = -\frac{l^2B^2}{mR}\int dt$$

$$\ln u = -\frac{l^2B^2}{mR}t + \bar{c}$$

其中 $\bar{c}$ 為積分常數；上式可變成：

$$u = u(t) = c\,e^{-\frac{l^2B^2}{mR}t}$$

其中 $c = e^{\bar{c}}$；以題意之初始條件 $u(0) = u_0$ 代入上式得：

$$c = u_0$$

代回上式得導線 $\overline{\text{ab}}$ 在任何時刻 t 之速率：

$$u(t) = u_0\,e^{-\frac{l^2B^2}{mR}t} = u_0\,e^{-t/\tau} \tag{6-36}$$

其中時間常數 $\tau = \dfrac{mR}{l^2B^2}$，與 (6-35) 式相同。

(6-36) 式告訴我們，當操作中的線型馬達的電源突然消失時，導線 $\overline{\text{ab}}$ 的慣性會使得它持續運動，但磁力與此運動之方向相反，因此其運動速率會依指數函數的方式遞減。歷經一段時間的暫態之後 ($t >> \tau$)，運動將趨於停止 ($u = 0$)，而達到穩態。

6-7 渦電流

根據法拉第感應定律 (6-12) 式：

$$\oint_{C}\vec{E}\cdot d\vec{L} = -\frac{d}{dt}\int_{S}\vec{B}\cdot d\vec{S} \tag{6-37}$$

磁通量 Φ_m 或磁場 $\vec{B}$ 的變化會產生感應電場 $\vec{E}$；假如這個感應電場係產生於一導體內，則會產生感應電流 I。設此導體之電導率為 σ，則根據歐姆定律 (4-86) 式，此一感應電流的密度為：

$$\vec{J} = \sigma\vec{E} \tag{6-38}$$

今假設有一平面導體以水平速度 $\vec{u}$ 經過一垂直方向的磁場 $\vec{B}$，如圖 6-15 所示，則在平面導體中必然產生感應電流。既然此一感應電流係由 (6-37) 式中的感應電場 $\vec{E}$ 所推動，而 $\vec{E}$ 沿封閉路徑 C 有非零的環量，因此它所產生的感應電流必呈漩渦狀，因此我們稱之為「**渦電流**」。渦電流屬於傳導電流，故遵守歐姆定律，也會造成電磁能量的損耗，而產生熱能。

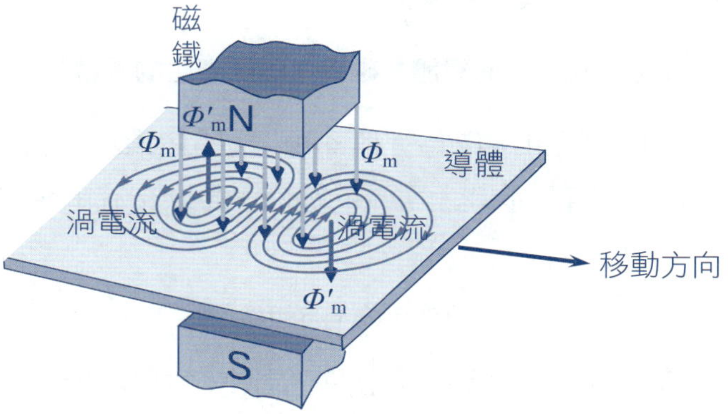

▲圖 6-15　**平面導體在磁場中移動產生的渦電流**

如圖 6-15 所示，若磁場的範圍為有限大，則在其左、右邊緣附近會出現兩組渦電流，兩者的環繞方向剛好相反。平面導體上在剛進入磁場的左緣附近，磁通量遞增；根據楞次定律，感應電流為逆時針方向。而在正要離開磁場右緣附近，磁通量遞減；根據楞次定律，感應電流為順時針方向。

由右手定則，左邊的渦電流會產生一個新的磁通量 Φ'_m，其方向與原先的磁通量 Φ_m 相反，因此兩者之間出現了互相排斥的磁力。同理，右邊的渦電流也會產生一個新的磁通量 Φ'_m，但其方向與原先的磁通量 Φ_m 相同，因此兩者之間出現了互相吸引的磁力。這兩個磁力的方向都跟平面導體的運動方向相反，因而產生了減速的效果；此一現象稱為「**磁力制動**」或「**磁力剎車**」。

受到磁力制動的導體，其動能的減少恆等於導體中渦電流產生的熱能，也就是遵守能量守恆定律。

上述由渦電流產生的磁力制動原理也可應用在轉動的導體圓盤上，如圖 6-16 所示。圓盤內部渦電流的熱損耗使得圓盤的轉速遞減，產生剎車的效果。

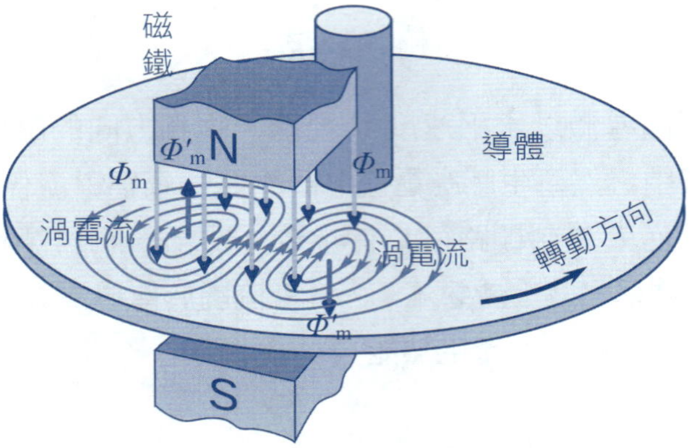

▲圖 6-16　平面導體在磁場中轉動產生的渦電流

渦電流損耗產生的熱能可以作為一種熱源，可用來製成電熱壺或電磁爐等家電用具。其主要構造是一組可承載大電流的線圈，通以交流電產生一交變的磁場，其磁通密度為：

$$B(t) = B_0 \cos \omega t \tag{6-39}$$

電熱壺的壺底或以電磁爐烹飪的鍋具的鍋底，都必須採用能產生大量渦電流的材質。設所用之材質密度為 $\bar{\rho}$，厚度為 d，電導率為 σ，則在交流頻率 ω 不過高的情況下，單位質量產生的熱功率為：

$$P = \frac{\pi \sigma \omega B_0^2 d^2}{12\bar{\rho}} \tag{6-40}$$

例題 6-8　**渦電流與磁場**。試證當一導體中有渦電流產生時，其中的磁場強度 $\vec{H}$ 遵守公式：

$$\nabla^2 \vec{H} = \sigma\mu \frac{\partial \vec{H}}{\partial t} \tag{6-41}$$

其中 σ 與 μ 分別為導體之電導率及導磁係數。

證： 由微分形式的安培定律 (5-37) 式：

$\vec{\nabla} \times \vec{H} = \vec{J}$

兩邊同做旋度運算：

$$\vec{\nabla}\times(\vec{\nabla}\times\vec{H})=\vec{\nabla}\times\vec{J} \tag{6-42}$$

根據恆等式 (3-65) 式，將 $\vec{A}$ 換成 $\vec{H}$ ：

$$\vec{\nabla}\times(\vec{\nabla}\times\vec{H})=\vec{\nabla}(\vec{\nabla}\cdot\vec{H})-(\vec{\nabla}\cdot\vec{\nabla})\vec{H} \tag{6-43}$$

因 $\vec{\nabla}\cdot\vec{H}=0$（磁場的高斯定律），$\vec{\nabla}\cdot\vec{\nabla}\equiv\nabla^2$，(6-42) 式變為：

$$-\nabla^2\vec{H}=\vec{\nabla}\times\vec{J} \tag{6-44}$$

由歐姆定律 $\vec{J}=\sigma\vec{E}$，故 $\vec{\nabla}\times\vec{J}=\sigma\vec{\nabla}\times\vec{E}$，上式變成：

$$-\nabla^2\vec{H}=\sigma\vec{\nabla}\times\vec{E} \tag{6-45}$$

最後，根據微分形式的法拉第定律 (6-14) 式：

$$\vec{\nabla}\times\vec{E}=-\frac{\partial\vec{B}}{\partial t}=-\mu\frac{\partial\vec{H}}{\partial t}$$

(6-45) 式即可化為：

$$\nabla^2\vec{H}=\sigma\mu\frac{\partial\vec{H}}{\partial t}$$

得證。

6-8 集膚效應

在材質均勻的導線中若載有穩定直流電流 I，則在其任一截面上之電流密度幾乎都是均勻的；尤其如果截面是圓形，則因具有完美的對稱，故電流在其截面上的分布特別均勻。設截面半徑為 a，則截面上的電流密度：

$$J=\frac{I}{\pi a^2}$$

為一定值。

但假如導線中之電流為交流電，則電流在截面上的分布就不再是均勻的，而是往導線表面聚集；交流頻率越高，往表面聚集的現象越明顯。這種現象稱為「**集膚效應**」，或稱「**趨膚效應**」。

集膚效應是根據法拉第感應定律所產生之渦電流的必然結果，其數學分析超出本書範圍，故不擬贅述。我們姑且以圖 6-17 所示之簡化模型做定性的說明。

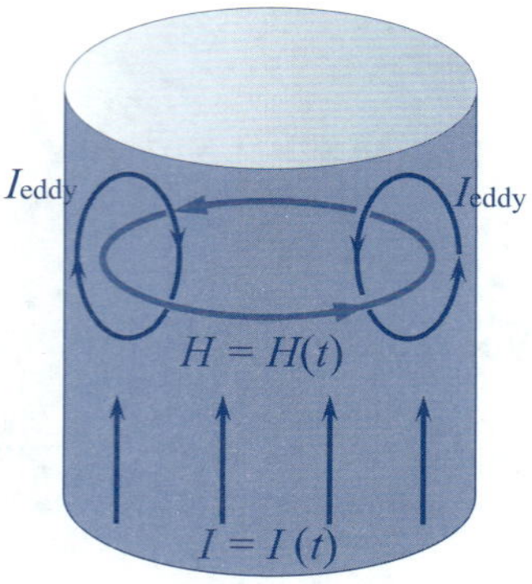

▲圖 6-17 集膚效應原理示意圖

設導線中之電流為交流電 $I = I(t)$，則由安培定律知在導線中必產生一交變的磁場 $H = H(t)$。然後再根據法拉第感應定律，此一交變的磁場必在導線內產生渦電流 I_{eddy}。在靠近導線表面附近，此渦電流的方向與原先電流的方向相同，而在靠近導線軸心附近，此渦電流的方向與原先電流的方向相反；其結果是表面附近的電流密度必大於軸心附近者，這就是集膚效應。

設導線之截面為半徑 a 的圓形，我們通常以一個近似公式來描述截面上距軸心 r 處的電流密度：

$$J(r) = J(a)\, e^{(r-a)/\delta} \tag{6-46}$$

其中 $J(a)$ 為導線表面 $(r = a)$ 之電流密度；δ 稱為「**集膚深度**」。從導線表面算起深度 δ 之處 $(r = a - \delta)$，電流密度 $J(r)$ 恰為表面電流密度 $J(a)$ 的 $1/e$ ($\approx 36.8\%$)，如圖 6-18 所示。

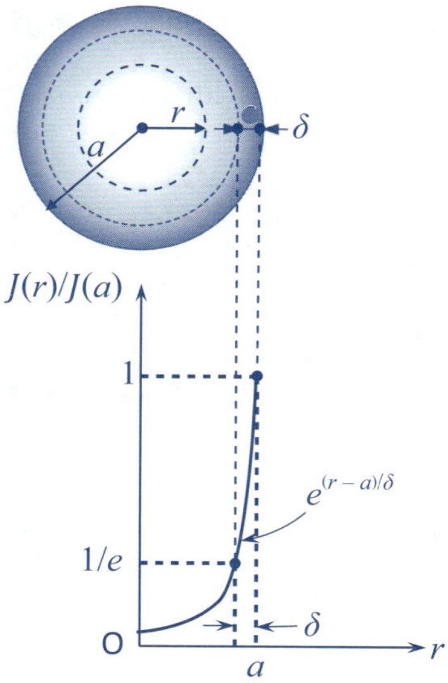

▲圖 6-18 集膚效應之數學分析

將 (6-46) 式在導線截面上積分，可得通過半徑 r 的圓面積之電流：

$$I(r)=\int_0^r J(r')(2\pi r'dr')=2\pi J(a)\,e^{-a/\delta}\int_0^r e^{r'/\delta}r'dr'$$
$$=2\pi J(a)\,e^{-a/\delta}\left[e^{r/\delta}(r\delta-\delta^2)+\delta^2\right] \tag{6-47}$$

令 $r=a$ 代入上式可得導線之總電流：

$$I(a)=2\pi J(a)\,e^{-a/\delta}\left[e^{a/\delta}(a\delta-\delta^2)+\delta^2\right]$$
$$=2\pi J(a)\left[(a\delta-\delta^2)+\delta^2\,e^{-a/\delta}\right] \tag{6-48}$$

將 (6-47) 式與 (6-48) 式相除，即得通過半徑 r 之圓面積之電流與總電流的比值：

$$\frac{I(r)}{I(a)}=\frac{[(r/\delta)-1]e^{r/\delta}+1}{[(a/\delta)-1]e^{a/\delta}+1} \tag{6-49}$$

例題 6-9 設一導線之截面半徑為 $a=4\delta$，試求由表面算起一個集膚深度 δ 中之電流佔總電流的百分比。

解： 在 (6-49) 式中，令 $a=4\delta$，$r=3\delta$，可得一個集膚深度 δ 除外的電流與總電流的百分比為：

$$\frac{I(r)}{I(a)}=\frac{[3-1]e^3+1}{[4-1]e^4+1}=\frac{2e^3+1}{3e^4+1}=0.25=25\ \%$$

故知由表面算起一個集膚深度 δ 中之電流佔總電流的百分比為：

$100\ \%-25\ \%=75\ \%$。

由理論之推算，若一導體之容電係數與導磁係數分別為 ε 及 μ，電導率為 σ，其中之電流為角頻率 ω 之正弦波或餘弦波，則集膚深度 δ 之完整公式為：

$$\delta=\sqrt{\frac{2}{\omega\mu\sigma}}\ \sqrt{\sqrt{(\omega\varepsilon/\sigma)^2+1}+\omega\varepsilon/\sigma} \tag{6-50}$$

1. 在**良導體**中，若 $\omega\varepsilon/\sigma \ll 1$，則由 (6-50) 式可得近似公式：

$$\delta\approx\sqrt{\frac{2}{\omega\mu\sigma}} \tag{6-51}$$

2. 在**不良導體**中，若 $\omega\varepsilon/\sigma >> 1$，則由 (6-50) 式可得近似公式：

$$\delta \approx \frac{2}{\sigma}\sqrt{\frac{\varepsilon}{\mu}} \tag{6-52}$$

例題 6-10 已知金的電導率為 $\sigma = 4.52 \times 10^7$ S/m，試求在交流頻率 $f = 50$ Hz 時之集膚深度 δ。

解： 金為良導體，無磁性 ($\mu = \mu_0$)；故由 (6-51) 式：

$$\delta \approx \sqrt{\frac{2}{\omega\mu_0\sigma}} = \sqrt{\frac{2}{(2\pi \times 50\ \text{Hz})(4\pi \times 10^{-7}\ \text{H/m})(4.52 \times 10^7\ \text{S/m})}}$$

$$= 0.0106\ \text{m} = 10.6\ \text{mm}$$

6-9 變壓器

「**變壓器**」是以法拉第感應定律作為操作原理的電路元件。典型的變壓器是由兩組線圈纏繞在一個鐵芯上構成，如圖 6-19 所示。位於輸入端的線圈稱為「**初級線圈**」，而位於輸出端的稱為「**次級線圈**」，其線圈匝數分別為 N_1 及 N_2。適當調整兩線圈的「**匝數比**」：

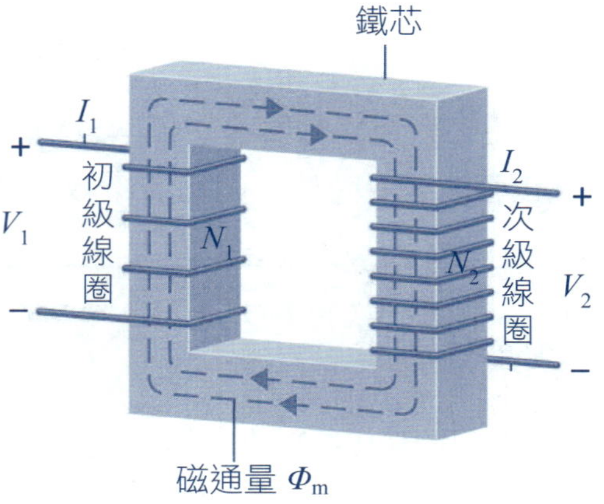

▲圖 6-19　典型的變壓器

$$a = \frac{N_1}{N_2} \tag{6-53}$$

則變壓器可作為交流電的升壓、降壓、及電路的阻抗匹配之用。

當一交流電壓 V_1 接於初級線圈時，即產生電流 I_1，此電流會在鐵芯中建立一磁通量 Φ_m。根據法拉第感應定律 (6-8) 式，

$$V_1 = -N_1 \frac{d\Phi_m}{dt} \tag{6-54}$$

由於鐵芯之導磁係數 μ 極大 ($\mu >> \mu_0$)，因此絕大部分的磁通量都沿著鐵芯內部分布，絕少漏失於外部之空氣中；所以通過次級線圈中的磁通量幾乎等於前述的 Φ_m。根據法拉第感應定律，次級線圈兩端的電壓為：

$$V_2 = -N_2 \frac{d\Phi_m}{dt} \tag{6-55}$$

上述兩式相除即得變壓器之一基本公式：

$$\frac{V_1}{V_2} = \frac{N_1}{N_2} \equiv a \tag{6-56}$$

其中 a 為匝數比。此式告訴我們，初級線圈與次級線圈之電壓與其匝數成正比。因此只要適當調整匝數比，即可達到升壓或降壓的目的。

變壓器之升壓或降壓僅適用於交流電壓，因此在鐵芯中產生的磁場也是交流 (時變) 的；根據第 6-7 節所述，這會在鐵芯中產生渦電流，如圖 6-20(a) 所示。此渦電流會造成電功率的損耗而降低變壓器的效率。因渦電流的電功率損耗約與導體厚度的平方根成正比，故鐵芯通常以數片互相絕緣的矽鋼片疊合而成，如圖 6-20(b) 所示，藉以抑制渦電流產生的損耗。

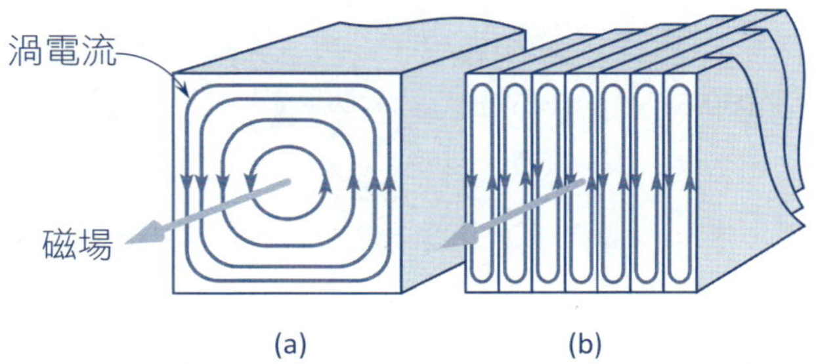

▲圖 6-20 **變壓器鐵芯截面圖：(a) 時變磁場產生渦電流；(b) 以互相絕緣的矽鋼片疊成的鐵芯可抑制渦電流所產生的損耗**

若一變壓器的鐵芯以及線圈的電功率損耗都很小，可以忽略不計，則輸入功率必等於輸出功率，即：

$$V_1 I_1 = V_2 I_2$$

或

$$\frac{I_1}{I_2} = \frac{V_2}{V_1}$$

由此式及 (6-56) 式可得變壓器之另一基本公式：

$$\frac{I_1}{I_2} = \frac{N_2}{N_1} \equiv \frac{1}{a} \tag{6-57}$$

亦即，初級線圈與次級線圈之電流與其匝數成反比。

例題 6-11 如圖 6-21 所示，匝數比 a 之變壓器的次級線圈 (輸出端) 接一負載阻抗 Z_L，試求由變壓器輸入端所量測到之等效阻抗 Z'_L。

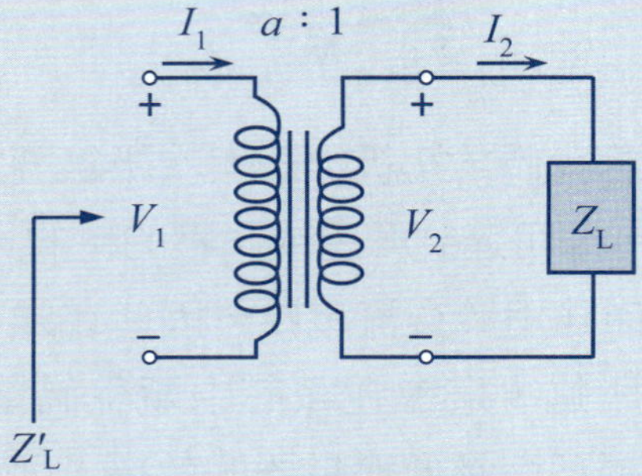

▲**圖 6-21 例題 6-11 用圖**

解： 依定義，由變壓器輸入端所量測到之等效阻抗 Z'_L 為：

$$Z'_L = \frac{V_1}{I_1} = \frac{aV_2}{I_2/a} = a^2 \frac{V_2}{I_2} \tag{6-58}$$

其中我們使用了 (6-56) 式及 (6-57) 式。根據歐姆定律，阻抗 $Z_L = V_2/I_2$，故得：

$$Z'_L = a^2 Z_L \tag{6-59}$$

由 [例題 6-11] 可以看到，一交流電路的負載阻抗 Z_L 可以藉由變壓器的介入，利用其匝數比 a 將 Z_L 改變成任何適當的值 Z'_L。

茲考慮一弦波交流線性電路，其輸出埠接有一負載阻抗 $Z_L = R_L + jX_L$。【註 2】

根據戴維寧定理，任何線性電路均可化簡為一開路電壓 V_O 與一等效阻抗 $Z_O = R_O + jX_O$ 的串聯，如圖 6-22 所示。由於此 Z_O 位於電路的輸出埠，因此又稱為該線性電路的「**輸出阻抗**」。設電路中的弦波電流為 I，則由歐姆定律可知：

$$|I| = \frac{|V_O|}{|Z_O + Z_L|}$$

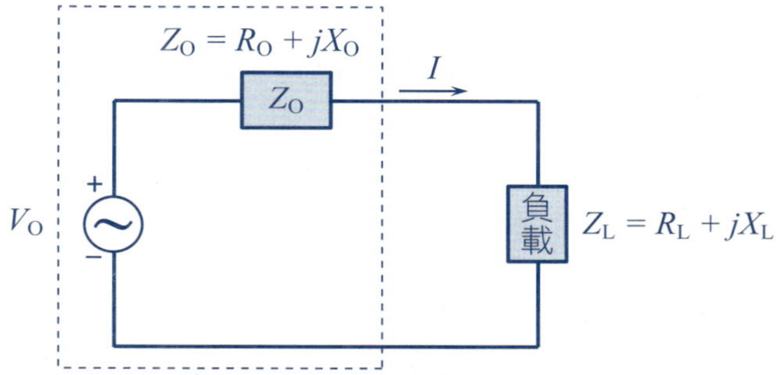

▲圖 6-22　**最大功率傳送定理之推導用圖**

其中 $|I|$ 與 $|V_O|$ 分別為弦波電流 I 與弦波電壓 V_O 的峯值。故知由線性電路傳送至負載阻抗 Z_L 的**平均功率**為：

$$P_L = I^2_{rms} R_L = \frac{1}{2}|I|^2 R_L = \frac{1}{2}\frac{|V_O|^2 R_L}{|Z_O + Z_L|^2}$$

$$= \frac{1}{2}\frac{|V_O|^2 R_L}{(R_O + R_L)^2 + (X_O + X_L)^2} \tag{6-60}$$

其中 $I_{rms} = |I|/\sqrt{2}$ 為弦波電流的均方根值。

在電路的設計上，我們都要求電路傳送至負載的功率能達到**最大值**；下面我們將分兩個階段來求得此一最大值。

首先，由於電抗 X_O 及 X_L 皆可為負值，若令 $X_O + X_L = 0$，即：

註2　本節中依照電路學的習慣，以 j 代表虛數單位：$j = \sqrt{-1}$。

$$X_L = -X_O \tag{6-61}$$

則 (6-60) 式之分母為最小，故在第一階段該式可化為：

$$P_L = \frac{1}{2}\frac{|V_O|^2 R_L}{(R_O + R_L)^2} \tag{6-62}$$

其次，我們將 (6-62) 式整理成如下的形式：

$$P_L = \frac{1}{2}\frac{|V_O|^2}{R_O^2/R_L + 2R_O + R_L} \tag{6-63}$$

欲得 P_L 之值為最大，此式之分母必須為極小值；我們令此分母對 R_L 的一階導數為零：

$$\frac{d}{dR_L}(R_O^2/R_L + 2R_O + R_L) = -\frac{R_O^2}{R_L^2} + 1 = 0$$

由此可得：

$$R_L = \pm R_O$$

由於電阻均為正值，故上式之負號應捨棄：

$$R_L = R_O \tag{6-64}$$

綜合 (6-61) 式及 (6-64) 式，我們可知一線性電路傳送至負載 Z_L 之平均功率可達最大值之條件為：

$$Z_L = R_L + jX_L = R_O - jX_O \tag{6-65}$$

因 $Z_O = R_O + jX_O$ ，其**共軛**為 $Z_O^* = R_O - jX_O$，故 (6-65) 式可寫成：

$$Z_L = Z_O^* \tag{6-66}$$

這個結果稱為「**最大功率傳送定理**」。在此條件下，由 (6-62) 式可知一弦波線性電路傳送至負載之最大平均功率為：

$$P_{L,max} = \frac{|V_O|^2}{8R_O} = \frac{|V_O|^2}{8R_L} \tag{6-67}$$

例題 6-12 如圖 6-23 所示，一電路之輸出電阻為 R_O，電路與負載 R_L 之間接一變壓器 T。設 $R_L \neq R_O$；欲使電路傳送至負載之功率為最大，試求變壓器之匝數比 a。

解： 由 (6-59) 式知變壓器輸入端所量測到之等效電阻為 a^2R_L；再根據最大功率傳送定理 (6-64) 式得：

$$R_O = a^2R_L$$

故得變壓器之匝數比為：

$$a = \sqrt{\frac{R_O}{R_L}}$$

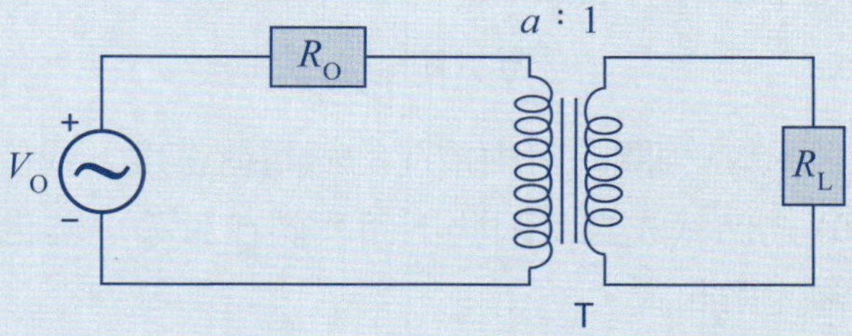

▲圖 6-23　例題 6-12 用圖

6-10　位移電流

在第 6-3 節中我們已經知道，變化中的磁場可以產生感應電場；這個現象我們可以用法拉第感應定律 (6-14) 式來描述：

$$\vec{\nabla} \times \vec{E} = -\frac{\partial \vec{B}}{\partial t} \tag{6-68}$$

那麼，變化中的電場可以產生感應磁場嗎？在 1861 年之前，似乎沒有人能夠回答這個問題。在這一年，蘇格蘭的理論物理學家馬克士威在他的一篇論文《論物理學中的力線》中，假設各種介質 (絕緣體) 中的「電粒子」在時變電場中會產生對應的位移。他稱這些電粒子的位移所產生的電流為「**位移電流**」，而與這個位移電流相關的一個向量場，則稱為「**電位移**」，以符號 $\vec{D}$ 表示，單位為 C/m^2 (庫倫/米^2)。他認為位移電流係由電位移的變化率 $\partial\vec{D}/\partial t$ 而來；它雖然與一般的傳導電流本質上有所不同，但產生磁場的效果卻是一樣的。他的這番論述建立了「變化中的電場可以產生磁場」的雛型。

當時他所謂的「電位移」及「位移電流」係存在於介質中；但現在我們知道，「電位移」$\vec{D}$ 也可存在於真空中，且具有「通量密度」的因次 (C/m^2)，因此我們改稱它為「**電通密度**」。但由它所衍生出來的「位移電流」名稱則沿用至今未有改變。

在介質中，電通密度 $\vec{D}$ 與電場強度 $\vec{E}$ 的關係詳見 (4-41) 式：

$$\vec{D} = \varepsilon\vec{E} \tag{6-69}$$

其中 ε 為該介質的容電係數。在真空中，$\varepsilon = \varepsilon_0 \approx 8.854 \times 10^{-12}$ F/m。

在第 4-7 節中我們講過，在靜態的電場中電通密度 $\vec{D}$ 遵守高斯定律：

$$\vec{\nabla} \cdot \vec{D} = \rho_V \tag{6-70}$$

詳見 (4-43) 式；其中 ρ_V 為相關的自由電荷的體電荷密度。我們發現在動態的情況下，高斯定律 (6-70) 式仍然成立；因此下面我們在討論「變化中的電場可以產生磁場」時，可以正當使用此式。

在動態的情況下，體電荷密度 ρ_V 為一時變函數；但無論怎麼變，它都必須遵守「**電荷守恆定律**」：

$$\vec{\nabla} \cdot \vec{J} + \frac{\partial \rho_V}{\partial t} = 0 \tag{6-71}$$

詳見 (4-15) 式；其中 $\vec{J}$ 為自由電流密度。若 $\vec{J}$ 為靜態的，則它所產生的磁場 $\vec{H}$ 必須遵守安培定律：

$$\vec{\nabla} \times \vec{H} = \vec{J} \tag{6-72}$$

詳見 (5-37) 式。那麼，**若 $\vec{J}$ 為動態的，(6-72) 式是否仍然成立呢？**

要回答這個問題，我們可以先將 (6-72) 式作散度的運算：

$$\vec{\nabla} \cdot (\vec{\nabla} \times \vec{H}) = \vec{\nabla} \cdot \vec{J} \tag{6-73}$$

我們馬上發現此式等號左邊恆等於零 [詳見 (3-63) 式]，而等號右邊則否。事實上，根據電荷守恆律 [詳見 (6-71) 式]，(6-73) 式等號右邊必須加上 $\frac{\partial \rho_V}{\partial t}$ 這一時變之物理量，才能跟左邊同等於零：

$$\vec{\nabla}\cdot(\vec{\nabla}\times\vec{H})=\vec{\nabla}\cdot\vec{J}+\frac{\partial\rho_{V}}{\partial t}$$

$$(0=0) \tag{6-74}$$

將高斯定律 (6-70) 式對時間 t 作偏微分：

$$\frac{\partial\rho_{V}}{\partial t}=\frac{\partial}{\partial t}(\vec{\nabla}\cdot\vec{D})=\vec{\nabla}\cdot\frac{\partial\vec{D}}{\partial t} \tag{6-75}$$

代入 (6-74) 式中可得：

$$\vec{\nabla}\cdot(\vec{\nabla}\times\vec{H})=\vec{\nabla}\cdot\vec{J}+\vec{\nabla}\cdot\frac{\partial\vec{D}}{\partial t}=\vec{\nabla}\cdot\left(\vec{J}+\frac{\partial\vec{D}}{\partial t}\right)$$

兩邊消去散度運算 ($\vec{\nabla}\,\cdot$) 即得：

$$\vec{\nabla}\times\vec{H}=\vec{J}+\frac{\partial\vec{D}}{\partial t} \tag{6-76}$$

我們由此式看到在動態的情況下，磁場不但可由自由電荷的流動 $\vec{J}$ 來產生，而且也可以由動態的電場 $\frac{\partial\vec{D}}{\partial t}$ 感應出來——這一項清楚地說明了「變化中的電場可以產生磁場」的現象。這個現象的發現當初是由上述之數學推導而來，後來經實驗證明正確無誤。

由於 $\frac{\partial\vec{D}}{\partial t}$ 係由「電位移」$\vec{D}$ 而來，且具有電流密度的單位 (A/m^2)，因此我們稱它為「**位移電流密度**」，以符號 $\vec{J}_{\mathrm{d}}$ 來表示：

$$\vec{J}_{\mathrm{d}}=\frac{\partial\vec{D}}{\partial t} \tag{6-77}$$

進一步我們可以由 $\vec{J}_{\mathrm{d}}$ 計算通過一曲面 S 之「位移電流」I_{d} [詳見 (3-38a) 式]：

$$I_{\mathrm{d}}=\int_{\mathrm{S}}\vec{J}_{\mathrm{d}}\cdot d\vec{S}=\int_{\mathrm{S}}\frac{\partial\vec{D}}{\partial t}\cdot d\vec{S} \tag{6-78}$$

單位為 A (安培)。

(6-76) 式是將馬克士威的位移電流觀念納入之後的安培定律，因係以微分形式來表示，故被稱為「**微分形式的安培 - 馬克士威定律**」。

我們可將此微分形式改為積分形式。首先將 (6-76) 式等號兩邊在一曲面 S 上積分：

$$\int_S (\vec{\nabla} \times \vec{H}) \cdot d\vec{S} = \int_S \left(\vec{J} + \frac{\partial \vec{D}}{\partial t}\right) \cdot d\vec{S} \tag{6-79}$$

再利用史多克斯定理 [詳見 (3-57) 式]：

$$\int_S (\vec{\nabla} \times \vec{H}) \cdot d\vec{S} = \oint_C \vec{H} \cdot d\vec{L}$$

(6-79) 式即變成：

$$\oint_C \vec{H} \cdot d\vec{L} = \int_S \left(\vec{J} + \frac{\partial \vec{D}}{\partial t}\right) \cdot d\vec{S} \tag{6-80}$$

這就是「**積分形式的安培 - 馬克士威定律**」；其中，封閉路徑 C 為曲面 S 的邊緣，其路徑積分的方向須遵守「右手定則」，如圖 6-24 所示。

茲考慮一圓柱形導線，長度為 l，截面積為 S，如圖 6-25 所示。設其電導率為 σ，容電係數為 ε，接於角頻率 ω 之弦波電壓 $V = |V|\, e^{i\omega t}$。假設角頻率 ω 不很高，集膚效應可以忽略，導線中之電場強度可以寫成：

$$E = \frac{V}{l} = \frac{|V|e^{i\omega t}}{l} \tag{6-81}$$

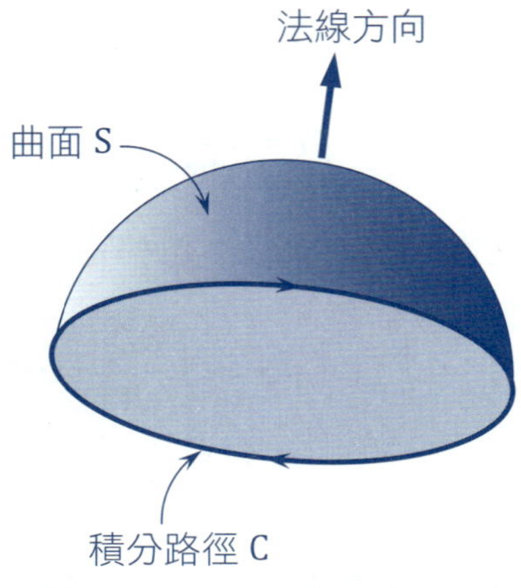

▲圖 6-24　**積分形式的安培 - 馬克士威定律之數學規範**

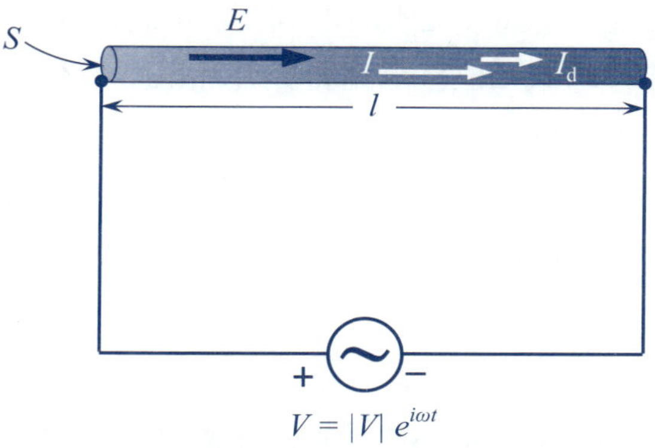

▲圖 6-25　交流電路之導線中的電場 E；此一電場可以產生自由電流 I 與位移電流 I_d

故由歐姆定律知導線中之自由電流 (傳導電流) 密度為：

$$J=\sigma E=\frac{\sigma V}{l}$$

若集膚效應可以忽略，則導線中之自由電流 (傳導電流) 為：

$$I=JS=\sigma\frac{SV}{l} \tag{6-82}$$

又由 (6-77) 式及 (6-81) 式可知，導線中之位移電流密度大小為：

$$J_d=\frac{\partial D}{\partial t}=\varepsilon\frac{\partial E}{\partial t}=i\omega\varepsilon\frac{|V|e^{i\omega t}}{l}=i\omega\varepsilon\frac{V}{l}$$

故知導線中之位移電流為：

$$I_d=J_dS=i\omega\varepsilon\frac{SV}{l} \tag{6-83}$$

由 (6-82) 式及 (6-83) 式可得導線中位移電流與自由電流的比值為：

$$\frac{I_d}{I}=\frac{i\omega\varepsilon}{\sigma} \tag{6-84}$$

綜上所述，我們可以得到下列重點：

1. 在動態的電磁場作用之下，導線中同時有自由電流 I 和位移電流 I_d 存在；由 (6-83) 式知角頻率 ω 越高，位移電流越大。

2. 由 (6-82) 式知自由電流 I 與外加電壓 V 同相，故會產生功率損耗，而以熱能的形式散失。但由 (6-83) 式知位移電流 I_d 與外加電壓 V 有 90° 的相位差 (領先)，因此不會產生功率的損耗。
3. 在良導體中，若 $\omega\varepsilon/\sigma << 1$，則由 (6-84) 式可知 $|I_d| << |I|$；也就是說，若角頻率 ω 不是特別高，則良導體中的位移電流通常遠小於自由電流，可以略而不計。

例題 6-13 如圖 6-26 所示，一圓盤型的平行板電容器以導線接於一弦波式之交流電源。設導線中的電流為 $I = |I|e^{i\omega t}$，在 $\omega\varepsilon/\sigma << 1$ 的條件下，試求電容器中之位移電流 I_d。

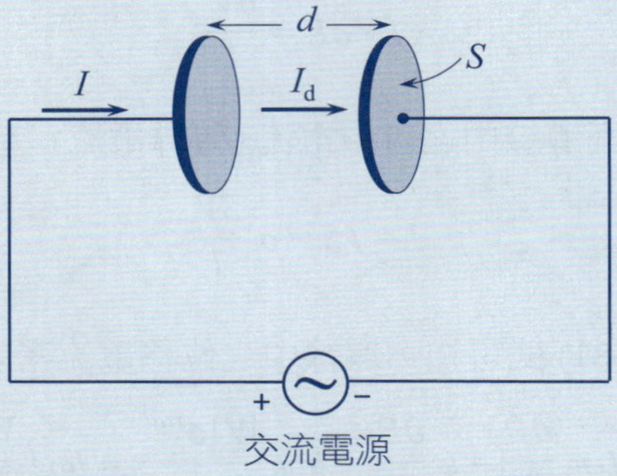

▲圖 6-26 例題 6-13 用圖

解： 平行板電容器之電容為：

$$C = \frac{\varepsilon_0 S}{d} \tag{6-85}$$

其中 S 為板面積，d 為兩板之間隔。由已知，在 $\omega\varepsilon/\sigma << 1$ 的條件下，導線中的電流 I 應為自由電流，故：

$$I = \frac{dq}{dt} = |I|\,e^{i\omega t}$$

其中 q 為板上之電荷；移項並積分：

$$q = \int |I|\,e^{i\omega t}\,dt + c = \frac{1}{i\omega}\,|I|e^{i\omega t} + c$$

令積分常數 $c = 0$，再利用電容之定義 $C = q/V$，可得兩板之電位差為：

$V = q/C = \frac{1}{i\omega C}|I|e^{i\omega t}$

由此得兩板之間的電場強度為：

$E = \frac{V}{d} = \frac{1}{d}\frac{1}{i\omega C}|I|e^{i\omega t}$

又由 (6-77) 式可得兩板之間的位移電流密度的大小：

$J_d = \frac{\partial D}{\partial t} = \varepsilon\frac{\partial E}{\partial t} = \frac{\varepsilon}{d}\frac{1}{C}|I|e^{i\omega t}$

故所求之位移電流為：

$$I_d = J_d S = \frac{\varepsilon S}{d}\frac{1}{C}|I|e^{i\omega t} = |I|e^{i\omega t} = I \tag{6-86}$$

其中我們使用了平行板電容公式 (6-85) 式。由 (6-86) 式我們看到兩板之間的位移電流恰好等於導線中的自由電流，這個現象可說是交流電路中的克希荷夫電流律。請注意：這個電流律僅適用於條件 $\omega\varepsilon/\sigma << 1$ 之情況。

6-11 馬克士威方程組

上一節所述之位移電流的發現是整個古典電磁學大拼圖中的最後一片，馬克士威由理論導出這個觀念之後，將所有電磁學現象整理成 20 條式子。但從事後看來，用多達 20 條式子來描述電磁現象並不符合「簡易原則」的要求。於是英國物理學家赫維塞利用他發展出來的向量微積分，將這 20 條式子整理成 4 條簡潔的公式，就是我們目前通稱的「馬克士威方程組」。這 4 條公式與描述電磁力的羅倫茲定律 [詳見 (5-74) 式]：

$$\vec{F} = q(\vec{E} + \vec{u} \times \vec{B}) \tag{6-87}$$

即成為目前古典電磁學架構的標準模式，而向量微積分的使用也成了描述所有古典電磁現象的標準數學工具。

「馬克士威方程組」的 4 條公式為：

1. **電場的高斯定律**。在第 4-7 節中，我們已經知道靜電場如何由自由電荷來產生 [詳見 (4-45) 式]：

$$\oint_S \vec{D} \cdot d\vec{S} = \int_D \rho_V \, d\ddot{V} \tag{6-88}$$

其中 $\vec{D}$ 為電場中的電通密度，ρ_V 為產生該電場的自由電荷的體電荷密度。我們發現 (6-88) 式不僅適用於靜態的電場，而且也適用於動態的電場；也就是說，$\vec{D}$ 和 ρ_V 不僅可為空間的函數，而且也可為時間 t 的函數。因此 (6-88) 式是一個普遍適用的定律，被稱為「**積分形式的電場高斯定律**」。

利用高斯散度定理 [詳見 (3-47) 式]：

$$\int_D \vec{\nabla} \cdot \vec{D} \, d\ddot{V} = \oint_S \vec{D} \cdot d\vec{S} \tag{6-89}$$

(6-88) 式可化為：

$$\int_D \vec{\nabla} \cdot \vec{D} \, d\ddot{V} = \int_D \rho_V \, d\ddot{V}$$

故得：

$$\vec{\nabla} \cdot \vec{D} = \rho_V \tag{6-90}$$

稱為「**微分形式的電場高斯定律**」。這個式子告訴我們，正的自由電荷是電通量的「源點」，負的自由電荷是電通量的「匯點」。而在無自由電荷的空間，所有電通量都是連續的。

2. **磁場的高斯定律**。大自然中有獨立的正、負電荷存在，但沒有獨立的「**磁荷**」存在，這個事實不但在靜態的磁場中是如此，在動態的磁場中亦復如此。因此在靜磁場中的高斯定律 [詳見 (5-44) 式]：

$$\oint_S \vec{B} \cdot d\vec{S} = 0 \tag{6-91}$$

亦適用於動態的磁場。因此 (6-91) 式是一個普遍適用的定律，被稱為「**積分形式的磁場高斯定律**」。

利用高斯散度定理 [詳見 (3-47) 式]：

$$\int_D \vec{\nabla} \cdot \vec{B} \, d\ddot{V} = \oint_S \vec{B} \cdot d\vec{S} \tag{6-92}$$

(6-91) 式可化為：

$$\int_{D} \vec{\nabla} \cdot \vec{B}\, d\ddot{V} = 0$$

故得：

$$\vec{\nabla} \cdot \vec{B} = 0 \tag{6-93}$$

稱為「**微分形式的磁場高斯定律**」。這個式子告訴我們，在任何磁場中，磁通量都是連續的。

3. **法拉第感應定律**。這個定律敘述變化的磁場如何產生 (或感應出) 電場；以數學式子表示之即為 [詳見 (6-12) 式]：

$$\oint_{C} \vec{E} \cdot d\vec{L} = -\frac{d}{dt}\int_{S} \vec{B} \cdot d\vec{S} \tag{6-94}$$

稱為「**積分形式的法拉第定律**」。此式等號左邊所示電場強度 $\vec{E}$ 沿封閉路徑 C 之環量稱為「**感應電動勢**」，其方向由圖 6-8 所示的「右手定則」來決定。在此規範之下，(6-94) 式等號右邊的負號代表能量的守恆，稱為「**楞次定律**」。

利用史多克斯定理，(6-94) 式可化為 [詳見 (6-14) 式]：

$$\vec{\nabla} \times \vec{E} = -\frac{\partial \vec{B}}{\partial t} \tag{6-95}$$

稱為「**微分形式的法拉第定律**」。此式告訴我們，由磁場的變化所產生的電場是個非保守場，其中各點的旋度與該點之磁通密度的時變率成正比。

4. **安培 - 馬克士威定律**。這個定律是理論物理學家馬克士威對安培定律的補充，敘述磁場如何由自由電流及變化的電場來產生；以數學式子表示出來即為 [詳見 (6-80) 式]：

$$\oint_{C} \vec{H} \cdot d\vec{L} = \int_{S} \left(\vec{J} + \frac{\partial \vec{D}}{\partial t}\right) \cdot d\vec{S} \tag{6-96}$$

稱為「**積分形式的安培 - 馬克士威定律**」；此式等號左邊所示磁場強度 $\vec{H}$ 沿封閉路徑 C 之環量稱為「**感應磁動勢**」，其方向由圖 6-24 所示的「右手定則」來決定。

利用史多克斯定理，(6-96) 式可化為 [詳見 (6-76) 式]：

$$\vec{\nabla} \times \vec{H} = \vec{J} + \frac{\partial \vec{D}}{\partial t} \tag{6-97}$$

稱為「**微分形式的安培 - 馬克士威定律**」。此式告訴我們，磁場亦為一非保守場，其中各點的旋度等於自由電流密度 $\vec{J}$ 及電通密度的時變率 $\frac{\partial \vec{D}}{\partial t}$ 的總和。

由上述四個定律所組成的「馬克士威方程組」奠定了古典電磁學、古典光學、及電路學的基礎。在這些領域裡，任何問題都可由馬克士威方程組找到答案；而這些領域則是現代電子、電機、通訊等等技術的重要基石。

在巨觀世界中，馬克士威方程組已經被證明正確無誤；但在微觀世界 (原子尺度或更小的世界) 中則出現明顯的誤差。因此馬克士威方程組屬於古典場論的範疇；相對於更精確、更基本的「**量子電動力學**」，馬克士威方程組只能算是一組近似公式。雖然如此，在巨觀世界中，馬克士威方程組的誤差非常地微小，而且小到無法量測。

6-12 延遲電磁位 (一)

在靜態的情況下，電場和磁場是可以相互獨立存在的，因此靜電場中的電位 V 與靜磁場中的向量磁位 $\vec{A}$ 也是可以相互獨立存在。根據 (4-80) 式，靜電場與電位 V 的關係為：

$$\vec{E} = -\vec{\nabla} V$$

亦即，靜電場的電場強度為電位的負梯度。

又由 (5-51) 式可知，靜磁場的磁通密度與向量磁位 $\vec{A}$ 的關係為：

$$\vec{B} = \vec{\nabla} \times \vec{A}$$

但是在動態的情況下，由於電場與磁場互相感應的結果，兩者遂融合在一起而不可分，我們稱之為「電磁場」；而與電磁場對應的一個時空函數，則稱之為「**電磁位**」。下面我們要講述的是這個電磁位的相關公式，以及它所包含的物理意義。

答案就在馬克士威方程組裡面。首先，由微分形式的磁場高斯定律 $\vec{\nabla} \cdot \vec{B} = 0$ 與向量恆等式 [詳見 (3-63) 式]：

$$\vec{\nabla}\cdot(\vec{\nabla}\times\vec{A})=0 \tag{6-98}$$

比較即可得：

$$\vec{B}=\vec{\nabla}\times\vec{A} \tag{6-99}$$

其中 $\vec{A}$ 為「**動態的向量磁位**」，單位為 Wb/m (韋伯/米)。(6-99) 式與靜磁場中的 (5-51) 式雖然形式相同，但本質不同；後者是靜態的，不含時間變數 t，而前者是動態的，含有時間變數 t。

接著將 (6-99) 式代入微分形式的法拉第定律 (6-95) 式中：

$$\vec{\nabla}\times\vec{E}=-\frac{\partial\vec{B}}{\partial t}=-\frac{\partial}{\partial t}(\vec{\nabla}\times\vec{A})=-\vec{\nabla}\times\frac{\partial\vec{A}}{\partial t}$$

移項得：

$$\vec{\nabla}\times\left(\vec{E}+\frac{\partial\vec{A}}{\partial t}\right)=0 \tag{6-100}$$

在向量恆等式 $\vec{\nabla}\times\vec{\nabla}f=0$ [詳見 (3-26) 式] 中，令 $f=-V$：

$$\vec{\nabla}\times\vec{\nabla}(-V)=0$$

與 (6-100) 式比較即得：

$$\vec{E}+\frac{\partial\vec{A}}{\partial t}=-\vec{\nabla}V$$

故：

$$\vec{E}=-\vec{\nabla}V-\frac{\partial\vec{A}}{\partial t} \tag{6-101}$$

此式告訴我們，動態的電場可由電荷產生，也可由磁場的變化產生。

今將 (6-101) 式代入微分形式的電場高斯定律 (6-90) 式中，並利用關係式 $\vec{D}=\varepsilon\vec{E}$，可得：

$$\begin{aligned}\vec{\nabla}\cdot\vec{D}&=\vec{\nabla}\cdot(\varepsilon\vec{E})=\varepsilon(\vec{\nabla}\cdot\vec{E})=\varepsilon\vec{\nabla}\cdot\left(-\vec{\nabla}V-\frac{\partial\vec{A}}{\partial t}\right)\\&=-\varepsilon\left(\vec{\nabla}\cdot\vec{\nabla}V\right)-\varepsilon\vec{\nabla}\cdot\frac{\partial\vec{A}}{\partial t}\end{aligned}$$

$$= -\varepsilon\,\nabla^2 V - \varepsilon\,\frac{\partial}{\partial t}(\vec{\nabla}\cdot\vec{A})$$

$$= \rho_V$$

整理之，得：

$$\nabla^2 V + \frac{\partial}{\partial t}(\vec{\nabla}\cdot\vec{A}) = -\frac{\rho_V}{\varepsilon} \tag{6-102}$$

其次，將 (6-99) 式代入微分形式的安培 - 馬克士威定律 (6-97) 式中，並利用關係式 $\vec{B} = \mu\vec{H}$，可得：

$$\vec{\nabla}\times\vec{H} = \vec{\nabla}\times\frac{\vec{B}}{\mu} = \frac{1}{\mu}\vec{\nabla}\times(\vec{\nabla}\times\vec{A}) = \vec{J} + \frac{\partial\vec{D}}{\partial t} \tag{6-103}$$

利用向量恆等式 (3-65) 式：

$$\begin{aligned}\vec{\nabla}\times(\vec{\nabla}\times\vec{A}) &= \vec{\nabla}(\vec{\nabla}\cdot\vec{A}) - (\vec{\nabla}\cdot\vec{\nabla})\vec{A}\\ &= \vec{\nabla}(\vec{\nabla}\cdot\vec{A}) - \nabla^2\vec{A}\end{aligned}$$

(6-103) 式可化為：

$$\vec{\nabla}(\vec{\nabla}\cdot\vec{A}) - \nabla^2\vec{A} = \mu\vec{J} + \mu\,\frac{\partial\vec{D}}{\partial t} = \mu\vec{J} + \mu\varepsilon\,\frac{\partial\vec{E}}{\partial t}$$

其中之電場強度 $\vec{E}$ 以 (6-101) 式代入：

$$\begin{aligned}\vec{\nabla}(\vec{\nabla}\cdot\vec{A}) - \nabla^2\vec{A} &= \mu\vec{J} + \mu\varepsilon\,\frac{\partial}{\partial t}\left(-\vec{\nabla}V - \frac{\partial\vec{A}}{\partial t}\right)\\ &= \mu\vec{J} - \mu\varepsilon\,\vec{\nabla}\left(\frac{\partial V}{\partial t}\right) - \mu\varepsilon\,\frac{\partial^2\vec{A}}{\partial t^2}\end{aligned}$$

整理之，得：

$$\nabla^2\vec{A} - \mu\varepsilon\,\frac{\partial^2\vec{A}}{\partial t^2} = -\mu\vec{J} + \vec{\nabla}\left(\vec{\nabla}\cdot\vec{A} + \mu\varepsilon\,\frac{\partial V}{\partial t}\right) \tag{6-104}$$

至此，數學式子已經顯得冗長，不合乎「簡易原則」。而且在同一條式子裡有兩個待解的函數，即 V 和 $\vec{A}$，必須予以分離，才有辦法解出來。於是丹麥科學家駱倫茲[註3]提出了一個解決辦法，稱為「**駱倫茲條件**」或「**駱倫茲規範**」：

$$\vec{\nabla} \cdot \vec{A} + \mu\varepsilon \frac{\partial V}{\partial t} = 0 \tag{6-105}$$

將此條件代入 (6-102) 式及 (6-104) 式中可分別得到：

$$\nabla^2 V - \mu\varepsilon \frac{\partial^2 V}{\partial t^2} = -\frac{\rho_V}{\varepsilon} \tag{6-106}$$

$$\nabla^2 \vec{A} - \mu\varepsilon \frac{\partial^2 \vec{A}}{\partial t^2} = -\mu \vec{J} \tag{6-107}$$

若 $\rho_V \neq 0$，$\vec{J} \neq 0$，則 (6-106) 式及 (6-107) 式在數學上稱為「**達朗貝爾方程式**」，係為紀念法國數學家達朗貝爾而命名。

茲討論 (6-106) 式及 (6-107) 式之物理意義如下：

1. 在動態的電磁場中，電磁位 V 和 $\vec{A}$ 是互相感應、相倚相生的。雖然在 (6-106) 式及 (6-107) 式中兩者是分離的，但那是數學計算的一個過程而已；事實上兩者是渾然一體不可分離的，因此在下面的討論中，我們將以 $[\vec{A}, V]$ 來表示電磁位。
2. 在 (6-106) 式及 (6-107) 式中的電荷密度 ρ_V 及電流密度 $\vec{J}$ 是產生電磁位的「**源**」；「源」發生在先，而電磁位隨之產生在後。因此動態的電磁位 $[\vec{A}, V]$ 又稱為「**延遲電磁位**」。
3. (6-107) 式為一向量式，但在數學上與 (6-106) 式之純量式的解法是一致的，因為向量是純量的有序組合。例如在三維空間中，向量 $\vec{A}$ 和 $\vec{J}$ 可以分別寫成：

$$\vec{A} = \hat{\mathbf{x}} A_x + \hat{\mathbf{y}} A_y + \hat{\mathbf{z}} A_z$$
$$\vec{J} = \hat{\mathbf{x}} J_x + \hat{\mathbf{y}} J_y + \hat{\mathbf{z}} J_z$$

因此 (6-107) 式可分解成三個純量式：

註3 駱倫茲與 (6-87) 式中提到的羅倫茲不是同一人；後者是荷蘭科學家，1902 年諾貝爾物理獎得主。

$$\nabla^2 A_x - \mu\varepsilon \frac{\partial^2 A_x}{\partial t^2} = -\mu J_x$$

$$\nabla^2 A_y - \mu\varepsilon \frac{\partial^2 A_y}{\partial t^2} = -\mu J_y$$

$$\nabla^2 A_z - \mu\varepsilon \frac{\partial^2 A_z}{\partial t^2} = -\mu J_z$$

這每一個式子都跟 (6-106) 式具有相同的數學形式，因此也具有相同的解法。

4. (6-106) 式及 (6-107) 式中的常數 $\mu\varepsilon$ 具有 $(\mathrm{m/s})^{-2}$ 的因次，也就是速度平方之倒數 $(1/v^2)$ 的因次；我們可以令 $\mu\varepsilon = 1/v^2$，即：

$$v = \frac{1}{\sqrt{\mu\varepsilon}} \tag{6-108}$$

因此，(6-106) 式及 (6-107) 式可以寫成：

$$\nabla^2 V - \frac{1}{v^2}\frac{\partial^2 V}{\partial t^2} = -\frac{\rho_V}{\varepsilon} \tag{6-109}$$

$$\nabla^2 \vec{A} - \frac{1}{v^2}\frac{\partial^2 \vec{A}}{\partial t^2} = -\mu \vec{J} \tag{6-110}$$

5. 在笛卡兒座標系中，(6-109) 式及 (6-110) 式可以寫成：

$$\frac{\partial^2 V}{\partial x^2} + \frac{\partial^2 V}{\partial y^2} + \frac{\partial^2 V}{\partial z^2} - \frac{1}{v^2}\frac{\partial^2 V}{\partial t^2} = -\frac{\rho_V}{\varepsilon} \tag{6-111}$$

$$\frac{\partial^2 \vec{A}}{\partial x^2} + \frac{\partial^2 \vec{A}}{\partial y^2} + \frac{\partial^2 \vec{A}}{\partial z^2} - \frac{1}{v^2}\frac{\partial^2 \vec{A}}{\partial t^2} = -\mu \vec{J} \tag{6-112}$$

因 $i = \sqrt{-1}$，故 $(ivt)^2 = -(vt)^2$；(6-111) 式及 (6-112) 式可以寫成：

$$\frac{\partial^2 V}{\partial x^2} + \frac{\partial^2 V}{\partial y^2} + \frac{\partial^2 V}{\partial z^2} + \frac{\partial^2 V}{\partial (ivt)^2} = -\frac{\rho_V}{\varepsilon} \tag{6-113}$$

$$\frac{\partial^2 \vec{A}}{\partial x^2} + \frac{\partial^2 \vec{A}}{\partial y^2} + \frac{\partial^2 \vec{A}}{\partial z^2} + \frac{\partial^2 \vec{A}}{\partial (ivt)^2} = -\mu \vec{J} \tag{6-114}$$

若令：

$$x = x_1,\qquad y = x_2,\qquad z = x_3,\qquad ivt = x_4 \tag{6-115}$$

則 (6-113) 式及 (6-114) 式可以寫成：

$$\frac{\partial^2 V}{\partial x_1^2}+\frac{\partial^2 V}{\partial x_2^2}+\frac{\partial^2 V}{\partial x_3^2}+\frac{\partial^2 V}{\partial x_4^2}=-\frac{\rho_V}{\varepsilon} \tag{6-116}$$

$$\frac{\partial^2 \vec{A}}{\partial x_1^2}+\frac{\partial^2 \vec{A}}{\partial x_2^2}+\frac{\partial^2 \vec{A}}{\partial x_3^2}+\frac{\partial^2 \vec{A}}{\partial x_4^2}=-\mu\vec{J} \tag{6-117}$$

在數學上，(6-116) 式及 (6-117) 式的等號左邊都具有「**四維空間**」(x_1, x_2, x_3, x_4) 的形式，所以我們可用一個**四方形**的符號「□」來表示。我們定義：

$$\Box \equiv -\left(\frac{\partial^2}{\partial x_1^2}+\frac{\partial^2}{\partial x_2^2}+\frac{\partial^2}{\partial x_3^2}+\frac{\partial^2}{\partial x_4^2}\right) \tag{6-118}$$

稱為「**達朗貝爾運算符**」。利用這個運算符，(6-116) 式及 (6-117) 式可寫成：

$$\Box V=\frac{\rho_V}{\varepsilon} \tag{6-119}$$

$$\Box \vec{A}=\mu\vec{J} \tag{6-120}$$

這樣的簡潔寫法正合乎我們一向揭櫫的「簡易原則」。

6. 在真空中，$\varepsilon=\varepsilon_0$ [詳見 (1-30) 式]，$\mu=\mu_0$ [詳見 (1-31) 式]，則 (6-108) 式可改寫成：

$$c=\frac{1}{\sqrt{\mu_0\varepsilon_0}} \tag{6-121}$$

將 ε_0 及 μ_0 的數值代入之，可得：

$$c=\frac{1}{\sqrt{(4\pi\times10^{-7}\ \text{H/m})(8.854\,187\,8\times10^{-12}\ \text{F/m})}}$$
$$=299\,792\,458\ \text{m/s}$$

這個數值恰好等於「**真空中的光速**」。此一結果讓馬克士威確認光是電磁波；也因為如此，之前被認為不相干的光學與電磁學被成功地整合起來。此一「化繁為簡」的過程再一次落實了「簡易原則」的要求。

7. 在愛因斯坦的「**狹義相對論**」裡，所有物理量都用一組「**時空變數**」來表示：

$$(x_1, x_2, x_3, x_4)=(x, y, z, ict) \tag{6-122}$$

其中 c 為真空中的光速。雖然這組時空變數與 (6-115) 式所示的四維空間變數不能畫上等號，但我們可以明顯看出狹義相對論是從古典電磁學蛻變出來的。

6-13 延遲電磁位 (二)

從上一節的討論中，我們知道 (6-106) 式及 (6-107) 式屬於「達朗貝爾方程式」；之所以有這個名稱，是因為數學家達朗貝爾已經提供了這偏微分方程式的通解。在真空中，$\varepsilon=\varepsilon_0$，$\mu=\mu_0$，此通解為：

$$V(\vec{r},t)=\frac{1}{4\pi\varepsilon_0}\int_D \frac{\rho_V(\vec{r}',t_{ret})}{|\vec{r}-\vec{r}'|}\,d\ddot{V} \tag{6-123}$$

$$\vec{A}(\vec{r},t)=\frac{\mu_0}{4\pi}\int_D \frac{\vec{J}(\vec{r}',t_{ret})}{|\vec{r}-\vec{r}'|}\,d\ddot{V} \tag{6-124}$$

其中 (如圖 6-27 所示)，$d\ddot{V}$ 為電磁位之源 $[\vec{J},\rho_V]$ 分布之空間範圍 D 的體元素，$\vec{r}'$ 為 $d\ddot{V}$ 的位置向量，$\vec{r}$ 及 t 分別為所計算出之電磁位 $[\vec{A}(\vec{r},t)$，$V(\vec{r},t)]$ 之位置向量及時間，而 t_{ret} 為源 $[\vec{J}(\vec{r}',t_{ret})$，$\rho_V(\vec{r}',t_{ret})]$ 當初發生之時間，其表示式為：

$$t_{ret}=t-\frac{|\vec{r}-\vec{r}'|}{c} \tag{6-125}$$

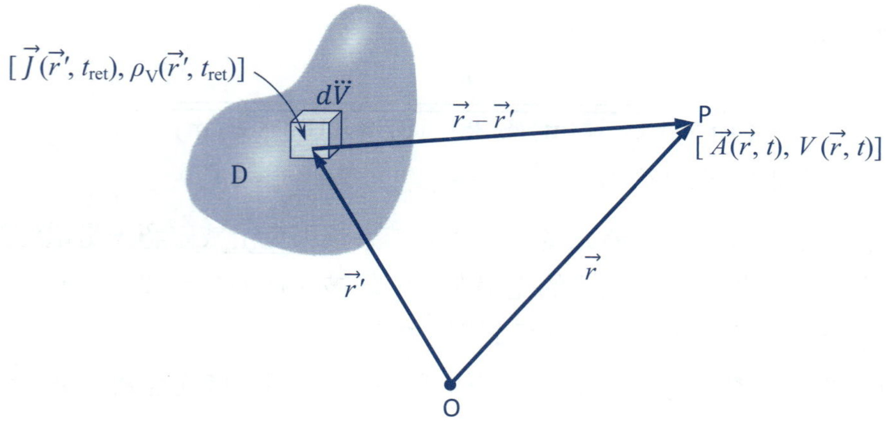

▲圖 6-27　由達朗貝爾方程式計算延遲電磁位

其中之下標 ret 為「retarded」(延遲)的縮寫。此式告訴我們，$t_{\text{ret}} < t$；也就是說，先有源 $[\vec{J}(\vec{r}', t_{\text{ret}}), \rho_V(\vec{r}', t_{\text{ret}})]$，然後才有延遲電磁位 $[\vec{A}(\vec{r}, t), V(\vec{r}, t)]$。我們稱 (6-125) 式所示的 t_{ret} 為「**延遲時間**」。

一旦求出了延遲電磁位，我們就可由 (6-99) 式及 (6-101) 式分別求出磁場 $\vec{B}$ 及電場 $\vec{E}$。

(6-123) 式及 (6-124) 式的數學計算通常很複雜，超出本書的範圍，因此下面我們要利用一個簡化的模型直接由 (6-106) 式及 (6-107) 式來計算延遲電磁位。假設有一時變的點電荷 Q 置於球座標的原點，如圖 6-28 所示。因點電荷具有球對稱，因此它在周圍任一點 P 所產生的延遲電磁位僅與座標 R 有關，而與 θ 及 ϕ 無關。我們假設在真空中，$\rho_V = 0$，$\varepsilon = \varepsilon_0$，$\mu = \mu_0$，因此 (6-106) 式可以寫成：

$$\nabla^2 V - \frac{1}{c^2}\frac{\partial^2 V}{\partial t^2} = 0 \tag{6-126}$$

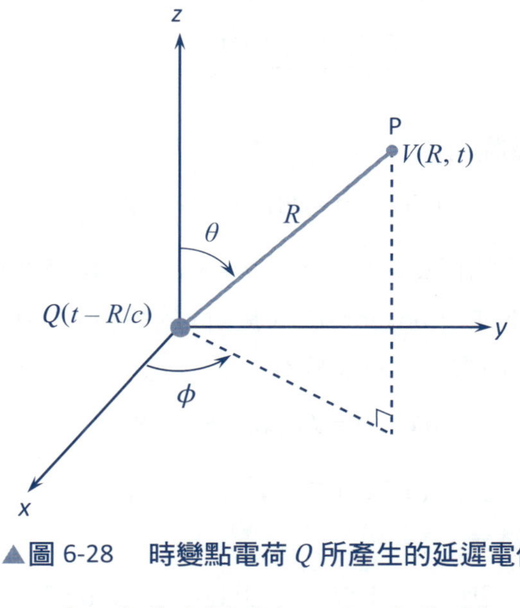

▲圖 6-28　時變點電荷 Q 所產生的延遲電位

其中我們使用了 (6-121) 式。在球座標系中，$\nabla^2 V$ 之公式為 (詳見表 3-8 所示)：

$$\nabla^2 V = \frac{1}{R^2}\left[\frac{\partial}{\partial R}\left(R^2\frac{\partial V}{\partial R}\right)\right] = \frac{\partial^2 V}{\partial R^2} + \frac{2}{R}\frac{\partial V}{\partial R}$$

故 (6-126) 式可化為如下的形式：

$$\frac{\partial^2 V}{\partial R^2}+\frac{2}{R}\frac{\partial V}{\partial R}-\frac{1}{c^2}\frac{\partial^2 V}{\partial t^2}=0 \tag{6-127}$$

欲解出此偏微分方程式，首先令 $V = V(R, t)$ 為：

$$V(R,t)=\frac{W(R,t)}{R} \tag{6-128}$$

其中之 $W(R, t)$ 為一未知函數。由直接偏微分可知：

$$\frac{\partial V}{\partial R}=\frac{1}{R^2}\left(R\frac{\partial W}{\partial R}-W\right)=\frac{1}{R}\frac{\partial W}{\partial R}-\frac{W}{R^2}$$

$$\frac{\partial^2 V}{\partial R^2}=\frac{1}{R^2}\left(R\frac{\partial^2 W}{\partial R^2}-\frac{\partial W}{\partial R}\right)-\left(\frac{1}{R^2}\frac{\partial W}{\partial R}-\frac{2W}{R^3}\right)$$

$$\frac{\partial^2 V}{\partial t^2}=\frac{1}{R}\frac{\partial^2 W}{\partial t^2}$$

將上列三式全部代入 (6-127) 式中並整理之，可得：

$$\frac{\partial^2 W}{\partial R^2}-\frac{1}{c^2}\frac{\partial^2 W}{\partial t^2}=0 \tag{6-129}$$

此一偏微分方程式之通解為：

$$W(R, t) = F(t_{\text{ret}}) + G(t_{\text{adv}}) \tag{6-130}$$

其中 F 與 G 為兩可微分的任意函數；$t_{\text{ret}} = t - R/c$ 為「**延遲時間**」，$t_{\text{adv}} = t + R/c$ 為「**提前時間**」[下標 adv 為「advanced」(提前) 的縮寫]。由於我們所要求的是**延遲**電位，因此含有提前時間 t_{adv} 的函數 G 不合題意，應捨棄之。(6-130) 式變成：

$$W(R, t) = F(t_{\text{ret}}) = F(t - R/c) \tag{6-131}$$

茲證明此 $W(R, t)$ 確實為 (6-129) 式之通解，如下：

由 (6-131) 式作偏微分：

$$\frac{\partial W}{\partial R}=-\frac{1}{c}\frac{\partial F}{\partial R},\qquad \frac{\partial^2 W}{\partial R^2}=+\frac{1}{c^2}\frac{\partial^2 F}{\partial R^2}$$

$$\frac{\partial W}{\partial t}=\frac{\partial F}{\partial t},\qquad \frac{\partial^2 W}{\partial t^2}=\frac{\partial^2 F}{\partial t^2}$$

一起代入 (6-129) 式時，等號確實成立，故得證。

最後，將 (6-131) 式代入 (6-128) 式中，即得：

$$V(R,t) = \frac{F(t - R/c)}{R} \tag{6-132}$$

這是一置於球座標原點的時變點電荷 Q 所產生的延遲電位之通解。參考 (4-58) 式，我們可令：

$$F(t - R/c) = \frac{Q(t - R/c)}{4\pi\varepsilon_0}$$

代入 (6-132) 式中，即得 (6-126) 式之特解：

$$V(R,t) = \frac{Q(t - R/c)}{4\pi\varepsilon_0 R} \tag{6-133}$$

例題 6-14　已知在球座標系之原點置一時變之點電荷：

$Q = Q_0 \cos \omega t$

試求在任一點 P(R, θ, ϕ) 之延遲電位。(設 $R \neq 0$)

解：由 (6-133) 式得所求之延遲電位為：

$$V(R,t) = \frac{Q_0 \cos[\omega(t - R/c)]}{4\pi\varepsilon_0 R} = \frac{Q_0 \cos[\omega t - (\omega/c)R]}{4\pi\varepsilon_0 R} \tag{6-134}$$

設一弦波之頻率為 f，波長為 λ，則在真空中之波速為：

$$c = f\lambda = \frac{2\pi f}{2\pi/\lambda} \equiv \frac{\omega}{k} \tag{6-135}$$

其中 ω 為角頻率，而：

$$k = \frac{\omega}{c} = \frac{2\pi}{\lambda} \tag{6-136}$$

稱為「**角波數**」，或簡稱「**波數**」，單位為 rad/m (弳度/米)，其意義是正弦波或餘弦波在單位長度中的波數，以弳度來表示；也就是說，若單位長度恰好容納一個波長，則該波的角波數 $k = 2\pi$ rad/m；若單位長度恰好容納兩個波長，則該波的

角波數 $k = 4\pi$ rad/m 等等。由 (6-136) 式，[例題 6-14] 中求得的延遲電位可以寫成：

$$V(R,t) = \frac{Q_0 \cos(\omega t - kR)}{4\pi\varepsilon_0 R} \tag{6-137}$$

6-14 坡因亭定理

在動態的電磁場中，電磁能量必然隨著時間變化；然無論如何變化都必須遵守能量的守恆。本節所要講述的「**坡因亭定理**」就是由馬克士威方程組推導出來的動態電磁場之能量守恆現象。

首先，在法拉第感應定律 (6-95) 式之等號兩邊以點乘積同乘 $\vec{H}$：

$$\vec{H} \cdot (\vec{\nabla} \times \vec{E}) = -\vec{H} \cdot \frac{\partial \vec{B}}{\partial t} \tag{6-138}$$

在安培 - 馬克士威定律 (6-97) 式之等號兩邊以點乘積同乘 $\vec{E}$：

$$\vec{E} \cdot (\vec{\nabla} \times \vec{H}) = \vec{E} \cdot \vec{J} + \vec{E} \cdot \frac{\partial \vec{D}}{\partial t} \tag{6-139}$$

兩式相減得：

$$\vec{H} \cdot (\vec{\nabla} \times \vec{E}) - \vec{E} \cdot (\vec{\nabla} \times \vec{H}) = -\vec{H} \cdot \frac{\partial \vec{B}}{\partial t} - \vec{E} \cdot \vec{J} - \vec{E} \cdot \frac{\partial \vec{D}}{\partial t} \tag{6-140}$$

根據 (3-64) 式，上式等號左邊恰好等於 $\vec{\nabla} \cdot (\vec{E} \times \vec{H})$，整理之，得：

$$\vec{\nabla} \cdot (\vec{E} \times \vec{H}) + \vec{E} \cdot \vec{J} = -\left(\vec{E} \cdot \frac{\partial \vec{D}}{\partial t} + \vec{H} \cdot \frac{\partial \vec{B}}{\partial t}\right) \tag{6-141}$$

因

$$\frac{\partial}{\partial t}(E^2) = \frac{\partial}{\partial t}(\vec{E} \cdot \vec{E}) = \frac{\partial \vec{E}}{\partial t} \cdot \vec{E} + \vec{E} \cdot \frac{\partial \vec{E}}{\partial t} = 2\vec{E} \cdot \frac{\partial \vec{E}}{\partial t}$$

$$= \frac{2}{\varepsilon_0}\vec{E} \cdot \frac{\partial(\varepsilon_0 \vec{E})}{\partial t} = \frac{2}{\varepsilon_0}\vec{E} \cdot \frac{\partial \vec{D}}{\partial t}$$

故

$$\vec{E} \cdot \frac{\partial \vec{D}}{\partial t} = \frac{\varepsilon_0}{2}\frac{\partial}{\partial t}(E^2) = \frac{\partial}{\partial t}\left(\frac{\varepsilon_0}{2}E^2\right) = \frac{\partial u_e}{\partial t}$$

其中 [詳見 (4-225) 式]：

$$u_{\mathrm{e}}=\frac{dU_{\mathrm{e}}}{d\ddot{V}}=\frac{\varepsilon_0 E^2}{2} \tag{6-142}$$

為電能密度，也就是單位體積中的電能。同理：

$$\frac{\partial}{\partial t}(H^2)=\frac{\partial}{\partial t}(\vec{H}\cdot\vec{H})=\frac{\partial\vec{H}}{\partial t}\cdot\vec{H}+\vec{H}\cdot\frac{\partial\vec{H}}{\partial t}=2\vec{H}\cdot\frac{\partial\vec{H}}{\partial t}$$

$$=\frac{2}{\mu_0}\vec{H}\cdot\frac{\partial(\mu_0\vec{H})}{\partial t}=\frac{2}{\mu_0}\vec{H}\cdot\frac{\partial\vec{B}}{\partial t}$$

故

$$\vec{H}\cdot\frac{\partial\vec{B}}{\partial t}=\frac{\mu_0}{2}\frac{\partial}{\partial t}(H^2)=\frac{\partial}{\partial t}\left(\frac{\mu_0}{2}H^2\right)=\frac{\partial u_{\mathrm{m}}}{\partial t}$$

其中 [詳見 (5-207) 式]：

$$u_{\mathrm{m}}=\frac{dU_{\mathrm{m}}}{d\ddot{V}}=\frac{\mu_0 H^2}{2} \tag{6-143}$$

為磁能密度，也就是單位體積中的磁能。

因此 (6-141) 式可寫成：

$$\vec{\nabla}\cdot(\vec{E}\times\vec{H})+\vec{E}\cdot\vec{J}=-\left(\frac{\partial u_{\mathrm{e}}}{\partial t}+\frac{\partial u_{\mathrm{m}}}{\partial t}\right)=-\frac{\partial}{\partial t}(u_{\mathrm{e}}+u_{\mathrm{m}})$$

$$=-\frac{\partial}{\partial t}\left(\frac{dU_{\mathrm{e}}}{d\ddot{V}}+\frac{dU_{\mathrm{m}}}{d\ddot{V}}\right)=-\frac{d}{d\ddot{V}}\left[\frac{\partial}{\partial t}(U_{\mathrm{e}}+U_{\mathrm{m}})\right] \tag{6-144}$$

今將 (6-144) 式在空間某一區域 D 中做體積分：

$$\int_{\mathrm{D}}\left[\vec{\nabla}\cdot(\vec{E}\times\vec{H})+\vec{E}\cdot\vec{J}\right]d\ddot{V}=-\int_{D}\frac{d}{d\ddot{V}}\left[\frac{\partial}{\partial t}(U_{\mathrm{e}}+U_{\mathrm{m}})\right]d\ddot{V}$$

整理之，得：

$$\int_{\mathrm{D}}\vec{\nabla}\cdot(\vec{E}\times\vec{H})\,d\ddot{V}+\int_{\mathrm{D}}\vec{E}\cdot\vec{J}\,d\ddot{V}=-\frac{\partial}{\partial t}(U_{\mathrm{e}}+U_{\mathrm{m}}) \tag{6-145}$$

利用高斯散度定理，(6-145) 式等號左邊第一項可化為：

$$\int_{D} \vec{\nabla} \cdot (\vec{E} \times \vec{H})\, d\ddot{V} = \oint_{S} (\vec{E} \times \vec{H}) \cdot d\vec{S}$$

其中 S 為區域 D 的表面；故 (6-145) 式變成：

$$\oint_{S} (\vec{E} \times \vec{H}) \cdot d\vec{S} + \int_{D} \vec{E} \cdot \vec{J}\, d\ddot{V} = -\frac{\partial}{\partial t}(U_e + U_m) \qquad (6\text{-}146)$$

這個結果稱為「**積分形式的坡因亭定理**」，係為紀念英國物理學家坡因亭而命名。

坡因亭定理敘述電磁場中的能量守恆。當一區域 D 中有電磁能 $(U_e + U_m)$ 之減少時，其減少的時變率 (減少的功率) $-\frac{\partial}{\partial t}(U_e + U_m)$ 等於該區域中的「**熱損耗功率**」$\int_D \vec{E} \cdot \vec{J}\, d\ddot{V}$ 與由該區域表面 S 發散出去之「**輻射功率**」$\oint_S (\vec{E} \times \vec{H}) \cdot d\vec{S}$ 的總和；也就是說，電磁能轉換成熱損耗及電磁輻射時，必遵守能量之守恆。

在輻射功率 $\oint_S (\vec{E} \times \vec{H}) \cdot d\vec{S}$ 的式子當中，向量 $\vec{E} \times \vec{H}$ 的方向為電磁輻射傳播的方向，而其大小為通過單位面積之電磁輻射功率，通常以符號 $\vec{S}$ 表示：

$$\vec{S} = \vec{E} \times \vec{H} \qquad (6\text{-}147)$$

稱為「**坡因亭向量**」，單位為 W/m^2 (瓦/米^2)。

(6-146) 式所示的積分形式的坡因亭定理可以改寫成微分形式。由 (6-144) 式及 (6-147) 式可得：

$$\vec{\nabla} \cdot \vec{S} + \vec{E} \cdot \vec{J} = -\frac{\partial}{\partial t}(u_e + u_m) \qquad (6\text{-}148)$$

由 (6-142) 式及 (6-143) 式分別得知：

$$u_e = \frac{\varepsilon_0 E^2}{2} = \frac{1}{2}\vec{E} \cdot \vec{D}$$

$$u_m = \frac{\mu_0 H^2}{2} = \frac{1}{2}\vec{H} \cdot \vec{B}$$

故 (6-148) 式可寫成：

$$\vec{\nabla} \cdot \vec{S} + \vec{E} \cdot \vec{J} = -\frac{\partial}{\partial t}\left(\frac{1}{2}\vec{E} \cdot \vec{D} + \frac{1}{2}\vec{H} \cdot \vec{B}\right) \qquad (6\text{-}149)$$

稱為「**微分形式的坡因亭定理**」。

值得注意的是，能量的守恆不僅在動態的電磁場中成立，在靜態的電磁場中也成立。此時 (6-146) 式所示的積分形式的坡因亭定理變成：

$$\oint_S (\vec{E} \times \vec{H}) \cdot d\vec{S} + \int_D \vec{E} \cdot \vec{J}\, d\ddot{V} = 0 \qquad (6\text{-}150)$$

例題 6-15　**靜態的坡因亭定理**。如圖 6-29 所示，截面半徑 a、長度 l 的導線中載有直流電流 I。設導線之電導率為 σ，試以此驗證坡因亭定理。

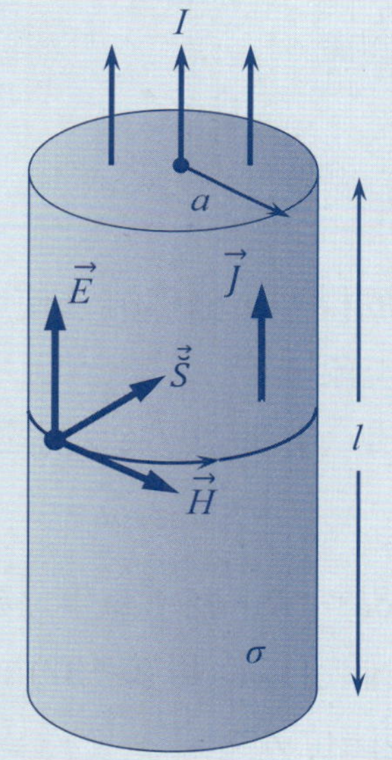

▲**圖 6-29　例題 6-15 用圖**

證：由題意知導線的截面積為 πa^2，故導線中電流密度為：

$$\vec{J} = \hat{\mathbf{z}}\frac{I}{\pi a^2}$$

根據歐姆定律 $\vec{J} = \sigma\vec{E}$，導線中 (包括其表面) 之電場強度為：

$$\vec{E} = \frac{\vec{J}}{\sigma} = \hat{\mathbf{z}}\frac{I}{\sigma\pi a^2}$$

又由安培定律知導線表面之磁場強度為：

$$\vec{H} = \hat{\boldsymbol{\phi}}\frac{I}{2\pi a}$$

故得坡因亭向量 (6-147) 式為：

$$\vec{S}=\vec{E}\times\vec{H}=\left(\hat{\mathbf{z}}\frac{I}{\sigma\pi a^2}\right)\times\left(\hat{\boldsymbol{\phi}}\frac{I}{2\pi a}\right)=-\,\hat{\mathbf{r}}\frac{I^2}{2\sigma\pi^2 a^3}$$

由上列各式可得：

$$\oint_S(\vec{E}\times\vec{H})\cdot d\vec{S}+\int_D\vec{E}\cdot\vec{J}\,d\ddot{V}=\left(-\hat{\mathbf{r}}\frac{I^2}{2\sigma\pi^2a^3}\right)\cdot(\hat{\mathbf{r}}\,2\pi al)$$

$$+\left(\hat{\mathbf{z}}\frac{I}{\sigma\pi a^2}\right)\cdot\left(\hat{\mathbf{z}}\frac{I}{\pi a^2}\right)(\pi a^2 l)$$

$$=-\frac{I^2l}{\sigma\pi a^2}+\frac{I^2l}{\sigma\pi a^2}=0$$

此式與 (6-150) 式一致，故得證。

6-15 赫茲偶極 (一)

「**赫茲偶極**」是一個簡化的模型，雖然無法使用在一般天線設計上，但可利用它來初步解釋電磁波的輻射現象。

如圖 6-30 所示，赫茲偶極是一段長度 $\vec{l}=\hat{\mathbf{z}}\,\delta l$ 之導線，載有弦波電流 I：

$$I=I_0\cos\omega t \tag{6-151}$$

若將它置於座標系之原點，且 $\delta l \ll R$，則所產生之延遲磁位以球座標表示為宜。

由第 6-12 節的討論 3.，我們可以比照 (6-137) 式的數學形式，寫出此一簡化模型在任一點 P(R,θ,ϕ) 之延遲磁位 $\vec{A}$：

$$\vec{A}(R,t)=\hat{\mathbf{z}}\,\frac{\mu_0}{4\pi}\frac{I_0\cos(\omega t-kR)}{R}\,\delta l \tag{6-152}$$

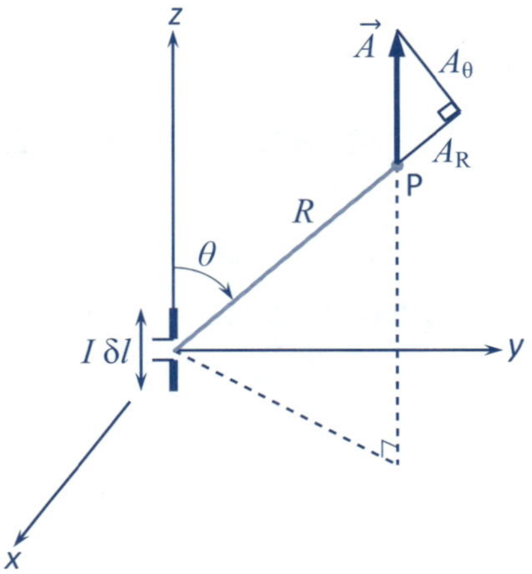

▲圖 6-30　赫茲偶極及產生的向量磁位

其大小為：

$$|\vec{A}| = A_z = \frac{\mu_0}{4\pi}\frac{I_0\,\delta l}{R}\cos(\omega t - kR) \qquad (6\text{-}153)$$

由圖 6-30 中所示，或由表 2-4 右欄的變換公式，可得 $\vec{A}$ 以球座標表示的分量：

$$A_R = A_z\cos\theta, \qquad A_\theta = -A_z\sin\theta, \qquad A_\phi = 0 \qquad (6\text{-}154)$$

由公式 $\vec{B} = \mu_0\vec{H} = \vec{\nabla}\times\vec{A}$ 可得：

$$\vec{H} = \frac{1}{\mu_0}\vec{\nabla}\times\vec{A} = \frac{1}{\mu_0}\frac{1}{R^2\sin\theta}\begin{vmatrix} \hat{\mathbf{R}} & R\,\hat{\boldsymbol{\theta}} & R\sin\theta\,\hat{\boldsymbol{\phi}} \\ \dfrac{\partial}{\partial R} & \dfrac{\partial}{\partial\theta} & \dfrac{\partial}{\partial\phi} \\ A_R & R\,A_\theta & 0 \end{vmatrix}$$

以 (6-153) 式及 (6-154) 式代入，可得：

$$\vec{H} = \hat{\boldsymbol{\phi}}\,\frac{I_0\,\delta l}{4\pi}\left[-\frac{k}{R}\sin(\omega t - kR) + \frac{1}{R^2}\cos(\omega t - kR)\right]\sin\theta \qquad (6\text{-}155)$$

其次，在安培 - 馬克士威定律 (6-97) 式中，令 $\vec{J} = 0$：

$$\vec{\nabla}\times\vec{H} = \frac{\partial\vec{D}}{\partial t} = \varepsilon_0\frac{\partial\vec{E}}{\partial t}$$

即：

$$\frac{\partial\vec{E}}{\partial t} = \frac{1}{\varepsilon_0}\vec{\nabla}\times\vec{H}$$

將 (6-155) 式代入，然後對 t 積分可得：

$$\vec{E} = \hat{\mathbf{R}}\,E_R + \hat{\boldsymbol{\theta}}\,E_\theta \qquad (6\text{-}156)$$

其中：

$$E_R = \sqrt{\frac{\mu_0}{\varepsilon_0}}\frac{I_0\,\delta l}{2\pi}\left[\frac{1}{R^2}\cos(\omega t - kR) + \frac{1}{kR^3}\sin(\omega t - kR)\right]\cos\theta \qquad (6\text{-}157)$$

$$E_\theta = \sqrt{\frac{\mu_0}{\varepsilon_0}}\frac{I_0\,\delta l}{4\pi}\left[-\frac{k}{R}\sin(\omega t - kR) + \frac{1}{R^2}\cos(\omega t - kR) + \frac{1}{kR^3}\sin(\omega t - kR)\right]\sin\theta \qquad (6\text{-}158)$$

從 (6-155) 式、(6-157) 式、及 (6-158) 式可以看到赫茲偶極所產生的電磁場有三種成分：

1. 與距離 R 成反比的成分。
2. 與 R^2 成反比的成分。
3. 與 R^3 成反比的成分。

這三種成分組合起來，構成了相當複雜的電磁場圖案，如圖 6-31 所示。

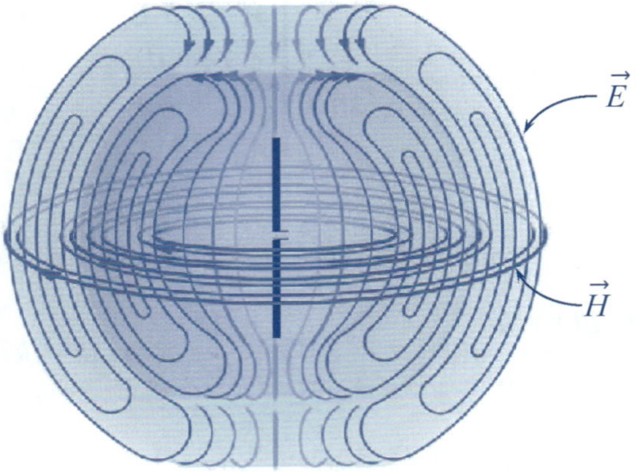

▲圖 6-31　**赫茲偶極及產生的電磁場**

當距離 R 逐漸增大時，與 R^3 成反比的成分衰減得最快，與 R^2 成反比的成分次之，而與 R 成反比的成分衰減得最慢。因此在距離相當遠之處，就幾乎只剩下與 R 成反比的成分，其餘兩個成分都小到可以忽略；此時之電磁場變成：

$$\vec{E}_{\text{far}} = \hat{\boldsymbol{\theta}} \sqrt{\frac{\mu_0}{\varepsilon_0}} \frac{I_0 k\, \delta l}{4\pi R} [-\sin(\omega t - kR)] \sin\theta \tag{6-159}$$

$$\vec{H}_{\text{far}} = \hat{\boldsymbol{\phi}} \frac{I_0 k\, \delta l}{4\pi R} [-\sin(\omega t - kR)] \sin\theta \tag{6-160}$$

稱為赫茲偶極所產生的「**遠場**」。下標「far」(遠) 就是「far field」(遠場) 的縮寫，而原來的 (6-155) 式、(6-157) 式、及 (6-158) 式則稱為赫茲偶極所產生的「**近場**」。圖 6-31 所示者即為赫茲偶極所產生的近場的圖案。

如無特別聲明，下面所要講述的僅限定在遠場。因此為簡潔起見，在以下的討論當中，(6-159) 式及 (6-160) 式的下標「far」將予以省略。

首先由 (6-159) 式至 (6-160) 式可以看到，遠場之電場 (在 ± $\hat{\boldsymbol{\theta}}$ 方向) 與磁場 (在 ± $\hat{\boldsymbol{\phi}}$ 方向) 恆互相垂直，而且兩者大小之比恆為一定值：

$$\frac{|\vec{E}|}{|\vec{H}|} = \sqrt{\frac{\mu_0}{\varepsilon_0}} \tag{6-161}$$

這個定值通常以符號 Z_0 來表示：

$$Z_0 = \sqrt{\frac{\mu_0}{\varepsilon_0}} \approx 120\pi \ \ \Omega \tag{6-162}$$

稱為「**真空的本性阻抗**」，單位為 Ω (歐姆)。

其次我們看到遠場之電磁場除了隨距離 R 衰減之外，還隨著 $\sin\theta$ 而變；也就是說，遠場之電磁場的大小隨著「**天頂角**」θ 而變——在赫茲偶極的上、下方 ($\theta = 0°$ 或 180°) 電磁場等於零；而在赫茲偶極的垂直平分面上 ($\theta = 90°$)，電磁場強度為最大。這個現象可以用圖 6-32 所示的「**輻射圖案**」來表示。

這個圖案是三維的，係以一個直徑等於 1 的圓繞著赫茲偶極所在的軸線旋轉一周所形成的輪胎狀曲面；因此它的任何一個截面都是直徑為 1 的圓。我們定義這個直徑代表 $\theta = 90°$ 處之電場強度；在 (6-159) 式中令 $\theta = 90°$，即知此處電場強度之峯值為：

$$E(\pi/2) = Z_0 \frac{I_0 k\, \delta l}{4\pi R}$$

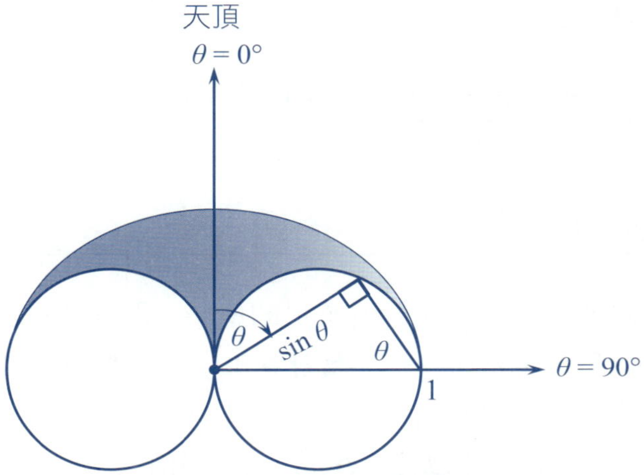

▲圖 6-32　赫茲偶極的輻射圖案

而在任一方向 θ 之電場強度之峯值為：

$$E(\theta) = Z_0 \frac{I_0 k\,\delta l}{4\pi R} \sin\theta \tag{6-163}$$

故：

$$\frac{E(\theta)}{E(\pi/2)} = \sin\theta \tag{6-164}$$

由於在圖 6-32 所示的輻射圖案中，沿著 θ 方向所畫的弦的長度恰等於 $\sin\theta$，因此可以用來表示該方向之 $E(\theta)/E(\pi/2)$ 值。

例題 6-16 設一赫茲偶極天線中弦波電流之峯值為 0.15 A，天線長度與信號波長之比為 $\delta l/\lambda = 0.050$。試求在 $R = 10$ m，$\theta = 60°$ 處之：(a) 電場強度峯值；(b) 磁場強度峯值。

解： (a) 由 (6-163) 式可得：

$$E(\theta) = Z_0 \frac{I_0 k\,\delta l}{4\pi R} \sin\theta = \frac{Z_0 I_0}{2R}\frac{\delta l}{\lambda} \sin\theta$$

其中 $k = 2\pi/\lambda$ 為角波數 [詳見 (6-136) 式]。將已知數據代入：

$$E(60^\circ) = \frac{(120\pi\,\Omega)(0.15\text{ A})}{2\times(10\text{ m})} \times 0.050 \times \sin(60^\circ) = 0.12\ \ \text{V/m}$$

(b) 由 (6-160) 式可知：

$$H(\theta) = \frac{I_0 k\,\delta l}{4\pi R} \sin\theta = \frac{E(\theta)}{Z_0}$$

$$H(60^\circ) = \frac{E(60^\circ)}{Z_0} = \frac{0.12\text{ V/m}}{120\pi\ \Omega} = 3.2\times10^{-4}\ \ \text{A/m}$$

6-16 赫茲偶極 (二)

在本節中，我們要利用赫茲偶極所產生的遠場，即 (6-159) 式及 (6-160) 式，來說明一般天線的兩個基本參數──「**輻射電阻**」與「**指向增益**」。雖然赫茲偶極只是一個簡化的模型，無法使用在一般天線設計上；但是因為它的數學解析是最簡單的，因此我們將利用它來講述天線的「輻射電阻」與「指向增益」。

根據 (6-147) 式，坡因亭向量的定義是：

$$\vec{\vec{S}} = \vec{E} \times \vec{H} \tag{6-165}$$

其方向是指向電磁場輻射的方向，而其大小則是通過單位面積的電磁輻射功率。以 (6-159) 式及 (6-160) 式代入之 (省略其下標「far」)，可得：

$$\vec{\vec{S}} = \vec{E} \times \vec{H} = \left[\hat{\boldsymbol{\theta}}\, Z_0\, \frac{I_0 k\, \delta l}{4\pi R}[-\sin(\omega t - kR)]\sin\theta\right] \times \left[\hat{\boldsymbol{\phi}}\, \frac{I_0 k\, \delta l}{4\pi R}\,[-\sin(\omega t - kR)]\sin\theta\right]$$

$$= \hat{\mathbf{R}}\, Z_0 \left(\frac{I_0 k\, \delta l}{4\pi R}\right)^2 [\sin(\omega t - kR)]^2 \sin^2\theta \tag{6-166}$$

交流信號的功率量測均係量測其**平均值**，這包括弦波的功率量測。上式所示的坡因亭向量之平均值為：

$$\vec{\vec{S}}_{\text{av}} = \hat{\mathbf{R}}\, Z_0 \left(\frac{I_0 k\, \delta l}{4\pi R}\right)^2 \overline{[\sin(\omega t - kR)]^2}\, \sin^2\theta$$

其中平均值 $\overline{[\sin(\omega t - kR)]^2} = 1/2$，故：

$$\vec{\vec{S}}_{\text{av}} = \hat{\mathbf{R}}\, \frac{Z_0}{2} \left(\frac{I_0 k\, \delta l}{4\pi R}\right)^2 \sin^2\theta \tag{6-167}$$

今想像一個半徑 R 的球面 S，則通過此一球面之電磁輻射平均功率為：

$$P_{\text{av}} = \oint_S \vec{\vec{S}}_{\text{av}} \cdot d\vec{S} = \int_0^{2\pi}\int_0^{\pi} \left[\frac{Z_0}{2}\left(\frac{I_0 k\, \delta l}{4\pi R}\right)^2 \sin^2\theta\right](R^2 \sin\theta\; d\theta\, d\phi)$$

$$= \frac{Z_0 (I_0 k\, \delta l)^2}{16\pi} \int_0^{\pi} \sin^3\theta\, d\theta = \frac{Z_0 (I_0 k\, \delta l)^2}{16\pi} \times \frac{4}{3}$$

$$= \frac{Z_0 (I_0 k\, \delta l)^2}{12\pi} \tag{6-168}$$

這就是赫茲偶極的平均輻射功率。將 $Z_0 = 120\pi\ \Omega$ 及 $k = 2\pi/\lambda$ 代入之，可得：

$$P_{\text{av}} = \frac{1}{2} I_0^2 \left[80\pi^2 \left(\frac{\delta l}{\lambda}\right)^2\right] \tag{6-169}$$

其中，中括弧裡面的式子具有電阻的因次，亦即其單位為 Ω (歐姆)；因此我們定義它為「**輻射電阻**」，符號為 R_{rad}：

$$R_{\text{rad}} = 80\pi^2 \left(\frac{\delta l}{\lambda}\right)^2 \tag{6-170}$$

其中之下標「rad」係 radiation (輻射) 的簡寫。輻射電阻 R_{rad} 與電阻器之電阻 R 雖具有相同的因次，也都代表電磁能量的損耗，但實際意義卻不相同——輻射電阻 R_{rad} 是輻射損耗的一種量度，而電阻器之電阻 R 則是熱損耗的一種量度。將 (6-170) 式代入 (6-169) 式中，即得赫茲偶極的平均輻射功率：

$$P_{\text{av}} = \frac{1}{2} I_0^2 R_{\text{rad}} \tag{6-171}$$

其次，我們要討論的是天線的「指向增益」，符號為 $G(\theta)$。所謂指向增益是天線在某一方向的輻射功率與一參考功率的比值；而此一參考功率則是該天線的平均輻射功率 P_{av}。我們定義：

$$G(\theta) = \frac{|\vec{S}_{\text{av}}|}{P_{\text{av}}/4\pi R^2} \tag{6-172}$$

將 (6-167) 式及 (6-168) 式代入之，可得：

$$G(\theta) = \frac{3}{2} \sin^2 \theta \tag{6-173}$$

這就是赫茲偶極的指向增益。在 $\theta = 0°$ 及 $\theta = 180°$ 的方向無電磁輻射發出，指向增益為零；而在 $\theta = 90°$ 的方向電磁輻射功率為平均輻射功率的 3/2 倍，指向增益為 1.5。

如無特別聲明，一般所謂的「**天線增益**」G 指的就是它的最大指向增益：

$$G = [G(\theta)]_{\text{max}} \tag{6-174}$$

就赫茲偶極而言，其指向增益之最大值為 $[G(\theta)]_{\text{max}} = G(90°) = 1.5$，因此我們可以說它的增益為 $G = 1.5$。

6-17 真空中的波方程式

大自然中任何電磁現象都可由馬克士威方程組 (詳見第 6-11 節) 來解釋。在真空中，$\rho_V = 0$，$\vec{J} = 0$，且：

$$\vec{D} = \varepsilon_0 \vec{E}$$
$$\vec{B} = \mu_0 \vec{H}$$

因此微分形式的馬克士威方程組可以寫成：

$$\vec{\nabla} \cdot \vec{E} = 0 \tag{6-175}$$

$$\vec{\nabla} \cdot \vec{H} = 0 \tag{6-176}$$

$$\vec{\nabla} \times \vec{E} = -\mu_0 \frac{\partial \vec{H}}{\partial t} \tag{6-177}$$

$$\vec{\nabla} \times \vec{H} = \varepsilon_0 \frac{\partial \vec{E}}{\partial t} \tag{6-178}$$

現在我們要利用這四條方程式來導出動態電磁場在真空中的行為；我們將會分別得到 $\vec{E}$ 和 $\vec{H}$ 的「**波方程式**」，因此我們稱此 $\vec{E}$ 和 $\vec{H}$ 的組合為「**電磁波**」。

首先我們在 (6-177) 式等號兩邊同時做旋度 ($\vec{\nabla}\times$) 的運算：

$$\vec{\nabla} \times (\vec{\nabla} \times \vec{E}) = -\mu_0 \vec{\nabla} \times \frac{\partial \vec{H}}{\partial t} = -\mu_0 \frac{\partial}{\partial t}(\vec{\nabla} \times \vec{H})$$

以 (6-178) 式代入之，可得：

$$\vec{\nabla} \times (\vec{\nabla} \times \vec{E}) = -\mu_0 \varepsilon_0 \frac{\partial^2 \vec{E}}{\partial t^2} \tag{6-179}$$

同理，我們在 (6-178) 式等號兩邊同時做旋度 ($\vec{\nabla}\times$) 的運算：

$$\vec{\nabla} \times (\vec{\nabla} \times \vec{H}) = \varepsilon_0 \vec{\nabla} \times \frac{\partial \vec{E}}{\partial t} = \varepsilon_0 \frac{\partial}{\partial t}(\vec{\nabla} \times \vec{E})$$

以 (6-177) 式代入之，可得：

$$\vec{\nabla} \times (\vec{\nabla} \times \vec{H}) = -\mu_0 \varepsilon_0 \frac{\partial^2 \vec{H}}{\partial t^2} \tag{6-180}$$

接著利用向量恆等式 [詳見 (3-65) 式]：

$$\vec{\nabla} \times (\vec{\nabla} \times \vec{E}) = \vec{\nabla}(\vec{\nabla} \cdot \vec{E}) - (\vec{\nabla} \cdot \vec{\nabla})\vec{E} \tag{6-181}$$

其中，根據 (6-175) 式，$\vec{\nabla} \cdot \vec{E} = 0$；而：

$$\vec{\nabla} \cdot \vec{\nabla} \equiv \nabla^2 = \frac{\partial^2}{\partial x^2} + \frac{\partial^2}{\partial y^2} + \frac{\partial^2}{\partial z^2} \tag{6-182}$$

故 (6-181) 式變成：

$$\vec{\nabla} \times (\vec{\nabla} \times \vec{E}) = -\nabla^2 \vec{E}$$

代入 (6-179) 式即得：

$$\nabla^2 \vec{E} - \mu_0 \varepsilon_0 \frac{\partial^2 \vec{E}}{\partial t^2} = 0 \tag{6-183}$$

這個式子稱為真空中「**電場 $\vec{E}$ 的波方程式**」。

同樣地，由向量恆等式 [詳見 (3-65) 式]：

$$\vec{\nabla} \times (\vec{\nabla} \times \vec{H}) = \vec{\nabla}(\vec{\nabla} \cdot \vec{H}) - (\vec{\nabla} \cdot \vec{\nabla})\vec{H} \tag{6-184}$$

及 (6-176) 式，$\vec{\nabla} \cdot \vec{H} = 0$，可知：

$$\vec{\nabla} \times (\vec{\nabla} \times \vec{H}) = -\nabla^2 \vec{H}$$

代入 (6-180) 式即得：

$$\nabla^2 \vec{H} - \mu_0 \varepsilon_0 \frac{\partial^2 \vec{H}}{\partial t^2} = 0 \tag{6-185}$$

稱為真空中「**磁場 $\vec{H}$ 的波方程式**」。

由 (6-121) 式知：

$$c = \frac{1}{\sqrt{\mu_0 \varepsilon_0}} \tag{6-186}$$

故 $\mu_0 \varepsilon_0 = 1/c^2$，於是 (6-183) 式及 (6-185) 式可分別寫成：

$$\nabla^2 \vec{E} - \frac{1}{c^2} \frac{\partial^2 \vec{E}}{\partial t^2} = 0 \tag{6-187}$$

$$\nabla^2 \vec{H} - \frac{1}{c^2} \frac{\partial^2 \vec{H}}{\partial t^2} = 0 \tag{6-188}$$

在此再度強調，雖然在上列兩式中的電場 $\vec{E}$ 和磁場 $\vec{H}$ 是分離的，那是數學處理的一個過程而已；事實上兩者是互相感應、相倚相生而無法分離的。

馬克士威於 1864 年導出電磁場的波方程式之後，發現式中的常數：

$$c = \frac{1}{\sqrt{\mu_0 \varepsilon_0}} = \frac{1}{\sqrt{(4\pi \times 10^{-7}\ \text{H/m})(8.854\,187\,8 \times 10^{-12}\ \text{F/m})}}$$
$$= 299\,792\,458\ \text{m/s}$$

恰好等於真空中的光速；於是他說：「這互相吻合的結果似乎顯示光和電磁波是同一東西的不同表徵，可以說光是依據電磁諸定律在空間傳播的一種電磁擾動。」這項發現奠定了電磁學與光學兩個領域整合的理論基礎。

例題 6-17 在笛卡兒座標系中，假設一電磁場在真空中的電場強度為：

$$\vec{E}^+(z,t) = \hat{\mathbf{y}}\, E_0^+ \cos(\omega t - kz) \tag{6-189}$$

其中峯值E_0^+、角頻率 ω、角波數 k 均為定值；試證此一電場為波方程式 [(6-187) 式] 之一解。

證： 由已知，電場 $\vec{E}^+(z,t)$ 僅與座標 z 有關，而與 x, y 無關，故：

$$\nabla^2 \vec{E}^+ = \frac{\partial^2 \vec{E}^+}{\partial z^2} = -\,\hat{\mathbf{y}}\, k^2 E_0^+ \cos(\omega t - kz)$$

又：

$$\frac{\partial^2 \vec{E}^+}{\partial t^2} = -\,\hat{\mathbf{y}}\, \omega^2 E_0^+ \cos(\omega t - kz)$$

依定義，光速 $c = f\lambda$：

$$c = f\lambda = \frac{2\pi f}{2\pi/\lambda} \equiv \frac{\omega}{k} \tag{6-190}$$

故：

$$\nabla^2 \vec{E}^+ - \frac{1}{c^2}\frac{\partial^2 \vec{E}^+}{\partial t^2} = [-\,\hat{\mathbf{y}}\, k^2 E_0^+ \cos(\omega t - kz)] - \frac{k^2}{\omega^2}[-\,\hat{\mathbf{y}}\, \omega^2 E_0^+ \cos(\omega t - kz)]$$
$$= [-\,\hat{\mathbf{y}}\, k^2 E_0^+ \cos(\omega t - kz)] - [-\,\hat{\mathbf{y}}\, k^2 E_0^+ \cos(\omega t - kz)]$$
$$= 0$$

得證。

同理我們也可以證明，若將 (6-189) 式所示之電場的相位 $(\omega t - kz)$ 改為 $(\omega t + kz)$：

$$\vec{E}^-(z,t) = \hat{\mathbf{y}}\, E_0^- \cos(\omega t + kz) \tag{6-191}$$

則也是波方程式 [(6-187) 式] 之一解。不同的是：(6-189) 式所示的電場 $\vec{E}^{+}$ 係沿著 +z 方向傳播，而 (6-191) 式所示的電場 $\vec{E}^{-}$ 係沿著 – z 方向傳播。茲說明如下：

假設弦波的相位 $(\omega t \pm kz)$ 為定值：

$$\omega t \pm kz = \text{定值}$$

微分得：

$$\omega\, dt \pm k\, dz = 0$$

故：

$$\frac{dz}{dt} = \mp \frac{\omega}{k} \equiv c \tag{6-192}$$

其中最後一步係根據 (6-190) 式而來。這個式子告訴我們，當電磁波傳播時，假如我們跟隨電磁場中某一固定的相位 $\omega t \pm kz$ 前進，則前進的速度 dz/dt 必等於 $\mp\dfrac{\omega}{k}$；也就是說，相位為 $(\omega t + kz)$ 之弦波係以速度 $c = -\,\omega/k$ 向 – z 方向傳播，而相位為 $(\omega t - kz)$ 之弦波係以速度 $c = +\,\omega/k$ 向 + z 方向傳播。從這個觀點，我們稱 (6-192) 式所示的速度為「**相速度**」。在真空中，單一頻率之電磁波的相速度恆等於 c。

例題 6-18　在笛卡兒座標系中，假設一電磁場在真空中的電場強度為：

$$\vec{E}(z,t) = \hat{\mathbf{x}}\, E_0 \cos(\omega t - kz) \tag{6-193}$$

其中峯值 E_0、角頻率 ω、角波數 k 均為定值；試求該電磁場的磁場強度 $\vec{H}$。

解：首先由 (6-177) 式：

$$\begin{aligned}
\frac{\partial \vec{H}}{\partial t} &= -\frac{1}{\mu_0}(\vec{\nabla} \times \vec{E}) \\
&= -\frac{1}{\mu_0}\begin{vmatrix} \hat{\mathbf{x}} & \hat{\mathbf{y}} & \hat{\mathbf{z}} \\ \dfrac{\partial}{\partial x} & \dfrac{\partial}{\partial y} & \dfrac{\partial}{\partial z} \\ E_0 \cos(\omega t - kz) & 0 & 0 \end{vmatrix} \\
&= -\hat{\mathbf{y}}\,\frac{kE_0}{\mu_0}\sin(\omega t - kz)
\end{aligned}$$

對 t 積分 (省略積分常數) 得：

$$\vec{H} = -\,\hat{\mathbf{y}}\,\frac{kE_0}{\mu_0}\int \sin(\omega t - kz)\ dt$$

$$= \hat{\mathbf{y}}\,\frac{kE_0}{\omega\mu_0}\cos(\omega t - kz) \qquad (6\text{-}194)$$

又因常數

$$\frac{k}{\omega\mu_0} = \frac{1}{c\mu_0} = \sqrt{\frac{\varepsilon_0}{\mu_0}} = \frac{1}{Z_0}$$

其中 Z_0 為真空的本性阻抗；故得所求磁場強度為：

$$\vec{H} = \hat{\mathbf{y}}\,\frac{E_0}{Z_0}\cos(\omega t - kz) \qquad (6\text{-}195)$$

例題 6-19 在笛卡兒座標系中，假設一電磁場在真空中的電場強度為：

$$\vec{E}(z,t) = \hat{\mathbf{x}}\,E_0\cos(\omega t - kz) \qquad (6\text{-}196)$$

其中峯值 E_0、角頻率 ω、角波數 k 均為定值；試求該電磁場的平均坡因亭向量 $\vec{S}_{\text{av}}$。

解： 根據坡因亭向量的定義 (6-147) 式：

$$\vec{S} = \vec{E} \times \vec{H}$$

以 (6-196) 式及 (6-195) 式代入之：

$$\vec{S} = [\hat{\mathbf{x}}\,E_0\cos(\omega t - kz)] \times \left[\hat{\mathbf{y}}\,\frac{E_0}{Z_0}\cos(\omega t - kz)\right]$$

$$= \hat{\mathbf{z}}\,\frac{E_0^2}{Z_0}\cos^2(\omega t - kz)$$

故其平均值為：

$$\vec{S}_{\text{av}} = \hat{\mathbf{z}}\,\frac{E_0^2}{Z_0}\,\overline{\cos^2(\omega t - kz)} = \hat{\mathbf{z}}\,\frac{E_0^2}{2Z_0} \qquad (6\text{-}197)$$

我們由上述兩個例題歸納出有關真空中之弦波式電磁波的本性，如圖 6-33 所示：

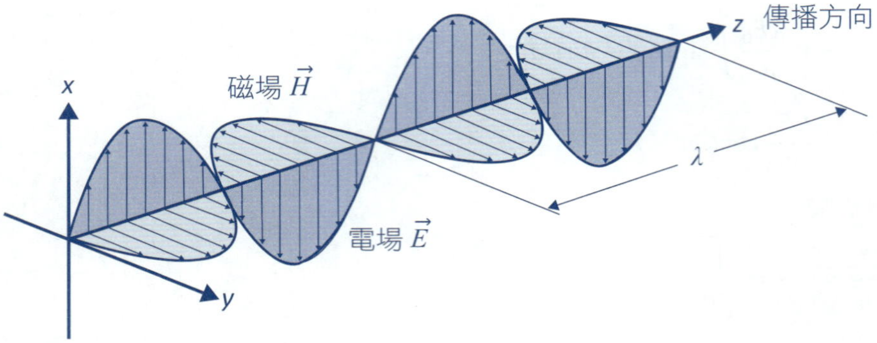

▲圖 6-33　**真空中之弦式電磁波模型**

1. 電場 $\vec{E}$ 與磁場 $\vec{H}$ 為同相。
2. 電場 $\vec{E}$ 與磁場 $\vec{H}$ 互相垂直。
3. 電磁波傳播的方向由坡因亭向量 $\vec{S} = \vec{E} \times \vec{H}$ 決定。
4. 電場 $\vec{E}$ 與磁場 $\vec{H}$ 峯值之比為定值 $Z_0 \approx 120\pi\ \Omega$。

6-18　弦波與相量

所謂「**弦波**」是指能以正弦函數 (sin) 或餘弦函數 (cos) 表示的波形。其實正弦函數和餘弦函數的波形是一樣的，只有相位相差 $\pi/2$ (90°) 而已：

$$\sin(x + \pi/2) = \cos x$$

因此我們通稱它們為弦波。在電磁波的計算中，我們常假設相關的物理量 (如電流、電壓、電場、磁場等) 為弦波，但這並不代表所有相關物理量的波形均為弦波。事實上，沒有一個實際的物理量是真正的弦波。原因之一是，弦波的自變數 x 的定義範圍為無限大：

$$-\infty < x < +\infty$$

而實際上的電磁物理量無論在時間或空間，範圍都是有限大。因此用單一弦波來表示電磁波之相關物理量僅是一種近似的作法。

那麼，弦波的使用為什麼仍然很重要呢？因為根據數學上的「**傅立葉分析**」，任何有限長的、任何形狀的波形都可視為一群峯值、頻率各異的弦波的組合；因此熟悉弦波的計算之後，我們自然有辦法處理實際上任何有限長的、任何形狀的電磁波問題。

在第 6-15 節中，我們曾假設赫茲偶極中的電流為 [詳見 (6-151) 式]：

$$I = I_0 \cos \omega t \tag{6-198}$$

這本來是一個最簡單的、單一頻率的餘弦函數，但經過若干計算之後，結果變得相當冗長 [詳見 (6-155) 式、(6-157) 式、及 (6-158) 式]，有違「簡易原則」。為簡化數學計算過程及計算的結果，遂有「**相量**」的創用。

顧名思義，相量就是專為處理具有**相位**之量——也就是弦波——所量身訂造的一種數學工具。它的基本依據就是「**歐勒公式**」[詳見 (1-62) 式]：

$$e^{ix} = \cos x + i \sin x \tag{6-199}$$

其中 $i = \sqrt{-1}$ 稱為虛數單位；i 這個符號是採自英文 imaginary (**虛數**) 的第一個字母。

$\cos x$ 稱為 e^{ix} 的實數部分，簡稱「**實部**」，寫成：

$$\cos x = \text{Re}\{e^{ix}\} \tag{6-200}$$

其中符號 Re 為英文 Real (**實數**) 的字首。而 $\sin x$ 稱為 e^{ix} 的虛數部分，簡稱「**虛部**」，寫成：

$$\sin x = \text{Im}\{e^{ix}\} \tag{6-201}$$

其中符號 Im 為英文 Imaginary (**虛數**) 的字首。

在利用相量討論弦波問題時，若無特別聲明，均以「實部」為代表；也就是說，相量 e^{ix} 係暗指餘弦函數 $\cos x$。例如 (6-198) 式所示的弦波電流可以寫成如下的相量形式：

$$\tilde{I} = I_0 e^{i\omega t} \tag{6-202}$$

本書中所有的相量符號其上方都附有一個代表弦波的記號「~」，以與其他波形有所區隔。相反地，若已知一相量 $\tilde{I} = I_0 e^{i\omega t}$，則可依下式還原成弦波的形式：

$$I = \text{Re}\{\tilde{I}\} = \text{Re}\{ I_0 e^{i\omega t}\} = I_0 \,\text{Re}\{e^{i\omega t}\} = I_0 \cos \omega t$$

例題 6-20 試求下列各相量所代表的餘弦波波形：(a) $\tilde{I} = i\, I_0 e^{i\omega t}$；(b) $\tilde{I} = -I_0 e^{i\omega t}$；(c) $\tilde{I} = -i\, I_0 e^{i\omega t}$。

解：(a) $I=\mathrm{Re}\{\tilde{I}\}=\mathrm{Re}\{i\,I_0e^{i\omega t}\}=I_0\,\mathrm{Re}\{ie^{i\omega t}\}=I_0\,\mathrm{Re}\{i(\cos\omega t+i\sin\omega t)\}$

$=I_0\,\mathrm{Re}\{i\cos\omega t-\sin\omega t\}=-I_0\sin\omega t$

$=I_0\cos(\omega t+\pi/2)$

(b) $I=\mathrm{Re}\{\tilde{I}\}=\mathrm{Re}\{-I_0e^{i\omega t}\}=-I_0\cos\omega t=I_0\cos(\omega t+\pi)$

(c) $I=\mathrm{Re}\{\tilde{I}\}=\mathrm{Re}\{-i\,I_0e^{i\omega t}\}=I_0\,\mathrm{Re}\{-ie^{i\omega t}\}$

$=I_0\,\mathrm{Re}\{-i\,(\cos\omega t+i\sin\omega t)\}=I_0\,\mathrm{Re}\{-i\cos\omega t+\sin\omega t\}$

$=I_0\sin\omega t=I_0\cos(\omega t-\pi/2)$

從這個例題我們看到一個簡單的規則：**以 i 乘一個相量時，該相量的相位必增加 π/2 (90°)**。依此類推，以 i^2 (= – 1) 乘一相量時，該向量的相位必增加 $2\times\pi/2=\pi$；而以 i^3 (= – i) 乘一相量時，該向量的相位必增加 $3\times\pi/2=3\pi/2$ (或減少 π/2) 等等。

其次，我們在弦波中加入空間變數，如 (6-189) 式及 (6-191) 式中的變數 z；為敘述方便起見，我們只寫出這兩個電場的大小：

$$E^+(z,t)=E_0^+\cos(\omega t-kz) \tag{6-203}$$

$$E^-(z,t)=E_0^-\cos(\omega t+kz) \tag{6-204}$$

比照 (6-202) 式，這兩個電場可以寫成相量式：

$$\tilde{E}^+=E_0^+e^{i(\omega t-kz)}$$

$$\tilde{E}^-=E_0^-e^{i(\omega t+kz)}$$

或：

$$\tilde{E}^+=E_0^+e^{i\omega t}e^{-ikz}$$

$$\tilde{E}^-=E_0^-e^{i\omega t}e^{ikz}$$

為使式子更簡潔，我們通常將此二式中的 $e^{i\omega t}$ 省略不寫：

$$\tilde{E}^+=E_0^+e^{-ikz} \tag{6-205}$$

$$\tilde{E}^-=E_0^-e^{ikz} \tag{6-206}$$

但要記住，$e^{i\omega t}$ 省略不寫並非真的消失，而是在必要時隨時恢復。例如當 (6-205) 式對時間 t 偏微分時，就必須將 $e^{i\omega t}$ 恢復再計算：

$$\frac{\partial \tilde{E}^+}{\partial t} = \frac{\partial}{\partial t}(E_0^+ e^{-ikz}) \rightarrow \frac{\partial}{\partial t}(E_0^+ e^{i\omega t} e^{-ikz}) = i\omega(E_0^+ e^{i\omega t} e^{-ikz})$$

亦即：

$$\frac{\partial \tilde{E}^+}{\partial t} = i\omega \tilde{E}^+ \tag{6-207}$$

同理：

$$\frac{\partial \tilde{E}^-}{\partial t} = i\omega \tilde{E}^- \tag{6-208}$$

也就是說，**任何相量對 t 的一次偏微分等於將該相量乘以 $i\omega$**；這項特性在爾後解偏微分方程式時提供了極大的便利。

另外，當 (6-205) 式對時間 t 積分時，也必須先將 $e^{i\omega t}$ 恢復再計算：

$$\int \tilde{E}^+ dt = \int E_0^+ e^{-ikz} dt \rightarrow \int E_0^+ e^{i\omega t} e^{-ikz} dt = \frac{1}{i\omega}(E_0^+ e^{i\omega t} e^{-ikz})$$

亦即：

$$\int \tilde{E}^+ dt = \frac{\tilde{E}^+}{i\omega} \tag{6-209}$$

同理：

$$\int \tilde{E}^- dt = \frac{\tilde{E}^-}{i\omega} \tag{6-210}$$

此二式告訴我們，**任何相量對 t 的積分等於將該相量除以 $i\omega$**。

例題 6-21 **赫茲偶極**。已知赫茲偶極所產生的遠場中，電場與磁場之強度 [詳見 (6-159) 式及 (6-160) 式] 分別為：

$$\vec{E} = \hat{\boldsymbol{\theta}}\, E_0[-\sin(\omega t - kR)]\frac{\sin\theta}{R} \tag{6-211}$$

$$\vec{H} = \hat{\boldsymbol{\phi}}\, \frac{E_0}{Z_0}[-\sin(\omega t - kR)]\frac{\sin\theta}{R} \tag{6-212}$$

其中：

$$E_0 = \sqrt{\frac{\mu_0}{\varepsilon_0}}\frac{I_0 k\, \delta l}{4\pi} \equiv Z_0 \frac{I_0 k\, \delta l}{4\pi} \tag{6-213}$$

(a) 試將 $\vec{E}$ 與 $\vec{H}$ 以相量表示；(b) 試寫出**平均**坡因亭向量之相量式。

解：(a) 由歐勒公式可知：

$$e^{i(\omega t-kR)}=\cos(\omega t-kR)+i\ \sin(\omega t-kR)$$

故得：

$$\text{Re}\{ie^{i(\omega t-kR)}\}=\text{Re}\{i\cos(\omega t-kR)-\ \sin(\omega t-kR)\}=-\ \sin(\omega t-kR)$$

於是 (6-211) 式可改寫成相量形式：

$$\tilde{\vec{E}}=\hat{\boldsymbol{\theta}}\,E_0[ie^{i(\omega t-kR)}]\frac{\sin\theta}{R}$$

將此式中的 $e^{i\omega t}$ 省略不寫，即得：

$$\tilde{\vec{E}}=\hat{\boldsymbol{\theta}}\,iE_0e^{-ikR}\frac{\sin\theta}{R} \tag{6-214}$$

同理，(6-212) 式亦可改寫成如下的相量形式：

$$\tilde{\vec{H}}=\hat{\boldsymbol{\phi}}\,\frac{iE_0}{Z_0}e^{-ikR}\frac{\sin\theta}{R} \tag{6-215}$$

(b) 由 (6-214) 式及 (6-215) 式可知：

$$\frac{1}{2}\tilde{\vec{E}}\times\tilde{\vec{H}}^*=\frac{1}{2}\left[\hat{\boldsymbol{\theta}}\,iE_0e^{-ikR}\frac{\sin\theta}{R}\right]\times\left[\hat{\boldsymbol{\phi}}\,\frac{-iE_0}{Z_0}e^{+ikR}\frac{\sin\theta}{R}\right]$$

$$=\hat{\mathbf{R}}\,\frac{E_0^2}{2Z_0R^2}\sin^2\theta=\hat{\mathbf{R}}\,\frac{Z_0}{2}\left(\frac{I_0k\,\delta l}{4\pi R}\right)^2\sin^2\theta$$

此一結果與 (6-167) 式一致，故得平均坡因亭向量之相量式：

$$\tilde{\vec{S}}_{\text{av}}=\frac{1}{2}\tilde{\vec{E}}\times\tilde{\vec{H}}^* \tag{6-216}$$

其中 $\tilde{\vec{H}}^*$ 為 $\tilde{\vec{H}}$ 的「**共軛相量**」。

6-19 半波偶極天線 (一)

在第 6-15 節及第 6-16 節裡，我們講述了一個最簡單的電磁輻射模型——赫茲偶極，它的長度很小 ($\delta l \ll \lambda$)，且其中的電流為最簡單的形式 ($\tilde{I}=I_0$)【註 4】，所產生之遠場的電場強度為 [詳見 (6-214) 式]：

註4 請注意：本節中所有的弦波均以相量來表示；因此，$\tilde{I}=I_0$ 的意思是 $\tilde{I}=I_0e^{i\omega t}$。

$$\vec{E} = \hat{\boldsymbol{\theta}}\, iE_0 e^{-ikR}\frac{\sin\theta}{R}$$

$$= \hat{\boldsymbol{\theta}}\, i\, Z_0 \frac{I_0 k\, \delta l}{4\pi}\frac{e^{-ikR}}{R}\sin\theta \qquad (6\text{-}217)$$

在本節中我們要講述的是「**半波偶極**」天線。如圖 6-34(a) 所示，半波偶極的長度等於半波長 ($l = \lambda/2$)；置於座標系原點時，其長度範圍為 $-\lambda/4 \leqq z \leqq +\lambda/4$，其中之電流為弦波形式：

$$\tilde{I} = I_0 \cos kz \qquad (-\lambda/4 \leqq z \leqq +\lambda/4)$$

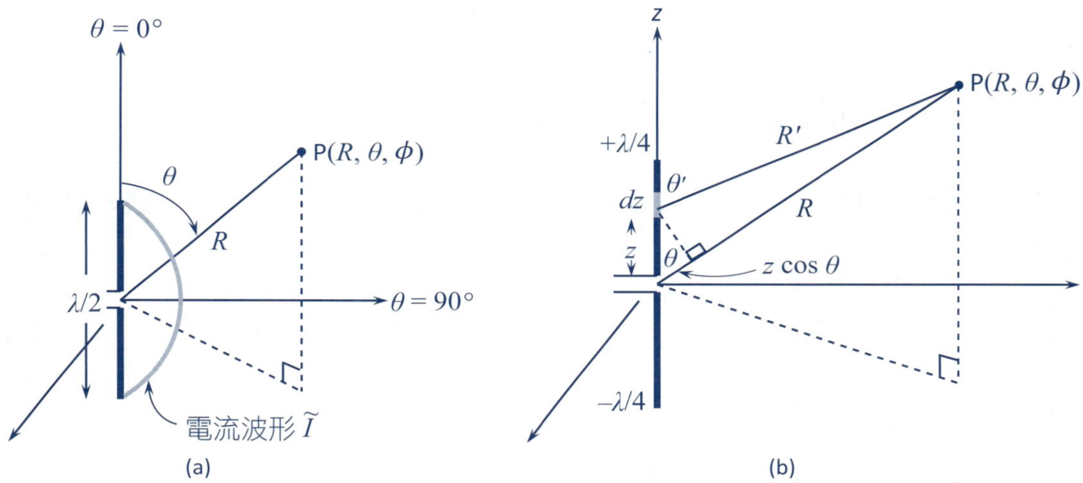

▲圖 6-34 (a) 半波偶極天線示意圖；(b) 半波偶極天線之遠場計算

我們看到這個電流於任何時刻在兩端點處 ($z = \pm\lambda/4$) 均保持為零，此一現象使得半波偶極與前述之赫茲偶極有別，成為一個較切合實際的天線模型。

首先我們要計算此一半波偶極所產生之遠場，也就是在極遠的一點 P(R, θ, ϕ) 的電磁場 ($R >> l$)。如圖 6-34(b) 所示，在天線上座標 z 之處選取線元素 dz；此一線元素中具有電流 $\tilde{I} = I_0 \cos kz$，可視為一個赫茲偶極。假設此赫茲偶極與點 P(R, θ, ϕ) 之距離為 R'，則根據 (6-217) 式，它在點 P 產生的微量電場強度為：

$$d\vec{E} = \hat{\boldsymbol{\theta}}\, i\, Z_0 \frac{\tilde{I} k\, dz}{4\pi}\frac{e^{-ikR'}}{R'}\sin\theta' \qquad (6\text{-}218)$$

由圖 6-34(b) 可知：

$$R' \approx R - z\cos\theta$$

故 (6-218) 式中的 $e^{-ikR'}$ 可寫成：

$$e^{-ikR'} = e^{-ik(R-z\cos\theta)} = e^{-ikR}e^{ikz\cos\theta}$$

代回 (6-218) 式中：

$$d\vec{\tilde{E}} = \hat{\boldsymbol{\theta}}\, i\, Z_0 \frac{\tilde{I}k\, dz}{4\pi}\frac{e^{-ikR}}{R}\sin\theta\, e^{ikz\cos\theta}$$

其中我們使用近似值 $1/R' \approx 1/R$，$\sin\,\theta' \approx \sin\,\theta$。再將 $\tilde{I} = I_0\cos kz$ 代入並整理之：

$$d\vec{\tilde{E}} = \hat{\boldsymbol{\theta}}\, i\, Z_0 \frac{I_0}{4\pi}\frac{e^{-ikR}}{R}\sin\theta\, e^{ikz\cos\theta}\cos kz\ d(kz)$$

將此式由 $z = -\lambda/4$ 至 $z = +\lambda/4$ (或由 $kz = -\pi/2$ 至 $kz = +\pi/2$) 積分，即得點 P 的電場強度：

$$\vec{\tilde{E}} = \hat{\boldsymbol{\theta}}\, i\, Z_0 \frac{I_0}{4\pi}\frac{e^{-ikR}}{R}\sin\theta\int_{-\pi/2}^{+\pi/2} e^{ikz\cos\theta}\cos kz\ d(kz) \qquad (6\text{-}219)$$

利用積分公式：

$$\int e^{ax}\cos x\, dx = \frac{e^{ax}}{1+a^2}(a\cos x + \sin x)$$

令 $a = i\cos\theta$，$x = kz$，則 (6-219) 式中之積分式等於：

$$\int_{-\pi/2}^{+\pi/2} e^{ikz\cos\theta}\cos kz\ d(kz) = \frac{2\cos\left(\frac{\pi}{2}\cos\theta\right)}{\sin^2\theta}$$

代回 (6-219) 式中即得：

$$\vec{\tilde{E}} = \hat{\boldsymbol{\theta}}\, i\, Z_0 \frac{I_0}{2\pi}\frac{\cos\left(\frac{\pi}{2}\cos\theta\right)}{\sin\theta}\frac{e^{-ikR}}{R} \qquad (6\text{-}220)$$

例題 6-22 已知半波偶極之遠場的電場強度 $\vec{E}$ 如 (6-220) 式所示，試求磁場強度 $\vec{H}$。

解： 由微分形式的法拉第定律 (6-95) 式可知：

$$\frac{\partial \vec{H}}{\partial t} = -\frac{1}{\mu_0}\vec{\nabla} \times \vec{E} = -i\, Z_0 \frac{I_0}{2\pi\mu_0} \frac{1}{R^2 \sin\theta} \begin{vmatrix} \hat{\mathbf{R}} & R\hat{\boldsymbol{\theta}} & R\sin\theta\,\hat{\boldsymbol{\phi}} \\ \dfrac{\partial}{\partial R} & \dfrac{\partial}{\partial \theta} & \dfrac{\partial}{\partial \phi} \\ 0 & \dfrac{\cos\left(\frac{\pi}{2}\cos\theta\right)}{\sin\theta} e^{-ikR} & 0 \end{vmatrix}$$

$$= -\hat{\boldsymbol{\phi}}\, Z_0 \frac{I_0\, k}{2\pi\mu_0} \frac{\cos\left(\frac{\pi}{2}\cos\theta\right)}{\sin\theta} \frac{e^{-ikR}}{R}$$

因**任何相量對 t 的積分等於將該相量除以 $i\omega$**，故上式之積分為：

$$\vec{H} = -\hat{\boldsymbol{\phi}} \frac{1}{i\omega} Z_0 \frac{I_0\, k}{2\pi\mu_0} \frac{\cos\left(\frac{\pi}{2}\cos\theta\right)}{\sin\theta} \frac{e^{-ikR}}{R}$$

$$= \hat{\boldsymbol{\phi}}\, i\, Z_0 \frac{I_0\, k}{2\pi\mu_0\omega} \frac{\cos\left(\frac{\pi}{2}\cos\theta\right)}{\sin\theta} \frac{e^{-ikR}}{R}$$

$$= \hat{\boldsymbol{\phi}}\, i\, Z_0 \frac{I_0}{2\pi\mu_0 c} \frac{\cos\left(\frac{\pi}{2}\cos\theta\right)}{\sin\theta} \frac{e^{-ikR}}{R}$$

$$\vec{H} = \hat{\boldsymbol{\phi}}\, i\, \frac{I_0}{2\pi} \frac{\cos\left(\frac{\pi}{2}\cos\theta\right)}{\sin\theta} \frac{e^{-ikR}}{R} \tag{6-221}$$

由 (6-220) 式及 (6-221) 式可知，對半波偶極而言，其遠場的電場強度與磁場強度大小的比恆為一定值：

$$\frac{|\vec{E}|}{|\vec{H}|} = Z_0 \approx 120\pi \quad \Omega \tag{6-222}$$

由 (6-220) 式及 (6-221) 式我們看到，半波偶極之遠場電磁場的大小除了隨距離 R 衰減之外，還隨著函數 $\dfrac{\cos\left(\frac{\pi}{2}\cos\theta\right)}{\sin\theta}$ 而變——也就是說，隨著「**天頂角**」θ 而變。在半波偶極的上、下方 ($\theta = 0°$ 或 $180°$) 電磁場皆等於零；而在半波偶極的

垂直平分面上 ($\theta = 90°$)，電磁場強度為最大。這個現象可以用圖 6-35 所示的「**輻射圖案**」來表示。

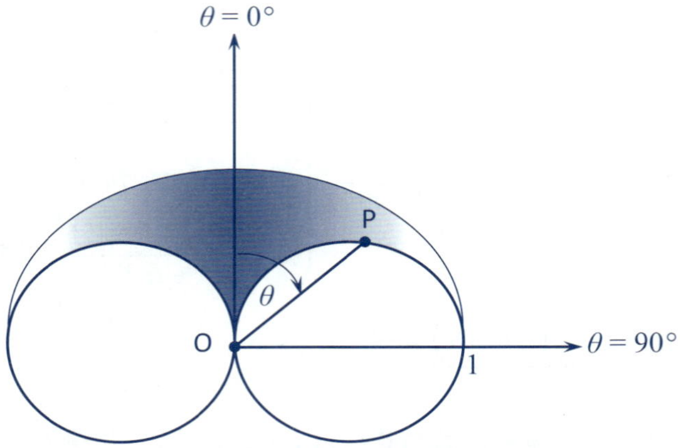

▲圖 6-35　**半波偶極天線的輻射圖案**

這個圖案是三維的，在 (6-220) 式中令 $\theta = 90°$，即知此處電場強度之峯值為：

$$|\vec{E}|(\pi/2) = Z_0 \frac{I_0}{2\pi R}$$

而在任一方向 θ 之電場強度之峯值為：

$$|\vec{E}|(\theta) = Z_0 \frac{I_0}{2\pi R} \frac{\cos\left(\frac{\pi}{2}\cos\theta\right)}{\sin\theta} \tag{6-223}$$

故：

$$\frac{|\vec{E}|(\theta)}{|\vec{E}|(\pi/2)} = \frac{\cos\left(\frac{\pi}{2}\cos\theta\right)}{\sin\theta} \tag{6-224}$$

在圖 6-35 所示的輻射圖案中，沿著 θ 方向所畫的弦 $\overline{OP}$ 的長度恰等於 (6-224) 式的函數值，因此可以用來表示該方向之 $|\vec{E}|(\theta)/|\vec{E}|(\pi/2)$ 值。

例題 6-23　在半波偶極輻射圖案中，設 $\theta =$：(a) 51°；(b) 72°，試求各該方向之 $\dfrac{|\vec{E}|(\theta)}{|\vec{E}|(\pi/2)}$ 值。

解： (a) $\theta = 51°$，由 (6-224) 式得：

$$\frac{|\vec{E}|(\theta)}{|\vec{E}|(\pi/2)} = \frac{\cos(90^\circ \times \cos 51^\circ)}{\sin 51^\circ} = 0.71$$

(b) $\theta = 72°$，由 (6-224) 式得：

$$\frac{|\vec{E}|(\theta)}{|\vec{E}|(\pi/2)} = \frac{\cos(90^\circ \times \cos 72^\circ)}{\sin 72^\circ} = 0.93$$

6-20 半波偶極天線(二)

在本節中，我們要利用半波偶極天線所產生的遠場 [(6-220) 式及 (6-221) 式]，來計算其「**輻射電阻**」與「**指向增益**」。

以 (6-220) 式及 (6-221) 式代入 (6-216) 式，可得平均坡因亭向量：

$$\vec{S}_{\text{av}} = \frac{1}{2}\vec{E}\times\vec{H}^* = \frac{1}{2}\left[\hat{\boldsymbol{\theta}}\, i\, Z_0 \frac{I_0}{2\pi}\frac{\cos\left(\frac{\pi}{2}\cos\theta\right)}{\sin\theta}\frac{e^{-ikR}}{R}\right]\times\left[\hat{\boldsymbol{\phi}}(-i)\frac{I_0}{2\pi}\frac{\cos\left(\frac{\pi}{2}\cos\theta\right)}{\sin\theta}\frac{e^{+ikR}}{R}\right]$$

$$= \hat{\mathbf{R}}\,\frac{Z_0 I_0^2}{8\pi^2 R^2}\,\frac{\cos^2\left(\frac{\pi}{2}\cos\theta\right)}{\sin^2\theta} \tag{6-225}$$

今想像一個半徑 R 的球面 S，則通過此一球面之電磁輻射平均功率為：

$$P_{\text{av}} = \oint_S \vec{S}_{\text{av}}\cdot d\vec{S} = \int_0^{2\pi}\int_0^{\pi}\left[\frac{Z_0 I_0^2}{8\pi^2 R^2}\,\frac{\cos^2\left(\frac{\pi}{2}\cos\theta\right)}{\sin^2\theta}\right](R^2\sin\theta\; d\theta\, d\phi)$$

$$= \frac{Z_0 I_0^2}{4\pi}\int_0^{\pi}\frac{\cos^2\left(\frac{\pi}{2}\cos\theta\right)}{\sin\theta}\,d\theta$$

此式中的積分值無法用一般基本數學函數來表示，但可用其他方法 (例如數值積分法) 求得：

$$\int_0^{\pi}\frac{\cos^2\left(\frac{\pi}{2}\cos\theta\right)}{\sin\theta}\,d\theta \approx 1.22$$

故得：

$$P_{\text{av}} \approx 1.22\,\frac{Z_0 I_0^2}{4\pi} \tag{6-226}$$

將 $Z_0 = 120\pi$ 代入之，則：

$$P_{\text{av}} \approx 36.6\, I_0^2 \tag{6-227}$$

根據定義 [詳見 (6-171) 式]：

$$P_{\text{av}} = \frac{1}{2} I_0^2 R_{\text{rad}}$$

可得半波偶極天線之輻射電阻為：[註 5]

$$R_{\text{rad}} \approx 73.1\ \ \Omega \tag{6-228}$$

其次，我們要討論的是半波偶極天線的「指向增益」$G(\theta)$。依定義：

$$G(\theta) = \frac{|\vec{S}_{\text{av}}|}{P_{\text{av}}/4\pi R^2}$$

將 (6-225) 式及 (6-226) 式代入之，可得：

$$G(\theta) = 1.64 \times \left[\frac{\cos\left(\frac{\pi}{2}\cos\theta\right)}{\sin\theta}\right]^2 \tag{6-229}$$

這就是半波偶極天線的指向增益。在 $\theta = 0°$ 及 $\theta = 180°$ 的方向無電磁輻射發出，指向增益為零；而在 $\theta = 90°$ 的方向電磁輻射功率為平均輻射功率的 1.64 倍，指向增益為 1.64。

如無特別聲明，「**天線增益**」G 指的就是它的最大指向增益：

$$G = [G(\theta)]_{\max}$$

就半波偶極天線而言，其指向增益之最大值為 $[G(\theta)]_{\max} = G(90°) = 1.64$，因此我們可以說它的增益為 $G = 1.64$。

註5 半波偶極天線的分析是個近似計算，故有效位數不多，這裡僅取三位；73.1 是 (6-227) 式中 36.6 的兩倍。表面上看起來似乎是 $2 \times 36.6 = 73.2$，但小數點後面的 6 是個估計數字，有不確定性，所以一般採用 $2 \times 36.6 \approx 73.1$。

習題

6-2 感應電動勢

6.1 如圖 E6-1 所示，有 $\overline{\text{ab}}$、$\overline{\text{cd}}$、$\overline{\text{ef}}$ 三段導線在均勻磁場 $\vec{B} = \hat{\mathbf{y}}\,B$ 中運動；設其速度分別為：(a) $\vec{u}_{\text{ab}} = \hat{\mathbf{y}}\,u$；(b) $\vec{u}_{\text{cd}} = (\hat{\mathbf{y}} - \hat{\mathbf{z}})u/\sqrt{2}$；(c) $\vec{u}_{\text{ef}} = \hat{\mathbf{x}}\,u$；試求各導線兩端之感應電動勢，並註明各電動勢之正端。(圖中正立方形的邊長為 l。)

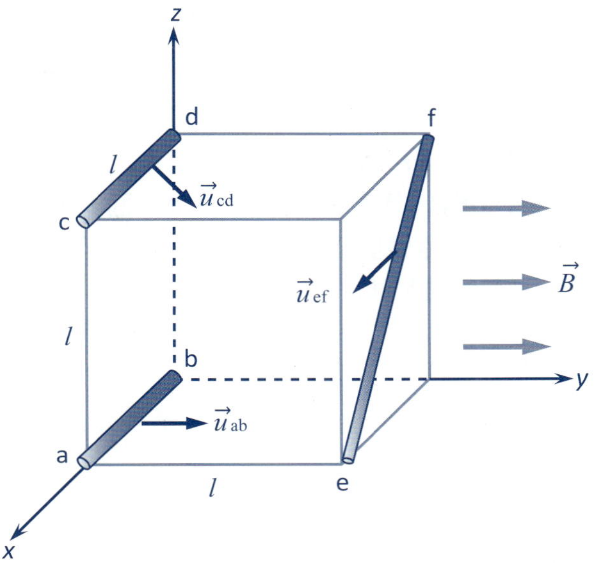

▲圖 E6-1　習題 6.1 用圖

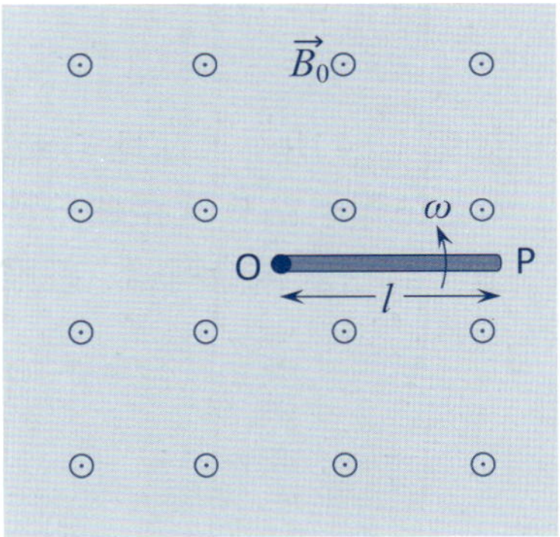

▲圖 E6-2　習題 6.2 用圖

6.2 如圖 E6-2 所示，長度 l 之金屬桿以點 O 為軸，在均勻磁場 B_0 之垂直面上以角頻率 ω 轉動。試求金屬桿兩端之感應電動勢，並註明電動勢之正端。

6.3 已知某地之地磁場的磁通密度為 B_g，其方向與水平面成 θ_g 角 (稱為「**磁傾角**」)。一河寬度 w，河水以速率 u 水平方向流動；設河水為導體，試求該河兩岸之感應電動勢。

6.4 某地之地磁場的磁通密度為 B_g，磁傾角為 θ_g。一長度 l 之直導線由高度 h 自由落下；設導線恆保持水平，並保持東西方向，試求在著地之瞬間，其兩端之感應電動勢。(設該地之重力加速度為 g。)

6.5 如圖 E6-3 所示，在均勻磁場 $\vec{B} = -\hat{\mathbf{z}}\,B$ 中有一直導線 $\overline{\text{ab}}$ 置於 $z = 0$ 平面上，a、b 兩點與原點 O 之距離分別為 a 及 b。設導線以速度 (a) $\vec{u} = \hat{\mathbf{x}}\,u$；(b) $\vec{u} = \hat{\mathbf{y}}\,u$ 運動，試各求導線兩端之感應電動勢，並註明電動勢之正端。

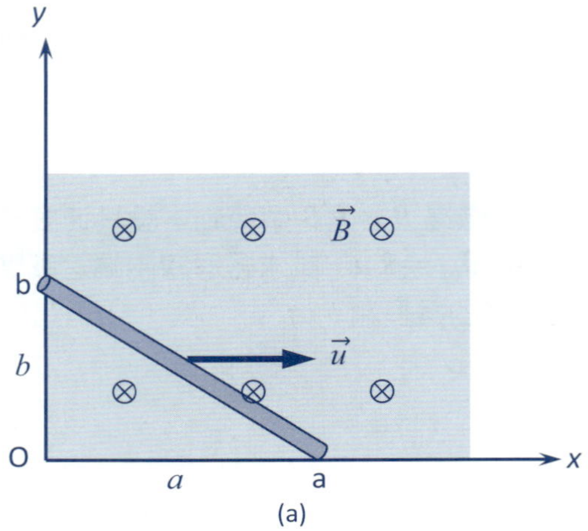

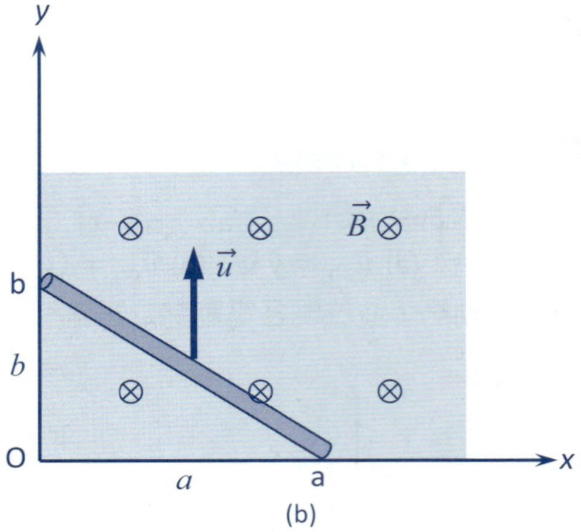

▲**圖 E6-3　習題 6.5 用圖**

6.6　如圖 E6-4 所示，在均勻磁場 $\vec{B} = -\hat{\mathbf{z}}\,B$ 中有一導線 $\overline{\text{abc}}$ 置於 $z = 0$ 平面上，a、b、c 三點與原點 O 之距離分別為 a、b 及 a。設導線以速度 (a) $\vec{u} = \hat{\mathbf{x}}\,u$；(b) $\vec{u} = \hat{\mathbf{y}}\,u$ 運動，試各求導線兩端之感應電動勢，並註明電動勢之正端。

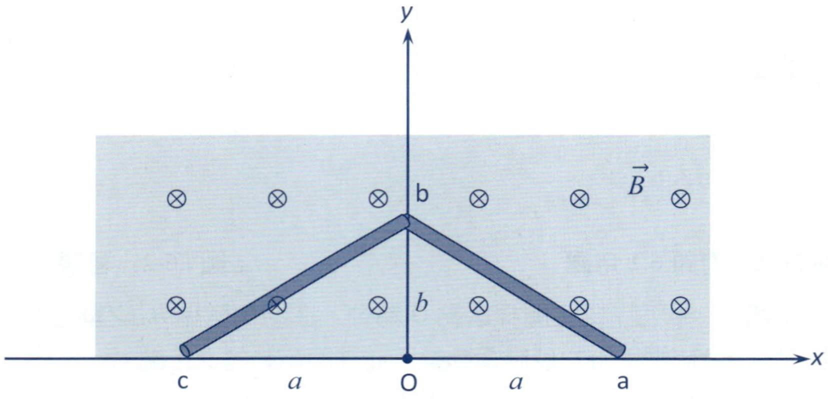

▲**圖 E6-4　習題 6.6 用圖**

6.7　如圖 E6-5 所示，在均勻磁場 $\vec{B} = -\hat{\mathbf{z}}\,B$ 中有一半徑 a 之圓弧導線 ab 置於 $z = 0$ 平面上。設導線以速度 (a) $\vec{u} = \hat{\mathbf{z}}\,u$；(b) $\vec{u} = \hat{\mathbf{y}}\,u$ 運動，試各求導線兩端之感應電動勢，並註明電動勢之正端。

6.8　如圖 E6-6 所示，在均勻磁場 $\vec{B} = -\hat{\mathbf{z}}\,B$ 中有一半徑 a 之半圓形導線 acb 置於 $z = 0$ 平面上。設導線以速度 (a) $\vec{u} = \hat{\mathbf{z}}\,u$；(b) $\vec{u} = \hat{\mathbf{y}}\,u$ 運動，試各求導線兩端之感應電動勢，並註明電動勢之正端。

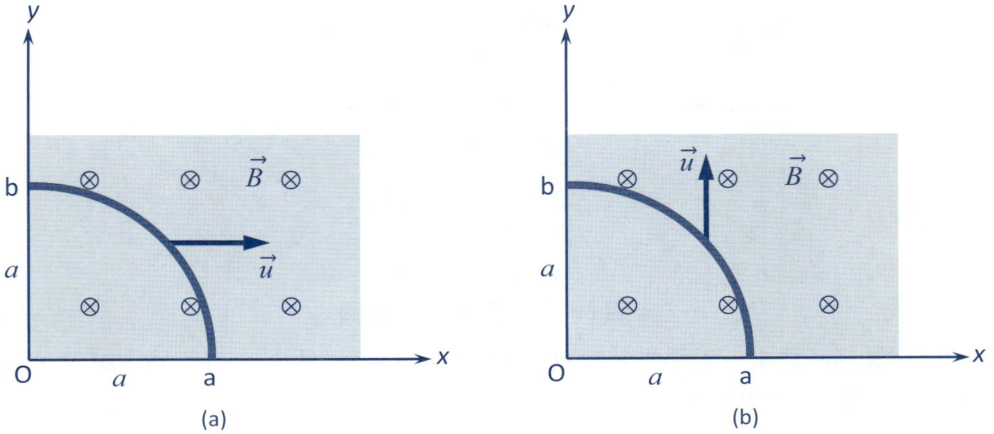

▲圖 E6-5　**習題 6.7 用圖**

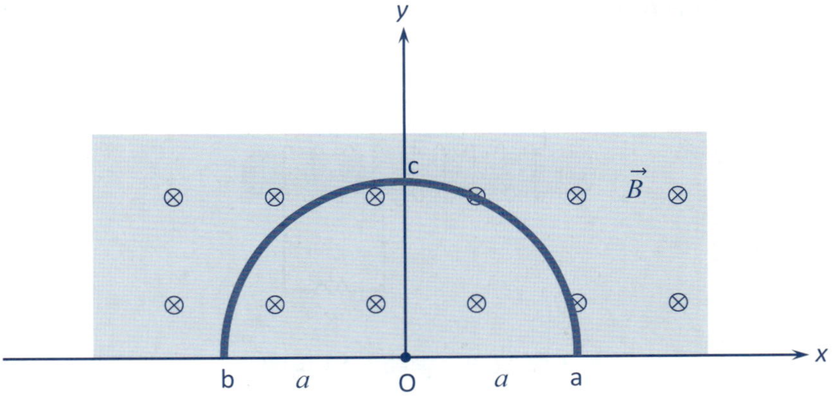

▲圖 E6-6　**習題 6.8 用圖**

6.9　在均勻磁場 $\vec{B} = -\hat{\mathbf{z}}\,B$ 中有一半徑 a 之圓形導線置於 $z = 0$ 平面上。設導線以速度 (a) $\vec{u} = \hat{\mathbf{z}}\,u$；(b) $\vec{u} = \hat{\mathbf{y}}\,u$ 運動，試各求導線中之感應電動勢。

6.10　在笛卡兒座標系中，一長方形迴路在磁通密度為 $\vec{B} = \hat{\mathbf{z}}\,kx$ 之磁場中運動，其中 k 為定值 $(k > 0)$，如課文中之圖 6-5 所示。設長方形迴路之速度為：(a) $\vec{u} = \hat{\mathbf{y}}\,u$；(b) $\vec{u} = \hat{\mathbf{z}}\,u$；試分別求迴路中之感應電動勢。

6-3　法拉第感應定律

6.11　如圖 E6-7 所示，一導線中有一段彎成半徑 a 之半圓形，在均勻磁場 $\vec{B}$ 中以角頻率 ω 轉動。試求導線兩端產生之感應電動勢的峯值。

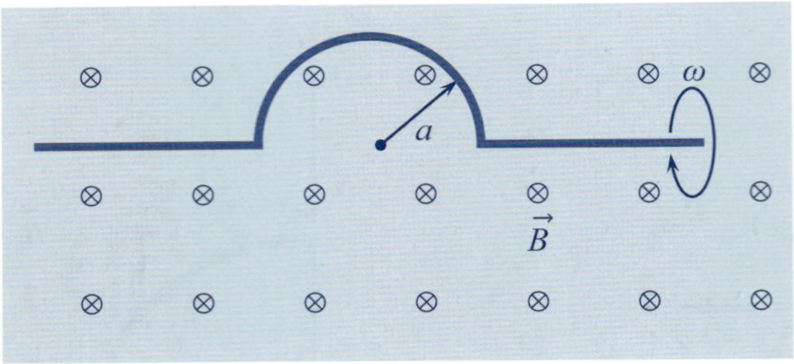

▲圖 E6-7　習題 6.11 用圖

6.12 已知在圓柱座標中一磁場強度為 $\vec{H} = \hat{\mathbf{z}}\, H_0 e^{-\alpha t}$，其中 H_0 及 α 為定值。試求在點 P(r, ϕ, 0) 之感應電場強度 $\vec{E}$。

6-4 楞次定律

6.13 如圖 E6-8 所示，在一鐵芯上繞有 A、B 兩組線圈；線圈 A 中載有電流 I。若電流突然中斷，試求電阻 R 中之短暫感應電流的方向。

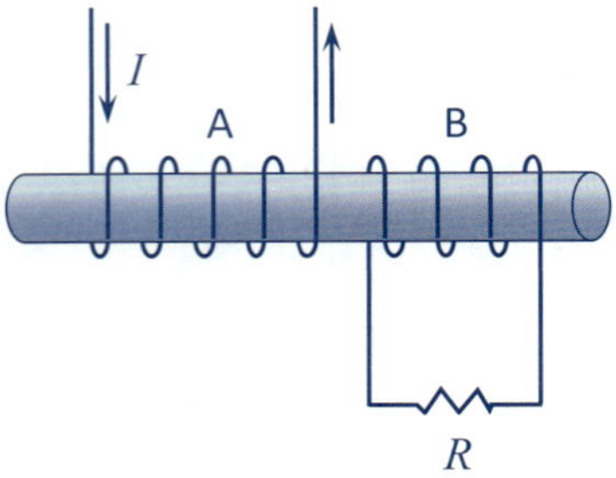

▲圖 E6-8　習題 6.13 用圖

6.14 如圖 E6-9 所示，在兩鐵芯上分別繞有 A、B 兩組線圈；若將開關 S 關上，則在關上之瞬間，電阻 R 中之短暫感應電流的方向為何？

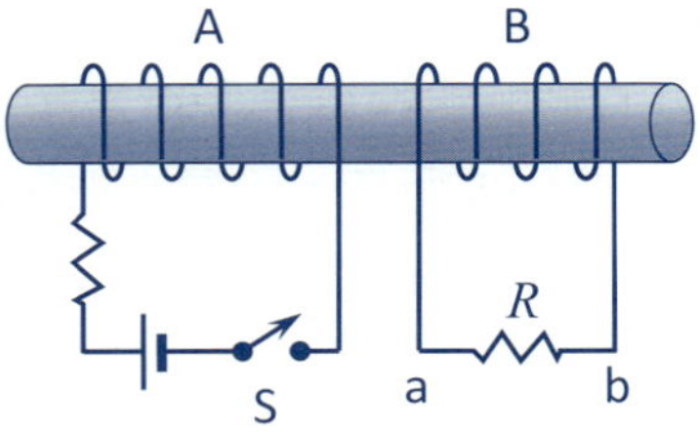

▲圖 E6-9　習題 6.14 用圖

6.15 如圖 E6-10 所示，一螺線管中載有電流 I，其方向如圖中所示。設螺線管：(a) 向下運動；(b) 向上運動，試分別求線圈中感應電流的方向。

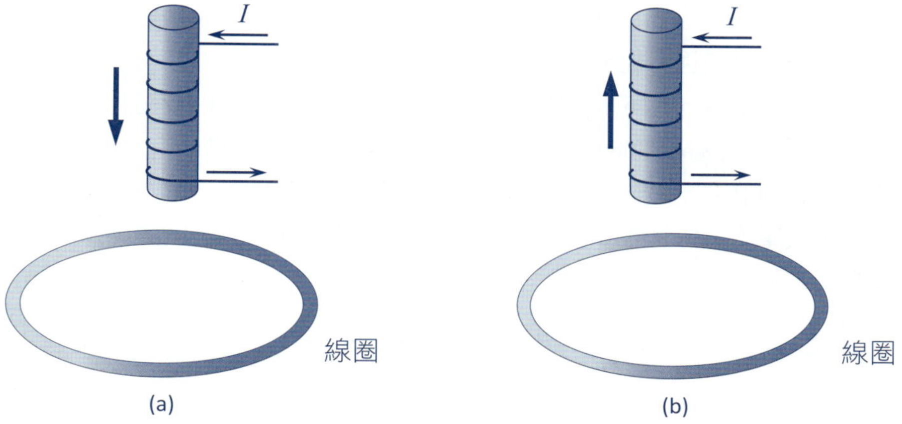

▲圖 E6-10　習題 6.15 用圖

6-5　線型發電機

6.16　試利用圖 6-12 中的已知量，求線型發電機啟動時之暫態電流 $I(t)$。

6-6　線型馬達

6.17　試利用圖 6-13 中的已知量，求線型馬達啟動時之暫態電流 $I(t)$。

6.18　試利用圖 6-14 中的已知量，求線型馬達之電源中的開路電壓除去後之暫態電流 $I(t)$。

6-7　渦電流

6.19　設一磁場 $\vec{H}$ 的方向固定，且只為一維空間 x 與時間 t 之函數，則 (6-41) 式可化簡為：

$$\frac{\partial^2 H}{\partial x^2} = \sigma\mu \frac{\partial H}{\partial t}$$

試證：

$$H = H_0\, e^{-\alpha t} \sin \beta x$$

為其一解 (其中 H_0 為一定值，α 與 β 為常數)，並求 β^2/α。

6.20　同上題，設 $\sigma\mu = 0.8636$，試證：

$$H = 100\, e^{-\alpha t} \cos \frac{\pi x}{80} \quad \text{A/m}$$

為其一解，並求 α 值。

6-8　集膚效應

6.21　設一導線之截面半徑為：(a) $a = 10\delta$；(b) $a = 15\delta$；試求由表面算起一個集膚深度 δ 中之電流佔總電流的百分比。

6.22 設一導線之截面半徑為：(a) $a = 10\delta$；(b) $a = 15\delta$；試求由表面算起 2 個集膚深度中之電流佔總電流的百分比。

6.23 已知銅的電阻率為 $\rho = 16.78\ \text{n}\Omega\cdot\text{m}$，試求在電磁頻率 $f = 60$ Hz 之下的集膚深度 δ。

6.24 已知鉛的電阻率為 $\rho = 208\ \text{n}\Omega\cdot\text{m}$，試求在電磁頻率 $f = 50$ Hz 之下的集膚深度 δ。

6.25 **導線的交流電阻**。若導線中交流電流的集膚效應很明顯，則其有效截面面積會縮小，導致其電阻值的增加。設一導線之截面為直徑 D 之圓，當集膚深度為 δ 時，試證其交流電阻約等於：

$$R \approx \rho \frac{l}{\pi(D-\delta)\delta}$$

6.26 (a) 已知銅的電阻率為 $\rho = 16.78\ \text{n}\Omega\cdot\text{m}$，試求在電磁頻率 $f = 10.0$ kHz 之下的集膚深度 δ；(b) 一銅線之直徑為 6.65 mm，試求在頻率 $f = 10.0$ kHz 之下之單位長度的交流電阻；(c) 此一交流電阻為同一銅線之直流電阻的幾倍？

6-9 變壓器

6.27 **極小值**。一可微分函數 $f(x)$ 在 $x = x_0$ 為極小值的充要條件為：

$$f'(x_0) = 0 \text{ 及 } f''(x_0) > 0$$

今假設一函數 [詳見 (6-63) 式之分母]：

$$f(R_L) = R_O^2/R_L + 2R_O + R_L$$

其中 R_O 為定值。試證：函數 $f(R_L)$ 在 $R_L = R_O$ 有極小值。

6-10 位移電流

6.28 已知在圓柱座標中一電場強度為 $\vec{E} = \hat{\mathbf{z}} E_0 e^{-\alpha t}$，其中 H_0 及 α 為定值。試求：(a) 通過平面 $r \leqq a$，$z = 0$ 之位移電流；(b) 通過半球面 $R = a$，$z = 0$ 之位移電流。

6.29 一平行板電容器之板面積為 S，兩板相距 d，其間充滿容電係數 ε 之介質。設所加之電壓為 $V(t) = V_0 \sin\omega t$，試求兩板間之位移電流。

6.30 如圖 E6-11 所示，一平行板電容器之兩板均為半徑 a 之圓板，兩板相距 d，其間充滿容電係數 ε 之介質。設所加之電壓為 $V(t) = V_0 \sin\omega t$，試求：(a) 兩板之間 $(r \leqq a)$；(b) 兩板之外 $(r \geqq a)$ 之磁場強度 $\vec{H}$。

6.31 一同軸電纜之內、外半徑分別為 a 及 b，長度為 l，其間充滿容電係數 ε 之介質。設所加之電壓為 $V(t) = V_0 \sin\omega t$，試求介質中之位移電流。

6.32 承上題，設 $b/a = e$，$V_0 = 50$ V，$\omega = 120\pi$ rad/s，$\varepsilon = 9.0\varepsilon_0$；試求該電纜單位長度之位移電流。($e = 2.71828...$)

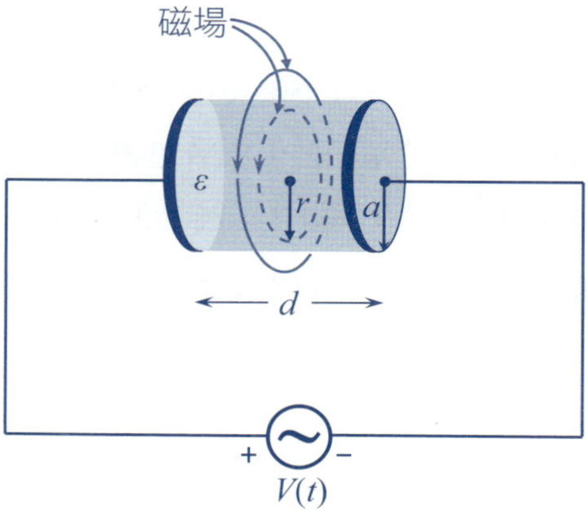

▲圖 E6-11　習題 6.30 用圖

6.33　兩同心金屬球殼之內、外半徑分別為 a 及 b，其間充滿容電係數 ε 之介質。設所加之電壓為 $V(t) = V_0 \sin \omega t$，試求介質中之位移電流。

6.34　設在真空中有磁通密度：

$$\vec{B} = \hat{\mathbf{y}}\, 10^{-6} \cos(10^6 t) \cos(5z) \quad \text{Wb/m}^2$$

存在，試求位移電流密度。

6-11　馬克士威方程組

6.35　設在真空中有電磁場存在，其電場強度為：

$$\vec{E} = \hat{\mathbf{r}}\, \frac{100}{r} \cos(10^9 t) \sin(az) \quad \text{V/m}$$

(圓柱座標系)，試求磁場強度 $\vec{H}$ 及常數 a。

6.36　設一絕緣介質之容電係數為 ε，導磁係數為 μ，介質中的向量磁位為：

$$\vec{A} = \hat{\mathbf{x}}\, A_0 \cos(\omega t) \cos(kz) \quad \text{Wb/m}$$

其中 A_0、ω、k 均為定值。試證：

(a) 電場強度 $\vec{E}$ 為：

$$\vec{E} = \hat{\mathbf{y}}\, (\omega A_0) \sin(\omega t) \cos(kz)$$

(b) 電場強度 $\vec{E}$ 之大小與磁場強度 $\vec{H}$ 之大小的比值為：

$$\frac{|\vec{E}|}{|\vec{H}|} = \sqrt{\frac{\mu}{\varepsilon}}$$

6-12 延遲電磁位 (一)

6.37 如圖 E6-12 所示，一微小輻射源中之電荷密度 ρ_V 與電流密度 $\vec{J}$ 均為時間之函數，則在距離 R 的遠處點 P 所測得之電磁位 V 與 $\vec{A}$ 在時間上必較延遲。(a) 設 $\rho_V = \rho_V(t)$，$\vec{J} = \vec{J}(t)$，試求輻射至點 P 時，$V(t')$ 與 $\vec{A}(t')$ 之時間 t'；(b) 設點 P 測得之電磁位為 $V(t)$ 與 $\vec{A}(t)$，試求當初輻射源中 $\rho_V(t')$ 與 $\vec{J}(t')$ 之時間 t'。(電磁輻射在真空中之傳播速度等於光速 c。)

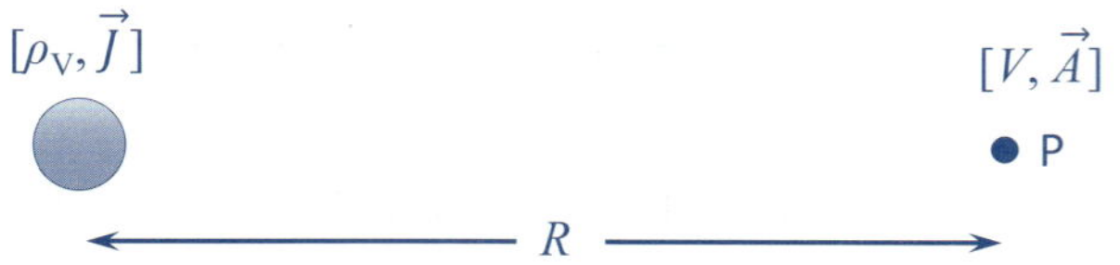

▲圖 E6-12 **習題 6.37 用圖**

6.38 設在一點輻射源中，電荷的時變函數為 $Q = Q_0\, e^{at}$，其中 Q_0 與 a 均為定值；試求在距離 R 處之延遲電位。(電磁輻射在真空中之傳播速度等於光速 c。)

6.39 設一微小輻射源之長度為 $\delta\vec{l}$，其中之電流為 $I = I_0 \cos \omega t$；試求在距離 R 處 ($R >> |\delta\vec{l}|$) 之延遲磁位。(電磁輻射在真空中之傳播速度等於光速 c。)

6-13 延遲電磁位 (二)

6.40 設一無磁性之絕緣介質的容電係數為 $\varepsilon = 4\varepsilon_0$，其中有一電磁場，其磁場強度為：

$$\vec{H} = \hat{\mathbf{x}}\, 6.4 \cos(2\pi \times 10^7 t + ky) \quad \text{A/m}$$

試求電場強度 $\vec{E}$。

6.41 已知真空中有一電磁場，其電場強度為：

$$\vec{E} = \hat{\mathbf{x}}\, E_0 \sin(ay) \cos(\omega t - kz)$$

其中 E_0、a、ω、k 均為定值；試求磁場強度 $\vec{H}$。

6.42 已知真空中有一電磁場，其電場強度以球座標表示為：

$$\vec{E} = \hat{\boldsymbol{\theta}}\, \frac{2.0 \times 10^{-2}}{R} [\cos(6\pi \times 10^8 t - 2\pi R)] \sin\theta \quad \text{V/m}$$

試求磁場強度 $\vec{H}$。

6-14 坡因亭定理

6.43 已知真空中之電磁波其電場強度為 $\vec{E}$，磁場強度為 $\vec{H}$，試證：

$$\frac{1}{2}\varepsilon_0 |\vec{E}|^2 = \frac{1}{2}\mu_0 |\vec{H}|^2$$

即：真空中之電磁波之電能密度恆等於磁能密度。

6.44 在一無損耗、非磁性之物質中有一弦式電磁波，其電場強度之峯值為 24.56 V/m，其平均坡因亭向量之大小為 2.40 W/m^2；試求此弦波之相速度。

6.45 設真空中一電磁波之電場強度為：

$$\vec{E} = \hat{\mathbf{x}}\, E_0 \cos(\omega t - ky)$$

試求：(a) 進入圖 E6-13 所示假想的六面體之左面的平均功率；(b) 通過該六面體之總平均功率。

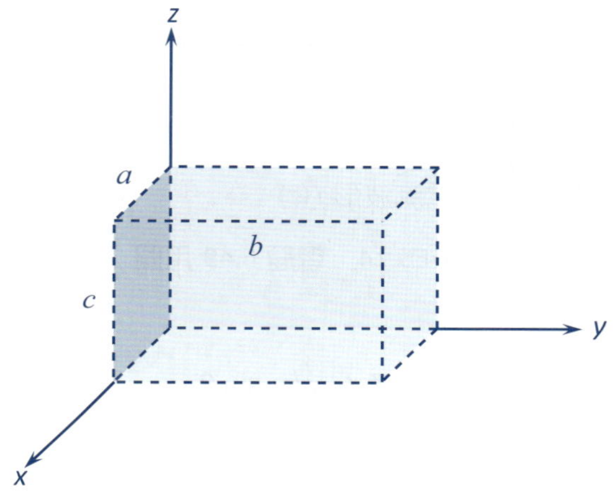

▲圖 E6-13　習題 6.45 用圖

6.46 一平行板電容器之電容為 C，其中充滿容電係數 ε、電導率 σ 之介質。設電容器兩端之電壓為直流電壓 V_{dc}，試求電容器中之熱損耗功率。

6.47 承上題，設電容器兩端之電壓為弦波交流電壓 $V_0 \cos \omega t$，試求電容器中之平均熱損耗功率。

6-15~6-16　赫茲偶極 (一)(二)

6.48 一導線置於笛卡兒座標系之 z 軸上，其長度範圍為 $-2 \leq z \leq 0$。若其中之電流為 $I(t) = t^2/2$ A，試求點 P(0, 0, 1) 之向量磁位 $\vec{A}$。(設座標值的單位為 m。)

6.49 **短偶極天線**。【註 6】若一天線的長度 l 遠小於半波長，即 $l << \lambda/2$，其中的電流波形可用最簡單的直線段的組合 (在此成等腰三角形) 來表示，如圖 E6-14 所示，則可稱為「**短偶極天線**」。假設電流係以此一波形 $I(z)$ 在天線中作弦式振盪：

$$I(z, t) = I(z)\, e^{i\omega t}$$

註6　習題 6.49 至 6.52 係以相量形式計算；未熟悉相量計算者，請先研讀第 6-18 節。

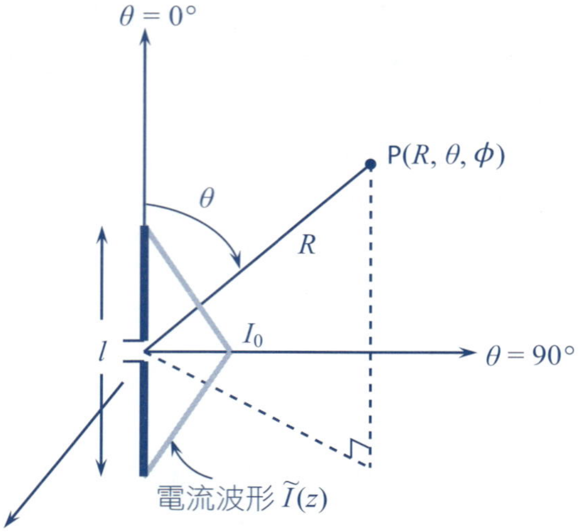

▲圖 E6-14　習題 6.49 用圖

則所輻射之遠場的電場強度為：

$$\vec{E}=\hat{\boldsymbol{\theta}}\,\frac{-iZ_0I_0}{4}\left(\frac{l}{\lambda}\right)\frac{\sin\theta}{R}\,e^{-ikR}$$

(a) 試證磁場強度為：

$$\vec{H}=\hat{\boldsymbol{\phi}}\,\frac{-iI_0}{4}\left(\frac{l}{\lambda}\right)\frac{\sin\theta}{R}\,e^{-ikR}$$

(b) 試證平均坡因亭向量為：

$$\vec{S}_{\text{av}}=\hat{\mathbf{R}}\,\frac{Z_0I_0^2}{32}\left(\frac{l}{\lambda}\right)^2\frac{\sin^2\theta}{R^2}$$

6.50　承上題，(a) 試證短偶極天線之平均輻射功率為：

$$P_{\text{av}}=\frac{\pi Z_0I_0^2}{12}\left(\frac{l}{\lambda}\right)^2$$

(b) 試由 (a) 小題之結果，證明短偶極天線之指向增益為：

$$G(\theta)=\frac{3}{2}\sin^2\theta$$

故知短偶極天線之增益為 1.5。

6.51　承上題，(a) 試求短偶極天線之輻射電阻 R_{rad}；(b) 試問：此一輻射電阻為同一長度之赫茲偶極輻射電阻的幾倍？

6.52　設一短偶極天線的長度 l 為波長的 1/20，試求其輻射電阻 R_{rad}。

6-17　真空中的波方程式

6.53　設真空中有一頻率為 10.0 MHz 之電磁波，其電場強度為：

$$\vec{E} = \hat{\mathbf{y}}\ 15.0 \cos(\omega t - kz) \quad \text{mV/m}$$

試求：(a) ω；(b) k；(c) 磁場強度 $\vec{H}$。

6.54 承上題，試求：(a) 坡因亭向量 $\vec{S}$；(b) 通過一假想平面 $0 \leqq x \leqq a$，$0 \leqq y \leqq a$，$z = 0$ 之平均功率。(設 $a = 20.0$ cm。)

6.55 設真空中有一頻率為 3.0×10^7 Hz 之電磁波，其磁場強度為：

$$\vec{H} = \hat{\mathbf{z}}\ 5.0 \sin(\omega t + kx) \quad \mu\text{A/m}$$

試求：(a) ω；(b) k；(c) 電場強度 $\vec{E}$。

6.56 承上題，試求：(a) 坡因亭向量 $\vec{S}$；(b) 通過一假想平面 $0 \leqq x \leqq a$，$0 \leqq y \leqq a$，$z = 0$ 之平均功率。(設 $a = 20.0$ cm。)

6.57 **疊加原理**。假設在真空中有兩個相反方向傳播的電磁波，其電場強度分別為：

$$E_\text{x}^+ = E_0 \cos\,(\omega t - kz)$$

$$E_\text{x}^- = E_0 \cos\,(\omega t + kz)$$

其中 E_0、ω、k 均為定值。(a) 試證兩者疊加後之電場強度為：

$$E_\text{x} = E_\text{x}^+ + E_\text{x}^- = 2E_0\,(\cos \omega t)(\cos kz)$$

(b) 試證對應的磁場強度為：

$$H_\text{y} = 2\frac{E_0}{Z_0}\,(\sin \omega t)(\sin kz)$$

6.58 承上題，(a) 試證坡因亭向量之大小為：

$$\check{S}_\text{z} = \frac{E_0^2}{Z_0}\,(\sin 2\omega t)(\sin 2kz)$$

(b) 試證 (a) 小題所示之坡因亭向量平均值之大小 $\check{S}_{\text{z,av}} = 0$。(此一結果顯示兩個相同峯值、相同頻率、相反方向傳播的電磁波疊加之後，無電磁能量的流動，故稱為「**駐波**」。)

6-18 弦波與相量

6.59 假設下列相量代表角頻率 ω 之餘弦波，試分別寫出其餘弦表示式：(a) $\tilde{I} = I_0$；(b) $\tilde{I} = I_0 \cos kx$；(c) $\tilde{I} = I_0\, e^{-iky}$；(d) $\tilde{I} = I_0\, e^{-kz}$。其中 I_0、k 均為定值。

6.60 試將微分形式的法拉第定律 [(6-95) 式] 以相量表示。

6.61 試將微分形式的安培 - 馬克士威定律 [(6-97) 式] 以相量表示。

6.62 試將動態電場 [(6-101) 式] 以相量表示。

6.63 試將駱倫茲條件 [(6-105) 式] 以相量表示。

6.64 試將電磁位之達朗貝爾方程式 [(6-106) 式及 (6-107) 式] 以相量表示。

6.65 試將電磁場之波方程式 [(6-187) 式及 (6-188) 式] 以相量表示。

6.66 **赫茲偶極**。試將赫茲偶極之近場 [(6-155) 式至 (6-158) 式] 以相量表示。

6-19~6-20 半波偶極天線 (一)(二)

6.67 假設一天線所輻射之遠場以球座標表示時之電場強度為：

$$\vec{E} = \hat{\boldsymbol{\theta}} \frac{iZ_0 I_0}{2\pi} \left(\frac{e^{-ikR}}{R}\right) \left[\frac{\cos\left(\frac{kl}{2}\cos\theta\right) - \cos\frac{kl}{2}}{\sin\theta}\right]$$

試求對應的磁場強度 $\vec{H}$。

6.68 承上題，試求平均坡因亭向量 $\vec{S}_{\mathrm{av}}$。

附錄一

矩陣入門

A-1　引言

相傳當年大禹治水的時候，有一隻神龜從洛水爬出來，龜殼上有神秘的圖案，如圖 A-1(a) 所示。大禹仔細一看，發現那些圖案代表著 1 到 9 的九個數目，排列成如圖 A-1(b) 所示的樣子。令他稱奇的是這個 3 × 3 的數字方陣，無論橫看、直看、或是斜看，三個數字加起來都是 15；這可能是人類第一次見識到數字陣列的奧妙。

(a)

4	9	2
3	5	7
8	1	6

(b)

▲圖 A-1　(a)「天與禹洛出書，神龜負文而出，列於背，有數至於九。」——《尚書洪範篇》；(b)「二九四、七五三、六一八。」——《大戴禮記》

經歷數千年的演變，人類慢慢學會利用數字的陣列來解決若干數學問題。例如漢代的古籍《九章算術》中，以及日本江戶時代的數學家關孝和，都曾利用數字的陣列求解聯立方程式。到了 1850 年，英國數學家席維斯特首先選用了「matrix」這個字，來稱呼一群數字的矩形陣列。英文「matrix」這個字原來的意思是「子宮」；中文則逕自翻譯成「矩陣」。席維斯特為什麼會選用這麼一個看似毫不相干的字呢？他解釋說：因為「從一個矩陣可以產生一群『子行列式』，就好像從母親的子宮裡面生出一群孩子一樣。」

在今日，矩陣數學無論在自然科學、工程技術上，或者在人文科學上，都發揮強大的功能。舉例而言：

1. 當你想用電腦來分析一個電路時，如何將電路的幾何結構及每個元件的特性告訴電腦？
2. 當你想跟別人秘密通訊而不虞洩漏內容時，如何編出一套密碼，可以很迅速地編碼和解碼？
3. 當你想設計一套動畫軟體時，如何讓畫裡的物件任意移動或轉動？
4. 當你想做市場調查，並且預測未來市場的變化趨勢時，要如何下手？

諸如此類的問題，矩陣數學就是你最得力的助手。

在此我們要特別聲明，本附錄僅對矩陣數學作初步的介紹，讓大家能夠利用矩陣的基本運算，來處理本書第一章裡的座標轉換問題。至於進一步的矩陣數學，請大家參閱相關的數學課本。

例題 A-1 魔術方陣。如圖 A-1(b) 所示的方陣稱為 3 階魔術方陣，其橫向、縱向、或斜向三個數字的總和，稱為魔術和。圖 A-1(b) 所示 3 階魔術方陣的魔術和為 15。事實上，高於 3 階的魔術方陣都是存在的；例如圖 A-2 所示者為 4 階魔術方陣，其魔術和等於 34。

2	16	13	3
11	5	8	10
7	9	12	6
14	4	1	15

▲圖 A-2 **四階魔術方陣，橫看、直看、斜看，四個數字的和都等於 34**

A-2 基本定義

簡言之，一個矩陣就是依一定次序排列而成的一個資料庫。比如說，假設某公司的一家連鎖店在一星期中三種貨品的銷售業績表列如下：

	星期一	星期二	星期三	星期四	星期五
貨品甲	40	33	61	0	21
貨品乙	0	12	78	50	45
貨品丙	10	0	27	43	78

我們可以將所有數據依次序取出，然後用一個中括弧括起來，便成為一個矩陣了：

$$\mathbf{A}=\begin{bmatrix}40 & 33 & 61 & 0 & 21\\ 0 & 12 & 78 & 50 & 45\\ 10 & 0 & 27 & 43 & 78\end{bmatrix} \tag{A-1}$$

通常我們用一個粗體字母來代表一個矩陣，例如 (A-1) 式的矩陣我們用 **A** 來代表。

在一個矩陣中，每一個數字稱為「元素」；元素的橫向排列稱為列，縱向排列稱為行。例如 (A-1) 式的矩陣 **A** 具有 3 列，5 行，一共有 $3 \times 5 = 15$ 個元素。

推廣而言，任何具有 m 列 n 行的矩陣均可寫成如下的形式：

$$\mathbf{A}=\begin{bmatrix}a_{11} & a_{12} & \dots & a_{1n}\\ a_{21} & a_{22} & \dots & a_{2n}\\ \dots & \dots & \dots & \dots\\ a_{m1} & a_{m2} & \dots & a_{mn}\end{bmatrix}_{m\times n} \tag{A-2}$$

或簡寫成：

$$\mathbf{A}=\left[a_{ij}\right]_{m\times n} \tag{A-3}$$

其中每個元素都寫成 a_{ij} 的形式；其下標 i 代表該元素的列號，j 代表該元素的行號。亦即，a_{ij} 代表矩陣 **A** 第 i 列第 j 行的元素。矩陣右下角標示的 $m \times n$ 代表該矩陣具有 m 列、n 行，總共有 $m \times n$ 個元素。

若一矩陣的列數等於行數，即 $m = n$，我們稱該矩陣為方陣。一個方陣中的元素 a_{ii}，即 a_{11}、a_{22}、⋯、a_{nn}，稱為「主對角元素」，因為這些元素係排列在一方陣的「主對角線」上。

若一方陣的主對角元素都是 1，其餘元素都是零，例如一個 3 × 3 方陣：

$$\begin{bmatrix} 1 & 0 & 0 \\ 0 & 1 & 0 \\ 0 & 0 & 1 \end{bmatrix}_{3\times 3}$$

我們稱之為「單位矩陣」。上述之 3 × 3 的單位矩陣，稱為 3 階單位矩陣，以符號 $\mathbf{I}_3$ 表示之：

$$\mathbf{I}_3 = \begin{bmatrix} 1 & 0 & 0 \\ 0 & 1 & 0 \\ 0 & 0 & 1 \end{bmatrix}_{3\times 3} \tag{A-4}$$

依此類推，$n \times n$ 的單位矩陣稱為 n 階單位矩陣，以符號 $\mathbf{I}_n$ 表示之：

$$\mathbf{I}_n = \begin{bmatrix} 1 & 0 & \dots & 0 \\ 0 & 1 & \dots & 0 \\ \vdots & \vdots & \ddots & \vdots \\ 0 & 0 & \dots & 1 \end{bmatrix}_{n\times n} \tag{A-5}$$

例題 A-2　在 (A-1) 式所示的矩陣中，

$a_{13} = 61$

$a_{31} = 10$

$a_{35} = a_{23} = 78$

例題 A-3　設有一 3 × 3 的方陣 **A**，其每一元素均可以通式 $a_{ij} = (-1)^{i+j}$ 表示；試寫出此矩陣。

解：

$$\mathbf{A} = \begin{bmatrix} +1 & -1 & +1 \\ -1 & +1 & -1 \\ +1 & -1 & +1 \end{bmatrix} \tag{A-6}$$

A-3 矩陣的相等

若兩矩陣 **A** 與 **B** 具有相同的列數及行數，且兩者所有元素均對應相等，我們稱這兩矩陣相等；寫成：

$$\mathbf{A} = \mathbf{B} \tag{A-7}$$

或：

$$[a_{ij}]_{m\times n} = [b_{ij}]_{m\times n} \tag{A-8}$$

例題 A-4 已知兩矩陣 **A** 與 **B**：

$$\mathbf{A} = \begin{bmatrix} 2 & b \\ c & -1 \end{bmatrix}，\quad \mathbf{B} = \begin{bmatrix} a & 0 \\ 1 & d \end{bmatrix}$$

若 **A** = **B**，試求 a、b、c、d。

解： 依矩陣相等的定義即得：

$a=2$， $b=0$， $c=1$， $d=-1$

例題 A-5 設：

$$\begin{bmatrix} x-2y \\ 2x+y \end{bmatrix} = \begin{bmatrix} 0 \\ 5 \end{bmatrix}$$

試求 x 與 y。

解： 依矩陣相等的定義即得聯立方程式：

$$\begin{cases} x-2y=0 \\ 2x+y=5 \end{cases}$$

解之，得：

$x=2$， $y=1$

A-4 矩陣的轉置

在第 A-2 節中所提到的某店之銷售業績亦可表列如下：

	貨品甲	貨品乙	貨品丙
星期一	40	0	10
星期二	33	12	0
星期三	61	78	27
星期四	0	50	43
星期五	21	45	78

這個表跟第 A-2 節裡的表，其內容是完全一樣的，只是將日期跟貨品的標示位置互換而已；因此我們稱它所形成的矩陣為矩陣 $\mathbf{A}$ 的「轉置矩陣」，以符號 $\mathbf{A}^{\mathrm{T}}$ 來表示：

$$\mathbf{A}^{\mathrm{T}} = \begin{bmatrix} 40 & 0 & 10 \\ 33 & 12 & 0 \\ 61 & 78 & 27 \\ 0 & 50 & 43 \\ 21 & 45 & 78 \end{bmatrix} \tag{A-9}$$

符號 $\mathbf{A}^{\mathrm{T}}$ 的上標是個 T 字，係英文「Transposition」的字首，意思是「轉換位置」。若矩陣 $\mathbf{A}$ 以 (A-3) 式來表示，則其轉置矩陣可寫成：

$$\mathbf{A}^{\mathrm{T}} = \left[a_{ij}\right]_{m\times n}^{\mathrm{T}} = \left[a_{ji}\right]_{n\times m} \tag{A-10}$$

我們看到一矩陣轉置之後，每個元素的列號跟行號都要互換，即 a_{ij} 變成 a_{ji}；同時，整個矩陣的列數和行數也互換，即 $m \times n$ 變成 $n \times m$。這項運算在爾後作矩陣加法及矩陣乘法時常常會用到。

例題 A-6 已知：

$$\mathbf{A}=\begin{bmatrix}5 & -8 & 1\\ 4 & 0 & 3\\ 3 & 1 & -3\end{bmatrix}$$

試求轉置矩陣 $\mathbf{A}^{\mathrm{T}}$。

解： 將已知矩陣 **A** 的第一列、第二列、第三列分別改成第一行、第二行、第三行，即得轉置矩陣：

$$\mathbf{A}^{\mathrm{T}}=\begin{bmatrix}5 & 4 & 3\\ -8 & 0 & 1\\ 1 & 3 & -3\end{bmatrix}$$

若 **S** 為一方陣，且其轉置矩陣恰好等於它本身，即：

$$\mathbf{S}^{\mathrm{T}}=\mathbf{S} \tag{A-11}$$

則 **S** 稱為「對稱矩陣」。若 **A** 為任一方陣，則 $\mathbf{A}+\mathbf{A}^{\mathrm{T}}$ 必為一對稱矩陣。由於 $\mathbf{A}+\mathbf{A}^{\mathrm{T}}$ 的主對角元素均為偶數，故為求精簡起見，通常將 $\mathbf{A}+\mathbf{A}^{\mathrm{T}}$ 乘以 1/2，即：

$$\mathbf{S}=\frac{1}{2}\left(\mathbf{A}+\mathbf{A}^{\mathrm{T}}\right)$$

必為一對稱矩陣。

例題 A-7 設矩陣 **S** 為一對稱矩陣：

$$\mathbf{S}=\begin{bmatrix}2 & 1 & b\\ a & -3 & c\\ 2 & 0 & 1\end{bmatrix}$$

試求 a、b、c 之值。

解： 矩陣 **S** 之轉置矩陣為：

$$\mathbf{S}^{\mathrm{T}}=\begin{bmatrix}2 & a & 2\\ 1 & -3 & 0\\ b & c & 1\end{bmatrix}$$

對稱矩陣的條件為 $\mathbf{S}^{\mathrm{T}}=\mathbf{S}$，即：

$$\begin{bmatrix} 2 & a & 2 \\ 1 & -3 & 0 \\ b & c & 1 \end{bmatrix} = \begin{bmatrix} 2 & 1 & b \\ a & -3 & c \\ 2 & 0 & 1 \end{bmatrix}$$

故比較等號兩邊可得 $a=1$，$b=2$，$c=0$。

A-5 列矩陣與行矩陣

若一矩陣只有一列：

$$\mathbf{a} = [a_1 \quad a_2 \quad \cdots \quad a_n]_{1\times n} \tag{A-12}$$

我們稱之為「列矩陣」；同理，若一矩陣只有一行，則稱為「行矩陣」：

$$\mathbf{b} = \begin{bmatrix} b_1 \\ b_2 \\ \vdots \\ b_n \end{bmatrix}_{n\times 1} \tag{A-13}$$

列矩陣和行矩陣通常都以粗體的小寫字母來表示，如上面兩式中的 **a** 和 **b**。在數學上，列矩陣和行矩陣都具有向量的特性，因此又可分別稱為「列向量」和「行向量」。因此，我們可以仿照向量代數，定義上述兩個矩陣的「內積」[詳見第二章的 (2-38) 式]：

$$\begin{aligned} \mathbf{a}\,\mathbf{b} &\equiv [a_1 \quad a_2 \quad \cdots \quad a_n]_{1\times n} \begin{bmatrix} b_1 \\ b_2 \\ \vdots \\ b_n \end{bmatrix}_{n\times 1} \\ &= [a_1 b_1 + a_2 b_2 + \cdots + a_n b_n]_{1\times 1} \end{aligned} \tag{A-14}$$

請特別注意，在 (A-14) 式中，列矩陣 **a** 必須在行矩陣 **b** 的前面，這樣的安排才是「內積」；這是法國數學家比涅創用的規則，成為以後內積計算的標準規定。

其次要注意的是：向量的內積是個純量，因此 (A-14) 式所示的 1×1 矩陣也應該是個「純量」。事實上，任何 1×1 的矩陣均等同純量。

雖然列矩陣和行矩陣均具有「向量」的特性，但不一定當作向量來使用。在本質上，它們跟其他一般矩陣一樣，都是單純的資料庫。

例題 A-8 某生一學期的平時成績 60 分，期中考成績 80 分，期末考成績 40 分。依照學校規定，平時成績佔 30%，期中考成績佔 30%，期末考成績佔 40%，試計算他的學期總成績。

解： 依題意，他的學期成績為：

$60 \times 30\% + 80 \times 30\% + 40 \times 40\% = 58$ (不及格！)

為了熟悉 (A-14) 式的矩陣計算，我們嘗試如下的處理方式。首先將該生的三次成績以及所佔的比率分別依序寫成列矩陣：

$\mathbf{p} = [60 \ \ 80 \ \ 40]$

$\mathbf{q} = [30\% \ \ 30\% \ \ 40\%]$

根據 (A-14) 式，亦即比涅創用的規則，此二列矩陣的內積為：

$$\mathbf{p}\,\mathbf{q}^{\mathrm{T}} = [60 \quad 80 \quad 40]\begin{bmatrix}30\%\\30\%\\40\%\end{bmatrix} = [60 \times 30\% + 80 \times 30\% + 40 \times 40\%]$$

$$= [58]$$

最後這個結果是個 1×1 的矩陣，等同純量 58，即為該生的總成績。

在向量代數中，兩向量的內積服從交換律，詳見第二章 (2-33) 式。同理，在上述的計算當中，兩個列矩陣 **p** 和 **q** 的內積也服從「交換律」，但必須遵守比涅規則的規範。因此，兩個列矩陣 **p** 和 **q** 之內積的「交換律」應該寫成：

$$\mathbf{p}\,\mathbf{q}^{\mathrm{T}} = \mathbf{q}\,\mathbf{p}^{\mathrm{T}} \tag{A-15}$$

根據這個交換律，該生的總成績也可以這樣算：

$$\mathbf{q}\,\mathbf{p}^{\mathrm{T}} = [30\% \quad 30\% \quad 40\%]\begin{bmatrix}60\\80\\40\end{bmatrix} = [30\% \times 60 + 30\% \times 80 + 40\% \times 40]$$

$$= [58]$$

A-6 矩陣的加法

若兩矩陣 **A** 與 **B** 具有相同的列數、行數、及屬性，就可以相加；我們定義此二矩陣相加的結果 **A** + **B** 也是個矩陣，其中的每一個元素等於 **A** 與 **B** 之對應元素分別相加。也就是說，若 **A** 與 **B** 兩矩陣分別寫成：

$$\mathbf{A} = \left[a_{ij}\right]_{m\times n}$$
$$\mathbf{B} = \left[b_{ij}\right]_{m\times n}$$

則

$$\mathbf{A}+\mathbf{B} = \left[a_{ij}\right]_{m\times n} + \left[b_{ij}\right]_{m\times n} = \left[a_{ij}+b_{ij}\right]_{m\times n} \tag{A-16}$$

矩陣的相加服從「**交換律**」；若矩陣 **A** 與 **B** 符合相加的條件，則：

$$\mathbf{A}+\mathbf{B}=\mathbf{B}+\mathbf{A} \tag{A-17}$$

例題 A-9 已知兩矩陣：

$$\mathbf{A}=\begin{bmatrix}-4 & 6 & 3\\ 0 & 1 & 2\end{bmatrix},\quad \mathbf{B}=\begin{bmatrix}5 & 3\\ -1 & 1\\ 0 & 4\end{bmatrix}$$

試求：(a) **A** + **B**；(b) **A** + $\mathbf{B}^{\mathrm{T}}$。

解： (a) 因 **A** 為 2 × 3 矩陣，**B** 為 3 × 2 矩陣，兩者的列數、行數不同，故無法相加。

(b) 因 **A** 與 $\mathbf{B}^{\mathrm{T}}$ 均為 2 × 3 矩陣，故可相加：

$$\begin{aligned}\mathbf{A}+\mathbf{B}^{\mathrm{T}} &= \begin{bmatrix}-4 & 6 & 3\\ 0 & 1 & 2\end{bmatrix}+\begin{bmatrix}5 & -1 & 0\\ 3 & 1 & 4\end{bmatrix}\\ &= \begin{bmatrix}-4+5 & 6+(-1) & 3+0\\ 0+3 & 1+1 & 2+4\end{bmatrix}\\ &= \begin{bmatrix}1 & 5 & 3\\ 3 & 2 & 6\end{bmatrix}\end{aligned}$$

假如矩陣 **A** 與自己相加，則我們可以寫成：

$$\mathbf{A}+\mathbf{A}=2\mathbf{A} \tag{A-18}$$

此式中的 2**A** 顯示：矩陣可以跟純量相乘。設矩陣 **A** 如 [例題 A-9] 所示，則：

$$\mathbf{A}+\mathbf{A}=\begin{bmatrix}-4 & 6 & 3\\ 0 & 1 & 2\end{bmatrix}+\begin{bmatrix}-4 & 6 & 3\\ 0 & 1 & 2\end{bmatrix}=\begin{bmatrix}-8 & 12 & 6\\ 0 & 2 & 4\end{bmatrix}=2\mathbf{A}$$

我們看到 2**A** 的每個元素都是 **A** 的對應元素的 2 倍。推廣而言，若矩陣 **A** 跟任一純量 k 相乘，則 $k\mathbf{A}$ 的每個元素都是 **A** 的對應元素的 k 倍。也就是說，若：

$$\mathbf{A}=\left[a_{ij}\right]_{m\times n}$$

則：

$$k\mathbf{A}=k\left[a_{ij}\right]_{m\times n}=\left[ka_{ij}\right]_{m\times n} \qquad \text{(A-19)}$$

例題 A-10　設 $\mathbf{a}=[-6\quad 2\quad 0]$，$\mathbf{b}=[5\quad 0\quad 2]$，試求：$2\mathbf{a}+3\mathbf{b}$。

解： $2\mathbf{a}=[-12\quad 4\quad 0]$

$3\mathbf{b}=[15\quad 0\quad 6]$

故：

$$2\mathbf{a}+3\mathbf{b}=[-12\quad 4\quad 0]+[15\quad 0\quad 6]$$
$$=[3\quad 4\quad 6]$$

若 **A** 與 **B** 兩矩陣符合相加的條件，也就是它們具有相同的列數、行數、及屬性，則它們也可以相減；設：

$$\mathbf{A}=\left[a_{ij}\right]_{m\times n}$$
$$\mathbf{B}=\left[b_{ij}\right]_{m\times n}$$

則：

$$\mathbf{A}-\mathbf{B}=\left[a_{ij}\right]_{m\times n}-\left[b_{ij}\right]_{m\times n}=\left[a_{ij}-b_{ij}\right]_{m\times n} \qquad \text{(A-20)}$$

A-7　矩陣的乘法

記得 [例題 A-8] 裡面那位被當的同學 (我們稱他為甲生) 嗎？他的三次成績寫成列矩陣是 $\mathbf{p}_1=[60\quad 80\quad 40]$——三次成績有兩次及格，還是被當了！

假設有另一位同學(我們稱他為乙生)，他的成績寫成列矩陣是 $\mathbf{p}_2 = [55 \quad 51 \quad 71]$——三次成績有兩次不及格，他會過關嗎？

我們用矩陣來處理他們兩人的成績。首先，我們將上述兩個列矩陣合併起來，形成一個 2 × 3 的矩陣：

$$\mathbf{P} = \begin{bmatrix} \mathbf{p}_1 \\ \mathbf{p}_2 \end{bmatrix} = \begin{bmatrix} 60 & 80 & 40 \\ 55 & 51 & 71 \end{bmatrix}_{2\times 3}$$

然後仿照 [例題 A-8] 的作法，利用矩陣 **P** 同時求出內積 $\mathbf{p}_1\mathbf{q}^{\mathrm{T}}$ 及 $\mathbf{p}_2\mathbf{q}^{\mathrm{T}}$，即可同時得到兩人的學期總成績：

$$\mathbf{P}\mathbf{q}^{\mathrm{T}} = \begin{bmatrix} \mathbf{p}_1 \\ \mathbf{p}_2 \end{bmatrix} \mathbf{q}^{\mathrm{T}} = \begin{bmatrix} 60 & 80 & 40 \\ 55 & 51 & 71 \end{bmatrix}_{2\times 3} \begin{bmatrix} 30\% \\ 30\% \\ 40\% \end{bmatrix}_{3\times 1} = \begin{bmatrix} 58 \\ 60 \end{bmatrix}_{2\times 1} \qquad \text{(A-21)}$$

這個結果告訴我們：甲生 58 分 (被當)，乙生 60 分 (過關)。

(A-21) 式所示的運算過程顯示了「矩陣乘法」的兩個基本要點：

1. 並不是隨便抓兩個矩陣就可以相乘。在 (A-21) 式中，**P** 是個 2 × 3 矩陣，$\mathbf{q}^{\mathrm{T}}$ 是個 3 × 1 矩陣；將這兩組數據並排起來加以檢視：

$$2 \times \mathbf{3} \quad \mathbf{3} \times 1$$

   中間的兩個 3 告訴我們，3 次的成績剛好搭配 3 個百分比——有這樣的搭配，兩矩陣才可以相乘——而最前面的 2 和最後面的 1 則說明相乘的結果是一個 2 × 1 矩陣。

   推廣而言：設 **A** 是個 $m \times p$ 矩陣，**B** 是個 $q \times n$ 矩陣；將這兩組數據並排起來檢視：

$$m \times p \quad q \times n$$

   則唯有當

$$p = q$$

   時，兩矩陣才可以相乘，而且其乘積 **AB** 必為 $m \times n$ 矩陣。

2. 為符合比涅創用的規則 (A-14) 式，前矩陣 **A** 必須視為一組列矩陣的集合：

$$\mathbf{A}=\begin{bmatrix} a_{11} & a_{12} & \cdots & a_{1p} \\ a_{21} & a_{22} & \cdots & a_{2p} \\ \vdots & \vdots & \vdots & \vdots \\ a_{m1} & a_{m2} & \cdots & a_{mp} \end{bmatrix}_{m\times p} = \begin{bmatrix} \mathbf{a}_1 \\ \mathbf{a}_2 \\ \vdots \\ \mathbf{a}_m \end{bmatrix}_{m\times p}$$

而後矩陣 **B** 則必須視為一組行矩陣的集合：

$$\mathbf{B}=\begin{bmatrix} b_{11} & b_{12} & \cdots & b_{1n} \\ b_{21} & b_{22} & \cdots & b_{2n} \\ \vdots & \vdots & \vdots & \vdots \\ b_{q1} & b_{q2} & \cdots & b_{qn} \end{bmatrix}_{q\times n} = [\mathbf{b}_1 \quad \mathbf{b}_2 \quad \cdots \quad \mathbf{b}_n]_{q\times n}$$

如圖 A-3(a) 所示。然後遵照 (A-14) 式的比涅規則，依序求出各個列矩陣 $\mathbf{a}_i$ 與各個行矩陣 $\mathbf{b}_j$ 的內積，如圖 A-3(b) 所示：

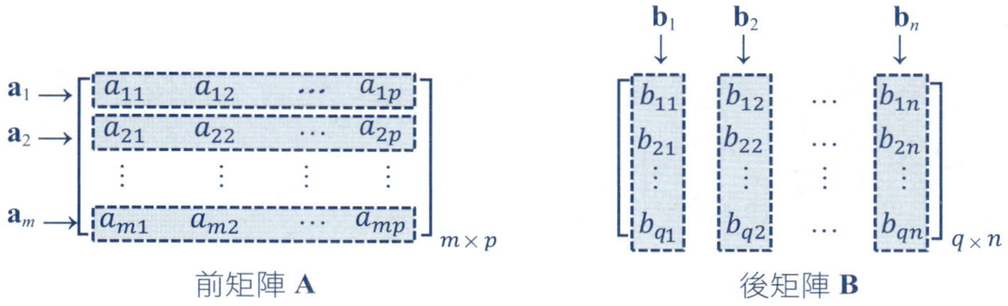

(a)

▲圖 A-3(a) **為符合比涅規則，「前矩陣」A 必須視為列矩陣的集合；而「後矩陣」B 必須視為行矩陣的集合，且 p 必須等於 q**

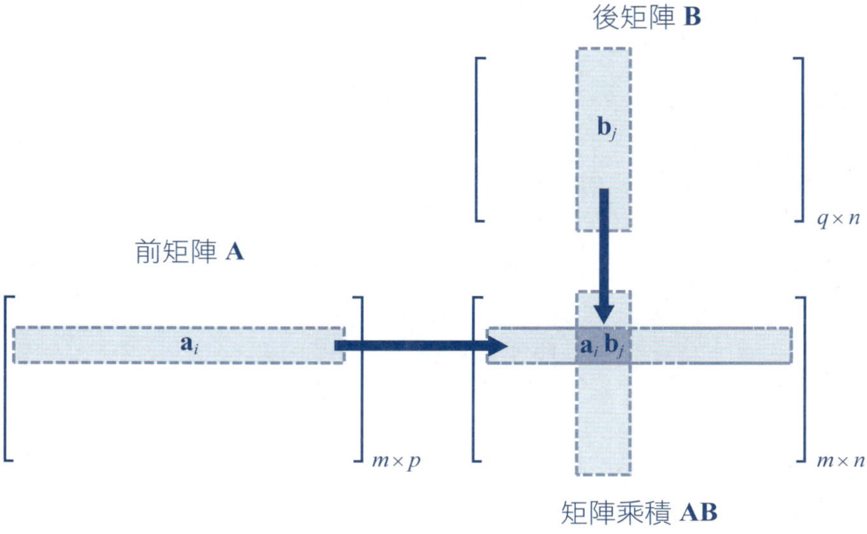

(b)

▲圖 A-3(b) **矩陣乘積 AB 中，第 i 列第 j 行的元素等於 $\mathbf{a}_i$ 與 $\mathbf{b}_j$ 的內積；注意 p 必須等於 q**

$$\mathbf{AB} = \begin{bmatrix} \mathbf{a}_1\mathbf{b}_1 & \mathbf{a}_1\mathbf{b}_2 & \cdots & \mathbf{a}_1\mathbf{b}_n \\ \mathbf{a}_2\mathbf{b}_1 & \mathbf{a}_2\mathbf{b}_2 & \cdots & \mathbf{a}_2\mathbf{b}_n \\ \vdots & \vdots & \vdots & \vdots \\ \mathbf{a}_m\mathbf{b}_1 & \mathbf{a}_m\mathbf{b}_2 & \cdots & \mathbf{a}_m\mathbf{b}_n \end{bmatrix}_{m\times n} \tag{A-22}$$

例題 A-11 已知：

$$\mathbf{a} = \begin{bmatrix} 1 \\ 4 \\ 3 \end{bmatrix}, \quad \mathbf{B} = \begin{bmatrix} 2 & -3 \\ 0 & 2 \\ -1 & 1 \end{bmatrix}$$

試求：(a) $\mathbf{aB}$；(b) $\mathbf{Ba}$；(c) $\mathbf{B}^T\mathbf{a}$。

解：(a) 因 $\mathbf{a}$ 為 3×1 矩陣，$\mathbf{B}$ 為 3×2 矩陣，故無法相乘。

(b) 因 $\mathbf{B}$ 為 3×2 矩陣，$\mathbf{a}$ 為 3×1 矩陣，故無法相乘。

(c) 因 $\mathbf{B}^T$ 為 2×3 矩陣，$\mathbf{a}$ 為 3×1 矩陣，故可以相乘：

$$\mathbf{B}^T\mathbf{a} = \begin{bmatrix} 2 & 0 & -1 \\ -3 & 2 & 1 \end{bmatrix} \begin{bmatrix} 1 \\ 4 \\ 3 \end{bmatrix} = \begin{bmatrix} -1 \\ 8 \end{bmatrix}$$

例題 A-12 已知：

$$\mathbf{A} = \begin{bmatrix} 9 & 3 \\ -2 & 0 \end{bmatrix}, \quad \mathbf{B} = \begin{bmatrix} 1 & -4 \\ 2 & 5 \end{bmatrix}$$

(a) $\mathbf{AB}$；(b) $\mathbf{BA}$。

解：因已知之兩矩陣皆為 2×2 矩陣，故可以相乘：

(a) $\mathbf{AB} = \begin{bmatrix} 9 & 3 \\ -2 & 0 \end{bmatrix} \begin{bmatrix} 1 & -4 \\ 2 & 5 \end{bmatrix} = \begin{bmatrix} 15 & -21 \\ -2 & 13 \end{bmatrix}$

(b) $\mathbf{BA} = \begin{bmatrix} 1 & -4 \\ 2 & 5 \end{bmatrix} \begin{bmatrix} 9 & 3 \\ -2 & 0 \end{bmatrix} = \begin{bmatrix} 17 & 3 \\ 8 & 6 \end{bmatrix}$

除了若干特殊情況，一般而言，矩陣相乘不遵守交換律；亦即：

$$\mathbf{AB} \neq \mathbf{BA} \tag{A-23}$$

[例題 A-12] 就是一個例子。

不過有例外；任何 $n \times n$ 方陣 **A** 與單位矩陣 $\mathbf{I}_n$ 相乘時，交換律是成立的：

$$\mathbf{AI}_n = \mathbf{I}_n\mathbf{A}$$

這裡假如我們已經知道方陣 **A** 的行列數 n，則單位矩陣 $\mathbf{I}_n$ 可以簡寫成 **I**：

$$\mathbf{AI} = \mathbf{IA}$$

又因為矩陣 **A** 與 **I** 相乘的結果恆等於 **A** 本身，故：

$$\mathbf{AI} = \mathbf{IA} = \mathbf{A} \qquad \text{(A-24)}$$

A-8 古墓奇案

埃及金字塔是遠古世界七大奇觀之中目前碩果僅存的一項。相傳金字塔是埋葬歷代法老王的墳墓；但到目前為止，許多挖掘出土的古墓都不在金字塔裡。這些古墓裡面除了有木乃伊之外，還有許多陪葬的物品。考古學家想從這些器物來推斷一系列古墓的年代排序，但已經挖掘出來的古墓和器物數量非常多且雜，非使用一個有效的方法不可。欲達到這個目的，考古學家首先做了一個合理的假設：

兩古墓中埋藏相同的器物越多，其年代越接近。

然後將所有資料轉換成矩陣形式；其方法是先將古墓及器物分別加以編號，依此建立一個矩陣 **A**，其中各元素 a_{jk} 的定義如下：

1. 若 j 墓中埋有編號 k 的器物，則 $a_{jk} = 1$；
2. 若 j 墓中沒有編號 k 的器物，則 $a_{jk} = 0$。

然後算出乘積 $\mathbf{AA}^{\mathrm{T}}$ (若古墓和器物的數目很龐大，可以用電腦來幫忙計算)。令：

$$\mathbf{G} = \mathbf{AA}^{\mathrm{T}} \qquad \text{(A-25)}$$

則其中每一個元素 g_{ij} 代表編號 i 的墓與編號 j 的墓中埋有 g_{ij} 種相同的器物；g_{ij} 值越大，表示編號 i 的墓與編號 j 的墓年代越接近。

由這些數據即可推知各古墓可能的年代排序。

例題 A-13　設在 4 個古墓中埋有 3 種器物，經編號整理後表列如下：

	器物 1	器物 2	器物 3
古墓 1	1		1
古墓 2	1		
古墓 3		1	1
古墓 4		1	

試推斷此 4 個古墓的年代排序。

解： 先寫出矩陣 **A**：

$$\mathbf{A}=\begin{bmatrix}1&0&1\\1&0&0\\0&1&1\\0&1&0\end{bmatrix}\tag{A-26}$$

再計算矩陣 **G**：

$$\mathbf{G}=\mathbf{AA}^{\mathrm{T}}$$

$$=\begin{bmatrix}1&0&1\\1&0&0\\0&1&1\\0&1&0\end{bmatrix}\begin{bmatrix}1&1&0&1\\0&0&1&1\\1&0&1&0\end{bmatrix}=\begin{bmatrix}2&1&1&0\\1&1&0&0\\1&0&2&1\\0&0&1&1\end{bmatrix}$$

我們只要取出此一矩陣主對角線右側的元素 (如下面所示方框裡的元素)，即可排出 4 個古墓可能的先後排序：

$$\mathbf{G}=\begin{array}{c}\begin{matrix}\text{墓1}&\text{墓2}&\text{墓3}&\text{墓4}\end{matrix}\\\begin{bmatrix}2&\boxed{1}&\boxed{1}&\boxed{0}\\1&1&\boxed{0}&\boxed{0}\\1&0&2&\boxed{1}\\0&0&1&1\end{bmatrix}\end{array}\begin{matrix}\text{墓 1}\\\text{墓 2}\\\text{墓 3}\\\text{墓 4}\end{matrix}\tag{A-27}$$

第 1 列的 $\boxed{1}\,\boxed{1}\,\boxed{0}$——

$g_{12}=1$ 表示古墓 1 與古墓 2 埋有 1 種相同的器物；

$g_{13}=1$ 表示古墓 1 與古墓 3 埋有 1 種相同的器物；

$g_{14}=0$ 表示古墓 1 與古墓 4 沒有相同的器物。

第 2 列的 $\boxed{0}\boxed{0}$ ——

$g_{23}=0$ 表示古墓 2 與古墓 3 沒有相同的器物；

$g_{24}=0$ 表示古墓 2 與古墓 4 沒有相同的器物。

第 3 列的 $\boxed{1}$ ——

$g_{34}=1$ 表示古墓 3 與古墓 4 埋有 1 種相同的器物。

綜上所述，我們可以作出古墓可能的年代排序如下：

2 - 1 - 3 - 4 或 4 - 3 - 1 - 2

這兩種排序前後次序剛好顛倒，但是答案應該只有一種；哪一個才是真正的排序呢？上述的矩陣 **G** 無法提供答案，必須由其他的資料 (例如器物的碳-14 檢測) 來佐證。

A-9 未來趨勢分析

預知各種事物的未來趨勢是許多人的夢想；自古以來，一個人若能洞燭先機總是一項優勢，可以預先作出正確決定。但這裡所謂的「洞燭先機」並不是算命仙們「鐵口直斷」的那一套；事實上，學過基本矩陣數學的人都可以根據對目前狀況的了解與掌握，推知未來事情發生的趨勢或機率。

首先，我們可以利用所謂的「機率矩陣」**P** 來記錄目前獲得的資料，然後利用矩陣的運算，來求出未來的一系列演變。這個方法是俄國經濟學家馬可夫所創用的，稱為「馬可夫法」。茲舉一例來說明：

根據某地區一項購車的市場調查資料顯示，每個家庭平均每 4 年會換購一部新車；其中，目前擁有小型車者有 80% 仍會買小型車，而 20% 會改買大型車；另外，目前擁有大型車者有 60% 仍會買大型車，而 40% 會改買小型車。這些資料可表列如下：

	小型車	大型車
小型車	80%	40%
大型車	20%	60%

將此表中的數據依次取出，寫成一個矩陣：

$$\mathbf{P} = \begin{bmatrix} 80\% & 40\% \\ 20\% & 60\% \end{bmatrix}$$

這個矩陣每一行的元素總和均等於 1，稱為「機率矩陣」。

例題 A-14 如上述，若該地區目前小型車有 4 萬輛，大型車有 5 萬輛；假設換購車子的機率不變，試預估 4 年後兩種車型各有幾輛？

解：利用普通計算可知，4 年後小型車的數量為：

4 萬 × 80% + 5 萬 × 40% = 5.2 萬

而 4 年後大型車的數量為：

4 萬 × 20% + 5 萬 × 60% = 3.8 萬

現在我們利用馬可夫法來做同樣的計算。將目前小型車、大型車的數量依序寫成一個行矩陣：

$$\mathbf{x}_0 = \begin{bmatrix} 4 \\ 5 \end{bmatrix}$$

則 4 年後兩種車型的數量為：

$$\mathbf{x}_1 = \mathbf{P}\,\mathbf{x}_0 = \begin{bmatrix} 80\% & 40\% \\ 20\% & 60\% \end{bmatrix} \begin{bmatrix} 4 \\ 5 \end{bmatrix} = \begin{bmatrix} 5.2 \\ 3.8 \end{bmatrix}$$

即：小型車、大型車分別變成 5.2 萬輛和 3.8 萬輛，與上述普通計算的結果一致。

[例題 A-14] 所述的馬可夫法可以重複運用，連續求出未來 8 年、12 年等等的預估數字。例如 8 年後小型車、大型車的數量將為：

$$\mathbf{x}_2 = \mathbf{P}\,\mathbf{x}_1 = \begin{bmatrix} 80\% & 40\% \\ 20\% & 60\% \end{bmatrix} \begin{bmatrix} 5.2 \\ 3.8 \end{bmatrix} = \begin{bmatrix} 5.68 \\ 3.32 \end{bmatrix}$$

小型車將會有 5.68 萬輛，大型車將會有 3.32 萬輛。依此類推，可以依序求出 $\mathbf{x}_3$、$\mathbf{x}_4$、等等：

$\mathbf{x}_3 = \mathbf{P}\,\mathbf{x}_2$

$\mathbf{x}_4 = \mathbf{P}\,\mathbf{x}_3$

……

這一系列的運算過程以及所得的結果稱為「馬可夫鏈」。雖然越往後的數據越不可靠，但至少可提供我們概略的變化趨勢。

附錄二

習題答案

第一章　緒論

1.1 499.0 s。　**1.2** 6.324×10^4 AU。　**1.3** 1.216×10^{-14} mol。

1.4 (a) 18.02 g；(b) 55.50 mol。　**1.5** $\text{kg} \cdot \text{m}^2 \cdot \text{s}^{-3} \cdot \text{A}^{-1}$。　**1.6** $\text{kg}^{-1} \cdot \text{m}^{-2} \cdot \text{s}^4 \cdot \text{A}^2$。

1.7 $-2/(1+x)^{1/2}+c$。　**1.8** $\sin x \dfrac{1}{3}\sin^3 x+c$。　**1.9** $\tan x - x + c$。　**1.10** $x\ln x - x + c$。

1.11 $e^x(x-1)+c$。　**1.12** (a) 10；(b) 25；(c) 9。　**1.13** (a) –27；(b) –10；(c) –11。

1.14 (a) mm = 10^{-3} m，Mm = 10^6 m；(b) ps = 10^{-12} s，Ps = 10^{15} s；(c) zg = 10^{-21} g，Zg = 10^{21} g。

1.15 5 位。　**1.16** (a) 4 位；(b) 7 位；(c) 5 位；(d) 3 位。　**1.17** (a) 4 位；(b) 5 位；(c) 6 位。

1.18 (a) $0.735\underline{8}$；(b) $20.0\underline{8}$；(c) $1.39\underline{6}$。　**1.19** (a) $7.8\underline{5}$ m；(b) $4.9\underline{1}$ m^2。

1.20 (a) $1.2\underline{6} \times 10^{-5}$ m；(b) $4.9\underline{7} \times 10^{-5}$ rad/s。　**1.21** 雞 51 頭，兔 37 頭。

1.22 (a) $2.8\underline{7}$；(b) $2.2\underline{1}$。　**1.23** (a) $0.\underline{8}$ (或 $0.8\underline{4}$)；(b) $7.\underline{7}$。　**1.24** 1.28 J。

1.25 (a) 3.1415929... 精確位數 7 位；(b) 3.141592387... 精確位數 7 位。　**1.26** 0.909297...。

1.27 – 0.911733...。　**1.28** 0.429203...。　**1.29** 1.785398...。　**1.30** π/648000 rad。

1.31 (a) 1 parsec = 3.0856776×10^{16} m；(b) 3.2615638 ly。　**1.32** (a) 0；(b) $V_0/\sqrt{2}$。

1.33 (a) V_0/π；(b) $V_0/\sqrt{2}$；(c) $V_0/\sqrt{2}$。　**1.34** V_i。　**1.35** I_i。　**1.36** (a) 13；(b) 64.3°。

1.37 (a) 5；(b) 36.9°。　**1.38** $\cos^{-1}(1/\sqrt{3}) \approx 54.7°$。　**1.39** 6/5。　**1.40** 令 $n=1$ 代入即可。

1.41 $1-2x+3x^2-4x^3+5x^4-\ldots$　**1.42** $x-x^2/2+x^3/3-x^4/4+x^5/5-\ldots$

1.43 (a) $1-x^2+x^4-x^6+x^8-\ldots$；(b) $\tan^{-1}x = x-x^3/3+x^5/5-x^7/7+x^9/9-\ldots$；(c) $\pi/4$。

1.44 $\sinh x$ 為奇函數，$\cosh x$ 為偶函數。　**1.45** (a) ≈ 1；(b) ≈ 0.9982。

1.46 (a) ≈ 0.91；(b) ≈ 0.9140。　**1.47** (a) $E_k \approx \dfrac{1}{2}mu^2+\dfrac{3}{8}m\dfrac{u^4}{c^2}$；(b) 因為 $u \ll c$，第二項太小。

1.48 (a) –1；(b) i。　**1.49** (a) $0.5403 + i\,0.8415$；(b) $-0.4161 - i\,0.9093$。

1.50 利用 (1.68) 式，先將 x 換為 $x/2$ ($2x$ 換為 x)，然後整理之，即可得證。

1.51 $\dfrac{1}{4}(2x-\sin 2x)+c$。　**1.52** $e^x(\sin x - \cos x)/2 + c$。

第二章　向量代數

2.1 $|\vec{A}| = 13$；$\hat{\mathbf{a}} = (5/13, 0, -12/13)$。　**2.2** $\alpha = 67.4°$，$\beta = 90°$，$\gamma = 157.4°$。

2.3 $B = 7$；$\hat{\mathbf{b}} = (4/7, 5/7, 2\sqrt{2}/7)$。 **2.4** $\alpha = 55.2°$，$\beta = 44.4°$，$\gamma = 66.2°$。

2.5 提示：利用 (2-3) 式及 (2-7) 式。 **2.6** (a) $\hat{\mathbf{x}}3 + \hat{\mathbf{y}}2 + \hat{\mathbf{z}}$；(b) $\hat{\mathbf{x}} + \hat{\mathbf{y}}4 - \hat{\mathbf{z}}5$；(c) $\hat{\mathbf{x}}4 + \hat{\mathbf{y}}11 - \hat{\mathbf{z}}12$。

2.7 $-\hat{\mathbf{x}} - \hat{\mathbf{y}}6 - \hat{\mathbf{z}}2$。 **2.8** 證：以作圖法證明 $\vec{A} + (\vec{B} - \vec{A})/2 = (\vec{A} + \vec{B})/2$ 成立。

2.9 (a) 3；(b) 9。 **2.10** (a) 9；(b) 3。 **2.11** (a) (0, 0, 0)；(b) $\sqrt{74}$。

2.12 (a) (4, 4, 4)；(b) $4\sqrt{3}$；(c) $2\sqrt{2}$。 **2.13** (2, 2, 2)。

2.14 (a) $y = x^2/2$ (拋物線)；(b) $\vec{u}(t) = \hat{\mathbf{x}} + \hat{\mathbf{y}}t$；(c) $\vec{a}(t) = \hat{\mathbf{y}}$。

2.15 (a) $x^2/a^2 + y^2/b^2 = 1$ (橢圓)；(b) $\vec{u}(t) = \hat{\mathbf{x}}(-\omega a \sin \omega t) + \hat{\mathbf{y}}(\omega b \cos \omega t)$；
(c) $\vec{a}(t) = -\omega^2[\hat{\mathbf{x}}(a \cos \omega t) + \hat{\mathbf{y}}(b \sin \omega t)] = -\omega^2 \vec{R}(t)$。

2.16 $\vec{A}$ 與 $\vec{C}$ 不互相垂直。 **2.17** 4。 **2.18** (a) 1；(b) 5/3。 **2.19** 提示：因 $\cos\theta \leqq 1$。

2.20 提示：$|\vec{A} + \vec{B}|^2 = (\vec{A} + \vec{B}) \cdot (\vec{A} + \vec{B}) = |\vec{A}|^2 + 2\vec{A} \cdot \vec{B} + |\vec{B}|^2$，再利用許瓦茨不等式。

2.21 提示：利用 $|\vec{A} + \vec{B}|^2 = (\vec{A} + \vec{B}) \cdot (\vec{A} + \vec{B})$ 及 $|\vec{A} - \vec{B}|^2 = (\vec{A} - \vec{B}) \cdot (\vec{A} - \vec{B})$ 直接計算即可。

2.22 19.1°。 **2.23** 55.15°，62.425°，62.425°。 **2.24** 54.6°，125.4°。 **2.25** 28 J。

2.26 0 J。 **2.27** $\vec{A} = \pm\hat{\mathbf{x}}(4a^2)$。 **2.28** (a) $4a^2 J_0$；(b) 0；(c) 0。

2.29 $\vec{A} = \pm(\hat{\mathbf{x}}2 + \hat{\mathbf{y}}2 + \hat{\mathbf{z}}2)$。 **2.30** 10 A。 **2.31** $\hat{\mathbf{x}} - \hat{\mathbf{y}}10 + \hat{\mathbf{z}}4$。

2.32 (a) $\hat{\mathbf{z}}8$；(b) $\hat{\mathbf{x}}8 + \hat{\mathbf{y}}12 - \hat{\mathbf{z}}13$。 **2.33** (a) $\hat{\mathbf{x}}2 + \hat{\mathbf{y}}3 + \hat{\mathbf{z}}4$；(b) $\hat{\mathbf{x}}8 - \hat{\mathbf{y}}4 - \hat{\mathbf{z}}$。

2.34 $\sqrt{4014}$。 **2.35** $\frac{1}{2}\sqrt{3081}$。 **2.36** $-\hat{\mathbf{z}}20$ N · m。 **2.37** $\hat{\mathbf{x}}6 + \hat{\mathbf{z}}3$ N · m。

2.38 (a) 提示：$|\vec{p}| = 2p_0 \cos(\alpha/2)$；(b) 5.038×10^{-30} C · m；(c) 5.256×10^{-20} C。

2.39 (a) $-\hat{\mathbf{z}}|\vec{p}||\vec{E}|$；(b) $-\hat{\mathbf{z}}|\vec{p}||\vec{E}|/\sqrt{2}$；(c) 0；(d) $\hat{\mathbf{z}}|\vec{p}||\vec{E}|/2$。 **2.40** (a) $\hat{\mathbf{y}}$；(b) $\hat{\mathbf{y}}$。

2.41 (a) 1；(b) 1。 **2.42** (a) $-\hat{\mathbf{x}}24 - \hat{\mathbf{y}}16$；(b) $-\hat{\mathbf{x}}26 + \hat{\mathbf{y}}13 - \hat{\mathbf{z}}4$。 **2.43** 50。 **2.44** 79。

2.45 $\vec{C}(\vec{B} \cdot \vec{A}) - \vec{A}(\vec{B} \cdot \vec{C})$。 **2.46** (a) (2, 0, 1)；(b) (2, π, 1)；(c) (2, π, –1)。

2.47 (a) (5, 53.1°, 3)；(b) (5, 127°, –3)。 **2.48** (a) (2, 0, 3)；(b) (2, 0, –3)。

2.49 (a) (–1.25, 2.73, 2)；(b) (–1.25, –2.73, –2)。 **2.50** (a) (2.57, 3.06, 3)；(b) (2.57, – 3.06, – 3)。

2.51 (a) $-\hat{\boldsymbol{\phi}}A_z + \hat{\mathbf{z}}A_\phi$；(b) $\hat{\mathbf{r}}A_z - \hat{\mathbf{z}}A_r$；(c) $-\hat{\mathbf{r}}A_\phi + \hat{\boldsymbol{\phi}}A_r$。

2.52 (a) $\hat{\boldsymbol{\phi}}A_\phi + \hat{\mathbf{z}}A_z$；(b) $\hat{\mathbf{r}}A_r + \hat{\mathbf{z}}A_z$；(c) $\hat{\mathbf{r}}A_r + \hat{\boldsymbol{\phi}}A_\phi$。

2.53 (a) $\vec{R}_1 = \hat{\mathbf{r}}(80°)\,3 - \hat{\mathbf{z}}\,5$，$\vec{R}_2 = \hat{\mathbf{r}}(20°)\,2 - \hat{\mathbf{z}}\,2$；(b) 4。

2.54 提示：將 (2-82) 式及 (2-85) 式聯立，即可解出 $\hat{\mathbf{x}}$ 及 $\hat{\mathbf{y}}$。

2.55 提示：等號右邊以矩陣乘法展開，即可得到表 2-1 左欄的三條式子。

2.56 提示：等號右邊以矩陣乘法展開，即可得到表 2-1 右欄的三條式子。

2.57 提示：(a) 證明 $|\vec{T}_1| = |\vec{T}_2| = |\vec{T}_3| = 1$；(b) 證明 $\vec{T}_1 \cdot \vec{T}_2 = 0$ 等等；(c) 直接展開行列式即可。

2.58 提示：仿照習題 2.57 題。 **2.59** 提示：直接計算兩矩陣之相乘，然後次序顛倒再乘一次。

2.60 $\vec{A} = \hat{\mathbf{r}}\,3.6 - \hat{\boldsymbol{\phi}}\,0.2 + \hat{\mathbf{z}}\,4$。 **2.61** (a) (3, 48.2°, 26.6°)；(b) (6, 132°, 63.4°)；(c) (3, 70.5°, 225°)。

2.62 (a) $(2, -2, -2\sqrt{2})$；(b) $(-\sqrt{3}, 0, 1)$；(c) $(-\sqrt{2}, \sqrt{6}, 2\sqrt{2})$。

2.63 (a) $(-4.5, 2.6, 3)$；(b) $(-\sqrt{6}, -\sqrt{6}, -2)$；(c) $(0, 2, 0)$。

2.64 (a) $\hat{\boldsymbol{\theta}} A_{\phi} - \hat{\boldsymbol{\phi}} A_{\theta}$；(b) $-\hat{\mathbf{R}} A_{\phi} + \hat{\boldsymbol{\phi}} A_{R}$；(c) $\hat{\mathbf{R}} A_{\theta} - \hat{\boldsymbol{\theta}} A_{R}$。

2.65 (a) $-\hat{\boldsymbol{\theta}} A_{\theta} - \hat{\boldsymbol{\phi}} A_{\phi}$；(b) $-\hat{\mathbf{R}} A_{R} - \hat{\boldsymbol{\phi}} A_{\phi}$；(c) $-\hat{\mathbf{R}} A_{R} - \hat{\boldsymbol{\theta}} A_{\theta}$。

2.66 (a) $\vec{R}_1 = \hat{\mathbf{R}}(30°, 60°)\,4$，$\vec{R}_2 = \hat{\mathbf{R}}(120°, 90°)\,3$；(b) $\sqrt{16 + 6\sqrt{3}} \approx 5.14$。

2.67 提示：將 (2-109) 式至 (2-111) 式聯立，即可解出 $\hat{\mathbf{x}}$、$\hat{\mathbf{y}}$、及 $\hat{\mathbf{z}}$。

2.68 提示：等號右邊以矩陣乘法展開，即可得到表 2-3 左欄的三個式子。

2.69 提示：等號右邊以矩陣乘法展開，即可得到表 2-3 右欄的三個式子。

2.70 提示：么正矩陣的定義詳見習題 2.57。

2.71 提示：么正矩陣的定義詳見習題 2.57。

2.72 提示：反矩陣的定義詳見習題 2.59。 **2.73** $\vec{A} = \hat{\mathbf{R}}\left(\frac{1}{3}\right) - \hat{\boldsymbol{\theta}}\left(\frac{7}{3\sqrt{5}}\right) - \hat{\boldsymbol{\phi}}\left(\frac{8}{\sqrt{5}}\right)$。

第三章 向量微積分

3.1 4。 **3.2** 9。 **3.3** -13。 **3.4** 0。 **3.5** 891/64。 **3.6** (a) 1/3；(b) $-1/3$；(c) 2/3。

3.7 (a) 43/6；(b) 8；(c) $-5/6$。 **3.8** (a) 1；(b) $\pi/4 + 1/2$；(c) $\pi/4 - 1/2$。 **3.9** (a) $x^2y^2 + z$；(b) 7。

3.10 (a) $\sin(x + yz)$；(b) $\sin 2$。 **3.11** (a) $xe^{z} + y^2$；(b) $e^2 + 4$。 **3.12** (a) $y \cosh xz$；(b) $\cosh 1 - 2$。

3.13 (a) $\hat{\mathbf{x}} yz + \hat{\mathbf{y}} xz + \hat{\mathbf{z}} xy$；(b) $\hat{\mathbf{x}} 3 - \hat{\mathbf{y}} 3 - \hat{\mathbf{z}}$；(c) 7/3。

3.14 (a) $\hat{\mathbf{x}} e^{x} \cos y - \hat{\mathbf{y}} e^{x} \sin y$；(b) $-\hat{\mathbf{x}} e^{2}$；(c) $-4e^2/5$。

3.15 (a) $-(\hat{\mathbf{x}}\, x + \hat{\mathbf{y}}\, y + \hat{\mathbf{z}}\, z)/(x^2 + y^2 + z^2)^{3/2}$；(b) $-(\hat{\mathbf{x}}\, 3 + \hat{\mathbf{z}}\, 4)/125$；(c) $-7/125\sqrt{3}$。

3.16 $\hat{\mathbf{x}} 4/5 - \hat{\mathbf{y}} 3/5$。 **3.17** $(\hat{\mathbf{x}}\, 3 + \hat{\mathbf{y}}\, 4 - \hat{\mathbf{z}}\, 5)/\sqrt{50}$。 **3.18** (a) $-\hat{\mathbf{x}} 3x + \hat{\mathbf{y}} y + \hat{\mathbf{z}} 2z$；(b) $-\hat{\mathbf{x}} 3 + \hat{\mathbf{y}} + \hat{\mathbf{z}} 2$。

3.19 0。 **3.20** (a) $\hat{\mathbf{x}}\, x(z^2 - y^2) + \hat{\mathbf{y}}\, y(x^2 - z^2) - \hat{\mathbf{z}}\, z(y^2 - x^2)$；(b) $\hat{\mathbf{x}}\, 5 - \hat{\mathbf{y}}\, 16 - \hat{\mathbf{z}}\, 9$。

3.21 (a) $(5/r)(\hat{\mathbf{r}} \sin\phi + \hat{\mathbf{z}}\, e^{-r} \sin\phi)$；(b) $-2.5(\hat{\mathbf{r}} + \hat{\mathbf{z}}\, e^{-2})$。 **3.22** (a) $\hat{\boldsymbol{\phi}}(10/R) \sin\theta$；(b) $\hat{\boldsymbol{\phi}}\, 5$。

3.23 72。 **3.24** 108。 **3.25** 1/3。 **3.26** $\pi/16$。 **3.27** $(1/2) \sinh 4 - \sinh 2$。

3.28 $e^{30} - 9e^{5} - e^{2} + e$。 **3.29** 1/6。 **3.30** $a^3/3$。 **3.31** 39.8%。

3.32 253 000 km^2。 **3.33** $\pi a^2 + \pi a\sqrt{a^2 + h^2}$。 **3.34** (a) 0；(b) 0；(c) 1/4。

3.35 $e^{6} - e^{-6}$。 **3.36** 1/3。 **3.37** 0。 **3.38** 0。 **3.39** $2916\pi/5$。 **3.40** 3。

3.41 (a) 2；(b) 0；(c) -2。 **3.42** 0。 **3.43** $2e^{x}$。 **3.44** $2 + 3r$。 **3.45** 0。

3.46 224。 **3.47** $4 + 8/\pi^2$。 **3.48** 1。 **3.49** π。 **3.50** $2\pi^2$。 **3.51** $-8/3$；$-8/3$。

3.52 0；0。 **3.53** $160\pi e^{-2} - 48\pi$；$160\pi e^{-2} - 48\pi$。 **3.54** 0；0。

3.55 $2916\pi/5$；$2916\pi/5$。 **3.56** 2/3；2/3。 **3.57** $1/2 - \pi/4$；$1/2 - \pi/4$。

3.58 $-5/6$；$-5/6$。 **3.59** π；π。 **3.60** $\pi/2$；$\pi/2$。 **3.61** 提示：直接展開即可。

3.62 提示：直接展開即可。 **3.63** (a) 是；(b) 是；(c) 是；(d) 是。

3.64 直接微分代入 (3-70) 式即可。 **3.65** $f(r) = c_1 \ln r + c_2$。

第四章　靜電場解析

4.1 $4/\pi$ C。　**4.2** $2\rho_0/k$ C。　**4.3** $\rho_0\pi a$。　**4.4** ka^2b^2 C。　**4.5** $\rho_{S0}\pi ab$。　**4.6** 85 μC。

4.7 5 C。　**4.8** $I_C = 1.14$ mA；$I_E = 1.16$ mA。　**4.9** (a) $4\pi a^3\alpha/3$；(b) $-\hat{\mathbf{R}}\, a\alpha/3$。

4.10 (a) $4\pi a^3\rho_0\,\beta/3$；(b) $\hat{\mathbf{R}}\, a\rho_0\,\beta/3$。　**4.11** (a) $F_e = 2mg\sin(\theta/2)$；(b) $q = \sqrt{\left(\frac{8mgl^2}{k_e}\right)\sin^3\left(\frac{\theta}{2}\right)}$。

4.12 $\vec{F}_{12} = \hat{\mathbf{x}}\,0.30 + \hat{\mathbf{y}}\,0.15 + \hat{\mathbf{z}}\,0.075$ N；$\vec{F}_{21} = -\vec{F}_{12}$。　**4.13** $\hat{\mathbf{x}}\,0.27 - \hat{\mathbf{y}}\,1.07 - \hat{\mathbf{z}}\,0.53$ N。

4.14 (a) $3Q/4\pi\varepsilon_0 a^2$；(b) 0。　**4.15** (a) $Q/2\pi\varepsilon_0 a^2$；(b) 0。　**4.16** (a) $Q/3\pi\varepsilon_0 a^2$；(b) 0。

4.17 $\hat{\mathbf{z}}\,51$ V/m。　**4.18** $\hat{\mathbf{x}}\,75 - \hat{\mathbf{y}}\,48 - \hat{\mathbf{z}}\,65$ V/m。　**4.19** $\hat{\mathbf{x}}\,15 - \hat{\mathbf{y}}\,11 - \hat{\mathbf{z}}\,7.4$ V/m。

4.20 $\hat{\mathbf{x}}\,\rho_L a/2\pi\varepsilon_0(b^2 - a^2)$。　**4.21** $\hat{\mathbf{x}}\,167$ V/m。　**4.22** $\hat{\mathbf{x}}\,13$ V/m。

4.23 提示：證明 $E_- = 2E_+\cos\theta$。　**4.24** $\hat{\mathbf{y}}\,8 - \hat{\mathbf{z}}\,12$ V/m。

4.25 提示：(a) $Q = 2a\rho_L$；(b) 在 $a \to 0$ 之情況下，線電荷變成點電荷，具有球對稱，因此 $\hat{\mathbf{z}}$ 換成 $\hat{\mathbf{R}}$，z 換成 R。

4.26 提示：(a) $Q = 2\pi a\,\rho_L$；(b) 在 $a \to 0$ 之情況下，線電荷變成點電荷，具有球對稱，因此 $\hat{\mathbf{z}}$ 換成 $\hat{\mathbf{R}}$，z 換成 R。

4.27 提示：(a) $Q = \pi a^2\,\rho_S$；(b) 將括弧裡的式子以無限級數展開 (詳見 [例題 1-17])，然後令 $a \to 0$；在此情況下，該面電荷變成點電荷，具有球對稱，故 $\hat{\mathbf{z}}$ 換成 $\hat{\mathbf{R}}$，z 換成 R。

4.28 $-\hat{\mathbf{z}}\,Q/8\pi\varepsilon_0 a^2$。　**4.29** (a) $\rho_{S0}\,\pi^2 a^2$；(b) 0。　**4.30** (a) 0；(b) $-\hat{\mathbf{z}}\,\rho_{S0}/3\varepsilon_0$。

4.31 $\rho_S\,\pi(a^2 - b^2)$。　**4.32** $7\pi a^3\rho_V/12$。　**4.33** $\pi a^3\rho_V/12$。　**4.34** $\pi a^3\rho_{V0}/3$。

4.35 (a) $\hat{\mathbf{z}}\rho_V\,|z|/\varepsilon_0$；(b) $-\hat{\mathbf{z}}\rho_V\,|z|/\varepsilon_0$；(c) $\hat{\mathbf{z}}\rho_V\,d/\varepsilon_0$；(d) $-\hat{\mathbf{z}}\rho_V\,d/\varepsilon_0$。

4.36 (a) $2d\,\rho_V$；(b) $\rho_S = 2d\,\rho_V$；(c) 提示：由 (b) 知 $\rho_V\,d = \rho_S/2$，代入 $\vec{E} = \hat{\mathbf{z}}\rho_V\,d/\varepsilon_0$ 中即得。

4.37 (a) $\hat{\mathbf{r}}\,\rho_V\,r/2\varepsilon_0$；(b) $\hat{\mathbf{r}}\,\rho_V\,a^2/2\varepsilon_0 r$。

4.38 (a) $\rho_V\,\pi a^2$；(b) $\rho_L = \rho_V\,\pi a^2$；(c) 提示：由 (b) 知 $\rho_V = \rho_L/\pi a^2$，代入 $\vec{E} = \hat{\mathbf{r}}\,\rho_V\,a^2/2\varepsilon_0 r$ 中即得。

4.39 (a) 0；(b) $\hat{\mathbf{r}}\,\rho_S\,a/\varepsilon_0 r$。　**4.40** (a) $\rho_S\,2\pi a$；(b) $\rho_L = \rho_S\,2\pi a$；(c) 提示：由 (b) 知 $\rho_S = \rho_L/2\pi a$；代入 $\vec{E} = \hat{\mathbf{r}}\,\rho_S\,a/\varepsilon_0 r$ 中即得。

4.41 (a) 0；(b) $\hat{\mathbf{R}}\,\rho_S\,a^2/\varepsilon_0 R^2$。

4.42 (a) $Q = \rho_S\,4\pi a^2$；(b) 提示：由 (a) 知 $\rho_S\,a^2 = Q/4\pi$，代入 $\vec{E} = \hat{\mathbf{R}}\,\rho_S\,a^2/\varepsilon_0 R^2$ 中即得。

4.43 1.3 kV。　**4.44** (a) 0.45 V；(b) -0.15 V。　**4.45** 20 V。　**4.46** (a) 31 V；(b) 36 nJ。

4.47 (a) $\sqrt{2}\,Q/\pi\varepsilon_0 a$；(b) $Q^2(1 + \sqrt{2}/4)/\pi\varepsilon_0\,a$。

4.48 提示：$x = \sinh y = (e^y - e^{-y})/2 \to (e^y)^2 - 2xe^y - 1 = 0 \to e^y = x + \sqrt{x^2+1}$
$\to y = \ln(\,x + \sqrt{x^2+1}\,)$。

4.49 提示：詳見 [例題 4-24] 並利用習題 4.48 的結果。

4.50 提示：麥勞林級數詳見 (1-43) 式；$\sinh^{-1} x$ 之導函數為 $(\sinh^{-1} x)' = 1/\sqrt{x^2+1}$。

4.51 提示：利用習題 4.50 之麥勞林級數；同時，因點電荷具有球對稱，故原先之 z 改為以球座標 R 表示。

4.52 $(\rho_L/4\pi\varepsilon_0)\ln[(z+h)/(z-h)]$。

4.53 提示：(a) 利用 (4-63) 式積分即可；(b) (略)；(c) 將 $\rho_S\, a = \rho_L/2\pi$ 代入 (a) 之結果，然後令 $a = 0$ 即得。

4.54 提示：(a) 麥勞林級數詳見 (1-43) 式；(b) 在 (a) 之結果中，以 $-x$ 代 x 即得 $\ln(1-x)$ 之麥勞林級數；再利用公式：$\ln\left(\dfrac{1+x}{1-x}\right) = \ln(1+x) - \ln(1-x)$。

4.55 提示：利用習題 4.54(b) 之麥勞林級數；同時，因點電荷具有球對稱，故原先之 z 改為以球座標 R 表示。

4.56 (a) $\rho_S\, a^2/\varepsilon_0 R$；(b) $\rho_S\, a/\varepsilon_0$。 **4.57** 6 V。 **4.58** 12.5 V。 **4.59** (a) 0；(b) 57.6 V。

4.60 (a) 0；(b) -6 V。 **4.61** (a) $\hat{\mathbf{x}}\, z^2 + \hat{\mathbf{z}}\, 2x(1-y)$；(b) 在非保守場中電位或電位差沒有意義。

4.62 $-(\hat{\mathbf{x}}\, 2xy + \hat{\mathbf{y}}x^2 + \hat{\mathbf{z}})$。 **4.63** $5e^{-r+z}[\hat{\mathbf{r}}\sin\phi - \hat{\boldsymbol{\phi}}\,(1/r)\cos\phi - \hat{\mathbf{z}}\ \sin\phi]$。

4.64 $(1/R^2)[\,\hat{\mathbf{R}}\sin\theta\cos\phi - \hat{\boldsymbol{\theta}}\cos\theta\cos\phi + \hat{\boldsymbol{\phi}}\sin\phi]$。

4.65 提示：由圖 E4-21(b)，$\vec{c} = \vec{b} - \vec{a} \rightarrow c^2 = \vec{c}\cdot\vec{c} = (\vec{b}-\vec{a})\cdot(\vec{b}-\vec{a})$
$= \vec{b}\cdot\vec{b} - 2\,\vec{b}\cdot\vec{a} + \vec{a}\cdot\vec{a} = b^2 - 2ab\cos\theta + a^2 \rightarrow$ 得證。

4.66 (a) 提示：利用函數 $1/\sqrt{1+x}$ 的麥勞林級數 [詳見 (1-43) 式] 展開，略去 $(d/R)^2$ 及其他高次方項；(b) (略)。

4.67 (a) 提示：利用函數 $1/\sqrt{1+x}$ 的麥勞林級數 [詳見 (1-43) 式] 展開，略去 $(d/R)^3$ 及其他高次方項；(b) (略)。

4.68 $\dfrac{3qd^2}{4\pi\varepsilon_0 R^4}[\hat{\mathbf{R}}(3\cos^2\theta - 1) + \hat{\boldsymbol{\theta}}\ \sin 2\theta\,]$。 **4.69** (a) $5.856\times10^{28}\ \mathrm{m}^{-3}$；(b) $-9.382\times10^{9}\ \mathrm{C/m^3}$。

4.70 (a) $6.716\times10^{-3}\ \mathrm{m^2/(V\cdot s)}$；(b) 4.57×10^{7} S/m。

4.71 提示：由卜以耶定律求出電阻 $R = 1/\sigma d$，即可得證。 **4.72** σbd。 **4.73** $(b-a)/4\pi\sigma ab$。

4.74 $l/\pi\sigma ab$。 **4.75** $\ln(b/a)/\sigma\phi_0 d$。 **4.76** $4.76\times10^{12}\ \mathrm{cm^{-3}}$。 **4.77** $2.40\times10^{13}\ \mathrm{cm^{-3}}$。

4.78 $n = 2.25\times10^{3}\ \mathrm{cm^{-3}}$；$p = 1.00\times10^{17}\ \mathrm{cm^{-3}}$。 **4.79** 10.8 S/cm。 **4.80** 3.84 S/cm。

4.81 提示：(a) 利用 (4-122) 式積分，並使用條件 $E(-a) = 0$；(b) 利用 (4-121) 式積分，並使用條件 $V(-a) = 0$；(c) $\Delta V = V(+a)$。 **4.82** (提示同習題 4.81)。 **4.83** 0.741 V。

4.84 (a) $1.06\ \mathrm{nC/m^2}$；(b) $0.21\ \mathrm{nC/m^2}$。 **4.85** (a) 1；(b) ε_r；(c) ε_r。 **4.86** $(1-1/\varepsilon_r)Q$。

4.87 (a) C；(b) $C/(1-a/d)$；(c) 無關。 **4.88** (a) $C/[1-(b/d)(1-1/\varepsilon_r)]$；(b) 無關。

4.89 提示：(a) 利用高斯定律；(b) 利用電位與電場強度的關係；(c) 利用電容的定義 $C = Q/V$。

4.90 提示：取厚度 dz 之薄層，其微量的電容倒數為 $d(1/C) = dz/\varepsilon(z)S$，然後由 0 至 d 積分，即得 $1/C$；取其倒數即為所求。

4.91 提示：將電容公式化為：$C = (\varepsilon S/d)\,f(\xi)$，其中 $f(\xi) = \xi/[\ln(1+\xi)]$，$\xi = (\varepsilon_2 - \varepsilon_1)/\varepsilon_1$；然後利用微積分的羅畢達 (L'Hôpital) 規則，求 $f(\xi)$ 在 $\xi \rightarrow 0$ 之極限值。

4.92 提示：(a) 利用關係式 $D = \varepsilon E$；(b) 利用高斯定律；(c) 利用電容的定義 $C = Q/V$。

4.93 $4\pi\varepsilon/(1/a - 1/b)$。 **4.94** 提示：利用分離變數法。

4.95 (a) $\hat{\mathbf{R}}\, Q/4\pi\varepsilon_0 R^2$；(b) 0；(c) $\hat{\mathbf{R}}\, Q/4\pi\varepsilon_0 R^2$。 **4.96** (a) $Q/4\pi a^2$；(b) $Q/4\pi b^2$。 **4.97** (略)

4.98 $2\pi\varepsilon$。 **4.99** $\pm 11\ \text{pC/m}^2$。 **4.100** $\pm 6.7\ \mu\text{C/m}^2$。

4.101 $\alpha_2 = \tan^{-1}[(\varepsilon_2/\varepsilon_1)\tan\alpha_1]$；$D_2 = D_1\sqrt{\cos^2\alpha_1 + (\varepsilon_2/\varepsilon_1)^2\sin^2\alpha_1}$。 **4.102** $\rho_S{}^2/2\varepsilon$。

4.103 4.62×10^{-9} J。 **4.104** (a) 8.85×10^{-12} J；(b) 1.03×10^{-11} J。 **4.105** (略)

4.106 (a) $Q/2\pi h^2$；(b) $(Q/2\pi h^2)(3/5)^3$；(c) $(Q/2\pi h^2)(5/13)^3$。

4.107 (a) $-Q\,(-a, b, z)$；(b) $-Q\,(a, -b, z)$；(c) $Q\,(-a, -b, z)$。 **4.108** $[(b + a)/(b - a)]^3$。

4.109 $V = V_0[(1/R) - (1/b)]/[(1/a) - (1/b)]$；$\vec{E} = \hat{\mathbf{R}}\,(V_0/R^2)/\,[(1/a) - (1/b)]$。

4.110 提示：令 $V = V(r, \phi) = \mathcal{R}(r)\,\Phi(\phi)$，代入拉卜拉斯方程式；然後以 a 為分離常數，將兩函數 $\mathcal{R}(r)$ 及 $\Phi(\phi)$ 分離。

4.111 提示：利用三角公式 $\sin(x/2) = \sqrt{(1-\cos x)/2}$，$\cos(x/2) = \sqrt{(1+\cos x)/2}$。

第五章　靜磁場解析

5.1 (a) $\hat{\mathbf{y}}\, qu_0/4\pi x^2$；(b) $-\hat{\mathbf{x}}\, qu_0/4\pi y^2$；(c) 0。 **5.2** $\hat{\mathbf{z}}\, q\omega/4\pi a$。 **5.3** $\rho_L\omega/2$。

5.4 $\hat{\mathbf{z}}\, Ia/\pi(z^2 + a^2)$。 **5.5** $\hat{\mathbf{z}}\, Iz/\pi(z^2 + a^2)$。 **5.6** $\hat{\mathbf{z}}\, 2I\sqrt{a^2 + b^2}/\pi ab$。

5.7 $\hat{\mathbf{x}}\, I(\sqrt{2} + 2)/4\pi a$。 **5.8** (a) $\hat{\mathbf{z}}\,(Ia^2/2)\{1/(z^2 + a^2)^{3/2} + 1/[(b - z)^2 + a^2]^{3/2}\}$；(b) 0。

5.9 (a) 2；(b) $\hat{\mathbf{z}}\, NI/2a$。 **5.10** (a) $\hat{\mathbf{z}}\,(\rho_S\omega/2)(a - 2z)$；(b) $\hat{\mathbf{z}}\,(\rho_S\omega/8)(a^4/z^3)$。

5.11 $-\hat{\mathbf{x}}\, I/4a$。 **5.12** $\hat{\mathbf{x}}\, 3I/8a$。 **5.13** 1.25 A/m。 **5.14** (a) NI；(b) $-NI$。

5.15 (a) $-I_2 + I_3 + I_4$；(b) $-I_2 + I_3 + I_4$。 **5.16** 2.00 A。

5.17 (a) 0；(b) $\hat{\boldsymbol{\phi}}\dfrac{I}{2\pi r}\dfrac{r^2 - a^2}{b^2 - a^2}$；(c) $\hat{\boldsymbol{\phi}}\dfrac{I}{2\pi r}$。

5.18 (a) $\hat{\boldsymbol{\phi}}\dfrac{Ir}{2\pi a^2}$；(b) $\hat{\boldsymbol{\phi}}\dfrac{I}{2\pi r}$；(c) $\hat{\boldsymbol{\phi}}\dfrac{I}{2\pi r}\dfrac{c^2 - r^2}{c^2 - b^2}$；(d) 0。

5.19 提示：管內磁場強度幾乎為一定值；而管外之磁場強度幾乎為零。

5.20 (a) 0；(b) $\hat{\mathbf{x}}\, J_S$；(c) 0。 **5.21** (a) $-\hat{\mathbf{y}}\, J_0 d$；(b) $-\hat{\mathbf{y}}\, J_0|z|$；(c) $\hat{\mathbf{y}}\, J_0 z$；(d) $\hat{\mathbf{y}}\, J_0 d$。

5.22 $\hat{\mathbf{z}}\, 1\ \text{A/m}^2$。 **5.23** $\hat{\mathbf{z}}\, 3kr$。

5.24 (c) 提示：在 $r = 0$ 處，c/r 項會趨近於 ∞，應捨棄；(f) 提示：由 (c) 之結果，在 $r = a$ 之磁場強度大小為 $J_0\, a/2$。

5.25 10^7 (提示：$1\ \text{T} = 10^4\ \text{G}$)。 **5.26** 1.00。 **5.27** (a) $-B_0 lw$；(b) $B_0 lw$；(c) 0。

5.28 $\mu_0 Il/4\pi$。 **5.29** $(\mu_0 Il/\pi)\ln(d/a - 1)$。 **5.30** (a) 0；(b) $\mu_0 J_0 bd$。

5.31 (a) $\mu_0 J_0 ad^2/2$；(b) $\mu_0 J_0 ad^2$。 **5.32** 0。 **5.33** (a) 0；(b) 0。 **5.34** (a) 0；(b) 0。

5.35 $\hat{\mathbf{z}}\,(\mu_0 I/2\pi)\ln(r_2/r_1)$。 **5.36** (a) $\hat{\mathbf{z}}\,\mu_0 J_{S,0}d/2$；(b) $\hat{\mathbf{z}}\,(\mu_0 J_{S,0}/2)(d - 2x)$；(c) $-\hat{\mathbf{z}}\,\mu_0 J_{S,0}d/2$。

5.37 (a) 0；(b) $\hat{\mathbf{y}}\,\mu_0 J_{S,0}$；(c) 0。　**5.38** (a) $\hat{\boldsymbol{\phi}}\,\mu_0\bar{N}Ir/2$；(b) $\hat{\boldsymbol{\phi}}\,\mu_0\bar{N}Ia^2/2r$。

5.39 (a) $\hat{\mathbf{z}}\,\mu_0\bar{N}I$；(b) 0。　**5.40** 提示：利用 (2-114) 式：$\hat{\mathbf{z}}=\hat{\mathbf{R}}\cos\theta-\hat{\boldsymbol{\theta}}\sin\theta$。

5.41 提示：利用 (2-114) 式：$\hat{\mathbf{z}} = \hat{\mathbf{R}}\cos\theta - \hat{\boldsymbol{\theta}}\sin\theta$。　**5.42** $-\hat{\mathbf{z}}\sqrt{3}\,NIa^2/4$。

5.43 $\hat{\mathbf{z}}\,\bar{N}\,I\pi a^2 l$。　**5.44** (a) 6.18×10^{-21} kg · m/s；(b) 2.89×10^{-23} kg · m^2/s。

5.45 (a) 0.856 mm；(b) 1.00×10^{-7} s。　**5.46** 2.34 Wb/m^2 (向南)。

5.47 $\hat{\mathbf{z}}\,4.31\times10^6$ m/s。　**5.48** (a) 6.77×10^{-3} m；(b) 9.87×10^{-9} s。

5.49 (a) 4.35×10^3 m/s；(b) 1.13×10^{-25} kg。

5.50 提示：(a) 利用 (5-2) 式；(b) 利用 (5-76) 式；(c) 利用庫倫定律及關係式 $\varepsilon_0\mu_0=1/c^2$。

5.51 (a) $\overline{ab}$ 段：$-\hat{\mathbf{z}}\,IlB_0$；$\overline{bc}$ 段：$-\hat{\mathbf{y}}\,IlB_0$；$\overline{cd}$ 段：$(\hat{\mathbf{z}}+\hat{\mathbf{y}})\,IlB_0$；$\overline{de}$ 段：$-\hat{\mathbf{y}}\,IlB_0$；
(b) 總磁力：$-\hat{\mathbf{y}}\,IlB_0$。

5.52 (a) 2×10^{-7} N (引力)；(b) 2×10^{-7} N (斥力)。

5.53 L_1：$\mu_0I^2/4\pi d$ (向上)；L_2：0；L_3：$\mu_0I^2/4\pi d$ (向下)。　**5.54** $\mu_0I_1I_2bc/2\pi a(a+b)$ (向下)。

5.55 (a) 1.02×10^4 A；(b) 由西向東。　**5.56** (a) $\sqrt{3}\tau/2$；(b) $\tau/2$；(c) 0。

5.57 (a) $\hat{\mathbf{z}}\,I\pi a^2/2$；(b) $\hat{\mathbf{y}}\,I\pi a^2B_0/2$。　**5.58** (a) $\hat{\mathbf{z}}\,Ia^2$；(b) $\hat{\mathbf{y}}\,Ia^2B_0$。

5.59 (a) $\hat{\mathbf{z}}\,Ia^2$；(b) $\hat{\mathbf{y}}\,Ia^2B_0$。　**5.60** (a) 0；(b) $\hat{\mathbf{y}}\mu_0I\,\pi a^2J_{S,0}/2$。　**5.61** 5.00×10^7 A。

5.62 (a) $1.054\,571\,800\times10^{-34}$；(b) $6.582\,119\,514\times10^{-16}$。

5.63 (a) 1.55×10^{-12} m；(b) 1.18×10^{-36} m。　**5.64** 提示：考慮磁力公式 $\vec{F}_m = q\vec{u}\times\vec{B}$。

5.65 $2.817\,940\,327\times10^{-15}$ m。　**5.66** 提示：利用積分公式 $\int\sin^3\theta\,d\theta=\cos\theta-\frac{1}{3}\cos^3\theta$。

5.67 提示：電子之自旋磁矩 $\bar{m}_S$ 詳見 (5-120) 式；6.16×10^{10} m/s。

5.68 (a) 8.49×10^{28} m^{-3}；(b) 9.17 A · m^2；(c) 9.17×10^4 A。　**5.69** $2Ma$。

5.70 (a) $(\mu/\mu_0-1)(NI/l)$；(b) $(\mu/\mu_0-1)NI$。

5.71 (a) $(\hat{\mathbf{x}}\,0.2-\hat{\mathbf{y}}\,0.2+\hat{\mathbf{z}}\,0.5)/2\mu_0$ A/m；(b) $\hat{\mathbf{x}}\,0.5-\hat{\mathbf{y}}\,0.5+\hat{\mathbf{z}}\,0.5$ Wb/m^2；
(c) $(\hat{\mathbf{x}}\,0.4-\hat{\mathbf{y}}\,0.4+\hat{\mathbf{z}}\,0.4)/\mu_0$ A/m。

5.72 (a) $H_2=H_1\sqrt{\sin^2\alpha_1+(\mu_1/\mu_2)^2\cos^2\alpha_1}$；(b) $\tan^{-1}\left(\dfrac{\mu_2}{\mu_1}\tan\alpha_1\right)$

5.73 (a) 45°；(b) $\sqrt{3/2}$；(c) $1/\sqrt{2}$。　**5.74** 提示：利用微分公式 $\dfrac{d}{dx}e^{\pm x}=\pm e^{\pm x}$。

5.75 提示：利用 $e^{\pm x}$ 的麥勞林級數 (1-44) 式。

5.76 提示：由 $\sinh x$ 的麥勞林級數，利用「長除法」計算 $1/\sinh x$。

5.77 提示：由 $\cosh x$ 的麥勞林級數與 $\operatorname{csch} x$ 的麥勞林級數相乘。

5.78 $\dfrac{1}{2}\times10^{-7}$ H/m。　**5.79** (a) 36 μH；(b) 81 μH。　**5.80** $\bar{L}=\dfrac{\mu_0}{\pi}\ln\left(\dfrac{2h}{a}\right)$。

5.81 (a) 提示：利用定義 $\cosh y=\dfrac{1}{2}(e^y+e^{-y})$；(b) $x+\sqrt{x^2-1}$；(c) $\ln(x+\sqrt{x^2-1})$。

5.82 (a) 21.1 pF；(b) 0.527 μH。　**5.83** (a) 12.1 pF；(b) 0.917 μH。

5.84 提示：詳見 (4-163) 式及 (5-190) 式。

5.85 $\mu/2\pi$。提示：詳見習題 4.97 及習題 4.98。

5.86 (a) 提示：利用關係式 $\vec{D}=\varepsilon\vec{E}$；(b) 提示：利用關係式 $\vec{B}=\mu\vec{H}$。

5.87 (a) $\dfrac{\mu I^2}{8\pi^2 r^2}$；(b) $\dfrac{\mu I^2}{4\pi}\ln\left(\dfrac{b}{a}\right)$。 **5.88** $3\varepsilon_0$ J。 **5.89** $4\pi\varepsilon_0/3$ J。

5.90 $\sqrt{\varepsilon_0/\mu_0}\approx 120\pi\ \Omega$ (歐姆)。

第六章 電磁感應與輻射

6.1 (a) 0，無正負端；(b) $luB/\sqrt{2}$，正端在 c；(c) luB，正端在 f。 **6.2** $\omega l^2 B_0/2$，正端在 P。

6.3 $wuB_g\sin\theta_g$。 **6.4** $lB_g\sqrt{2gh}\cos\theta_g$。 **6.5** (a) buB，正端在 b；(b) auB，正端在 b。

6.6 (a) 0，無正負端；(b) $2auB$，正端在 c。 **6.7** (a) auB，正端在 b；(b) auB，正端在 b。

6.8 (a) 0，無正負端；(b) $2auB$，正端在 b。 **6.9** (a) 0；(b) 0。 **6.10** (a) 0；(b) 0。

6.11 $\pi a^2\omega\,|\vec{B}|\,/2$。 **6.12** $\hat{\boldsymbol{\phi}}\,\mu_0 H_0\alpha e^{-\alpha t}$。 **6.13** 由左向右。 **6.14** 由 b 向 a。

6.15 (a) 順時針方向；(b) 逆時針方向。 **6.16** $I(t)=(F_0/lB)(1-e^{-(lB)^2t/mR})$。

6.17 $I(t)=(V_0/R)\ e^{-(lB)^2t/mR}$。 **6.18** $I(t)=(lBu_0/R)\ e^{-(lB)^2t/mR}$。 **6.19** $\beta^2/\alpha=\sigma\mu$。

6.20 $\alpha=0.001786\ \text{s}^{-1}$。 **6.21** (a) 67%；(b) 66%。 **6.22** (a) 90%；(b) 88%。

6.23 8.417 mm。 **6.24** 32.5 mm。

6.25 提示：截面半徑 R 之導線之有效截面積約等於 $S\approx\pi R^2-\pi(R-\delta)^2$。

6.26 (a) 0.652 mm；(b) 1.37 mΩ；(c) 2.8。

6.27 提示：由直接計算證明 $f'(R_O)=0$ 以及 $f''(R_O)>0$。

6.28 (a) $\varepsilon_0\alpha|\vec{E}|\pi a^2$，$-\hat{\mathbf{z}}$ 方向；(b) $\varepsilon_0\alpha|\vec{E}|\pi a^2$，$-\hat{\mathbf{z}}$ 方向。 **6.29** $(\omega\varepsilon S/d)\ V_0\cos\omega t$。

6.30 (a) $\hat{\boldsymbol{\phi}}\ (\omega\varepsilon r/2d)\ V_0\cos\omega t$；(b) $\hat{\boldsymbol{\phi}}\ (\omega\varepsilon a^2/2rd)\ V_0\cos\omega t$。

6.31 $[2\pi\varepsilon\omega l/\ln(b/a)]\ V_0\cos\omega t$。 **6.32** $9.44\cos(120\pi\, t)\ \mu\text{A}$。 **6.33** $[4\pi\varepsilon\omega/(1/a-1/b)]\ V_0\cos\omega t$。

6.34 $\hat{\mathbf{x}}\,(5\times10^{-6}/\mu_0)\cos(10^6 t)\cos(5z)\quad \text{A/m}^2$。

6.35 $\vec{H}=\hat{\boldsymbol{\phi}}\,\dfrac{-0.265}{r}\sin(10^9 t)\cos(az)\quad \text{A/m}$，$a=10/3$ rad/m。

6.36 提示：利用微分形式的法拉第感應定律及安培 - 馬克士威定律。

6.37 (a) $t'=t+R/c$；(b) $t'=t-R/c$。 **6.38** $V=Q_0 e^{a(t-R/c)}/4\pi\varepsilon_0 R$。

6.39 $\vec{A}=(\mu_0\delta\vec{l}/4\pi R)I_0\cos[\omega(t-R/c)]$。

6.40 $\vec{E}=-\,\hat{\mathbf{z}}\,120\cos\left(2\pi\times10^7 t+\dfrac{2\pi}{15}y\right)\quad \text{V/m}$。

6.41 $\vec{H}=\dfrac{E_0}{\omega\mu_0}[\hat{\mathbf{y}}\,k\,\sin(ay)\cos(\omega t-kz)+\hat{\mathbf{z}}\,a\,\cos(ay)\sin(\omega t-kz)]$。

6.42 $\vec{H}=\hat{\boldsymbol{\phi}}\,\dfrac{53}{R}\,[\cos(6\pi\times10^8 t-2\pi R)]\sin\theta\quad \mu\text{A/m}$。

6.43 提示：利用公式 $\frac{|\vec{E}|}{|\vec{H}|} = Z_0 = \sqrt{\frac{\mu_0}{\varepsilon_0}}$。 **6.44** 1.00×10^8 m/s。

6.45 (a) $E_0^2 ac/2Z_0$，$Z_0 = \sqrt{\frac{\mu_0}{\varepsilon_0}}$；(b) 0。 **6.46** $(\sigma/\varepsilon)CV_{dc}^2$。 **6.47** $(\sigma/2\varepsilon)CV_0^2$。

6.48 $\hat{\mathbf{z}}(\mu_0/8\pi)(4/c^2 + 4t/c + t^2 \ln 3)$ Wb/m。

6.49 提示：(a) 根據法拉第感應定律；(b) 由坡因亭向量 $\vec{S}_{av}$ 之定義。

6.50 提示：(a) 將上題所得的 $\vec{S}_{av}$ 在半徑 R 的球面上積分；(b) 利用指向增益的定義。

6.51 提示：(a) 利用上題所得的 P_{av} 及公式 $P_{av} = I_0^2 R_{rad}/2$；(b) 1/4。 **6.52** 0.5 Ω。

6.53 (a) 6.28×10^7 rad/s；(b) 0.209 rad/m；(c) $-\hat{\mathbf{x}}\ 39.8\cos(\omega t - kz)$ μA/m。

6.54 (a) $\hat{\mathbf{z}}\ 0.597\cos^2(\omega t - kz)$ μW/m^2；(b) 0.0119 μW。

6.55 (a) 1.9×10^8 rad/s；(b) 0.63 rad/m；(c) $-\hat{\mathbf{y}}\ 1.9\sin(\omega t + kx)$ mV/m。

6.56 (a) $-\hat{\mathbf{x}}\ 9.4\sin^2(\omega t + kx)$ nW/m^2；(b) 0。

6.57 提示：(a) 利用三角公式 $\cos A + \cos B = 2\cos\left[\frac{1}{2}(A+B)\right]\cos\left[\frac{1}{2}(A-B)\right]$；
(b) 利用微分形式的法拉第感應定律。

6.58 提示：(a) 根據坡因亭向量的定義 $\vec{S} = \vec{E} \times \vec{H}$；(b) $\overline{\sin 2\omega t} = 0$。

6.59 (a) $I_0 \cos\omega t$；(b) $I_0\cos\omega t \cos kx$；(c) $I_0\cos(\omega t - ky)$；(d) $I_0 e^{-kz}\cos\omega t$。

6.60 $\vec{\nabla} \times \vec{\tilde{E}} = -i\omega\vec{\tilde{B}}$。 **6.61** $\vec{\nabla} \times \vec{\tilde{H}} = \vec{\tilde{J}} + i\omega\vec{\tilde{D}}$。 **6.62** $\vec{\tilde{E}} = -\vec{\nabla}\tilde{V} - i\omega\vec{\tilde{A}}$。

6.63 $\vec{\nabla}\cdot\vec{\tilde{A}} + i\omega\mu\varepsilon\tilde{V} = 0$。 **6.64** $\nabla^2\tilde{V} + \omega^2\mu\varepsilon\tilde{V} = -\frac{\tilde{\rho}_V}{\varepsilon}$；$\nabla^2\vec{\tilde{A}} + \omega^2\mu\varepsilon\vec{\tilde{A}} = -\mu\vec{\tilde{J}}$。

6.65 $\nabla^2\vec{\tilde{E}} + \frac{\omega^2}{c^2}\vec{\tilde{E}} = 0$；$\nabla^2\vec{\tilde{H}} + \frac{\omega^2}{c^2}\vec{\tilde{H}} = 0$。

6.66 $\vec{\tilde{H}} = \hat{\boldsymbol{\phi}}\, i\frac{I_0\,\delta l}{4\pi}\left[\left(\frac{k}{R} - \frac{i}{R^2}\right)e^{-ikR}\right]\sin\theta$； $\vec{\tilde{E}} = \hat{\mathbf{R}}\,\tilde{E}_R + \hat{\boldsymbol{\theta}}\,\tilde{E}_\theta$，

其中：$\tilde{E}_R = \frac{Z_0 I_0\,\delta l}{2\pi}\left[\left(\frac{1}{R^2} - \frac{i}{kR^3}\right)e^{-ikR}\right]\cos\theta$

$\tilde{E}_\theta = \frac{Z_0 I_0\,\delta l}{4\pi}\left[\left(\frac{k}{R} - \frac{i}{R^2} - \frac{1}{kR^3}\right)e^{-ikR}\right]\sin\theta$。

6.67 $\vec{\tilde{H}} = \hat{\boldsymbol{\phi}}\frac{iI_0}{2\pi}\left(\frac{e^{-ikR}}{R}\right)\left[\frac{\cos\left(\frac{kl}{2}\cos\theta\right) - \cos\frac{kl}{2}}{\sin\theta}\right]$。

6.68 $\vec{S}_{av} = \hat{\mathbf{R}}\frac{Z_0 I_0^2}{8\pi^2 R^2}\left[\frac{\cos\left(\frac{kl}{2}\cos\theta\right) - \cos\frac{kl}{2}}{\sin\theta}\right]^2$。

索引

六劃

七劃

八劃

九劃

十劃

十一劃

十二劃

十三劃

十四劃

十五劃

十六劃

十七劃

十八劃

十九劃

二十一劃以上